国家火炬计划“污染土壤修复技术及产业化”立项项目

污染土壤修复技术与应用

（第二版）

熊敬超　宋自新　崔龙哲　李社锋　主编

化学工业出版社

·北京·

内 容 简 介

《污染土壤修复技术与应用》（第二版）在介绍土壤污染的特点和修复原理、土壤污染政策法规标准的基础上，依次介绍了土壤污染调查与风险评价、污染物在土壤中的迁移和转化、污染土壤物理化学修复技术、污染土壤生物修复、污染场地土壤修复工程实施与管理、污染场地土壤修复工程项目典型案例等内容，并对污染土壤修复技术的发展前景进行了展望。本次修订增加了固化/稳定化技术、超声波修复技术、化学还原技术、超临界流体萃取技术等新技术和新方法，对污染场地土壤修复工程项目典型案例以单独一章进行介绍，对环保企业具有很强的指导作用和参考价值。

本书可供环境类专业本科生、研究生、科研工作者和相关环保企业使用、参考。

图书在版编目（CIP）数据

污染土壤修复技术与应用/熊敬超等主编. —2版.
—北京：化学工业出版社，2020.11 （2024.8重印）
ISBN 978-7-122-37938-2

Ⅰ.①污… Ⅱ.①熊… Ⅲ.①污染土壤-修复-研究
Ⅳ.①X53

中国版本图书馆CIP数据核字（2020）第206735号

责任编辑：宋林青　　文字编辑：刘志茹
责任校对：边　涛　　装帧设计：关　飞

出版发行：化学工业出版社（北京市东城区青年湖南街13号　邮政编码100011）
印　　装：河北延风印务有限公司
787mm×1092mm　1/16　印张28½　字数721千字　2024年8月北京第2版第6次印刷

购书咨询：010-64518888　　售后服务：010-64518899
网　　址：http://www.cip.com.cn
凡购买本书，如有缺损质量问题，本社销售中心负责调换。

定　　价：78.00元

《污染土壤修复技术与应用》(第二版)编写组

主　编： 熊敬超　宋自新　崔龙哲　李社锋

副主编： 王　平　王松波　肖国俊　邵　雁　马海清

编　者：

中冶南方都市环保工程技术股份有限公司	熊敬超
中冶南方都市环保工程技术股份有限公司	宋自新
中南民族大学	崔龙哲
中冶南方都市环保工程技术股份有限公司	李社锋
中冶南方都市环保工程技术股份有限公司	王　平
中南民族大学	王松波
中冶南方都市环保工程技术股份有限公司	肖国俊
中冶南方都市环保工程技术股份有限公司	邵　雁
深圳大学	马海清
中冶南方都市环保工程技术股份有限公司	孔繁亮
中冶南方都市环保工程技术股份有限公司	唐小龙
中南民族大学	张胜花
中冶南方都市环保工程技术股份有限公司	石德升
中南民族大学	吴来燕
武汉市科学技术局	黄　凰
中南民族大学	陈　柯
湖北省环境科学研究院	向罗京
云南省生态环境工程评估中心	钱琪所
中冶南方都市环保工程技术股份有限公司	刘更生
中南民族大学	赵玉凤
中冶南方都市环保工程技术股份有限公司	文天放
中南民族大学	吴晨捷
中冶南方都市环保工程技术股份有限公司	胡国峰
中南民族大学	刘　瑾
中冶南方都市环保工程技术股份有限公司	徐诗琦
中南民族大学	王春辉
中冶南方都市环保工程技术股份有限公司	方园园

前言

土壤资源是人类生活和生产最基本、最广泛、最重要的自然资源之一，是地球上陆地生态系统的重要组成部分。人类在享受社会发展和科技进步成果的同时，土壤污染问题也日益严重。随着环境修复科学理论和实践的不断充实和发展，人类对土壤环境问题的认识在不断深化，控制土壤污染的技术和措施也在不断完善，对环境与发展的关系也有了进一步的认识。

党的十八大将生态文明纳入中国特色社会主义事业“五位一体”总体布局，提出了建设美丽中国的目标，“绿水青山就是金山银山”是贯穿其中的根本理念。2016 年 11 月，由国务院印发并实施的《“十三五”生态环境保护规划》是落实统筹推进“五位一体”总体布局和协调推进“四个全面”战略布局的重大举措。《“十三五”生态环境保护规划》提出以提高环境质量为核心，实施最严格的环境保护制度，打好大气、水、土壤污染防治三大战役，加强生态保护与修复，严密防控生态环境风险。《土壤污染防治行动计划》于 2016 年 5 月由国务院印发并实施，是当前和今后一个时期内全国土壤污染防治工作的行动纲领，目的是为了切实加强土壤污染防治，逐步改善土壤环境质量。

本书第 1 版发行至今已三年有余。承蒙读者厚爱，第 1 版多次重印。随着环保产业和环境修复学科的不断发展，新的政策、法律、法规的颁布，以及国家生态文明可持续发展战略的进一步实施，这都要求本书的内容也必须与时俱进，修订再版。第 2 版与第 1 版相比，主要在以下几个方面进行了修编：

1. 第 1 章，补充更新了一些数据，对“1.3.3.2 土壤污染修复技术的应用”进行了修改和完善，并更新了相关图、表。

2. 第 2 章，删去了污染场地相关术语、工业企业场地环境调查评估与修复工作指南等已废止法规，增加了 2015 年后发布的土壤相关政策法规和指南，补充更新了众多土壤相关质量标准和统计数据。

3. 第 3 章，增加了土壤调查主要布点策略及国内外污染土壤风险评估发展的历史，补充更新了土壤调查的一些研究现状和土地管理经验等方面的一些相关数据。

4. 第 4 章，未进行大量删减或增加，主要对第一版中的一些疏漏进行了修改和少量语句进行了完善，对参考文献进行了订正和补充。

5. 第 5 章，增加 5.1.8 SVE 系统设计计算，增加 5.2.5 土壤淋洗效率计算，修改 5.6 固化/稳定化技术，增加 5.7.6 异位热脱附反应器的设计、5.9.4 超声波修复技术、5.9.5 化学还原技术、5.9.6 超临界流体萃取技术。

6. 第 6 章，增加了生物修复的强化技术。

7. 第 7 章，对“7.2 修复工程实施流程与工作内容”进行了修改和完善。

8. 新增了“第 8 章 污染场地土壤修复工程项目典型案例”，列举了多个工程案例，既有重金属污染的，也有有机物污染的；既有国内的，也有国外的；案例中涉及化学氧化、固化/稳定化、水泥窑协同处置、原位注入-高压旋喷注射氧化、异位淋洗等多种修复技术。

9. 原来的第 8 章调整为第 9 章，修改了我国土壤修复行业面临的主要问题，更新了我国污染土壤修复的技术发展趋势，补充完善了我国土壤修复行业代表性单位的介绍。

本书在编撰、审阅和出版过程中，得到了中南民族大学、中冶南方都市环保工程技术股份有限公司相关部门和同仁的大力支持，得到了湖北省环境科学研究院蔡俊雄博士、韩国西海环境科学研究院申哲昊博士等众多朋友和家人的鼎力相助。作者在进行土壤污染修复的研究实践活动中，得到了国家重点研发计划“场地土壤污染成因与治理技术”重点专项“重金属尾矿库污染高效固化/稳定化材料、技术与装备”项目（2018YFC1801700）、湖北省技术创新专项（重大项目）“典型工业污染场地土壤修复关键技术研究”（2016ACA171）、湖北省科技创新战略团队项目（鄂组办〔2016〕20号）等的大力支持，在此一并深致谢忱。

如果本书对土壤修复的业内同仁或有志于从事土壤修复事业的学者和学生有所帮助，我们将感到无比欣慰。由于水平和时间有限，疏漏在所难免，恳请读者批评指正。

编者于武汉

2020 年 8 月

第一版前言

土壤资源是人类生活和生产最基本、最广泛、最重要的自然资源之一，是地球上陆地生态系统的重要组成部分。土壤环境是由植物和土壤生物及其生存环境要素，包括土壤矿物质、有机质、土壤空气和土壤水构成的一个有机统一整体，是90%污染物的最终受体，比如大气污染造成的污染物沉降、污水的灌溉和下渗、固体废弃物的填埋，“受害者”都是土壤。土壤污染源复杂，污染物种类繁多。近30年来，随着我国工业化、城市化、农业高度集约化的快速发展，土壤环境污染日益加剧，并呈现出多样化的特点。我国土壤污染点位在增加，污染范围在扩大，污染物种类在增多，出现了复合型、混合型的高风险区域，呈现出城郊向农村延伸、局部向流域及区域蔓延的趋势，形成了点源与面源污染共存，工矿企业排放、肥药污染、种植养殖业污染与生活污染叠加，多种污染物相互复合、混合的态势。土壤环境污染已对粮食及食品安全、饮用水安全、区域生态安全、人居环境健康、全球气候变化以及经济社会可持续发展构成了严重威胁。近年来，我国一些地方的土壤污染危害事件暴露出我国土壤污染问题不容忽视。国内在污染土壤修复技术方面的研究从20世纪70年代就已经开始，当时以农业修复措施的研究为主。随着时间的推移，其他修复技术的研究（如化学修复和物理修复技术等）也逐渐展开。到了20世纪末，污染土壤的生物修复技术研究在我国也迅速开展起来。总体而言，虽然我国在土壤修复技术研究方面取得了可喜的进展，但在修复技术研究的广度和深度方面与发达国家尚有一定差距，特别是工程修复方面差距较大。

本书在编撰、审阅和出版过程中，得到了武汉都市环保工程技术股份有限公司领导的关怀和支持。同时，韩国全北大学校丁泰燮教授，湖北省环境科学研究院蔡俊雄教授、余江研究员，韩国西海环境科学研究院申哲昊博士，韩国LG环境安洪逸博士等众多朋友和家人也给予了鼎力相助。编者在进行土壤污染修复的研究实践活动中，得到了国家火炬计划项目“污染土壤修复技术及产业化”（2013GH061656）、湖北省普通高等学校战略性新兴（支柱）产业人才培养计划、湖北省2015年科技创新战略团队项目（鄂组办〔2016〕20号）、中国中冶“三五”重大科技专项（0012012010）、武汉市青年科技晨光计划项目（2015070404010208）等的大力支持，在此一并深致谢忱。我们编撰本书的初衷是将研究成果，工程实践经验及有关资料等通过综合归纳供同行朋友参考，希望对大家的工作有所帮助。

本书在编写过程中，除了编写团队的研究成果之外，还参考了很多国外专家学者的研究成果和专业资料，在此一并表示感谢。由于时间仓促，本书中难免有疏漏和不妥之处，请读者朋友们不吝指正。

中南民族大学　崔龙哲

武汉都市环保工程技术股份有限公司　李社锋

2016年6月

目录

第1章 概 论

1.1 土壤及其组成、性质和功能 …… 1
1.1.1 土壤 …… 1
1.1.2 土壤的组成 …… 1
1.1.3 土壤的性质 …… 4
1.1.4 土壤环境质量及其功能 …… 8
1.2 土壤污染 …… 9
1.2.1 土壤污染的定义与特点 …… 9
1.2.2 土壤污染物 …… 10
1.2.3 土壤污染物的来源 …… 13
1.2.4 土壤污染典型事件 …… 16
1.2.5 我国土壤污染概况 …… 18
1.3 土壤污染修复技术 …… 23
1.3.1 土壤污染修复概述 …… 23
1.3.2 土壤污染修复技术 …… 24
1.3.3 土壤污染修复技术的研究及应用 …… 26
1.3.4 土壤污染修复技术的发展趋势 …… 33
习题 …… 34
参考文献 …… 35

第2章 土壤污染政策法规标准

2.1 政策概况 …… 37
2.2 土壤污染法律法规 …… 39
2.2.1 土壤污染防治法律制度的概念 …… 39
2.2.2 国外土壤污染防治法律 …… 39
2.2.3 我国现行土壤污染防治法律制度 …… 43
2.3 土壤质量相关标准 …… 45
2.3.1 国外土壤环境质量标准概况 …… 46
2.3.2 我国土壤环境质量标准概况 …… 51
2.3.3 我国土壤环境质量标准存在的问题 …… 56
2.4 我国新发布的土壤污染技术导则与指南 …… 57
2.4.1 建设用地土壤相关技术导则 …… 57
2.4.2 建设用地土壤环境调查评估技术指南 …… 58
习题 …… 58

参考文献……………………………………………………………………………………………… 58

第 3 章　土壤污染调查与风险评价

3.1　土壤污染调查 ……………………………………………………………………………… 60
3.1.1　土壤调查概述 …………………………………………………………………… 60
3.1.2　土壤环境监测 …………………………………………………………………… 63
3.1.3　土壤污染生态毒理诊断 ………………………………………………………… 72
3.1.4　土壤调查的国内外研究进展 …………………………………………………… 74
3.2　土壤污染风险评价与管理………………………………………………………………… 75
3.2.1　风险评价概述 …………………………………………………………………… 75
3.2.2　土壤污染的生态风险评价及管理……………………………………………… 77
3.2.3　土壤污染的健康风险评价 ……………………………………………………… 89
3.2.4　国内外污染土壤风险评估进展………………………………………………… 98
3.3　重金属污染土壤的风险评价 …………………………………………………………… 101
3.3.1　风险评价基本框架……………………………………………………………… 101
3.3.2　土壤重金属污染途径与暴露分析 ……………………………………………… 101
3.3.3　生态风险评价…………………………………………………………………… 104
3.3.4　人体健康风险评价……………………………………………………………… 105
3.3.5　土壤重金属风险评估研究现状 ………………………………………………… 106
3.4　有机物污染土壤的风险评价——以农药为例 ………………………………………… 107
3.4.1　风险评价基本框架……………………………………………………………… 107
3.4.2　土壤农药污染途径与暴露分析 ………………………………………………… 108
3.4.3　生态风险评价…………………………………………………………………… 111
3.4.4　人体健康风险评价……………………………………………………………… 115
3.5　污染土壤防范及国内外土壤管理 ……………………………………………………… 116
3.5.1　减少危害的防范措施…………………………………………………………… 116
3.5.2　应急措施预案…………………………………………………………………… 118
3.5.3　国外污染土壤管理……………………………………………………………… 119
3.5.4　对中国污染土壤管理的启示 …………………………………………………… 127
习题 ………………………………………………………………………………………………… 127
参考文献 …………………………………………………………………………………………… 127

第 4 章　污染物在土壤中的迁移和转化

4.1　污染物在土壤中的形态 ………………………………………………………………… 132
4.1.1　土壤中重金属的形态…………………………………………………………… 132
4.1.2　土壤中有机污染物的形态 ……………………………………………………… 134
4.1.3　典型重金属在土壤中的形态与分布 …………………………………………… 135
4.1.4　典型有机污染物在土壤中的形态与分布 ……………………………………… 138
4.2　污染物在土壤中的迁移 ………………………………………………………………… 142
4.2.1　机械迁移………………………………………………………………………… 142

4.2.2 物理-化学迁移 …… 142
4.2.3 生物迁移 …… 142
4.3 污染物在土壤中的转化 …… 142
4.3.1 物理转化 …… 142
4.3.2 化学转化 …… 143
4.3.3 生物转化 …… 143
4.4 影响污染物在土壤中转化的因素 …… 144
4.4.1 影响重金属在土壤中转化的因素 …… 144
4.4.2 影响有机污染物在土壤中转化的因素 …… 145
4.5 典型重金属在土壤中的迁移与转化 …… 147
4.5.1 汞在土壤环境中的迁移转化 …… 147
4.5.2 砷在土壤环境中的迁移转化 …… 148
4.5.3 铅在土壤环境中的迁移转化 …… 149
4.5.4 镉在土壤环境中的迁移转化 …… 150
4.5.5 铬在土壤环境中的迁移转化 …… 152
4.6 典型有机污染物在土壤中的迁移转化 …… 153
4.6.1 有机氯农药 …… 153
4.6.2 有机磷农药 …… 155
4.6.3 多环芳烃 …… 157
4.6.4 石油烃 …… 159
4.6.5 多氯联苯 …… 159
习题 …… 162
参考文献 …… 162

第5章 污染土壤物理化学修复技术

5.1 土壤气相抽提技术 …… 164
5.1.1 基本原理 …… 164
5.1.2 系统构成 …… 165
5.1.3 影响因素 …… 166
5.1.4 适用性 …… 169
5.1.5 费用 …… 171
5.1.6 应用概况与理论研究进展 …… 171
5.1.7 气相抽提增强技术 …… 171
5.1.8 SVE 系统设计计算 …… 176
5.2 土壤淋洗技术 …… 180
5.2.1 基本原理 …… 180
5.2.2 技术分类 …… 180
5.2.3 影响因素 …… 183
5.2.4 适用性 …… 185
5.2.5 土壤淋洗效率计算 …… 185
5.3 电动修复技术 …… 185

5.3.1 基本原理 …… 185
5.3.2 系统构成 …… 187
5.3.3 影响因素 …… 188
5.3.4 适用性 …… 191
5.3.5 改进技术工艺 …… 192
5.4 化学氧化技术 …… 195
5.4.1 技术概要 …… 195
5.4.2 系统构成和主要设备 …… 196
5.4.3 影响因素 …… 196
5.4.4 常用氧化剂 …… 198
5.4.5 适用性 …… 200
5.5 溶剂萃取技术 …… 200
5.5.1 基本原理 …… 200
5.5.2 系统构成 …… 201
5.5.3 影响因素 …… 201
5.5.4 适用性 …… 202
5.5.5 工艺举例 …… 203
5.6 固化/稳定化技术 …… 204
5.6.1 基本原理 …… 205
5.6.2 常用系统 …… 207
5.6.3 影响因素 …… 209
5.6.4 固化/稳定化工艺 …… 211
5.6.5 工作流程 …… 212
5.6.6 固化/稳定化优缺点 …… 214
5.7 热脱附技术 …… 215
5.7.1 基本原理 …… 215
5.7.2 系统构成和主要设备 …… 218
5.7.3 影响因素 …… 218
5.7.4 适用性 …… 219
5.7.5 热脱附技术的工程应用 …… 219
5.7.6 异位热脱附反应器的设计 …… 219
5.8 水泥窑协同处置技术 …… 220
5.8.1 基本原理 …… 220
5.8.2 系统构成和主要设备 …… 221
5.8.3 影响因素 …… 221
5.8.4 水泥窑协同处置技术工艺 …… 222
5.8.5 技术应用 …… 223
5.9 其他物理化学修复技术 …… 223
5.9.1 物理分离技术 …… 223
5.9.2 阻隔填埋技术 …… 225
5.9.3 可渗透反应墙技术 …… 226
5.9.4 超声波修复技术 …… 227

5.9.5 化学还原技术 …… 228
5.9.6 超临界流体萃取技术 …… 228
习题 …… 229
参考文献 …… 229

第6章 污染土壤生物修复

6.1 生物修复简介 …… 231
6.2 微生物修复 …… 233
6.2.1 重金属污染土壤的微生物修复 …… 234
6.2.2 有机污染土壤的微生物修复 …… 239
6.3 植物修复 …… 249
6.3.1 重金属污染土壤的植物修复 …… 250
6.3.2 有机污染土壤的植物修复 …… 258
6.4 生物修复的强化技术 …… 264
6.4.1 微生物修复的强化技术 …… 264
6.4.2 植物修复的强化技术 …… 269
习题 …… 273
参考文献 …… 273

第7章 污染场地土壤修复工程实施与管理

7.1 污染场地土壤修复工程实施的特点与影响因素 …… 277
7.1.1 修复工程实施的特点 …… 277
7.1.2 修复工程实施的影响因素 …… 278
7.2 修复工程实施流程与工作内容 …… 279
7.2.1 实施流程 …… 280
7.2.2 工作内容 …… 283
7.3 土壤修复工程技术筛选及方案制订 …… 299
7.3.1 目的及意义 …… 299
7.3.2 基本原则 …… 299
7.3.3 工作程序和内容 …… 300
7.3.4 确定修复策略及修复模式 …… 301
7.3.5 修复技术筛选与评估 …… 303
7.3.6 形成修复技术备选方案与方案比选 …… 317
7.3.7 制订环境管理计划 …… 330
7.3.8 编制修复方案 …… 331
7.4 土壤修复工程实施过程中的仪器设备 …… 332
7.4.1 现场检测仪器设备 …… 332
7.4.2 实验室仪器设备 …… 335
7.4.3 工程修复设备 …… 343
7.5 土壤修复工程实施过程中的药剂 …… 355

7.5.1 稳定固化药剂 …… 355
7.5.2 化学淋洗药剂 …… 356
7.5.3 化学氧化还原药剂 …… 357
7.5.4 生物修复药剂 …… 358
7.6 土壤修复工程项目管理 …… 359
7.6.1 项目组织结构 …… 359
7.6.2 施工组织及过程管理 …… 359
7.6.3 安全保障 …… 363
7.6.4 二次污染控制 …… 363
7.6.5 监理 …… 363
习题 …… 364
参考文献 …… 364

第 8 章 污染场地土壤修复工程项目典型案例

8.1 广州某香料厂地块修复项目 …… 366
8.1.1 项目基本情况 …… 366
8.1.2 场地状况 …… 367
8.1.3 治理修复 …… 371
8.1.4 修复环境监理 …… 379
8.1.5 修复效果评估 …… 379
8.1.6 案例特色 …… 380
8.1.7 案例总结 …… 381
8.2 武汉某制药厂、涂料厂搬迁遗留场地土壤修复项目 …… 381
8.2.1 项目基本情况 …… 381
8.2.2 场地状况 …… 382
8.2.3 治理修复 …… 386
8.2.4 修复环境监理 …… 399
8.2.5 修复验收 …… 400
8.2.6 案例特色 …… 403
8.2.7 案例总结 …… 405
8.3 南方某化工厂有机污染土壤修复治理项目 …… 405
8.3.1 项目基本情况 …… 405
8.3.2 场地状况 …… 406
8.3.3 治理修复 …… 407
8.3.4 案例总结 …… 410
8.4 美国科罗拉多州某农药厂有机污染土壤治理项目 …… 410
8.4.1 项目基本情况 …… 410
8.4.2 场地状况 …… 411
8.4.3 治理修复 …… 412
8.4.4 案例总结 …… 416
8.5 韩国某重金属污染土壤修复治理项目 …… 416

8.5.1 项目基本情况 …… 416
8.5.2 场地状况 …… 417
8.5.3 治理修复 …… 418
8.5.4 案例总结 …… 424
习题 …… 424
参考文献 …… 425

第9章 展 望

9.1 我国土壤修复行业面临的主要问题 …… 426
9.1.1 土壤污染详细情况有待进一步摸清 …… 426
9.1.2 土壤污染防治政策、法规、标准亟须完善 …… 426
9.1.3 土壤污染防治与修复技术研究基础薄弱 …… 427
9.1.4 土壤污染修复设备化、工程化、产业化研究滞后 …… 427
9.1.5 土壤污染防治与修复资金不明确 …… 427
9.1.6 土壤环境保护管理体制不完善 …… 427
9.2 我国污染土壤修复的技术局限性 …… 428
9.3 我国污染土壤修复的技术发展趋势 …… 429
9.3.1 向绿色与环境友好的土壤生物修复技术发展 …… 429
9.3.2 从单项向协同、联合的土壤综合修复技术发展 …… 430
9.3.3 从异位向原位的土壤修复技术发展 …… 430
9.3.4 基于环境功能修复材料的土壤修复技术发展 …… 430
9.3.5 基于设备化的快速场地污染土壤修复技术发展 …… 430
9.3.6 从土壤修复向土壤-水体联合修复发展 …… 431
9.3.7 从点源污染场地修复向流域生态修复发展 …… 431
9.3.8 土壤修复决策支持系统及后评估技术发展 …… 431
9.4 我国污染土壤修复商业模式建议 …… 431
9.4.1 第三方治理和PPP模式 …… 431
9.4.2 几种土壤修复商业模式建议 …… 432
9.5 我国土壤修复行业代表性单位介绍 …… 434
9.5.1 中国科学院沈阳应用生态研究所 …… 434
9.5.2 中国科学院南京土壤研究所 …… 435
9.5.3 中国环境科学研究院土壤污染与控制研究室 …… 435
9.5.4 上海市环境科学研究院固体废物与土壤环境研究所 …… 435
9.5.5 中冶南方都市环保工程技术股份有限公司 …… 436
9.5.6 北京建工环境修复有限责任公司 …… 437
9.5.7 北京高能时代环境技术股份有限公司 …… 437
9.5.8 中节能大地环境修复有限公司 …… 437
9.5.9 上田环境修复股份有限公司 …… 438
9.6 我国土壤修复工作展望 …… 438
习题 …… 440
参考文献 …… 440

第1章 概论

1.1 土壤及其组成、性质和功能

1.1.1 土壤

《说文解字》中记载：“土，地之吐生万物者也；壤，柔土也，无块曰壤。”有植物生长的地方称作“土”，而“壤”是柔软、疏松的土。土壤是能够生长植物的疏松多孔物质层。《周礼》中写道：“万物自生焉则曰土，以人所耕而树艺焉则曰壤”，即“土”通过人们的改良利用和精耕细作而成为“壤”。国际标准化组织（ISO）将土壤定义为具有矿物质、有机质、水分、空气和生命有机体的地球表层物质。我国环境质量标准（GB 15618—2018）中土壤指位于陆地表层能够生长植物的疏松多孔物质层及其相关自然地理要素的综合体。

土壤是地球的“皮肤”，地球表面形成的土壤圈占据着重要的地理空间位置，它处于大气圈、水圈、岩石圈和生物圈相互交接的部位，是连接各种自然地理要素的枢纽，是连接有机界和无机界的重要界面。土壤圈与其他圈层之间进行着物质和能量的交换，成为与人类关系最密切的环境要素。

土壤既具有资源的属性，也具有环境属性和生命属性，土壤是人类生存与发展的最基本环境要素。马克思在其《资本论》中就指出“土壤是世代相传的，人类所不能转让的生存条件和再生产条件”。

人类的工农业生产活动不仅影响土壤的形成过程和方向，也直接改变土壤的基本物理、化学和生物特性，土壤环境的变化更是影响全球的环境变化。如今，土壤已成为地球陆地生态系统的重要基础，全球土壤变化越来越影响着人类生存的条件。

1.1.2 土壤的组成

土壤由固态、液态和气态物质组成（图 1-1）。

固态物质包括矿物质、有机质和微生物，约占土壤体积的 50%。土壤的矿物质是指含钾、钙、钠、镁、铁、铝等元素的硅酸盐、氧化物、硫化物、磷酸盐。土壤中有机物质分为枯枝落叶或动物尸体的残落物和腐殖质两大类，其中以腐殖质最为重要，占有机物质的 70%～90%，它是由碳、氢、氧、氮和少量硫元素组成的具有多种官能团的天然络合剂。

液态物质由水分构成，约占土壤体积的 20%～30%，主要存在于土壤孔隙中，可以分为束缚水和自由水两种：前者是受土粒间的吸力所阻，难以在土壤中移动的水分；后者是在

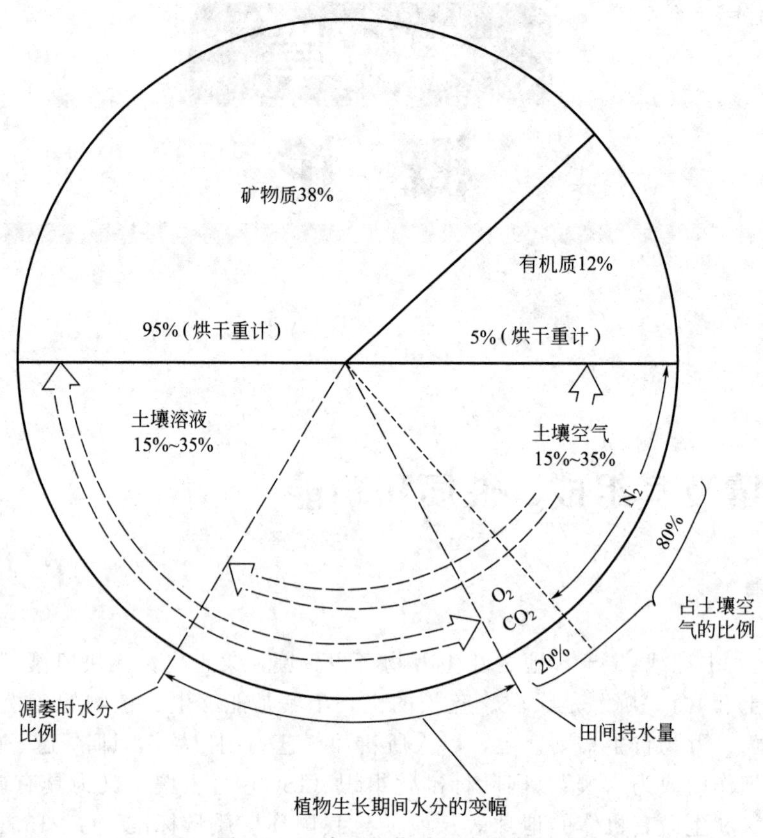

图 1-1　土壤三相物质组成示意图

土壤中自由移动的水分。

气态物质存在于未被水分占据的土壤空隙中，约占土壤体积的20%～30%。土壤气态物质来自大气，但由于生物活动的影响，它与大气的组分有差异，通常表现为湿度较高、CO_2 含量较高、O_2 含量较低。

组成土壤的固态、液态和气态物质都有其独特的作用，各组分之间又相互影响、相互反应，形成许多土壤特性。土壤的组成和性质，不仅影响土壤的生产能力，而且通过物理、化学和生物过程，影响土壤的环境净化功能并最终直接或间接地影响人类健康。

1.1.2.1　土壤矿物质

土壤矿物质是土壤的主要组成物质，构成了土壤的“骨骼”，按成因可分为原生矿物和次生矿物两大类。

(1) 原生矿物

土壤原生矿物是指各种岩石受到不同程度的物理风化后而未经化学风化的碎屑物，其原来的化学组成和结晶构造均未改变。土壤的粉砂粒和砂粒几乎全是原生矿物。土壤原生矿物的种类主要有：硅酸盐类、铝硅酸盐类矿物，如长石、云母、辉石、角闪石和橄榄石等；氧化物类矿物，如石英、金红石、锆石、电气石等；硫化物，如黄铁矿等；磷酸盐类矿物，如氟磷灰石。它们是土壤中各种化学元素的最初来源。

(2) 次生矿物

土壤次生矿物是由原生矿物经风化和成土过程后重新形成的新矿物，其化学组成和构造都发生改变而不同于原生矿物。土壤次生矿物分为三类：简单盐类、次生氧化物类和次生铝硅酸盐类。次生（主要是铁、铝）氧化物类和次生铝硅酸盐类是土壤矿物质中最细小的部分（粒径小于 2μm），如高岭石、蒙脱石、伊利石、绿泥石、针铁矿、三水铝石等，具有胶体性质，常称为黏土矿物。

次生矿物是土壤黏粒和土壤胶体的组成部分，土壤的很多物理性质和化学性质，如黏性、吸附性等都与次生矿物有关，土壤的这些物理化学性质不仅影响植物对土壤养分的吸收，而且对土壤中的重金属、农药等污染物质的迁移转化和有效性也产生重要的影响。

(3) 土壤矿物质的主要组成元素

土壤中元素的平均含量与地壳中各元素的克拉克值相似。地壳中已知的 90 多种元素土壤中都存在，包括含量较多的十余种元素，如氧、硅、铝、铁、钙、镁、钠、钾、磷、锰、钛、硫等，以及一些微量元素，如锌、硼、铜、钼等。从含量看，前四种元素所占的比例最多，若以 SiO_2、Al_2O_3 和 Fe_2O_3 氧化物形式而言，三者之和占土壤矿物部分的 75%。

1.1.2.2 土壤有机质

土壤有机质概指土壤中动植物残体、微生物体及其分解和合成的物质，是土壤的固相组成部分。土壤有机质在土壤中的数量虽少，但对土壤的理化性质影响极大，而且又是植物和微生物生命活动所需养分和能量的源泉。

土壤有机质包括两大类。第一类为非特殊性有机质，主要是原始组织，包括高等植物未分解和半分解的根、茎、叶以及动物分解原始植物组织后向土壤提供的排泄物和动物死亡之后的尸体等。这些物质被各种类型的土壤微生物分解转化，形成土壤物质的一部分。因此，土壤植物和动物不仅是各种土壤微生物营养的最初来源，也是土壤有机部分的最初来源。这类有机质主要累积于土壤的表层，约占土壤有机部分总量的 10%～15%。第二类为土壤腐殖质（humus），是土壤中特殊的、其性质在原有动植物残体的基础上发生了很大改变的有机物质，占土壤有机质的 85%～90%。腐殖质是一种复杂化合物的混合物，通常呈黑色或棕色，胶体状。它具有比土壤无机组成中黏粒更强的吸持水分和养分离子的能力，因此少量的腐殖质就能显著提高土壤的生产力。土壤腐殖质对土壤物理化学性质和微生物活动的影响，不仅对减少进入土壤中的污染物质的危害起到巨大的作用，而且对全球碳的平衡和转化也有很大的作用。

土壤有机质组成十分复杂，按化学组成可以分为碳水化合物，含氮化合物，木质素，含磷、含硫化合物以及脂肪，蜡质，单宁，树脂等。

1.1.2.3 土壤水分与土壤溶液

土壤水分和土壤空气同时存在于土壤孔隙之中，土壤孔隙若未充满水分则必然存在土壤空气，反之亦然，两者彼此消长。

土壤水分是土壤的重要组成成分之一。它不仅是植物生长必不可少的因子，而且可与可溶性盐构成土壤溶液，成为向植物供给养分和与其他环境因子进行化学反应和物质交换的介质。土壤水分主导着离子的交换、物质的溶解与沉淀、化合和分解等，是生命必需元素和污染物迁移转化的重要影响因素。土壤水分主要来自于大气降水、灌溉水、地下水。土壤水分的消耗形式主要有土壤蒸发、植物吸收和蒸腾、水分渗漏和径流损失等。按水分的存在形态和运动形式，土壤水分可划分为吸湿水、毛管水和重力水等。

土壤水溶解土壤中各种可溶性物质后，便成为土壤溶液。土壤溶液主要由自然降水中所带的可溶物，如 CO_2、O_2、HNO_3、HNO_2 及微量的 NH_3 等和土壤中存在的其他可溶性物质，如钾盐、钠盐、硝酸盐、氯化物、硫化物以及腐殖质中的胡敏酸、富里酸等构成。由于环境污染的影响，土壤溶液中也进入了一些污染物质。

土壤溶液的成分和浓度经常处于变化之中。土壤溶液的成分和浓度取决于土壤水分、土壤固体物质和土壤微生物三者之间的相互作用，它们使溶液的成分、浓度不断发生改变。在潮湿多雨地区，由于水分多，土壤溶液浓度较小，土壤溶液中有机化合物所占比例大；在干旱地区，矿物质风化淋溶作用弱，矿物质含量高，土壤溶液浓度大。此外，土壤温度升高会使许多无机盐类的溶解度增加，使土壤溶液浓度加大；土壤微生物活动也直接影响着土壤溶液的成分和浓度，微生物分解有机质，可使土壤中 CO_2 的含量增加，导致土壤溶液中碳酸的浓度也随之增大。

由于土壤溶液实际上是由多种弱酸（或弱碱）及其盐类构成的缓冲体系，因此，土壤具有缓冲能力，能够缓解酸碱污染物对植物和微生物生长的影响。

1.1.2.4 土壤空气

土壤空气来源于大气，它存在于未被水分占据的孔隙中，但其性质与大气明显不同。由于土壤生物生命活动和气体交换的影响，土壤空气中 CO_2 的含量比大气高，而 O_2 的含量比大气低。土壤空气中 CO_2 的含量一般为0.15%～0.65%，是大气中 CO_2 含量（0.035%）的十倍至数百倍。O_2 在大气中约占21%，而在土壤空气中仅占10%～20%，在通气极端不良的条件下可低于10%。另外，土壤空气中的水汽含量大于70%，远比大气高，土壤空气湿度一般接近100%。在土壤中，由于有机质的嫌气分解，还可能产生 CH_4、H_2 等气体。土壤空气中还经常有 NH_3 存在，但含量不高。

土壤空气对植物种子发芽、根系发育、微生物活动及养分的转化有很大的影响。一方面，它是土壤肥力因素之一，土壤中空气的状况直接影响土壤性质和植物的生长；另一方面，它影响污染物在土壤中的迁移转化，影响植物生长和作物品质，如土壤中氧气含量影响土壤氧化还原电位，对土壤污染物的转化产生重要影响。土壤空气的成分还直接影响与之相接触的大气的成分，甚至影响居民区室内空气的成分，从而通过呼吸系统影响人类的健康。

1.1.2.5 土壤生物

土壤区别于岩石的主要特点之一，就是在土壤中生活着一个生物群体。生物不但积极参与岩石的风化作用，并且是成土作用的主导因素。土壤生物是土壤的重要组成成分和影响物质能量转化的重要因素。这个生物群体，特别是微生物群落，是净化土壤有机污染的主力军。

土壤生物可分为两大类：微生物区系和动物区系。土壤中包含细菌、放线菌、真菌与藻类四种重要的微生物类群。土壤微生物的数量十分庞大。微生物参与下的氮、碳、硫、磷等环境污染物质的转化对环境自净功能起重要作用。土壤动物包括原生动物、蠕虫动物（线虫类和蚯蚓等）、节肢动物（蚁类、蜈蚣、螨虫等）、腹足动物（蜗牛等）以及栖居土壤的脊椎动物。

1.1.3 土壤的性质

不同土壤类型，具有不同的物理特性（土壤质地、土壤孔性、土壤水分特性、通气性、力学特性和适耕性）、化学特性（胶体特性、吸附性、酸碱性、土壤氧化还原性、配位反应）、生物学特性（酶、微生物、土壤动物）。污染物进入土壤后，土壤中的黏粒矿物对污染物发生吸附解吸作用，土壤有机质、土壤中的酸碱性、氧化还原状况等都会影响土壤中污染物的毒性，同一种污染物在不同类型土壤中的环境危害差别很大，这与水、气环境明显不同。

1.1.3.1　土壤的物理性质

土壤是一个极其复杂的、含有三相物质的分散系统。它的固体基质包括大小、形状和排列不同的土粒。这些土粒的相互排列和组织，决定着土壤结构与孔隙的特征，水和空气就在孔隙中保存和传导。土壤的三相物质的组成和它们之间强烈的相互作用表现出土壤的各种物理性质，如土壤质地、结构、孔隙、通气、温度、热量、可塑性、膨胀和收缩等。

(1) 土壤质地

土壤由大小不同的土粒按不同的比例组合而成。土壤不同的颗粒其成分和性质不一样，一般来说，土粒越细，所含的养分越多，但污染元素的含量也越多。土壤中各粒级土粒含量的相对比例或质量比称为土壤质地。依土粒粒径的大小，土粒可以分为 4 个级别：石砾（粒径大于 2mm）、砂粒（粒径为 2～0.05mm）、粉砂（粒径为 0.05～0.002mm）和黏粒（粒径小于 0.002mm）。一般来说，土壤的质地可以归纳为砂质、黏质和壤质三类。砂质土是以砂粒为主的土壤，砂粒含量通常在 70%以上；黏质土壤中黏粒的含量一般不低于 40%；壤质土可以看作是砂粒、粉砂粒和黏粒三者在比例上均不占绝对优势的一类混合土壤。

中国土壤质地分类见表 1-1。

表 1-1　中国土壤质地分类

质地组成	质地名称	颗粒组成/%		
		砂粒（1～0.05mm）	粗粉粒（0.05～0.01mm）	细黏土（<0.001mm）
砂土	极重砂土	>80		<30
	重砂土	70～80		
	中砂土	60～70		
	轻砂土	50～60		
壤土	砂粉土	≥20	≥40	
	粉土	<20		
	砂壤	≥20	<40	
		<20		
黏土	轻黏土			30～35
	中黏土			35～40
	重黏土			40～60
	极重黏土			>60

土壤质地可在一定程度上反映土壤的矿物组成和化学组成，不同质地的土壤，土壤的孔隙率、通气性、透水性和吸附性等性质明显不一样，这些性质不仅影响土壤的保水和蓄肥能力，而且影响土壤的自净能力和土壤中微生物的活性和有机物含量，继而对土壤的环境状况产生影响。不仅如此，裸露的土壤表面还是空气颗粒物的重要来源，土壤颗粒越细，越容易造成扬尘，从而加重空气污染，危害人类健康。空气可吸入颗粒物主要来源于土壤。

① 砂土　黏粒含量少，砂粒含量占优势，通气性、透水性强，分子吸附、化学吸附及交换作用弱，对进入土壤中的污染物的吸附能力弱，保存的少，同时由于通气孔隙大，污染物容易随水淋溶、迁移。砂质土类的优点是污染物容易从土壤表层淋溶至下层，减轻表层土污染物的数量和危害，缺点是有可能进一步污染地下水，造成二次污染。

② 黏土　其颗粒细小，含黏粒多，比表面积大，较黏重，大孔隙少，通气透水性差。由于黏质土富含黏粒，土壤物理吸附、化学吸附及离子交换作用强，具有较强保肥、保水性能，同时也可将进入土壤中的各类污染物质以分子、离子形态吸附固定于土壤颗粒，增加了污染物转移的难度。在黏土中加入砂粒，可增加土壤通气孔隙，减少对污染物的分子吸附，提高淋溶的强度，促进污染物的转移。

③ 壤土　其性质介于黏土和砂土之间。其性状差异取决于壤土中砂、黏粒含量比例，黏粒含量多，性质偏于黏土类，砂粒含量多则偏于砂土类。

(2) 土壤孔隙

土粒与土粒之间、结构体与结构体之间通过点、面接触关系，形成大小不等的空间，土壤中的这些空间称为土壤孔隙。土壤孔隙的形状是复杂多样的，人们通常把土壤这种多孔的性质称为土壤孔隙性。土壤孔隙性决定着土壤的水分和空气状况，并对土壤的水、肥、气、热及耕作性能都有较大的影响，所以它是土壤的重要属性。

土壤孔隙性取决于土壤的质地、结构和有机质的含量等。不同土壤的孔隙性质差别很大。一般说来，砂土中孔隙的体积占单位体积土壤的百分比为30%～45%，壤土为40%～50%，黏土为45%～60%，结构良好的表土高达55%～65%，甚至在70%以上。

土壤的孔隙性状对进入土壤污染物的过滤截留、物理和化学吸附、化学分解、微生物降解等有重要影响。在利用污水灌溉的地区，若土壤通气孔隙大，好气性微生物活动强烈，可以加速污水中有机物质分解，较快地转化为无机物，如CO_2、NH_3、硝酸盐和磷酸盐等。通气孔隙量大，土壤下渗强度大，渗透量大，土壤土层的有机、无机污染物容易被淋溶，从而进入地下水造成污染。

(3) 土壤结构

自然界的土壤，往往不是以单粒状态存在，而是形成大小不同、形态各异的团聚体，这些团聚体或颗粒就是各种土壤结构。土壤结构是土壤中固体颗粒的空间排列方式。根据土壤的结构形状和大小，土壤中结构体可归纳为块状结构体、核状结构体、片状结构体、柱状结构体、团粒结构体等。

① 块状结构体　近似立方体形，长、宽、高大体相等（一般大于3cm），边面棱角不很明显。该结构容易在质地黏重而缺乏有机质的土壤中生成，特别是在土壤过湿或过干时最容易形成；由于相互支撑，会增大孔隙，造成水分快速蒸发，不利于植物生长繁育。

② 核状结构体　与块状结构体类似，但体积比块状结构小，长、宽、高在1～3cm，边面棱角明显。该结构多以石灰或铁质作为胶结剂，在结构面上有胶膜出现，因此具有稳定水分的作用，容易在质地黏重和缺乏有机质的土壤中形成。

③ 片状结构体　呈扁平状，长度和宽度比厚度长，界面呈水平薄片状。这种结构往往是由于流水沉积作用或某些机械压力造成的，不利于通气透水，容易造成土壤干旱，水土流失。农田犁耕层、森林的灰化层、园林压实的土壤均属此类。

④ 柱状结构体　呈立柱状，其中棱角明显有定形的称为棱柱状结构体。棱角不明显无定形的称为拟柱状结构体。其特点是土体直立、结构体横截面大小不一、坚硬、内部无效孔隙占优势、植物的根系难以介入、通气不良、结构体之间有很大的裂隙、既漏水又漏肥。常见于半干旱地带的表下层，以碱土、碱化土表下层或黏重土壤心土层最为典型。

⑤ 团粒结构体　通常指土壤中近乎球状的小团聚体，其直径为0.25～10mm，具有水稳定性，对土壤肥力具有良好作用。农林业生产中最理想的团粒粒径为2～3mm。这种结构体一般存在于腐殖质较多、植物生长茂盛的表土层中，是最适宜植物生长的土壤结构体

类型。

土壤结构决定着土壤的通气性、吸湿性、渗水性等物理性质，直接影响着土壤的环境功能。一般来说，通气性和渗水性好的土壤，有利于土壤的自净作用。

1.1.3.2 土壤的化学性质

与土壤的物理性质一样，土壤的化学性质表现在土壤胶体性质、酸碱性、离子交换性、氧化还原反应、络合反应等方面。

(1) 土壤胶体

土壤胶体是土壤中高度分散的部分，是土壤中最活跃的物质之一。土壤的许多物理、化学现象，如土粒的分散与凝聚、离子的吸附与交换、酸碱性、缓冲性、黏结性、可塑性等都与胶体的性质有关。在化学中，胶体是指粒径在1～100nm范围内的固体颗粒。在土壤科学中，一般认为土粒粒径小于2μm的颗粒是土壤胶体。土壤胶体按其成分和特性，主要可分为土壤矿质胶体（次生黏土矿物为主）、有机胶体（腐殖质、有机酸等）和无机复合胶体三种。因为土壤胶体颗粒体积小，所以土壤胶体拥有巨大的比表面和表面能。若土壤中胶体含量高，土壤比表面愈大，表面能也愈大，吸附性能也愈强。

土壤胶体有集中和保持养分的作用，不仅能为植物吸收营养提供有利条件，而且能直接为土壤生物提供有效的有机物。土壤各类胶体具有调节和控制土体内热、水、气、肥动态平衡的能力，为植物的生理协调提供物质基础。

进入土壤的农药可被黏土矿物吸附而失去其药性，条件改变时，又可被释放出来。有些农药可在胶体表面发生催化降解而失去毒性。土壤黏土矿物表面可通过配位相互作用与农药结合，农药与黏粒的复合必然影响其生物毒性，这种影响程度取决于黏粒的吸附力和解吸力。

土壤胶体还可促使某些元素迁移，或吸附某些元素使之沉淀集中，或通过离子交换作用，使交换力强的元素保留下来，而交换力弱的元素则被淋溶迁移。因此，土壤胶体对土壤中元素的迁移转化有着重大作用。

(2) 土壤酸碱性

在土壤物质的转化过程中，会产生各种酸性和碱性物质，使土壤溶液总是含有一定数量的 H^+ 和 OH^-。两者的浓度比例决定着土壤溶液反应的酸性、中性和碱性。土壤的酸碱性虽然表现为土壤溶液的反应，但是它与土壤的固相组成和吸附性能有着密切的关系，是土壤的重要化学性质。

土壤酸碱性影响土壤中各种化学反应，如氧化还原、溶解沉淀、吸附解吸、络合解离等。因此，土壤酸碱性对土壤养分的有效性产生重要影响，它同时通过对上述一系列化学反应影响土壤污染物的形态转化和毒性。土壤酸碱性还影响土壤微生物活性，进而影响土壤中有机质分解、营养物质的循环和有害物质的分解和转化。

根据土壤溶液中 H^+ 存在的方式，土壤酸度可分为活性酸度和潜性酸度两大类型。土壤的活性酸度是土壤溶液中氢离子浓度的直接反映。土壤溶液中的氢离子主要来源于土壤空气中的 CO_2 溶于水形成的碳酸和有机质分解产生的有机酸，以及氧化作用产生的大量无机酸（如硝酸、硫酸、磷酸等）和无机肥料残留的酸根。此外，大气污染产生的酸雨所带来的大量的硫酸会使土壤酸化，是一项重要的土壤污染。土壤的潜性酸度是由代换性氢、铝离子所决定的。这些离子处于吸附状态时是不显酸性的，当它们被代换入土壤溶液后会增加 H^+ 的浓度，便显示出酸性来。它们是土壤酸度的潜在来源。

1.1.4 土壤环境质量及其功能

(1) **土壤环境**

土壤环境是由植物和土壤生物及其生存环境要素，包括土壤矿物质和有机质、土壤空气和土壤水构成的一个有机统一整体。土壤的各种组成部分并不是孤立的，它们相互作用并互相连接，构成完整的土壤结构系统。这个复杂系统的各种性质是相互影响和相互制约的。当环境向土壤输入物质与能量时，土壤系统可通过本身组织的反馈作用进行调节与控制，保持系统的稳定状态。

(2) **土壤质量**

土壤质量是土壤在一定的生态系统内提供生命必需养分和生产生物物质的能力，容纳、降解、净化污染物质和维护生态平衡的能力，影响和促进植物、动物和人类生命安全和健康的能力的综合量度。土壤环境质量标准规定了土壤中污染物的最高允许浓度指标值。我国制定的《土壤环境质量标准》(GB 15618—1995)，于 1995 年首次发布。该标准按土壤应用功能、保护目标和土壤主要性质，规定了土壤中污染物的最高允许浓度。该标准分为三级：一级标准为保护区域自然生态、维持自然背景的土壤质量的限制值。二级标准为保障农业生产、维护人体健康的土壤限制值。三级标准为保障农林生产和植物正常生长的土壤临界值。2018 年对该标准进行了第一次修订，修订后的《土壤环境质量　农用地土壤污染风险管控标准（试行）》(GB 15618—2018）和《土壤环境质量　建设用地土壤污染风险管控标准（试行）》(GB 36600—2018）自 2018 年 8 月 1 日起实施，该标准规定了农用地和建设用地的土壤污染风险筛选值和管制值。

(3) **土壤背景值**

土壤背景值是指未受或少受人类活动（特别是人为污染）影响的土壤环境本身的化学元素组成及其含量，它是诸因素综合作用下成土过程的产物，代表土壤某一历史发展、演变阶段的一个相对意义上的概念，其数值是一个范围值，而不是一个确定值，其大小因时间和空间的变化而不同。土壤背景值是研究和确定土壤环境容量，制定土壤环境质量标准的基本数据，也是土壤环境质量评价，特别是土壤污染综合评价的基本依据。

(4) **土壤环境容量**

土壤环境容量是指在一定环境单元、一定时限内遵循环境质量标准，既能保证土壤质量，又不产生次生污染时，土壤所能容纳污染物的最大负荷量。土壤环境容量受到多种因素的影响，如土壤性质、环境因素、污染历程、污染物的类型与形态等。由于影响因素的复杂性，因而土壤环境容量不是一个固定值而是一个范围值。土壤环境容量是对污染物进行总量控制与环境管理的重要指标。对损害或破坏土壤环境的人类活动及时进行限制，进一步要求污染物排放必须限制在容许限度内，既能发挥土壤的净化功能，又能保证土壤环境处于良性循环状态。

(5) **土壤自净**

土壤的自净功能是进入土壤的外源物质通过土壤物理、化学、生物作用降低或消除土壤中污染物质的生物有效性和毒性的能力。土壤可通过吸附、分解、迁移、转化作用实现土壤减轻、缓解或去除外源物质的影响，包括在土体中过滤、挥发、扩散等物理作用，沉淀、吸附、分解等化学作用，代谢、降解等生物作用以及联合作用等净化能力，它是土壤对外源化学物质具有负载容量的基础，是保证土壤生态系统良性循环的前提。土壤自净能力的大小与土壤本身的性质、物质组成、质地结构以及污染物本身的组成及性质均有密切关系。故土壤自净能力越大，土壤环境容量越大。

(6) **土壤功能**

土壤的七大功能包括：①生物质生产；②养分、物质和水的储存、过滤与转化；③生物的栖息之地；④提供物质与人文环境；⑤原材料来源；⑥碳库；⑦地质与文化遗产等。土壤具有社会、生态、经济、文化和精神层面的价值，同时也在生态系统服务中发挥着支持、供给、调节和文化服务等功能，在生物质生产、环境净化、气候变化缓解、生物多样性维持、自然文化遗产保护、景观旅游资源开发等方面发挥着重要作用。

1.2 土壤污染

土壤是90%污染物的最终受体，比如大气污染造成的污染物沉降，污水的灌溉和下渗，固体废弃物的填埋，“受害者”都是土壤。作为与人类生产生活密切相关的自然要素，土壤污染不容忽视。

1.2.1 土壤污染的定义与特点

土壤污染（soil pollution）是指污染物通过多种途径进入土壤，其数量和速度超过了土壤自净能力，导致土壤的组成、结构和功能发生变化，微生物活动受到抑制，有害物质或其分解产物在土壤中逐渐积累，通过“土壤-植物-人体”，或通过“土壤-水-人体”间接被人体吸收，危害人体健康的现象。

污染物进入土壤后，通过土壤对污染物质的物理吸附、胶体作用、化学沉淀、生物吸收等一系列过程与作用，使其不断在土壤中累积，当其含量达到一定程度时，才引起土壤污染。

国际上，土壤污染指标尚未有统一的标准。目前中国采用的土壤污染指标有：土壤容量指标；土壤污染物的全量指标；土壤污染物的有效浓度指标；生化指标（土壤微生物总量减少50%，土壤酶活性降低25%）和土壤背景值加3倍标准差（$X+3S$）等作为标准。

识别土壤污染通常有以下三种方法：

① 土壤中污染物含量超过土壤背景值的上限；

② 土壤中污染物含量超过土壤环境质量标准中规定的污染物的最高允许浓度指标值；

③ 土壤中污染物对生物、水体、空气或人体健康产生危害。

值得注意的是，重金属在一定自然条件下具有较高的背景浓度，这种天然的高背景浓度意味着即使超标也不代表有污染。

土壤是复杂的三相共存体系。有害物质在土壤中可与土壤相结合，部分有害物质可被土壤生物分解或吸收，当土壤有害物质迁移至农作物，再通过食物链损害人畜健康时，土壤本身可能还继续保持其生产能力，这更增加了对土壤污染危害性的认识难度，以致污染危害持续发展。

土壤污染具有以下特点。

(1) **隐蔽性或潜伏性**

土壤污染被称作“看不见的污染”，它不像大气、水体污染一样容易被人们发现和觉察，土壤污染往往要通过对土壤样品进行分析化验和农作物的残留情况检测，甚至通过粮食、蔬菜和水果等农作物以及摄食的人或动物的健康状况才能反映出来，从遭受污染到产生“恶果”往往需要一个相当长的过程。也就是说，土壤污染从产生污染到出现问题通常会滞后较长的时间，如日本的“痛痛病”经过了10～20年之后才被人们所认识。

(2) 累积性与地域性

土壤对污染物进行吸附、固定，其中也包括植物吸收，从而使污染物聚集于土壤中。在进入土壤的污染物中，多数是无机污染物，特别是重金属和放射性元素都能与土壤有机质或矿物质相结合，并且长久地保存在土壤中，无论它们如何转化，也很难重新离开土壤，成为顽固的环境污染问题。污染物在土壤中并不像在大气和水体中那样容易扩散和稀释，因此容易在土壤环境中不断积累而达到很高的浓度。由于土壤性质差异较大，而且污染物在土壤中迁移慢，导致土壤中污染物分布不均匀，空间变异性较大，因此土壤污染具有很强的地域性特点。

(3) 不可逆转性

积累在污染土壤中的难降解污染物很难靠稀释作用和自净作用来消除。

重金属污染物对土壤环境的污染基本上是一个不可逆转的过程，主要表现为两个方面：a. 进入土壤环境后，很难通过自然过程从土壤环境中稀释或消失；b. 对生物体的危害和对土壤生态系统结构与功能的影响不容易恢复。例如，被某些重金属污染的农田生态系统可能需要100～200年才能恢复。

同样，许多有机化合物的土壤污染也需要较长的时间才能降解，尤其是那些持久性有机污染物，在土壤环境中基本上很难降解，甚至产生毒性较大的中间产物。例如，六六六和DDT在中国已禁用30多年，但由于有机氯农药非常难以降解，至今仍能从土壤中检出。

(4) 治理难而周期长

土壤污染一旦发生，仅仅依靠切断污染源的方法往往很难自我恢复，必须采用各种有效的治理技术才能解决现实污染问题。但是，从目前现有的治理方法来看，仍然存在成本较高和治理周期较长的问题。因此，需要有更大的投入来探索、研究、发展更为先进、更为有效和更为经济的污染土壤修复、治理的各项技术与方法。

1.2.2 土壤污染物

1.2.2.1 根据污染物性质分类

根据污染物性质，可把土壤污染物大致分为无机污染物和有机污染物两大类（表1-2）。

表1-2 土壤主要污染物质

污染物种类			主要来源
无机污染物	重金属	汞(Hg)	制碱、汞化物生产等工业废水和污泥，含汞农药，金属汞蒸气
		镉(Cd)	冶炼、电镀、染料等工业废水、污泥和废气，肥料
		锌(Zn)	冶炼、镀锌、纺织等工业废水、污泥和废渣，含锌农药，磷肥
		铬(Cr)	冶炼、电镀、制革、印染等工业废水和污泥
		铅(Pb)	颜料、冶炼等工业废水，汽油防爆燃烧排气，农药
		镍(Ni)	冶炼、电镀、炼油、染料等工业废水和污泥
	放射元素	铯(Cs) 锶(Sr)	原子能、核动力、同位素生产等工业废水和废渣，大气层核爆炸
	其他	氟(F)	冶炼、氟硅酸钠、磷酸和磷肥等工业废气，肥料
		盐碱	纸浆、纤维、化学等工业废水
		酸	硫酸、石油化工、酸洗、电镀等工业废水
		砷(As)	硫酸、化肥、农药、医药、玻璃等工业废水和废气
		硒(Se)	电子、电路、油漆、墨水等工业的排放物

续表

污染物种类		主要来源
有机污染物	有机农药	农药生产和使用
	酚	炼油、合成苯酚、橡胶、化肥、农药等工业废水
	氰化物	电镀、冶金、印染等工业废水，肥料
	苯并芘	石油、炼焦等工业废水
	石油	石油开采，炼油，输油管道漏油
	有机洗涤剂	城市污水，机械工业
	有害微生物	厩肥

(1) 无机污染物

污染土壤的无机物，主要有重金属（汞、镉、铅、铬、铜、锌、镍，以及类金属砷、硒等)、放射性元素（铯 137、锶 90 等)、氟、酸、碱、盐等。其中尤以重金属和放射性物质的污染危害最为严重，因为这些污染物都是具有潜在威胁的，一旦污染了土壤，就难以彻底消除，并较易被植物吸收，通过食物链进入人体，危及人类的健康。

(2) 有机污染物

污染土壤的有机物，主要有人工合成的有机农药、酚类物质、氰化物、石油、多环芳烃、洗涤剂以及有害微生物、高浓度耗氧有机物等。其中尤以有机氯农药、有机汞制剂、多环芳烃等性质稳定不易分解的有机物为主，它们在土壤环境中易累积，污染危害大。

1.2.2.2 根据危害及出现频率大小分类

(1) 重金属

土壤重金属污染是指由于人类活动将金属加入到土壤中，致使土壤中重金属含量明显高于原生含量并造成生态环境质量恶化的现象。

污染土壤的重金属主要包括汞（Hg)、镉（Cd)、铅（Pb)、铬（Cr）和类金属砷（As）等生物毒性显著的元素，以及有一定毒性的锌（Zn)、铜（Cu)、镍（Ni）等元素。主要来自农药、废水、污泥和大气沉降等，如汞主要来自含汞废水，镉、铅污染主要来自冶炼排放和汽车废气沉降，砷则被大量用作杀虫剂、杀菌剂、杀鼠剂和除草剂。过量重金属可引起植物生理功能紊乱、营养失调，镉、汞等元素在作物籽实中富集系数较高，即使超过食品卫生标准，也不影响作物生长、发育和产量，此外汞、砷能减弱和抑制土壤中硝化、氨化细菌活动，影响氮素供应。重金属污染物在土壤中移动性很小，不易随水淋滤，不为微生物降解，通过食物链进入人体后，潜在危害极大，应特别注意防止重金属对土壤的污染。一些矿山在开采中尚未建立石排场和尾矿库，废石和尾矿随意堆放，致使尾矿中富含难降解的重金属进入土壤，加之矿石加工后余下的金属废渣随雨水进入地下水系统，造成严重的土壤重金属污染。

土壤重金属污染的主要特征有如下两点。

① 形态多变　随 pH 值、氧化还原电位、配位体不同，常有不同的价态、化合态和结合态，形态不同其毒性也不同；

② 难以降解　污染元素在土壤中一般只能发生形态的转变和迁移，难以降解。

(2) 石油类污染物

土壤中石油类污染物组分复杂，主要有 C_{15}～C_{36} 的烷烃、烯烃、苯系物、多环芳烃、酯类等，其中美国规定的优先控制污染物多达 30 余种。

石油已成为人类最主要的能源之一，随着石油产品需求量的增加，大量的石油及其加工品进入土壤，给生物和人类带来危害，造成土壤的石油污染日趋严重，这已成了世界性的环境问题。全世界大规模开采石油是从20世纪初开始的，1900年全世界的消费量约2000万吨，100多年来这一数量已经增加了100多倍。每年的石油总产量已经超过了22亿吨，其中约18亿吨是由陆地油田生产的，仅石油的开采、运输、储存以及事故性泄漏等原因造成每年约有800万～1000万吨石油进入环境（不包括石油加工行业的损失），仅中国每年就有近60万吨石油进入环境，引起土壤、地下水、地表水和海洋环境的严重污染。中国目前是世界上第二大石油消费国，中国石油和化学工业联合会公布的最新数据显示，2019年国内原油表观消费量达6.96亿吨。

在石油生产、储运、炼制、加工及使用过程中，由于事故、不正常操作及检修等原因，都会有石油烃类的溢出和排放，例如，油田开发过程中的井喷事故、输油管线和储油罐的泄漏事故、油槽车和油轮的泄漏事故、油井清蜡和油田地面设备检修、炼油和石油化工生产装置检修等。石油烃类大量溢出时，应当尽可能予以回收，但有的情况下回收很困难，即使尽力回收，仍会残留一部分，对环境（土壤、地面和地下水）造成污染。由于过去数十年间各大油田区域采油工艺相对落后、密闭性不佳，加之环境保护措施和影响评价体系相对落后、污染控制和修复技术缺乏，我国土壤石油类污染程度较高，石油污染呈逐年累积加重态势。

近年来，随着我国国民经济和各类等级公路的飞速发展以及汽车保有量的大量增加，汽车加油站数量在迅速增加的同时也给环境带来了巨大的潜在危害，加油站埋地储油罐一旦腐蚀渗漏就会污染土壤和地下水。我国加油站从20世纪80年代中期开始快速增长，截至2019年年底，全国共有加油站10万余座。

(3)持久性有机污染物 (POPs)

最为常见的持久性有机污染物包括：多环芳烃（PAHs）、多杂环烃（PHHs）、多氯联苯（PCBs）、多氯二苯二噁英（PCDDs）、多氯二苯呋喃（PCDFs）以及农药残体及其代谢产物。

农药是存在于土壤环境中一类重要的有机污染物。农药的作用是对付、杀死自然界中各种昆虫、线虫、蛹、杂草、真菌病原体，在农药生产过程和农业生产使用过程中可能导致土壤污染。目前，农业上农药的使用量一般达到0.2～5.0kg/hm^2，而非农业目的的应用，其用量往往更高。例如，在英国，大量除草剂用于铁路或城市道路上清除杂草，其用量也在不断增加，增长率达到9%。一般地说，只有小于10%的农药到达设想的目标，其余则残留在土壤中。进入土壤中的农药，部分挥发进入大气，部分经淋溶过程进入地下水，或经排水进入水体或河流。大部分农药的水溶性大于10mg/L，因而在土壤中有淋溶的倾向。在肥沃的土壤中，许多农药的半减期为10d～10a。因此，在许多场合足以被淋溶。如阿特拉律的半减期为50～100d，能够引起广泛的地下水污染问题。

由于涉及的化合物种类很多，这种类型的污染物在土壤环境中的生态行为及其对植物、动物、微生物甚至人类的毒性差异很大。许多农药还有可能降解为毒性更大的衍生物，导致敏感作物的植物毒性问题。与土壤的农药污染有关的最为严重的问题是进一步导致地表水、地下水的污染以及通过作物或农业动物进入食物链。

(4)其他工业化学品

据估计，目前有6万～9万种化学品已经进入商业使用阶段，并且以每年上千种新化学品进入日常生活的速度增加。尽管并不是所有的化学品都存在潜在毒性危害，但是有许多化学品，尤其是优先有害化学品（DDT、六六六、艾氏剂等），由于储藏过程的泄漏、废物处理以及在应用过程中进入环境，可导致土壤的污染问题。

(5) 富营养废弃物

污泥（也称生物固体）是世界性的土壤污染源。随着污水处理事业的发展，中国产生越来越多的污泥。目前，污泥的处理方式主要有：农业利用（美国占22%，英国占43%）、抛海（英国占30%）、土地填埋和焚烧等。

污泥是有价值的植物营养物质的来源，尤其是氮、磷，还是有机质的重要来源，对土壤整体稳定性具有有益的影响。然而，它的价值有时因为含有一些潜在的有毒物质（如镉、铜、镍、铅和锌等重金属和有机污染物）而抵消。污泥中还含有一些在污水处理中没有被杀死的致病生物，可能会通过食用作物进入人体而危害健康。

厩肥及动物养殖废弃物含有大量氮、磷、钾等营养物质，它们对于作物的生长具有营养价值。但与此同时，因为含有食品添加剂、饲料添加剂以及兽药，常常会导致土壤的砷、铜、锌和病菌污染。

(6) 放射性核素

核事故、核试验和核电站的运行，都会导致土壤的放射性核素污染。最长期的污染问题被认为是由半衰期为30年的^{137}Cs引起的，在土壤和生态系统中其化学行为基本上与钾接近。核武器的大气试验，导致大量半衰期为25年的^{90}Sr扩散，其行为类似生命系统中的钙，由于储藏于骨骼中，对人体健康构成严重危害。

(7) 致病生物

土壤还常常被诸如细菌、病毒、寄生虫等致病生物所污染，其污染源包括动物或病人尸体的埋葬、废物和污泥的处置与处理等。土壤被认为是这些致病生物的“仓库”，能够进一步构成对地表水和地下水的污染，通过土壤颗粒的传播，使植物受到危害，牲口和人感染疾病。

1.2.3 土壤污染物的来源

土壤是一个开放系统，土壤与其他环境要素间进行着物质和能量的交换，因而造成土壤污染的物质来源极为广泛，有自然污染源，也有人为污染源。自然污染源是指某些矿床的元素和化合物的富集中心周围，由于矿物的自然分解与分化，往往形成自然扩散带，使附近土壤中某元素的含量超过一般土壤的含量。人为污染源是土壤环境污染研究的主要对象，包括工业污染源、农业污染源和生活污染源。

1.2.3.1 工业污染源

由于工业污染源具备确定的空间位置并稳定排放污染物质，其造成的污染多属点源污染。工业污染源造成的污染主要有以下几种情况。

(1) 采矿业对土壤的污染

对自然资源的过度开发造成多种化学元素在自然生态系统中超量循环。改革开放以来，我国采矿业发展迅猛，年采矿石总量约60亿吨，已成为世界第三大矿业大国。而其引发的环境污染和生态破坏也与日俱增。采矿业引发的土壤环境污染可以概括为：挤占土地、尾渣污染土壤、水质恶化。

(2) 工业生产过程中产生的“三废”

工业“三废”主要是指工矿企业排放的“三废”（废水、废气、废渣），一般直接由工业“三废”引起的土壤环境污染限于工业区周围数公里范围内，工业“三废”引起的大面积土壤污染都是间接的，且是由于污染物在土壤环境中长期积累而造成的。

① 废水　主要来源于城乡工矿企业废水和城市生活污水，直接利用工业废水、生活污水或用受工业废水污染的水灌溉农田，均可引起土壤及地下水污染。

② 废气　工业废气中有害物质通过工矿企业的烟囱、排气管或无组织排放进入大气，以微粒、雾滴、气溶胶的形式飞扬，经重力沉降或降水淋洗沉降至地表而污染土壤。钢铁厂、冶炼厂、电厂、硫酸厂、铝厂、磷肥厂、氮肥厂、化工厂等均可通过废气排放和重金属烟尘的沉降而污染周围农田。这种污染明显地受气象条件影响，一般在常年主导风向的下风侧比较严重。

③ 废渣　工业废渣、选矿尾渣如不加以合理利用和进行妥善处理，任其长期堆放，不仅占用大片农田，淤塞河道，还可因风吹、雨淋而污染堆场周围的土壤及地下水。产生工业废渣的主要行业有采掘业、化学工业、金属冶炼加工业、非金属矿物加工、电力煤气生产、有色金属冶炼等。另外，很多工业原料、产品本身是环境污染物。

1.2.3.2　农业污染源

在农业生产中，为了提高农产品的产量，过多地施用化学农药、化肥、有机肥，以及污水灌溉、施用污泥、生活垃圾以及农用地膜残留、畜禽粪便及农业固体废弃物等，都可使土壤环境不同程度地遭受污染。由于农业污染源大多无确定的空间位置、排放污染物的不确定以及无固定的排放时间，农业污染多属面源污染，更具有复杂性和隐蔽性的特点，且不容易得到有效的控制。

(1) 污水灌溉

未经处理的工业废水和混合型污水中含有各种各样污染物质，主要是有机污染物和无机污染物（重金属）。最常见的是引灌含盐、酸、碱的工业废水，使土壤盐化、酸化、碱化，失去或降低其生产力。另外，用含重金属污染物的工业废水灌溉，可导致土壤中重金属的累积。

(2) 固废物的农业利用

固体废弃物主要来源于人类的生产和消费活动，包括有色金属冶炼工厂、矿山的尾矿废渣，污泥，城市固体生活垃圾和畜禽粪便，农作物秸秆等，这些作为肥料施用或在堆放、处理和填埋过程中，可通过大气扩散、降水淋洗等直接或间接地污染土壤。

(3) 农用化学品

农用化学品主要指化学农药和化肥，化学农药中的有机氯杀虫剂及重金属类，可较长时期地残留在土壤中；化肥施用主要是增加土壤重金属含量，其中镉、汞、砷、铅、铬是化肥对土壤产生污染的主要物质。

(4) 农用薄膜

农用废弃薄膜对土壤污染危害较大，薄膜残余物污染逐年累积增加。农用薄膜在生产过程中一般会添加增塑剂（如邻苯二甲酸酯类物质），这类物质有一定的毒性。

(5) 畜禽饲养业

畜禽饲养业对土壤造成污染主要是通过粪便，一方面通过污染水源流经土壤，造成水源型的土壤污染；另一方面空气中的恶臭性有害气体降落到地面，造成大气沉降型的土壤污染。

1.2.3.3　生活污染源

土壤生活污染源主要包括城市生活污水、屠宰加工厂污水、医院污水、生活垃圾等。

(1) 城市生活污水

近年来，随着我国城镇化的发展，城市生活污水的排放量呈逐年上升趋势，同时占全国废水排放总量的比例增大。2015 年我国城镇生活污水排放量为 545 亿吨，同比增长 6%，占全年污水排放总量的 71.4%。与此同时，根据当前国内实际污水处理单元与实际需处理污水量来看，我国城市生活污水处理设施还不足以满足当前国内污水处理需求，未经处理的生活污水直接排放，造成越来越严重的土壤环境污染问题。

(2) 医院污水

其中危险性最大的是传染病医院未经消毒处理的污水和污物，主要包括肠道致病菌、肠道寄生虫、破伤风杆菌、肉毒杆菌、霉菌和病毒等。土壤中的病原体和寄生虫进入人体主要通过三个途径：一是通过食物链经消化道进入人体，如生吃被污染的蔬菜、瓜果，就容易感染寄生虫病或痢疾、肝炎等疾病；二是通过破损皮肤侵入人体，如十二指肠钩虫、破伤风、气性坏疽等；三是可通过呼吸道进入人体，如土壤扬尘传播结核病、肺炭疽。

(3) 城市垃圾

20 世纪 90 年代以后，我国城市化速度进一步加快，据 2017 年国家统计局数据显示，2016 年中国城镇化率达到 57.35%。城市数量与规模的迅速增加与扩张，带来了严重的城市垃圾污染问题。城市垃圾不仅产生量迅速增长，而且化学组成也发生了根本的变化，成为土壤的重要污染源。

2010 年以来，我国城市生活垃圾清运量逐年上升。据统计，2016 年，我国城市生活垃圾清运量为 2.15 亿吨。目前全世界垃圾年均增长速度为 8.42%，而中国垃圾增长率达到 10%以上。城市生活垃圾产生量逐年增加，垃圾处理能力缺口日益增大，中国城市生活垃圾累积堆存量已达 70 亿吨。早期的城市垃圾主要来自厨房，垃圾组成基本上也是燃煤炉灰和生物有机质，这种组成的垃圾很受农民欢迎，可用作农田肥料。现代城市垃圾的化学组成则完全不同，含有各种重金属和其他有害物质。垃圾围城成为不少城市的心病。

(4) 粪便

土壤历来被当做粪便处理的场所。粪便主要由人、畜粪尿组成。一般成年人每人每日可产粪便约 0.25kg，排泄尿约 1kg。粪便中含有丰富的氮、磷、钾和有机物，是植物生长不可或缺的养料。但新鲜人畜粪便中含有大量的致病微生物和寄生虫卵，如不经无害化处理而直接用到农田，即可造成土壤的生物病原体污染，导致肠道传染病、寄生虫病、结核、炭疽等疾病的传播。

(5) 公路交通污染源

随着社会的发展、家庭轿车等机动车辆剧增、运输活动越来越频繁，使得公路交通成为流动的污染源。交通运输可以产生三种污染危害：一是交通工具运行中产生的噪声污染；二是交通工具排放尾气产生的污染，如含硫化合物、含氮化合物、碳氧化合物、碳氢化合物、铅等；三是运输过程中有毒、有害物质的泄漏。据报道，美国由汽车尾气排入环境中的铅，已达到 3000 万吨，且大部分蓄积于土壤中。研究报道，汽车尾气及扬尘可使公路两侧 300～1000m 范围内的土壤受到严重污染，其中主要是重金属铅和多环芳烃（PAHs）的污染。

(6) 电子垃圾

电子垃圾是世界上增长最快的垃圾，这些垃圾中包含铅、汞、镉等有毒重金属和有机污染物，处理不当会造成严重的环境污染。据联合国环境规划署估计，每年有 2000 万～5000

万吨电子产品被当做废品丢弃，它们对人类健康和环境构成了严重威胁。资料显示，一节一号电池污染，能使 $1m^2$ 的土壤永久失去利用价值；一粒纽扣电池可使 60t 水受到污染，相当于一个人一生的饮水量。电池污染具有周期长、隐蔽性大等特点，其潜在危害相当严重，处理不当还会造成二次污染。

在为数众多的土壤污染来源中，影响大、比例高的污染来源主要包括工业污染源、农业污染源、市政污染源等。不同土壤由于其主要的生产生活等种类的不同，加之复合污染的存在，使污染场地表现出单污染源和复合污染源并存的情况，出现了更为复杂的土壤污染来源。图 1-2 为土壤重金属及 PAHs 工业污染来源贡献率。

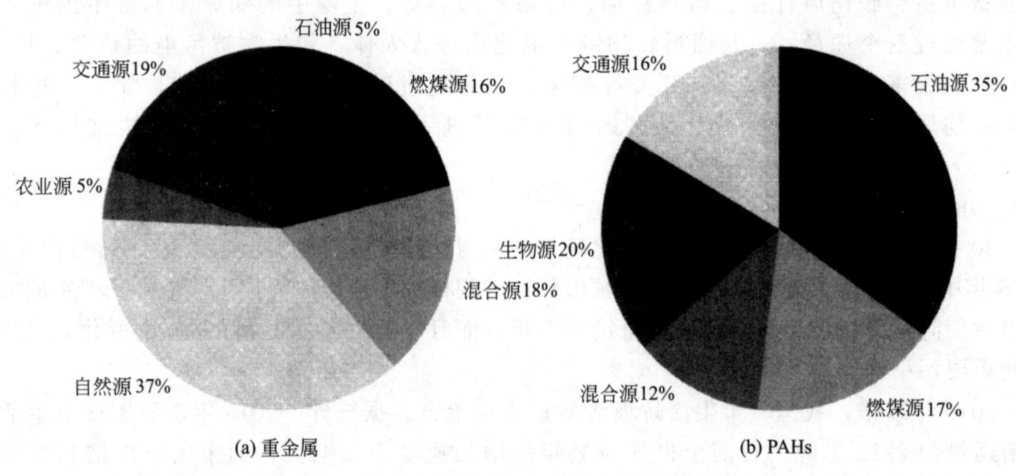

图 1-2　土壤重金属及 PAHs 工业污染来源贡献率

1.2.4　土壤污染典型事件

1.2.4.1　美国拉夫运河事件

美国纽约州拉夫运河（The Love Canal）是为修建水电站而挖成的一条运河。20 世纪 40 年代干涸被废弃，后被一家名为胡克的化学工业公司购买作为倾倒工业废弃物的场地。1942 年，美国一家电化学公司购买了这条大约 1000m 长的废弃运河，当作垃圾仓库来倾倒大量工业废弃物，持续了 11 年。1953 年，这条充满各种有毒废弃物的运河被该公司填埋覆盖好后转赠给当地的教育机构。此后，纽约市政府在这片土地上陆续开发了房地产，盖起了大量的住宅和一所学校。从 20 世纪 70 年代开始，当地居民特别是儿童、孕妇等人群不断出现疾病征兆，孕妇流产、婴儿畸形、癌症等病症的发病率居高不下。相关资料显示，1974～1978 年，拉夫运河小区出生的孩子 56％有生理缺陷，孕妇流产率与入住前相比增加了 300％。1978 年，时任美国总统卡特宣布这一地区进入“紧急状态”，10 个区的 950 户家庭撤离。当局随后展开调查，最终将罪魁祸首锁定在运河中倾倒的工业废弃物。调查发现，胡克公司共向运河倾倒了 2 万多吨含有二噁英、苯等致癌物质的工业垃圾。到 1980 年，美国政府花费了 4500 万美元搬迁居民、健康检查和环境研究，纽约州花费 69 亿美元进行污染治理和生态修复。拉夫运河事件引发美国社会对环境健康问题的深刻反思，社会舆论对政府加强污染治理和环境修复的呼声日益高涨。1980 年，美国国会通过了《环境应对、赔偿和责任综合法》（CERCLA），这一事件才被盖棺定论，以前的电化学公司和纽约政府被认定为加害方，共赔偿受害居民经济损失和健康损失费达30亿美元。该法案因其中的环保超级基金（Super Fund）而闻名，因此，通常被称为“超级基金法”。

1.2.4.2 日本“痛痛病”事件

日本的土地重金属污染曾非常严重。20世纪60～70年代，日本经历了快速经济增长期，全国各地出现了严重的环境污染事件，被称为四大公害的痛痛病、水俣病、第二水俣病、四日市病，就有三起和重金属污染有关。

富山县位于日本中部地区。在富饶的富山平原上，流淌着一条名叫“神通川”的河流。这条河贯穿富山平原，注入富山湾，它不仅是居住在河流两岸人们世世代代的饮用水源，也灌溉着两岸肥沃的土地，是日本主要粮食基地的命脉水源。20世纪初期开始，人们发现该地区的水稻普遍生长不良。1931年又出现了一种怪病，患者大多是妇女，病症表现为腰、手、脚等关节疼痛。病症持续几年后，患者全身各部位会发生神经痛、骨痛现象，行动困难，甚至呼吸都会带来难以忍受的痛苦。到了患病后期，患者骨骼软化、萎缩，四肢弯曲，脊柱变形，骨质松脆，就连咳嗽都能引起骨折。患者不能进食，疼痛无比，这种病由此得名“痛痛病”。有的人因无法忍受痛苦而自杀。医院医生和研究人员解剖了患者的尸体，进行了一系列检查、化验。解剖后发现，病人喊痛，不能行动和站立，是因为骨头多处断裂，有个病人骨折竟达70多处。患者身长都缩短了20～30cm，有些未断裂的骨骼也已严重弯曲变形。临床、病理、流行病学、动物实验和分析化学的人员经过长期研究后发现，“痛痛病”是由于神通川上游的神冈矿山废水引起的镉中毒造成的。1961年，富山县成立“富山县地方特殊病对策委员会”，开始国家级的调查研究。1967年研究小组发表联合报告，表明“痛痛病”主要是由于重金属尤其是镉中毒引起的。1978年开始，患者及其家属对金属矿业公司提出民事诉讼，1971年审判原告胜诉。被告不服上诉，1972年再次判决原告胜诉。神通川河上游分布着的矿产品冶炼厂是罪魁祸首。据记载，由于工业的发展，富山县神通川上游的神冈矿山从19世纪80年代成为日本铝矿、锌矿的生产基地。神通川流域从1913年开始炼锌。冶炼厂的废水中含有较多的镉，镉随废水流入河中，又随河水从上游流到下游，整条河都被镉污染了。用这种含镉的水浇灌农田，稻秧生长不良，生产出来的稻米成为“镉米”。河水中的镉被鱼所吸收，鱼的组织中就富含高浓度镉。这些含镉的稻米和鱼被人食用，人体中含镉量增多，发生镉中毒，因而会生“痛痛病”。“镉米”和“镉水”把神通川两岸人们带进了“痛痛病”的阴霾中。自1913年建立了炼锌厂，到1931年出现首例病人，“痛痛病”潜伏期已长达10～30年。从大量发病的1955年，到查明原因的1968年，受害者不计其数，患病的有几百人，死亡的有128人。炼锌厂的废水被迫停止排放后，发病人数仍在增加，10年后又有79人死于“痛痛病”。数十年过去了，受害者仍然生活在不安中，日本社会也为此付出了巨大的经济代价，神通川盆地的镉污染农田换土工程在1979年启动，对863hm^2农田镉污染土壤进行换土，于2012年完成，耗时33年，耗资407亿日元（约合3.4亿美元），然而土壤污染的阴影仍未消除。

1.2.4.3 中国台湾RCA（美国无线电公司）污染事件

中国台湾RCA污染事件，堪称台湾史上最严重的污染伤害事件。据2001年统计，污染致1375人罹患癌症，其中216人已过世。美国无线电公司（Radio Corporation of America，RCA），曾是美国家电第一品牌，生产电视机、映像管、录放影机、音响等产品。在台湾经济起飞时期的1970～1992年间，RCA在台湾设立子公司“台湾美国无线电股份有限公司”

(RCA Taiwan Limited)，并在桃园、竹北、宜兰等地设厂。1988年，法国汤姆笙公司(Thomson Consumer Electronics，TCE）从奇异公司取得RCA桃园厂产权。1991年，汤姆笙公司发现，RCA桃园厂有机化学废料排入厂区造成污染。1992年，汤姆笙将RCA桃园厂关厂。1992年3月，汤姆笙将RCA桃园厂厂区土地所有权出售给宏亿建设，宏亿建设准备将此地开发成购物中心。1994年，当时的台湾省立法委员、前行政院环境保护署（环保署）署长赵少康召开记者会，揭发RCA长期挖井倾倒有机溶剂等有毒废料，导致厂区土壤及地下水遭受严重污染。环保署随即进行采样分析，证实该厂土壤及地下水确实遭受污染。环保署随后成立调查专案小组，函知内政部暂停该厂址的土地变更用途，紧急供应居民瓶装水及接装自来水，向当地居民持续宣传切勿使用地下水，以降低可能的健康风险。环保署同时成立监督小组，要求RCA公司、奇异公司及汤姆笙公司尽快移除污染源，并监督污染调查工作。环保署委托工业技术研究院调查RCA桃园厂附近民井地下水质，发现主要污染物为二氯乙烷、二氯乙烯、四氯乙烯、三氯乙烷、三氯乙烯等当时电子业常用的具有挥发性有机氯化合物。1996年，在环保署的压力下，奇异公司与汤姆笙公司进行RCA桃园厂厂址污染调查，花费新台币2亿多元进行土壤整治。1997年，完成整治，然而奇异公司表示无法整治已遭受污染的地下水。根据奇异公司于1998年提出的报告，厂址污染整治达到核定标准有困难，即地下水污染仍未解决。由于RCA当年故意将工厂生产过程中产生的有机溶剂，以非法秘密方式直接打入自行开挖的水井中，并且在水井内铺上沙土以吸收污染物，使环保署当初调查时无法发现污染；而且由于上述污染物与地下水并不互溶，因此会随着水流缓慢扩散，造成厂址的地下水永久性污染而难以复原。1998年，宏亿建设提出RCA桃园厂厂址变更开发申请，环保署环境影响评估审查委员会审查结论公告“有条件通过环境影响评估审查”，结论包括“该地之污染地区污染物未清除（完成整治）前，不得申请建造执照”“该地污染地区不得兴建建筑物”等9项决议。

1.2.5 我国土壤污染概况

近年来，我国一些地方土壤污染危害事件也时见报道，如“镉大米”“血铅”事件等见之于网络、报纸等各种媒体，引起国内外广泛关注，暴露出我国土壤污染的普遍性和严重性。

近30年来，随着我国工业化、城市化、农业高度集约化的快速发展，土壤环境污染日益加剧，并呈现出多样化的特点。我国土壤污染点位在增加，污染范围在扩大，污染物种类在增多，出现了复合型、混合型的高风险区，呈现出城郊向农村延伸、局部向流域及区域蔓延的趋势，形成了点源与面源污染共存，工矿企业排放、化肥农药污染、种植养殖业污染与生活污染叠加，多种污染物相互复合、混合的态势。我国土壤环境污染已对粮食及食品安全、饮用水安全、区域生态安全、人居环境健康、全球气候变化以及经济社会可持续发展构成了威胁（表1-3）。

表1-3 我国土壤污染的演变过程

时间/阶段	污染类型	主要污染物	主要环境问题	特征
20世纪80年代及以前	矿区影响区 污水灌溉区 耕地农药残留	重金属 六六六 滴滴涕	粮食减产 食物链污染	点源、局部
20世纪90年代	工业化快速发展，各种环境污染严重，环境质量恶化加剧			

续表

时间/阶段	污染类型	主要污染物	主要环境问题	特征
21世纪以后	矿区影响区 污水灌溉区 城市影响区 工厂影响区 公路两侧 集约化农业区	重金属 挥发性有机物 有机氯农药 多环芳烃类 多氯联苯类 邻苯二甲酸酯类	农作物生长 农产品质量 耕地资源安全 地下水污染 人居环境安全	点、面 (区域)

我国土壤污染是在工业化发展过程中长期累积形成的。工矿业、农业生产等人类活动和自然背景值高是造成土壤污染的主要原因。调查结果表明，局域性土壤污染严重的主要原因是由工矿企业排放的污染物造成的，较大范围的耕地土壤污染主要受农业生产活动的影响，一些区域性、流域性土壤重金属严重超标则是工矿活动与自然背景叠加的结果（表1-4)。

表1-4 我国土壤污染原因及类型

原 因	类 型
土地用途	耕地(农用地)、污染场地(建设用地)
污染源类型	工业、农业、生活、地质过程
污染途径	灌溉水(废水)、干湿沉降(废气)、固废(堆放、填埋、倾倒)
高危区类型	矿区、污灌区、城市周边、重污染企业周边、规模化设施农业
污染物种类	重金属类、挥发性有机污染物、半挥发性有机污染物、 持久性有机污染物、邻苯二甲酸酯类、稀土元素等100多种

2006年，国家环保总局与国土资源部联合组织的土壤污染调查显示，全国受污染的耕地约有1.5亿亩（1亩=1/15公顷)，污水灌溉污染耕地3250万亩，固体废弃物堆存占地或毁田200万亩；中国水稻研究所与农业部稻米及制品质量监督检验测试中心2010年发布的《我国稻米质量安全现状及发展对策研究》称，我国约20%的耕地受到重金属污染；2013年全国两会期间，九三学社提出的《关于加强绿色农业发展的建议》指出，“全国耕地重金属污染面积超过16%……”。2013年12月30日，在国务院新闻办的发布会上，国土资源部副部长王世元在提到第二次全国土地调查主要数据时称，全国中重度污染耕地大体在5000万亩左右，已不适合耕种。这些耕地大多集中于珠三角、长三角等经济较发达地区。据广东2013年公布的土壤污染数据显示，珠三角地区三级和劣三级土壤占到整个地区总面积的22.8%，28%的土壤重金属超标，其中汞超标最高，其次是镉和砷。2014年4月17日环保部和国土资源部发布的《全国土壤污染调查公报》首次为众说纷纭的土壤污染信息提供一个全面和权威的数据。2014年5月24日，国土资源部又发布了我国首部《土地整治蓝皮书》。书中显示，我国耕地受到中度、重度污染的面积约5000万亩，特别是大城市周边、交通主干线及江河沿岸的耕地重金属和有机污染物严重超标，造成食品安全等一系列问题。据测算，当前每年受重金属污染的粮食高达1200万吨，相当于4000万人一年的口粮。

我国污染场地分布为：耕地污染退化面积约占总耕地的1/10，工业“三废”污染耕地近15000万亩，污水灌溉已达4950多万亩；固体废弃物堆放污染土壤约75万亩；矿区污染土壤达4500万亩；石油污染土壤约7500万亩。

1.2.5.1 总体情况

2005年4月至2013年12月，环保部会同国土资源部，用了8年半时间，首次对全国土壤污染状况进行了调查。调查范围覆盖全部耕地，部分林地、草地、未利用地和建设用地，实际调查面积约630万平方公里，将近我国国土面积的2/3。调查的污染物主要包括13种无机污染物（砷、镉、钴、铬、铜、氟、汞、锰、镍、铅、硒、钒、锌）和3类有机污染物（六六六、滴滴涕、多环芳烃）。调查采用统一的方法、标准，基本掌握了全国土壤环境质量的总体状况。

中国土壤环境状况总体不容乐观，部分地区土壤污染较重，耕地土壤环境质量堪忧，工矿业废弃地土壤环境问题突出。工矿业、农业等人为活动以及土壤环境背景值高是造成土壤污染或超标的主要原因。

全国土壤总的超标率为16.1%，其中轻微、轻度、中度和重度污染点位比例分别为11.2%、2.3%、1.5%和1.1%。污染类型以无机型为主，有机型次之，复合型污染比重较小，无机污染物超标点位数占全部超标点位的82.8%。

从污染分布情况看，南方土壤污染重于北方；长江三角洲、珠江三角洲、东北老工业基地等部分区域土壤污染问题较为突出，西南、中南地区土壤重金属超标范围较大；镉、汞、砷、铅4种无机污染物含量分布呈现从西北到东南、从东北到西南方向逐渐升高的态势。

1.2.5.2 污染物超标情况

(1) 无机污染物

镉、汞、砷、铜、铅、铬、锌、镍8种无机污染物点位超标率分别为7.0%、1.6%、2.7%、2.1%、1.5%、1.1%、0.9%、4.8%（图1-3）。

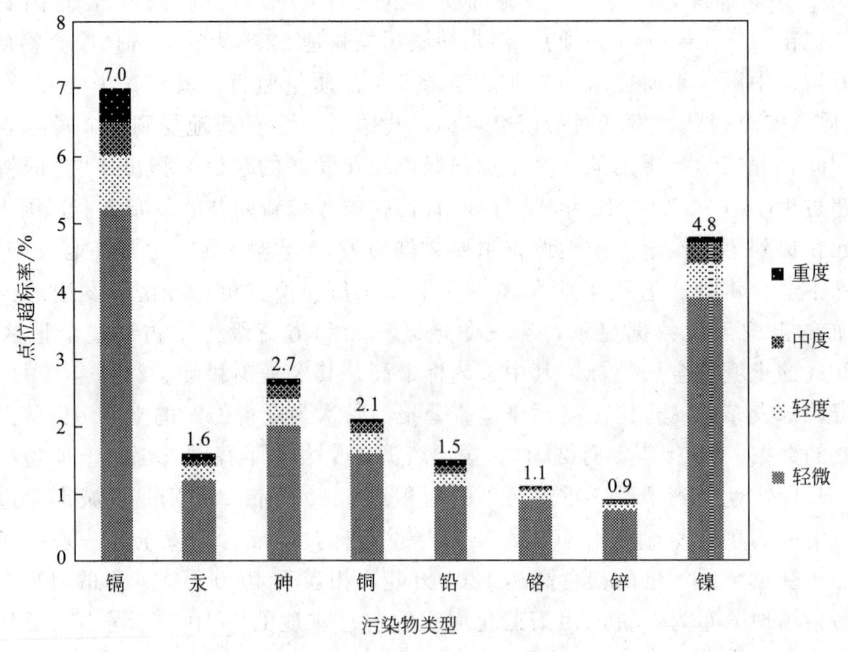

图1-3 无机污染物超标情况

(2) 有机污染物

六六六、滴滴涕、多环芳烃3类有机污染物点位超标率分别为0.5%、1.9%、1.4%（图1-4）。

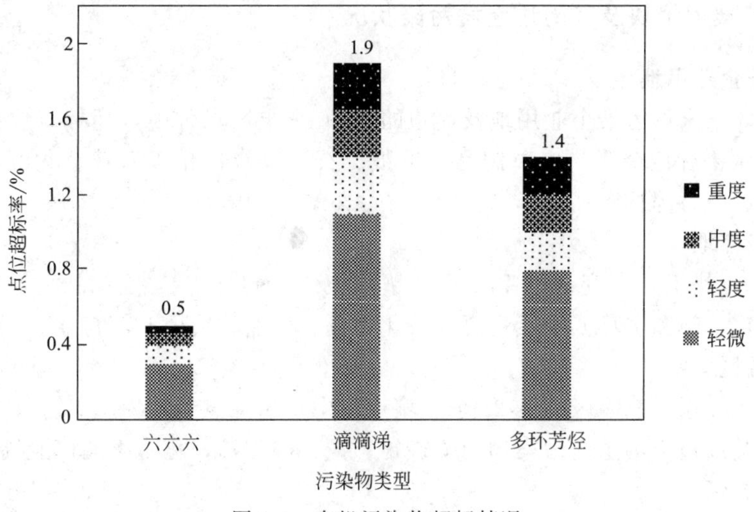

图 1-4　有机污染物超标情况

1.2.5.3　不同土地利用类型土壤的环境质量状况

① 耕地　土壤点位超标率为 19.4%，其中轻微、轻度、中度和重度污染点位比例分别为 13.7%、2.8%、1.8%和 1.1%，主要污染物为镉、镍、铜、砷、汞、铅、滴滴涕和多环芳烃。

② 林地　土壤点位超标率为 10.0%，其中轻微、轻度、中度和重度污染点位比例分别为 5.9%、1.6%、1.2%和 1.3%，主要污染物为砷、镉、六六六和滴滴涕。

③ 草地　土壤点位超标率为 10.4%，其中轻微、轻度、中度和重度污染点位比例分别为 7.6%、1.2%、0.9%和 0.7%，主要污染物为镍、镉和砷。

④ 未利用地　土壤点位超标率为 11.4%，其中轻微、轻度、中度和重度污染点位比例分别为 8.4%、1.1%、0.9%和 1.0%，主要污染物为镍和镉。

不同土地利用类型土壤的环境质量状况如图 1-5 所示。

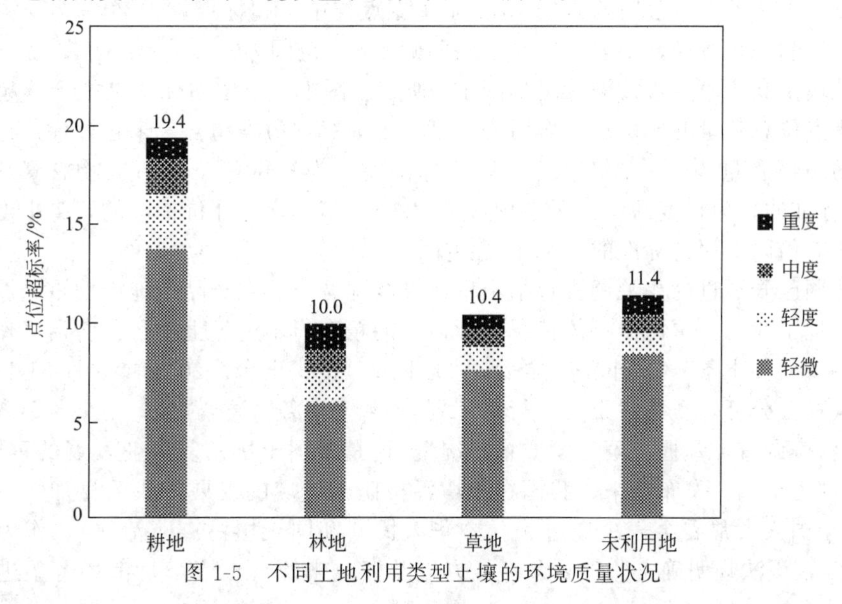

图 1-5　不同土地利用类型土壤的环境质量状况

1.2.5.4 典型地块及其周边土壤污染状况

(1) 重污染企业用地

在调查的 690 家重污染企业用地及周边的 5846 个土壤点位中，超标点位占 36.3%，主要涉及黑色金属、有色金属、皮革制品、造纸、石油煤炭、化工医药、化纤橡塑、矿物制品、金属制品、电力等行业。

(2) 工业废弃地

在调查的 81 块工业废弃地的 775 个土壤点位中，超标点位占 34.9%，主要污染物为锌、汞、铅、铬、砷和多环芳烃，主要涉及化工业、矿业、冶金业等行业。

(3) 工业园区

在调查的 146 家工业园区的 2523 个土壤点位中，超标点位占 29.4%。其中，金属冶炼类工业园区及其周边土壤主要污染物为镉、铅、铜、砷和锌，化工类园区及周边土壤的主要污染物为多环芳烃。

(4) 固体废物集中处理处置场地

在调查的 188 处固体废物处理处置场地的 1351 个土壤点位中，超标点位占 21.3%，以无机污染为主，垃圾焚烧和填埋场有机污染严重。

(5) 采油区

在调查的 13 个采油区的 494 个土壤点位中，超标点位占 23.6%，主要污染物为石油烃和多环芳烃。

(6) 采矿区

在调查的 70 个矿区的 1672 个土壤点位中，超标点位占 33.4%，主要污染物为镉、铅、砷和多环芳烃。有色金属矿区周边土壤镉、砷、铅等污染较为严重。

(7) 污水灌溉区

在调查的 55 个污水灌溉区中，有 39 个存在土壤污染。在 1378 个土壤点位中，超标点位占 26.4%，主要污染物为镉、砷和多环芳烃。

(8) 干线公路两侧

在调查的 267 条干线公路两侧的 1578 个土壤点位中，超标点位占 20.3%，主要污染物为铅、锌、砷和多环芳烃，一般集中在公路两侧 150m 范围内。

典型地块及其周边土壤污染状况如图 1-6 所示。图中，点位超标率是指土壤超标点位的数量占调查点位总数量的比例。土壤污染程度分为 5 级：污染物含量未超过评价标准的，为无污染；污染物质量为 1～2 倍（含）评价标准的，为轻微污染；污染物含量为 2～3 倍（含）评价标准的，为轻度污染；污染物含量为 3～5 倍（含）评价标准的，为中度污染；污染物含量为 5 倍以上评价标准的，为重度污染。

目前我国已开展过的相关调查包括土壤污染状况调查、农产品产地土壤重金属污染调查等，初步掌握了我国土壤污染总体情况，但调查的精度尚难满足土壤污染防治工作需要。历时 3 年，继“大气十条”“水十条”之后，“土十条”正式出台。2016 年 5 月 31 日下午，国务院正式向社会公开《土壤污染防治行动计划》（“土十条”）全文。“土十条”首要任务即“开展土壤污染调查，掌握土壤环境质量状况”。这是中国土壤修复事业发展的重要里程碑。自 2016 年“土十条”发布以来，我国在土壤污染防治领域的发展步伐明显加快。2018 年 8 月 31 日，全国人大常委会表决通过了《中华人民共和国土壤污染防治法》，作为中国版的“超级基金”，该法规明确了监管方、责任方以及资金来源，土壤修复市场有望进一步加速释放。《土壤法》于 2019 年 1 月 1 日正式实施。同时，中央财政在 2019 年加强了对土壤污染防治专项的支持，2020 年 2 月，财政部印发《土壤污染防治基金管理办法》。可见，土壤污染防治逐步受到了国家的高度重视。保持土壤健康是实现可持续发展的必经之路，有了健康的土壤，才有健康的食物、健康的生活。

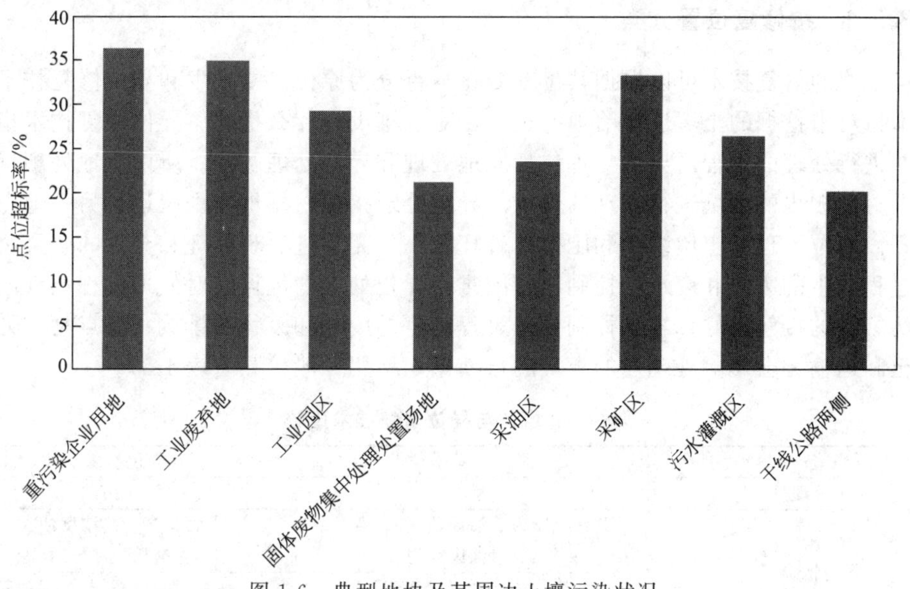

图 1-6　典型地块及其周边土壤污染状况

1.3 土壤污染修复技术

1.3.1 土壤污染修复概述

土壤污染修复是指利用物理、化学和生物的方法转移、吸收、降解和转化土壤中的污染物，使其浓度降低到可接受水平，或将有毒有害的污染物转化为无害的物质。一般而言，土壤污染修复的原理包括改变污染物在土壤中的存在形态或同土壤结合的方式、降低土壤中有害物质的浓度，以及利用其在环境中的迁移性与生物可利用性。

欧美等发达国家已经对污染土壤的修复技术做了大量的研究，建立了适合于遭受各种常见有机和无机污染物污染的土壤的修复方法，并已不同程度地应用于污染土壤修复的实践中。荷兰在 20 世纪 80 年代开始注重此项工作，并已花费约 15 亿美元进行土壤修复；德国 1995 年投资约 60 亿美元用于净化土壤；20 世纪 90 年代美国在土壤修复方面投资了数百亿到上千亿美元，制订了一系列土壤污染修复计划。1994 年，由美国发起并成立了“全球土壤修复网络”，标志着污染土壤的修复已经成为世界普遍关注的领域之一。在过去 30 年期间，欧美国家纷纷制订了土壤修复计划，巨额投资研究了土壤修复技术与设备，积累了丰富的现场修复技术与工程应用经验，成立了许多土壤修复公司和网络组织，使土壤修复技术得到了快速的发展。

国内在污染土壤修复技术方面的研究从 20 世纪 70 年代就已经开始，当时以农业修复措施的研究为主。随着时间的推移，其他修复技术的研究（如化学修复和物理修复技术等）也逐渐展开。到了 20 世纪末，污染土壤的植物修复技术研究在我国也迅速开展起来。总体而言，虽然我国在土壤修复技术研究方面取得了可喜的进展，但在修复技术研究的广泛性和深度方面与发达国家相比还有一定的差距，特别在工程修复方面的差距还比较大。

1.3.2 土壤污染修复技术

1.3.2.1 按修复位置分类

污染土壤的修复技术可以根据其位置变化与否分为原位修复技术和异位修复技术。原位修复技术指对未挖掘的土壤进行治理的过程，对土壤没有什么扰动。异位修复技术指对挖掘后的土壤进行处理的过程。异位治理包括原地处理和异地处理两种。所谓原地处理，指发生在原地的对挖掘出的土壤进行处理的过程。异地处理指将挖掘出的土壤运至另一地点进行处理的过程。原位处理对土壤结构和肥力的破坏较小，需要进一步处理和弃置的残余物少，但对处理过程产生的废气和废水的控制比较困难。异位处理的优点是对处理过程条件的控制较好，与污染物的接触较好，容易控制处理过程产生的废气和废物的排放；缺点是在处理之前需要挖土和运输，会影响处理过的土壤的再使用，费用一般较高（表 1-5）。

表 1-5 原位与异位修复技术比较

修复条件	原位修复技术	异位修复技术
土壤处理量	大	小
场地情况	污染物为石油烃、有机污染物、放射性废弃物等	污染物为高浓度油类、重金属、危险废物等
	污染物浓度低，分布范围广	污染物浓度高，分布相对集中
	安全保障相对困难	安全保障相对容易
处理时间	长	短
费用	低	高
效率	低	高

1.3.2.2 按操作原理分类

土壤污染修复技术的种类很多，从修复的原理来考虑大致可分为物理化学修复技术以及生物修复技术。

物理化学修复技术是指利用土壤和污染物之间的物理化学特性，以破坏（如改变化学性质）、分离或固化污染物的技术。主要包括土壤气相抽提、土壤淋洗、电动修复、化学氧化、溶剂萃取、固化/稳定化、热脱附、水泥窑协同处置、物理分离、阻隔填埋以及可渗透反应墙技术等。物理化学修复技术具有实施周期短、可用于处理各种污染物等优点。

生物修复技术是指综合运用现代生物技术，破坏污染物结构，通过创造适合微生物或植物生长的环境来促进其对污染物的吸收和利用。土壤生物修复技术，包括植物修复、微生物修复、生物联合修复等技术。生物修复技术经济高效，通常不需要或很少需要后续处理，然而生物修复可能会导致土壤中残留更难降解且更高毒性的污染物，有时生物修复过程中也会生成一些毒性副产物。与物化技术相比，生物修复技术成本低、无二次污染，尤其适用于量大面广的污染土壤修复，但生物修复技术对于污染程度深的突发事件起效慢，不适宜用作突发事件的应急处理。

在修复实践中，人们很难将物理、化学和生物修复截然分开，这是因为土壤中所发生的反应十分复杂，每一种反应基本上均包含了物理、化学和生物学过程，因而上述分类仅是一种相对的划分。

目前土壤修复的各种技术都有特定的应用范围和局限性。尤其是物理化学修复技术，容易导致土壤结构破坏，土壤养分流失和生物活性下降。生物修复尤其是植物修复目前是环境友好的修复方法，但土壤污染多是复合型污染，植物修复也面临技术难题。

各种修复技术的特点及适用的污染类型见表1-6。虽然土壤的修复技术很多，但没有一种修复技术适用于所有污染土壤，相似的污染类型亦会因不同的土壤性质有不同的修复要求。土壤修复后作何用途等因素往往也会限制一些修复技术的使用，但大多修复技术在土壤修复后亦会或多或少带来一些副作用，并且往往因费用高、周期长而受到影响。

表1-6 各种修复技术的特点及适用的污染类型

类型	修复技术	优点	缺点	适用类型
生物修复	植物修复	成本低，不改变土壤性质、没有二次污染	耗时长，污染程度不能超过修复植物的正常生长范围	重金属，有机物污染等
	原位生物修复	快速、安全、费用低	条件严格，不宜用于治理重金属污染	有机物污染
	异位生物修复	快速、安全、费用低	条件严格，不宜用于治理重金属污染	有机物污染
化学修复	原位化学淋洗	长效性、易操作、费用合理	治理深度受限，可能会造成二次污染	重金属、苯系物、石油烃、卤代烃、多氯联苯等
	异位化学淋洗	长效性、易操作、深度不受限	费用较高，淋洗液处理问题，二次污染	重金属、苯系物、石油烃、卤代烃、多氯联苯等
	溶剂浸提技术	效果好、长效性、易操作、治理深度不受限	费用高，需解决溶剂污染问题	多氯联苯等
	原位化学氧化	效果好、易操作、治理深度不受限	适用范围较窄，费用较高，可能存在氧化剂污染	多氯联苯等
	原位化学还原与还原脱氧	效果好、易操作、治理深度不受限	适用范围较窄，费用较高，可能存在氧化剂污染	有机物
	土壤性能改良	成本低、效果好	适用范围窄、稳定性差	重金属
物理修复	蒸汽浸提技术	效率较高	成本高，时间长	VOC
	固化修复技术	效果较好、时间短	成本高，处理后不能再农用	重金属等
	物理分离修复	设备简单、费用低、可持续处理	筛子可能被堵，扬尘污染、土壤颗粒组成被破坏	重金属等
	玻璃化修复	效率较好	成本高，处理后不能再农用	有机物、重金属等
	热力学修复	效率较好	成本高，处理后不能再农用	有机物、重金属等
	热解吸修复	效率较好	成本高	有机物、重金属等
	电动力学修复	效率较好	成本高	有机物、重金属等，低渗透性土壤
	换土法	效率较好	成本高，污染土还需处理	有机物、重金属等

1.3.2.3 按功能分类

(1) 污染物的破坏或改变技术

第一类技术通过热力学、生物和化学处理方法改变污染物的化学结构，可应用于污染土壤的原位或异位处理。

(2) 污染物的提取或分离技术

第二类技术将污染物从环境介质中提取和分离出来，包括热解吸、土壤淋洗、溶剂萃取、土壤气相抽提等多种土壤处理技术。此类修复技术的选择与集成需基于最有效的污染物迁移机理以达成最高效的处理方案。例如，空气比水更容易在土壤中流动，因此，对于土壤中相对不溶于水的挥发性污染物，土壤气相抽提的分离效率远高于土壤淋洗或清洗。

(3) 污染物的固定化技术

第三类技术包括稳定化、固定化以及安全填埋或地下连续墙等污染物固化技术。没有任何一种固化技术是永久有效的，因此需进行一定程度的后续维护。该类技术常用于重金属或其余无机物污染土壤的修复。

与以上三类技术有关的土壤污染修复策略和代表性技术如图 1-7 所示。从图 1-7 中可以看出，当确定修复策略后，可供选择的具体修复技术便较为有限。

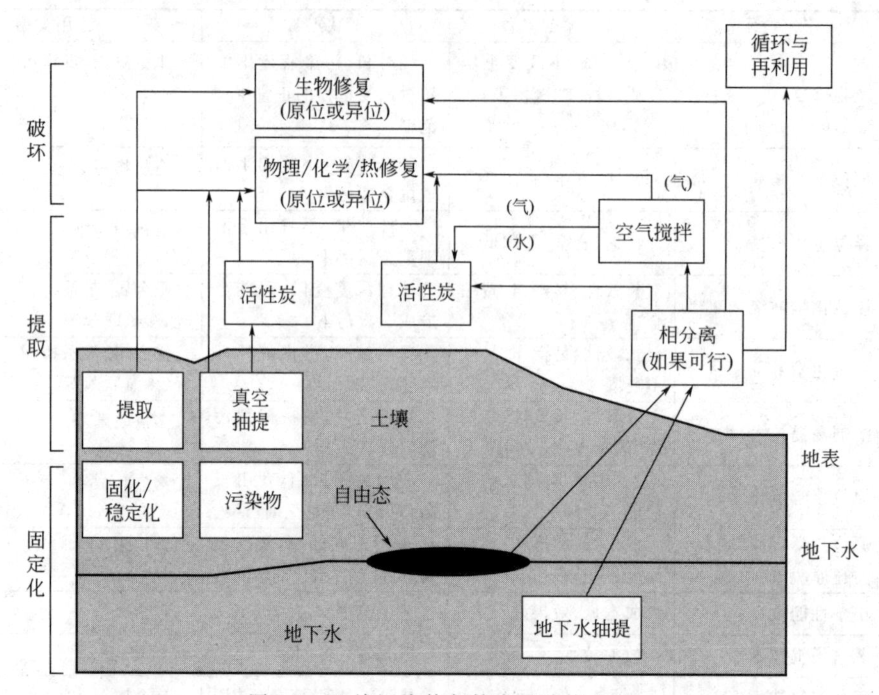

图 1-7 土壤污染修复技术的功能分类

总的来说，土壤修复技术是运用异位或原位的物理、化学、生物学及其联合方法去除土壤及含水层中的污染物，是土壤功能恢复或再开发利用的综合性技术。

1.3.3 土壤污染修复技术的研究及应用

国际上欧美等发达国家土壤污染修复技术研究历史长，工程化能力强，技术指标先进，集成度高，建立了以有机物降解与重金属钝化为核心的两大土壤污染修复技术体系。

我国土壤污染修复技术研究投入相对较少，聚焦不够，研究成果的应用与产业化程度低。核心技术机理不甚明晰，原创性不足；单项技术性能指标落后，实用性不强；技术集成度差，整体水平不高；工程化应用经验欠缺，成熟度低。在高标准、高投入、大团队进行技术研究方面，国内与国外的差距较大（表 1-7）。

表 1-7 国内外差距对比

对比	国际	国内	现阶段差距
研究起步时间	1982 年	1992 年	基本同步
技术成熟时间	1997 年	—	>10 年
产业化时间	1998 年	—	>15 年
总体差距		15 年左右	

1.3.3.1 土壤污染修复技术的研究

(1) **欧美土壤污染修复技术的研究历程**

早在20世纪50年代，欧美发达国家和地区就开始注重对有色金属和挥发性金属矿区污染土壤修复与生态恢复的研究。在经历土壤镉污染造成的“痛痛病”等环境事件后，国外土壤污染研究于20世纪60、70年代开始步入正轨。20世纪80年代，美国的超级基金场地治理与修复，对于污染土壤修复技术研究与工程化起到了重要的推动作用。经过30年的研究和应用，在重金属和有机污染土壤的物理、化学、植物和微生物修复技术等方面取得了显著进展，在工程中得到应用，并已进入到商业化阶段。

欧美等发达国家和地区在污染土壤及场地修复技术与设备研究、工程应用及产业化等方面均较成熟，已向复合或混合污染土壤的组合式修复、特大城市复合场地修复、多技术多设备协同的场地土壤-地下水综合集成修复、基于移动式设备的现场修复、适用于耕地土壤污染的非破坏性绿色修复等技术发展。

(2) **我国土壤污染修复技术的研究历程**

1949年以来，我国曾进行过两次土壤普查。第一次是20世纪50年代，规模及采集的数据都非常有限，资料也不完整；第二次是80年代初，规模宏大，涵盖了全国所有耕地土壤，资料齐全，其数据获得广泛应用。90年代初基于第二次全国土壤调查数据确定了土壤环境背景值，揭示了其区域分异性，并于1995年首次颁布了土壤环境质量标准，为我国土壤污染修复奠定了新基础。

土壤修复技术作为我国环境技术领域的一个重要研究方向，始于“十五”初期，对于污染场地土壤修复技术的研究则在“十一五”期间才开始。虽然技术研究进步明显，但是现有的治理修复措施比较粗放，在修复技术、装备及规模化应用上与欧美等先进国家相比还存在较大差距。目前，国内自主研究的快速、原位修复技术与装备严重不足，缺少适合我国国情的实用修复技术与工程建设经验，缺乏规模化应用及产业化运作的管理技术支撑体系，制约着环境修复产业化发展。

在“十一五”期间，环境保护部在全国土壤污染调查与防治专项中开展了“污染土壤修复与综合治理试点”工作，在受重金属、农药、石油烃、多氯联苯、多环芳烃及复合污染土壤治理修复方面取得了创新性和实用性技术研究成果。环境保护部对外经济合作中心（FE-CO）POPs履约办公室资助了多氯联苯、三氯杀螨醇、灭蚁灵、二噁英等污染场地调查、风险评估、修复技术研究，有效地支持了POPs污染场地的监管与履约工作。

自从2001年将土壤修复技术研究纳入国家高技术研究发展计划（863计划）资源环境技术领域以来，我国初步建立了部分重金属、持久性有机污染物、石油烃、农药污染土壤的修复技术体系。2009年，国家科技部设立了第一个污染场地修复技术研究项目——典型工业场地污染土壤修复技术和示范，其中包括有机氯农药污染场地土壤淋洗和氧化修复技术、挥发性有机污染物污染场地土壤气提修复技术、多氯联苯污染场地土壤热脱附和生物修复技术、铬渣污染场地土壤固化/稳定化和淋洗修复技术，这标志着我国工业企业污染场地土壤修复技术研究与产业化发展的开始。同期，科技部还资助开展了硝基苯污染场地和冶炼污染场地土壤及地下水污染修复技术研究与示范工作。

北京、上海、武汉、杭州、宁波、重庆、南京、沈阳、广州、兰州等地方政府开展了土壤修复技术研究与场地修复工程应用案例工作。例如，北京的染料厂、焦化厂场地修复，上海的世博会场址修复，武汉的染料厂、杭州的铬渣场及炼油厂场地修复，宁波的化工、制药场地修复，江苏的农药场地修复，重庆的化工场地修复，沈阳的冶炼场地修复，兰州的石化场地修复等，发展了焚烧、填埋、固化/稳定化、热脱附、生物降解等修复工程技术，为未来更多、更复杂污染场地的修复和管理提供了技术支撑和实践经验。

2014 年，环保部启动建立土壤修复技术名录工作，对国内外先进的土壤修复技术进行收集、整理和筛选，为下一步建立适合我国国情的污染土壤修复技术体系打下基础。

2018 年，“十二五”863 计划资源环境技术领域“污染土壤修复技术及示范”重大项目通过技术验收。该项目针对我国化工、冶金、电子垃圾拆解等行业的工业企业场地土壤污染、矿区与油田及周边土壤污染、农田土壤重金属和有机污染等问题，重点研发了物理、化学、微生物、植物及联合修复的关键共性技术与设备，土壤及含水层修复功能材料、制剂及其工艺设备，土壤修复标准、后评估技术和技术规范，多目标土壤修复决策支持系统与综合管理技术体系，并进行了技术集成与示范。

中国污染场地土壤修复技术研发，于“十五”起步，“十一五”进步，“十二五”发展，带动了技术应用和绿色可持续修复产业化发展，在修复技术、装备及规模化应用上与发达国家的距离在加快缩短。快速、原位的修复技术得到研究与应用，基本建立场地土壤修复技术体系，研制了能支持快速土壤修复的多种装备，研发的技术支撑了规模化应用及产业化运作。

1.3.3.2 土壤污染修复技术的应用

(1) 欧美土壤污染修复技术的应用

在土壤污染修复技术应用方面，美国可以说居于世界领先地位。1980 年以来，美国利用当时先进的技术手段有效治理了一大批污染场地。根据美国国家环境保护局（EPA）的数据（图 1-8），1982～2005 年共 977 项美国土壤修复项目的统计结果显示，原/异位修复技术所占项目总数的比例分别为 47% 和 53%，主要技术应用比例依次为原位土壤气相抽提

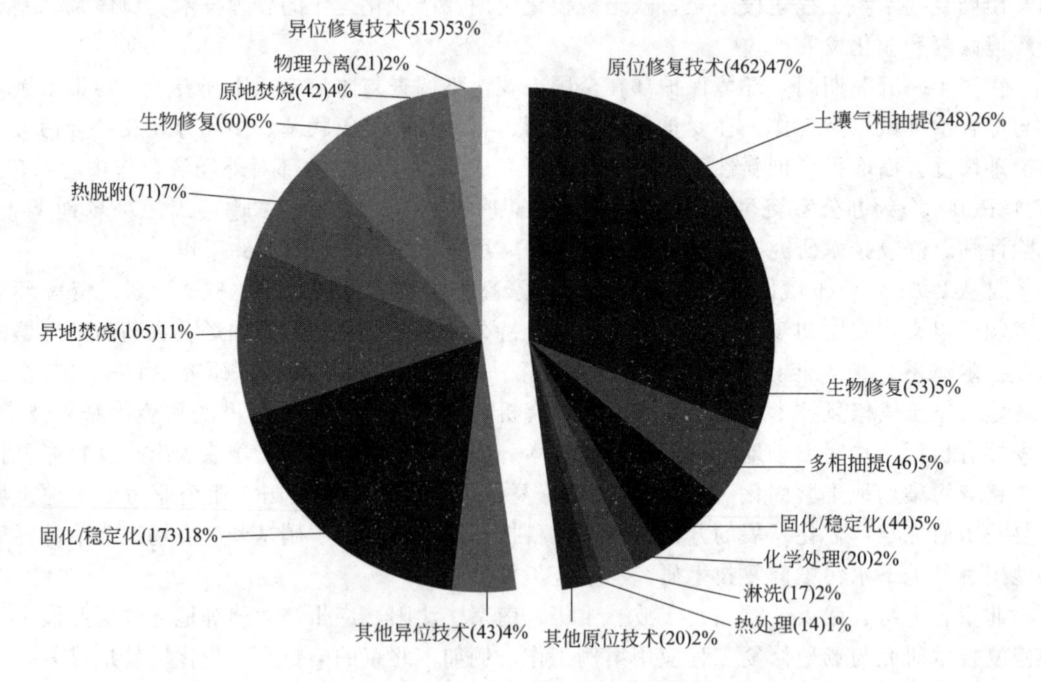

图 1-8　1982～2005 年 EPA 土壤修复项目及数据

(26%)>异位固化/稳定化（18%）>异地焚烧（11%）>异位热脱附（7%）>异位生物修复（6%）>原位固化/稳定化（5%）、原位生物修复（5%）、原位多相抽提（5%）>现场焚烧（4%），说明当时美国修复工程侧重于异位修复，除原位土壤气相抽提外，多侧重于异位固化/稳定化、异地焚烧和异位热脱附等修复技术。

2002～2005年，美国年度财政支出中，60%污染源处置工程采用的是原位修复技术，比1982～2005年高出12个百分点，而原位修复技术中土壤气相抽提和生物修复技术应用最频繁。多相抽提被应用的次数逐渐增多，在这4年所使用的技术中排名第三，76项中占了13项。化学处理技术的应用次数也有所增长，占2002～2005年原位修复技术中的12项。也有一些其他技术，如焚烧（非现场）、热脱附，但选择较少（图1-9）。

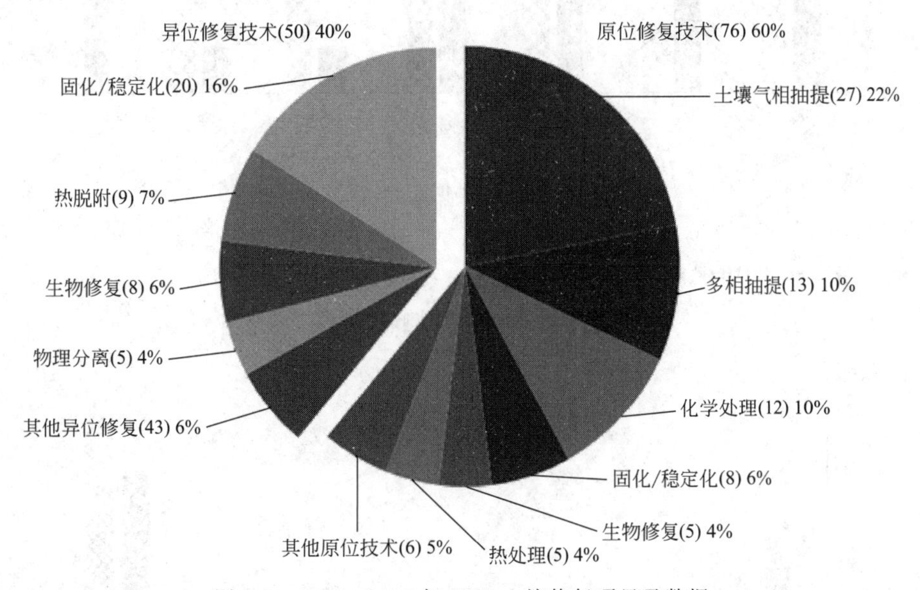

图1-9　2002～2005年EPA土壤修复项目及数据

在2005～2008年EPA土壤修复项目中，采用异位处理技术的修复项目约占65%，略多于采用原位处理技术的项目。相对而言，异位修复技术中又以物理分离和固化/稳定化较为常用，占异位修复项目的40%；原位修复技术中以土壤气相抽提最为常用，占原位修复项目的21%，其次为化学处理和固化/稳定化。固化/稳定化和土壤气相抽提可以分别有效处理土壤中的重金属污染和挥发性有机污染而被广泛采用。2009～2011年EPA土壤修复项目中技术选择基本变化不大，但原位修复技术中化学处理的应用呈上升趋势，从7%上升到14%；异位修复技术中物理分离的应用有所增长，从21%增长到28%，固化/稳定化应用有所下降，从19%下降到13%（图1-10和图1-11）。图1-10和图1-11中，每个项目可能含有不止一种修复技术，但当将其统计为原位/异位修复技术时只计算一项。

整体而言，在2004年前修复项目中采用原位修复的比例逐年增加，且趋势明显，但在2004年后异位修复技术使用比例又开始显著上升。造成这种变化的原因主要有以下三点。

① 作为全世界最先进行土壤修复的项目，可供参考的技术和经验相对较少，异位修复中焚烧以及固化/稳定化技术因去除效率高及修复周期短而成为最简单易行的解决方案。随着技术及经验的积累，超级基金项目开始寻求更为经济的原位修复技术，其中土壤气相抽提技术得到长足发展，并在2004年前后达到顶峰。土壤气相抽提技术可以有效修复易挥发性有机污染场地，但对其他类型污染物效果有限，因此在易挥发性污染场地的修复项目基本完成后，原位修复技术采用比例开始下降。

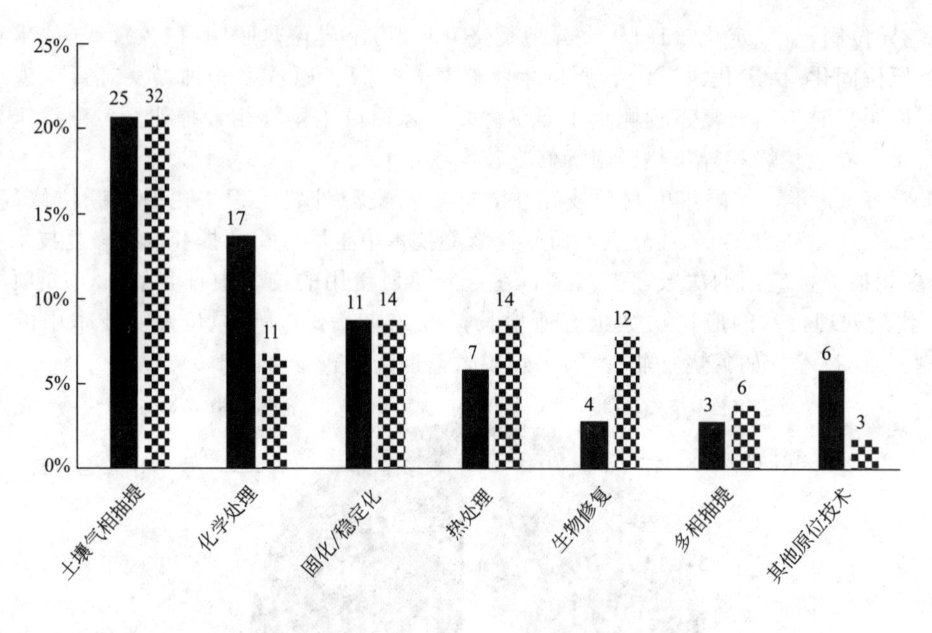

图 1-10　EPA 原位修复技术

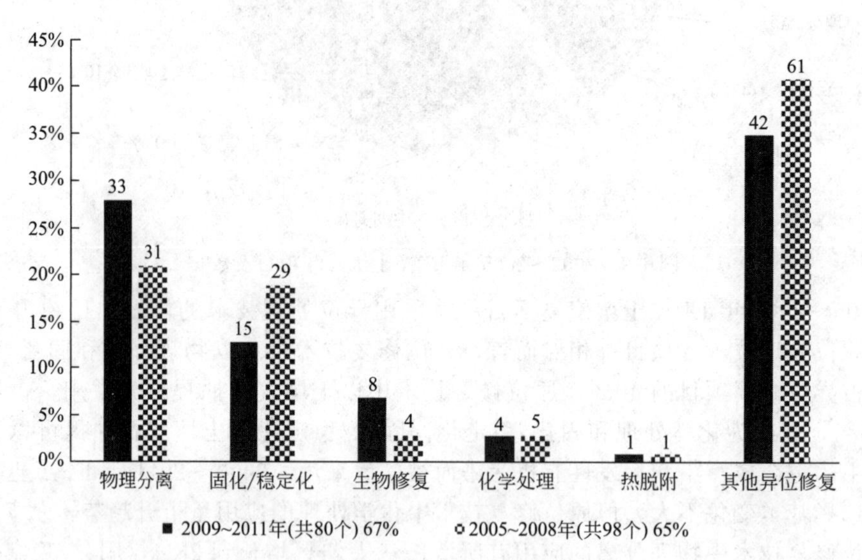

图 1-11　EPA 异位修复技术

② 2000 年左右，一种新的经济有效的异位修复技术——物理分离开始兴起，其被选用比例逐年提高。物理分离旨在将富集高浓度污染物的介质与无污染介质分离，大大减少待修复的土方量。

③ 相对而言，修复项目采用原位技术具有较大风险。从美国 1982～2005 年的土壤修复工程情况看，采用主流原位修复技术的项目完成率仅为 41%，而采用主流异位修复技术的完成率高达 80%。场地地层以及地质结构的不确定性导致原位修复技术的效果具有较大的不确定性，且需要更长的修复周期，甚至因为各种原因而无法达到修复目标。这些因素都导致原位修复技术被采用的比例在 2004 年后逐年下降。

在 2012～2014 年，EPA 污染源处置工程中近四分之一是原位工程，86 个项目中有 44

个（占 51%）选择了原位处理。2015～2017 年，五分之一的工程是原位工程，73 个项目中有 35 个（占 48%）选择了原位处理。最常选择的原位修复技术是土壤气相抽提、化学处理（包括原位化学氧化和原位化学还原）、原位热处理、生物修复、固化/稳定化。物理分离是最常用的异位处理方法。值得注意的是，近六年来，异位固化/稳定化修复技术所占百分比持续下降（图 1-12 和图 1-13）。图 1-12 和图 1-13 的数据统计方法与图 1-10 和图 1-11 类似。

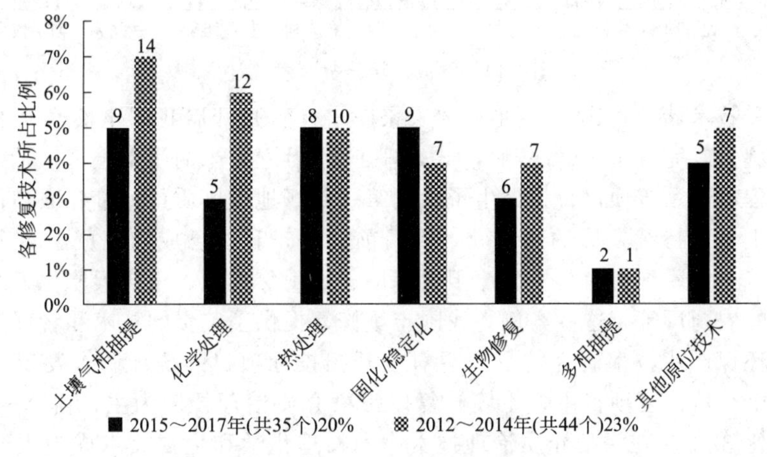

图 1-12　EPA 原位修复技术

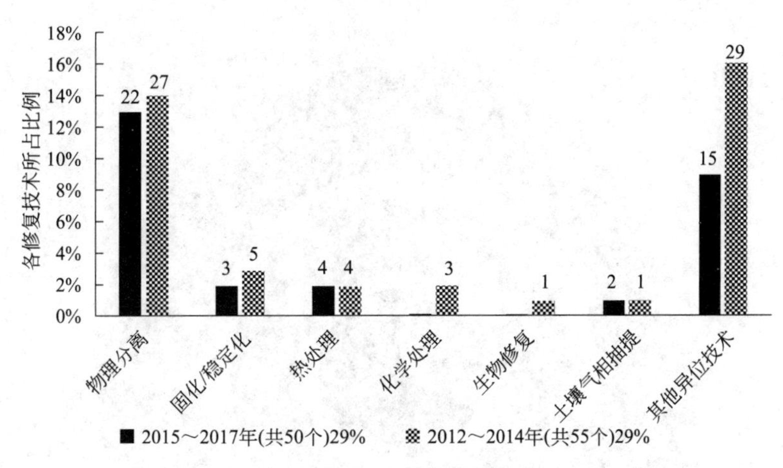

图 1-13　EPA 异位修复技术

欧洲根据各国国情，所采用的土壤修复技术存在明显的差异。欧洲运用原位和异位热脱附、原位和异位生物处理、原位和异位物理化学处理技术修复污染场地的项目占所有统计项目的 69.17%。其中原位热脱附、原位生物处理和原位物理化学处理修复技术占 35.00%，异位热脱附、异位生物处理和异位物理化学处理修复技术占 34.17%，二者比重相当，其他修复技术占 30.83%。实际工程实施中，生物处理技术运用得最多，占到总数的 35.00%，其中原位生物处理占 18.33%，异位生物处理占 16.67%。土壤作为废弃物而不作为再生资源处理（包括挖掘处理技术、污染场地管制等）的工程项目在欧洲仍然占有较大比率（37%）。欧洲各国采用的土壤修复技术概括见图 1-14。

(2) 我国土壤污染修复技术的工程应用

相较于欧美 40 年的发展，我国土壤修复技术研究起步较晚，仍属新兴行业，尚未有很

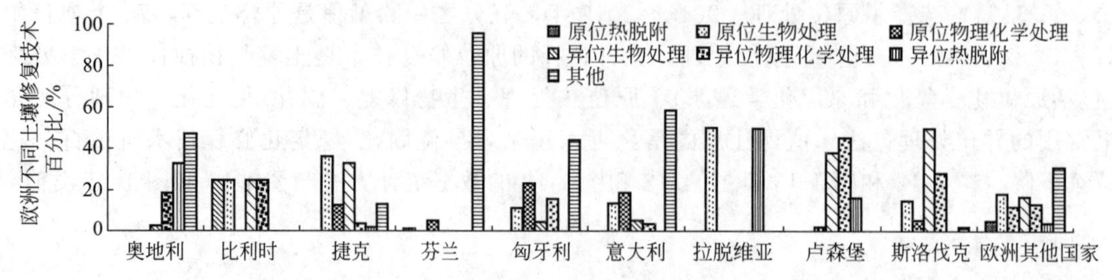

图 1-14 欧洲土壤修复技术统计

好的基础积累和技术储备。2004 年北京"宋家庄事件"是开启我国土壤修复的钥匙。上海世博园区的土壤修复完成于 2008 年底，共处理了 30 万立方米的污染土壤，是当时中国最大的土壤修复工程项目。该项目直接催生了中国第一部场地土壤质量评价标准和技术导则，开创了中国城市土地可持续发展的新纪元。到目前为止，我国已成功完成了多个土壤修复工作，如北京化工三厂、红狮涂料厂、沈阳冶炼厂、唐山焦化厂、重庆天原化工厂、杭州红星化工厂、江苏的农药厂等，这些案例为我国土壤修复提供了宝贵的技术和管理经验。根据江苏省（宜兴）环保产业技术研究院及土盟对公开招投标项目的统计调查发现，2008～2016 年，我国 177 个土壤修复项目中，土壤修复以污染介质治理技术为主，占比 68%；污染途径阻断技术占比 32%。在污染介质治理技术中，物理化学和生物技术成为主要技术，分别占比 32%和 27%；物理、化学单一类技术应用占比相对较小，分别为 2%和 7%（图 1-15）。

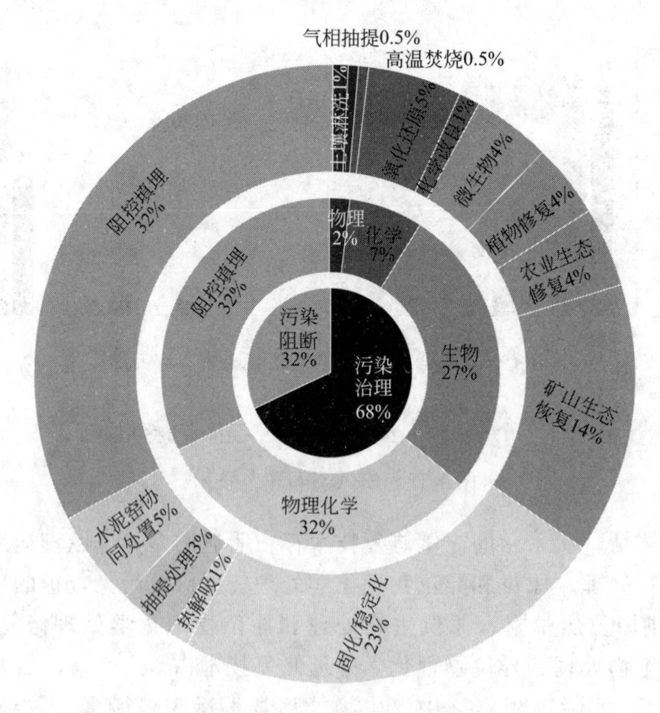

图 1-15 2008～2016 年我国土壤修复技术应用现状

从具体修复技术种类来看，阻控填埋（32%）、固化/稳定化（23%）、矿山生态恢复（14%）成为土壤修复应用最广泛的技术，而水泥窑协同处置（5%）、氧化还原（5%）、微生物（4%）、植物修复（4%）与农业生态修复（4%）技术也是主要应用的技术。相比之下，抽提处理（3%）、土壤淋洗（1%）、化学改良（1%）、热解吸（1%）、气相抽提

(0.5%）与高温焚烧（0.5%）技术市场应用占比较低。整体来看，目前我国土壤修复使用比较成熟的技术主要是异位修复技术，原位修复技术少，尤其是污染场地中，原位修复技术大都仍处于试验和试点示范阶段。土壤修复技术中，填埋/阻控、固化/稳定化、矿山生态恢复是应用最广泛的技术。而监测自然衰减技术、多项抽提技术、电动力学修复技术、制度控制与工程控制技术等均尚未在土壤修复中应用，或仅有中试工程。从技术装备来看，我国修复装备研发缓慢滞后，现有的修复技术和设备主要从国外引进或者在国外引进的基础上加以改装以适应中国的土壤条件；在使用方式上有购买和租赁，其中租赁也占据了一大部分。我国的土壤修复工程还具有很明显的地域性，南方地区的土壤修复工程数量明显多于北方地区。江浙一带的土壤修复工程集中在化工企业废弃地，主要针对有机污染物。重金属污染土壤修复主要集中在我国矿业大省湖南、湖北两省。

1.3.4 土壤污染修复技术的发展趋势

目前，世界各国对土壤污染修复技术进行了广泛的研究，取得了可喜的进展。采用单纯物理、化学方法修复污染严重的土壤具有一定的局限性，难以大规模处理污染土壤，并可能导致土壤结构破坏、生物活性下降和土壤肥力退化等问题。农业生态措施存在周期长、效果不显著的缺点。因此，各技术的联用已变成一种发展趋势，为克服各自弱点、发挥各自优势、提高整体修复效果提供了可能性。

(1) 微生物-动物-植物联合修复技术

微生物（细菌、真菌）、植物、动物（蚯蚓）与植物联合修复是土壤生物修复技术研究的新内容。筛选有较强降解能力的菌根真菌和适宜的共生植物是菌根生物修复的关键。种植紫花苜蓿可以大幅度降低土壤中多氯联苯浓度，根瘤菌和菌根真菌双接种，能强化紫花苜蓿对多氯联苯的降解作用。利用能促进植物生长的根际细菌或真菌，发展植物与降解菌群协同修复技术、动物与微生物协同修复技术以及根际强化技术，促进重金属和有机污染物的吸收、代谢和降解，是生物修复技术新的研究方向。

(2) 化学-物化-生物联合修复技术

发挥化学或物理化学修复快速的优势，结合非破坏性的生物修复特点，发展化学-生物修复技术，是最具应用潜力的污染土壤修复方法之一。化学淋洗与生物联合修复是基于化学淋溶作用，通过增加污染物的生物可利用性而提高生物修复效率。利用有机配合剂的配位溶出，增加土壤溶液中重金属浓度，提高植物有效性，从而实现强化诱导植物吸收修复。化学预氧化与生物降解联合及臭氧氧化与生物降解联合等技术已经应用于污染土壤中多环芳烃的修复。

(3) 电动力学-微生物联合修复技术

电动力学-微生物联合修复技术可以克服单独的电动技术或生物修复技术的缺点，在不破坏土壤质量的前提下，加快土壤修复进程。此联合技术已用来去除污染黏土矿物中的菲。硫氧化细菌与电动综合修复技术可用于强化污染土壤中铜的去除效果。应用光降解与生物联合修复技术可以提高石油中 PAHs 的去除效率。但目前来说，这些技术多处于室内研究阶段。

(4) 物理-化学联合修复技术

土壤物理-化学联合修复技术多适用于污染土壤异位处理。其中，溶剂萃取与光降解联合修复技术是利用有机溶剂或表面活性剂提取有机污染物后进行光解的一项新的物理化学联合修复技术。例如，可以利用环己烷和乙醇将污染土壤中的多环芳烃提取出来后进行光催化降解。此外，可以利用 Pd、Rh 支持的催化与热脱附联合技术或微波热解与活性炭吸附技术修复多氯联苯污染土壤，也可利用光调节的 TiO_2 催化修复受农药污染的土壤。

(5) 植物-微生物联合修复技术

应用植物、微生物二者的联合作用对 PAHs 污染土壤的修复研究已有许多报道。该技术可以将植物修复与微生物修复两种方法的优点相结合，从而强化根际有机污染物的降解。一方面植物的生长为微生物的活动提供了更好的条件，特别是根际环境的各种生态因素能促进微生物的生长代谢，可形成特别的根际微生物群落；另一方面植物本身与环境污染物产生直接作用（如根系的吸收）和间接作用（如体外酶等生物活性物质的分泌等）。研究表明，用苜蓿草修复多环芳烃和矿物油污染的土壤时，投加特殊降解真菌，可不同程度地提高土壤 PAHs 降解率。

(6) 化学-生物（生态化学）联合修复技术

化学-生物（生态化学）联合修复技术是近年来兴起的一种新技术，其中，表面活性剂和环糊精等增溶试剂在化学与生物联合修复中具有重要作用，因此增效生物修复（EBR）是化学法与生物法相结合进行土壤修复的主要研究内容，也是土壤修复研究的前沿课题之一，有望成为土壤有机污染修复的实用技术，并被有关专家认为是 21 世纪污染土壤修复技术的创新和发展方向。该技术大致可分为两大类：一是利用土壤和蓄水层中的黏土，在现场注入季铵盐阳离子表面活性剂，使其形成有机黏土矿物，用来吸附和固定主要污染物，然后利用现场的微生物降解、富集吸附区的污染物，实现化学与微生物的联合修复；二是利用表面活性剂的增溶作用，增大水中疏水性有机污染物的溶解度，有机物被分配到表面活性剂胶束相中，使有机物被微生物吸收代谢。因此化学与微生物联合修复技术可加快有机污染物的降解。也有人将化学清洗法与微生物法相结合，对土壤中的油类污染的净化取得了较好的效果。在污染土壤的化学与生物联合修复中，有机污染物的增溶洗脱是前提，微生物降解或植物吸收积累是关键。

生态化学修复实质上是微生物修复、植物修复和化学修复技术的综合，与其他现有污染土壤修复技术相比，具有以下优势。

① 生态影响小。生态化学修复注意与土壤的自然生态过程相协调，其最终产物为二氧化碳、水和脂肪酸，不会形成二次污染。

② 费用低。生态化学修复技术吸取了生物修复的优点，因而其费用低于生物修复。

③ 市场风险小。与市场结合紧密，一旦投入市场，易被大众接受，基本不存在市场风险。

④ 应用范围广。可以应用于其他方法不适用的场地，同时还可处理受污染的地下水，一举两得。

⑤ 尽管生态化学修复在技术构成上复杂，但在工艺上相对简单，容易操作，便于推广。

总之，上述多种修复技术都可应用于污染场地的土壤修复，但是，目前没有一种技术可适用所有污染场地的修复。对污染物特性等重要参数合理的总结分析，有助于在特定场地选择和实施最适合的修复技术或方法。应根据场地条件、污染物类型、污染物来源、污染源头控制措施以及修复措施可能产生的影响，来确定整治战略和修复技术。

习　题

1. 简述土壤及其组成、性质和功能。
2. 土壤污染有什么特点？
3. 土壤污染有哪些修复技术？

参考文献

[1] 环境保护部自然生态保护司．土壤污染与人体健康［M］．北京：中国环境科学出版社，2012.
[2] 环境保护部，国土资源部．全国土壤污染状况调查公报［R］．2014.
[3] 随红等．有机污染土壤和地下水修复［M］．北京：科学出版社，2013.
[4] 黄昌勇．面向21世纪课程教材土壤学［M］．北京：高等教育出版社，2000.
[5] 毕润成．土壤污染物概论［M］．北京：科学出版社，2014.
[6] 郑国璋．农业土壤重金属污染研究的理论与实践［M］．北京：中国环境科学出版社，2007.
[7] 周健民等．土壤学大辞典［M］．北京：科学出版社，2013.
[8] 张乃明．环境土壤学［M］．北京：中国农业大学出版社，2013.
[9] 陈怀满．环境土壤学［M］．北京：科学出版社，2005.
[10] 曲向荣．土壤环境学［M］．北京：清华大学出版社，2010.
[11] 张辉．土壤环境学［M］．北京：化学工业出版社，2006.
[12] 骆永明等．中国土壤环境管理支撑技术体系研究［M］．北京：科学出版社，2015.
[13] 贾建丽等．污染场地修复风险评价与控制［M］．北京：化学工业出版社，2015.
[14] 张宝杰等．典型土壤污染的生物修复理论与技术［M］．北京：电子工业出版社，2014.
[15] 环境保护部自然生态保护司．土壤污染与人体健康［M］．北京：中国环境科学出版社，2013.
[16] 李发生等．有机化学品泄漏场地土壤污染防治技术指南［M］．北京：中国环境科学出版社，2012.
[17] 唐景春．石油污染土壤生态修复技术与原理［M］．北京：科学出版社，2014.
[18] 环境保护部科技标准司，中国环境科学学会．土壤污染防治知识问答［M］．北京：中国环境科学出版社，2014.
[19] 张宝杰等．典型土壤污染的生物修复理论与技术［M］．北京：电子工业出版社，2014.
[20] 李发生等．有机化学品泄漏场地土壤污染防治技术指南［M］．北京：中国环境科学出版社，2011.
[21] 薛南冬等．持久性有机污染物（POPs）污染场地风险控制与环境修复［M］．北京：科学出版社，2011.
[22] 龚宇阳．污染场地管理与修复［M］．北京：中国环境科学出版社，2012.
[23] 环境保护部自然生态保护司．土壤修复技术方法与应用［M］．北京：中国环境科学出版社，2012.
[24] 周振民．污水灌溉土壤重金属污染机理与修复技术［M］．北京：中国水利水电出版社，2011.
[25] 赵其国等．国际土壤科学研究的新进展［J］．土壤，2013，45（1）：1-7.
[26] 宋昕等．中国污染场地修复现状及产业前景分析［J］．土壤，2015，47（1）：1-7.
[27] 杨青等．加油站渗漏污染地下水的检测技术及管理对策［M］．北京：中国环境科学出版社，2014.
[28] 韩冬梅等．我国土壤污染分类、政策分析与防治建议［J］．经济研究参考，2014，43（1）：42-48.
[29] 党永富．土壤污染与生态治理——农业安全工程系统建设［M］．北京：中国水利水电出版社，2015.
[30] 周启星等．污染土壤修复原理与方法［M］．北京：科学出版社，2004.
[31] 薛祖源．国内土壤污染现状、特点和一些修复浅见［J］．现代化工，2014，34（10）：1-6.
[32] 方亚璐等．土壤污染修复制度的构建［J］．法制与社会，2015，8：54-56.
[33] 李干杰．推进土壤污染防治立法，奠定生态环境安全基石［J］．中国科学院院刊，2015，30（4）：445-451.
[34] 李珊珊等．2014年中国环境科学学会学术年会论文集（第八、九章）．
[35] 骆永明．中国污染场地修复的研究进展、问题与展望［J］．环境监测管理与技术，2011，23（3）：1-6.
[36] 黄成敏．环境地学导论［M］．成都：四川大学出版社，2005.
[37] 郑度等．环境地学导论［M］．北京：高等教育出版社，2007.
[38] 李小平等．2010年上海世博会园区的土壤修复科学研究与工程实践［J］．北京国际环境技术研讨会，2013.
[39] 宋昕等．污染场地：穿着隐身衣的“雾霾”［J］．科学，2014（3）：30-33.
[40] 金鑫荣．有多少国土已五毒俱全——中国土壤重金属污染调查［J］．环境教育，2015（6）：4-9.
[41] 应蓉蓉等．土壤环境保护标准体系框架研究［J］．环境保护，2015（7）：60-63.
[42] 程兟．我国土壤修复工程开展现状分析［J］．绿色科技，2015（8）：197-199.
[43] 李飞．污染场地土壤环境管理与修复对策研究［D］．硕士学位论文，中国地质大学（北京），2011.
[44] 杨勇等．国际污染场地土壤修复技术综合分析［J］．环境科学与技术，2012，35（10）：92-97.
[45] 骆永明．污染土壤修复技术研究现状与趋势［J］．化学进展，2009，21（2/3）：558-565.
[46] 周健民．浅谈我国土壤质量变化与耕地资源可持续利用［J］．中国科学院院刊，2015（4）：459-467.

[47] 沈仁芳等．土壤安全的概念与我国的战略对策［J］．中国科学院院刊，2015（4）：468-476.
[48] 庄国泰．我国土壤污染现状与防控策略［J］．中国科学院院刊，2015（4）：477-483.
[49] 王湘徽．浅谈国内土壤污染修复技术需求．中国生态修复网专栏，http：//www.er-china.com/index.php?m=content&c=index&a=show&catid=98&id=27.
[50] 沈慧．《土壤污染防治行动计划》解读：为土壤“刮毒疗伤”［N］．经济日报，2016-6-2（3）．
[51] Yongming Luo. Twenty years research and development on soil pollution and remediation in China［M］. Beijing：Science Press，2016.
[52] Superfund remedy report. 16th edition，EPA，July 2020.
[53] 李瑞玲．中国土壤修复技术的现状与趋势．中宜环科环保产业研究，2016.
[54] 张涛等．土壤及地下水污染修复技术、专利与行业发展分析［J］．环境污染与防治，2016，38（7）：93-98.
[55] 杨勇等．国际污染场地土壤修复技术综合分析［J］．环境科学与技术，2012，35（10）：92-98.

第2章

土壤污染政策法规标准

2.1 政策概况

目前，我国涉及土壤保护的法律法规主要有《中华人民共和国环境保护法》《中华人民共和国土壤污染防治法》《刑法》《土地管理法》《土地管理法实施条例》《水土保持法》《土地复垦条例》《基本农田保护法》《农药安全使用标准》《农用污泥中污染物控制标准》《农田灌溉水质标准》《土壤环境质量　建设用地土壤污染风险管控标准（试行）》和《土壤环境质量　农用地土壤污染风险管控标准》。这些法律法规和政策大多以污染减排为目标，而污染减排只能消除土壤污染“源”的问题，不能有效解决已污染场地的治理问题。

近些年来，针对我国已污染场地数量巨大、亟待修复的问题，国家及有关部门相继出台了有关污染场地治理的相关政策。

2004年，国家环保总局印发的《关于切实做好企业搬迁过程中环境污染防治工作的通知》，规定所有产生危险废物的工业企业、实验室和生产经营危险废物的单位，改变原土地使用性质时，必须对原址土壤和地下水进行监测分析和评价，并据此确定土壤功能修复实施方案。

2005年，颁布《国务院关于落实科学发展观加强环境保护的决定》，要求对污染企业搬迁后的原址进行土壤风险评估和修复。

面对我国现阶段土壤环境形势的新变化、新问题和新要求，2006年环境保护部开始进行GB 15618—1995《土壤环境质量标准》的修订工作，2015～2016年间分别三次公开征求意见，标准名称调整为《农用地土壤环境质量标准》，同时新制订了《建设用地土壤污染风险筛选指导值》。

2007年，国务院印发了国家环境保护“十一五”规划，将“重点防治土壤污染”列入重点领域，明确提出要“开展全国土壤污染现状调查，建立土壤环境质量评价和监测制度，开展污染土壤修复示范”，对土壤修复提出更加明确的要求及任务。

2009年先后发布了《场地环境调查技术规范》(征求意见稿)、《污染场地环境监测技术导则》(征求意见稿)、《污染场地风险评估技术导则》(征求意见稿）和《污染场地土壤修复技术导则》(征求意见稿)，作为工具性标准为污染场地的调查、检测、风险评估和修复提供技术支撑。同时，《污染场地土壤环境管理暂行办法》征求意见稿出台，用于污染场地土地利用方式或土地使用权人变更时，场地土壤环境调查评估和治理修复等活动的监督管理。

2011年12月15日，国务院下发了《国家环境保护“十二五”规划》，将加强土壤环境保护纳入“十二五”期间需要切实解决的突出环境问题，要求强化土壤环境监管，加强重点行业和区域重金属污染防治，开展污染场地再利用的环境风险评估，将场地环境风险评估纳入建设项目环境影响评价，禁止未经评估和无害化治理的污染场地进行土地流转和开发利用。同时要求，到2015年，重点区域的重点重金属污染排放量要比2007年减少15%，非重点区域的重点重金属污染排放量不超过2007年的水平。第一次将重金属排放作为约束性指标，同时限定总量排放。

2012年1月，国务院副总理李克强在第七次全国环境保护大会上强调，要“加快实施土壤污染修复与治理、重金属污染综合防控等重大环境科技专项”。

2013年1月23日，国务院办公厅印发了《近期土壤环境保护和综合治理工作安排》，指出要“加大环境执法和污染治理力度，确保企业达标排放；严格环境准入，防止新建项目对土壤造成新的污染。定期对排放重金属、有机污染物的工矿企业以及污水、垃圾、危险废物等处理设施周边土壤进行监测，造成污染的要限期予以治理”，“以大中城市周边、重污染工矿企业、集中污染治理设施周边、重金属污染防治重点区域、集中式饮用水水源地周边、废弃物堆存场地等为重点，开展土壤污染治理与修复试点示范”，“实施土壤环境基础调查、耕地土壤环境保护、历史遗留工矿污染整治、土壤污染治理与修复和土壤环境监管能力建设等重点工程”。

2014年公布了《全国土壤污染状况调查公报》，显示我国采油区土壤主要污染物为石油烃和多环芳烃（PAHs）；化工类园区及周边土壤的主要污染物为PAHs。目前，石油烃污染场地已经成为国内外污染场地的重要关注类型之一。为加强对土壤中石油烃类污染物的风险管控，生态环境部已将石油烃类列为土壤中的主要污染项目并加以限制。

2014年2月19日，环境保护部发布了《场地环境调查技术导则》（HJ 25.1—2014）、《场地环境监测技术导则》（HJ 25.2—2014）、《污染场地风险评估技术导则》（HJ 25.3—2014）、《污染场地土壤修复技术导则》（HJ 25.4—2014）和《污染场地术语》（HJ 682—2014）5项污染场地系列环保标准，为污染场地治理提供技术指导和支持。自7月1日起实施的五项标准均为首次推出的国家性技术导则，构成了场地环境保护标准体系的总体框架。

2014年3月，环境保护部常务会议通过《土壤污染防治行动计划》，选择6个重污染地区作为土壤保护和污染治理的示范区。预计单个示范区用于土壤保护和污染治理的财政投入在10亿～15亿元之间。《土壤污染防治行动计划》在环保部进一步修改后将上报国务院，该计划的发布有利于推动我国土壤环保产业进一步发展，进入较大规模土壤修复实施阶段。

国家环保部门和国土部门曾于2014年4月联合发布了《全国土壤污染状况调查公报》，该公报显示：中国的土壤污染占比16.1%，其中耕地污染又占比19.4%。且通过对南北方土壤污染情况进行调查，发现南方问题更为突出，尤其是在长三角、珠三角等区域，而在西南、中南地区则主要表现为土壤重金属超标。公报称，当前中国的土壤环境“总体不容乐观，部分地区土壤污染较重，耕地土壤环境质量堪忧，工矿业废弃地土壤环境问题突出”。

2014年10月，环境保护部发布了《2014年污染场地修复技术目录（第一批）》，共15项技术，进一步贯彻落实了《国务院关于加强环境保护重点工作的意见》，推进土壤和地下水污染防治技术普及，引导污染场地修复产业健康发展。

2015年1月中国环境保护部向媒体通报，现行《土壤环境质量标准》（GB 15618—1995）的修订草案《农用地土壤环境质量标准》与《建设用地土壤污染风险筛选指导值》已完成征求意见稿，向社会公开征求意见。

2015年全国首个土壤污染防治地方法规《湖北省土壤污染防治条例（草案）》首次审

议。为了预防和治理土壤污染，保护和改善土壤环境，实现土壤资源的可持续利用，保障农产品质量安全，保障公众健康，制定本条例。

2016 年 5 月，国务院印发《土壤污染防治行动计划》，提出要系统构建标准体系，健全土壤污染防治相关标准和技术规范。

2018 年发布《土壤环境质量　农用地土壤污染风险管控标准（试行）》（GB 15618—2018）、《土壤环境质量　建设用地土壤污染风险管控标准（试行）》（GB 36600—2018），规定了农用地和建设用地土壤污染风险筛选值和管制值，以及监测、实施和监督要求，保护农用地土壤环境，管控农用地土壤污染风险，保障农产品质量安全、农作物正常生长和土壤生态环境，保护人体健康的建设用地土壤污染风险筛选值和管制值，以及监测、实施与监督要求，使土壤环境质量评估工作步入了一个崭新的阶段。

2018 年 8 月 31 日下午，十三届全国人大常委会第五次会议全票通过了《中华人民共和国土壤污染防治法》。该法规定，污染土壤损害国家利益、社会公共利益的，有关机关和组织可以依照环境保护法、民事诉讼法、行政诉讼法等法律的规定向人民法院提起诉讼。本法自 2019 年 1 月 1 日起施行。

2.2 土壤污染法律法规

环境污染问题随着社会和经济的发展日益突出。欧美国家已投入大量人力、物力对污染土壤进行治理：荷兰在 20 世纪 80 年代就投入 15 亿美元进行土壤的修复技术研究和应用试验；德国在 1995 年投资 60 多亿美元进行土壤修复；美国投入 100 多亿美元用于土壤修复技术开发研究。我国人多地少且土壤污染事件多发，对粮食安全、生态环境及人民身体健康和农业可持续发展构成了威胁。工矿业、农业等人为活动以及土壤环境背景值高是造成土壤污染或超标的主要原因。对于人为的不科学的活动造成的土壤污染，可以通过制定法律法规来引导人类的活动，对其加以干涉而缓解污染。我国土壤污染的类型多样，污染途径多，原因复杂，控制难度大，修复技术的研究必然重要，《土十条》明确要求土壤污染防治坚持预防为主，保护优先，风险管控。因此，增强全社会的防范治理意识，完善法律法规是迫在眉睫的任务。

2.2.1 土壤污染防治法律制度的概念

土壤污染防治法也称土壤污染控制法、土壤污染预防法，是指由调整土壤环境社会关系的一系列法律规范所组成的相对完整的规则体系，即国家对产生或可能产生土壤污染的原因及其活动（包括各种对土壤不利的人为活动）实施控制，达到保护土壤，进而保护人体健康和财产安全而制定的法律规范的总称。

2.2.2 国外土壤污染防治法律

19 世纪 70 年代初，欧美等发达国家就开始着眼于土壤污染问题，并开始研究土壤污染防治的立法工作。他们立法明确，有较为先进的法律制度，在土壤污染防治方面取得了一定的成效，美国、日本和德国的一些法律制度具有理论和实践上的指导意义。

(1) 美国土壤污染防治法律制度体系

美国于 20 世纪中叶开始研究土壤污染有关立法和法律制度，走在世界的前列。伴随美国经济迅猛发展的还有环境污染事件，如美国中西部的“黑风暴”事件，给当时的美国敲响了警钟，也引起了美国政府对于土壤污染的重视。

1935年，美国国会通过了《土壤保护法》，确立了土壤保护是国家的一项基本政策。此外，他们通过行政手段加以调整，在农业部中增设土壤保护局（现为自然资源保护局），国会也相继通过了一系列涉及建立土壤保持区、农田保护土地利用等法令。

1976年，美国国会针对固体废物对土壤的污染，制定了《固体废物处置法》（又称《资源保护和回收法》）。该法规定了固废污染物和其他危险物质的控制及相关预防措施。

20世纪70年代，由于缺乏有效的固体废物控制填埋管理，导致土壤“二噁英类物质”造成严重的污染事故，即“拉夫运河污染事件”。美国国会出台了具有重大意义的《综合环境污染响应、赔偿和责任认定法案》（The Comprehensive Environmental Response Compensation and Liability Act）。该部法律是美国在污染防治中一部重要的法律，最早界定了“棕色地块”的概念。尤其在土壤污染责任的认定和向受害者赔偿方面有着重要的意义。依据该法，美国政府建立了“超级基金”信托基金，为该法的实施提供资金支持。超级基金为修复污染土壤提供了强有力的资金支持。该法案的制定使美国成为世界上最早确立土壤污染修复标准制度的国家。

20世纪90年代，大量工厂搬迁遗留的污染土壤的治理和恢复问题，再一次引起美国大众的关注。按照法律规定，这些污染的地块必须被修复后才能使用，但大多数棕色地块的污染是由以前的使用者造成，不应由后来的开发者承担治理污染的责任和费用。于是美国政府便相继出台了《纳税人减税法》和《小型企业责任免除和棕色地块振兴法案》对《超级基金法》做出了相关的修改和补充，从而解决了由于工厂搬迁遗留的污染土壤的治理问题。

除此之外，美国政府还在土壤保护的其他方面实施了一系列的相关措施。如：对农民进行土壤保护的宣传，对农业的生产给予先进的技术指导，实时采集相关的数据，及时掌握土壤变化情况。通过这些措施的实施，加强了对土壤的保护工作，使污染防治工作取得了一定的效果。

纵观美国联邦政府在土壤保护中的有关立法，美国政府没有对土壤污染进行专门的立法。而是为了满足土壤污染防治的需要，对《超级基金法》为核心的几部法律进行修订，规定了土壤污染的治理责任和赔偿的标准和依据。例如：为了有效治理工厂搬迁遗留的土壤污染问题，通过《小型企业责任免除和棕色地块振兴法案》从而对《超级基金法》进行了相应的修正，规定免除了部分小规模企业的赔偿责任，从而推动了土壤污染风险管理和受污染土壤的再开发利用。除此之外，美国的《固体废物处置法》《清洁水法》《安全饮用水法》《清洁空气法》《有毒物质控制法》等诸多的法律中对土壤污染防治都进行了相应的规定，从而形成了较为完备统一的土壤污染保护和土壤污染治理的法律制度的体系（见表2-1和图2-1）。

表2-1 美国有关土壤污染防治的法律

序号	法律名称	发布日期	主要内容
1	《土壤保护法》	1935年颁布	美国关于土地保护的第一部法律
2	《固体废物处置法》	1976年制定 1984年修正	一部全面控制固体废物对土地污染的法律，重在预防固体物质危害人体健康和环境，修正案增补地下储存罐管理专章
3	《危险废物设施所有者和运营人条例》	1980年颁布	详细规范了危险废物处理、储存和后续管理等各个环节，控制固体废物处置对土地的危害
4	《综合环境反应、赔偿和责任认定法案》	1980年颁布	对包括土地、厂房、设施等在内不动产的污染者、所有者和使用者以追究既往的方式规定了法律上的连带严格无限责任
5	《超级基金修订和补充法案》	1986年颁布	针对环境问题发展过程中出现的新情况，美国政府颁布的一些修正和补充法案

续表

序号	法律名称	发布日期	主要内容
6	《纳税人减税法》	1997年颁布	政府从税收优惠方面完善了超级基金法
7	《小企业责任减免与棕色地带复兴法》	2001年颁布	该法案中阐明了责任人和非责任人的界限，给小企业免除了一定的责任，并制定了适用于该法的区域评估制度，保护了无辜的土地所有者或使用者的权利

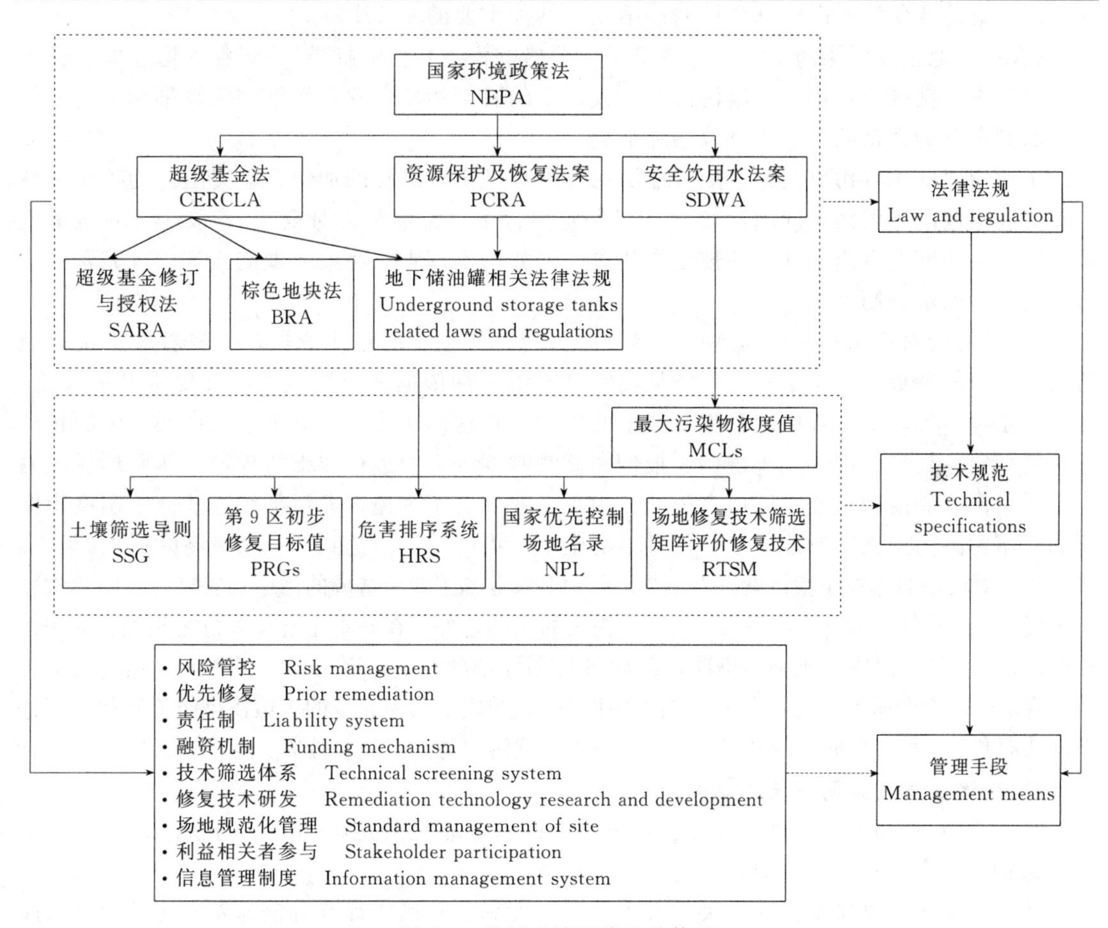

图2-1 美国土壤污染防治体系

(2) 日本土壤污染防治法律制度

日本具有全面系统的土壤污染防治方面的法律制度，为其他国家在土壤污染防治方面提供了先进的经验。

日本由于大力发展经济，遭受了严重的环境污染反噬，公害事件频发，特别是在20世纪50～60年代发生的由于土壤污染造成的“痛痛病”事件，使日本政府开始了在土壤污染防治方面的法律制度的建设工作。

20世纪70年代，日本制定出台了《农业用地土壤污染防治法》，该法主要针对农业用地土壤污染防治问题，使日本农用地的土壤污染得到了治理和改善。

《农业用地土壤污染防治法》规定了“土壤污染区域制度”，要求都道府县知事对于其管辖区域内的一定区域，根据农用地土壤及生产的农作物中所含特定有害物质的种类和数量，一旦确认该土壤生产的农作物可能会损害人的健康，或者该土壤所含有害物质影响和显然会影响农作物生长发育，且这些影响显然符合总理府令的诸要件时，都道府县知事即可将该区域指定为有必要采取相应措施的对策区域。

其次，规定了“土壤污染对策计划制度”。包含如下主要内容：第一，对农用地特定有害物质受污染状况按地域进行划分，并分别就各自的利用制定相应的方针政策；第二，防止有关的农业设施发生变动，从而不利于污染的防控，并应当除去在农用地土壤中特定有害物质的事业以及合理利用污染农用地而进行的名称变更等；第三，要加强农用地土壤中特定有害物质污染的变化情况的监测和控制；第四，其他重要的相关事项。

《农业用地土壤污染防治法》还规定了“严格的污染物排放标准”，各都、道、府、县知事可以考虑本辖区内农用地土壤污染及造成污染的有害物质，并在污染物的数量和种类及其他方面制定较为严格的污染物排放的标准。

工业用地的土壤污染问题，随着经济的发展和城市化进程的加快日益突出，为了解决城市和工业用地的土壤污染问题，2003 年又制定出台了《土壤污染对策法》。该法针对城市土壤污染防治的问题做出了详尽的规定，并设立诸如污染调查、污染治理措施等比较完善的土壤污染防治的法律制度。

《土壤污染对策法》是日本进行土壤污染防治工作主要的法律依据，代表着在土壤污染防治工作中的新成就。土壤污染调查从民间自发组织到依据法律法规的明文要求开展实施，在推动土壤污染防治过程中起着举足轻重的作用。在这部法律之中对土壤污染调查中的超标地域的划定、地域范围、调查机构、报告和监测制度等方面进行详细的规定，从而形成了以土壤污染调查制度为核心，以信息公开、中小企业污染调查免责和污染调查基金等制度为保障的土壤污染防治法律制度体系，使日本的土壤污染防治工作达到了一个更高的层次。

可以看到，日本在土壤污染方面主要是分别对农业和工业所造成的污染加以规定。除《农用地土壤污染防治法》和《土壤污染对策法》为主的法律之外，在日本还有许多与之相配套的法律法规，在这些法律之中对土壤污染防治问题进行了详细的规定，逐步形成了交叉立体的防治体系，规定了较为全面的污染防治和保护的法律制度，构成了较为完备的土壤污染防治法律制度体系，从而利于土壤污染防治的开展，推动了日本土壤污染防治事业的科学发展。

(3) 德国土壤污染防治法律制度

从 1972 年颁布的第一部环保法，加上实施欧盟的相关规定，德国是当今世界上在土壤环境保护治理方面法律法规规定最为健全的国家。

德国在土壤污染防治方面有关的各项法律制度和实践操作都有着较为先进的经验，从而对其他国家的土壤污染防治影响很大。

德国涉及土壤污染防治方面的法律法规主要在欧盟层面相关法律法规引导下，以 1999 年 3 月实施的《联邦土壤保护法》（The Federal Soil Protection Act/FSPA）为核心法律，辅以《联邦土壤保护与污染地条例》（Federal Soil Protection and Contaminated Sites Ordinance）和《联邦区域规划法》（Federal Regional Planning Act）、《闭合循环管理法》（Closed Cycle Management Act）、《污水污泥条例》（Sewage Sludge Ordinance）、《联邦自然保护法》（The Federal Nature Conservation Act）等联邦法规，以各州土壤保护法为配套性补充。《联邦土壤保护法》提供了土壤污染清除计划和修复条例；《联邦土壤保护与污染地条例》是德国实施土壤保护法律方面的主要举措；《建设条例》则涵盖了土地开发、限制绿色地带（green field，指未被污染、可开发利用的土地）开发方面的法规，并制定了土壤处理细则方面的基本指南。

《联邦土壤保护法》是德国的第一部在土壤污染防治方面比较系统全面的法律，对于其他土壤污染防治法律具有指导意义。首先，详细规定了在调整对象上其他有关土壤污染防治法律中尚未涉及的内容，具有一定的补充作用。如果关于其他问题的法律仅仅做出了一般性规定，那么土壤保护法必定会对这些条款的解释产生影响。现实中，这将意味着污染防治法中的土壤保护条款属于联邦污染防治法的一个组成部分，但却须用联邦土壤保护法中的条款进行充实和解释。如果关于其他问题的法律没有明确规定适用于某一具体领域，则土壤保护法全面适用于该领域。其次，规定了污染防治的义务主体。规定了每个土地使用者或所有者有防止土壤污染和清除土壤污染的义务。也规定了政府的责任，要求政府部门要根据土壤的价值有关要求制定和出台相关的法律法规，从而达到防止土壤污染发生有害的变化，并要求行政部门全面负责土壤的监测工作，行政机关可以要求土地的所有者采取一定的自我监控措施，并应当按照相关要求将监测结果告知行政机构。此外，还规定了农业用地利用的相关内容。“农业中良好的专业工作的特征是持续保持土壤的肥沃性和土壤作为自然资源的生产能力。”这些规定在一定程度上体现了防止土壤污染的要求。

《联邦土壤保护与污染地条例》是德国在具体实施土壤保护方面重要的法律，在制定法律的同时也规定了相应的实体性附件，从而更具有很强的实践操作性。该条例规定了污染的可疑地点、污染地和土壤退化的调查和评估，规定了抽样、分析与质保的要求。同时，条例还规定了通过保护和限制、消除污染、防止污染物质泄漏等具体的措施来防范危险的发生，并对于土壤的治理调查和整治计划都做出了一定的补充规定。该条例还对防止土壤退化的要求进行了相关规定，最后，它详细规定了启动值、行动值、风险预防值以及可允许的附加污染额度。

德国政府在土壤污染防治过程中不断地将这两部法律与其他的法律进行整合，从而使德国的土壤保护在可能造成土壤污染或土壤退化方面的相关规定更加的具体，使其具有较强的实践性和可操作性。

(4) 欧盟的土壤保护

1972 年，欧盟颁布《欧洲土壤宪章》，开始意识到土壤的重要性。1994～1995 年，经济合作与发展组织制定了一项保护土地资源的国家政策。2004 年欧盟委员会制定土壤保护战略，主要包括在欧盟范围内采用土壤信息和监测系统的法律规定以及未来应采取措施的详尽建议。欧盟土壤污染防治技术体系以法律法规为保障指导，由各成员国工业代表和科研机构创建的污染场地管理机构组织（见图 2-2）。

2.2.3 我国现行土壤污染防治法律制度

面对日益严重的环境污染，法律在环境保护和污染防治方面体现出了优越性，应采取法律手段进行保护和防治。首先，法律手段具有稳定性的特点。环境污染是一个长期问题，相对稳定的法律可以减少投机行为，更大范围地保护环境。其次，法律具有强制性，可直接对违法者进行罚款等相应的处罚；同时对该违法者产生负面评价，从而使违法者能够认识到自身形象的重要性，从而做到很好地守法。目前，我国土壤防治的法规体系由宪法、综合性法律，行政法规和法规性文件，部门规章和规范性文件，技术导则，环境标准以及地方技术指南和环境标准等架构。

我国土壤污染防治事业起步较早，在“六五”时期就已提出，但随后发展比较缓慢。综合性环境保护法律法规是对整体环境以及合理开发、利用和保护、改善环境资源等重大问题做出规定的法律法规。目前我国现行的法律体系中涉及土壤污染防治的综合性法律主要有以下内容：《宪法》第 26 条第一款规定：“国家保护和改善生活环境和生态环境，防治污染和其他公害。”因此从这一层面上来讲，国家根据宪法的有关规定有义务和

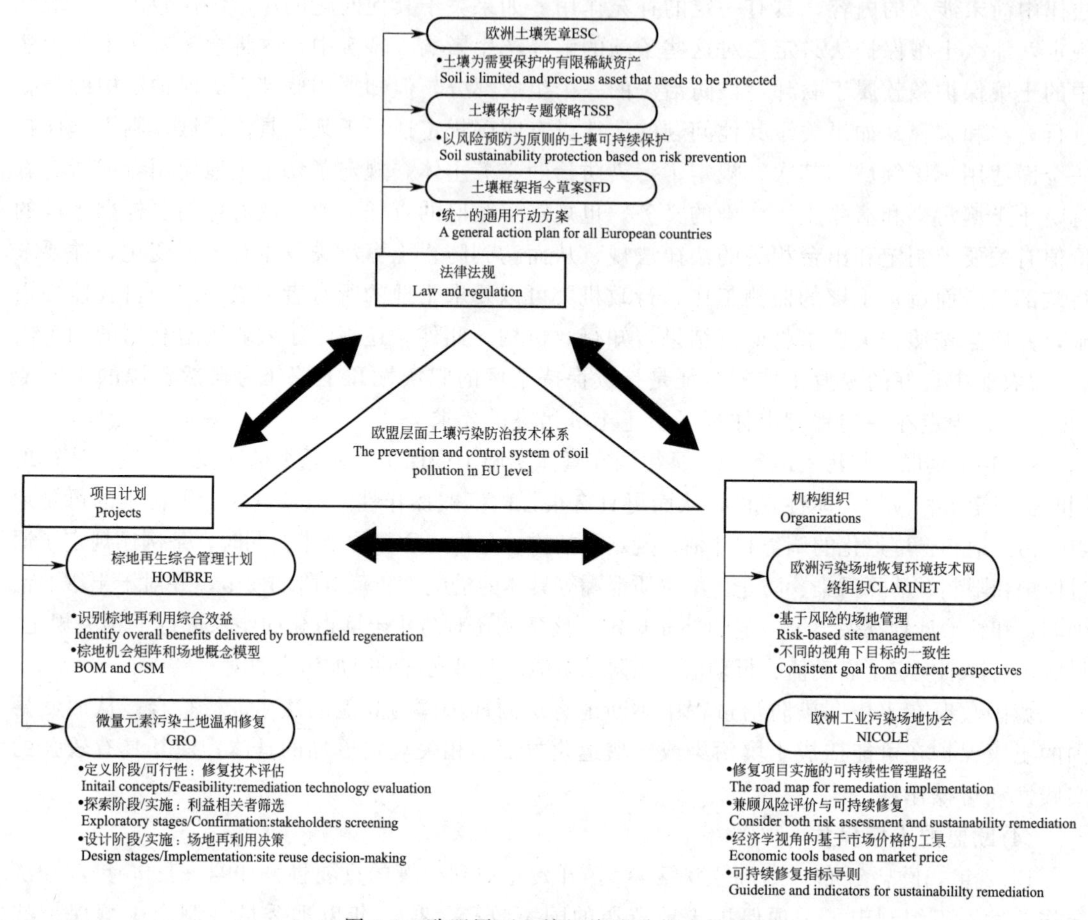

图 2-2　欧盟层面土壤污染防治技术体系

责任来对土壤的污染进行防治。《刑法修正案八》定义了污染环境罪。《环境保护法》第一条规定："为保护和改善生活环境与生态环境，防治污染和其他公害，保障人体健康，促进社会主义现代化建设的发展，制定本法"，该条作为《环境保护法》制定的目的，同时也说明了要进行"污染的防治"。而在第 20 条中明确规定："各级人民政府应当加强对农业环境的保护，防治土壤污染、土地沙化、盐渍化、贫瘠化、沼泽化、地面沉降片口防治植被破坏、水土流失、水源枯竭、种源灭绝以及其他生态失调现象的发生和发展"。2015 年起施行的新《环境保护法》第三十二条规定："国家加强对大气、水、土壤等的保护，建立和完善相应的调查、监测、评估和修复制度。"此外，该法还原则性地规定了国家鼓励投环境污染责任保险。见表 2-2。

表 2-2　有关土壤污染防治的综合性法律

序号	法律名称	发布日期	土壤防治相关法条	土壤防治相关法条主要内容	相关行政主体	法律责任的规定
1	宪法	1982 年 12 月 4 日	第 9、10、26 条	合理利用土地，保护改善环境	国家资源保护相关部门	无
2	环保法	1989 年 12 月 26 日	第 18～34 条	对包括土壤在内的环境因素综合性立法保护	各级环境保护主管部门，各级人民政府相关主管部门	行政处罚、民事责任、刑事责任

续表

序号	法律名称	发布日期	土壤防治相关法条	土壤防治相关法条主要内容	相关行政主体	法律责任的规定
3	刑法	1979 年 7 月 1 日(2011 年 2 月 25 日修订)	第 338 条、第 342 条	对严重破坏环境资源的行为规定了破坏环境资源保护罪	司法机关	刑事责任
4	土壤污染防治法	2018 年 8 月	全文		地方人民政府	行政处罚、民事责任、刑事责任

近年来，随着国家对土壤污染防治的日益重视，土壤污染防治的制度体系初步建立起了“四梁八柱”。生态环境部从 2015 年开始起草《中华人民共和国土壤污染防治法》，2016 年发布了《土壤污染防治行动计划》。2018 年土壤污染防治法草案提请全国人大常委会三次审议，并于 2018 年十三届全国人大常委会第五次会议全票通过了土壤污染防治法，自 2019 年 1 月 1 日起施行。《中华人民共和国土壤污染防治法》是我国首次制定土壤污染防治的专门法律，填补了我国污染防治立法的空白，完善了我国生态环境保护、污染防治的法律制度体系。

土壤防治法在土壤污染防治的基本原则、土壤污染防治基本制度、预防保护、管控和修复、经济措施、监督检查和法律责任等重要内容上做出了明确规定。落实了土壤污染防治的政府责任。建立土壤污染责任人制度，在“谁污染，谁治理”基本原则的基础上，明确土壤污染防治追责主体。包括 6 项基本原则，即预防为主、保护优先、分类管理、风险管控、污染担责、公众参与；5 项基础制度，即标准制度、普查制度、监测制度、共享制度、规划制度；3 项监管名录，即《土壤有毒有害物质名录》《土壤污染重点监管单位名单》《土壤污染风险管控和修复名录》；3 项管控制度，即农用地分类管理制度、污染地块风险管控与修复制度、法律责任制度（污染者、从业者、政府部门）；两级防治基金，即中央和省级土壤污染防治基金。《土地复垦规定》确立了土地复垦实行“谁破坏、谁复垦”原则，还简要规定了土地复垦方式、复垦经费及法律责任。

在上述法律法规的指导下，生态环境部制定了更具有实施性的部门规章，以及配套的风险管控标准和系列技术规范或指南。部门规章包括农用地土壤环境管理办法（试行）、污染地块土壤环境管理办法（试行）、工矿用地土壤环境管理办法（试行）。风险管控标准包括农用地土壤污染风险管控标准（试行）、建设用地土壤污染风险管控标准（试行）。技术规范或指南包括《环境影响评价技术导则土壤环境（试行）》《农用地土壤环境质量类别划分技术指南（试行）》《建设用地土壤环境调查评估技术指南》《建设用地土壤污染风险管控和修复术语》《企业拆除活动污染防治技术规定》，以及建设用地土壤污染调查、监测、风险评估、修复、风险管控与修复效果评估等技术导则等。

2.3 土壤质量相关标准

传统意义上的土壤质量主要与土壤的肥力质量相关。现代的土壤质量是指土壤提供食物、纤维、能源等生物物质的土壤肥力质量，土壤保持周边水体和空气洁净的土壤环境质量，土壤容纳消解无机和有机有毒物质、提供生物必需的养分元素、维护牲畜健康和确保生态安全的土壤健康质量的综合量度。土壤健康质量与土壤环境质量密切相关，是土壤环境质量在人类和动植物体上的反映。

土壤质量标准是土壤质量领域的一种规范性文件，是农业、环境等众多领域标准的基础。参考国际标准化组织（International Organization for Standardization，ISO）土壤质量标准涵盖的内容，我国土壤质量标准的内容包括以下几个方面：土壤质量标准、术语的评审和整理、土壤采样方法、土壤分析的化学方法和土壤特性、土壤分析的生物方法、土壤分析的物理方法、土壤质量评价和土壤修复与培育等。土壤学是环境科学和农业科学研究的核心，所以土壤质量标准也成为环境保护、工程建筑，水文地质，特别是农业种植领域的基础标准。许多发达国家将土壤质量定量评估作为本国农业发展政策制定的科学依据，他们不仅将土壤质量标准化的研究作为环境保护和农业产业领域最重要的任务，而且用土壤变化指数来定量地评估各种农业活动的风险，定量地界定农业可持续发展水平。

2.3.1 国外土壤环境质量标准概况

标准不仅是指导和组织生产力的工具，而且是促进国内外贸易健康发展的重要手段，20 世纪中叶以来，全球范围内爆发了一系列环境公害事件，包括由重金属污染引起的骨痛病、水俣病等，引起了全人类的高度关注。世界各国普遍认识到环境保护的重要性，加强了环境立法工作，土壤环境质量标准逐渐纳入各国环境标准体系，尤其是荷兰、英国、丹麦、法国、日本等国土面积较小或工业历史较长的发达国家，以及经济力量雄厚的苏联、美国等大国。在 1968 年以前，苏联制定了第一个土壤环境质量标准（见表 2-3）。

表 2-3 苏联土壤中污染物控制标准

指标	最大允许浓度/10^{-6}	指标	最大允许浓度/10^{-6}
As	15.0	聚氯蒎烯	0.5
Cr(Ⅵ)	0.05	有效态镍	5
Sb	4.5	有效态硝态氮(NO_3^-)	130
Mn	1500	过磷酸石灰(P_2O_5)	200
V	150	苯并[a]芘	0.02
Mn+V	1000+100		

各国制定土壤标准的原则依据基本相同，即以污染物对动植物、人体健康的环境基准值作为定值的基础依据。但在标准定值方法、标准应用目标的理解上有所差异，各有侧重。

基于风险的污染土壤修复与管理思想在发达国家发展迅速并得到广泛的认可。这是一种以保护不同土地利用方式下的人体健康和生态安全作为污染判别或污染修复最终目标的管理策略。由于其具有现实性和可操作性，美国、荷兰、日本等发达国家都先后建立了污染土壤风险评估导则和基于风险的土壤环境质量标准（见表 2-4）。

(1) 美国土壤环境质量标准

美国环保署（USEPA）于 1996 年颁布用于推导保护人体健康的土壤筛选值（soil screening level，SSL）的土壤筛选导则（soil screening guidance）。在该导则中，土壤筛选值（SSL）被明确定义为污染场地用于或将来可能用于居住用地时，假设各暴露参数取值满足大多数场地状况，采用人体健康风险评估方法推导出来的各种污染物相对保守的浓度限值。SSL 主要用于污染场地管理的初期快速鉴定场地是否存在污染，当污染场地土壤污染物含量低于 SSL 时一般认为不对人体健康造成危害，当污染物含量高于 SSL 时则需进一步

表 2-4　保护生态和人体健康的土壤质量指导值的受体及暴露途径设置

国家	宗旨	用地方式	受体及暴露途径
美国	保护人体健康	居住用地	直接土壤摄入 呼吸摄入含挥发性污染物的降尘 摄入土壤污染物迁移污染的地下饮用水 皮肤吸收 摄入受污染土壤污染的自种农产品 挥发性污染物迁移进入地下室
美国	保护陆地生态	陆地生态土壤	鸟类和哺乳动物在进食、整理羽毛时摄入土壤 鸟类和哺乳动物摄取土壤污染物污染的食物 植物和土壤无脊椎动物的直接接触摄入 土壤无脊椎动物摄入土壤颗粒
澳大利亚	保护人体健康	标准居住用地	直接口腔摄入土壤颗粒和降尘 直接呼吸摄入土壤颗粒 直接土壤皮肤接触 消耗自种水果和蔬菜
澳大利亚	保护人体健康	居住用地：高面积覆盖	直接口腔摄入土壤颗粒和降尘 直接呼吸摄入土壤颗粒
澳大利亚	保护人体健康	公园/娱乐用地	直接口腔摄入土壤颗粒和降尘 直接呼吸摄入土壤颗粒 直接皮肤接触
澳大利亚	保护人体健康	商业/工业用地	直接口腔摄入土壤颗粒 直接呼吸摄入土壤颗粒 直接皮肤接触土壤
加拿大	保护陆地生态	农业用地	土壤养分循环过程、土壤无脊椎动物、作物/植物、家畜/野生动物的接触暴露 草食动物摄入污染土壤和污染食物
加拿大	保护陆地生态	居住/公园、商业、工业用地	土壤养分循环过程、土壤无脊椎动物、作物/植物，家畜/野生动物的接触暴露
加拿大	保护人体健康	农业用地	直接暴露：口腔摄入、皮肤接触和呼吸摄入 间接暴露：地下水、室内空气、自种农产品摄入
加拿大	保护人体健康	居住/公园、商业用地	直接暴露：口腔摄入、皮肤接触和呼吸摄入 间接暴露：包括地下水和室内空气的摄入
加拿大	保护人体健康	工业用地	直接暴露：口腔摄入、皮肤接触和呼吸摄入 间接暴露：地下水、室内空气摄入及污染物的迁移
英国	保护人体健康	果蔬类副业用地、栽培果蔬类作物的居住用地	摄入污染土壤，摄入室内降尘，摄入污染蔬菜，摄入附着在蔬菜上的污染土壤、皮肤接触污染土壤、皮肤接触室内降尘、呼吸摄入土壤、呼吸摄入室内降尘、呼吸摄入室外污染物蒸气、呼吸摄入室内污染物蒸气
英国	保护人体健康	居住用地	摄入污染土壤、摄入室内降尘、皮肤接触污染土壤、皮肤接触室内降尘、呼吸摄入土壤、呼吸摄入室内降尘、呼吸摄入室外污染物蒸气、呼吸摄入室内污染物蒸气
英国	保护人体健康	商业，工业用地	摄入污染土壤、皮肤接触污染土壤、呼吸摄入土壤、呼吸摄入室外污染物蒸气、呼吸摄入室内污染物蒸气、摄入工作楼区降尘、皮肤接触工作楼区降尘、呼吸摄入工作楼区飘尘

针对具体场地进行风险评估来确定其风险。虽然在其导则中也提出SSL也可用于其他非居住用地方式污染场地初步筛选，但必须明确SSL推导时所考虑的是通常暴露途径（直接土壤摄入、吸入挥发性污染物和灰尘、饮用污染区地下水、皮肤吸收、摄入种植在污染区的农作物或蔬菜、污染物质挥发至地下室）的相对保守值。当污染场地存在其他暴露途径（交通污染、饲养家畜等）时，则必须重新判断SSL的相对保守性是否存在。另外，USEPA还颁布了推导基于生态风险的土壤筛选值（ecological-soil screening level Eco-SSL）导则，但美国大多数州的土壤环境质量标准一般都基于人体健康风险评估制定。

另一类在美国广泛使用的污染土壤初始修复目标值（preliminary remediation goal，PRG）可定义为：在对污染场地进行初步调查后开展修复方法选择时（修复行为开始前），初步设定的修复目标值。与SSL相似，基于PRG推导仍然只考虑一般场地的暴露途径。不同的是PRG的推导过程中暴露参数依据实际状况重新设置，SSL则采用满足大多数污染场地的保守取值；SSL只适用于土地利用方式为居住用地或者将来拟用作居住用地的污染场地，PRG不仅包括居住用地还包括工业/商业用地；SSL数值较保守，一般较低，而PRG

有时数值较大。另外需要指明的是，PRG 只能初步判定污染场地是否需要修复或者作为修复目标的初步设定值，它的作用是在污染土壤管理前期信息并不充分的条件下为了后续工作的顺利开展而提出的初始目标值，并不能据此立即判定污染场地存在风险需要进行修复。在进一步开展风险评估或确定修复策略以后，对具体污染场地的 PRG 可根据场地具体风险评估结果或修复方法本身特点进行修正。美国环保署（USEPA）1991 年颁布基于人体健康风险评估的 PRG 导则，目前美国一些州也颁布了基于污染场地人体健康风险评估制定的 PRG。

(2) 日本土壤环境质量标准

1975 年在东京发现因填埋六价铬矿渣而造成土壤等环境污染的事实，使其成为引人注目的社会问题。其后又发现三氯乙烯等有机化合物通过土壤污染地下水的事件，通过分析 1975～2001 年地方政府（都道府县）掌握的土壤污染数据，表明主要污染物为重金属类、VOCs 等，地域分布集中于和工业地带紧密相连的城市地域。为防治城市与工业地域的土壤污染，强化土壤环境行政管理力度，日本将农田土壤环境质量标准和城市与工业用地土壤环境质量标准整合，1991 年发布土壤环境质量标准。

日本土壤环境质量标准颁布于 1991 年 8 月 23 日，依据《公害对策法》第 9 条规定的“防治土壤污染的环境质量标准”。此标准涵盖农田土壤标准，以保护人类健康以及人类生存环境为目的，制定了保护土壤环境的行政管理目标。

根据土壤环境功能之中的保护农作物生长功能的观点，1991 年 8 月修订了 Cd 等 10 个标准项目，1994 年 2 月增加挥发性有机化合物（VOCs）、农药等 15 个标准项目；2001 年从保护地下水涵养功能和水质净化功能的角度增加了氟和硼 2 个项目。

在 2002 年《土壤污染对策法》实施之前，土壤环境质量标准只是作为判断环境质量的标准存在，而对于发生在城市和工业地域的污染并没有防治法，治理土壤污染的法律只有《农用地土壤污染防治法》。但 1970 年后，随着城市和工业地域重金属和 VOCs、农药、PCB 等污染土壤事件的增加，日本开始关注城市和工业地域的土壤污染防治问题。昭和 60 年版（1985）的环境白皮书首次提及城市和工业地域（日文为“市街地”）土壤污染防治对策；1986 年制定《市街地土壤污染暂行对策指针》；1991 年颁布土壤环境质量标准，除涵盖农田污染防治的重金属项目外，其余环境质量标准项目都是城市和工业地域土壤污染防治项目范畴。2002 年日本正式颁布《土壤污染对策法》，对城市和工业地域的土壤污染物质做了明确规定，城市和工业地域的土壤环境质量标准项目有了法律依据（第 2 条，特定有害物质）。至 2004 年日本的土壤环境标准有 27 个项目。

环境监测报告是环境质量监测的成果体现，日本的环境监测报告内容包括开展监测的法律依据（目的、标准、方法等）、调查方法及调查结果，均由行政管理部门环境省发布。对比历年日本环境白书和土壤环境监测报告，可以清楚地理清其环境质量标准体系形成的历程。日本城市和工业地域土壤环境监测报告发布起始年为 1997 年，2003 年之前监测报告中，其监测结果汇总表分类只分为 2 类，即：VOC 和重金属等（包括重金属和农药），监测结果根据溶出标准进行评价。2004 年报告首次将特定有害物质划分为 3 类，标准也根据溶出标准和含有量标准限值实施汇总。在 2002 年颁布《土壤污染对策法》（2003 年实施）之后五年，为解决城市和工业地域土壤污染出现的新问题，2009 年发布《土壤污染对策法》修订案，2010 年实施修改后的《土壤污染对策法》，修改后的法律第 2 条规定了特定有害物质 3 大类，25 个项目，标准限值包括含有量标准限值和溶出标准限值，具体内容见表 2-5。

表 2-5 日本土壤环境质量标准

污染物分类	项目	标准限制	
		土壤中含量/(mg/kg 土壤)	溶出标准(以试样溶液中含量计)/(mg/L)
第 1 种特定有害物质(VOC)11 项	四氯化碳		≤0.002
	1,2-二氯乙烷		≤0.004
	1,1-二氯乙烯		≤0.1
	顺式-1,2 二氯乙烯		≤0.04
	1,3-二氯丙烯		≤0.002
	二氯甲烷		≤0.02
	四氯乙烯		0.01
	1,1,1-三氯乙烷		≤1
	1,1,2-三氯乙烷		≤0.006
	三氯乙烯		≤0.03
	苯		≤0.01
第 2 种特定有害物质(重金属等)9 项	镉及其化合物	≤150	≤0.01
	六价铬及其化合物	≤250	≤0.05
	氰化合物	游离态氰≤50	不得检出
	汞及其化合物(其中烷基汞)	≤15	≤0.0005(烷基汞不得检出)
	硒及其化合物	≤150	≤0.01
	铅及其化合物	≤150	≤0.01
	砷及其化合物	≤150	≤0.01
	氟及其化合物	≤4000	≤0.8
	硼及其化合物	≤4000	≤1
第 3 种特定有害物质(农药+PCB)5 项	西吗嗪		≤0.003
	秋兰姆		≤0.006
	杀草丹		≤0.02
	PCB		不得检出
	有机磷农药(对硫磷、甲基对硫磷、甲基 1059 及 EPN)		不得检出

注：溶出标准是从保护土壤、净化水质和涵养地下水功能的角度，制定溶出标准，表中数值以试样溶液中含量计(mg/L)。土壤中含量标准是从防范因直接接触所受到污染的风险角度出发而制定的土壤中含量标准，标准值设定范围为第 2 种污染物，重金属类。

(3) 荷兰土壤环境质量标准

荷兰住房、空间规划和环境部（Ministry of Housing，Spatial Planning and Environment，VROM）采用 2 种基于风险的土壤环境质量标准值来表征土壤的污染程度和据此需要采取的措施，分别是目标值（target value）和行动值（intervention value），另外还有介于两者之间的筛选值（intermediate value）。目标值接近于土壤环境背景值，一般指最大允许生态概率风险 HC5 为 1%时的浓度值。行动值指土壤受到较严重污染，存在不可接受的潜在风险，需要立即采取修复措施的污染物浓度值。筛选值类似于其他国家的土壤筛选水平(soil screening level)，当污染物浓度介于目标值和筛选值之间时，不需要采取进一步的风险评估措施，当污染物浓度介于筛选值和行动值之间时则需要采取进一步的风险评估以确定是否需要进行修复。另外，荷兰还定义了全国的修复目标值（reference value），用于明确采取修复措施后土壤中污染物允许浓度值，该数值根据土地利用方式不同而略有不同，详见表 2-6。

表 2-6　荷兰土壤环境质量标准

<table>
<tr><th>元　素</th><th>目标值</th><th>调解值</th></tr>
<tr><td>Sb</td><td>3</td><td>15</td></tr>
<tr><td>As</td><td>29</td><td>55</td></tr>
<tr><td>Ba</td><td>160</td><td>625</td></tr>
<tr><td>Be</td><td>1.1</td><td>ILSP:30</td></tr>
<tr><td>Cd</td><td>0.8</td><td>12</td></tr>
<tr><td>Cr</td><td>100</td><td>380</td></tr>
<tr><td>Co</td><td>9</td><td>240</td></tr>
<tr><td>Cu</td><td>36</td><td>190</td></tr>
<tr><td>Pb</td><td>85</td><td>530</td></tr>
<tr><td>Zn</td><td>140</td><td>720</td></tr>
<tr><td>Hg^1</td><td>0.3</td><td>10</td></tr>
<tr><td>Hg^2</td><td>0.3</td><td></td></tr>
<tr><td>Mo</td><td>3</td><td>200</td></tr>
<tr><td>Ni</td><td>35</td><td>210</td></tr>
<tr><td>Se</td><td>0.7</td><td>ILSP:100</td></tr>
<tr><td>Ag</td><td colspan="2">ILSP:15</td></tr>
<tr><td>Tc</td><td colspan="2">ILSP:600</td></tr>
<tr><td>Tl</td><td>1</td><td>ILSP:15</td></tr>
<tr><td>Sn</td><td colspan="2">ILSP:900</td></tr>
<tr><td>V</td><td>42</td><td>ILSP:250</td></tr>
</table>

注：ILSP——严重污染；Hg^1——汞和有机态汞；Hg^2——甲基汞；元素含量/10^{-6}。

(4) 加拿大土壤环境质量标准

加拿大环境保护部 1996 年制订了《土壤质量导则》，该导则中保护的土地类型增加了农业用地方式，注重保护人体健康和生态环境，并于 1999 年重新进行修订。该标准根据土壤的利用目的及人体暴露途径确定了农用地、住宅及公共场所用地、商用地和企业生产用地 4 种不同的环境标准值。《土壤质量导则》分为保护人体健康的土壤质量指导值和保护生态环境的指导值两类，并根据基础数据的充足与否对每次修订后的土壤质量指导值变化做了详细标记与比较。加拿大环境保护部在确定最终土壤质量指导值时首先选择人体健康土壤质量指导值和保护生态环境土壤质量指导值的较小者。另外综合考虑植物对营养元素的需求、土壤元素背景值和仪器检出限等因素来确定最终土壤质量指导值（final soil quality guideline, SQG_f）。SQG_f 一般在加拿大三层次风险评估的第一层风险评估时使用，用于初步判断污染场地是否需要进一步的详细风险评估。基于对污染场地第二、三层次的风险评估的开展，可对 SQG_f 进行修订或重新推导针对具体场地的 SQG_f。该导则在环境标准值的基础上，综合考虑土壤的污染现状、特定用途进行分类，分析了各种污染物的特性和污染途径，以及制定标准值所考虑的背景、原则和方法，并确定修复治理方案。随着加拿大环境保护部颁布和修订土壤质量指导值后，其国内各省也颁布了各自的土壤质量指导值。

(5) 欧盟土壤环境质量标准

欧盟在制订相关土壤有机物的控制标准上，规定的项目和标准值各不相同，但是标准制订的方法基本一致，都考虑了土壤的利用目的和人体暴露途径。例如，丹麦环保署依据人体可接受剂量制定了土壤质量标准，考虑住宅用地或医疗护理中心用地土壤质量要求较高，有机物控制项目为 21 项，同时对石油类污染也规定了限值；环保署根据土壤的特殊用途（公共场合、住宅用地等）和一般用途（工业用地等）将土壤质量标准分为两个等级，其中有机物控制项目包括苯、六氯苯等 51 种。

2.3.2 我国土壤环境质量标准概况

从20世纪80年代开始，我国土壤质量标准研究有了一定发展，主要侧重于土壤质量的化学分析方法标准，少量涉及标准、术语评审和整理、生物方法和物理方法，但缺少了土壤采样方法、土壤质量评价和土壤修复及培育等方面的标准。由于土壤质量关系到国计民生，近年来土壤质量研究越来越受到重视。我国土壤学界第一个也是全国第一批973项目“土壤质量演变机理与持续利用研究”，就土壤质量标准做了非常重要的基础工作，针对四类重要土壤（水稻土、红壤、潮土和黑土）的肥力、环境、健康质量制订了最小数据集、指标基准、评价体系。研究指出，土壤肥力质量最小数据集应为：pH值、有机质、黏粒、速效磷、速效钾、容重和CEC等；土壤环境质量最小数据集应为：土壤的碳和氮储量及向大气的释放，土壤的磷和氮储量及向水体的释放等；而土壤健康质量最小数据集应为：pH值、有机质、重金属或有益元素（Zn、Cd、Pb、Cr、Hg、As、Se、Ni、F）全量和有效性、六六六、滴滴涕等。

根据我国水稻土、红壤、潮土和黑土四大类型重要土壤的利用类型、特性及功能等差异性，土壤学专家提出了我国四大类型土壤肥力质量基准、土壤健康质量基准和土壤环境质量基准。上述研究为土壤质量标准，尤其是土壤质量评价和土壤修复及培育国家标准的形成奠定了基础。

2.3.2.1 土壤质量国家标准

我国最早于1988年制定了5个与土壤质量相关的国家标准，分别是《^{15}N土壤、植物标准样品》(GB 9838—88)、《土壤全钾测定法》(GB 9836—88)、《土壤全磷测定法》(GB 9837—88)、《土壤碳酸盐测定法》(GB 9835—88) 和《土壤有机质测定法》(GB 9834—88)。随后在1989年制定了两个国家标准，分别是《土壤中钚的测定——萃取色层法》(GB/T 11219.1—89) 和《土壤中钚的测定——离子交换法》(GB/T 11219.2—89)。自1996年到2010年颁布了19个土壤质量标准，而颁布土壤质量标准相对较多的时期是2011年至2020年间，为13个。

根据中国标准化研究院统计，我国与土壤质量相关的现行国家标准有37个。在这37个标准中，有23个与土壤分析的化学方法有关，比例为62.2%。分析表明，目前我国土壤质量领域的国家标准侧重于土壤的化学分析方法，少量涉及标准、术语评审和整理、生物方法和物理方法，2018年颁布了土壤采样方法、土壤质量评价和土壤修复及培育等方面的标准，见表2-7。

国家环保局于1995年7月正式发布了《土壤环境质量标准》(GB 15618—1995)。该标准是在20世纪70年代中期以来中国取得的土壤环境背景值、土壤环境容量、土壤环境基准值等大量研究成果的基础上制定的。中国土壤环境质量标准以土壤应用功能分区，以土地保护为目标，考虑土壤主要性质，把土壤环境质量划分为3类：Ⅰ类主要适用于国家规定的自然保护区（原有背景重金属含量高除外）、集中式生活饮用水源地、茶园、牧场和其他保护地区的土壤，土壤质量基本保护在自然背景水平；Ⅱ类主要适用于一般农田、蔬菜地、茶园、果园、牧场等土壤，土壤质量基本保持在对植物和环境不造成危害和污染；Ⅲ类主要适用于林地土壤及污染物容量较大的高背景值土壤和矿产附近等地的农田土壤（蔬菜地除外），土壤质量基本上对植物和环境不造成危害和污染。

2018年生态环境部土壤环境管理司、科技标准司组织制订发布《土壤环境质量　农用地土壤污染风险管控标准（试行）》（GB 15618—2018），《土壤环境质量　建设用地土壤污染风险管控标准（试行）》（GB 36600—2018）。《土壤环境质量标准》（GB 15618—1995）废止。

《土壤环境质量　农用地土壤污染风险管控标准（试行）》规定了农用地土壤污染风险筛选值和管制值，以及监测、实施与监督要求，更新了规范性引用文件，增加了标准的术语和定义；规定了农用地土壤中镉、汞、砷、铅、铬、铜、镍、锌等基本项目，以及六六六、滴滴涕、苯并[*a*]芘等其他项目的风险筛选值；规定了农用地土壤中镉、汞、砷、铅、铬的风险管制值；更新了监测、实施与监督要求。农用地土壤风险管控标准主要针对农用地的使用及治理。在标准中，根据不同的污染程度，结合风险评估模型，分别设置了筛选值和管制值，同时筛选值和管制值都充分考虑了pH对重金属的影响。当污染地块污染物浓度低于筛选值时，表示风险较小，可以忽略；当污染物浓度在筛选值和管制值之间时，应该加强监测、论证和评估分析，采用农艺调控、替代种植等措施；当污染物浓度高于管制值时，则农用地污染风险高，应禁止种植食用农产品，采用退耕还林等措施。

《土壤环境质量　建设用地土壤污染风险管控标准（试行）》规定了保护人体健康的建设用地土壤污染风险筛选值和管制值，以及监测、实施与监督要求。建设用地土壤污染风险管控标准主要针对建设用地的使用和治理。该标准将建设用地分为第一类和第二类两类用地。第一类用地：包括GB 50137规定的城市建设用地中的居住用地（R），公共管理与公共服务用地中的中小学用地（A33）、医疗卫生用地（A5）和社会福利设施用地（A6），以及公园绿地（G1）中的社区公园或儿童公园用地等。第二类用地：包括GB 50137规定的城市建设用地中的工业用地（M），物流仓储用地（W），商业服务业设施用地（B），道路与交通设施用地（S），公用设施用地（U），公共管理与公共服务用地（A）（A33、A5、A6除外），以及绿地与广场用地（G）（G1中的社区公园或儿童公园用地除外）等。规划用途明确的分别对应每一类用地的筛选值和管制值。当污染物浓度低于筛选值时，认为可以忽略风险；当污染物浓度在筛选值和管制值之间时，应进一步做详细调查和评估分析，确定是否需要采取修复措施；当污染物浓度高于管制值时，认为存在风险，应采取管制或者修复措施。我国现行土壤质量相关国家标准见表2-7。

表2-7　现行土壤质量相关国家标准

1	土壤质量　词汇	GB/T 18834—2002
2	中国土壤分类与代码	GB/T 17296—2009
3	土壤质量　土壤采样技术指南	GB/T 36197—2018
4	土壤质量　土壤采样程序设计指南	GB/T 36199—2018
5	土壤质量　自然、近自然及耕作土壤调查程序指南	GB/T 36393—2018
6	土壤质量　土壤气体采样指南	GB/T 36198—2018
7	土壤质量　城市及工业场地土壤污染调查方法指南	GB/T 36200—2018
8	土壤环境质量　农用地土壤污染风险管控标准(试行)	GB 15618—2018
9	土壤环境质量　建设用地土壤污染风险管控标准(试行)	GB 36600—2018
10	土壤质量　野外土壤描述	GB/T 32726—2016
11	土壤质量　土壤样品长期和短期保存指南	GB/T 32722—2016
12	土壤质量　有效态铅和镉的测定　原子吸收法	GB/T 23739—2009
13	销毁日本遗弃在华化学武器　环境土壤中污染物含量标准	GB 19615-2004
14	销毁日本遗弃在华化学武器　土壤污染控制标准	GB 19062—2003
15	种植根茎类蔬菜的旱地土壤镉、铅、铬、汞、砷安全阈值	GB/T 36783—2018
16	水稻生产的土壤镉、铅、铬、汞、砷安全阈值	GB/T 36869—2018
17	土壤微生物呼吸的实验室测定方法	GB/T 32720—2016

续表

18	工业循环冷却水中菌藻的测定方法．第2部分：土壤菌群的测定．平皿计数法	GB/T 14643.2—2009
19	工业循环冷却水中菌藻的测定方法．第4部分：土壤真菌的测定．平皿计数法	GB/T 14643.4—2009
20	土壤中塑料材料最终需氧生物分解能力的测定　采用测定密闭呼吸计中需氧量或测定释放的二氧化碳的方法	GB/T 22047—2008
21	土壤质量　氟化物的测定　离子选择电极法	GB/T 22104—2008
22	土壤质量　总汞、总砷、总铅的测定　原子荧光法　第2部分：土壤中总砷的测定	GB/T 22105.2—2008
23	土壤质量　总汞、总砷、总铅的测定　原子荧光法　第1部分：土壤中总汞的测定	GB/T 22105.1—2008
24	土壤质量　总汞、总砷、总铅的测定　原子荧光法　第3部分：土壤中总铅的测定	GB/T 22105.3—2008
25	土壤中六六六和滴滴涕测定的气相色谱法	GB/T 14550—2003
26	土壤质量　镍的测定　火焰原子吸收分光光度法	GB/T 17139—1997
27	土壤质量　总汞的测定　冷原子吸收分光光度法	GB/T 17136—1997
28	土壤质量　铜、锌的测定　火焰原子吸收分光光度法	GB/T 17138—1997
29	土壤质量　铅、镉的测定　石墨炉原子吸收分光光度法	GB/T 17141—1997
30	土壤质量　总砷的测定　硼氢化钾-硝酸银分光光度法	GB/T 17135—1997
31	土壤质量　铅、镉的测定　KI-MIBK　萃取火焰原子吸收分光光度法	GB/T 17140—1997
32	土壤质量　总砷的测定　二乙基二硫代氨基甲酸银分光光度法	GB/T 17134—1997
33	水和土壤质量　有机磷农药的测定　气相色谱法	GB/T 14552—2003
34	水和土壤样品中钚的放射化学分析方法	HJ 814—2016
35	环境样品中微量铀的分析方法	HJ 840—2017

2.3.2.2　土壤质量地方标准

地方标准又称为区域标准，对没有国家标准和行业标准而又需要在省、自治区、直辖市范围内统一的工业产品的安全、卫生要求，可以制定地方标准。地方标准由省、自治区、直辖市标准化行政主管部门制定，并报国务院标准化行政主管部门和国务院有关行政主管部门备案，在公布国家标准或者行业标准之后，该地方标准即应废止。地方标准属于我国的四级标准之一。省、自治区、直辖市标准化行政主管部门制定的工业产品的安全、卫生要求的地方标准，在本行政区域内是强制性标准。土壤质量相关地方标准仍然主要覆盖方法标准、产地环境控制标准和评价标准方面。

土壤污染物种类的复杂性及土壤用途的差异，势必催生了效果更佳的、实施更可靠的地方性标准。仅2019年和2020年，各省市自治区发布了超过50条土壤相关的标准。如深圳市城市绿地土壤改良技术规范《多环芳烃污染农田土壤生态修复标准》(DB 21/T 2274—2014)，为了防止土壤污染，保障人体健康，维护生态平衡，开展污染场地的环境风险评价。随着土壤防治工作开展和分析技术的提升，福建省发布了《土壤中砷、铅、铜、锌、镉、铬、镍、镁、钾、钙、锰、铁、硒、钼的测定　电感耦合等离子体质谱法》(DB 35/T 1142—2020)。为保护农用地土壤环境，管控农用地土壤污染风险，为农用地土壤分类管理措施精准实施提供基础数据和信息，河南省制定了《农用地土壤污染状况调查技术规范》(DB 41/T 1948—2020)。

2.3.2.3　土壤质量行业标准

行业标准是指在国家某个行业通过并公开发布的标准。截止到2020年6月底，我国与土壤质量相关的现行行业标准共有169个，涉及17个不同的行业，包括农业（7)、林业(63)、土地管理（2)、核工业（4)、水利（6)、卫生（1)、城建（2)、地质矿产（2)、环保(64)、气象（3）和煤炭（1)、文物保护（1)、烟草（2)、有色金属（1)、交通（1)、电力

(2)、化工（3）。与土壤质量相关的环保标准最多，为 64 个，在所有与土壤质量相关的行业标准中所占比例最高，为 37.9%，其次是林业标准，共 63 个，所占比例为 37.3%。

1996 年前与土壤质量相关的行业标准有 16 个，1996～2000 年期间颁布的行业标准有 76 个，而 2006～2010 年期间有 40 个相关的行业标准颁布，2011～2020 年颁布 78 个相关行业标准。相对于国家标准，行业标准数量较多，发展速度较快，其原因在于土壤质量涉及多行业和多领域，长期以来没有系统规划统一的标准体系，土壤质量相关的行业标准在不同行业中多有重复和交叉。

2007 年，为贯彻《中华人民共和国环境保护法》，防治土壤污染，保护土壤资源和土壤环境，保障人体健康，维护良好的生态系统，确保展览会建设用地的环境安全性，特制定《展览会用地土壤环境质量评价标准》。本标准规定了不同土地利用类型中土壤污染物的评价标准限值。包括无机污染物 14 项，挥发性有机物 24 项，半挥发性有机物 47 项，其他污染物 7 项。

2015 年，首次发布规范土壤中全氮的测定方法，制定《土壤质量　全氮的测定　凯氏法》(HJ 717—2014)。该标准规定了测定土壤样品中全氮含量的凯氏法。

2017 年发布《食品安全国家标准　食品中污染物限量》(GB 2762—2017)，从保护农产品质量安全角度，制定了镉、汞、砷、铅和铬 5 种重金属的土壤筛选值；从保护农作物生长的角度，制定了铜、锌和镍 3 种重金属的土壤筛选值，这 8 种重金属列为必测项目。同时，保留六六六、滴滴涕两项指标并增加苯并[a]芘指标作为选测项目。

近年来，随着我国经济社会的发展及土壤环境保护要求的提升，在不同时期和不同部门又制定过一些行业标准和地方标准。在我国香港和台湾地区，土壤环境质量标准主要参考了美国、荷兰等欧美发达国家的基于风险评估的基准与标准制定体系，其中香港特别行政区由香港环境保护署颁布了《按风险厘定的土地污染整治标准》，用于土地污染的风险管理。台湾地区也有环保部门颁布的《土地监测标准》和《土地污染管制标准》，并按照《土壤及地下水污染整治法实施》。

2018 年，为贯彻落实《中华人民共和国环境保护法》《中华人民共和国土壤污染防治法》等法律法规，保障人体健康，保护生态环境，加强建设用地环境保护监督管理，规范建设用地土壤污染状况调查、土壤污染风险评估、风险管控、修复等相关工作，批准发布了 5 项标准为国家环境保护标准，即《建设用地土壤污染状况调查技术导则》(HJ 25.1—2019)，《建设用地土壤污染风险管控和修复监测技术导则》(HJ 25.2—2019)，《建设用地土壤污染风险评估技术导则》(HJ 25.3—2019)，《建设用地土壤修复技术导则》(HJ 25.4—2019)，《建设用地土壤污染风险管控和修复术语》(HJ 682—2019)。近 5 年发布的土壤环境质量相关行业标准（2015～2020 年）见表 2-8。

表 2-8　近 5 年发布的土壤环境质量相关行业标准（2015～2020 年）

序号	标准号	标准名称	行业领域	状态
1	NY/T 3278.1—2018	微生物农药　环境增值试验准则　第 1 部分：土壤	农业	现行
2	NY/T 3242—2018	土壤水溶性钙和水溶性镁的测定	农业	现行
3	NY/T 3422—2019	肥料和土壤调理剂　氟含量的测定	农业	现行
4	NY/T 3420—2019	土壤有效硒的测定　氢化物发生原子荧光光谱法	农业	现行
5	NY/T 3443—2019	石灰质改良酸化土壤技术规范	农业	现行
6	HJ 746—2015	土壤　氧化还原电位的测定　电位法	环境保护	现行
7	HJ 745—2015	土壤　氰化物和总氰化物的测定　分光光度法	环境保护	现行
8	HJ 742—2015	土壤和沉积物　挥发性芳香烃的测定　顶空气相色谱法	环境保护	现行

续表

序号	标准号	标准名称	行业领域	状态
9	HJ 741—2015	土壤和沉积物　挥发性有机物的测定　顶空气相色谱法	环境保护	现行
10	HJ 737—2015	土壤和沉积物　铍的测定　石墨炉原子吸收分光光度法	环境保护	现行
11	HJ 736—2015	土壤和沉积物　挥发性卤代烃的测定　顶空/气相色谱-质谱法	环境保护	现行
12	HJ 780—2015	土壤和沉积物　无机元素的测定　波长色散X射线荧光光谱法	环境保护	现行
13	HJ 873—2017	土壤　水溶性氟化物和总氟化物的测定　离子选择电极法	环境保护	现行
14	HJ 911—2017	土壤和沉积物　有机物的提取　超声波萃取法	环境保护	现行
15	HJ 814—2016	水和土壤样品中钚的放射化学分析方法	环境保护	现行
16	HJ 805—2016	土壤和沉积物　多环芳烃的测定　气相色谱-质谱法	环境保护	现行
17	HJ 804—2016	土壤 8 种有效态元素的测定　二乙烯三胺五乙酸浸提-电感耦合等离子体发射光谱法	环境保护	现行
18	HJ 803—2016	土壤和沉积物　12 种金属元素的测定　王水提取-电感耦合等离子体质谱法	环境保护	现行
19	HJ 802—2016	土壤　电导率的测定　电极法	环境保护	现行
20	HJ 784—2016	土壤和沉积物　多环芳烃的测定　高效液相色谱法	环境保护	现行
21	HJ 783—2016	土壤和沉积物　有机物的提取　加压流体萃取法	环境保护	现行
22	HJ 923—2017	土壤和沉积物　总汞的测定　催化热解-冷原子吸收分光光度法	环境保护	现行
23	HJ 922—2017	土壤和沉积物　多氯联苯的测定　气相色谱法	环境保护	现行
24	HJ 921—2017	土壤和沉积物　有机氯农药的测定　气相色谱法	环境保护	现行
25	LY/T 3180—2020	干旱干热河谷区退化林地土壤修复技术规程	林业	现行
26	HJ 890—2017	土壤和沉积物　多氯联苯混合物的测定　气相色谱法	环境保护	现行
27	HJ 889—2017	土壤　阳离子交换量的测定　三氯化六氨合钴浸提-分光光度法	环境保护	现行
28	HJ 876—2017	儿童土壤摄入量调查技术规范　示踪元素法	环境保护	现行
29	HJ 835—2017	土壤和沉积物　有机氯农药的测定　气相色谱-质谱法	环境保护	现行
30	HJ 834—2017	土壤和沉积物　半挥发性有机物的测定　气相色谱-质谱法	环境保护	现行
31	HJ 833—2017	土壤和沉积物　硫化物的测定　亚甲基蓝分光光度法	环境保护	现行
32	HJ 832—2017	土壤和沉积物　金属元素总量的测定　微波消解法	环境保护	现行
33	HJ 998—2018	土壤和沉积物　挥发酚的测定　4-氨基安替比林分光光度法	环境保护	现行
34	HJ 997—2018	土壤和沉积物　醛、酮类化合物的测定　高效液相色谱法	环境保护	现行
35	HJ 974—2018	土壤和沉积物　11 种元素的测定　碱熔-电感耦合等离子体发射光谱法	环境保护	现行
36	HJ 964—2018	环境影响评价技术导则　土壤环境(试行)	环境保护	现行
37	HJ 962—2018	土壤　pH 值的测定　电位法	环境保护	现行
38	HJ 961—2018	土壤和沉积物　氨基甲酸酯类农药的测定　高效液相色谱-三重四极杆质谱法	环境保护	现行
39	HJ 960—2018	土壤和沉积物　氨基甲酸酯类农药的测定　柱后衍生-高效液相色谱法	环境保护	现行
40	HJ 952—2018	土壤和沉积物　多溴二苯醚的测定　气相色谱-质谱法	环境保护	现行
41	HJ 491—2019	土壤和沉积物　铜、锌、铅、镍、铬的测定　火焰原子吸收分光光度法	环境保护	现行
42	HJ 1023—2019	土壤和沉积物　有机磷类和拟除虫菊酯类等 47 种农药的测定　气相色谱-质谱法	环境保护	现行
43	HJ 1022—2019	土壤和沉积物　苯氧羧酸类农药的测定　高效液相色谱法	环境保护	现行
44	HJ 1021—2019	土壤和沉积物　石油烃(C_{10}—C_{40})的测定　气相色谱法	环境保护	现行
45	HJ 1020—2019	土壤和沉积物　石油烃(C_6—C_9)的测定　吹扫捕集/气相色谱法	环境保护	现行
46	HJ 1019—2019	地块土壤和地下水中挥发性有机物采样技术导则	环境保护	现行
47	LY/T 3129—2019	森林土壤铜、锌、铁、锰全量的测定电感耦合等离子体发射光谱法	林业	现行

2.3.3 我国土壤环境质量标准存在的问题

尽管自20世纪80年代以来，我国的土壤质量标准得到了一定的发展，在经济、社会发展中发挥了重要作用，尤其是土壤污染防治计划开展以来，土壤环境质量标准体系建设日趋完善。但面对我国农业可持续发展的根本要求，土壤质量标准发展速度及标准化体系存在着明显的不适应，主要问题如下。

(1) 标准数量少，布局不均衡

目前我国与土壤质量相关的国家标准仅有37个，而ISO已有土壤质量标准195个。因此从数量上分析，目前我国土壤质量标准数量远低于国际水平，覆盖的内容与我国复杂多样的农业生态环境相比，存在很多空白，远不能满足需要。此外，我国土壤质量标准布局不均衡，侧重于土壤的化学分析方法标准，缺少土壤采样方法、土壤质量评价和土壤修复及培育等方面的基础标准，原位检测标准有限，现有原位检测方法的应用方向，多为快速、初步筛查污染物，通常是半定量或定性，不仅灵敏度、检测范围受限，尚未形成系统的标准，检测所得结果自然也无法作为环境管理、科学决策的依据。其较少的标准数量和缺乏标准体系框架已难以适应当今农业生产与环境建设协调发展的需要。因此，针对我国土壤类型、利用方式、环境建设、农产品品质及国际贸易等，提出我国土壤质量的标准体系框架，在开展土壤环境基准等研究的基础上，构建我国土壤质量的标准体系已刻不容缓。

(2) 标准技术归口混乱

我国土壤质量国家标准的管理工作主要挂靠在各行业主管部门，目前已发布的和正在制（修）订的标准归属于15个不同的管理部门，包括：全国农业分析标准化技术委员会、农业农村部、中国机械工业联合会、卫生部、国家林业局、全国肥料和土壤调理剂标准化技术委员会、全国水文标准化技术委员会、全国信息分类与编码标准化技术委员会、生态环境部、全国化学标准化技术委员会、全国塑料制品标准化技术委员会、全国建筑物电气装置标准化技术委员会、水利部、全国环境监测方法标准化技术委员会和全国国土资源标准化技术委员会，难以统一管理。随着我国土壤质量内涵的扩大与分析方法的进步，现行的标准体系构成表现为行业标准数目过多且标准内容与分析方法老化，不同行业间及同一土壤性质测试标准间缺乏较好的相关性，给应用带来一定的困难。行业标准的管理不尽理想，严重影响了我国应对经济全球化挑战加速发展的进程。因此，有必要在国家统一政策指导下，在全国土壤质量标准化技术委员会的统一组织下，制（修）订并理顺我国的土壤质量标准体系。

(3) 采用国际标准的比率低

目前我国土壤质量相关的国家标准采用国际标准的比率较低。由于很少实质性参与国际标准化活动，使得我们缺乏对土壤质量国际标准制定情况、技术发展趋势和形势变化的了解，难以对国际标准提出具有针对性的意见或建议，这与我国大国的国际地位很不相称。

(4) 标龄过长，标准老化现象严重

世界主要发达国家标准的平均标龄为3~5年，大部分是2000年以后重新修订和制定的标准。与发达国家相比，我国土壤质量相关的标准更新速度近年来有较大的变化，但仍有部分标准更新滞后。按照《标准化法》规定，标准应5年修订一次，但通过对37个国家标准分析发现，现行国家标准的平均标龄为13.9年，标龄5年以上的国家标准有25个，占总数的67.56%，“超期服役”现象相当严重。

(5) 社会标准意识淡薄

在土壤质量领域，标准意识较为淡薄，主要原因在于宣传贯彻不足，在已制定的标准中，多数与市场和应用的结合不紧密。具体表现为：标准的制定与实施、推广严重脱节，大多数的技术标准形同虚设，在某种程度上只是起到了技术贮备和科技成果格式化的功能；标准的实施缺乏手段和途径，与农业的生产性项目建设、农业技术推广和农业行政执法脱节；缺少有效的组织，土壤质量标准信息传递的渠道不通畅，对标准的运用也缺少必要的监督，致使已制定的标准并未发挥应有的作用。

(6) 标准体系有待完善

目前我国与土壤质量相关的标准仅有 12 项，也只对农用地、建设用地、展览会用地、温室蔬菜产地和食用农产品产地的污染物风险筛选指导值和污染物分析方法进行了规定。从数量上分析，目前我国土壤质量标准数量方面比较少，覆盖的内容与我国复杂多样的土壤地块生态环境相比，存在很多空白，远不能满足需要。我国土壤质量标准较少和标准体系框架的缺乏已难以适应当今工农业生产与环境建设协调发展的需要。因此，提出我国土壤质量的标准体系框架，在开展土壤环境基准等研究的基础上，构建我国土壤质量的标准体系已刻不容缓。

2.4 我国新发布的土壤污染技术导则与指南

2.4.1 建设用地土壤相关技术导则

(1) 建设用地土壤污染风险管控和修复术语（HJ 682—2019）

根据《中华人民共和国环境保护法》《中华人民共和国土壤污染防治法》，为规范土壤污染状况调查和土壤污染风险评估、风险管控、修复、风险管控效果评估、修复效果评估、后期管理等活动中的术语，制定建设用地土壤污染风险管控和修复术语（HJ 682—2019 代替 HJ 682—2014）。规定了与建设用地土壤污染相关的名词术语与定义，包括基本概念、污染与环境过程、调查与环境监测、环境风险评估、修复和管理五个方面的术语。术语按中文名词所属技术体系的相关概念体系排列。一个概念有多个名称时，确定一个规范名作为正名，规范名的异名分别冠以“简称”“全称”或“又称”，异名与正名等效使用。英文名有约定俗成的习惯性缩写时，在英文名后列出缩写，并用“,”与英文名分开。凡英文词的首字母大、小写均可时，一律小写。英文除必须用复数者，一般用单数。“（）”中的字为可省略部分。附录 A（英汉索引）和附录 B（汉英索引）为资料性附录，英汉索引按英文字母顺序排列，汉英索引按汉语拼音顺序排列。索引中带“*”者为规范名的异名或释文中出现的条目。

(2) 建设用地土壤污染状况调查技术导则（HJ 25.1—2019）

规定了建设用地土壤污染状况调查的原则、内容、程序和技术要求。适用于建设用地土壤污染状况调查，为建设用地土壤污染风险管控和修复提供基础数据和信息。本标准不适用于含有放射性污染的地块调查。

(3) 建设用地土壤污染风险管控和修复监测技术导则（HJ 25.2—2019）

规定了建设用地土壤污染风险管控和修复监测的基本原则、程序、工作内容和技术要求。适用于建设用地土壤污染状况调查和土壤污染风险评估、风险管控、修复、风险管控效果评估、修复效果评估、后期管理等活动的环境监测。本标准不适用于建设用地的放射性及致病性生物污染监测。

(4) 建设用地土壤污染风险评估技术导则（HJ 25.3—2019）

规定了开展建设用地土壤污染风险评估的原则、内容、程序、方法和技术要求。适用于建设用地健康风险评估和土壤、地下水风险控制值的确定。本标准不适用于铅、放射性物质、致病性生物污染以及农用地土壤污染的风险评估。

(5) 建设用地土壤修复技术导则（HJ 25.4—2019）

规定了建设用地土壤修复方案编制的基本原则、程序、内容和技术要求。适用于建设用地土壤修复方案的制定。地下水修复技术导则另行公布。本标准不适用于放射性污染和致病性生物污染的土壤修复。

(6) 污染地块风险管控与土壤修复效果评估技术导则（HJ 25.5—2018）

规定了建设用地污染地块风险管控与土壤修复效果评估的内容、程序、方法和技术要求。适用于建设用地污染地块风险管控与土壤修复效果的评估。有关地下水修复效果评估技术导则另行公布。本标准不适用于含有放射性物质和致病性生物污染地块治理与修复效果的评估。

2.4.2 建设用地土壤环境调查评估技术指南

(1) 适用范围

本指南适用于《污染地块土壤环境管理办法（试行）》（环境保护部令第42号）规定的疑似污染地块对人体健康风险的土壤环境初步调查、污染地块土壤环境详细调查与风险评估。其他情形的建设用地土壤环境调查评估可参照本指南执行。本指南不适用于含有放射性污染的建设用地土壤环境调查评估。

(2) 原则规定

建设用地土壤环境调查评估工作应当依据 HJ 25.1—2019、HJ 25.2—2019、HJ 25.3—2019 和《工业企业场地环境调查评估与修复工作指南（试行）》，并符合本指南相关要求。

习　题

1. 中华人民共和国土壤污染防治法有什么作用?
2. 我国土壤环境质量标准存在哪些问题
3. 什么是棕地?

参考文献

[1] 张百灵．中美土壤污染防治立法比较及对我国的启示．山东农业大学学报（社会科学版），2011，(1)：79-84.
[2] 国务院．关于印发土壤污染防治行动计划的通知：国发〔2016〕31号 [A]．2016-05-31.
[3] 土壤环境质量 建设用地土壤污染风险管控标准（试行）：GB 36600—2018 [S]．北京：中国环境科学出版社，2018.
[4] 赵小波．日本土壤污染调查制度研究．全国环境资源法学研讨会论文集，2007.
[5] 梁剑琴．世界主要国家和地区土壤污染防治立法模式考察．法学评论，2008，(3)：85-91.
[6] 秦天宝．德国土壤污染防治的法律与实践．环境保护，2007.
[7] 王娜．我国土壤污染防治立法问题研究．硕士学位论文，吉林大学，2012：11.
[8] 罗吉．关于我国土壤污染防治立法问题的思考．全国环境资源法学研讨会论文集，2007.
[9] 王树义．关于制定中华人民共和国土壤污染防治法的几点思考．法学评论，2008，(3)：73-78.
[10] 李敏，李琴，赵丽娜等．我国土壤环境保护标准体系优化研究与建议 [J]．环境科学研究，2016，29 (12)：1799-1810.
[11] 黄明建．环境法制度论．中国环境科学出版社，2004：393-395.
[12] 曹志洪，孟赐福．土壤质量概论//曹志洪，周健民．中国土壤质量．北京：科学出版社，2008：1-9.
[13] 刘丹青．我国污染场地土壤石油烃环境质量标准体系的现状与趋势．中国环境监测，2020，36 (1)：138-146.

[14] 赵其国，孙波，张桃林．土壤质量与持续环境土壤质量的定义及评价方法．土壤，1997，29（3）：113-120.
[15] 李海洋，张晓然，张焕祯．我国涉土质量标准建设及其探讨．环境工程．2018，36：726-743.
[16] 徐建明，汪海珍，谢正苗．中国重要土壤的土壤质量标准建议方案．北京：科学出版社，2010.
[17] 宋静，骆永明，夏家淇．我国农用地土壤环境基准与标准制定研究．环境保护科学，2016，42（4）：29-35.
[18] 夏家淇，骆永明．我国土壤环境质量研究几个值得探讨的问题．生态与农村环境学报，2007，23（1）：1-6.
[19] 谷庆宝．治土，我国采用什么样的制度与技术体系？中国生态文明：2020，（3）：72-75.
[20] 陈卫平，谢天，李笑诺，王若丹．中国土壤污染防治技术体系建设思考．土壤学报，2017，（55）：557-565.
[21] 陈卫平，谢天，李笑诺，王若丹．欧美发达国家场地土壤污染防治技术体系概述［J］．土壤学报，2018，55（3）：527-542.

第3章

土壤污染调查与风险评价

3.1 土壤污染调查

土壤污染调查是指采用系统的调查方法，确定土壤是否被污染及污染程度和范围的过程。土壤污染调查的目的是为了更清楚地了解污染的来源和特点，弄清楚污染性质、范围和危害，为治理提供线索、指明目标。同时调查还可以认识污染物排放规律以及影响因素，随时掌握污染物的污染方式、污染范围、生产规模和净化设施的变化，并及时掌握新出现的土壤污染来源。2013 年 4 月 17 日，环保部和国土部联合发布了公众期待已久的《全国土壤污染状况调查公报》。调查结果显示，全国土壤环境状况总体不容乐观，全国土壤总点位超标率为 16.1%，部分地区土壤污染较重，耕地土壤环境质量堪忧，工矿业废弃地土壤环境问题突出。工矿业、农业等人为活动以及土壤环境背景值高是造成土壤污染或超标的主要原因。

3.1.1 土壤调查概述

3.1.1.1 土壤调查的原则

土壤污染调查直接影响到后续对污染物的监测、评估以及修复处理。为了确保对污染调查的结果能够充分代表该污染场地，因此对污染物的调查必须具备下面三个原则。

① 针对性原则　针对土壤的特征和潜在污染物特性，进行污染物浓度和空间分布调查，为土壤的环境管理提供依据。

② 规范性原则　采用程序化和系统化的方式规范土壤环境调查过程，保证调查过程的科学性和客观性。

③ 可操作性原则　综合考虑调查方法、时间和经费等因素，结合当前科技发展和专业技术水平，使调查过程切实可行。

3.1.1.2 土壤调查的内容

(1) 对土壤资料的收集

对污染土壤资料的收集主要包括：场地利用变迁资料、场地环境资料、场地相关记录、有关政府文件以及场地所在区域的自然和社会信息。收集的主要目的是确定污染范围、目标污染物。了解污染物的物理化学性质，为后面监测提供方便。

目标污染物（target contaminant）指在场地环境中其数量或浓度已达到对生态系统和人体健康具有实际或潜在不利影响的，需要进行修复的关注污染物。

场地利用变迁资料包括：用来辨识场地及其相邻场地的开发及活动状况的航片或卫星图片，场地的土地使用和规划资料，其他有助于评价场地污染的历史资料，如土地登记信息资料等。场地利用变迁过程中的场地内建筑、设施、工艺流程和生产污染等的变化情况。不同的场地利用方式，导致不同的污染物。可以根据场地利用方式来确定目标污染物。如场地为化工厂，即目标污染物可能为某些化学物质；场地为垃圾填埋场则垃圾渗滤液为目标污染物。不同的行业所产生的污染物见表 3-1。

表 3-1　常见的场地类型和特征污染物

行业类别	场地类型	潜在污染物
制造业	化工厂	挥发性有机物、半挥发性有机物、重金属、持久性有机污染物、农药
	纺织业	重金属、氯代有机物
	金属冶炼	重金属、氯代有机物
	石油加工	挥发性有机物、半挥发性有机物、重金属、石油烃
采矿业	煤炭开采	重金属
	金属开采业	重金属、氰化物
	非金属开采业	重金属、氰化物、石棉
	石油天然气开采业	石油烃、挥发性有机物、半挥发性有机物
电力供应	火力发电	重金属、持久性有机污染物
	燃气提供	挥发性有机物、半挥发性有机物、重金属
水力、环境公共设施管理	水污染治理	持久性有机污染物、半挥发性有机物、重金属、农药
	其他环境治理(工业固废、生活垃圾处理)	持久性有机污染物、半挥发性有机物、重金属、挥发性有机物

场地环境资料包括：场地土壤及地下水污染记录、场地危险废物堆放记录以及场地与自然保护区和水源地保护区等的位置关系等。特别注意污染场地对敏感目标的危害，这是土壤调查的主要部分。敏感目标（potential sensitive targets）指污染场地周围可能受污染物影响的居民区、学校、医院、饮用水源保护区以及重要公共场所等。当出现有毒有害气体，或者易扩散的污染物时，应时刻关注污染物对敏感目标的影响，必要时须采取防护措施，使污染物对敏感目标的危害降低到可接受的水平。在生态环境影响评价中，“敏感保护目标”可按表 3-2 来判别。

表 3-2　敏感保护目标分类

保护区域类别	保护对象
需特殊保护区域	水源保护区、风景名胜、自然保护区、森林公园、国家重点保护文物、历史文化保护地
生态敏感与脆弱区	天然湿地、珍稀动植物栖息地或特殊生境、天然林、热带雨林、红树林、珊瑚礁、鱼虾产卵场、天然渔场
社会关注区	人口密集区、文教区、疗养地、医院等区域以及具有历史、科学、民族、文化意义的保护地

此外，环境质量已达不到环境功能区划要求的地区亦应视为环境敏感区。

场地相关记录包括：产品、原辅材料及中间体清单、平面布置图、工艺流程图、地下管线图、化学品储存及使用清单、泄漏记录、废物管理记录、地上及地下储罐清单、环境监测数据、环境影响报告书或表、环境审计报告和地勘报告等。场地相关记录是否完整直接影响确定污染物的污染范围，以及污染物的种类。根据场地工艺特征可以直接判断出主要污染物，为后期工作提供方便。如有毒有害物质的使用、处理、储存、处置；生产过程和设备，储槽与管线；恶臭、化学品味道和刺激性气味，污染和腐蚀的痕迹；排水管或渠、污水池或其他地表水体、废物堆放地、井等这些都为确定目标污染物提供依据，同时周围区域的污染范围可根据污染物的物理化学性质来确定。

场地所在区域的自然和社会信息包括：自然信息包括地理位置图、地形、地貌、土壤、水文、地质和气象资料等；社会信息包括人口密度和分布，敏感目标分布，及土地利用方式，区域所在地的经济现状和发展规划，相关国家和地方的政策、法规与标准，以及当地地方性疾病统计信息等。

2018 年由生态环境部等五部委组织开展的全国重点行业企业用地土壤污染状况调查中，第一阶段的地块基础信息采集工作质量保障与质量控制要求中，更是对信息资料采集收集工作提出了前所未有的三级质控的高要求；生态环境部、自然资源部于 2019 年 12 月印发的《建设用地土壤污染状况调查、风险评估、风险管控及修复效果评估报告评审指南》中明确提出，在土壤污染状况调查报告评审中，专家应就报告是否包含完整地块基本信息给出明确的意见和结论。因此可预期，随着国家污染场地调查体系日益完善，对于地块污染状况调查第一阶段资料收集工作的要求将逐步收严与规范，其重要性更是逐步突出。

(2)初步采样分析

根据对土壤资料的收集，来确定初步采样分析。初步采样分析主要内容包括核查已有信息、判断污染物的可能分布、制订采样方案、制订健康和安全防护计划、制订样品分析方案和确定质量保证和质量控制程序等任务。

① 核查已有信息　核查土壤已有信息，如土壤类型。通过查阅资料仔细分析工艺特征确定污染物的种类，来源。同时了解污染物的迁移转化规律，核实污染范围，是否通过二次污染产生其他污染物。核查已有信息的目的是确保对土壤收集资料的真实性和实用性。

② 判断污染物的可能分布　根据场地具体情况如土壤类型，水文水力条件，气候条件，地下水分布、污染物迁移转化规律来确定污染物的污染范围。

③ 制订采样方案　制订方案包括对土壤的采集、运输、保存。确保土壤样品能够代表污染场地，在采样过程中性质不发生变化。表 3-3 列举了土壤调查几种常见的布点方法。

表 3-3　几种常见的布点方法及适用条件

布点方法	适用条件
系统随机布点法	适用于污染分布均匀的场地
专业判断布点法	用于潜在污染明确的场地
分区布点法	适用于污染分布不均匀，并获得污染分布情况的场地
系统布点法	适用于各类场地情况，特别是污染分布不明确或污染分布范围大的情况

④ 制订健康和安全防护计划　当污染物可能对周围敏感目标造成危害时，应当采取措施降低危害，如标语、围墙等。同时在土壤修复的整个过程中，工作人员也应该注意安全，必要时穿上防护服等。

⑤ 制订样品分析方案　一般工业场地可选择的检测项目有：重金属、挥发性有机物、半挥发性有机物、氰化物和石棉等。如土壤和地下水明显异常而常规检测项目无法识别时，可采用生物毒性测试方法进行筛选判断。

⑥ 质量保证和质量控制　现场质量保证和质量控制措施应包括：防止样品污染的工作程序，运输空白样分析，现场重复样分析，采样设备清洗空白样分析，采样介质对分析结果影响分析，以及样品保存方式和时间对分析结果的影响分析等。

(3) **结果分析**

应根据污染物的特性以及对污染物的测定方法来对土壤样品进行分析，或者委托有资质的实验室进行分析，确保数据的准确性，有效性。如果污染物浓度均未超过国家和地方等相关标准以及清洁对照点浓度（有土壤环境背景的无机物），则污染场地对敏感目标的危害较小。如果污染物浓度均超过国家或地方等相关标准，则认为可能存在环境风险，须进行详细调查，主要包括场地特征参数和受体暴露参数的调查。标准中没有涉及的污染物，可根据专业知识和经验综合判断。详细采样分析是在初步采样分析的基础上，进一步采样和分析，确定场地污染程度和范围。

场地特征参数：代表不同水平和空间范围的土壤，以及土壤的水力传质系数、pH 值、含水率。场地的气候条件，是否可能扩大污染范围等。

受体暴露参数：场地及周边地区土地利用方式、人群及建筑物等相关信息。

3.1.1.3 土壤修复调查与风险评估工作程序

土壤修复调查工作程序可分为四个阶段，具体程序如图 3-1 所示。

土壤修复调查第一阶段为土壤资料的收集，具体体现为对污染场地的资料收集和污染场地周围环境的资料收集，分析是否有外来污染物污染，调查污染场地污染物是否污染周围环境。

土壤修复调查的第二阶段为土壤样品的采集和土壤样品的分析，当污染物浓度超过国家相关标准时，而且可能对周围敏感目标造成危害时，说明该场地受到某种物质的污染。应该启动风险评估，并提出达到对敏感目标的危害在可接受水平的修复目标值。

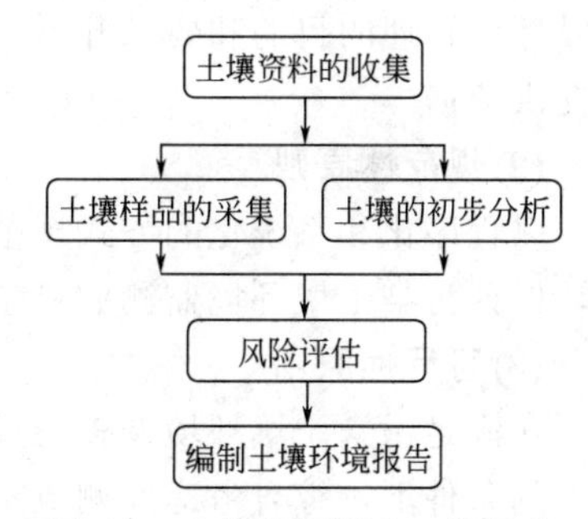

图 3-1 土壤修复调查工作程序

土壤修复调查第四阶段为编制环境调查报告。主要内容为概论、场地概论、工作计划、现场采样和实验室分析、结果和评价、结论和建议。

3.1.2 土壤环境监测

进行污染土壤调查时，首先要确认污染场地土壤的调查目标，并且要采用准确可行的调查方法，从而准确分析出土壤的污染范围与污染程度。将场地环境调查准则作为依据，具体可以将场地土壤调查划分为三个环节：其一为污染识别环节，其二为污染调查与分析环节，其三为采样研究环节。针对不同环境的土质情况采用不同的采样策略，保证污染识别结果能够对土壤调查采样工作提供实质性助力。其次，针对土壤参数进行研究时，需要综合分析土壤环境的复杂性，对土壤相关材料进行收集，并且制定明确的土壤检测计划，确定污染场地内的主要调查目标，在此期间还要对地下水污染情况进行调查分析，从而将土壤污染情况与地下水质污染情况相结合，确定污染类型与程度，具体可以将其分为无污染、轻度污染以及重度污染。

土壤环境监测的目的是准确、及时、全面地反映土壤环境质量现状及发展趋势，为环境管理、污染源控制、环境规划等提供科学依据。从技术上讲，土壤环境监测是环境信息的捕获→传递→解析→综合的过程。只有对监测信息进行解析、综合的基础上，才能全面、客观、准确地揭示监测数据的内涵，对土壤环境质量变化做出正确的评价。

土壤环境监测是指通过对影响土壤环境质量因素的代表值的测定，确定环境质量（或污染程度）及其变化趋势。通常所说的土壤监测是指土壤环境监测，其一般包括布点采样、样品制备、分析方法、结果表征、资料统计和质量评价等技术内容。

土壤环境监测主要工作是采用监测手段识别土壤、地下水、地表水、环境空气、残余废弃物中的关注污染物及水文地质特征，并全面分析、确定土壤的污染物种类、污染程度和污染范围。同时还包括治理修复过程中涉及环境保护的工程质量监测和二次污染物排放的监测，以及对污染土壤治理修复工程完成后的环境监测，确定是否达到已确定的修复目标及工程设计所提出的相关要求。

3.1.2.1 土壤环境监测原则

土壤环境监测的结果直接影响对污染物处理方法、处理量等。因此土壤环境监测必须遵循以下三个原则。

(1) 针对性原则

污染土壤环境监测应针对环境调查与风险评估、治理修复、工程验收及回顾性评估等各阶段环境管理的目的和要求开展，确保监测结果的代表性、准确性和时效性，为土壤环境管理提供依据。

(2) 规范性原则

以程序化和系统化的方式规范污染土壤环境监测应遵循的基本原则、工作程序和工作方法，保证污染土壤环境监测的科学性和客观性。

(3) 可行性原则

在满足污染土壤环境调查与风险评估、治理修复、工程验收及回顾性评估等各阶段监测要求的条件下，综合考虑监测成本、技术应用水平等方面因素，保证监测工作切实可行及后续工作的顺利开展。

3.1.2.2 土壤环境监测对象

土壤监测范围主要包括污染土壤范围，以及治理修复过程产生的废气、废水、废渣的影响范围。土壤环境监测对象主要为土壤，必要时也应包括地下水、地表水及环境空气等。

(1) 土壤

土壤包括场地内的表层土壤和深层土壤，表层土壤和深层土壤的具体深度划分应根据场地环境调查结论确定。场地中存在的硬化层或回填层一般可作为表层土壤。在取样时应把同层或表层的样品成分混合，制成土壤混合样。

(2) 地下水

地下水主要为场地边界内的地下水或经场地地下径流到下游汇集区的浅层地下水。在污染较重且地质结构有利于污染物向深层土壤迁移的区域，则对深层地下水进行监测。一般地下水的采集是从监测井中，通过抽水机设备。启动后，先放水数分钟，将管道内的陈旧水排出，然后用采样容器接取水样。对于无抽水设备的水井可选用深层采水器或自动采水器。

(3) 地表水

地表水主要为场地边界内流经或汇集的地表水，对于污染较重的场地也应考虑流经场地地表水的下游汇集区。

(4) 环境空气

环境空气是指场地污染区域中心的空气和场地下风向主要环境敏感点的空气。常见的采样布点法有功能区布点法、网格布点法、同心圆布点法（图 3-2）、扇形布点法（图 3-3）。在实际工作中，为做到因地制宜，使采样网点布设完善合理，往往采用一种布点方法为主，兼用多种其他方法的综合布点法。具体采样点设置方法可以参考废气污染监测的有关书籍。

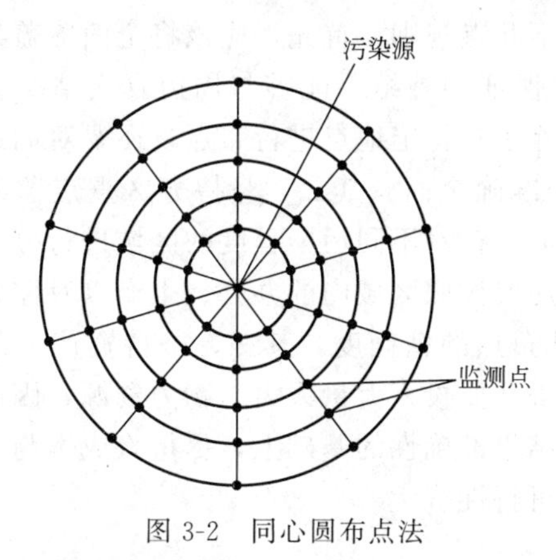

图 3-2　同心圆布点法

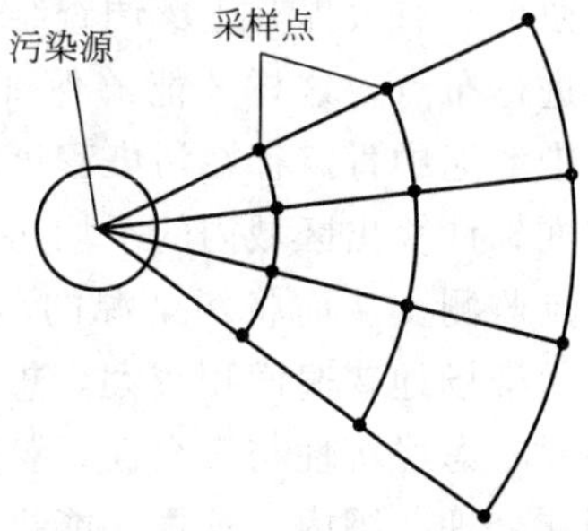

图 3-3　扇形布点法

(5) **残余废弃物**

场地环境调查的监测对象中还应考虑场地残余废弃物，主要包括场地内遗留的生产原料、工业废渣，废弃化学品及其污染物，残留在废弃设施、容器及管道内的固态、半固态及液态物质，其他与当地土壤特征有明显区别的固态物质。

3.1.2.3　污染场地土壤调查主要布点策略

对污染场地的土壤进行调查时，需要综合分析采样布点策略的准确性与合理性，同时还要保证场地调查的全面性，这样才能客观地反映出场地的真实污染情况。根据我国当前土壤污染治理的处理现状可知，不同地区的污染类别存在很大的差异，同时多数污染场地的环境较为复杂，这样便会造成严重的生态环境风险。因此，在进行土壤调查布点时，需要制定科学合理的方案，还要做好充足的准备，尽可能全面了解场地历史情况以及利用现状，还要针对周边敏感区域进行实地考察，分析两地之间的关联性，同时还要对环境监测数据、统计资料以及地下管线图等情况进行综合考虑，使土壤调查布点更加准确，从而为后续采样环节提供可靠依据。

(1) **布点规则**

目前，布点方法主要有均匀布点与非均匀布点两种。均匀布点是在缺乏背景信息的情况下，采取诸如随机布点、网格布点等方法布点。而非均匀布点则是在初步调查的基础上，根据已有背景信息，针对性布点。现有的土壤污染调查大多缺乏先验背景信息，以均匀布点居多，多是对研究区内污染物平均水平的估计。在土壤污染与防治的管理过程中，通常关注于污染位置、范围与程度。在实际的土壤污染调查中，一般分为普查和详查等阶段。普查的主要目的是摸清土壤基本情况，识别土壤污染物与大致污染范围，其布点范围广、分布均匀、点位较少。详查则是在普查提供的背景信息基础上，有针对性地在潜在污染区增加样点，更精确地确定污染类型、污染程度与污染范围，其布点针对性强、区域集中、点位较多。土壤污染布点方案的误差，主要来源于清洁区被高估和污染区被低估。前者会增加不必要的修复投入和管理成本，后者则会使污染区不能得到有效的管理与治理。为了降低该类误差，通常会增加样本量，随之而来也增加了成本。高效的布点方案就是要尽可能在降低误差的同时减少成本投入，以最优的资金效率完成土壤污染调查。布点方案优化的目的就是寻找降低调查误差的最优布点区间与样本量。土壤污染同时受气候、地质、水文、生态等背景条件，污染源关系以及污染物性质等因素的综合影响，其分布表现出不同的空间相关性和变异性，能否准确判断污染物分布是影响调查结果的关键部分。

在污染场地土壤采样布点过程中，需要遵守以下几点规则：首先，应该将全面覆盖与点面结合策略相结合，针对调查目标进行综合分析，保证调查结果能够与周边真实情况相融合，这样便可以有效提升土壤调查结果的准确性。除了对特定地点进行布点，还要对周边的影响区域进行布点，这样才能够保证采样结果更加准确全面。其二，坚持分区重点监测原则。在污染场地中肯定存在污染程度较弱与严重区域，针对不同污染程度的区域进行分别布点，能够准确计算出区域内的平均污染程度，同时还要按照区域内的办公、生产以及储存场地进行定点监测，从而将污染源的范围减小，提升布点的精确度。其三，坚持资产节约原则。由于污染场地普遍面积较大，想要实行全面调查需要投入大量人力与物力资源，因此在调查时还要考虑经济性与安全性，就是在保证调查结果准确性的基础上，尽量将成本与安全因素控制在合理范围内，这样才能提升布点方案的可行性。

(2) 布点程序

在保证准备环节与布点策略完善的基础上，需要根据收集到的相关资料制定土壤调查方案，并且邀请环境治理专家针对土壤污染类别与情况进行初步辨识，然后针对土壤调查方案进行调整优化，将地下管线情况与可行性分解结果列入综合考虑范围内，对取样点的数量与位置进行最后调整。通常情况下，针对污染场地土壤污染情况进行检测时会采用随机布点法、系统布点法、分区布点法以及专业判断法等方法，需要根据土壤初步辨识结果与周边环境实际情况进行选择。当调查目标周围污染种类较为复杂时，可以采用系统布点法，这样能够对区域内的各类污染情况进行有效监测，在此基础上，还要采用专业判断法和分区布点法对污染物的处理装置、生产装置以及存放装置进行定点监测，从而准确分析出污染物在不同区域内的污染程度。此外，在保证土壤调查成本的前提下，为了提升土壤检测结果的准确性，还可以采取现场快速测定与感官判断法，从而对污染场地土壤状况做出初步判定。

近年来，运用统计学的方法进行土壤污染调查布点与加密布点已成为研究热点。该方法基于土壤污染的空间自相关性，运用空间插值或条件模拟的方法，预测土壤污染空间分布，优化点位布局，提高布点效率。指示克里金法（Indicator Kriging）是由 Journel 于 1982 年提出的，被广泛应用于土壤污染的研究。该方法在普查数据的基础上，通过指示克里金模拟来预测污染物含量超过阈值的概率。指示克里金法是一种非参数分布估计方法，该方法基于简单的二元变换，其数据的 0～1 指示变换使得预测变量对离群值具有鲁棒性，不存在均匀分布的假设。指示克里金预测值的大小代表大于或小于特定阈值的概率，即从指示数据得出的非抽样地点的期望值等于变量的累计分布。

3.1.2.4 土壤样品的采集和制备

(1) 采样准备工作

对污染场地进行土壤调查以及采样的具体过程如下所述：确认布点位置、准备土壤采样仪器设备、土壤样品保存、采样现场记录、清理场地复原。具体来说：在确认布点位置时，要以具体的采样方案和污染场地的实际情况为依据，以保证定点的位置准确无误。在对土壤或者地下水质进行采样时，要选择不同的采样工具，通常来说木铲、刨面刀、铁锹等工具主要用于土壤采样工作；而在对地下水质进行取样时，通常采用贝勒管工具。样品采取完成后要对样品进行标签，标签形式通常分为刨面样、表层样等。针对一些种类差异的土壤样品，要选择合理的储存容器，同时还要对土壤样品时刻进行观察记录。土壤采样工作完成后，要对现场进行清理复原。另外，在钻探和样品采集过程中需要拍摄相关照片（具体为：定点、钻探、取样、岩心、建井、洗井等），作为土壤环境调查报告的附件，以备查阅。

对污染场地进行土壤调查时，采样方式的选择是最重要的环节，只有保证采样方式的合理性与规范性，才能保证土壤检测结果更加准确。因此，在针对现场进行调查时，首先要制定科学的采样方案，并且针对方案中的布点位置进行确认，将重点测试点位与周边实际环境情况作为主要参考因素，准备好相关工具与仪器。其次，针对土壤污染采样方案进行调整优化，根据场地基本情况、采样目的等因素对采样工具进行确认，在此基础上，还要做好物资与人员的组织调配工作，从而保证采样工作能够顺利进行。在正式采样前还要提前制定工作过程中的注意事项，将客观因素的影响程度控制到合理范围内，这样才能使土壤检测结果趋于准确。现场采样工作主要分为土壤采样与地下水质采样两个部分。土壤检测需对 pH 值、无机物以及阳离子等物质进行检测，能够准确分析出污染类别，采样工具为铁铲、木铲等，土壤采样需存放到塑料袋、布袋以及玻璃瓶中；地下水质进行检测时需要对无机物类别、pH 值以及石油烃等物质进行分析，水质采样需存放到顶空瓶、塑料瓶以及玻璃瓶中。

(2) 土壤的采集

土壤样品的采集和制备是土壤分析的重要环节，在采样和制备过程中极易引起的误差往往比在试验分析时的误差大得多。因此采集的土壤样品必须能够代表该点，土壤样品的制备必须按照规范操作，否则尽管后面分析如何精确，得到的数据也不能够真实体现土壤的污染状况。

土壤性质往往复杂，且污染分布不均匀。因此在采集的时候土壤一般为混合土样。即在一个采样点采集的土样混合均匀制成混合样。混合样量往往较大，需要用四分法弃取，最后留下 1～2kg，装入样品袋。四分法即将样品按照测定要求磨细，过一定孔径的筛子，然后混合，平铺成圆形，分成四等分，取相对的两份混合，然后再平分，直到达到自己的要求。

对于每个监测地块，表层土壤和深层土壤垂直方向层次的划分应综合考虑污染物迁移情况、构筑物及管线破损情况、土壤特征等因素确定。如果要了解土壤污染深度，则应按土壤剖面层次分层采样。土壤剖面指地面向下的垂直土体的切面。在垂直切面上可以观察到与地面大致平行的若干层具有不同颜色、形状的土层。采样深度应扣除地表非土壤硬化层厚度，原则上建议 3m 以内深层土壤的采样间隔为 0.5m，3～6m 采样间隔为 1m，6m 至地下水采样间隔为 2m，具体间隔可根据实际情况适当调整。

一般情况下，应根据场地环境调查结论及现场情况确定深层土壤的采样深度，最大深度应直至未受污染的深度为止。

表层土壤样品的采集一般采用挖掘方式进行，一般采用锹、铲及竹片等简单工具，也可进行钻孔取样。土壤采样的基本要求为尽量减少土壤扰动，保证土壤样品在采样过程不被二次污染。同时注意在重金属污染场地里，禁止用金属器物挖掘采样。避免引入外来金属物质。

深层土壤的采集以钻孔取样为主，也可采用槽探的方式进行采样。钻孔取样可采用人工或机械钻孔后取样。手工钻探采样的设备包括螺纹钻、管钻、管式采样器等。机械钻探包括实心螺旋钻、中空螺旋钻、套管钻等。槽探一般靠人工或机械挖掘采样槽，然后用采样铲或采样刀进行采样。槽探的断面呈长条形，根据场地类型和采样数量设置一定的断面宽度。槽探取样可通过锤击敞口取土器取样和人工刻切块状土取样（图 3-4）。

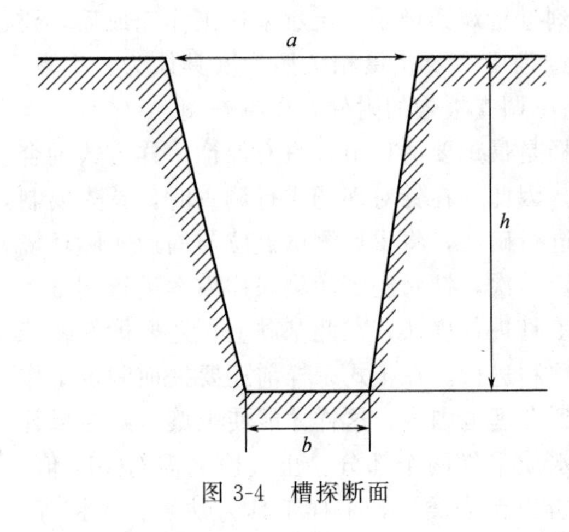

图 3-4　槽探断面

(3) **土壤样品保存和记录**

在污染场地土壤样品采样完成后，还要对不同类型和性质的样品，采取不同的保存方法。对于土壤样品中的无机类样品，要采用布袋或者塑料袋进行封装；对于 VOCs、SVOCs 这类比较容易分解或挥发的样品，要采用棕色玻璃瓶使用封口膜密封，在 4℃以下避光保存，在样品有效期内进行相应的检测分析。此类土壤采样的保存时间不宜超过一周，否则会影响检测结果。对于地下水样品或者重金属样品，要利用塑料瓶进行封装，针对不同指标，添加相应的保护剂。一般来说，顶空瓶可以保存 VOCs 类物质，棕色玻璃瓶可以保存 PAHs、PCBs 和 SVOCs 等样品 。

在污染场地的土壤采样过程中，还要保证现场记录工作的准确性。对不同点位的土壤进行取样分析时，需要建立不同区域的检测报告，以及综合点位的采样档案，准确记录详细的位置信息、时间信息、项目名称、采样目的、采样编号等。同时还要做好土壤环境样品的描述工作，具体包括污染场地的土壤湿度情况、污染类别分布情况、土壤颜色、土壤味道以及地下水质情况等。总而言之，只有保证具体环节的准确性，才能使整体土壤检测结果更加准确，才能根据土壤的真实污染情况制定科学合理的解决措施。

(4) **土壤样品的制备**

以农田污染为例，采集的土壤分析样品，需要经过风干、分选、挑拣、磨细、过筛、装瓶六个过程（图 3-5）。其目的主要如下：

a. 新鲜样品是暂时的田间情况，它随着土壤中水分状况的改变而变化，不是一个可靠的常数，风干的主要目的在于风干土样测出的结果是一个平衡常数，比较稳定和可靠，从而便于不同样品的比较；b. 除去非土壤部分，也就是剔除土壤以外的新生体（如铁锰结合和石灰结核等）和侵入体（如石头、瓦片及植物残渣等）；c. 适当磨细，充分混匀，使分析时所称取的少量样品具有较高的代表性，以减少称样误差；d. 土壤样品全量分析时，不同分析项目要求不同的土壤粒级，以使分解样品的反应能够完全和彻底，不同样品之间的可比性更高；e. 使样品可以长期保存，不致因微生物活动而发霉变坏。

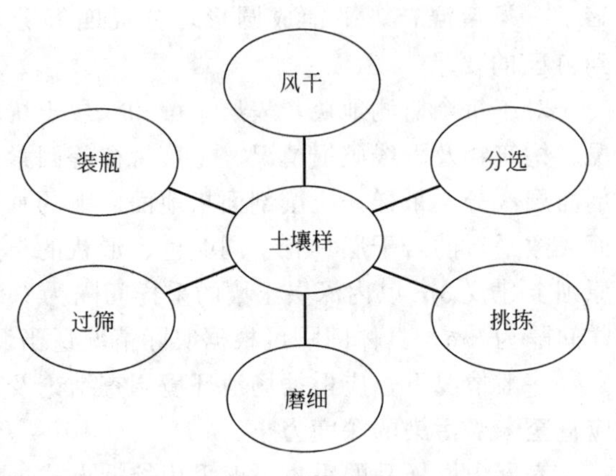

图 3-5　土壤样品制备步骤

土壤样品的制备步骤如下。

① 风干　采集回来的土壤样品必须尽快进行风干。即将取回的土壤样品置于阴凉、通风且无阳光直射的房间内，并将样品平铺于晾土架、油布、牛皮纸或塑料布上，铺成薄薄的一层自然风干。风干供微量元素分析用的土壤样品时，要特别注意不能用含铅的旧报纸或含铁的器皿衬垫。干燥过程也可以在低于 40℃并有空气流通的条件下进行（如鼓风干燥箱内）。当土壤样品达到半干状态时，需将大土块（尤其是黏性土壤）捏碎，以免完全风干后

结成硬块，不易压碎。此外，土壤样品的风干场所要求能防止酸、碱等气体及灰尘污染。某些土壤性状（如土壤酸碱度、亚铁、硝态氮及铵态氮等）在风干的过程中会发生显著地变化，因而这些分析项目需用新鲜的土壤样品进行测定，不需进行土壤样品的风干步骤，但新鲜土壤样品较难压碎和混匀，称样误差比较大，因而需采用较大称样量或较多次的平行测定，才能得到较为可靠的平均值。

② 分选　若取回的土壤样品太多，需将土壤样品混匀后平铺于塑料薄膜上摊成厚薄一致的圆形，用“四分法”去掉一部分土壤样品，最后留取0.5～1kg待用。

③ 挑拣　样品风干及分选过程中应随时将土壤样品中侵入体、新生体和植物残渣挑拣出去。如果挑拣的杂物太多，应将其挑拣于器皿内，分类称其质量，同时称量剩余土壤样品的质量，折算出不同类型杂质的百分率，并做好记录。细小已断的植物根系，可以在土壤样品磨细前利用静电或微风吹的办法清除干净。

④ 磨细　风干后的土壤样品平铺，用木碾轻轻碾压，将碾碎的土壤样品用带有筛底和筛盖的1mm筛孔的筛子过筛。未通过筛子的土粒，铺开后再次碾压过筛，直至所有土壤样品全部过筛，只剩下砾石为止。将剩余的砾石挑拣并入砾石中处理，切勿碾碎。通过1mm筛孔的土壤样品进一步混匀，并用“四分法”分为两份，一份供物理性状分析用，另一份供化学性状分析用。某些土壤性状（如土壤pH值、交换性能及速效养分等）在测定中，如果土壤样品研磨太细，则容易破坏土壤矿物晶粒，使分析结果偏高。因而在研磨过程中只能用木碾滚压，使得由土壤黏土矿物或腐殖质胶结起来的土壤团粒或结粒破碎，而不能用金属锤捶打以致破坏单个的矿物晶粒，暴露出新的表面，增加有效养分的浸出。某些土壤性状（如土壤硅、铁、铝、有机质及全氮等）在测定中，则不受磨细的影响，而且为了使得样品容易分解或熔化，需要将样品磨得更细。

⑤ 过筛　通过1mm筛孔的用于化学分析的土壤样品，采用“四分法”或者“多点法”分取样品，通过研磨使其成为不同粒径的土壤样品，以满足不同分析项目的测定要求。应该注意的是供微量金属元素测定的土壤样品，要用尼龙筛子过筛，而不能使用金属筛子，以免污染样品，而且每次分取的土壤样品需全部通过筛孔，绝不允许将难以磨细的粗粒部分弃去，否则将造成样品组成的改变而失去原有的代表性。具体过筛程序如下所述。

a. 通过0.5mm筛孔　取部分通过1mm筛孔直径的土壤样品，经过研磨使其通过0.5mm筛孔直径，通不过的再研磨过筛，直至全部通过为止。过筛后的土壤样品可测定碳酸钙含量。

b. 通过0.25mm筛孔　取部分通过0.5mm或1mm筛孔的土壤样品部分，经过研磨使其全部通过0.25mm筛孔，做法同a。此样品可测定土壤代换量、全氮、全磷及碱解氮等项目。

c. 通过0.149mm筛孔　取部分通过0.25mm筛孔的土壤样品部分，经过研磨使其全部通过0.149mm筛孔，做法同b。此样品可测定土壤有机质。

⑥ 装瓶　过筛后的土壤样品经充分混匀，装入具磨塞的广口瓶、塑料瓶内，或装入牛皮纸袋内，容器内及容器外各具标签一张，标签上注明编号、采样地点、土壤名称、土壤深度、筛孔、采样日期和采样者等信息。所有样品处理完毕之后，登记注册。一般土壤样品可保存半年到一年，待全部分析工作结束之后，分析数据核对无误，才能丢弃。此外，还需注意样品存放应避免阳光直射，防高温，防潮湿，且无酸碱和不洁气体等对土壤样品造成影响。

(5) 采样时注意事项

土壤采样方式的选择过程，是污染场地土壤调查的关键环节，只有选择的采样方式具备规范性和合理性，土壤的检测结果才会更加准确。为了使调查结果最大限度体现地块内的真实状况，主要考虑的因素有：①采样点位坐标的准确性；②土壤采样深度的准确性；③如何避免样品污染以及场地二次污染；④样品在采集过程中污染物损耗如何降到最低。在样品的采集、保存、运输、交接等过程应建立完整的管理程序。

为避免采样设备及外部环境条件等因素对样品产生影响，应注重现场采样过程中的质量保证和质量控制。

① 应防止采样过程中的交叉污染。钻机采样过程中，在第一个钻孔开钻前要进行设备清洗；进行连续多次钻孔的钻探设备应进行清洗；同一钻机在不同深度采样时，应对钻探设备、取样装置进行清洗；与土壤接触的其他采样工具重复利用时也应清洗。一般情况下可用清水清理，也可用待采土样或清洁土壤进行清洗；必要时或特殊情况下，可采用无磷去垢剂溶液、高压自来水、去离子水（蒸馏水）或10%硝酸进行清洗。

② 采集现场质量控制样是现场采样和实验室质量控制的重要手段。质量控制样一般包括平行样、空白样及运输样，质控样品的分析数据可从采样到样品运输、储存和数据分析等不同阶段反映数据质量。

③ 在采样过程中，同种采样介质，应采集至少一个样品采集平行样。样品采集平行样是从相同的点位收集并单独封装和分析的样品。

④ 采集土壤样品用于分析挥发性有机物指标时，建议每次运输应采集至少一个运输空白样，即从实验室带到采样现场后，又返回实验室的与运输过程有关，并与分析无关的样品，以便了解运输途中是否受到污染和样品是否损失。

3.1.2.5 土壤样品的提取、净化与测定

(1) 土壤样品的提取

土壤样品组分繁杂，且污染组分含量低，并且处于固体状态。在测量时往往需要对土壤样品进行预处理，主要有分解法和提取法。前者用于元素的测定，后者用于有机污染物和不稳定组分的测定。

土壤样品分解方法主要有酸分解法、碱熔分解法、高压釜分解法、微波炉分解法等。分解法的作用是破坏土壤样品的矿物晶格和有机质，使待测元素进入试样溶液中。酸分解法常用的混合酸体系有：盐酸-硝酸-氢氟酸-高氯酸、硝酸-高氯酸-氢氟酸、硝酸-硫酸-高氯酸、硝酸-硫酸-磷酸等。这种消解体系能够彻底破坏土壤晶格，但在消解过程中要控制好温度和时间。如果温度过高，消解试样时间短及将试样蒸干涸，导致测定结果偏低。碱熔分解法是将土壤与碱混合，在高温下分解。碱熔法具有分解样品完全，操作简单快速，且不产生大量酸蒸气的特点，但是使用试剂量大，引入了大量可溶性盐，也容易引进污染物。另外，有些重金属如镉、铬等在高温下易挥发。高压釜分解法是在高压下加入混合酸分解。该方法具有用酸量少，易挥发元素损失少，可同时进行批量试样分解等特点。但看不到分解反应过程，且测定含量极低时不易检测出，在使用高氯酸和高压时容易引发爆炸。微波炉分解法是以土壤与酸混合置于微波炉内加热分解。该方法具有准确度高、精密度高、加标回收率高、测定时间短等特点（表 3-4）。

表 3-4 土壤样品分解法的优缺点

分解方法	优点	缺点
酸分解法	能够彻底分解土样	温度和时间不易控制
碱熔法	操作简单、快速	使用试剂量大，引入大量可溶性盐，镉、铬易挥发
高压釜分解法	用酸量少，可同时批量分解	含量低时不易检测出，易爆炸
微波炉分解法	热效率高，精度高，时间短	耗能高

土壤中的有机污染物含量低且易挥发，因此测定时选择合适的提取方法十分重要。实验室常见的提取方法有索氏提取法、微波辅助萃取、吹扫捕集法。

索氏提取法是一种经典萃取方法，在当前农药残留分析的样品制备中仍有着广泛的应用。美国环保署（EPA）将其作为萃取有机物的标准方法之一，国标中也使用索氏提取法作为提取方法。索氏提取器是由提取瓶、提取管和冷凝器三部分组成的，提取管两侧分别有虹吸管和连接管。各部分连接处要严密不能漏气。提取时，将待测样品包在脱脂滤纸包内，放入提取管内。提取瓶内加入石油醚，加热提取瓶，石油醚气化，由连接管上升进入冷凝器，凝成液体滴入提取管内，浸提样品中的脂类物质。待提取管内石油醚液面达到一定高度，溶有粗脂肪的石油醚经虹吸管流入提取瓶。流入提取瓶内的石油醚继续被加热气化、上升、冷凝，滴入提取管内，如此循环往复，直到抽提完全为止。由于是经典的提取方法，其他样品制备方法一般都与其对比，用于评估方法的提取效率。索氏提取方法的主要优点是不需要使用特殊的仪器设备且操作方法简单易行，很多实验室都可以实现，使用成本较低。主要的缺点是溶剂消耗量大、耗时也较长、需冷凝水等。

微波辅助萃取由于不同物质的介电常数不同，各种物质吸收微波能的能力不同，因而产生的热能及传递给周围环境的热能也不同，利用这种差异，通过调节微波加热方式使样品中的目标有机物质被选择性加热，从而使被萃取物质从体系中分离出来，进入到介电常数小、微波吸收能力差的萃取剂中。这种方法被广泛地应用于土壤中多环芳烃、多氯联苯、有机氯农药等，对土壤中有机污染物的提取具有快速、有效、稳定性好、节能、节省溶剂、污染小、可实行多份试样同时处理等特点，与传统的索氏提取法相比极大地缩短了萃取时间和减少了所需试剂的用量。

吹扫捕集法是用流动的气体将样品中的挥发性成分吹扫出来，用捕集器将吹扫出来的物质吸附下来，经热解吸将样品送入气相色谱分析，这种提取方式尤其适合于挥发性有机物如单环芳烃，苯、甲苯、乙苯和二甲苯等混合物等。对于低浓度挥发性有机物的测试，一般先要用甲醇进行提取，而对于中高浓度的分析，则可以直接放在吹扫管中加热吹扫。Yin 等在利用吹扫捕集技术测定土壤中低浓度时将这两种方法进行了比较，结果发现，对这种低浓度挥发性有机物先用甲醇提取后再吹扫其重复性较好。而刘慧等在对北京郊区土壤中挥发性有机物的分析中就直接进行加热吹扫也取得了很好的效果。吹扫捕集法作为一种不使用有机溶剂的样品前处理方式，对环境不造成二次污染，而且取样量少、效率高、受基体干扰小及容易实现在线检测等优点，因此备受人们青睐，但由于该方法使用时，易形成泡沫，使仪器超载等缺点，还有待进一步发展。

(2) 土壤样品的净化

土壤样品中的欲测组分被提取后，往往存在干扰组分，或达不到分析方法测定要求的浓度，需要进一步净化。常用净化方法有液-液分配、吸附色谱、凝胶渗透色谱、固相萃取和常压微波萃取。

① 浓硫酸磺化：浓硫酸在净化中主要是利用其性质将一些大分子的杂质破坏经水溶解后除去，一般有机氯农药（艾氏剂和异荻氏剂除外）和多氯联苯的净化均可以使用这个方法。具体步骤为：向 100mL 分液漏斗中加入 20mL 正己烷，然后将预净化的样品提取液转至分液漏斗中，每次加入 2mL 浓硫酸，振摇静置分层后弃去硫酸层，重复上述步骤，直到有机相为无色透明。再向有机相中加入 10mL（20g/L）硫酸钠溶液，振摇静置分层后弃去水相，重复至有机相为中性为止。过无水硫酸钠漏斗除水后，浓缩，定容待测。

② 凝胶渗透色谱净化：定量杯为 2mL，流动相为环己烷/乙酸乙酯（体积比 1∶1），流

速为4mL/min，收集11～20min的流出液。浓缩至1mL。

③ 固相萃取净化：经凝胶渗透色谱后浓缩提取液过预先填装好的SPE柱。SPE柱的填料依次为1cm厚无水硫酸钠、3g弗罗里硅土、0.5g石墨化炭黑和1cm厚无水硫酸钠。分别用正己烷/丙酮（体积比1∶1）混合溶剂10mL及正己烷20mL预淋洗柱子后，上样，再收集20mL正己烷/乙酸乙酯（体积比4∶1）的洗脱溶剂。浓缩定容至1mL后，待测。

(3) 土壤样品中污染物的测定

在土壤污染场地中，一般污染物为挥发性有机物、半挥发性有机物、重金属、持久性有机污染物、农药、氰化物、石棉、石油类。可根据该场地利用方式及工艺来确定污染物。测定方法与污染物在水中的测定方法类似，只是在预处理方法和测量条件方面有差异。具体检测项目和分析方法见表（3-5）。

表3-5 污染物监测方法

分析方法	来源	检出限/(mg/kg)	监测项目
微波消解/原子荧光法	HJ 680—2013	汞0.002～0.008 其余0.01～0.04	汞、砷、硒、铋、锑
燃烧氧化-非分散红外法	HJ 695—2014	0.08(取样量为0.050g)	
燃烧氧化-滴定法	HJ 658—2013	0.04(取样量为0.50g)	有机碳
高分辨气相色谱-高分辨质谱	HJ 650—2013	10^{-6}	二噁英类
顶空/气相色谱-质谱法	HJ 642—2013	0.0032～0.014	挥发性有机物
吹扫捕集/气相色谱-质谱法	HJ 605—2011	0.0008～0.0128	
火焰原子吸收分光光度法	GB/T 17138—1997	铜1、锌0.5	铜、锌
火焰原子吸收分光光度法	GB/T 17139—1997	5	镍
石墨炉原子吸收分光光度法	GB/T 17141—1997	铅0.1、镉0.01	铅、镉
气相色谱法	GB/T 14550—93	0.00005～0.00487	六六六、滴滴涕
红外分光光度法	GB/T 16488—1996	0.01	石油类(萃取)

3.1.3 土壤污染生态毒理诊断

土壤是否受到了人为污染，其污染程度如何，需要采用灵敏和有效的方法予以诊断。判断污染土壤是否需要进行修复、采用何种方法修复以及修复是否达到预期目标也都需要土壤诊断的结果加以判断。除了通过上述土壤中污染物含量的测定与土壤污染物标准进行比较之外，对于目前暂无标准的土壤污染物，或者污染物含量低但又高于土壤背景值的污染物也急需要进行污染水平的诊断。并且单纯依靠化学方法进行土壤污染诊断，不能全面、科学地表征土壤的整体质量特征，因此土壤污染生态毒理诊断应运而生，并迅速发展。

3.1.3.1 污染土壤生态毒理诊断及其意义

污染土壤的生态毒理诊断，是指利用生态系统中不同物种的有机组合定性或定量地判断那些主要由外来污染物所造成的生态系统不良反应，对保护和预警生态系统的安全性提供重要信息。也即在试验研究的基础上，发现和确定最具代表性的生物指示物，快速、准确、有效地使生态系统受害的现状得到充分地表达（图 3-6）。

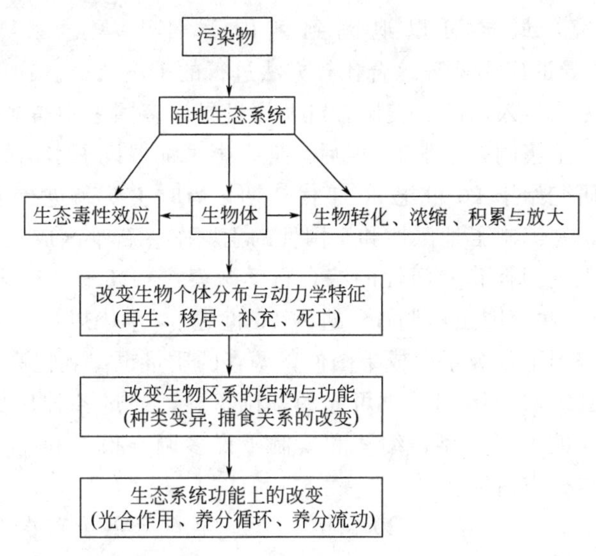

图 3-6　污染物对土壤生态系统组成和功能的影响或损害

3.1.3.2　污染土壤诊断

污染土壤的生态毒理诊断在实验尺度上划分主要有实验室诊断和田间诊断。实验室诊断除了传统意义上的实验室研究方法外，近年来一种新的方法，即微宇宙法（microcosm），也逐渐被采用。Leffler 将微宇宙定义为与生态系统过程相似的小模型，微宇宙法是对实验室研究方法的一种有效补充和扩张，微宇宙主要用于生态系统水平上毒物效应机理的研究，其最重要的用途是研究有毒物质在生态系统的归宿与生态毒性效应。中宇宙（mesocosm）是规模较大的模型生态系统，它既可以被看成是一种实验室方式的研究，也可以看成是自然生态系统的一个缩影。某种意义上讲，中宇宙是联系实验室研究结果与自然生态系统中所发生的生态过程的一座桥梁。田间诊断，即场地试验，通过这种试验可以发现场地条件或接近场地条件下污染物对各种土壤生物的毒害作用。

3.1.3.3　快速诊断与长期诊断

快速诊断的实现一般通过急性毒性试验来实现。急性毒性试验可以用于受试污染物对生物短期暴露的初评，估计受试物对生物的急性效应，确定和判断适合繁殖试验的浓度值，为进一步的生态毒理试验研究提供依据。生态毒理试验的意义就是判定受试物对生态系统功能的影响，组成一个系统的物种的相对生物量是判定系统功能是否正常的基本参量。死亡率、繁殖、吸收和发育等参数是重要的参量，是目前常用的方法能测定出来的，同时能对其结果做出解释的仅有几个。在生态毒理学试验中短期与急性、长期与慢性是相对应的，而以短期代替急性、长期代替慢性是被提倡的。生态毒理学试验中最困难的是预测浓度低、维持时间长的化学物质的毒害效应。这些物质对生物群个体发生影响，产生非致死性和中间差异的效应。理想的试验方法是采用系列生物组合系统进行慢性毒性试验。由于慢性试验的周期较长，受试物的浓度会因受试物的性质，环境条件等发生变化，为了保证试验的准确性，应每隔一段时间测定受试物的浓度，或进行定期的检测。

3.1.4 土壤调查的国内外研究进展

土壤调查的研究，最早可以追溯到俄国著名土壤学家V.V.道库恰耶夫(V.V.Dokuchaev)倡导的应用地理综合比较方法进行的土壤调查。19世纪末至20世纪初，道库恰耶夫的理论和方法传入西欧、美国，继而在世界许多国家中得到广泛应用。1937年，美国出版全国统一的《土壤调查手册》。以后，许多国家都拟订了本国的土壤调查方法。

我国的土壤调查研究始于20世纪30年代初期，当时主要是进行了一些地区的土壤详查、概查和路线约查，并编制了地区性和全国性的土壤图。新中国成立以后，先后进行了两次大规模的区域性的土壤调查和专门性的综合科学考察：1958～1959年第一次全国土壤调查和1979～1984年第二次全国土壤调查。进入20世纪80年代以后，由于调查过程中较多地应用了航片技术和编制了县级系列成果图件，调查的质量也得到提高。为查明土壤资源的数量和质量，以及为县级农业区划提供可靠的基础资料，通过各种比例尺的土壤调查和制图，现已确立了若干新的土壤类型，编写和编制了许多调查报告和全国性或区域性的土壤图，填补了若干土壤调查空白区。

根据国务院决定，2005年4月～2013年12月，我国开展了首次全国土壤污染状况调查，调查范围为中华人民共和国境内(未含香港特别行政区、澳门特别行政区和台湾地区)的陆地国土，调查点位覆盖全部耕地、部分林地、草地、未利用地和建设用地，实际调查面积约630万平方千米。调查采用统一的方法、标准，基本掌握了全国土壤环境质量的总体状况。

场地调查的不确定性主要源于场地土壤和地下水的非均质性，高密度的精细化采样是克服场地介质非均质性导致污染物空间分布不确定性的有效方法之一。传统的场地采样与实验室分析方法获得数据比较精准，但成本高、即时性差，无法用于高密度的场地采样分析。现场快速连续采样检测与探测等技术的发展(如膜界面探测-便携式气相色谱法、便携式气相色谱/气相色谱-质谱法、X射线荧光分析法、汞蒸气快速检测法、酶联免疫法、高密度电阻、被动式土壤气及挥发通量监测、动力触探连续渗透性测试等)，可快速获得厘米至米级尺度上的地块水文地质参数与污染物空间分布等信息，使得场地高分辨率测试分析成为可能，但这些技术存在一个共同的不足，即分析结果的准确性低于实验室分析。因此目前只用于场地污染筛查，所获得的数据称为筛查性数据，不可直接应用于场地污染状况调查及风险评估。近年来，美国EPA倡导采用三元技术(Traid approach)来提高场地调查的精度，其核心要求是系统规划、动态调整、实时连续采样。其中，应用实时连续采样技术使得动态调整场地调查得以实现，该方法对于数据质量的定义发生了根本变化，不再单一地依据实验室测试精度来定义数据质量，而是依据决策目的来定义数据的有效性。脱离数据用途的数据质量评价是毫无意义的，实验室数据分析虽然准确，但因成本高、周期长、样本数量较少，且样品的空间代表性较差，仅用实验室数据确定场地的污染空间分布会产生较大的误差；而采用现场快速检测技术，虽可进行高密度采样，提高样品的空间代表性，但其检测数据精度不足，难以准确判断污染分布边界。若综合使用精准、定量的实验室数据和高密度、半定量、可连续获取的现场监测数据，可以更加精准地识别和判断场地污染特征，同时能克服高成本和长周期的问题。如图3-7所示，根据现场快速检测数据与实验室检测数据的误差分析，可以基本确定当某污染物现场快速检测含量大于60mg/kg和小于45mg/kg时，基本确定该污染物超过和不超过修复目标，因此只需将现场快速检测结果为修复目标值附近(45～60mg/kg)的样品送实验室做进一步检测分析，以大幅节约时间和成本，同时提高场地调查的精准性。

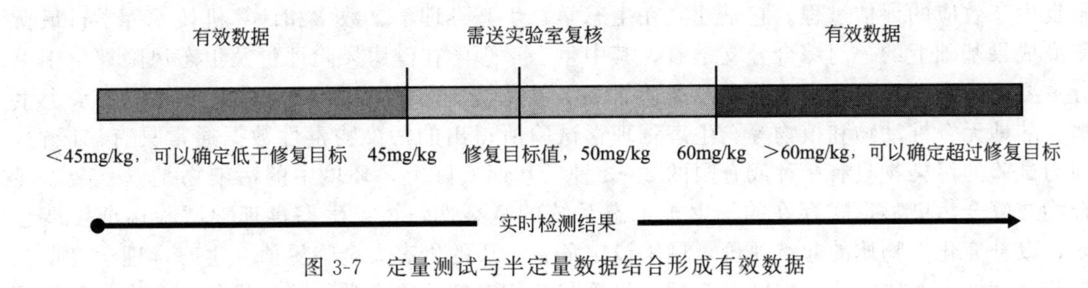

图 3-7　定量测试与半定量数据结合形成有效数据

3.2 土壤污染风险评价与管理

3.2.1 风险评价概述

对污染土壤进行修复前，需要对其危害性即所谓的健康风险和生态风险进行全面评价。然后根据其对环境和人体危害的轻重、缓急程度，对污染土壤采用不同的方法与手段进行修复与治理，以及对污染土壤实施科学管理，防治污染导致的各种健康影响与不良生态效应的产生和扩散。

风险评价已应用于很多方面，如自然灾害、资源利用、气候变化、产业经营、交通事故和人寿保险等。在环境保护领域，风险评价方法已用于有毒有害化学品的风险管理，以及污染土壤的修复及风险管理。一般而言，风险评价可分为生态风险评价和健康风险评价两大类。生态风险评价的主要对象是环境介质、生物种群和生态系统，通过科学的、可靠的对人类活动产生的生态效应评估而达到保护和科学地管理生态系统的目的，因而在生态风险评估研究中，往往选择一些替代物种进行试验，用以保护存在于复杂的生态系统中的广泛的物种和野生动物；健康风险评价主要侧重于人体（包括个体和人群）的健康风险，往往选择一些与人类类似的动物进行实验室试验，以保护一种物种，即人类本身。

风险评价的目的是为制定公正合理的法规和规章制度提供科学的依据，用来设定危险品的标准，如 OSPAR 或 POPs 的管理条例，是管理危险化学品如农药和工业有毒化学物质等的基础。迄今为止，有关污染风险的管理条例只局限于水生生态系统包括淡水和海水以及全球大气状况如臭氧耗竭、温室气体等。欧洲联盟已制定了有关陆地生物的分类条例，但是有关的分类标准还在制定之中，其中有些建议已经发表，欧洲毒理学、生态毒理学及环境科学委员会（CSTEE）最近申明目前已有足够的科学依据用来完成、设定完整的分类标准。这是因为根据统计学分析提供的化学物质急性毒性的日常分布曲线，分类标准可以与曲线下面某些特殊区域相对应，而以前也有研究结果表明以统计学分析得到的标准与实地试验得出的标准具有一致性。陆地生态系统中的生物体可通过多个环境介质如土壤、水、大气及食物等暴露于污染物，陆地脊椎动物、植物、土壤动物和微生物是陆地生态系统的关键生态受体。污染物的内在特性如持久性、可溶性、$K_{O/W}$ 正辛醇/水分配系数及挥发性等可以体现其相关的暴露途径。然而，有些暴露途径由于特殊的污染物释放形式及利用条件（如大气污染物在植物叶片表面的沉积或叶片喷施农药等）而与污染物的内在特性相关性不大。因此，对于高毒性化学物质在分类时，需要考虑其特殊的毒性；对于毒性较小的物质，只需结合其毒性及其他一些性质。其实这也是水生生态系统风险评价的分类基础。

一般来说，生态风险评价可以定义为对暴露于一种或几种污染物而可能产生或已经产生不良生态效应的评估过程。它是建立在生态学、生态毒理学、数学和计算机技术等学科最新研究成果基础上的一门综合分支学科，其中生态毒理学在健康风险评价及生态风险评价中十分重要。如表3-6所示，对于生态风险评价，生态毒理学的主要研究对象是鸟类、水生生物、陆地无脊椎动物和植物等。生态毒理学试验所得出的污染物毒性数据通常具有局限性，因为试验的污染物只有一种或有限的2～3种，然而实际上，环境中的污染物是以复杂的混合物或复合污染物形式存在的。由于生态系统的复杂性，终点生态毒理学试验逐渐发展起来，以补充化学物质的起点评价，用来设定危害物质的生态安全临界值。生态毒理学终点在特殊物种的生态风险评价中已有应用，尽管与此相对应的以多学科技术优化整合为基础的具有较高水平费用-效益的风险管理还未发展起来。

表3-6 毒理学试验在生态风险评价中的应用

生态风险评价	健康风险评价
陆地生态毒理学 (1)脊椎动物 ①蚯蚓死亡率、生长和生殖率 ②跳虫急性和慢性毒性 (2)有益昆虫 蜜蜂接触毒性 (3)鸟类 ①急性毒性 ②多剂量毒性 (4)植物 发芽和幼苗生长毒性 水生生态毒理学 (1)无脊椎急性和慢性毒性 (2)藻类急性毒性 (3)鱼类——静态、脉冲、回流毒性试验	(1)遗传毒性 (2)急性毒性 ①口服、皮肤接触、吸入 ②眼部发炎 ③皮肤发炎 ④皮肤过敏 (3)代谢和毒性动力学 (4)亚慢性和慢性多剂量研究 (5)生殖和发育研究 (6)致癌性研究——长期研究 (7)机理研究、比较毒性动力学(以mg/kg表示的曲线以下面积)和代谢以提高预测性

就评价技术而言，健康风险评价技术已发展得较为成熟，而生态风险评价技术则是从20世纪80年代末90年代初才开始发展起来的，起初生态风险评价工作主要集中在对水生生态系统的风险评价，而对陆地生态系统的概念性模型主要针对特殊污染物，如农药的不良生态效应的评价，直到最近才对陆地生态系统风险评价给予较多关注。同样，由于最近20年对生态风险评价的关注显著增加，完整的评估规则也逐渐建立起来。风险评价的基本形式是：风险＝危害×暴露，危害指的是污染物潜在的危害性，而暴露指的是生物体所面临的可能会导致危害发生的污染物的水平及一些内在特性。

生态风险评价包括4个主要步骤：不良生态效应识别、剂量-效应分析、生态暴露评估及风险表征。第一步不良生态效应识别是通过了解污染物质的内在特性来确定其可能出现的不良生态效应，从危害扩展到风险意味着包含了污染物潜在暴露量估计。剂量-效应分析及生态暴露评估都从不良生态效应识别开始，剂量-效应分析及生态暴露评估都可以使用确定性和不确定性分析方法。风险表征是对可能产生的每一种暴露和效应进行定性和定量的比较。

生态风险评价可以根据以下3个原则简化复杂的生态系统。

① 以生物种群单元为基础计算暴露量，这些单元由水、土壤、大气、沉积物及生物体等环境要素组成。对每个环境要素具体的尺度和性质加以详细分析，根据污染物的释放和作用方式及其理化性质（如可溶性、挥发性 $K_{O/C}$、$K_{O/W}$ 等）选择首先接受污染物的环境要素和污染物在单元里的扩散分布情况，然后计算每个环境要素中的环境浓度预测值（PEC）和持续时间。

② 根据已有资料评估可能效应，选择几种生物作为关键性评价终点进行毒性数据分析，在代表其中一种环境要素的介质（如使污染物质与土壤、水或食物等混合）中进行毒性试验。

③ 最后，对每一环境要素进行风险表征。其中简单的方式是把特定环境要素的 PEC 值与相关的生物体的毒性数据相比较。

需要指出的是，食物链途径是陆生生物暴露污染物的主要途径，然而与水和土壤暴露不同，很难估算食物中的 PEC 值，因为甚至假设为最严重的情况下，每一次评估都要求被评价的生物体处于取食被污染食物的高风险条件下。

生态风险评价的方法之一是根据环境要素和受体的相互关系建立一个整体的概念性模型，每一种受体可以同时通过几种途径暴露于污染物，每一种暴露途径之间的相关性与污染物在环境中的释放方式及环境行为有关，而污染物的环境行为与其内在性质有关。评价污染土壤生态系统的一般模型如图 3-8 所示，上面一行表示暴露，下面一行表示受体，通过食物链的暴露也包含在其中。

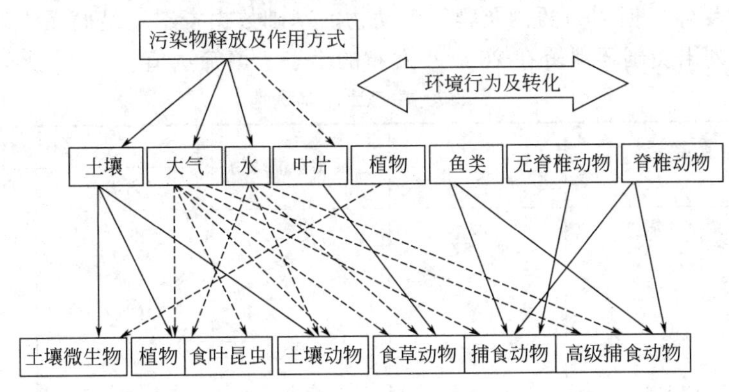

图 3-8　污染土壤的生态风险评价概念性模型

（实线表示直接关系，虚线表示间接关系）

北美是最早开始将风险评价应用于污染土地研究的国家。在美国超级基金项目里，风险评价是一个重要的政策工具，用于决定污染土地可能带给当地居民健康危害的风险；以风险评价为基础探讨修复技术的筛选以及污染土地修复（整治）目标；荷兰、澳大利亚等国逐步建立了环境风险评价和健康风险评价准则，并逐步应用在受污染土地评估、治理和修复的过程中；英国则在原环保法（1990 年）中增订了环境法第 57 条ⅡA 部分，将风险评估的管理思想融入了受污染土壤的评估与管理中（Michael，2002）。澳大利亚提出的风险评价草案，主要针对土壤污染的范围制定了“健康与环境监测标准”，简称 HILs 和 EILs。HILs 用于保护在污染区或附近居民的日常生活健康，主要考虑污染物的生物有效性、日承受摄入量和背景值等。EILs 用于防止污染物的潜在不利因素对生态系统的影响。瑞典 EPA 则指出污染点位的风险评价不仅要考虑污染物的基本性质，还要考虑其浓度水平。

3.2.2　土壤污染的生态风险评价及管理

3.2.2.1　概述

所谓生态风险评价，根据美国环保署的定义，是对因暴露于单一或多个污染因子而可能出现或已经出现的有害生态影响的可能性进行评估的过程。生态风险评估涉及多个学科领域，如环境毒理学、生态学、环境化学，以及其他科学领域和数学等。生态影响可以通过对生物组成系统的一个或多个层级在结构和功能方面的改变进行定性或定量的评价。近年来，国外一些机构出于管理等方面的需要，制定和开发了污染土壤生态风险和影响评价的相关标准、方法和评价模型，本节以目前国外一些权威机构推出，并得到广泛认可的相关标准、方法和模型做简要介绍。

目前，被国际上普遍认可的污染土壤生态风险评估标准主要有 4 个：一是美国环保署制定的生态土壤筛选值；二是美国能源部橡树岭实验室制定的土壤生态受体毒性基准；三是美国俄勒冈州生态风险评估筛选值；四是荷兰土壤环境标准（干预值）。

(1) 美国环保署制定的生态土壤筛选值 (Eco-SSLs)

美国环保署在 2000 年发布了生态土壤筛选值。按照美国环保署的定义，所谓生态土壤筛选值就是保护那些与土壤接触或以生活在土壤中及土壤之上的生物为食物的生物受体的土壤污染物浓度值。目前公布的生态土壤筛选值，包括 4 个生物受体：植物、土壤无脊椎动物、鸟类和哺乳类野生动物。在美国环保署最初的计划中，生物受体还包括两栖及爬行类动物，共 6 个生物受体，但因为两栖及爬行类动物的基础数据资料不足而无法得出其生态土壤筛选值。表 3-7 列出美国环保署在 2000 年发布的生态土壤筛选值。

表 3-7 生态土壤筛选值 单位：mg/kg

序号	项目	植物	土壤无脊椎动物	野生动植物	
				鸟类	哺乳类
1	镉	32	140	0.77	0.36
2	铬	—	—	Cr(Ⅲ)26 Cr(Ⅵ)—	Cr(Ⅲ)34 Cr(Ⅵ)130
3	钴	13	—	120	230
4	铜	70	80	28	49
5	铅	120	1700	11	56
6	锰	220	450	4300	4000
7	镍	38	280	210	130
8	硒	0.52	4.1	1.2	0.63
9	钒	—	—	7.8	280
10	锌	160	120	46	79
11	砷	18	—	43	46
12	滴滴涕	—	—	0.093	0.021
13	狄氏剂	—	—	0.022	0.0049

(2) 美国能源部橡树岭实验室 (ORNL) 制定的土壤生态受体毒性基准

近年来，美国能源部橡树岭实验室就污染土壤的评估等相关问题做了大量基础性工作，得到了国际学术界的普遍认可。表 3-8 将其制定的土壤生态受体毒性基准列出。

表 3-8 土壤重金属毒性基准浓度

重金属元素	土壤微生物和微生物过程(土壤)	蚯蚓(土壤)	植物	
			土壤	土壤溶液
砷	100	60	10	0.001
镉	20	20	4	0.1

续表

重金属元素	土壤微生物和微生物过程(土壤)	蚯蚓(土壤)	植物	
			土壤	土壤溶液
铬	10	0.4	1	0.05
钴	1000	—	20	0.06
铜	100	50	100	0.06
氟	30	—	200	5
铅	900	500	50	0.02
锂	—	—	2	3
锰	100	—	500	4
汞	30	0.1	0.3	0.05
甲基汞	—	—	—	0.0002
镍	90	200	30	0.5
硒	100	70	1	0.7
锡	2000	—	50	100
钒	20	—	2	0.2
锌	100	200	50	0.4

(3) 美国俄勒冈州生态风险评估筛选值

美国俄勒冈州发布的生态风险评估筛选值，共包括200多种污染物，是目前涉及污染物种类最多的生态风险评估标准，一些不太常见的稀有金属和有机物也包括其中。表3-9列出该标准中部分污染物的生态风险评估筛选值。

表3-9 美国俄勒冈州的重金属生态风险评估筛选值

污染物	植物	无脊椎动物	鸟类	哺乳动物
三价砷	10	60	10	29
镉	4	20	6	125
汞	0.3	0.1	1.5	73
镍	30	200	320	625
硒	1	70	2	25
三价铬	1	0.4	4	340000
六价铬	—	—	—	410
钴	20	1000	—	150
铜	100	50	190	390
铅	50	500	16	4000
锂	2	10	—	1175
锰	500	100	4125	110000
锡	50	2000	—	—
钒	2	—	47	25
锌	50	200	60	20000

(4) **荷兰土壤环境标准（干预值）**

荷兰土壤环境标准由目标值和干预值两部分组成，目标值其实就是荷兰土壤的背景值，而干预值是需采取修复等干预行动的标准。荷兰在制定干预值时的要求是干预值能保护与土壤相关的50%的物种和50%的生物过程，所以荷兰土壤环境标准中的干预值被认为可用于污染土壤生态风险评估。表3-10列出荷兰土壤环境标准中的部分干预值。

表 3-10 荷兰土壤环境标准中部分干预值

污染物	干预值(土壤)	污染物	干预值(土壤)	污染物	干预值(土壤)
锑	15	镉	12	锡	1
砷	55	汞	10	锌	720
铬	380	铅	530	镍	210

生态风险评估包括3个主要阶段，即问题的提出、问题分析和风险描述。在问题提出阶段，需选择评估终点并对最终目标做出评价，制定概念模型和分析计划；在分析阶段，需评估对污染因子的暴露，以及污染水平和生态影响之间的关系；第三阶段，需通过对污染暴露和污染-响应情况的综合评估来估计风险，通过讨论一系列证据来描述风险，确定生态危害性，然后编写生态风险评估报告。分析问题阶段包括两个内容，暴露水平描述和生态影响描述，暴露水平描述揭示了污染物的来源及其在环境中的分布和它们与生物受体的联系。美国环保署对污染土壤的生态风险评估过程，提出了一个八步法过程，其主要步骤及内容包括提出问题和生态影响评估、暴露估计和风险计算、基础风险评估问题的提出、研究设计和数据质量目标过程、采样计划的现场验证、现场调查和分析、风险表征、风险管理。

3.2.2.2 不良生态效应识别

不良生态效应的识别是污染土壤生态风险评价的第一步，是对人类活动产生的生态效应提出假设及进行评估的过程，是生态风险评价的基础。这一步工作的主要目的是结合所有理论上的可能性对污染土壤确定潜在的暴露终点及关键暴露途径，识别的主要对象如表3-11所示，其内容包括以下3个方面。

表 3-11 污染土壤不良生态效应识别的对象

对象	关键信息
污染的第一环境要素	污染源是否继续存在，以及污染方式
污染的第二环境要素	有关环境迁移行为及形态转化的内在性质
识别相关的生态终点	对不同物种的毒性以及对地下水污染的潜在威胁

(1) **评价终点的选择**

评价终点的选择基于对土壤中潜在污染物的生态相关性和生态敏感性的了解，并且与生态风险的管理目标有关。相关的生态评价终点能够反映该污染土壤生态系统的重要特征，与其他终点在功能上具有相关性，并且这些终点可以在任何生态系统水平上得以明确（如个体、种群、群落、生态系统及景观等）。其内容包括生态系统有关资料收集如地理位置、地形地貌、水文、气象、土壤类型、地质及土壤母质、水、矿产、植被覆盖等资源分布及开发利用情况、环境质量状况、人群分布、社会经济等方面的内容。污染物行为模式分析：包括来源、种类、数量、主要污染物半衰期、排放方式、去向、排放强度等。生态系统敏感性分析：包括对生态系统中生物的死亡率和不良生殖效应的分析。综合分析：对上述调查和分析的资料进行综合，找出可以作为评价终点的符合必要的科学要求的生态函数，并对这些函数进行现场调查，以确定其作为潜在评价终点的有效性。

(2) 概念性模型的建立

概念性模型是有关生态实体与污染物之间相关性的书面描述和报告，所描述的内容包括一次、二次、三次暴露途径及其生态效应与受体。概念性模型的复杂程度取决于土壤中污染物种类及数量、评价终点的数目、生态效应的性质及生态系统的特征等方面。概念性模型为将来风险评价工作提供参考和方法。

(3) 分析计划的制订

分析计划的制订是不良生态效应识别的最后一步，根据所得到的数据对不良生态效应进行评估，以确定该如何对生态风险进行评价。随着风险评价的独特性及复杂性的增加，分析计划的重要性也随之得到提升。

3.2.2.3 剂量-效应分析

污染物对生物体及整个生态系统影响的确定（即生态毒理学评价），习惯上以剂量-效应关系来表达。剂量-效应关系的利用与不良生态效应评价中所确定的生态风险评价范围和性质有关，剂量的概念较为广泛，可以是暴露的强度、时间和空间等。一般地，化学物质强度（如浓度）比较常用，暴露时间在化学污染物的剂量-效应关系中也常用，而暴露的空间尺度通常用在物理性污染的情况下。

实验数据组成剂量-效应曲线可以用来表达剂量-效应关系，剂量-效应曲线形状有利于在评估风险时识别效应的存在。典型的剂量-效应关系如图 3-9 所示，其效应变量由死亡率表示，用 LC_{50} 的污染物剂量来表示污染物的毒性强度。如果总效应由多个不同的效应变量组成，那么需要进行多元分析。

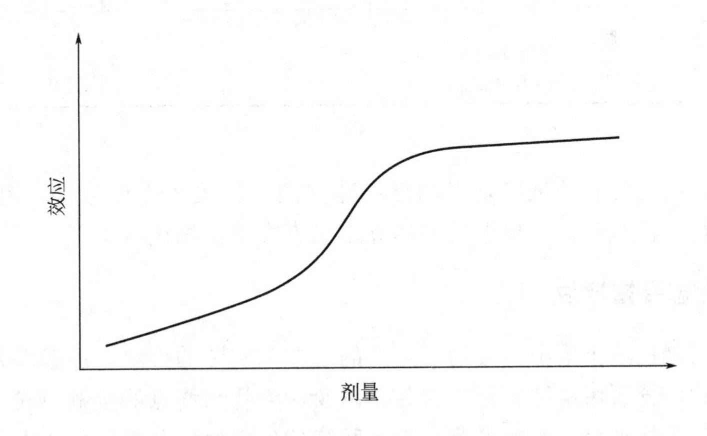

图 3-9 典型剂量-效应关系曲线

在复合污染的情况下，首先逐个建立剂量-效应关系，然后再进行综合。剂量-效应分析是对有害因子暴露水平与暴露生物种群中不良生态效应发生率之间关系进行定量估算的过程，是生态风险评估的定量依据。剂量-效应分析是根据不良生态效应识别确定的主要有害物质、受体及有关的评价终点，研究在不同的剂量水平下，受体呈现的危害效应。实验室分析剂量-效应关系比较简要，其内容有：①试验方案设计，即根据确定的指标体系设计试验方案，试验内容可能是剂量-效应、浓度-效应、效应-时间的关系等，也可能是非生物的其他影响等；②试验方案实施，即按照设计方案进行试验；③结果分析，即对试验结果进行分析，根据试验数据选择适当的统计模型，根据模型提出某种可接受的生态效应相应的有害物质的剂量或浓度阈值，如 LC_{50}、LD_{50} 等，或提供剂量-效应、浓度-效应、时间-剂量-效应、时间-浓度-效应等相应关系；④外推分析，即把实验室分析建立的关系外推到自然环境或生态系统中去，或由一类终点的分析结果外推到另一类终点，例如用生物个体的毒性试验结果，外推到种群大小的变化等。在污染土壤中污染物与生物的剂量-效应分析包括下面 3 个方面。

(1) 资料调研

调查、收集与所研究内容有关的剂量-效应方面的资料，了解是否有现成的可利用的资料或数据。

(2) 根据模型计算

由于缺乏数据，通常使用的模型有多阶段模型（multistage）、多击模型（multi-hit）和威尔布（Weibull）模型等，其中单击（one-hit）模型由于比较简单而在生态风险评价中广泛使用。该模型的表达式为：

$$P(c) = 1 - e^{\beta c} \tag{3-1}$$

式中，$P(c)$ 为土壤中 c 水平污染物对生物产生的效应，β 是模型参数。例如，应用方程（3-1）评价稻田养蟹生态系统中镍和铬与评价终点幼鱼和蟹卵的剂量-效应关系，设 $P(c)$ 为评价终点的死亡率，c 为两种污染物的浓度。根据表 3-12 所示，LC_{50} 相对应的死亡率为 50%，如果镍对甲壳类幼体的 LC_{50} 为 4.4mg/L，那么 $P(c)=0.5$，$c=4.4$mg/L，根据式（3-1），可求得 β 值为 0.158mg/L。镍和铬与幼鱼和蟹卵的剂量-效应关系的 β 值如表 3-12 所示。

表 3-12　根据单击模型获得的幼鱼和甲壳类幼体剂量-效应关系的 β 值

污染物质	终点	LC_{50}/(mg/L)	β/(mg/L)
镍	幼鱼	350	0.002
	甲壳类幼体	4.4	0.158
铬	幼鱼	53	0.013
	甲壳类幼体	45	0.015
	甲壳类成体	5.6	0.124

(3) 外推分析

根据同类有害物质已有的试验资料和已经建立的外推关系进行分析，例如结构-活性关系外推，不再进行分析试验，或根据模型计算结果直接得出结论。

3.2.2.4 生态暴露评估

生态暴露评估是描述土壤中污染物与终点的潜在和实际的接触，以暴露方式、生态系统及终点特征为基础，分析污染源、污染物分布以及污染物与终点的接触模式。生态效应分析可以分为物种组、生物种群、生物群落及生态系统的生态效应分析，具体内容及分析方法见表 3-13。低水平试验通常涉及单一明确的暴露途径（水、食物）或不同的途径，但发生在同一个环境要素（土壤或沉积物）中，较高级的试验尤其是中试和田间试验，如恰当设计可以覆盖所有潜在的对生物受体的暴露途径。对通过食物链暴露的生物群体做暴露分析时，需要计算污染物的生物富集量，生物富集量的计算公式如下：

$$\text{BFAC} = aF/k_d \tag{3-2}$$

式中，BFAC 为生物食物富集因子；a 为吸收率；F 为不消化率；k_d 为排泄率。式（3-2）也可以预测生物放大作用。

表 3-13 土壤污染的生态效应分析具体内容及方法

水平编号	水平名称	方法	效应评价	暴露途径
1	危害识别	标准化单物种生物鉴定	识别方法以及应用因子	土壤、水、大气、食物
2	物种组生态效应	每组单物种生物鉴定	物种敏感性分布	土壤、水、大气、食物
3	种群效应	长期单物种试验包括生态恢复和模型建立	可预测的种群动态	土壤、水、大气、食物
4	群落效应	实验室多物种试验	实际种群动态	起始暴露+生物积累
5	生态系统效应	中试及田间试验	生态系统的相关效应	所有相关的途径

生态暴露评估包括两方面的内容：

① 分析土壤环境存在的有害化学物质的迁移转化过程，污染源是否继续存在以及是否作为污染源对其他环境产生次生污染；

② 污染土壤对受体的暴露途径、暴露方式和暴露量的计算。生态暴露评估的主要工作包括土壤污染源分析、污染物在时间和空间上的强度和分布的分析及暴露途径分析等。

土壤污染源分析是生态暴露评估首要的也是最重要的组成部分，污染源可以分为两类：一类是产生污染物的地点；另一类为当前受污染的土壤或地区。在暴露评估时首先要对土壤环境中某一污染物的背景值进行分析，这样才能评估某一污染源产生的效应。对于具有污染源的地区和第一时间接触污染物的土壤环境介质也需要特别注意。在土壤污染源分析时，要注意是否该污染源同时排放其他能影响主要土壤污染物转移、转化或生物可利用性的物质。例如，在一个以煤为燃料的饲料厂，饲料中氯化物的存在影响着土壤汞是否以二价或单价的形式挥发释放。

生态暴露评估的第 2 项工作是分析污染物在土壤环境中的时间和空间分布，通过分析污染源的污染途径，以及二次污染的形成和分布来达到以上目标。化学污染物在土壤环境中的分布与其在不同介质中的分配有关，污染物的物理学分布与其颗粒大小有关，对于污染物的生物学效应，其存活及繁殖等因素也需要考虑。生态系统特征影响着所有类型污染物的转移，因此明确生态系统的特征十分重要，利用专业性判断对当前生态系统和原始生态系统特征进行比较。分析污染物在土壤环境中的分布通常使用监测技术、模型计算或两者的结合，模型在定量分析土壤污染源和污染物的关系上十分重要。这项工作内容包括污染物的土壤环境过程分析：

① 分析污染物在土壤环境介质之间分配的机制，在土壤中迁移的路线与方式，伴随迁移发生的转化作用，了解化学物质在土壤环境中迁移、转化和归宿的主要过程和机制；

② 模型建立，即选择建立模拟土壤污染物环境转归过程的数学模型或其他物理模型；

③ 参数估算，即确定模型参数的种类，确定参数估算方法，包括经验公式法、野外现场试验法、实验室试验法和系统分析法等，进行参数估算；

④ 计算方法确定，即根据所确定的数学模型，研究模型方程的计算方法，一般可借助计算机进行计算；

⑤ 模型校验，即对模型进行调试，选择独立于模型参数估算使用过的资料和其他实例资料对模型进行验证，如计算结果与实测值相差甚远，则对模型进行修正，或对模型参数进

行调整，直到满意为止；

⑥ 转归分析，即利用计算机数学模型和有关资料，分析土壤污染物的环境转归过程和时空分布结果。

生态暴露评估的第3项工作是分析污染物与受体间的接触。对于土壤污染物，接触被定量为通过化学物质的取食摄入、呼吸吸入或皮肤直接接触的量，有些污染物的接触必须要有体内吸收，在这种情况下，吸收量被认为是在体内某个器官所吸收的污染物的量。这项工作内容有：

① 暴露途径分析，分析有害物质与受体接触和进入受体的途径，如土壤、地下水和食物等；

② 暴露方式分析，分析可能的暴露方式，如呼吸吸入、皮肤接触、经口摄入等；

③ 暴露量计算，确定暴露量计算方法，计算暴露量，有时根据需要，不但要计算进入受体的有害物质的数量，而且要计算被受体吸收并发生作用的那部分污染物质的数量。

3.2.2.5 风险表征的一般方法

风险表征是污染土壤生态风险评价的最后一步，是不良生态效应识别、剂量-效应分析及生态暴露评估这3项评价结果的综合分析，风险表征的目的是通过阐述土壤污染物与污染生态效应之间的关系得出结论，评估土壤污染物对目标生态终点产生的危害。风险表征是指风险评价者利用剂量-效应分析及生态暴露分析的结果，对土壤有毒物质的生态效应包括生态评价终点的组成部分是否存在不利影响（危害），或某种不利影响（危害）出现可能性大小的判断和表达并且指出风险评价中的不确定因素及涉及的假设条件。风险表征的结论可以给污染土壤的生态风险管理提供必要的信息。

风险表征的内容有确定性分析和可能性分析。确定性生态评价是指把所有参数当成常量，并且大多数参数的值通过估计其平均值、最大及最小值来确定。但是，土壤中污染物的行为及生态系统的组成具有高度的可变性，污染物的转化和转移以及对生物的剂量-效应关系的不确定性和可变性使不确定性分析在生态风险评价中十分重要。不确定性与缺乏相关的知识有关，但是可变性往往与时间和空间的异质性相关。因此，可能性分析对于检查和解释与参数估计相关的不确定性的程度十分重要。在不确定性分析中通常使用Monte Carlos模拟法（MCS）。MCS模拟法是指通过试验利用已知的或假定的随机参数值的分布，来模拟真实情况。在MCS模拟法中，首先需要设计出一套与参数的预先确定的可能性密度功能相一致的随机数据，对于每一个模拟试验，利用输入参数的大约值计算出执行功能。

在计算过程中，导致不确定性的来源有两类：暴露的特征和效应的特征。如果利用化学物质的长期转化模型计算出的化学污染物暴露浓度来描述稻田生态系统中幼鱼和甲壳类幼体的污染物暴露，那么在计算浓度时就应该在长期转化模型中增加不确定因素的估计。由于有关暴露浓度范围的信息较少，该研究假定浓度统一分布在最大浓度与最小浓度之间，而许多研究证明在缺乏相关领域信息的情况下，这种假定是合理的。第2类特定生态效应特征产生的不确定性以及特殊暴露浓度及接触模式产生的不确定生态效应，在评价镍和铬对幼鱼和甲壳类幼体的风险评价研究中，对LC_{50}的变异就需要做不确定性估计，事实上LC_{50}的变化范围可达几个数量级，但是可以假定其平均值为长期的正常的分布。例如，假定决定标准差的变异系数为0.5，利用MCS模拟法进行了25000个模拟试验，结果如表3-12所示，根据试验结果，甲壳类幼体暴露于镍和铬的风险评价分布分别如表3-12所列。研究表明，可能性分析有助于更好地了解风险评价，它提供了可能性的风险范围。可能性分析还有助于详细了解与风险评价有关的不确定性，并且有助于增加风险评价的可信度。但是需要指出的是，在可能性分析中存在许多假设条件和简化过程，因此它并不代表真实情况，因此不确定性分析应该与确定性分析结合起来。

除了确定性和不确定性分析外，风险表征的内容还包括：a. 确定表征方法，即根据评价项目的性质和目的及要求，确定风险表征的方法，定量的还是定性的，哪种定量的或定性的方法等；b. 综合分析，主要比较暴露与剂量-效应、浓度-效应关系，分析暴露量相应的生态效应，即风险的大小；c. 风险评价结果描述，即对评价结果进行文字、图表或其他类型的陈述，对需要说明的问题加以描述。风险表征的表达方法有多种多样，一般随所评价的对象、评价的目标和评价的性质而有所不同。

风险表征的方法主要有两类：一类是定性风险表征；另一类是定量风险表征。定性风险表征要回答的问题是有无不可接受的风险，以及风险属于什么性质。定量风险表征，不但要说明有无不可接受的风险及风险的性质，而且要从定量角度给出结论。总的来说，定量的风险表征需要大量的暴露评价和危害评价的信息，而且取决于这些信息的量化程度和可靠程度，需要进行大量复杂的计算。

(1) 定量风险表征

从原理上讲，定量的风险表征一般要给出不利影响的概率，它是受体暴露于污染土壤环境，造成不利后果的可能性的度量，常常用不利事件出现的后果的数学期望值来估算，风险（R）等于事件出现的概率（P）和事件的后果或严重性（S）的乘积：

$$R=PS \tag{3-3}$$

在实际评价时，由于研究的对象不同，问题的性质不同，定量的内容和量化的程度不同，表征的方法也有很大的区别，常用的方法有：商值法、连续法、外推误差法、错误树法、层次分析法和系统不确定性分析等。下面介绍其中最普遍、最广泛应用的风险表征方法——商值法。

商值法实际上是一种半定量的风险表征方法，基本做法是把实际监测或由模型估算出的土壤污染物浓度与表征该物质危害的阈值相比较，即

$$Q=\frac{\mathrm{EEC}}{\mathrm{TOX_h}} \tag{3-4}$$

式中，EEC 为土壤中有害物质的暴露浓度；$\mathrm{TOX_h}$ 为有害物质毒性参数或造成危害的临界值；Q 为商值或风险表征系数。如果 $Q<1$，为无风险；$Q>1$，为有风险。因此，它只能回答人们有无风险的存在。

为了保护一特定的受体或未知的受体，往往引进一个安全因子，例如把毒性值如 $\mathrm{LD_{50}}$、$\mathrm{LC_{50}}$ 除以一个安全系数，作为风险表征的参考标准，即

$$Q=\frac{\mathrm{EEC}}{\mathrm{LC_{50}}}\times \mathrm{SF} \tag{3-5}$$

式中，SF 为安全因子。有的学者在一般商值法的基础上，根据 Q 值大小反映风险表征由“有无风险”进一步分为“无风险”“有潜在风险”“有可能有风险”，即 $Q<0.1$，无风险；$0.1\leqslant Q\leqslant 10$，潜在风险；$Q>10$，有可能有风险。

(2) 定性的风险表征

在一些情况下，风险只是定性描述，用“高”“中等”“低”等描述性语言表达，说明有无不可接受的风险，或说明风险可不可以接受等。

① 专家判断法　专家判断法常常用于进行定性的风险表征。具体做法是找一些不同行业、不同层次的专家对所讨论的问题从不同的角度进行分析，做出风险高低或有无不可接受

的风险等的判断，然后把这些判断进行综合，做出相应的结论；另一种做法是把所讨论的问题按专业、学科分解成一系列专门问题，分别咨询有关专家，然后综合所有专家的判断，做出最后的评价。

② 风险分级法　风险分级法是欧洲共同体提出的关于有毒有害物质生态风险评价的表征方法。在制定分级标准时，考虑了有害物质（如农药）在土壤中的残留性，在水和作物中的最高允许浓度，对土壤中微生物以及植物和动物的毒性、蓄积性等因素，依据该标准，对污染物引起的潜在生态风险进行比较完整的、直观的评价。

③ 敏感环境距离法　敏感环境距离法是美国国家环境保护局推荐的一种生态风险评价定性表征方法。这种方法最适宜于风险评价的初步分析。所谓“敏感环境”主要指有生态危机的唯一的或脆弱的环境，或是有特别文化意义的环境，或是重要的、需要保护的装置附近的环境。在这种情况下，一种污染源的风险度可以用受体与“敏感环境”之间的空间距离关系来定性地评价，对环境的潜在影响或风险度随与敏感环境的距离的减少而增加。

④ 比较评价法　比较评价法是美国国家环境保护局提出的一种定性的生态风险表征方法，目的是比较一系列有环境问题的风险相对大小，由专家完成判断，最后给出总的排序结论。

3.2.2.6 生态风险管理

生态风险管理是指根据污染土壤的生态风险评价的结果，按照恰当的法规条例，选用有效的控制技术，进行削减风险的费用和效益分析，确定可接受风险度和可接受的损害水平；并进行政策分析及考虑社会、经济和政治因素，决定适当的管理措施并付诸实施，以降低或消除该风险度，保护生态系统的安全。生态风险管理的任务是通过各种手段（包括法律、行政等手段）控制或消除进入土壤中的有害因素，将这些因素导致的生态风险减小到目前公认的可接受水平。生态风险管理的具体目标，是做出相应的管理决策。生态风险管理是一种社会性行为，所做出的管理决策涉及各种社会资源的分配并且必须使之在社会环境中得到实施。

生态风险评价为生态风险管理服务，它的 4 个主要步骤均与生态风险管理紧密联系。生态风险评价是对污染土壤中有害因素进行管理的重要依据。生态风险评价与管理的关系如图 3-10 所示。

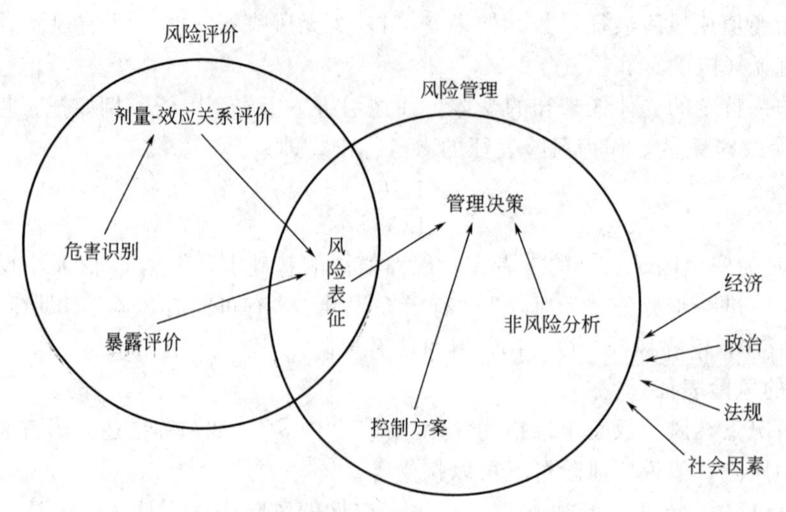

图 3-10　污染土壤的生态风险评价与管理之间的关系

生态风险管理应包括以下几方面内容：a. 制订土壤有毒物质的环境管理条例和标准；b. 提高土壤污染风险评价的质量，强化土壤环境管理；c. 加强对土壤污染源的控制，包括了解污染源的存在分布与现时状态、污染源控制管理计划、潜在风险预报、风险控制人员的培训与配备；d. 风险的应急管理及其恢复技术。

生态风险管理中的一系列决策过程是潜在风险与下列各因素之间取得的平衡：a. 社会期望；b. 控制和减轻生态风险的技术上可能性；c. 建设者所付出的代价；d. 采用危险性较小的替代方案的可行性；e. 有关政策、法规的弹性和周旋余地。

生态风险管理的方法包括以下 3 个方面。

(1) 政府的职责和方法

风险管理是建立在风险评价的基础上。风险管理是政府的职责，是实施预防性政策的基础性工作。风险分析和评价为风险管理在两个主要方面创造了条件：a. 告诉决策者应如何计算风险，并将可能的代价和减小风险的效益在制定政策时考虑进去，与此相关联的是确定“可接受风险”；b. 使社会公众接受风险。

(2) 建设单位的职责和方法

在政府环保和有关职能部门的监督指导下，建设和运行单位应承担风险管理的职责，包括：a. 拟定风险管理计划和方法，内容涉及操作对象、计划目标、管理方法；b. 拟定并具体落实防范措施。

(3) 加强防范措施

强化关于风险分析、评价和管理的科研。最根本的生态风险管理措施是将风险管理与全局管理相结合，实现生态系统“整体安全”。

3.2.2.7 污染土壤生态风险评估的相关模型

与污染土壤生态风险评估相关的模型，数量和形式都比较多，很多机构乃至个人从不同的角度出发，推出了各种评估模型。但目前国际上在污染土壤风险评估中被广泛认可和接受的主要有以下几个。

(1) 土壤-有机污染物变化及迁移暴露模型 (Emsoft 模型)

该模型由美国国家环境评价中心开发，主要适用于挥发性有机污染物对土壤的污染，可用于：a. 确定土壤中污染物在给定时间内的残留量（土壤初始浓度已知）；b. 量化污染物进入大气的质量流（转移速率）随时间的变化；c. 通过将质量流值输入到大气扩散模型中计算出空气中污染物浓度。也可以用来计算在某时段指定土壤深度的化学污染物平均浓度。

该模型的主要理论基础为以下方程：

$$\frac{\partial C_T}{\partial t}+\frac{\partial J_s}{\partial z}+\mu C_T=0 \tag{3-6}$$

式中，C_T 为每单位体积土壤的溶质质量；J_s 为单位时间内每单位土壤面积的溶质质量流；μ 为降解速率；t 为时间，z 为土壤深度。

上式中的 J_s 可以用以下方程式表示：

$$J_s=-D_G\frac{\partial C_G}{\partial z}-D_L\frac{\partial C_L}{\partial z}+J_W C_L \tag{3-7}$$

式中，D_G 为土壤-气体扩散系数；D_L 为土壤-液体扩散系数；C_G 为污染物在气相中的浓度；C_L 为污染物在液相中的浓度；J_W 为水通量。

(2) 农药根区模型（PRZM3 模型）

该模型由美国环保署下属的暴露评价模拟中心开发，从 1992 年发布第一版至 2006 年发布第八版，其间对模型作了不断的补充、修改和完善。它包含两个模型，即 PRZM 和 VADOFT。PRZM 为一维有限差分模型，它主要模拟农药在作物根区和土壤表层以下非饱和区的变化。该模型可以同时模拟多个农药以及农药与其降解产物的关系，估计农药在各种介质中的浓度和通量以用于暴露评价。PRZM 可模拟土壤温度、农药挥发、土壤中气相农药的传输以及模拟灌溉、微生物转化和进行特定算法以消除数值弥散。而 VADOFT 模型全称为“渗流区流动和迁移模型”，该模型为一维有限元程序，用于解非饱和区流动的理查德方程。使用时通过压力、水含量、水力传导性等参数间的关系来解流动方程。VADOFT 模型可模拟两个农药母体和两个降解产物的变化。PRZM 模型模拟的过程包括以下 8 个：污染物在土壤中的迁移、水的流动、化学品的施加、叶面冲失、溶于径流中的化学品、土壤侵蚀、灌溉和氮过程。

以上 8 个过程都分别有自己的数学模型，如污染物在土壤中的迁移可以用以下方程表示：

$$A\Delta z\frac{\partial(C_W\theta)}{\partial t}=J_D-J_V-J_{DW}-J_U-J_{QR}+J_{APP}+J_{FOF}+J_{TRN} \tag{3-8}$$

$$A\Delta z\frac{\partial(C_s\rho_s)}{\partial t}=J_{DS}-J_{ER} \tag{3-9}$$

$$A\Delta z\frac{\partial(C_g a)}{\partial t}=J_{GD}-J_{DG} \tag{3-10}$$

式中，A 为土柱断面面积，cm^2；Δz 为层深度；C_W 为农药的溶解浓度，g/cm^3；C_s 为农药的吸附浓度，g/g；C_g 为农药的气相浓度，g/cm^3；θ 为土壤体积水含量，cm^3/cm^3；a 为土壤体积空气含量，cm^3/cm^3；ρ_s 为土壤密度，g/cm^3；t 为时间，d；J_D 为溶解相分散和扩散度，g/d；J_V 为溶解相对流度，g/d；J_{GD} 为蒸气相分散和扩散度，g/d；J_{DW} 为溶解相降解的质量损失，g/d；J_{DG} 为蒸气相降解的质量损失，g/d；J_U 为溶解相被植物吸收的质量损失，g/d；J_{QR} 为流失的质量损失，g/d；J_{APP} 为农药沉降在土壤表面的质量增加，g/d；J_{FOF} 为植物冲洗到土壤引起的质量增加，g/d；J_{DS} 为吸附化学品降解引起的质量损失，g/d；J_{ER} 为沉积物溶解引起的质量损失，g/d；J_{TRN} 为母体/子体转换引起的质量损失或者增加，g/d。

VADOFT 模型可对土壤含水层溶解污染物的流动和迁移进行一维模拟。它可以独立运行，也可与 PRZM 模型合并运行。VADOFT 模型主要包括两个理论方程，即流动方程和迁移方程。

$$\text{流动方程：}\frac{\partial}{\partial Z}\left(Kk_W\frac{\partial\varphi}{\partial z}\right)=\eta\frac{\partial\varphi}{\partial t} \tag{3-11}$$

式中，φ 为压头；K 为饱和导水率；k_W 为相对渗透率；z 为下游纵坐标；t 为时间；η 为有效储水能力。

$$\text{迁移方程：}\frac{\partial}{\partial z}\left(D\frac{\partial c}{\partial z}\right)-V\frac{\partial c}{\partial z}=\theta R\left(\frac{\partial c}{\partial t}+\lambda c\right) \tag{3-12}$$

(3) **土壤模型 (Soilmodel 模型)**

土壤模型由设在加拿大特伦特大学的加拿大环境模拟及化学中心开发，该模型可对在表土层施加的农药的反应、降解和渗透的相对潜势给出一个很简单评估。农药在单层土壤内的空气、水、有机质和矿物质间的化学分配是以物化参数为函数进行计算的。作物的根部是作为土壤的一部分，并假定与土壤的其他相处于平衡状态，该模型可对农药在土壤中的挥发、渗透及降解速率给出估值，这些速率然后用来估算农药在这些过程中损失的半衰期，以及农药总的半衰期，该模型本质上并非是动态的，它提出的稳态条件、通量可推断出与这些损失过程相关的大致时间。

(4) **土壤迁移及变化数据库和模型管理系统 (STF 模型)**

土壤迁移及变化数据库和模型管理系统是由美国环保署开发的，它可提供土壤环境中有机和无机化学品行为的定性和定量的有关信息。STF 模型包括 3 个主要组成部分：STF 数据库、渗流区互动过程（VIP）和监管调查处理区（RITZ）模型及 RITZ 和 VIP 编辑器。该数据库包括约 400 种化学品，这些化学品通过其化学名称和化学文摘号（CAS）识别。该模型的计算机工具可选择环境中某种化学品的数据，然后可模拟该化学品在指定环境条件下的变化和迁移。软件系统由 3 个部分组成：STF2.0（土壤变化和迁移数据库），它提供化学品的在土壤环境中的行为信息作为输入数据，例如降解速率和分配系数；RITZ（监管调查处理区）和 VIP3.0 模型，RITZ 模拟在油类废物污染的土地处理过程中有害化学品的变化和迁移，VIP 使用 6 个不同的输出方案评估数据；RITZ 和 VIP 模型编辑器，它直接与 STF2.0 接口，并帮助生成输入文件以用于 RITZ 和 VIP 模型。

(5) **农药径流对地表水的污染模型 (SoilFug 模型)**

该模型仍由设在加拿大特伦特大学的加拿大环境模拟及化学中心开发，该模型可用来评估施加在表层土壤农药的降解、反应和渗透的潜势。该模型包括化学品和土壤类型的数据库，用户可以很容易地定义新的化学品和土壤，输出可以是表或图表。

(6) **多介质污染物变化、迁移和暴露模型 (MMSOILS 模型)**

该模型由美国环保署下属的国家暴露研究实验室的暴露评价模拟中心开发，1997 年发布，可用于评估与污染排放有关的人体暴露和健康风险。多介质模型可确定化学品在地下水、地表水、大气和土壤侵蚀过程中的传输和食物链中的累积。模型中考虑的人类暴露途径包括：摄取土壤、吸入含挥发物和颗粒物的空气、皮肤接触、饮水、鱼类消费、消费生长于受污染土壤的植物和食用受污染的牧场上放牧的动物。该方法既可评估人体对单一介质的暴露，又可评估人体的多介质暴露，与总暴露剂量相关的风险用具体化学品毒性数据进行了计算。在将该方法作为筛选工具时，重要的一点是结果应在适当的框架内解释。暴露评估工具可用于不同污染场地的筛选、比较、修复和危险性评估。该方法还可用于指定场地的健康风险评估。由于风险评估的不确定性可能会很大（取决于场地的特点和可用的数据），MMSOILS 模型可通过蒙特卡罗分析来处理这些不确定性。

3.2.3 土壤污染的健康风险评价

3.2.3.1 概述

土壤风险评估是指在土壤环境调查的基础上，分析污染场地土壤和地下水中污染物对人群的主要暴露途径，评估污染物对人体健康的致癌风险或危害水平。健康风险评价是美国国家工程学院和国家科学院于1972年首先提出的，以危害识别、暴露评估、毒性评估及风险表征4个方面进行健康风险评价。随着我国经济的发展和城镇建设速度的加快，场地性质的变更越来越频繁。许多工业企业陆续搬出城区，原有的工业用地被逐步开发为住宅用地或公建用地。工业企业遗留的污染场地可对后续用地的土壤、地下水等造成一定影响，并可能危害到居民的健康，因此开展污染场地健康风险评价是至关重要的。

污染场地的健康风险评价是一项多科学交叉的复杂的系统工程，不仅需要调查污染场地土壤、空气、水体等介质的污染状况和污染物种类，还需要分析污染物迁移途径和转化机制以及暴露人群结构和分布情况，并利用毒理学研究成果，以数学、统计学等工具估算人体健康的危害概率和可能程度，在充分保护人体健康的原则下，选择切合实际的污染防治措施并开展污染治理。

在暴露评估和毒性评估的基础上，采用风险评估模型计算土壤和地下水中单一污染物经单一途径的致癌风险和危害商，计算单一污染物的总致癌风险和危害指数，进行不确定性分析。图3-11为健康风险评估程序图。

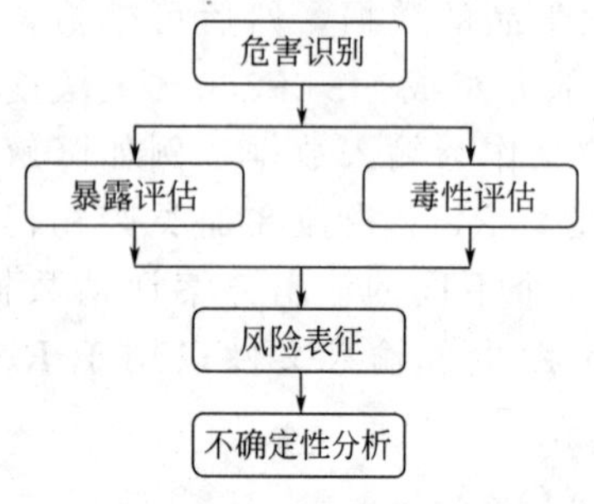

图3-11　土壤健康风险评估程序

3.2.3.2 健康危害判定

危害识别是进行人类风险评价的基础，目的是鉴别污染场地中主要的危害物质及危害范围，收集场地环境调查阶段获得的相关资料和数据，掌握场地土壤和地下水中关注污染物的浓度分布，明确规划土地利用方式，分析可能的敏感受体，如儿童、成人、地下水体等。收集相关资料获得以下信息：

① 较为详尽的场地相关资料及历史信息，主要包括场地利用信息、场地利用变更信息、场地周围可能存在污染的信息；

② 场地土壤和地下水等样品中污染物的浓度数据；

③ 场地土壤的理化性质分析数据；

④ 场地（所在地）气候、水文、地质特征信息和数据；

⑤ 场地及周边地块土地利用方式、敏感人群及建筑物等相关信息。

确定关注污染物，根据场地环境调查和监测结果，将对人群等敏感受体具有潜在风险需要进行风险评估的污染物，确定为关注污染物。

3.2.3.3 剂量-健康危害分析

毒性评估在危害识别的基础上，分析关注污染物对人体健康的危害效应，包括致癌效应和非致癌效应，确定与关注污染物相关的参数，包括参考剂量、参考浓度、致癌斜率因子和呼吸吸入单位致癌因子等。分析污染物经不同途径对人体健康的危害效应，包括致癌效应、非致癌效应、污染物对人体健康的危害机理和剂量-效应关系等。

(1) 确定污染物相关参数

致癌效应毒性参数包括呼吸吸入单位致癌因子（IUR）、呼吸吸入致癌斜率因子（SF_i）、经口摄入致癌斜率因子（SF_o）和皮肤接触致癌斜率因子（SF_d）。非致癌效应毒性参数包括呼吸吸入参考浓度（RfC）、呼吸吸入参考剂量（RfD_i）、经口摄入参考剂量（RfD_o）和消化道吸收效率因子（ABS_{gi}）、皮肤接触吸收效率因子（ABS_d）。部分污染物的非致癌效应毒性参数推荐值见表3-14。

表 3-14　部分污染物相关参数

名称	SF_o/[(kg·d)/mg]	IUR/(m³/mg)	RfD/[mg/(kg·d)]	RfC/(mg/m³)	ABS_{gi}(无量纲)	ABS_d(无量纲)
砷	1.50	4.30	3.00×10^{-4}	1.50×10^{-5}	1	0.03
镉		1.80	1.00×10^{-3}	1.00	0.025	0.001
Cr^{3+}			1.50		0.013	
Cr^{6+}	0.5	8.40	3.00	1.00×10^{-4}	0.025	
锌			0.30		1	
乙苯	1.10×10^{-2}	2.50×10^{-3}	0.10	1.00	1	
苯并[a]芘	7.30	1.10			1	0.13
α-六六六	6.30	1.80	8.00×10^{-3}		1	0.1
多氯联苯 189	3.90	1.10	2.30×10^{-5}	1.30×10^{-3}	1	0.14
氰化物			6.00×10^{-4}	8.00×10^{-4}	1	

风险评估所需的污染物理化性质参数包括无量纲亨利常数（H'）、空气中扩散系数（D_a）、水中扩散系数（D_w）、土壤-有机碳分配系数（K_{oc}）、水中溶解度（S），见表 3-15。

表 3-15　部分污染物的理化性质参数的推荐值

名称	H'	D_a	D_w	K_{oc}	S
苯	0.227	8.95×10^{-2}	1.03×10^{-5}	146	1.79×10^{3}
乙苯	0.322	6.85×10^{-2}	8.46×10^{-6}	446	1.69×10^{2}
苯并[a]芘	1.87×10^{-5}	4.76×10^{-2}	5.56×10^{-6}	5.87×10^{5}	1.62×10^{-3}
滴滴滴	2.70×10^{-4}	4.06×10^{-2}	4.74×10^{-6}	1.18×10^{5}	9.00×10^{-2}
α-六六六	2.10×10^{-3}	4.33×10^{-2}	5.06×10^{-6}	2.81×10^{3}	2.00
多氯联苯 189	5.64×10^{-3}	3.53×10^{-2}	4.12×10^{-6}	3.50×10^{5}	7.53×10^{-4}
二噁英(总量)	2.33×10^{-4}	4.27×10^{-2}	4.15×10^{-6}	6.95×10^{5}	4.00×10^{-6}
氰化物	5.44×10^{-3}	0.211	2.46×10^{-5}		1.00×10^{6}

(2)污染物毒性评估模型

根据污染物对人体的致癌和非致癌毒性，毒性评估分为致癌和非致癌毒性评估。一般认为污染物的非致癌毒性存在阈值，即低于某一剂量，不会产生可观察到的不良反应。非致癌毒性评估即为如何估计化学物质的致癌阈值，并根据阈值确定计算非致癌风险的标准建议值即参考值（RfV）。

呼吸吸入致癌斜率因子和参考剂量外推模型，呼吸吸入致癌斜率因子（SF_i）和呼吸吸入参考剂量（RfD_i），分别采用下列公式计算

$$SF_i=\frac{IUR\times BW_a}{DAIR_a} \tag{3-13}$$

$$RfD_i=\frac{RfC\times DAIR_a}{BW_a} \tag{3-14}$$

式中，SF_i 为呼吸吸入致癌斜率因子，(kg 体重·d) /mg 污染物；RfD_i 为呼吸吸入参考剂量，mg 污染物/ (kg 体重·d)；IUR 为呼吸吸入单位致癌因子，m^3/mg；RfC 为呼吸吸入参考浓度，mg/m^3。

3.2.3.4　暴露评估

暴露评估指在危害识别的基础上，分析场地内关注污染物迁移和危害敏感受体的可能性，确定暴露的人群和暴露浓度，根据收集的暴露参数估算人群污染物的摄入量。

土壤和地下水污染物的主要暴露途径和暴露评估模型，确定评估模型参数取值，计算敏感人群对土壤和地下水中污染物的暴露量。

污染场地暴露评估，暴露是指人体和化学物品或化学制剂的接触。对于暴露评估，需要确定人类暴露程度和频率，暴露案例是具有高端风险还是集中趋势，另外暴露人群是否具有不确定性。污染场地暴露评估是在污染场地初步识别的基础上，对人群暴露于环境介质中的强度、频率、时间进行测量、估算或预测的过程。暴露评估是进行污染场地风险评价和风险管理的定量依据。暴露评估基本内容为通过分析暴露情景，根据暴露浓度、潜在的暴露人群和暴露程度确定各暴露途径的污染物摄入量，在进行暴露评价时应对接触人群的数量、性别、年龄分布、居住地域分布、活动状况、人群的接触方式（一种或多种）、接触量、接触时间和接触频度等情况进行描述。

(1) 分析暴露情景

暴露情景是指特定土地利用方式下，场地污染物经由不同暴露路径迁移和到达受体人群的情况。土壤利用类型不同则暴露人群和暴露方式不同。一般来说，土壤利用类型可以有两个主要方向：敏感用地（住宅为代表）、非敏感用地（工业用地为代表）。敏感用地方式下，儿童和成人均可能会长时间暴露于场地污染而产生健康危害。考虑人群的终生暴露危害，一般根据儿童期和成人期的暴露来评估污染物的终生致癌风险。对于非致癌效应，儿童体重较轻、暴露量较高，一般根据儿童期暴露来评估污染物的非致癌危害效应。致癌风险（carcinogenic risk）指人群暴露于致癌效应污染物，诱发致癌性疾病或损伤的概率。在城市土地置换过程中大多数污染场地是原有工业企业关闭或搬迁所产生的。在不确定土地利用类型时，以居住用地代替。因此暴露人群可能是职业工人或居民。

暴露途径是污染物通过某种方式从污染源到人体的路线。人体摄入土壤污染物的途径主要包括 6 条：包括经口摄入土壤、皮肤接触土壤、吸入土壤颗粒物、吸入室外空气中来自表层土壤的气态污染物、吸入室外空气中来自下层土壤的气态污染物、吸入室内空气中来自下层土壤的气态污染物。

(2) 污染物摄入量

不同的土壤利用类型、不同的暴露人群和不同的暴露途径，会导致污染物的摄入量不同。假设某一污染场地未来可能规划为居住用地（敏感用地），则暴露人群为居民。土壤中污染物暴露途径可以考虑从上述 6 条途径，各种暴露途径下的污染物的摄入量可以根据下列公式计算。

① 敏感用地经口摄入量　对于单一污染物的致癌效应，考虑人群在儿童期和成人期暴露的终生危害，经口摄入土壤途径的土壤暴露量采用以下公式计算：

$$\mathrm{OISER_{ca}}=\frac{\left(\frac{\mathrm{OSIR_c}\times \mathrm{ED_c}\times \mathrm{EF_c}}{\mathrm{BW_c}}+\frac{\mathrm{OSIR_a}\times \mathrm{ED_a}\times \mathrm{EF_a}}{\mathrm{BW_a}}\right)\times \mathrm{ABS_o}}{\mathrm{AT_{ca}}}\times 10^{-6} \tag{3-15}$$

式中，$\mathrm{OISER_{ca}}$ 为经口摄入土壤暴露量（致癌效应），kg 土壤/(kg 体重·d)；$\mathrm{OSIR_c}$ 为儿童每日摄入土壤量，mg/d；$\mathrm{OSIR_a}$ 为成人每日摄入土壤量，mg/d；$\mathrm{ED_c}$ 为儿童暴露期，a；$\mathrm{ED_a}$ 为成人暴露期，a；$\mathrm{EF_c}$ 为儿童暴露频率，d/a；$\mathrm{EF_a}$ 为成人暴露频率，d/a；$\mathrm{BW_c}$ 为儿童体重，kg；$\mathrm{BW_a}$ 为成人体重，kg；$\mathrm{ABS_o}$ 为经口摄入吸收效率因子，无量纲；$\mathrm{AT_{ca}}$ 为致癌效应平均时间，d。

对于单一污染物的非致癌效应，考虑人群在儿童期暴露受到的危害，经口摄入土壤途径的土壤暴露量采用以下公式计算：

$$OISER_{nc}=\frac{OSIR_c \times ED_c \times EF_c \times ABS_o}{BW_c \times AT_{nc}} \times 10^{-6} \quad (3\text{-}16)$$

式中，$OISER_{nc}$ 为经口摄入土壤暴露量（非致癌效应），kg 土壤/(kg 体重·d)；AT_{nc} 为非致癌效应平均时间，d。

一般根据场地人群实际暴露情况确定暴露期和暴露频率，居住区居民暴露期可根据实际情况确定。工业区作业人员的暴露时间则要根据工厂的作息制度进行评估，商业区和娱乐区人群流动性很大，应选择常住人口为重点评价对象。

② 非敏感用地经口摄入量　对于单一污染物的致癌效应，考虑人群在成人期暴露的终生危害，经口摄入土壤途径对应的土壤暴露量采用下列公式计算：

$$OISER_{ca}=\frac{OSIR_a \times ED_a \times EF_a \times ABS_a}{BW_a \times AT_{ca}} \times 10^{-6} \quad (3\text{-}17)$$

对于单一污染物的非致癌效应，考虑人群在成人期的暴露危害，经口摄入土壤途径对应的土壤暴露量采用下列公式计算：

$$OISER_{nc}=\frac{OSIR_a \times ED_a \times EF_a \times ABS_a}{BW_a \times AT_{nc}} \times 10^{-6} \quad (3\text{-}18)$$

风险评估模型部分参数及推荐值见表 3-16。

表 3-16　风险评估模型部分参数及推荐值

参数符号	参数名称	单位	敏感用地推荐值	非敏感用地推荐值
ED_a	成人暴露期	a	24	25
ED_c	儿童暴露期	a	6	—
EF_a	成人暴露频率	d/a	350	250
EF_c	儿童暴露频率	d/a	350	—
BW_a	成人平均体重	kg	56.8	56.8
BW_c	儿童平均体重	kg	15.9	15.9
ABS_o	经口摄入吸收因子	无量纲	1	1
ACR	单一污染物可接受致癌	无量纲	10^{-6}	10^{-6}
AT_{ca}	风险致癌效应平均时间	d	26280	26280
AT_{nc}	非致癌效应平均时间	d	2190	9125

对于特定用地方式下的主要暴露途径应根据实际情况分析确定，暴露评估模型参数应尽可能根据现场调查获得。场地及周边地区地下水受到污染时，应在风险评估时考虑地下水相关暴露途径。

3.2.3.5　健康风险表征

风险表征在暴露评估和毒性评估的基础上，采用风险评估模型计算土壤和地下水中单一污染物经单一途径的致癌风险和危害商，计算单一污染物的总致癌风险和危害指数，进行不确定性分析。

致癌风险（carcinogenic risk）：人群暴露于致癌效应污染物，诱发致癌性疾病或损伤的概率。

危害商（hazard quotient）：污染物每日摄入剂量与参考剂量的比值，用于表征人体经单一途径暴露于非致癌污染物而受到危害的水平。

风险表征应根据每个采样点样品中关注污染物的检测数据，通过计算污染物的致癌风险和危害商进行风险表征。如某一地块内关注污染物的检测数据呈正态分布，可根据检测数据的平均值、平均值置信区间上限值或最大值计算致癌风险和危害商。风险表征得到的场地污染物的致癌风险和危害商，可作为确定场地污染范围的重要依据。计算得到单一污染物的致癌风险值超过 10^{-6} 或危害商超过 1 的采样点，其代表的场地区域应划定为风险不可接受的污染区域。

(1) 土壤中单一污染物致癌风险

对于单一污染物，计算经口摄入土壤、皮肤接触土壤、吸入土壤颗粒物、吸入室外空气中来自表层土壤的气态污染物、吸入室外空气中来自下层土壤的气态污染物、吸入室内空气中来自下层土壤的气态污染物暴露途径致癌风险的推荐模型。

① 经口摄入土壤途径的致癌风险采用下列公式计算：

$$CR_{ois}=OISER_{ca}\times C_{sur}\times SF_{o} \tag{3-19}$$

式中，CR_{ois} 为经口摄入土壤途径的致癌风险，无量纲；SF_{o} 为经口摄入致癌斜率因子，(kg 体重·d) /mg 污染物；$OISER_{ca}$ 为经口摄入土壤暴露量（致癌效应），kg 土壤/(kg 体重·d)；C_{sur} 为表层土壤中污染物浓度，mg/kg。必须根据场地调查获得参数值。

② 皮肤接触土壤途径的致癌风险采样下列公式计算：

$$CR_{dcs}=DCSER_{ca}\times C_{sur}\times SF_{d} \tag{3-20}$$

式中，CRd_{cs} 为皮肤接触土壤途径的致癌风险，无量纲；SF_{d} 为皮肤接触致癌斜率因子，(kg 体重·d) /mg 污染物；C_{sur} 为表层土壤中污染物浓度，mg/kg；$DCSER_{ca}$ 为皮肤接触途径的土壤暴露量（致癌效应），kg 土壤/ (kg 体重·d)。

③ 吸入土壤颗粒物途径的致癌风险采用下列公式计算：

$$CR_{pis}=PISER_{ca}\times C_{sur}\times SF_{i} \tag{3-21}$$

式中，CR_{pis} 为吸入土壤颗粒物途径的致癌风险，无量纲；SF_{i} 为呼吸吸入致癌斜率因子，(kg 体重·d) /mg 污染物；$PISER_{ca}$ 为吸入土壤颗粒物的土壤暴露量（致癌效应），kg 土壤/(kg 体重·d)。

暴露途径同种污染物累积致癌风险：当某种污染物存在多种暴露途径时，该污染物各暴露途径的联合致癌风险为所有暴露途径的风险值之和。

(2) 土壤中单一污染物危害商

对于单一污染物，计算经口摄入土壤、皮肤接触土壤、吸入土壤颗粒物、吸入室外空气中来自表层土壤的气态污染物、吸入室外空气中来自下层土壤的气态污染物、吸入室内空气中来自下层土壤的气态污染物暴露途径危害商的推荐模型。

① 经口摄入土壤途径的危害商

$$HQ_{ois}=\frac{OISER_{nc}\times C_{sur}}{RfD_{o}\times SAF} \tag{3-22}$$

式中，HQ_{ois} 为经口摄入土壤途径的危害商，无量纲；$OISER_{nc}$ 为经口摄入土壤暴露量（非致癌效应），kg 土壤/(kg 体重·d)；C_{sur} 为表层土壤中污染物浓度，mg/kg；RfD_{o} 为经口摄入参考剂量，mg 污染物/(kg 体重·d)；SAF 为暴露于土壤的参考剂量分配系数，无量纲。

② 皮肤接触土壤途径的危害商

$$HQ_{dcs}=\frac{DCSER_{nc}\times C_{sur}}{RfD_{d}\times SAF} \tag{3-23}$$

式中，HQ_{dcs} 为皮肤接触土壤途径的危害商，无量纲；SAF 为暴露于土壤的参考剂量分配系数，无量纲；C_{sur} 为表层土壤中污染物浓度，mg/kg；RfD_{d} 为皮肤接触参考剂量，mg 污染物/(kg 体重·d)。

③ 吸入土壤颗粒物途径的危害商

$$HQ_{pis}=\frac{PISER_{nc}\times C_{sur}}{RfD_i\times SAF} \quad (3-24)$$

式中，HQ_{pis} 为吸入土壤颗粒物途径的危害商，无量纲；RfD_i 为呼吸吸入参考剂量，mg 污染物/(kg 体重·d)；SAF 为暴露于土壤的参考剂量分配系数，无量纲。

暴露途径同种污染物累积危害商：当某种污染物存在多种暴露途径时，该污染物各暴露途径的联合危害商为所有暴露途径的危害商之和。

3.2.3.6 不确定性分析

纵观污染场地健康风险评价的程序，其不确定性可能存在于评价的任何一个阶段，目标污染物的筛选。采样分析、模型的选择，模型参数的量化评价者的知识水平等都可能对评价结果产生影响，不确定性的存在，使得对给定变量的大小和出现的概率不能做出最好的估算，或者说评估结果可信度不能保证，给管理者的决策造成一定的影响，根据不确定性的来源和种类，有的通过数学或试验的方法可以避免或降低，但有些不确定因素是不可避免的，需要决策者综合各种因素，采用一定的方法开展不确定性分析，以利于风险管理者正确地实施风险管理，减少人群暴露，降低场地污染物所带来的健康风险，不确定分析主要有暴露风险贡献率分析、模型参数敏感性分析等。

(1) 暴露风险贡献率分析

暴露风险贡献率分析主要是分析致癌风险和危害商的不确定性。单一污染物经不同暴露途径的致癌风险和危害商贡献率分析推荐模型，

$$PCR_i=\frac{CR_i}{CR_n}\times 100\% \quad (3-25)$$

$$PHQ_i=\frac{HQ_i}{HQ_n}\times 100\% \quad (3-26)$$

式中，CR_i 为单一污染物经第 i 种暴露途径的致癌风险，无量纲；PCR_i 为单一污染物经第 i 种暴露途径致癌风险贡献率，无量纲；HQ_i 为单一污染物经第 i 种暴露途径的危害商，无量纲；PHQ_i 为单一污染物经第 i 种暴露途径非致癌风险贡献率，无量纲。

根据上述公式计算获得的百分比越大，表示特定暴露途径对于总风险的贡献率越高。

(2) 模型参数敏感性分析

选定需要进行敏感性分析的参数（P），一般应是对风险计算结果影响较大的参数，如人群相关参数（体重、暴露期、暴露频率等）、与暴露途径相关的参数（每日摄入土壤量、皮肤表面土壤黏附系数、每日吸入空气体积、室内空间体积与蒸气入渗面积比等）。单一暴露途径风险贡献率超过 20%时，应进行人群和与该途径相关参数的敏感性分析。

模型参数的敏感性可用敏感性比值来表示，即模型参数值的变化（从 P_1 变化到 P_2）与致癌风险或危害商（从 X_1 变化到 X_2）发生变化的比值。敏感性比值越大，表示该参数对风险的影响也越大。进行模型参数敏感性分析，应综合考虑参数的实际取值范围确定参数值的变化范围。

模型参数（P）的敏感性比例，可采用下列公式计算：

$$SR=\frac{\frac{X_2-X_1}{X_1}}{\frac{P_2-P_1}{P_1}}\times 100\% \quad (3-27)$$

式中，SR为模型参数敏感性比例，无量纲；P_1为模型参数P变化前的数值；P_2为模型参数P变化后的数值；X_1为按P_1计算的致癌风险或危害商，无量纲；X_2为按P_2计算的致癌风险或危害商，无量纲。

尽管健康风险评价中存在较大的不确定性，但是采用技术手段处理后能够尽量减少不确定性，给环境管理者提供有力帮助。

3.2.3.7 健康风险管理

污染土壤的健康风险管理是指根据风险评价的结果，按照适当的法规条例，选用有效的控制技术，进行消减风险的费用-效益分析，确定可接受风险度和可接受的损害水平，并进行政策分析及考虑社会、经济和政治因素，决定适当的管理措施并付诸实施，以降低或消除该风险度，保护人群健康。与生态风险管理类似，健康风险管理的任务也是通过各种手段（包括法律、行政等手段）控制或消除进入土壤环境的污染物及有害因素，将这些因素导致的健康风险降低到目前公认的可接受水平。

健康风险管理的内容大致包括以下几个方面：a. 根据土壤污染危害判定结果，确定采用何种风险评价；b. 筛选出需要做风险评价的项目，特别是有重大危害的项目；c. 确定土壤污染物的排放标准和土壤环境质量标准；d. 制订风险的应急措施及补救措施。

健康风险管理的方法也可以从政府及建设单位两方面来考虑。首先，健康风险管理作为政府行为，可以要求建设单位修改或采用与提高安全性有关的规程和技术措施；要求管理部门制订相应的管理制度、形成良好的工作方式；制定和修改法规，提高公众的环境安全意识。其次，健康风险管理作为建设单位的职能，必须制订健康风险管理的计划和方法，并且具体落实防范措施。

总之，通过风险管理手段，以最小的代价减少人群的健康风险，提高环境安全性。

3.2.3.8 土壤健康风险评估案例

(1) 污染土壤调查

某目标场地为山东某城市炼油厂厂区，总占地面积约为30000m^2。调查场地1958～2000年服役于某炼油厂，该厂是当地早期的石油及煤焦化工业类小型集体所有制企业，其主要产品为原油、润滑油、煤及制品。2000年初，该厂停产，场地作为散居居民临时住房和菜地；2002年，工厂拆迁，原建筑拆除后成平整场地，根据当地发展规划，作为住宅用地进行开发；2003年，该场地易主房地产开发公司。

原炼油厂的主要产品为凡士林、机油、润滑油，从煤焦油出产的苯、甲苯、二甲苯等。由产品和副产品等角度进行理论分析，该厂污染物可能为挥发性有机物、半挥发性有机物、重金属等。

场地的地下伏层主要为第四系Q_4^{al}的黏性土，渗透系数小，在水文地质意义上为非含水层，对污染地下水的可能性不大。场地周围四面环山，没有河流、湖泊。

(2) 污染土壤监测

① 土壤监测布点　依据上述分析，采用系统网格采样法，确定以50m×50m大小的网格，在网格中央采点取样。同时对重点区域加密监测。所有点的采样位置，根据实际场地情况适当调整。每个点采取4个样，分别为原厂地面以下0.5m、1.5m、3m、5m，实际采样点根据场地情况而定。

② 污染水体监测　由调查可知，场地周围没有河流、湖泊以及场地土壤渗透系数小，

对地下水的污染较小。故水体监测可以省略。

③ 大气监测　依据上述分析，污染物可能为挥发性有机物、半挥发性有机物。故要进行大气监测，调查污染物是否通过进入大气，来危害人体健康。综合考虑主导风向、土壤扰动、基坑开挖等各个因素，各监测点布局设计为上风向、场地中央、基坑内等。

④ 监测结果　由于场地即将作为居住用地进行开发，而我国目前适用于住宅用地的土壤环境标准，仅《展览会用地土壤环境质量评价标准（暂行）》（HJ/T 350—2007）A级标准适用，到达该土壤标准的用地可以作为居住用地。土壤中苯并［a］芘超过了住宅及公用地土壤污染物的风险启动值。场地土壤中污染物的特征及代表性土样中的污染物浓度值最高达到4.9mg/kg。大气监测指标主要包括总酚、VOC成分、非甲烷总烃。参照我国《大气污染物综合排放标准》（GB 16297—1996），有标准限制的指标均没有超过这个标准。

(3) 土壤健康风险评估

① 危害识别　由上述可知，该场地土地利用方式为居住用地，场地目标污染物苯并［a］芘最高污染浓度为4.9mg/kg。敏感人群为居民，包括老人、小孩和成年人。

② 暴露评估　场地作为居住用地，为敏感用地。故场地儿童和成人均可能会长时间暴露于场地污染而产生健康危害。污染物进入人体的主要途径包括经口摄入土壤、皮肤接触土壤、吸入土壤颗粒物三种。

污染物的摄入量由三种敏感用地（经口摄入土壤、皮肤接触土壤、吸入土壤）颗粒物模型来进行计算。暴露评估涉及的参数见表3-17。

表3-17　暴露参数

暴露参数		居住用地	
参数符号	参数名称	儿童	成年人
ED	暴露期/a	6	24
EF	暴露频率/(d/a)	350	350
EFI	室内暴露频率/(d/a)	262.5	262.5
BW	平均体重/kg	15.9	56.8
DAIR	呼吸空气量/(m^3/a)	7.5	14.5
OSIR	摄土量/(mg/d)	100	200
E_v	皮肤接触频率/(次/d)	1	1
SER	暴露皮肤所占体表面积比例	0.36	0.32
SSAR	皮肤表面土壤黏附系数/(mg/cm)	0.2	0.7
PIAF	吸入土壤颗粒物在体内滞留比例	0.75	0.75

③ 毒性评估　由于苯并[a]芘是一种致癌物质，考虑人群的终生暴露危害，一般根据儿童期和成人期的暴露来评估污染物的终生致癌风险。分别用呼吸吸入致癌斜率因子和参考剂量外推模型公式、皮肤接触致癌斜率系数和参考剂量外推模型公式计算。相关毒性参数见表3-18。

表3-18　污染物的理化性质参数

毒性参数	单位	苯并[a]芘
经口摄入致癌斜率因子(SF_o)	(kg·d)/mg	7.30
呼吸吸入致癌斜率因子(SF_i)	(kg·d)/mg	3.90
经口摄入参考剂量(RfD_o)	mg/(kg·d)	2×10^{-5}
呼吸吸入参考剂量(RfD_i)	mg/(kg·d)	7×10^{-8}
皮肤接触致癌斜率因子(SF_d)	(kg·d)/mg	23.5
皮肤吸入参考剂量(RfD_d)	mg/(kg·d)	—
经口摄入吸收效率因子(ABS_o)	—	1
皮肤接触吸收效率因子(ABS_d)	—	0.13

④ 风险表征 《展览会用地土壤环境质量评价标准(暂行)》(HJ/T 350—2007) A 级标准中苯并[a]芘为 0.3mg/kg。苯并[a]芘被认为是环境中致癌性最强的物质之一。因此本书选取浓度最高的 4.9mg/kg 来表征场地土壤健康风险。各途径的风险表征结果见表 3-19。

表 3-19 场地健康风险表征结果

健康效应	致癌风险			
暴露途径	经口摄入	皮肤接触	呼吸吸入	合计
苯并[a]芘	5.91×10^{-5}	6.96×10^{-5}	1.62×10^{-6}	1.3×10^{-4}

⑤ 不确定分析 对结果进行不确定性分析，有助于风险管理者正确地实施风险管理，减少人群暴露、降低场地污染物所带来的危害。本次评估结果不确定性主要来源于以下几个方面。

a. 数据收集和分析，对污染场地可能存在污染物没有被监测到，石油类物质成分复杂，可能存在有害物质但没有被人们监测到。

b. 暴露评估，大气中污染物为挥发性有机物，而模型是假定污染物不随时间的变化而变化。且由于经费限制，模型中均采用推荐值，可能导致评估结果具有不确定性。

c. 毒性评估阶段，毒性数据主要是动物实验获得，而由动物外推人体，则存在很多不确定性。

d. 风险表征阶段，污染物有可能与其他污染物产生拮抗、协同作用。因此风险估算采用简单的风险叠加也有失真实。

⑥ 风险贡献率分析 采用式 (3-25) 等计算污染物经过不同的暴露途径致癌风险贡献率，结果如图 3-12 所示。

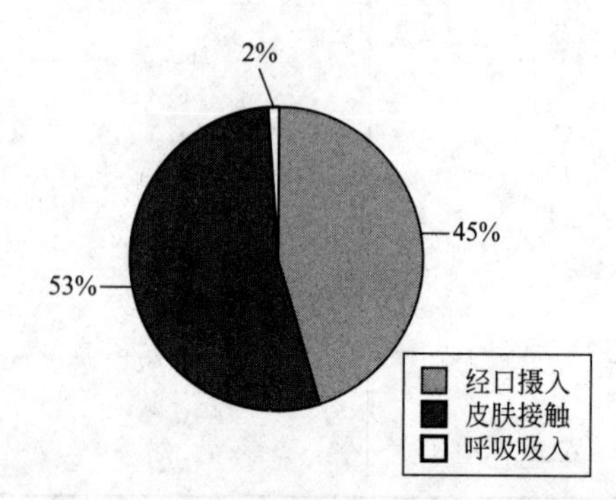

图 3-12 污染场地风险贡献率分析

从图 3-12 可知，经口摄入和皮肤接触所产生的风险占苯并[a]芘致癌风险的 98%。单一途径下经口摄入和皮肤接触所产生的风险均超过 20%，应进行人群和与该途径相关参数的敏感性分析。通过进行模型参数敏感性分析，综合考虑参数的实际取值范围确定参数值的变化范围。

(4) 土壤风险控制值

通过公式计算可知，基于苯并[a]芘致癌风险为 10^{-6} 的修复值为 0.037mg/kg。为了确保场地居民安全，确定场地污染物苯并[a]芘的修复值为 0.037mg/kg。同时该修复值低于《展览会用地土壤环境质量评价标准（暂行）》（HJ/T 350—2007）A 级标准中苯并[a]芘标准。场地修复后，可作为住宅用地，保证人群健康。

3.2.4 国内外污染土壤风险评估进展

3.2.4.1 国内外污染土壤风险评估发展简史

由于国外环境保护工作起步较早，对污染土壤的风险评估做了大量的工作，并取得了很大的成就。世界卫生组织于 1980 年成立化学物质安全国际项目（IPCS)，综合各国的研究成果，为各国评价因化学物质暴露造成的人体健康和环境危害提供了科学基础。在此基础上西方一些国家分别建立了自己的土壤风险评估体系。美国环境保护局于20世纪80年代先后完成了法律、风险评价指南和技术细则的制定，颁布了一系列技术性文件、导则和指南，来系统介绍环境健康风险评估的方法、技术，如《健康风险评估导则》《暴露风险评估指南》《暴露因子手册》《超级基金场地健康风险评估手册》等。美国环境保护局于1993年颁布了《多环芳烃的临时定量风险评估指南》，并于1995年建立了综合风险信息系统，其中就包括许多重金属与有机污染物风险信息，并对典型污染场地开始了健康风险评价和治理工作。欧盟16国于1996年完成污染场地风险评价协商行动指南，加强欧盟国家污染场地调查和治理的理论指导和技术交流，欧洲环境署（EEA）于1999年颁布了环境风险评估的技术性文件，系统介绍了健康风险评估的方法与内容。荷兰、英国等欧洲国家的风险评估体系也相继建立起来。到了21世纪，污染土壤健康风险评估更加注重定量化和减少评估过程中的不确定性，许多学者和研究机构对混合污染物暴露中的相互作用与风险评估方法进行了研究。随着“3S”技术的发展，大尺度暴露风险的空间分布规律越来越受到广大学者的关注，例如，Pennington等建立了多介质归宿与空间分异结合的暴露模型，来研究西欧污染物释放-传输的多介质暴露风险，从而提高了评估的准确度。在生态风险评估方面，一些国家和组织在评估的理论和方法上也取得了一系列的研究成果，并制定了相关的导则和技术文件，用于环境管理和决策支持。美国环境保护局已经出版了《制定生态学土壤筛选值导则》；美国橡树岭国家实验室制定了一系列的污染场地生态风险评估的导则，暴露模型和筛选的基准等；欧洲委员会（EC）制定了《风险评估的技术导则文档》；荷兰公共健康与环境研究所（RIVM）建立了一系列的生态毒理学评价方法和模型以及基于生态毒理学评价的有害风险浓度；经济合作与发展组织（OECD）和国际标准化组织（ISO）在污染土壤生态毒理学测试方法的标准化方面开展了许多研究，已经出版了20多种的标准化方法；英国环境署（EA）、加拿大环境部（CCME）和澳大利亚国家环保委员会（NEPC）等都对污染土壤的生态风险评估制定了一系列技术和方法的规范。经过近十多年的研究和运用，污染土壤生态风险评估的一些基本技术导则和方法体系在部分发达国家已经初步建立。同健康风险评估一样，生态风险评估已受到世界性的关注，相关的研究在不断地深入和拓展。

污染土壤风险评估在我国也取得了一定进展，主要体现在评估方法、评估基准、具体评估工作等方面。例如，原国家环境保护总局制定了《工业企业土壤环境质量风险评价基准》，旨在保护那些在工业、企业中工作或在附近生活的人群，以及保证工业、企业界区内的土壤和地下水的质量，对工业、企业生产活动造成的土壤污染危害进行风险评估。陈华等采用多介质暴露模型（MMSOILS），选择最不利的场地条件计算最大的环境风险，评价污染物风险水平，利用线性回归，建立污染物的土壤浓度值与健康风险值的量化关系。清华大学开展了“受污染场地环境风险评价与修复技术规范研究”课题，并在污染场地监测、风险评价、修复等关键技术方面取得了重要成果，构建了污染场地风险评价与修复技术体系，为污染场地环境风险管理和场地功能恢复决策的规范化和标准化提供了支撑。我国学者对重金属的污染土壤开展了相关的风险评估研究。例如，很多学者都采用了生态危害指数法对一些地区重金属的潜在生态风险进行了评价；还有人应用美国的TCLP法评价铅锌矿区土壤重金属的生态环境风险，该方法在美国已经开展研究了多年，是美国最新法定的重金属污染评价方法；对污水灌溉引起的污染土壤也进行了一些暴露风险的研究；我国对土壤Pb污染所致儿童Pb中毒的潜在风险也进行了相关研究；另外，由于淋溶等作用，污染土壤中的污染物会迁移至地下水中，对地下水造成污染，杨军等通过土柱模拟试验，分析了重水灌溉下的重金属污染土壤中重金属的迁移趋势及其对浅层地下水的污染风险；晁雷等应用美国环保局最新的人类健康风险评价标准方法对沈阳某冶炼厂废弃地块污染土壤进行了评价。

3.2.4.2 国内外污染土壤风险评估发展方向

(1) 基于概率分布的风险评估技术

传统风险评估是假定场地参数为定值，取值为参数累计分布的95%分位数，由于模型中涉及的参数较多，会导致结果极端保守。Viscusi 等对美国 141 个场地的分析表明，如果参数取平均值，计算风险值为采用保守参数计算结果的 1/28，且约 40%的场地无需修复，可能存在较大的决策风险。近年来，美国 EPA 在其超级基金场地风险评估导则中提出了概率风险评估的方法，该方法中的输入参数为概率分布形式，通过蒙特卡洛等模拟方法从输入参数的概率分布中随机取样，进行一定次数的模拟，其输出结果也是概率分布形式。相比而言，概率风险评估方法具有以下优点：①能够真实反映参数变化对风险评估结果的影响；②可对输入参数的不确定性进行分析，从而了解风险评价结果的置信度。概率风险评估方法在北美及欧洲已有较多应用，涉及采矿厂、冶金厂、制造厂、煤气厂、木材防腐处理、基础建设和垃圾填埋场等工业污染场地，污染物包括 Pb、As、Cr、U、PCBs、PAHs、BTEX 等。近年来，我国学者 Xia 等采用概率风险评估方法评估了某焦化厂 PAHs 的风险，发现传统的参数为定值的风险评估结果过于保守，可能导致过度修复。

(2) 基于形态归趋-有效剂量-健康效应的风险评估方法

土壤污染物的形态归趋对健康风险评估具有重要影响，因此场地中不仅要检测场地污染总量，还应开展污染物的形态归趋分析，建立基于形态归趋-有效剂量-健康效应的风险评估方法。以苯为例，Zhang 等在研究我国华北多个化工类场地土壤中苯的赋存形态时发现，基于土壤苯的浓度，通过三相平衡模型预测存在较大的不确定性，可能高估或低估苯的风险，实测赋存在土壤气相中的苯浓度可以大大降低模型预测的不确定性。对于土壤重金属，受方法限制，直接检测和分析其赋存形态和归趋难以在实际场地中应用，但可以通过动物和体外模拟等方法分析其生物有效性/可给性来确定进入人体后的有效摄入剂量。Zhong 等以天津某场地为例，利用肺液和胃肠液模拟人体对土壤中镍的呼吸和经口摄入的生物可给性，结果表明，基于生物可给性浓度的土壤镍风险比基于土壤中镍浓度的风险大幅降低，修复目标值比基于土壤中镍浓度计算的 94mg/kg 升至 283mg/kg，修复土方量降低了约 90%。Zhang 等利用温和化学解吸方法分析了北京某焦化厂土壤中 BaP 的生物可给性，并结合概率风险评估得出 BaP 的修复目标值为 11.5mg/kg，是采用 HJ 25.3—2019《建设用地土壤污染风险评估技术导则》计算的修复目标值（0.55mg/kg）的 20 倍。

(3) 多证据分析方法

在环境领域，为解决一些非常复杂的问题，往往需要做出一些合理但却存在一定不确定性的假设条件，使复杂问题的求解简单化，但代价是最终结果具有较大的不确定性，因此需要从不同角度对该问题进行综合分析和比较，以提高决策的可靠性，这种方法即多证据分析技术。Accornero 等对北京的 4 个场地中砷的浓度相对累积频率分布规律进行分析，确定以上 4 个场地中的砷特定背景值为 13mg/kg，对于超出背景值的点，通过分析其与采样点深度、土质及生产工艺之间的关系等，认为超背景值的点位中，除位于某焦化厂的点位是因为污染造成的，位于其他 3 个场地的点位均为地质成因所致。对于 VOCs 污染场地，由于受土壤理化性质、室内空气（受建筑物内的装修材料、各类化妆品、洗涤品）和室外空气的影响以及可能存在优先通道等，只依赖场地土壤、地下水有否污染或凭室内空气浓度来判断场地是否存在室内蒸气入侵是非常不科学的，需要收集多个证据进行综合判断，如从土壤中VOCs浓度、土壤气VOCs浓度的垂向分布、地板下土壤气VOCs浓度及其组分与室内空气中VOCs的浓度和组分比较，土层是否存在低渗透层、土壤中的水分和氧气含量是否有利于污染物的降解、是否存在优先通道等多个证据分析判断建筑物是否存在蒸气入侵等，以降低分析结果的不确定性。

3.3 重金属污染土壤的风险评价

3.3.1 风险评价基本框架

3.3.1.1 评价指标

根据土壤重金属污染的危害性，以及人们所关注的主要生态环境问题，评价指标选择应考虑以下几个方面：a. 对土壤质量的影响，如对土壤生产力质量的影响；b. 对陆生生物的胁迫，如对植物/作物、土壤动物和土壤微生物等的毒害作用；c. 对地下水的不良效应，如水质下降、使用价值降低、不能饮用等；d. 进入食物链对人体健康产生重要影响。

3.3.1.2 评价系统

土壤重金属污染的生态风险评价系统由4部分组成：a. 重金属在土壤中的迁移以及生物对重金属暴露浓度的计算；b. 重金属进入土壤环境的源计算；c. 土壤重金属污染的危害性评价；d. 风险表征。建立风险评价系统的基本思想，是根据源排放与效应之间的因果关系，即释放—分布—浓度—暴露—效应。

3.3.1.3 评价工作内容

重金属以不同方式进入土壤环境，通过在土壤环境中的迁移、转化，在不同环境介质中进行分布，生物通过不同暴露途径接触到重金属，产生某种危害及后果。在进行重金属对土壤环境影响的风险评价时，涉及的基本内容包括：a. 污染源分析，包括大气重金属沉降、农用化学品施用、污水灌溉和污泥使用带入重金属，因侵蚀径流而使重金属进入地面水以及通过淋溶重金属进入地下水；b. 生物对重金属的暴露分析与估算，如与土壤动物蚯蚓的接触暴露、土壤动物通过食用土壤吸收重金属、植物或作物通过根系吸收重金属、土壤微生物对重金属的吸收作用；c. 风险表征，包括对地面水的影响、对浅层地下水的影响、对土壤微生物的影响、对土壤动物的影响以及对水生生物的影响。

3.3.2 土壤重金属污染途径与暴露分析

3.3.2.1 大气沉降

大气中污染物通过干、湿沉降造成土壤表面重金属污染的总沉积量 $A_S(t_e)$（g/m^2）计算公式为：

$$A_S(t_e)=A_d(t_e)+A_w(t_e)$$

$$=cV_{d,\max}\times\left(1-f_d\frac{\mathrm{LAI}_j}{\mathrm{LAI}_{j,\max}}\right)\Delta t+(1-f_w)\sum_k\left(\frac{8\lambda_k Q}{\pi u x}\Delta t_k\right) \tag{3-28}$$

式中，$A_S(t_e)$、$A_d(t_e)$、$A_w(t_e)$分别为沉降结束时(t_e)土壤表面重金属的总沉积量和通过干沉降、湿沉降到达土壤表面的沉积量，g/m^2；c 为大气中重金属的浓度，g/m^3；$V_{d,max}$ 为干沉降速率，m/s，见表 3-20；f_d 为通过干沉降被植物叶面截获而到达土壤的重金属份额；f_w 为通过湿沉降被植物截获的份额；Δt 为含污染物的降尘飘过的时间，s；Q 为污染源强，g/s；x 为受污染的区域离污染源的距离，m；λ_k 为降尘飘过期间发生第 k 次降水过程所对应的重金属的冲洗系数，见表 3-21，L/s；Δt_k 为降尘飘过期间发生的第 k 次降水过程的持续时间，s。

表 3-20　推荐干沉降速率（$V_{d,max}$）　　单位：m/s

表面类型	粒子态元素	元素碘	有机碘
土壤	0.5	3	0.05
牧草	1.5	1.5	0.15
树	5	50	0.5
其他植物	2	20	0.2

表 3-21　粒子态元素和碘的冲洗系数　　单位：s^{-1}

降水强度 i/(mm/h)	碘	其他粒子态元素
<1	3.7×10^{-5}	2.9×10^{-5}
1～3	1.1×10^{-4}	1.22×10^{-4}
>3	2.37×10^{-4}	2.9×10^{-4}

因干湿沉降过程沉积于土壤表层的重金属，其浓度因污染物向土壤深部的迁移而减少。这种导致元素从 0～0.1cm 土壤表层向下部运动的现象称为入渗。其入渗常数 λ_{per} 为 1.98×10^{-2}/d。对于有植物生长的土壤表层，t 时刻土壤表层重金属元素的浓度相应由式（3-29）计算：

$$A_S(t)=A_S(t_e)\times\exp[-\lambda_{per}(t-t_e)] \tag{3-29}$$

3.3.2.2　农业施肥

农业施肥是向土壤输入重金属的重要途径之一，通过某种重金属在土壤中的质量与相似海平面的该元素的土壤背景值之差可以用来计算施肥引起的土壤中重金属变化，计算方法如下：

$$\delta_{j,c}=c_{j,c}\rho_c(\varepsilon_{j,c}+1)-c_{j,c}\times\rho_\gamma \tag{3-30}$$

式中，$\delta_{j,c}$ 为单位体积的 j 重金属变化量；ρ_γ 为同类土壤的背景度密；ρ_c 为土壤密度；$c_{j,c}$ 为该 j 重金属在土壤中的背景浓度；$\varepsilon_{j,c}$ 为土壤的理化性质参数。$\varepsilon_{j,c}$ 的计算方法如下：

$$\varepsilon_{j,c}=\left(\frac{\rho_r c_{i,r}}{\rho_c c_{i,c}}\right)-1 \tag{3-31}$$

式中，$c_{i,r}$ 为土壤中稳定元素 i 的背景浓度；$c_{i,c}$ 为土壤中稳定元素 i 的浓度；当 $\varepsilon_{j,c}$ 为负值时表示农业活动导致土壤板结；当 $\varepsilon_{j,c}$ 为正值时表示农业活动导致土壤疏松。由于土壤是个开放系统，稳定元素 i 的选择要慎重，一般选镍元素。

3.3.2.3　污水灌溉

工业和生活污水灌溉是重金属污染土壤的途径之一，土壤中重金属浓度与重金属及土壤的理化性质有关，计算过程如表 3-22 所示。

表 3-22 污水灌溉带入土壤中重金属的计算

步骤	参数及公式
①确定重金属的理化性质	土壤颗粒中的分配系数(K_{π}),悬浮粒中的分配系数(K_{δ})
②确定土壤介质的理化性质	灌溉面积(S),灌溉层厚度体积及密度、土壤水含量
③计算土壤水及土壤颗粒的重金属水合平衡参数 Z'(设 Z'_2、Z'_4 和 Z'_5 分别为水、悬浮颗粒和土壤颗粒的水合平衡参数)	$Z'_2=1$ $Z'_4=Z'_2\times K_{\delta}$ $Z'_5=Z'_2\times K_{\pi}$
④计算重金属在土壤水及土壤颗粒中的交换系数 D(设 D 为从水到土壤中的转移系数,D_S 为从土壤颗粒到土壤水的转移系数)	$D_S=S(U_{MTC}Z'_2+U_{SS}Z'_4)$ $D_S=S(U_{MTC}Z'_2+U_{RS}Z'_5)$ 式中,U_{MTC} 为质量转移系数;U_{SS} 为悬浮颗粒沉积系数;U_{RS} 为土壤颗粒的悬浮系数
⑤重金属在土壤中的沉积系数 A	$A=\dfrac{E_W+E_S}{DD_S}$ 式中,E_W、E_S 分别为重金属在土壤水及土壤颗粒中的沉积速率
⑥计算土壤溶液中的重金属浓度 c/(mg/m^3)	$c_W=MW\times Z'_2\times A$

3.3.2.4 污泥应用

污泥施用造成的土壤重金属污染，一直是西方发达国家所面临的重要环境问题。随着中国近年来污水处理事业发展的势头，势必带来更多的污泥。通过污泥作为肥料施到土壤中，土壤中重金属的浓度是由一定量污泥与表层土壤混合而决定的。计算参数及含义见表 3-23，计算式如下：

$$c=c_0+XK\times\frac{1-K^n}{1-K} \tag{3-32}$$

$$X=Qe \tag{3-33}$$

表 3-23 污泥施入土壤中的重金属计算参数

参数	符号
土壤中重金属的浓度/(mg/hm^2)	c
污泥使用前重金属在土壤中的背景值/(mg/hm^2)	c_0
单位面积土壤每年接纳重金属的量/[mg/(hm^2·a)]	X
重金属在土壤中的年残留率	K
污泥使用年限/a	n
污泥使用量/[mg/(hm^2·a)]	Q
污泥中重金属浓度/(mg/kg)	e

3.3.2.5 对地下水的污染

有关的农业管理措施，如无机肥的施用、施用有机废弃物及污水灌溉等，是造成土壤重金属污染的关键因素。在酸性土壤条件下，重金属元素具有可溶性，易于迁移，这样导致地下水及食物链的重金属污染。重金属在土壤中的垂直分布的研究有助于阐明地下水的重金属污染，重金属在土壤中的垂直分布呈残积-淀积形分布。

重金属在土壤中的吸附可以由以下的 Freundlich 等温方程计算：

$$S=K_f cn \tag{3-34}$$

式中，S 为土壤层中的重金属浓度，mg/kg；c 为重金属在溶液中的饱和浓度，μg/L；

K_f 为 Freundlich 吸收系数；n 为 Freundlich 指数。吸附率的计算公式为：

$$R_S = \frac{HM_{st}}{HM_{mt}} \tag{3-35}$$

式中，HM_{st} 为总吸附量，μg；HM_{mt} 为总施用量，mg；R_S 为吸附率。

有研究表明，在 0～3cm 土层中，重金属铬的 K_f 值与土壤中有机碳含量相关性较大，在 0～25cm 土层中与 CEC 及 pH 值的相关性较大，与有机碳的相关性较小。对铬和镍的研究发现，0～20cm 土层中的重金属含量较小，20～40cm 土层中的含量增大，重金属的主要吸附积累层在 60cm 以上部分，60cm 以下大致处于背景值。土壤对重金属的吸附作用与土壤的黏性、有机质含量及铁、铝、锰等水化氧化物的含量有关，含量越高吸附越大，对地下水的污染就越少。

3.3.3 生态风险评价

3.3.3.1 对土壤动物危害影响的风险评价

土壤动物对改良土壤性状，增进土壤肥力具有重要作用。由于它与土壤污染物接触十分紧密，同时又对重金属具有富集作用，并且是许多哺乳动物和鸟类的食物，因此，重金属对土壤动物的危害影响是评价重金属对陆地生态系统健康风险的一个重要内容。据研究，土壤动物中等足类动物对重金属的富集较高而鞘翅类动物的富集较低，蚯蚓居中，因此评价以土壤动物为食的动物生态风险时，应考虑该动物的具体食性。图 3-13 描述了重金属对土壤动物危害影响的风险评价决策树。Heikens（2001）提出土壤重金属污染物在土壤无脊髓动物体内累积符合方程（3-36）。

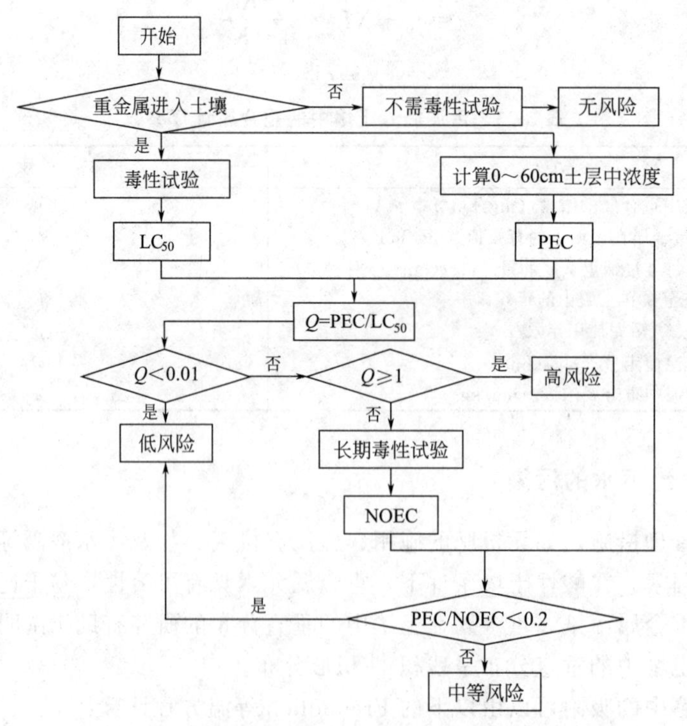

图 3-13　重金属对土壤动物危害影响的风险评价决策树

$$\lg c_{o}=\lg a+b\lg c_{s} \tag{3-36}$$

式中，c_o 为土壤无脊髓动物体内重金属浓度；c_s 为土壤中重金属浓度；a、b 分别为与具体动物有关的常量。

3.3.3.2 对作物危害影响的风险评价

作物是陆地生态系统食物链中的重要环节。作物作为一种评价终点具有多种暴露途径，即土壤、水和大气都是作物暴露于重金属的环境介质。因此，对作物的重金属危害影响评价较复杂，作物的危害评价指标如下：

① 生物个体指标，其中生物个体形态指标包括植物株高、根长、生物量等，生理生化指标包括发芽率、光合作用及反应酶活性等；

② 生物种群指标，包括种群密度和大小、种群结构及数量等；

③ 生物群落指标，包括群落结构、功能、动态及分布等。具体评价程序如图3-14所示。

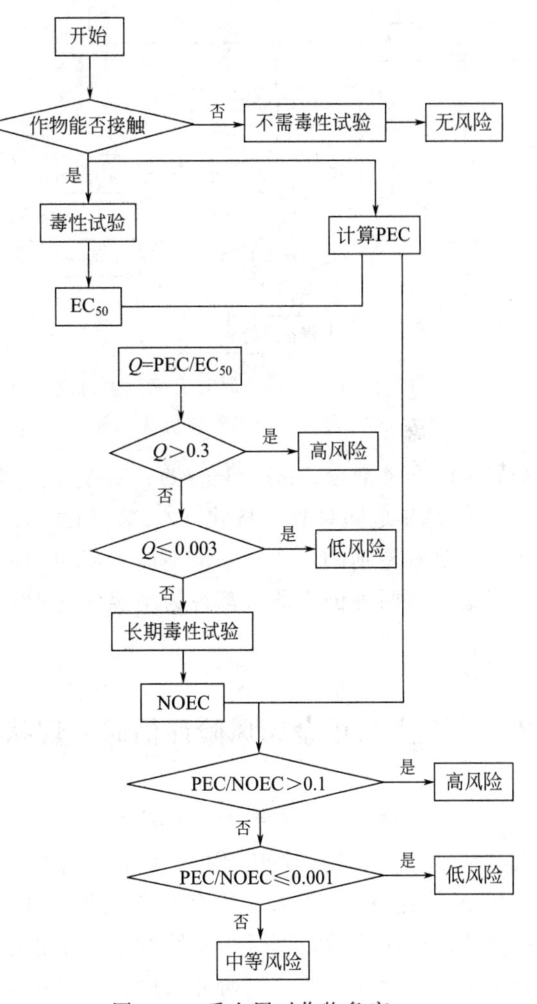

图 3-14 重金属对作物危害影响的风险评价决策树

3.3.3.3 对有益微生物危害影响的风险评价

重金属对土壤微生物影响的评价指标可由这样几种方法获取：a. 细菌平板计算法；b. CLPP（community level physiological profile）法；c. CFAMEP（commu-nity fatty acid methyl ester profile）法；d. 脱氢酶活性测定；e. 线虫群落的多样性。

其危害影响的风险评价过程如图3-15所示。

3.3.4 人体健康风险评价

重金属污染土壤对人体健康的风险，主要可通过食物链传递暴露。虽然近年来通过呼吸吸入含重金属的污染土壤扬尘的可能性增加，但诸如汞及一些有机金属化合物（如甲基汞）等通过蒸气形式毒害人体的方式还是比较少。也就是说，在重金属向人体转移的各种途径中，人们食用农业生态系统的植物性食物甚至动物性食物所占比例较高。

重金属对人体健康风险评价的程序有以下4个方面。

① 土壤污染源强的计算。

② 重金属在土壤剖面及大气、地下水中的浓度分布。

③ 对人体健康危害的风险度计算，其中致癌性风险度计算为：

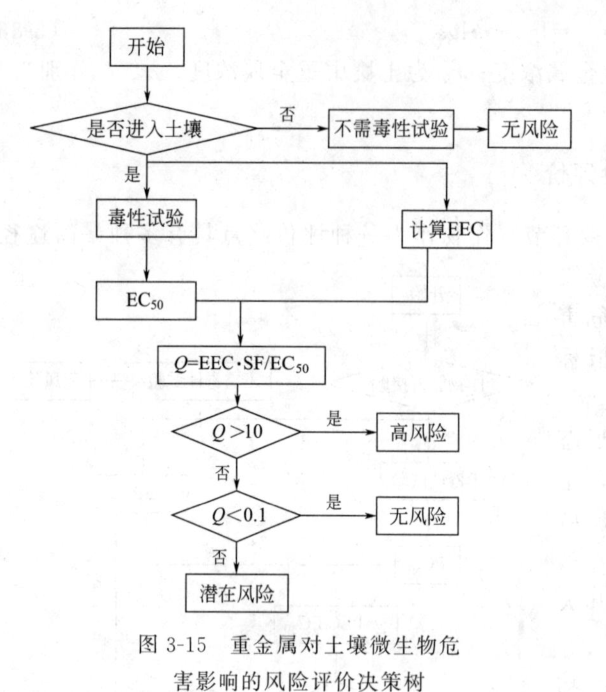

图 3-15　重金属对土壤微生物危害影响的风险评价决策树

$$R_{ij}=[1.0-\exp(-D_{ij}Q_{ij})]/70 \tag{3-37}$$

式中，R_{ij} 为暴露途径 j 致癌性重金属 i 所引起的健康风险，a^{-1}；D_{ij} 为暴露途径 j 致癌重金属 i 的日平均摄入量，mg/(kg·d)；Q_{ij} 为重金属 i 的致癌因子，(kg·d)/mg；70 为人类平均寿命，a。

非致癌性风险度计算为：

$$R'_{ij}=\frac{1\times10^{6}\times D'_{ij}}{R_{f}O_{ij}\times70} \tag{3-38}$$

式中，R'_{ij} 为暴露途径 j，非致癌性重金属 i 所引起的健康风险，a^{-1}；1×10^{6} 为非致癌性重金属 i 的可接受风险水平；D'_{ij} 为暴露途径 j，非致癌重金属 i 的日平均摄入量，mg/(kg·d)；$R_{f}O_{ij}$ 为暴露途径 j，非致癌性重金属 i 的参考剂量，mg/(kg·d)；70 为人类平均寿命，a。

④ 总年危险计算。按式（3-37）和式（3-38）计算出来的重金属所致健康危害的风险在含义上是有差别的，严格来讲不能直接相加，不过从危害管理的角度出发，可从偏保守的方面考虑，将两种健康危害都视为与癌症死亡一样严重，使以上两者有可加性，以计算个人总年危害。

3.3.5　土壤重金属风险评估研究现状

生态风险评价的主要对象是环境介质、生物种群和生态系统，通过科学的、可靠的、对人类活动产生的生态效应评估，而达到保护和科学管理生态系统的目的。生态风险评价技术是从 20 世纪 80 年代末、90 年代初发展起来的。目前，大部分研究还停留在理论框架和技术路线的探讨阶段，而且多是针对水生生态系统提出的，涉及陆生生态系统的很少。而少数有关生态风险评价的应用研究案例，也多集中在生态环境中污染物浓度的测定或简单的风险指数的计算上，并不能真正解决污染的生态风险评估。由于健康风险评价本身不完善，目前的应用受到很大限制。矿山开采、选冶和冶炼过程中，矿石中的重金属元素会随废石尾沙、矿尘、废气进入矿区及其周边土壤中，造成严重的土壤重金属污染，污染农作物进而危害人体健康。法国北部已废弃的老矿山分布区，人群中癌症和畸形等疾病的发病率是法国平均水平的 10 倍。居住于铅冶炼厂附近 10%的儿童中，血铅含量高于 100g/L 的水平。韩国一个已废弃近 30 年的矿山，土壤中的重金属污染导致农作物中 As 的含量最高达 33mg/kg、Cd 为 0.87mg/kg，水系中 As、Cd、Zn 浓度分别达 0.71mg/L、0.19mg/L 和 5.4mg/L。陕西潼关金矿区农田土壤中汞超标倍数均值达 4.71mg/L，受 Hg 污染的面积占研究区面积的 51.76%。Steinemann 的研究表明，美国绝大部分环境影响评价报告书中没有提及健康风险，极少部分涉及健康风险的环境影响报告书，也只是关注有毒化学物质或放射性引发癌症的风险，而忽略了其他重要的因素，如发病率、致死风险、累积影响和更大范围内决定健康因素。

3.4 有机物污染土壤的风险评价——以农药为例

3.4.1 风险评价基本框架

3.4.1.1 评价指标

根据土壤农药污染的危害性，以及人们所关注的由农药引起的一些生态环境问题，评价指标选择主要考虑以下几个方面。

① 在土壤中的持久性及对土壤质量的影响，包括对土壤环境质量、土壤肥力质量和土壤健康质量的影响；

② 对陆地生态系统健康的影响，包括陆生生物的保护，如鸟及其他哺乳动物、土壤蚯蚓、蜜蜂及其他昆虫；

③ 通过地表径流的迁移及进入地表水的可能性，对地表水中水生生物及水生生物健康的影响，包括对鱼、藻、贝类等的毒害效应评估；

④ 通过淋溶或其他迁移方式进入地下水的可能性，对地下水资源使用功能的影响；

⑤ 挥发进入大气对大气污染的贡献；

⑥ 通过陆生食物链对人体健康产生的直接、间接影响，以及潜在效应。

3.4.1.2 评价系统

农药生态风险评价系统由 4 个部分组成：a. 污染土壤中农药的形态转化与迁移能力以及各种生物对农药暴露浓度的计算；b. 如果还存在污染源，对进入土壤环境的农药污染源进行计算；c. 危害评价，包括直接的和间接的危害；d. 风险表征。建立风险评价系统的基本思想是根据污染土壤（作为污染源）与效应之间的因果关系，即形态转化—迁移—有效浓度—暴露—效应（图 3-16）。

3.4.1.3 评价工作内容

农药污染土壤，也就是进入土壤中的农药，会通过各种方式在土壤环境中发生迁移转化，在土壤不同介质中进行重新分配，生物体（包括植物、土壤动物和土壤微生物等）通过不同暴露途径接触到农药，产生某种危害及后果。在进行农药污染土壤的生态风险评价时，涉及的基本内容包括以下 4 个方面。

① 污染土壤中农药的浓度与存在形态；

② 污染源的继续输入或部分输出。颗粒剂施入土壤、种子处理剂进入土壤、喷施散落在土壤、喷施被作物截获、污泥施入土壤、自土壤中挥发、气相沉积到土壤、侵蚀径流进入地面水、淋溶进入地下水；

③ 生物体对农药的暴露分析与估算。主要包括鸟和哺乳动物通过食用土壤吸收农药、鸟和哺乳动物通过食用生长于农药污染土壤的作物吸收农药、土壤动物（蚯蚓）对农药的吸收、鸟和哺乳动物通过食用农药污染土壤中土壤动物吸收农药、鸟和哺乳动物通过食用暴露

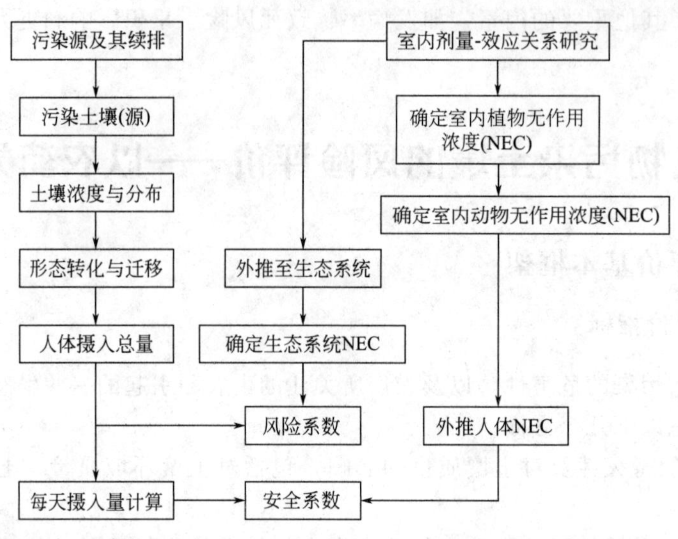

图 3-16　农药污染土壤风险评价系统中源与效应间因果关系链

于农药污染土壤的昆虫吸收农药等；

④ 风险表征。农药污染土壤对地面水的影响、对浅层地下水的影响、对鸟和哺乳动物的影响、对土壤动物的影响、对植物或作物的影响、对周围生态系统健康的影响。

3.4.2　土壤农药污染途径与暴露分析

3.4.2.1　种子处理剂污染土壤

种子处理剂是被农药处理过的种子带入土壤的，它们与土壤混合或保留在土壤表面。混合时，假设1%的农药留在土壤表面，反之则为100%。与土壤混合时，表面土层中的农药量，计算方法为：

$$\mathrm{Dos}_{\mathrm{suf}}=F_{\mathrm{mix}}\times\mathrm{Dos}_{\mathrm{max}} \tag{3-39}$$

不与土壤混合时，计算方法为

$$\mathrm{Dos}_{\mathrm{suf}}=F_{\mathrm{notmix}}\times\mathrm{Dos}_{\mathrm{max}} \tag{3-40}$$

式中，$\mathrm{Dos}_{\mathrm{max}}$ 为农药最大施用量，kg/hm^2；F_{mix} 为土壤混合因子（$F_{\mathrm{mix}}=0.01$）；F_{notmix} 为不与土壤混合因子（$F_{\mathrm{notmix}}=1.0$）；$\mathrm{Dos}_{\mathrm{suf}}$ 为土壤表面农药量，kg/hm^2。

如果与土壤混合，假设农药在0～20cm表层中均匀分布；如果不与土壤混合，假设农药在0～5cm中分布，则可以计算农药在土壤中的起始浓度（PIEC），也可作为$\mathrm{O_d}$时的浓度（c_0 或 $c_{\mathrm{soil,tol}}$）。计算公式如下：

$$\mathrm{PIEC}=\frac{\mathrm{Dos}_{\mathrm{max}}\times10^6}{H_{\mathrm{soil}}\times B_{\mathrm{d}}\times10^4} \tag{3-41}$$

式中，PIEC为农药在土壤中的起始浓度，mg/kg；$\mathrm{Dos}_{\mathrm{max}}$ 为农药最大施用量，mg/kg；H_{soil} 为土壤深度（混合为0.2m，不混合为0.05m），m；B_{d} 为土壤容重，kg/m^3，一般取1400kg/m^3。因为在一个季节中不可能重复播种，所以最大施用量 $\mathrm{Dos}_{\mathrm{max}}$ 就等于施用量Dos。

土壤中农药总量包括在固相上（c_{soil}）和土壤水中农药的量（c_{siolw}），即

$$PIEC = c_1 = c_{soil} + c_{siolw} \tag{3-42}$$

式中，c_{soil} 和 c_{siolw} 的值大小与农药的分配系数有关，计算方法如下：

$$c_{siolw} = \frac{c_1}{1+K_{s/l}} \tag{3-43}$$

$$c_{soil} = c_t \times \frac{K_{s/l}}{1+K_{s/l}} \tag{3-44}$$

式中，$K_{s/l}$ 为分配系数，dm^3/kg；c_t 为土壤中农药总量，即 PIEC，mg/kg；c_{siolw} 为土壤水中农药的量，mg/L；c_{soil} 为土壤固相上的农药量，mg/kg。

3.4.2.2 农药颗粒剂污染土壤

农药以颗粒剂形式施入土壤，在土壤中的农药浓度可根据其农药施用量直接进行计算。如果在一个季节中重复多次施用颗粒剂农药，需计算其最大浓度。最大浓度与农药生物降解半衰期施用频率以及两次使用间隔时间有关，有关计算方法与种子处理剂相同，计算时所需的参数见表 3-24。

表 3-24 多次施用时最大浓度的计算参数

参数	单位	符号	C/R/E/O
输入			
单次用量 a. i.	kg/L	Dos	R
生物降解 $t_{1/2}$	d	DT_{50}	R
施用频率		n	R
施用间隔	d	l	R
输出			
表观最大量 a. i.	kg/hm^2	Dos_{max}	

注：a. i. 代表有效成分。

3.4.2.3 农药喷施污染土壤

在一个季度中，农药喷施可以进行多次，因此，最大剂量为多次施用后的农药量，计算方法同前。农药喷施后，一部分被作物表面截获，另一部分则散落到土壤、地面水或飘逸到空气中。假设一般情况下，10%留在空气中，到达土壤和作物上的比例为 90%。则 90%部分的农药在作物上和散落在土壤中的比例根据不同的作物和生长阶段面有所不同，见表 3-25。

表 3-25 一些作物喷施农药时在作物上和在土壤中的农药分配比例

作物	生长期	作物上 P_{crop}/%	土壤中 P_{soil}/%
土豆、甜菜	发芽后 2～4 周	20	70
土豆、甜菜	成熟	80	10
苹果树	春天	40	50
苹果树	成熟	70	20
梨	发芽后	10	80
梨	全开花	70	20
玉米	发芽 1 个月	10	80
玉米	全长出	70	20
草地		40	50

续表

作物	生长期	作物上 P_{crop}/%	土壤中 P_{soil}/%
汤菜	全长出	70	20
洋葱		50	40
一般情况	全株	10	80

散落到土壤的量，也就是土壤污染的暴露剂量，其计算如下：

$$\mathrm{Dos}_{soil}=\mathrm{Dos}_{max}\times\frac{P_{soil}}{100} \tag{3-45}$$

土壤表层中农药的分布：

$$\mathrm{PIEC}=\frac{\mathrm{Dos}_{soil}\times10^6}{H_{soil}\times B_d\times10^4} \tag{3-46}$$

式中，Dos_{max} 为表观最大剂量，kg/hm^2；P_{soil} 为落入土壤中的农药比例，%；H_{soil} 为土壤深度，m，取 0.05m；B_d 为土壤容重，kg/m^3，一般取 1400kg/m^3。

3.4.2.4 污泥施用造成农药的土壤污染

除了将农药直接施入土壤，还可以通过污水处理厂的污泥作为肥料施入土壤中，土壤中的浓度是由一定量污泥与表层土壤混合而决定的。计算参数包括干污泥中农药浓度、土壤稀释因子和土壤中农药浓度等，如表 3-26 所示，其土壤污染浓度计算如下：

$$c_{soil,a}=c_{sludg}\times F_{mix,a} \tag{3-47}$$

$$c_{soil,g}=c_{sludg}\times F_{mix,g} \tag{3-48}$$

表 3-26 污泥施入土壤中的农药浓度计算参数

参数	单位	符号	C/R/E/O
输入			
干污泥中农药浓度 a. i.	kg/hm	c_{sludg}	O
农田土壤稀释因子		$F_{mix,a}=0.2$	C
草地土壤稀释因子		$F_{mix,g}=0.05$	C
输出			
农田土壤中农药浓度 a. i.	kg/hm^2	$c_{soil,a}$	
草地土壤中农药浓度 a. i.	kg/hm^2	$c_{soil,g}$	

3.4.2.5 污染土壤中农药的挥发

农药污染土壤随当地气候条件的变化，一部分将从土壤中挥发掉。表 3-26 为土壤中农药挥发计算所需的参数。其传输速率计算见表 3-27。

表 3-27 土壤中农药挥发计算所需的参数

参数	单位	符号	C/R/E/O
输入			
土壤深度	m	H_{soil}(0.05/0.20m)	C
正辛醇/水分配系数		$K_{o/w}$	R
蒸气压	Pa	V_p	R
水中溶解度	mol/L	S_w	R

续表

参数	单位	符号	C/R/E/O
时间	d	t	C
土壤中农药起始浓度 a. i.	mg/kg	PIEC	O
输出			
挥发作用以及传输常数		$K_{vol,soil}$	
t 天时土壤中的农药浓度 a. i.	mg/kg	$c_{soil,t}$	
半衰期	d	DT_{50}	

$$K_{vol,soil}=\frac{1}{H_{soil}}\times\left(1.9\times10^4+2.6\times10^4\times\frac{K_{o/w}}{V_p/S_w}\right) \tag{3-49}$$

一级反应速率浓度计算如下：

$$c_{soil,t}=\mathrm{PIEC}\times e^{-K_{vol,soil}}\times t \tag{3-50}$$

$$DT_{50}=\left[H_{soil}\times\left(1.9\times10^4+2.6\times10^4\times\frac{K_{o/w}}{V_p/S_w}\right)\right]\times\ln2 \tag{3-51}$$

3.4.2.6 对地下水的污染

假如有水排放，只有 40%的降雨通过淋溶进入地下水；若没有排水，则 100%降雨全部进入地下水。然而，地下水中的农药浓度与浅层地下水中保持一致。计算方法如下：

$$c_{gw,t}=c_{gw,0}\times e^{-K_{ts}} \tag{3-52}$$

式中，$c_{gw,t}$ 为 t 时间地下水中农药浓度，mg/m^3；$c_{gw,0}$ 为地下水中农药的起始浓度，mg/m^3；K_{ts} 为农药转化系数。

3.4.3 生态风险评价

3.4.3.1 对鸟类危害影响的风险评价

鸟类是陆生生态系统中的重要成员，鸟类的多少与健康状况是对陆生生态系统健康的表征。农药污染土壤对鸟类的危害影响很大，常常作为生态风险的重要指标。

首先，鸟类通过食用昆虫或作物而吸收农药。该暴露途径评价时所需的数据（a. i. 表示有效成分；BW 表示体重；feed 表示喂食）见表 3-28。其中，LD_{50} 目标生物为等于平均体重时的 LD_{50} 值，校正方法为

$$LD_{50}\text{目标生物}=LD_{50}\times\text{目标生物平均体重} \tag{3-53}$$

通过鸟、哺乳动物 DFI 和环境剂量预测值 PEDDFI，可计算鸟和哺乳动物每天摄入的作物或昆虫上农药的量。DFI 与鸟和哺乳动物体重的关系如下：

$$\lg DFI=-0.188+0.651\lg BW\ (g/d)\ (\text{所有鸟类}) \tag{3-54}$$

$$\lg DFI=-0.4+0.85\lg BW\ (g/d)\ (\text{雀类}) \tag{3-55}$$

$$\lg DH=-0.521+0.751\lg BW\ (g/d)\ (\text{非雀类}) \tag{3-56}$$

$$\lg DFI=-0.629+0.822\lg BW\ (g/d)\ (\text{所有哺乳动物}) \tag{3-57}$$

PED_{DFI} 用式（3-58）计算：

$$PED_{DFI}=PEC_{FEED}\times DFI\ (kg/d) \tag{3-58}$$

表 3-28 评价鸟类通过食用昆虫或作物而吸收农药的数据

数据符号	单位	C/R/E/O
$LD_{50\ BW}$	mg(a. i.)/kg BW	R
$LD_{50目标生物}$	mg(a. i.)/目标生物	R
$LC_{50\ feed}$	mg(a. i.)/kg 食物	R
$NOEC_{bird}$	mg(a. i.)/kg 食物	R
$PEC_{feed\ short/long}$	mg(a. i.)/kg 食物	O
DFI(每日摄入食物量)	g(a. i.)/d	C

在生态风险评价过程中，也要推导出通过喂食暴露途径的预测值 PEC_{feed}：短期喂食暴露的预测值 $PEC_{feed\ short}$（5d 平均浓度，mg/kg）和长期喂食暴露的预测值 $PEC_{feed\ long}$（更长时间内的平均浓度；毒性试验期）。如果已知农药 $t_{1/2}$，就可以确定 $PEC_{feed\ long}$。$t_{1/2}$ 最好由作物或昆虫中的残留数据计算得到，若有 3 个或更多的有效测定值，DT_{50} 能通过线性回归来确定。若有 2 个有效测定值，DT_{50} 则采用下列方法计算。

$$DT_{50}=\frac{\ln 2\times t}{\ln c_t-\ln c_0} \tag{3-59}$$

式中，c_0 为 0 天的食物中的浓度；c_t 为 t 天食物中的浓度；t 为时间。

PEC 的计算则为：

$$PEC_{feed\ short/long}=c_0(1-e^{-kt})/kt \tag{3-60}$$

式中，$PEC_{feed\ short/long}$ 为短期/长期喂食暴露的预测值；$k=\ln 2/DT_{50}$。对于短期暴露，若 PED 与 LD_{50} 的比值>1 为高风险；若该值≤0.001 为低风险，或者 PEC 与 LC_{50} 的比值>0.1 为高风险；该值≤0.01 为低风险。

其次，鸟类食用土壤中颗粒剂或处理过的种子而吸收农药。该暴露途径的评价所需的数据见表 3-29。其中，$LD_{50颗粒}$ 是对 $LD_{50目标生物}$ 根据每个颗粒或种子上农药量的校正而得到的，即下式：

$$LD_{50颗粒}=LD_{50目标生物}/每颗粒上农药含量 \tag{3-61}$$

表 3-29 农药污染土壤暴露途径所需数据

暴露途径	内容	所需数据
食用土壤中颗粒剂或处理过的种子		• $LD_{50目标生物}$，mg(a. i.)(R) • $LD_{50颗粒}$ (R) • 每平方米颗粒剂或种子的数目，校正到用土混合的程度(k/m^2)(C) • PEC_{feed}，mg(a. i.)/d(O) • DFI，g/d(C)
通过饮用水而暴露农药		• $LD_{50目标生物}$，mg(a. i.)(R) • $PEC_{喷施液}$，mg(a. i.)/L(O) • $PEC_{水,0\sim5d}$，mg(a. i.)/L(O) • 每天摄水量(DWI)，g/d(C)
食用陆生生物		• 生物降解 $t_{1/2}$(DT_{50}，d)(R) • LC_{50}，mg/kg(R) • NOEC，mg/kg(R) • PIEC，mg/kg(O) • PEC_{soil}，mg/kg(O)

续表

暴露途径	内容	所需数据
食用水生生物	21/28d后水中浓度计算	输入 • T_0 时浓度($c_{w,0}$),mg(a. i.)/kg(O) • DT_{50},d(R) • T=21d或28d(C) 输出 • $c_{w,mean}$,mg(a. i.)/kg • $c_{w,mean}$,mg(a. i.)/kg
	水生生物吸收农药	输入 • 水生生物富集系数(BFC)(R/C) • 环境浓度(PEC_w)(O) 输出 • 水生生物中的浓度($c_{w,org}$)

PEC_{feed} 定义为：

$$PEC_{feed}=Dos_{suf}\times10^6/(H_{soil}\times B_d) \tag{3-62}$$

式中，Dos_{suf} 为土壤表面颗粒剂，kg/hm^2；H_{soil} 为土壤深度，m（取0.05m）；B_d 为土壤容重，kg/m^3，一般取 $1400kg/m^3$。

若PEC×DFT与LD_{50}的比值>1为高风险；比值≤0.001为低风险。

第三，鸟类通过饮用受农药污染的土壤中的水而吸收农药。鸟类通过饮用水（包括地表水、叶子和作物中的水）而暴露农药，该暴露途径评价时需要的数据见表3-28。其中，PEC喷施液采用公式（3-63）计算：

$$PEC_{喷施液}=用量(kg/hm^2)/喷液量(L/hm^2) \tag{3-63}$$

假定鸟的平均体重为100g，每天摄入水量至少占体重的30%，若鸟的体重大于100g，至少为10%。除非农药降解非常快（DT_{50}<1d），计算时不考虑生物降解作用，这时：

若PEC×DWI与LD_{50}的比值>0.1为高风险，比值<0.001为低风险。

$$PEC_{水,0-5d}=PEC_{short\ term}+c_{w,r/e} \tag{3-64}$$

式中，$PEC_{水,0-5d}$ 为0～5天摄水暴露的预测值；$PEC_{short\ term}$ 为短期暴露的预测值；$c_{w,r/e}$ 为从其他途径摄入水中农药的浓度。

第四，鸟通过食用农药污染土壤暴露的陆生生物（如蚯蚓）而吸收农药。该暴露途径的评价所需数据见表3-29。其中，PEC_{soil} 为4个星期内的平均浓度，假设生物降解服从一级动力学规律（除了生物降解，其他如挥发、生物吸收、沉积的影响未加考虑）。蚯蚓对土壤中农药的吸收可通过生物富集因子（BCF）来计算，而BCF最好由试验求得，如果没有试验数据结果，可采用定量结构-活性关系（QSARs）来估算：

$$BCF=(0.01/0.66F_{oc})\times K_{o/w}^{0.07} \tag{3-65}$$

式中，F_{oc} 为有机质组分数；$K_{o/w}$ 为正辛醇/水分配系数。蚯蚓体内农药浓度的计算公式：

$$c_{worm}=BCF\times PEC \tag{3-66}$$

若BCF×PEC与NOEC的比值>1为高风险，比值≤0.01为低风险。

第五，鸟类通过食用水生生物对农药的吸收，21d和28d水中农药的浓度计算方法与28d土壤的浓度相同，所需数据见表3-29。其中，在时间间隔内的平均浓度（$c_{w,mean}$）计算如下：

$$c_{w,mean}=c_{w,0}\times(1-e^{-kt})/kt \tag{3-67}$$

式中，$k=\ln2/DT_{50}$。由于地下水排泄是一个长期过程，因此要加上飘逸过程，得到 21d 或 28d 后的水中农药浓度：

$$c_w=c_{w,mean}+c_{w,drainage} \tag{3-68}$$

水生生物吸收农药通过 BCF 来计算，如果没有 BCF，就采用 QSARs 来计算。

$$BCF=0.048K_{a/w} \tag{3-69}$$

该暴露途径所需参数也见表 3-29。其中，水生生物中的浓度计算公式如下：

$$c=BCF\times PEC \tag{3-70}$$

若 BCF×PEC 与 NOEC 的比值>1 为高风险，比值≤0.01 为低风险。

3.4.3.2 对蚯蚓危害影响的风险评价

蚯蚓是土壤生态系统中一个重要的组成部分，它对改良土壤性状，增进土壤肥力具有重要作用。同时，蚯蚓能促进土壤中有机物的分解，对有机污染物具有降解净化作用，在净化土壤环境、消除土壤污染方面具有重要的实际意义。因此，农药对蚯蚓的危害影响是农药污染土壤生态风险评价的一个重要内容。评价程序如下面 9 个方面。

① 判断农药污染土壤周围是否还存在污染源，并有农药等污染物直接进入土壤。如果没有，说明无风险，不需做毒性试验；如果有，进入下一步，做毒性试验。

② 计算 PIEC。与土壤不混合时，计算 0～5cm 土层中浓度；与土壤混合时，计算 0～20cm 土层农药浓度。

③ 计算 Q，$Q=PIEC/LC_{50}$。

④ 判断 Q 值大小。$Q<0.01$ 为低风险；$Q\geqslant1$ 为高风险；如果 $0.01\leqslant Q<1$，做进一步分析。

⑤ 当 $0.01\leqslant Q<0.1$ 时，并且 $DT_{50}\leqslant60$ 或施用次数≤3 次/季度，可以认为低风险；当 $0.1\leqslant Q<1$ 时，而且 $DT_{50}>60$，或施用次数>3 次/季度，可以认为高风险。

⑥ 当 $0.01\leqslant Q<0.1$ 时，并且 $DT_{50}>60$ 或施用次数>3 次/季度，或当 $0.1\leqslant Q<1$ 时，而且 $DT_{50}>60$，或施用次数≤3 次/季度，做进一步分析。

⑦ 进行亚急性试验得出 NOEC 0～28d，并且计算土壤中慢性暴露浓度 PEC 0～28。

⑧ 计算 PEQ 0～28/（NOEC 0～28d）比值。如果 PEC 0～28/（NOEC 0～28d）<0.2，可以认为是低风险；如果 PEC 0～28/（NOEC 0～28d）≥0.2，可以认为中等风险。

⑨ 用于蚯蚓评价所需的参数，如 NOEC、DT_{50} 等可从有关资料查得。

3.4.3.3 对蜜蜂危害影响的风险评价

农药使用对蜜蜂的危害影响是衡量农药对生态环境安全的重要内容，在风险评价中，评价农药对蜜蜂影响的程序如图 3-17 所示。蜜蜂是一种群居性昆虫，对于此类社会性昆虫的风险评价还可采用农药生态风险评估中的一种——基于群体水平效应的灭绝风险评估。这种评估方法的前提是假设农药的不良效应为降低生物群体内在的自然增长率（r），而其他参数不变。

$$\Delta p=p_0(10^{-\Delta\lg T}-1) \tag{3-71}$$

$$\Delta\lg T=-(x/a)^{\beta}(2r_{max}/V_e)\lg N \tag{3-72}$$

$$p_0=10^{-(2r_{max}/V_e)\lg N} \tag{3-73}$$

式中，Δp 为农药污染下的蜜蜂灭绝可能性；p_0 为背景灭绝可能性；T 为平均灭绝时间；x 为对应于 r 为 0 的农药浓度时的参数；a 为与毒性数量级有关的参数；β 为 r 与暴露浓度之间关系的曲率；V_e 为 r 的环境变异系数；r_{max} 为没有污染情况下的最大值 r；N 为蜜蜂群体大小。

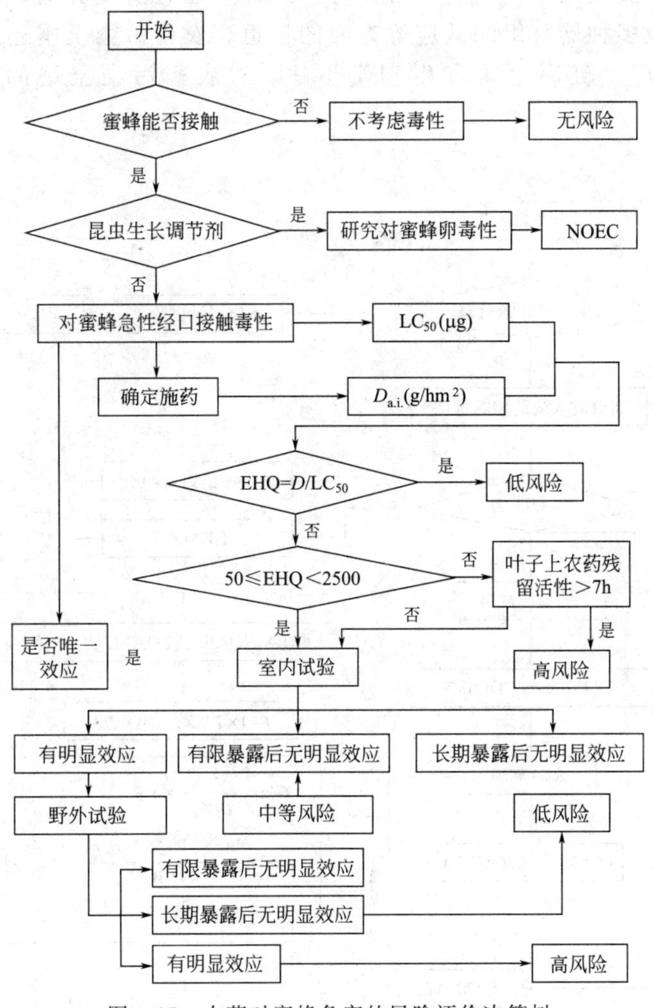

图 3-17　农药对蜜蜂危害的风险评价决策树

可以通过急性-慢性毒性试验来估计各个参数值。

3.4.4　人体健康风险评价

土壤受到化学合成农药的污染，可通过各种途径对人体健康产生较大的危害，大体可以分为急性中毒和长期临床效应两方面，后者根据其调查结果的可靠程度而划分为确实的和可能的长期效应两种类型。

急性农药中毒包括误食农药污染的土壤颗粒及污染土壤影响的地下水或地表水。引起急性中毒的农药常见为有机磷杀虫剂，其次为氨基甲酸酯类、有机氯和有机汞类。

长期的临床效应，根据大量的流行病学调查研究的结果表明，农药所致的长期临床效应主要有如下几类：a. 烷基汞（杀真菌剂）引起运动、感觉与中枢神经系统损害；b. 铵盐（杀鼠剂）引起多种神经病与中枢神经系统的损害；c. 含砷农药（除草剂）可引起皮炎；d. 二溴丙烷（土壤熏蒸剂和杀线虫剂）引起男性不育；e. 开蓬（杀虫剂）

引起脑及末梢神经和肌肉的综合征；f. 某些有机磷杀虫剂可引起迟发性神经毒；g. 2，3，7，8-四氯二苯并对二噁英（TCDD）引起氯痤疮；h. 对草快（除草剂）引起肺纤维化；i. 六氯苯（杀真菌剂）可引起卟啉症等。此外，还有引发肿瘤、再生障碍性贫血、影响生育机能以及多种器官组织效应等方面的报道。农药污染土壤还可通过其中间体、转化产物对人体产生健康危害和生理学不适。对农药污染土壤的健康评价过程如图 3-18 所示。

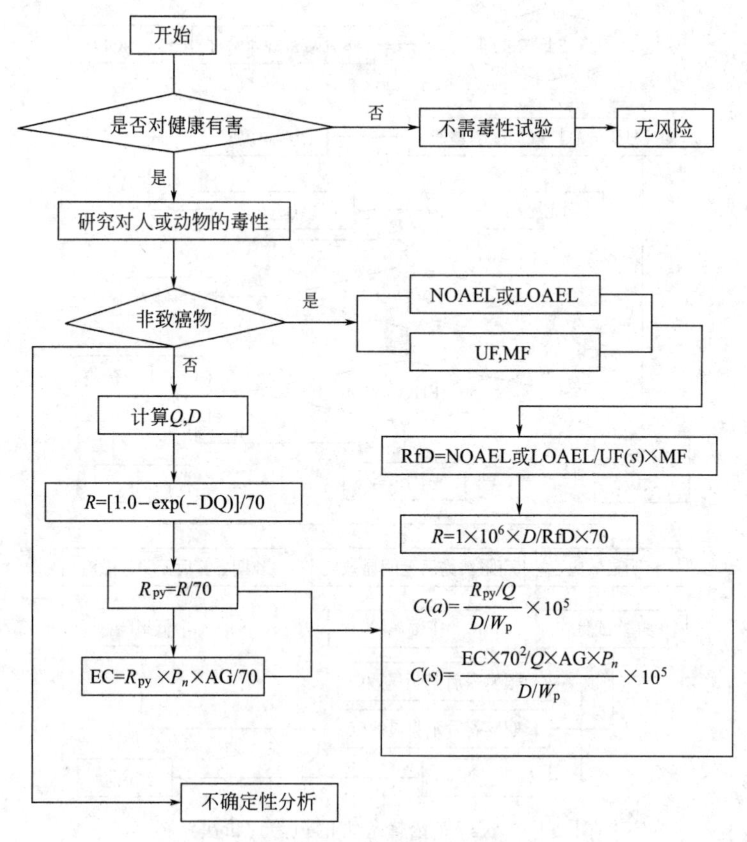

图 3-18　农药对人体健康危害评价过程

3.5 污染土壤防范及国内外土壤管理

3.5.1 减少危害的防范措施

防范措施的目的是为了通过一系列措施防止污染的发生，当事故性污染发生时保证人类及其他生命的安全性。一旦污染发生时，有充分的应急能力，以防止和控制危害的扩大，尽可能地减少对生态系统和人体健康带来的负面影响。防范措施与具体的人类活动有关，不同的活动采取相应的措施。防范措施包括编制风险影响报告书及制订减少危害的防范措施，通常以后者为主。应急计划是在贯彻预防为主的前提下，提出的对人类活动可能出现的事故，及时控制危害源，减少危害的发生，消除危害后果的预想方案。

当前，土壤污染的形式日趋复杂化，土壤污染及其造成的危害程度与风险日益增加。从土壤污染识别到修复实施，往往存在一个时间差。为了尽可能减少、防止在这个时间差中出现的对生态系统和对人体的危害，必须采取相应的防范措施，或实施应急计划。另外，有效的防范措施或应急计划的实施，有利于控制土壤污染面积的进一步扩大，抑制土壤污染危害的进一步蔓延，防止污染事故的进一步引发。近年来，我国已经进入环境污染事故高发期，特别是爆炸、泄漏、偷排等重大环境污染事件产生的高强度场地污染，对人民健康、生态环境及社会安全构成了严重威胁。环境污染事故往往发生突然、来势凶猛、扩散迅速，此类污染场地具有污染物种类复杂、污染强度高等特点。污染事故发生后，必须迅速采取紧急措施对污染场地进行管理控制，以把污染的程度和范围降到最小。而我国在环境污染风险事故预防与应急处理方面的工作仍相对不足，没有高度重视对突发环境污染事故的防范工作，应对突发重特大环境事件的处置能力明显不足，应急信息的报告和反馈工作不力，环境应急监测能力不足。且快速的、可大规模应用的土壤修复技术仍处于研究阶段，缺乏专业技术人员与管理人员，难以在事故发生后的第一时间开展污染场地土壤管理与修复工作。

3.5.1.1 风险影响报告书

风险影响报告书是评价工作的总结，是提供风险决策的依据。报告书应全面概括地反映生态风险和健康风险评价的全部工作，具有系统性；数据处理具有规范性，数据的引用要注明出处，原始数据、数据的计算处理过程必要时可编制附录，不需要在报告中列出；文字力求简洁、准确、通俗；图标齐全；评价结论要科学公正；提出的措施要具体，具有可操作性和实用性。风险影响报告书的内容及格式如下，根据具体的评价项目和评价工作等级，可选取以下全部或部分内容进行编制。

(1) 总则

① 风险评价目的：结合土壤污染的特点，阐述编制风险影响报告书的目的。

② 编制依据：项目建议书、评价大纲及其审查意见、评价委托书（合同）或任务书、项目可行性研究报告等。

③ 风险评价标准：包括国家标准、地方标准或拟参照的国外有关标准（参照国外标准应报国家有关部门批准）。

④ 控制污染和保护目标：根据土壤污染具体情况，确定风险评价的重点保护目标。

⑤ 风险评价工作等级及评价范围：根据项目特点和风险评价工作等级划分方法，确定风险评价工作的等级并以此为根据划出评价范围。

(2) 评价项目概况

① 概况：包括该项目的名称、性质及规模等。

② 项目程序：包括材料、方法与结果等。

(3) 项目周围地区环境状况

地理位置；地形地貌及水文；气候与气象；生态状况；社会经济情况；人群健康和地方病情况；环境质量情况。

(4) 风险识别及分析

① 项目物质说明：土壤污染的理化性质及有关危害性和毒性参数。

② 项目装置设备说明。

③ 危害因素及事故预测分析。

④ 最大可信危害及其污染源。

(5) **后果预测**

① 污染源的形式及转移途径：分析最大危害污染物的污染形式、在土壤环境中的转移途径及其特征。

② 环境危害预测：根据土壤污染物的类别、性质、可能危害及转移特征，选择相应的预测模式，预测最大可信危害带来的后果或土壤污染事故的隐患。

③ 后果综述及风险计算：对多种危害后果进行综述，计算总的危害。设最大可信危害发生的概率为 P，产出的危害后果为 C，则其风险值 $R=P\times C$。

④ 风险可接受分析：列出同类项目的可接受风险值、与同类项目比较，提出本项目风险的可接受分析结果。

(6) **风险管理及减少风险措施**

风险管理是当风险评价结果表明风险值 R 不能达到可接受水平时，为减轻危害后果所采取的减少风险措施及费用-效益分析。

减少风险措施：当风险分析结果表明超过可接受水平，则需要采取进一步降低风险措施，提出具体减少风险的措施，并重新进行修正分析，计算风险值，以期达到可接受的水平。

对采取的减少风险措施所付出的代价及由此而取得的效益和减少的危害损失做费用-效益分析，以期可以达到最小危害。

(7) **风险评价结论**

给出最终风险评价结论，包括风险水平及醒目的可行性分析结论。风险结论应包括以下内容：

① 给出评价对象涉及的有毒有害物质以及有关的评价终点；

② 指明土壤污染物的污染途径及传播途径；

③ 最大可信危害发生的风险值；

④ 风险可接受水平及其费用-效益分析结论。

3.5.1.2 减少危害的防范措施

减少土壤污染及其危害的防范措施主要针对污染源的管理及污染途径的控制，具体内容如下：

① 减少“三废”的排放量，在生产中不使用或少使用在土壤中易积累的化合物；

② 采取排污管终端治理方法，控制废水、废气中污染物的浓度，避免造成土壤中重金属和持久性有机污染物的积累；

③ 减少垃圾填埋场发生渗漏，防止土壤污染；

④ 提出针对受污染的土壤的监测方案，作为风险管理的依据。

3.5.2 应急措施预案

一些农业措施使用不当或有毒化学物质在运输和储存时发生意外事故，必然会导致土壤的污染并造成相应的危害，包括各种伴随的潜在危害。如果安全措施水平高，事故发生概率会降低，但不会为零。一旦发生事故，需要采取相应的工程应急措施，控制和减少事故危害。同时，一旦污染行为传播，需要实施社会援救，因此要求制订相应的应急措施预案。

3.5.2.1 项目应急措施

针对所建设的项目进行科学规划、合理布置、严格执行环境安全规程，保证项目质量、严格管理、提高操作人员的素质和水平，以减少事故发生。一旦发生事故，则要根据具体情况采取应急措施，控制污染传播或扩散途径。

3.5.2.2 现场管理应急措施

对土壤污染现场进行严格管理，包括污染现场的封锁、隔离，被危害人员的撤离以及被危害生物的保护或迁移。特别要明确应急处理请求，指挥到位，责任到人，防止污染的转移和污染事态的扩大。

3.5.2.3 现场监测措施

为确保有效抑制污染灾害，有效救灾，需要对土壤现场进行监测，查明土壤及其周围环境污染的程度，预测污染发展趋势，从而采取进一步的防范措施。

3.5.2.4 社会救援应急措施

根据国家有关规定要求，通过对污染事故的紧急风险评价，各有关建设单位应制订防止重大污染事故进一步发生的工作计划、消除潜在事故发生的措施及突发性事故的应急处理方法。

3.5.3 国外污染土壤管理

我国城市污染土壤管理刚刚起步，管理经验不足。而一套完善的管理应该综合考虑到政策法规、技术条件、资金支持和监督管理，对于有效跟踪、评估与修复数目众多的污染场地尤为重要。但是目前我国尚没有专门的法律来规范污染场地的管理和修复。因此，了解和借鉴发达国家较为成熟的管理模式对我国现阶段的土壤污染管理有着重要的意义。

3.5.3.1 美国污染土壤管理框架

美国土壤污染防治工作起步较早。早在20世纪30年代，由于拓荒时期土地开垦造成植被破坏，美国爆发了震惊世纪的“黑风暴”事件。此后，美国开始着手对土壤进行立法保护，相继通过了一系列的法令，内容涉及建立土壤保护区、农田保护、土地管理政策、土地利用、小流域规划和管理、洪水防治、控制采伐和自由放牧等各个方面，把土地管理和水平保持逐步纳入法制轨道。20世纪80年代末美国建立了超级基金场地管理制度，从环境监测、风险评价到场地修复都制定了标准的管理体系，这为美国污染场地的管理和土地再利用提供了有力支持，其方法体系也已被多个国家借鉴和采用。超级基金制度授权美国环境保护局（USEPA）对全国污染场地进行管理。

(1) 美国土地管理模式

美国解决污染场地问题的出发点是为了保护环境质量或公众健康，是从环保的角度出发，治理污染场地的最终目的是使该场地变成“干净场地”，管理模式属于“整治环境质量管理模式”（蒋丽，2004）。这种模式强调的是污染必须被全面清除以保护公众利益，同时使环境回到原来的良好状态。这种管理模式是一种从根本上解决污染的管理方式，但相对工作量大，耗时长，需要大量资金和先进的治理措施。

由于场地调查、风险评估以及修复治理技术可行性研究均存在较大的不确定性，因此在治理修复过程中，不能保证修复方案确定的修复目标、修复技术和周期是一成不变的。据美国 EPA2012 年统计，美国超级基金场地共计 1549 块，针对这些场地，EPA 共签署了 5197 个批复，其中 4086 个涉及修复方案批复（Record of Decision，ROD）和修复方案修订批复（ROD Amendment，一般为技术路线发生变化重新修订方案）和 1111 个重大变更（Explanation of Significant Differences，一般为工艺等发生变化），这些重大变更多与场地调查评估的不确定性相关。场地水文地质条件非均质性和存在 NAPL 往往导致调查结果的不确定性，这不仅导致修复技术的变更，同时也增加了修复成本和周期。美国 EPA 早期就认识到了场地修复存在着较大的不确定性，并于 1999 年提出了“技术修复不可行”概念，明确经一系列严格评估后，确定场地难以达到美国 EPA 批准的可行性方案中规定的目标时，可以改变修复目标或采取相应的风险管控措施。针对修复过程中存在的不确定性，美国 EPA 大力倡导场地修复过程中的运行监测与优化，即通过对场地修复过程监测与评估，不断更新概念模型，调整优化修复工艺。2012 年，美国 EPA 发布了专门针对修复技术和修复目标的优化技术指南，并开展了相关试点工作。2018 年，ITRC（Interstate Technology & Regulatory Council）提出了针对复杂污染场地的动态适应性污染场地管理框架体系（Adaptive site management）（见图 3-19），即对于场地中存在难降解污染物且污染规模大、水文地质条件复杂等的复杂性场地，可以同时设置近期和长期修复目标，并根据修复过程中的运行监测与效果评估，不断动态调整修复工艺参数、修复技术和修复目标，这种动态适应性调整思路可以更加有效地应对场地管理中的不确定性。

(2) 修复资金来源

超级基金责令责任者对污染特别严重的场地进行修复；对找不到责任者或责任者没有修复能力的，由超级基金来支付污染场地修复费用；对不愿支付修复费用或当时尚未找到责任者的场地，可由超级基金先支付污染场地修复费用，再由 USEPA 向责任者追讨。由于超级基金制度具有无限期的追溯权力，从而使其成为非常严厉的制度。最初超级基金的经费主要来源于税款：国内生产石油和进口石油产品税、化学品原料税、环境税。上述税收全部进入超级基金托管基金，然后按每年的实际需要进行拨款。其他的经费来源包括常规拨款、从污染责任者追讨的修复和管理费用、罚款、利息及其他投资收入等。但自 1995 年取消了超级基金的 3 个税种后，其拨款结构发生了显著变化。从 2000 财政年度起，超级基金托管基金拨款数量锐减，至 2004 年甚至为 0。即目前超级基金项目的实施主要依靠常规拨款，这已经给超级基金项目的实施带来很大障碍。

(3) 污染场地资料库的建立

为做好污染场地的管理，超级基金制度还为可能对人体健康和环境造成重大损害的场地建立了“国家优先名录”（National Priority List，NPL）。通过三种方式将场地列入 NPL：

① 最常见的是危险等级打分机制，当场地的危险等级分值超过 28.5 分后，再进行为期 60d 的公示，若 USEPA 对公众的评价做出响应后仍然认为该场地符合列入 NPL 的要求，则该场地列入 NPL；

② 每个州或地区可提出优先列入 NPL 的场地；

③ 美国公共卫生服务部的毒物与疾病登记署已发出让人群离开相关场地的决定，并且该场地已被 USEPA 确认为严重威胁公众健康，而且采取修复行动比紧急搬迁行动更经济，则该场地列入 NPL。

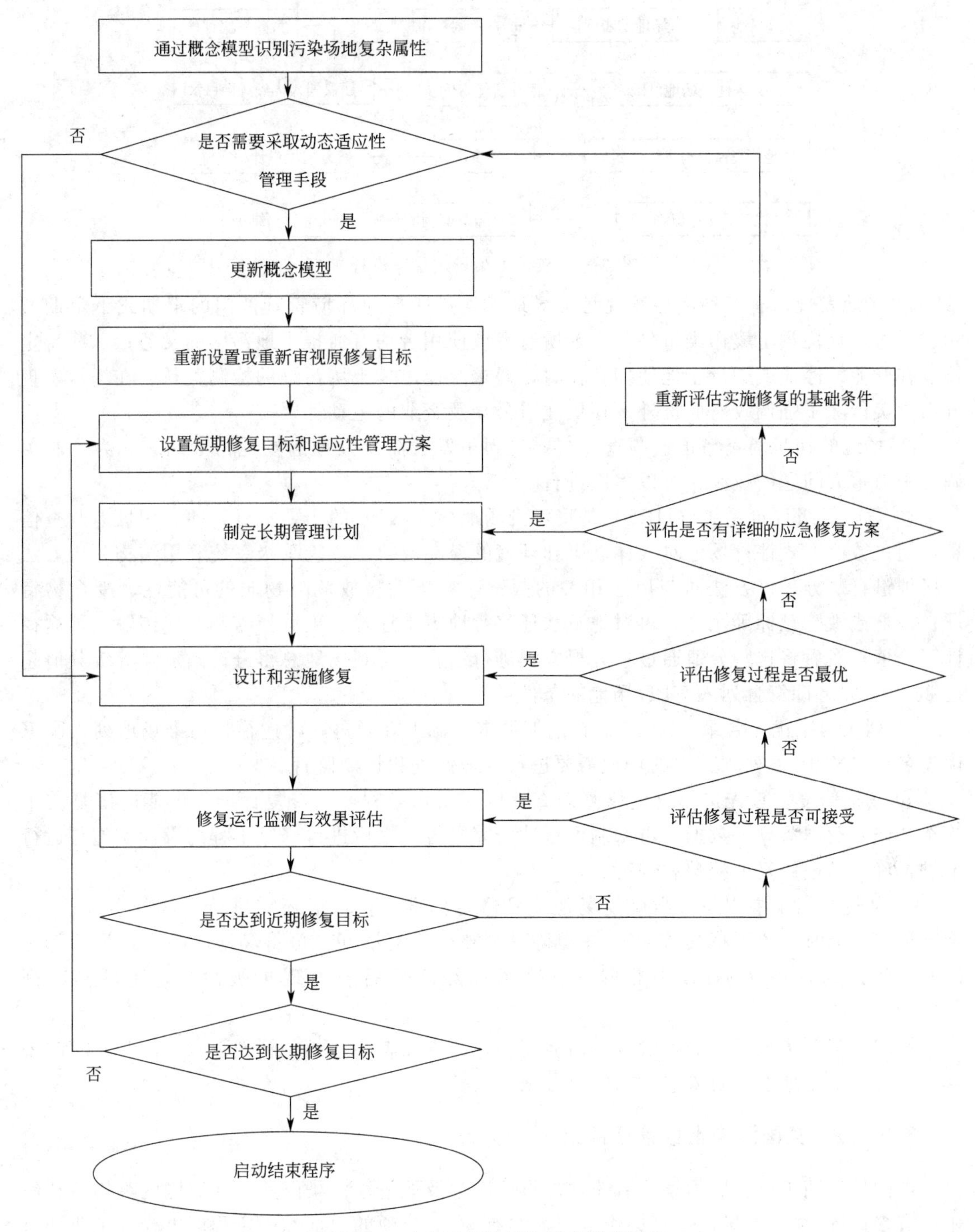

图 3-19　动态适应性污染场地管理框架

通过长期而广泛的监管机制，该名录定期更新，每年至少更新 1 次，现在每年更新 2 次。

(4) 污染场地管理

污染场地被列入 NPL 直至从 NPL 中删除，是超级基金场地管理的重要内容，美国污染场地管理流程见图 3-20。

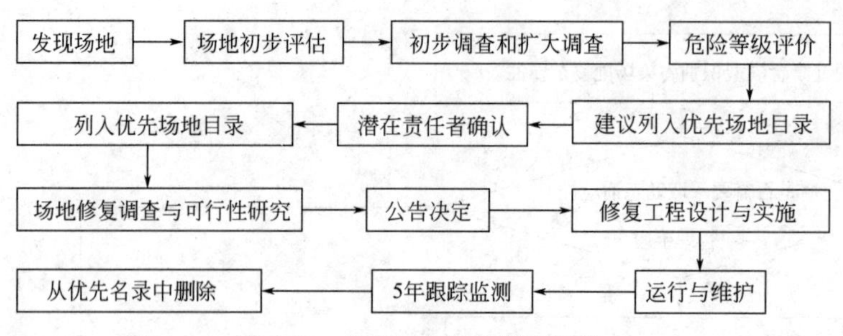

图 3-20 美国污染场地管理流程

① 场地发现。有三种途径发现污染场地：通过所在地环境管理部门的定期或不定期监测；通过公众检举土壤污染事件，土地所有者或使用者均有通报土地污染的义务；一些特定行业在开业、停业或进行土地使用转让时，要求企业出具土壤污染的检测资料。在场地发现方面，美国除了强调政府职责外，还更注重公众及企业的主动性。

② 场地的初步调查与扩大调查。主要是为了发现需要处理的场地污染问题。为了避免调查中对重大问题的疏漏，可以多次进行。

③ 危险等级评价系统（HRS）是将污染场地列入 NPL 的主要机制，即利用场地调查信息，通过数值方式评价场地对人体健康和环境的潜在威胁。危险等级系统利用结构分析方法对场地进行赋分，该方法对与风险相关的因素，如场地释放危险物质的可能性、废弃物特征、人群或敏感靶标等赋分，再对地下水迁移、地表水迁移、土壤暴露和空气传输 4 种途径计算分值，然后将这些分值通过均方根方程进行组合，得到场地总得分。当危险等级分值超过 28.5 分时，即符合列入 NPL 场地的条件。

④ 列入国家优先名录（NPL）。在前期调查基础上，通过三种途径将污染场地列入国家优先名录（NPL），列入其中的场地需要进行场地修复和长期监管。

⑤ 场地修复。首先进行场地修复调查，以获得污染程度、修复标准、可能的修复技术筛选和修复费用预算等数据，再编制可行性研究报告；之后进行修复工程的设计实施与运行维护，确保场地修复工程顺利进行。

⑥ 从优先名录中删除。当修复场地达到修复标准后，一般还需进行 5 年的跟踪监测，确定稳定达标时，才可将其从 NPL 中删除。在整个修复期间，可将场地已稳定达标的部分区域或污染物提前从 NPL 中删除。污染场地经修复后若发现再被污染，还可再次列入 NPL。

在超级基金场地管理的各阶段，需通知潜在的责任者参与相关管理事宜，同时及时向公众公布在污染场地上将要采取的措施及各项决定。

3.5.3.2 英国污染土壤管理框架

英国是早期工业发展国家，有非常严重的土壤及地下水污染问题。在英国的英格兰和威尔士有多达近 10 万处场地受污染影响，大约有 30 万公顷的土地在一定程度上受到工业和自然的污染，其中的 2%～5%需要采取相应的措施，来确保对人类健康且将环境危害风险降至最低程度。为了有效治理污染土地，英国政府于 1992 年开始土地污染风险管理与修复技术研究工作，并于 2000 年立法要求污染土地再开发利用时，必须进行风险评价，实行污染土地风险管理。

英国明确指出了法律责任等级制度和污染者付费的基本原则，并归纳为如下两部分。a. 污染者：如果公司或个人被认定造成了污染，那么他们将首要承担责任；b. 如果通过合理调查无法找到污染者，在默认情况下污染场地的所有者将承担法律责任。

此外，英国并没有特别强调污染场地的修复，而是将“改造”作为这些项目的最高标准。“改造”被看作是一种更为全面地措施，能为一个地区的经济、物质、社会和环境等方面带来长期改善。同时，英国政府将棕地改造作为实现城市复兴和可持续发展的一个关键举措。政府的目标是至少60%以上的新住所应建在棕地之上或者通过现有建筑物的改建完成。在2005年，该目标已经实现，超过74%的新住房是建在改造后的棕地上。

(1)污染土地风险管理程序

污染土地的风险管理包括识别由于污染物造成的任何无法接受的风险、采取行动减少和控制这些风险使之达到一个可接受的水平，从而达到再利用的目的。污染土地风险管理程序分下列三个阶段（图3-21）。

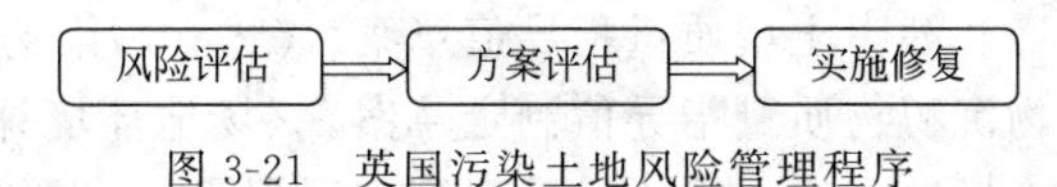

图3-21 英国污染土地风险管理程序

风险评估：英国采用分层的方法评估污染场地对人类和生态系统的风险。人类健康风险评估的第一层是采用合理的概念模型确定污染物、受体和途径之间的相互关联。第二层的评估中应通过污染场地暴露评估模型（CLEA）计算土壤指导值（SGV）。

土壤指导值主要表现“污染物浓度与引起人体健康和环境危害的风险性之间的关系”，当土壤中污染物浓度高于SGV，则表示污染物对人体在不可接受的范围内，该场地需要进行修复。CLEA模型意为指导常规的风险评价，主要对于那些在一定人类活动模式与污染特征下，已经产生一定剂量效应关系的污染物。

(2)融资机制

英国的污染土地改造大部分用于新住房的建设。因此这种做法也促进了英国当前的融资机制。研究表明，英国私人开发商启动的棕地再开发项目占所有重建项目的75%。为了鼓励更多的私营部门参与投资，开发商可以利用税收来抵免修复的费用。此项受污染土地税抵免计划提供的信贷额大约是修复支出的150%的应纳税所得额。此外，英国免除修复中所产生的废物的垃圾填埋税，降低棕地的改造成本，以鼓励私人部门进行棕地的再开发。

另外在有限的政府资金中，英国设立了污染土地资本赠款。赠款主要用于场地的调查和修复工作。地方当局在向环境署申请赠款时，需要说明拟议项目将涉及的内容、必要性和所需花费。该款不能用于场地的再开发。

对于那些私人机构没有完成的再开发项目，英国政府将尽力促成由民间组织和独立的公共机构来完成。他们能够通过管理国家基金和带头推行欧盟机构基金来协调经济的发展和土地改造。同时也可以和地方规划部门一起资助当地的住房、交通以及基础建设。

3.5.3.3 加拿大污染土壤管理框架

加拿大污染场地土壤环境管理在20世纪90年代已经趋于完备，主要是在大量详尽细致的指导文件基础上建立起一整套环境管理流程，而这些技术性指导文件都是经过大量的基础研究而制订的，具有实际操作意义。

(1)规范了污染场地定义

对污染场地进行定义是污染场地环境管理的基础，其定义是依据环境要求、人体健康要求、技术及经济水平等方面来具体制定的。加拿大对污染场地的定义为：场地上某物质的浓度超过背景水平并已经或可能对人体健康或环境造成立即或长期的危害，或者场地上某物质的浓度超过法规政策规定的水平。同时，针对一些特殊情况以及修复过程在法规中做出了相应的规定（Canadian council of ministers of the environment，Canada，1992）。加拿大共有3万多处污染场地。加拿大联邦污染场地行动计划明确规定，优先解决最高风险的污染场地。根据土壤污染对人体健康和环境形成的风险大小，采取基于风险的管理模式，首先降低人体健康风险，其次降低生态风险以及地下水污染风险，以降低成本。尽可能处理多的污染场地，并促进当地经济和社会的发展。

(2) 管理流程

加拿大通过一系列法规规定了污染场地环境管理的具体流程，这些法规主要包括：《环境质量指导值》《污染场地健康风险评估方法》《生态风险评估框架：技术附录》《污染场地管理指导文件》《污染场地风险管理框架（讨论稿）》《加拿大土壤质量指导值》《生态风险评价框架导则》《制定环境和健康土壤质量指导值草案》《建立污染场地特定土壤修复目标值指导手册》《保护水生生物沉积物质量指导值制定草案》《场地环境评价第1阶段》《污染场地地表水评估手册》《污染场地采样、分析、数据管理手册Ⅰ：主要报告》《污染场地采样、分析、数据管理手册Ⅱ：分析方法》《污染场地国家分类系统》《退役工业场地国家指南》《污染场地临时环境质量标准》等。

1997年，加拿大环境部长理事会颁布基于该规程的加拿大土壤质量推荐指导值，给出20种物质在农业用地、居住/公园用地、商业用地和工业用地4种土地利用方式下的土壤质量指导值（soil quality guideline，SQG）。2006年，加拿大环境部长理事会对环境与健康土壤质量指导值推导规程进行了修订与完善，对规程缺省参数的设置、分配模型的使用、不同类型化学物质引起暴露的方式、受体情况及暴露途径等内容进行了更新和完善，制定了4种土地利用方式下不同受体-暴露途径土壤质量指导值的推导方法和计算公式。之后加拿大环境部长理事会对致癌类多环芳烃和其他一些化合物又经多次修正，给出了不同土地利用方式和土壤质地等情况下的土壤质量指导值。

考虑到保护生态物种安全和人体健康风险，加拿大环境部长理事会分别制定了保护环境的土壤质量指导值（SQGE）和保护人体健康的土壤质量指导值（SQGHH）。CCME推荐取两者中的低值作为最终的加拿大土壤质量指导值，如表3-30所示。

表3-30 加拿大部分土壤质量指导值 单位 mg/kg

物质名称	农业用地	居住用地	商业用地	工业用地
多氯联苯	0.5	1.3	33	33
砷	12	12	12	12
镉	1.4	10	22	22
总铬	64	64	87	87
铅	70	140	260	600
汞	6.6	6.6	24	50
氰化物	0.9	0.9	8	8
pH值	6-8	6-8	6-8	6-8
二氯甲烷	0.1	5	50	50

依据这些法规，加拿大对联邦所有的污染场地实行十步管理流程，具体如图3-22所示。

① 识别可疑场地　加拿大的政策规定及时发现潜在的污染场地是政府的行政职责和法律义务。主要是根据过去或现在场地上或场地周边的活动，识别有潜在污染的场地。识别依据有：过去的环境记录、其他有关的环境项目、周围居民的反映、其他类似污染场地的情

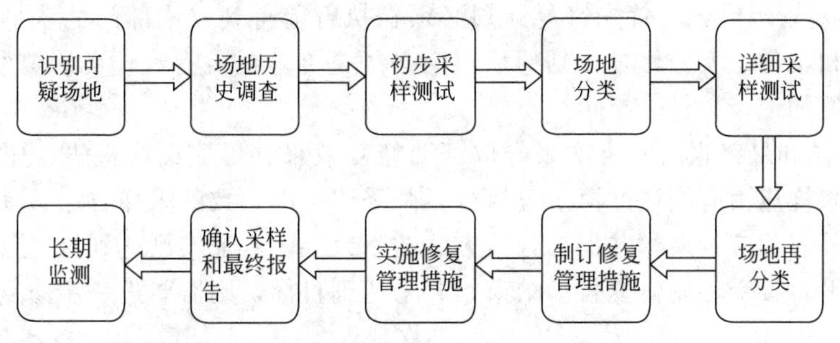

图 3-22　加拿大污染场地十步法管理流程

况、可观察到的或曾经发生的污染物泄漏、过去或现在场地上及其周边活动的性质等。

② 场地历史调查　收集回顾所有与场地有关的历史信息。包括：文献综述、场地勘查、走访知情者等。通过场地历史回顾，可基本获得场地利用特征、可能存在污染物的性质、场地的物理特征等信息。

③ 初步采样测试　其目的是提供初步的场地条件和污染描述。具体步骤如下所述。

a. 制订方案：包括从确定采样类型、采样方法到样品的分析方法和质控的程序方法；b. 野外调查和采样：通过历史回顾识别出热点区，要求样品反映污染物性质和范围的直接信息；c. 样品分析：主要是进行野外速测，以确定严重污染区域；d. 数据的解释和评价：包括数据质量目标和测定结果的比较、质控措施和质控数据的评价、根据采样推测场地的情况；e. 风险识别：包括健康和生态风险评价，主要考虑污染物的性质和位置、污染物潜在的迁移暴露途径、敏感受体的位置、直接或潜在的人群暴露途径；f. 建立概念模型：包括明确地下污染物的类型和数量，确定污染物迁移的途径，识别潜在受体等内容。

④ 场地分类　加拿大场地分类目的主要是针对污染场地进行危害等级划分，确定场地修复的优先顺序。其依据是加拿大的污染场地国家分类系统（national classification system，NCS）。NCS 的技术基础是依据对场地性质因子的评分进而将场地污染危害或危害潜力分级，根据 NCS 评估得分可将污染场地分为高风险（≥70 分）、中度风险（≥50～70 分）、低风险（≥37～50 分）和基本无风险（<37 分）4 类。NCS 评分系统包括污染物性质、暴露途径和受体 3 方面要素共 9 个因子，总分值 100 分，3 个要素的单项总分值分别为 33 分、33 分和 34 分，每个因子分 4 个等级赋分。按总分值对场地进行归类排序。因为各因子可能存在不同的赋值，NCS 评分系统对赋值方法给出了参考，场地评估者可在不超过最高分值的情况下对评估因子进行赋值评分。若场地评估总分值为 0 分，则表示场地污染危害程度最低；如场地评估总分值为 100 分，则表示场地污染危害程度最高。如果当一个场地已经影响到人体健康和周边环境，那么该场地应自动被归纳为高风险场地。

⑤ 详细采样测试　对流程初步识别出的严重污染区域进行详细的调查和分析，目的是量化所有的污染物浓度和边界，为风险识别、场地分类和修复措施的制定提供依据。

⑥ 场地再分类　根据详细调查的结果重新利用 NCS 为场地赋分，分类排序。

⑦ 制订修复管理措施　首先确定场地修复目标。当污染场地符合修复指导手册中的假定条件时，可以根据其指导值确定修复目标：当场地条件、土地利用方式、受体、暴露途径与通用指导值的假定条件不同时，需要对通用指导值进行修正，得出场地特定的修复指导值，作为场地的修复目标。接着对需要修复的场地制订修复措施。修复措施的确定要考虑可靠性、经济性和相应的社会和政治因素。修复措施包括移除或减少污染物、减少或限制受体对场地的使用、拦截或截断暴露途径等。

⑧ 实施修复管理措施　首先修复计划必须在执行前得到权威部门的认可。修复计划要有详细的规范和文件。实施修复计划的承包商必须是专业的、有经验的。修复实施过程中，必须有连续完整的记录文件。

⑨ 确认采样和最终报告　再次采样以证明修复效果并形成最终报告，作为场地文件存档以备后查。采样应由有资质的第3方执行，并采用标准一致的采样方法。承担样品分析的实验室也应该具有相应资质，并保证分析方法的一致性。若证实已达到修复目标或者风险评价证明残留水平可接受，则修复行动结束；若未达到目标，则需要进一步修复，土地利用仍有限制。

⑩ 长期监测　长期监测计划必须根据场地特定的条件制定，由有资质的人员定期进行。如果监测结果超过修复目标，应该报告超过的数额并重新评估修复行动计划以便采取应变措施。还要考虑是否需要再一次修复。以上十步管理法是针对最复杂的场地设定的管理程序。通过这一整套具体的污染场地管理政策，加拿大对污染场地的管理做出了细致可行的规定，管理工作得以有序进行（New Brunswick Department of Environment and Local Government，Canada，2003；Province of Newfoundland and Labrador，Canada，2004）。

3.5.3.4　日本污染土壤管理框架

日本是最早在土壤保护方面立法的国家，与其他国家相似，其有关土壤污染防治立法也是从农地土壤污染防治开始的。以明治时代的足尾铜矿导致的农作物被害事件为开端，日本的农用地土壤污染问题逐渐受到关注。作为日本“八大公害事件之一”的1955年富山县神通川流域镉中毒事件则不仅导致了农作物受损，更展示出农用地土壤污染对人的健康所带来的严重损害。为了更好地管理污染土地，日本对农用地土壤污染和城市用地土壤加以规制。所谓环境规制是指国家依法行使其环境管理的职权，通过多种规制措施的综合运用，防止和减少环境污染，达到保护环境的目的。

(1) 日本专门立法管理制度

土壤污染防治立法具有双重目标：一是预防，即阻断新的土壤污染源；二是整治，即对已经污染的土壤进行改良和恢复。日本对污染土壤的立法模式高度统一，即采用单一的土壤污染整治法模式，主要解决已污染土壤的改良和恢复问题。至于土壤污染的预防，则交由其他外围立法来解决。专门性立法与外围法群相结合，构成一个分工明确、各有所长、相互配合的土壤污染防治法体系。

一是专门性的土壤污染防治立法；二是与土壤污染预防相关的外围立法。具体立法内容见本书第2章相关内容。通过对大气污染、二噁英物质污染、水污染、固体废物污染、特定化学物质污染、化肥和农药污染，以及矿物污染的控制，从不同方面阻断新的土壤污染源，从而达到预防土壤污染的目标。日本防治立法的内容仅限于整治。其主要内容如下。

① 调查对象与方法　某一地区的土壤污染程度超过土壤污染管制标准时，应当进行调查评估，并确立该地区是否为土壤污染管制地区。

② 调查结果公示制度　对确立为土壤污染管制的地区，应初步评定其污染等级，并发布公告，以确保公众安全。

③ 土壤污染治理和恢复制度　为了消除土壤污染、恢复土壤功能、合理利用已被污染的土壤，须进行必要的治理和恢复。主要内容围绕整治的开始、进行和结束来设计，包括整治规划、整治公告、整治责任人及实行人、整治的检查与监督、整治的费用分担、整治的解

除等。

(2) **融资机制**

日本建立专门的土壤污染整治基金，是土壤整治法的重要内容。建立土壤污染整治基金，并不意味着土壤污染整治费用由基金支付，污染者不承担责任。只有在污染者不明、无力或不愿承担责任时，才由基金支付，但基金保留向污染者追偿的权利，避免污染者逍遥法外，将整治责任推给社会。

3.5.4 对中国污染土壤管理的启示

针对中国目前严峻的土壤污染现状及现行中国土壤污染防治工作的不足，我们应当借鉴国外相对完善的土壤污染法律制度体系，弥补中国土壤污染防治体系的漏洞，构建和完善中国土壤污染防治体系。

(1) **完善管理政策与法律手段**

基于我国目前的经济发展水平与环境污染现状，应制定“污染场地管理”法律法规，建立污染场地管理体系和机制。为有效地防治土壤污染，我国应尽早制定《土壤污染防治法》，以加强对土壤污染的监督管理。在制定该法的过程中，我们有必要学习和借鉴日本制定《土壤污染对策法》的相关经验，坚持“保护优先、预防为主、防治结合”的方针和“分类、分区、分目标管理”的原则，建立适合中国国情的土壤污染防治体系。

(2) **建立土壤污染信息管理系统**

该系统应具备如下功能：建立定期更新的国家层面的污染场地信息档案，基本准确并动态地掌握我国污染场地的区域分布、时空分布、污染面积、污染类型和污染程度等方面的统计数据。

(3) **经济责任认定与资金筹措**

依据国外经验，建立类似美国“超级基金”的“污染场地修复基金”是规范和管理污染场地修复所需基金的重要措施。污染责任者应对造成的污染负责，但“污染场地修复基金”对于那些找不到责任者或责任者已不存在的场地修复很有必要，同时“污染场地修复基金”也可为部分污染场地修复者提供适当补助，引导与促进社会各方开展污染场地修复。

(4) **加强宣传、监督等管理工作**

场地污染是涉及多行业多部门的事情，应不断加强宣传工作，提高公众的环保和健康意识，以此来促进污染场地环境管理工作的深入开展，国外经验表明，仅依靠环保执法人员，难以及时发现污染场地，必须依靠全社会的共同努力。

习　题

1. 土壤污染调查的主要内容有哪些？
2. 土壤污染的生态效应主要包含哪几个层次？各层次的效应评价方法有哪些？
3. 污染土壤生态风险评估的主要模型及使用范围？
4. 土壤重金属和有机污染物污染的主要途径有哪些？
5. 土壤污染的主要防范措施有哪些？
6. 有机物污染土壤的风险评价指标的选择依据主要是什么？

参考文献

[1] 环境保护部自然生态保护司．土壤污染与人体健康［M］．北京：中国环境科学出版社，2013.

[2] 奚旦立. 环境监测［M］. 第3版. 北京：高等教育出版社，1989.
[3] 曾斌，胡立嵩，李庆新等. 土壤样品中有机污染物提取方法的研究新进展［J］. 长江大学学报（自然科学版）：农学卷，2008，5（1）：74-78.
[4] 化勇鹏，罗泽娇，程胜高等. 基于健康风险的场地土壤修复限值分析［J］. 工业安全与环保，2012，38（4）：68-71.
[5] 薛南东. 持久性有机污染物污染场地风险控制与环境修复［M］. 北京：科学出版社，2011.
[6] HJ 25.2—2019，建设用地土壤污染状况调查技术导则［S］.
[7] HJ 25.1—2019，建设用地土壤污染风险管控和修复技术导则［S］.
[8] HJ 25.3—2019，建设用地土壤污染风险评估技术导则［S］.
[9] HJ 25.4—2019，建设用地土壤修复技术导则［S］.
[10] U. S. EPA. Mercury study report to congress health effects mercury and mercury compounds，vol. V［R］. Washington DC：U. S. EPA，1997.
[11] 谷庆宝，颜增光，周友亚等. 美国超级基金制度及其污染场地环境管理［J］. 环境科学研究，2007，20（5）：84-88.
[12] Mark Reisch. Super fund：a summary of the law［R］. Washington DC：Congressional Research Service，2003.
[13] U. S. EPA. CERCLIS Database［EBPOL］. Washington DC：USEPA，2006.
[14] National Classification System for Contaminated Sites［R］. Winnipeg：Canadian Council of Ministers of the Environment，1992.
[15] 张百灵. 中美土壤污染防治立法比较及对我国的启示［J］. 山东农业大学学报（社会科学版），2011（1）：79-84.
[16] 申进忠. 日本土壤污染规制法述评［A］. 环境法治与建设和谐社会——2007年全国环境资源法学研讨会（年会）论文集（第三册）［C］. 2007.
[17] 罗丽. 日本土壤环境保护立法研究［J］. 上海大学学报（社会科学版），2013（2）：96-108.
[18] 世进，许珍. 美、英两国土壤污染防治立法及其对我国的借鉴［J］. 农业考古，2007，6：81-85.
[19] 单艳红，林玉锁，王国庆. 加拿大污染场地的管理方法及其对我国的借鉴［J］. 生态与农村环境学报，2009，25（3）：90-93，108.
[20] 刘志全，石利利. 英国的污染土地风险管理与修复技术［J］. 环境保护，2006（10）：69-73.
[21] Yu Q，Hou H，Bai Z，et al. Frame construction of national classification system for contaminated sites in China［J］. Transactions of the Chinese Society of Agricultural Engineering，2013，29（12）：228-234.
[22] Wilbur S B，Hansen H，Pohl H，et al. Using the ATSDR guidance manual for the assessment of joint toxic action of chemical mixtures［J］. Environmental Toxicology and Pharma-cology，2004，18（3）：223-230.
[23] Pennington D W，Margni M，Ammann C，et al. Multi-mediafate and human in take modeling：Spatial Versus non-spatial insights for chemical emissions in western Europe［J］. Environmental Science and Technology，2005，39（4）：1119-1128.
[24] European Commission. Technical guidance document on risk assessment part Ⅱ［S］. 2003.
[25] Verbruggen E M J，Posthumus R，Van Wezel A P. Ecotoxicological serious risk concentrations for soil，sediment and（ground）water：updated proposals for first series of compounds［J］. National Institute of Public Health and the Environment. 2001，37（4）：1019-1028.
[26] Weeks J M，Sorokin N，Johnson I J，et al. Biological test methods for assessing contaminated land：Stage 2 Aa-demonstration of the use of a framework for the ecological risk assessment of land contamination［J］. Environmental Science and Technology，2000，72（4）：719-728.
[27] C CME Manitoba. A framework for ecological risk assessment：general guidance［S］. Canada，1996.
[28] National Environmental Protection Council. Schedule B（5）：Guidline on ecological risk assessment［S］. 1999.
[29] 国家环境保护总局. 工业企业土壤环境质量风险评价基准（HJ/T 25—1999）［M］. 北京：中国环境科学出版社，1999.
[30] 陈华，刘志全，李广贺等. 污染场地土壤风险基准值构建与评价方法研究［J］. 水文地质工程地质，2006（2）：84-88.
[31] 方晓明，刘皙皙，刘中志等. 沈阳市丁香地区土壤重金属污染及生态风险评价［J］. 环境与生态，2005，31（130）：46-48.
[32] 郭平，谢忠雷，李军等. 长春市土壤重金属污染特征及其潜在生态风险评价［J］. 地理科学，2005，25（1）：

108-112.
[33] 孙叶芳，谢正苗，徐建明等．TCLP 法评价矿区土壤重金属的生态环境风险 [J]．环境科学，2005，26 (3)：152-156.
[34] 郭淼，陶澍，杨宇等．天津地区人群对六六六的暴露分析 [J]．环境科学，2005，26 (1)：64-167.
[35] 任慧敏，王金达，张学林．沈阳市土壤铅的空间分布及风险评价研究 [J]．地球科学进展，2004 (增刊)：429-433.
[36] 杨军，郑袁明，陈同斌等．中水灌溉下重金属在土壤中的垂直迁移及其对地下水的污染风险 [J]．地理研究，2006，25 (3)：449-456.
[37] 晁雷，周启星，陈苏等．沈阳某冶炼厂废弃厂区的人类健康风险评价 [J]．应用生态学报，2007，18 (8)：1807-1812.
[38] Congress of United States. Comprehensive environmental response，Compensation and liability act [EB/OL]．http：//www. epa. gov，1980.
[39] U. S. EPA. National oil and hazardous substance pollution contingency plan [EB/OL]．Final Rule，50 Federal Register 47912，Washington DC. http：//www. epa. gov，1985.
[40] U. S. EPA. National oil and hazardous substance pollution contingency plan [EB/OL]．Proposed Rule，53 Federal Register 51394，Washington DC. http：//www. epa. gov，1988.
[41] U. S. EPA. Risk assessment guidance for superfund：Human health evaluation manual [EB/OL]．http：//www. epa. gov，1989.
[42] U. S. EPA. Guidance for conducting remedial investigation and feasibility studies under CERCLA [EB/OL]．Office of Emergency and Remedial Response，Washington DC. http：//www. epa. gov，1988.
[43] U. S. EPA. Guide lines for exposure Assessment [EB/OL]．Federal Register，Washington DC. http：//www. epa. gov，1992，57 (104)：22888-22938.
[44] U. S. EPA. Soil screen guidance [R]．Office of Solid Waste and Emergency Response，Washington DC. http：//www. epa. gov，1996.
[45] COLINCF. Assessing risk from contaminated sites：Policy and practice in 16 European countries [J]．Land Contamination and Reclamation，1999，7 (2)：33-54.
[46] National Environmental Protection Council (NEPC)．Guide line on health risk assessment methodology [EB/OL]．http：//www. ephc. gov. au，1999.
[47] 陈鸿汉，谌宏伟，何江涛等．污染场地健康风险评价的理论和方法 [J]．地学前缘，2006，18 (1)：216-222.
[48] 陈怀满，郑春荣，周东美等．关于中国土壤环境保护研究中一些值得关注的问题 [J]．农业环境科学学报，2004，23 (6)：1224-1245.
[49] 夏家淇，骆永明．关于土壤污染的概念和 3 类评价指标的探讨 [J]．生态与农村环境学报，2006，22 (1)：87-90.
[50] 张瑜．POPs 污染场地土壤健康风险评价与修复技术筛选研究 [D]．南京农业大学，2008.
[51] 沈登辉．巢湖水体中多环芳烃类化合物 (PAHs) 污染调查和生态风险评价 [D]．安徽医科大学，2014.
[52] 王显炜，徐友宁，杨敏，乔严军．国内外矿山土壤重金属污染风险评价方法综述 [J]．中国矿业，2009，10：54-56.
[53] 刘增超．简易垃圾填埋场地下水污染风险评价方法研究 [D]．吉林大学，2013.
[54] 周婷，蒙吉军．区域生态风险评价方法研究进展 [J]．生态学杂志，2009，04：762-767.
[55] 张思锋，刘晗梦．生态风险评价方法述评 [J]．生态学报，2010，10：2735-2744.
[56] 赵洪阳．土壤地下水污染现场健康风险评价技术对比研究 [D]．清华大学，2008.
[57] 化勇鹏．污染场地健康风险评价及确定修复目标的方法研究 [D]．中国地质大学，2012.
[58] 崔超．污染场地健康风险评价研究 [D]．西北师范大学，2012.
[59] 章蔷．污染场地调查及健康风险评估的研究 [D]．南京师范大学，2013.
[60] 李飞．污染场地土壤环境管理与修复对策研究 [D]．中国地质大学 (北京)，2011.
[61] 任琳，张威．污染土壤的风险评估研究进展 [J]．环境保护与循环经济，2013，12：55-58.
[62] 谭婷，张秋劲，傅尧信．污染土壤的生态风险评估标准、方法和模型 [J]．四川环境，2010，05：24-29.
[63] 周启星，宋玉芳等．污染土壤修复原理和方法 [M]．北京：科学出版社，2004，
[64] 赵连仁．污染土壤整治与管理的研究 [D]．大连海事大学，2013.
[65] 李细红．遗留遗弃污染场地调查及风险评价 [D]．湖南农业大学，2011.
[66] 张胜田，林玉锁，华小梅，徐亦刚，田猛，江希流．中国污染场地管理面临的问题及对策 [J]．环境科学与管理，

2007 (06): 5-7, 29.
[67] 李梦瑶 . 中国污染场地环境管理存在的问题及对策 [J] . 中国农学通报, 2010, 24: 338-342.
[68] 姜林, 梁竞, 钟茂生等 . 复杂污染场地的风险管理挑战及应对 . 环境科学研究 . https: //doi. org/10. 13198/j. issn. 1001-6929. 2020. 07. 14
[69] Jenkins T F, Grant C L, Brar G S, et al. Assessment of sampling error associated with collection and analysis of soil samples at explosives-contaminated sites [R] . Hanover: Army Corps of Engineers Cold Regions Research & Engineering Laboratory, 1996: 1-37.
[70] Guilbeault M A, Parker B L, Chery J A. Mass and flux distributions from DNAPL zones in sandy aquifers [J] . Ground Water, 2005, 43 (1): 70-86.
[71] Stephen D. Using high resolution site characterization to improve remedy design and implementation [Z] . Washington DC: Office of Superfund Remediation and Technology Innovation, 2015.
[72] US Environmental Protection Agency. Guidance for evaluating technical impracticability of ground-water restoration [R] . Washington DC: Office of Superfund Remediation and Technology Innovation, 1993.
[73] Interstate Technology and Regulatory Council. Remediation management of complex sites. RMCS-1 [R] . Washington DC: Interstate Technology & Regulatory Council, 2017.
[74] Zhang R H, Jiang L, Zhong M S, et al. Applicability of soil concentration for VOC-contaminated site assessments explored using field data from the Beijing-Tianjin-Hebei urban agglomeration [J] . Environmental Science & Technology, 2019, 53 (2): 789-797.
[75] US Environmental Protection Agency. Using the triad approach to streamline brownfields site assessment and cleanup-brownfields technology primer series [R] . Washington DC: Office of Solid Waste and Emergency Response, 2003.
[76] US Environmental Protection Agency. Use of dynamic work strategies under a triad approach for site assessment and cleanup-technology bulletin [R] . Washington DC: US Environmental Protection Agency, 2005.
[77] Crumbling D M. Applying the concept of effective data to environmental analysis for contaminated sites [R] . Washington DC: Office of Solid Waste and Emergency Response, 2001.
[78] US Environmental Protection Agency. Demonstration of method applicability under a trial approach for site assessment and cleanup-technology bulletin [R] . Washington DC: Office of Solid Waste and Emergency Management, 2008.
[79] Viscusi W K, Hamilton J T, Dockins P C. Conservative versus mean risk assessments: implications for superfund policies [J] . Journal of Environmental Economics and Management, 1997, 34 (3): 187-206.
[80] Lester R R, Green L C, Linkov I. Site-specific applications of probabilistic health risk assessment: review of the literature since 2000 [J] . Risk Analysis, 2007, 27 (3): 635-658.
[81] US Environmental Protection Agency. Risk assessment guidance for superfund: volume Ⅲ-part A, process for conducting probabilistic risk assessment [R] . Washington DC: Office of Emergency and Remedial Response, 2001.
[82] Öberg T, Bergbäck B A. Review of probabilistic risk assessment of contaminated land [J] . Journal of Soils and Sediments, 2005, 5 (4): 213-224.
[83] Griffin S, Goodrum P E, Diamond G L, et al. Application of a probabilistic risk assessment methodology to a lead smelter site [J] . Human Ecology Risk Assessment, 1999, 5 (4): 845-868.
[84] Lee R C, Kissel J C. Probabilistic prediction of exposures to arsenic contaminated residential soil [J] . Environmental Geochemistry and Health, 1995, 17: 159-168.
[85] Paustenbeach D, Meyer D M, Sheehan P J, et al. An assessment and quantitative uncertainty analysis of the health risks to workers exposed to chromium contaminated soils [J] . Toxicology and Industrial Health, 1991, 7 (3): 159-196.
[86] Takeda S, Kannom M, Minasen N, et al. Estimates of parameter and scenario uncertainties in shallow-land disposal of uranium wastes using deterministic and probabilistic safety assessment models [J] . Journal of Nuclear Science and Technology, 2002, 39 (8): 929-937.
[87] Wang B, Yu G, Huang J, et al. Probabilistic ecological risk assessment of OCPs, PCBs, and DLCs in the Haihe river, China [J] . The Scientific World Journal, 2010, 0: 1307-1317.
[88] Dor F, Emperurbissonnet P, Zmirou D, et al. Validation of multimedia models assessing exposure to PAHs: the solex study [J] . Risk Analysis, 2003, 23 (5): 1047-1057.
[89] Bonomo L, Caserini S, Pozzi C, et al. Target cleanup levels at the site of a former manufactured gas plant in northern

Italy: deterministic versus probabilistic results [J] . Environmental Science & Technology, 2000, 34: 3843-3848.

[90] Zhong M S, Jiang L. Refining health risk assessment by incorporating site-specific background concentration and bioaccessibility data of Nickel in soil [J] . Science of the Total Environment, 2017, 581/582: 866-873.

[91] Zhang R H, Han D, Jiang L, et al. Derivation of site-specific remediation goals by incorporating the bioaccessibility of polycyclic aromatic hydrocarbons with the probabilistic analysis method [J] . Journal of Hazardous Materials, 2020, 384: 121-239.

[92] Accornero M, Jiang L, Napoli E, et al. Probability distributions of arsenic in soil from brownfield sites in Beijing (China): statistical characterization of the background populations and implications for site assessment studies [J] . Frontier of environmental science and engineering, 2013, 9 (3): 465-474.

[93] Interstate Technology & Regulatory Council. Vapor intrusion pathway: a practical guideline [R] . Washington DC: Interstate Technology & Regulatory Council Vapor Intrusion Team, 2007.

[94] US Environmental Protection Agency. National strategy to expand superfund optimization practices from site assessment to site completion [R] . Washington DC: Office of Solid Waste and Emergency Response, 2012.

[95] US Environmental Protection Agency. Environmental cleanup best management practices: effective use of the project life cycle conceptual site model [R] . Washington DC: US Environmental Protection Agency, 2011.

第4章 污染物在土壤中的迁移和转化

4.1 污染物在土壤中的形态

污染物在环境中的形态是指污染物的外部形状、化学组成和内部结构在环境中的表现形式。不同形态的污染物在环境中有不同的化学行为，并表现出不同的毒性效应。例如，Cr^{6+}有强烈毒性，而Cr^{3+}毒性较弱；甲基汞的毒性远远超过无机汞；六六六有7种异构体，其中γ型杀虫力最强。污染物在土壤中的形态按其物理结构与性状可分为固体、流体（气体和液体）、射线等。按化学组成和内部结构，污染物可分为单质和化合态两类，如土壤中的汞以单质汞、无机汞（如氯化汞）和有机汞（如甲基汞）等不同化学状态存在，水溶性砷则以AsO_4^{3-}和AsO_3^{3-}形式存在。土壤中污染物的迁移、转化及其对动植物的毒害和环境的影响程度，除了与土壤中污染物的含量有关外，还与其在土壤中具体的存在形态有关。实践表明，重金属和有机污染物的生物毒性在很大程度上取决于其存在形态，用污染物的总量指标很难准确地评价土壤中污染物污染的程度、风险和修复效果，搞清楚土壤中污染物的残留量、形态及其转化的基本规律以及不同形态污染物的生物可利用性，这将为制定土壤中该类污染物的环境质量标准、评价土壤污染风险、合理选择修复途径、保障土壤环境安全、指导农业生产等提供重要的理论依据。

4.1.1 土壤中重金属的形态

土壤中的重金属元素与不同成分结合形成不同的化学形态，它与土壤类型、土壤性质、外源物质的来源和历史、环境条件等密切相关。土壤中重金属形态的划分有两层含义，一是指土壤中化合物或矿物的类型，另外一层含义系指操作定义上的重金属形态。对于前者，例如含Cd的矿物包括CdO、β-$Cd(OH)_2$、$CdCO_3$、$CdSO_4 \cdot H_2O$、$CdSiO_3$、CdS及其他存在形态。由于重金属元素在土壤中化学结合形态的复杂和多样性，难以进行定量的区分，通常意义上所指的“形态”为重金属与土壤组分的结合形态，即“操作定义”。对于重金属的操作形态，目前还没有统一的定义及分类方法。常见土壤和沉积物中重金属形态分析方法有以下几种：Tessier五步提取法是目前应用最广泛的形态分析法之一，该方法将沉积物或土壤中重金属元素的形态分为可交换态、碳酸盐结合态、铁锰氧化物结合态、有机物结合态和残渣态5种形态（表4-1）；Cambrell认为土壤和沉积物中的重金属存在7种形态，即水溶态、易交换态、无机化合物沉淀态、大分子腐殖质结合态、氢氧化物沉淀吸收态或吸附态、硫化物沉淀态和残渣态；Shuman 将其分为交换态、水溶态、碳酸盐结合态、松结合有机态、氧化锰结合态、紧结合有机态、无定形氧化铁结合态和硅酸盐矿物态 8 种形态；为融合各种不同的分类和操作方法，欧洲参考交流局（The Community Bureau of Reference）提出了较新的划分方法，即 BCR 法，将重金属的形态分为 4 种，即酸溶态（如碳酸盐结合态）、可还原态（如铁锰氧化物态）、可氧化态（如有机态）和残渣态。上述几种形态划分体系中共有的和重要的土壤重金属形态具体描述如下。

表 4-1　土壤中重金属形态的 Tessier 连续提取法

重金属形态	提取剂	操作条件
①水溶态＋交换态	1mol/L $MgCl_2$(pH＝7.0)	室温下振荡 1h
②碳酸盐结合态	1mol/L $CH_3COONa \cdot 3H_2O$ (CH_3COOH 调 pH＝5.0)	室温下振荡 6h
③铁锰氧化物结合态	0.04mol/L $NH_2OH \cdot HCl$ 溶液 [25%(体积分数)CH_3COOH 溶液,pH＝2.0]	(96±3)℃水浴提取,间歇搅拌 6h
④有机结合态	0.02mol/L HNO_3＋30% H_2O_2(pH＝2.0)	(85±2)℃水浴提取 3h,最后加 CH_3COONH_2 防止再吸附,振荡 30min
⑤ 残渣态	HF-$HClO_4$	土壤消化方法

4.1.1.1　可交换态重金属

可交换态重金属主要是通过扩散作用和外层络合作用非专性地吸附在土壤黏土矿物及其他成分上，如氢氧化铁、氢氧化锰、腐殖质上的重金属。该存在形态的重金属是土壤中活动性最强的部分，对土壤环境变化最敏感，在中性条件下最易被释放，也最容易发生反应转化为其他形态，具有最大的可移动性和生物有效性，毒性最强，是引起土壤重金属污染和危害生物体的主要来源。此外，水溶态重金属存在土壤溶液中，其含量常低于仪器的检出限，且难与交换态区分，通常将两者合并研究。

4.1.1.2　碳酸盐结合态重金属

以沉淀或共沉淀的形式赋存在碳酸盐中，该形态对土壤 pH 值最敏感。随着土壤 pH 值的降低，碳酸盐态重金属容易重新释放而进入环境中，移动性和生物活性显著增加，而 pH 值升高有利于碳酸盐态的生成，即其在不同 pH 值条件下能够发生迁移转化，具有潜在危害性。

4.1.1.3　铁锰氧化物结合态重金属

一般以较强的离子键结合吸附在土壤中的铁或锰氧化物上，即指与铁或锰氧化物反应生成结合体或包裹于沉积物颗粒表面的部分重金属，可进一步分为无定形氧化锰结合态、无定形氧化铁结合态和晶体型氧化铁结合态 3 种形态。土壤 pH 值和氧化还原条件对铁锰氧化物中重金属的分离有重要影响，当环境氧化能力降低（如淹水、缺氧等时），这部分形态的重金属可被还原而释放，造成对环境的二次污染。

4.1.1.4　有机物结合态重金属

主要是以配合作用存在于土壤中的重金属，即土壤中各种有机质如动植物残体、腐殖质及矿物颗粒活性基团与土壤中重金属络合而形成的螯合物，或是硫离子与重金属生成难溶于水的硫化物，也可分为松结合有机物态和紧结合有机物态，普遍使用氧化萃取剂来分离该态，该形态重金属较为稳定，释放过程缓慢，一般不易被生物所吸收利用。但当土壤氧化电位发生变化，如在碱性或氧化环境下，有机质发生氧化作用而分解，可导致少量重金属溶出释放。

4.1.1.5 残渣态重金属

残渣态重金属是非污染土壤中重金属最主要的结合形式，常赋存于硅酸盐、原生和次生矿物等土壤晶格中。一般而言，残渣态重金属的含量可以代表重金属元素在土壤或沉积物中的背景值，主要受矿物成分及岩石风化和土壤侵蚀的影响。在自然界正常条件下不易释放，能长期稳定结合在沉积物中，用常规的提取方法未能提取出来，只能通过漫长的风化过程释放，因而迁移性和生物可利用性不大，毒性也最小。

4.1.2 土壤中有机污染物的形态

进入土壤中的有机污染物，一小部分会溶解在土壤溶液中，这和有机物本身的水溶性、土壤的机械组成、土壤酸碱度以及土壤温度等有关；大部分有机污染物进入土壤后，会与土壤黏粒或土壤有机质发生吸附作用，暂时保持吸附态或悬浮态于土壤颗粒表面；还有一部分有机污染物会进入土壤矿物和有机质内部形成结合态。国际纯粹和应用化学联合会（IUPAC）、联合国粮农组织（FAO）和国际原子能机构（IAEA）确定的农药结合残留，是指用甲醇连续提取24h后仍残存于样品中的农药残留物。因此，有机污染物在土壤中的存在形态可分为溶解态、吸附态、结合态和残留态等不同形态，且各形态间可以相互转化。

溶解态有机污染物的生物活性较高，能够直接对环境产生危害，但在环境中的代谢和降解也快。吸附态和结合态有机污染物会与土壤中的天然吸附剂通过各种相互作用结合在一起，吸附态和结合态的有机污染物的生物活性较低，不会直接对环境产生危害，但在一定条件下可以转化为溶解态，从而对环境产生危害。残留态有机污染物几乎没有生物活性，一般不会轻易转化为其他形态，因此，不会对环境产生危害。

也有研究将有机污染物在土壤中的残留形式分为可提取态残留和结合态残留。前者指无须改变化学结构、可用溶剂提取并用常规残留分析方法所鉴定分析的这部分残留；后者则难于直接萃取。两部分之间的界限并不是十分明显。

(1) 可提取态残留

可提取态残留物的生物活性较高，能直接对生物（植物、微生物）产生影响，但在环境中降解也快，包括溶解态和吸附态。有研究表明，土壤中甲磺隆残留物的可提取态残留率随时间延长而逐渐降低；培养112d后，其可提取态残留量为初始量的16.1%～75.5%。表明，甲磺隆进入土壤初期主要以可提取态残留存在，且可提取态残留能转变形成结合态残留或直接降解。另有研究表明，土壤pH值与甲磺隆可提取态残留率呈显著正相关，甲磺隆在碱性土壤中降解较慢，可提取态残留比例较高。

(2) 结合态残留

许多合成物和农用化学品具有与土壤腐殖质相同的结构，所以在腐殖化过程中这些外源性有机物与土壤有机质易结合成结合态残留。结合态残留可以是有机污染物的母体化合物，也可以是其代谢物。我国每年农药使用量达（50～60）$\times 10^4$t，其中约80%的农药直接进入环境，而在我们通常使用的农药中，有90%可以在土壤和植物中形成结合态残留，其结合态残留量一般占到施药量的20%～70%。用高温蒸馏法提取溴氰菊酯在土壤中的结合残留，发现有19.2%的结合残留量。经14周培养后，土壤中氟乐灵的结合态^{14}C残留量最高可达施入量的20%以上，而且有机质含量高的黑土的结合态^{14}C残留量高于水稻土。

根据污染物与不同土壤腐殖质的结合作用，结合态残留可分为富啡酸结合态、胡敏酸结合态和胡敏素结合态。研究表明，^{14}C-绿磺隆形成的结合态残留主要分布在富啡酸和胡敏素中，结合态残留分布在胡敏酸中的相对百分数约为2%；在^{14}C-绿磺隆结合态残留形成的过程中，富啡酸的作用>胡敏素≥胡敏酸。采用同位素示踪技术和连续提取的方法对土壤中芘的形态研究发现，随培养时间延长（0～24周），土壤中可提取态芘（提取剂为甲醇/水、丁醇）的放射性活度降低，而结合态残留量明显增大，其中主要为胡敏素结合态残留。

4.1.3 典型重金属在土壤中的形态与分布

污染物进入土壤后，由于其污染来源、迁移能力、与土壤物质的结合能力以及进入植物体内能力的不同，导致它们在空间及形态上表现出不同的分布特征。对杭州市各区县农业土壤中Hg、As、Cu、Pb、Cr、Cd的调查表明：余杭区的Hg、As、Pb平均含量均高于其他区县，淳安县的Cu、Cr平均含量高于其他区县。在所有采样点中，淳安县出现了As、Cr和Cd含量最大值。主城区和萧山区农业土壤中各种重金属平均含量均处于较低水平。不同于杭州市各区县的分布特征，不同作物的农业土壤中，水稻田中的Hg、Pb、Cr、Cd平均含量均高于其他作物类型土壤中的含量。蔬菜地中Hg的平均含量也处于第一位，且出现了Hg含量最大值。对南京市不同功能区城市土壤重金属分布的初步调查发现：重金属含量分布不均匀，以矿冶工业区含量最高，其次为居民区、商业区、风景区、城市绿地、开发区。垂直分布也各不相同，城市中心区有表聚现象，风景区和新开发区则有亚表层积累趋势。

在葫芦岛铅锌冶炼厂附近的土壤中，Zn和Cd的主要形态为酸可溶态和残余态，Pb和Cu的主要形态为可还原态和残渣态，酸可溶态含量较低，四种元素的可氧化态含量都较小。Zn、Pb、Cd的酸可溶解态占总量的比例随着pH值的增大而降低，有机质与Cd的酸可溶解态、可还原态和可氧化态含量显著正相关，阳离子交换量（CEC）与几种重金属的形态分布都不显示相关性。下面对典型重金属在土壤中的形态与分布分别予以阐述。

4.1.3.1 砷的形态与分布

土壤中砷以无机态为主，多以As(Ⅲ)或As(Ⅴ)价态存在，又以As(Ⅴ)为主。As(Ⅲ)和As(Ⅴ)之间可以通过氧化-还原反应而发生价态转变，二者之间保持动态平衡。砷进入土壤后，一小部分留在土壤溶液中，一部分吸附在土壤胶体上，大部分转化为复杂的难溶性砷化物。因此，土壤中砷形态可分为3类：水溶性砷、吸附性砷、难溶性砷。水溶性砷和吸附性砷总称为可给态砷或有效态砷；难溶性砷又分为铝型砷、铁型砷、钙型砷和闭蓄型砷4种，其中铝型砷和铁型砷对植物的毒性小于钙型砷。酸性土壤中以铁型砷占优势，碱性土壤以钙型砷占优势；水溶态的砷含量很低，一般小于总砷的5%。对刁江沿岸砷污染农田的数据分析发现：闭蓄态砷含量占总砷含量的65.76%，Ca-As占23.33%，Fe-As占8.1%，Al-As占2.55%，水溶态As占0.37%。土壤加入不同浓度砷后，土壤中砷的形态分布发生明显变化。随着加砷量的增加，土中各种砷形态含量均增大。固定态砷占总砷的百分数随砷浓度增加明显增加，而水溶态砷、交换态砷、活性砷占总砷的百分数则随砷浓度增加明显降低。改变土壤pH值，将显著地改变土壤中水溶态砷的含量。有实验表明，土壤对砷的吸附量随pH值的变化呈抛物线形变化。在pH值2～7的范围内，土壤对砷的吸附力较强；在pH=4左右，吸附量最大；当pH>10或pH<1时，土壤颗粒对砷的吸附量很少，土壤中

的砷主要以水溶态存在。

与磷相似，砷大部分被胶体吸附，或和有机物配合、螯合，或与铁、铝、钙离子结合形成难溶性化合物而累积在土壤表层，主要以 AsO_4^{3-} 、AsO_3^{3-} 形式存在。但是随着作物的生长，条件的变化以及人为耕翻，土层也可发生向剖面下部的迁移。土壤中活性铁和活性铝随土壤中黏粒含量的增加而增多。土壤对砷的吸附性与砷的有效性密切相关，影响土壤砷有效性的因素很多。土壤 pH 值影响砷的有效性，pH 值越高，土壤对砷的吸附性越差，土壤溶液中总砷的含量就越大。不同土壤类型对砷的吸附性不同，一般是砖红壤＞红壤＞黄棕壤，褐土＞棕壤＞潮土。土壤中的磷酸根能显著降低土壤吸附砷的能力，土壤中的砷会与同样以阴离子形式存在的磷酸根产生竞争吸附作用，其结果往往是磷被土壤颗粒吸附，而砷被解析出来增加了砷在土壤中的移动性。土壤中有机质含量、高岭土含量和砂的含量对土壤的砷吸附影响不大。土壤中的某些细菌、酵母菌等微生物可以使土壤中的砷甲基化而逸出气体砷，但砷污染土壤后土壤的细菌、真菌、放线菌数量明显减少，因而造成土壤的呼吸作用、土壤酶系统、碳氮代谢等受到抑制，从而提高了土壤砷的有效性并增强其对植物的毒害。

4.1.3.2 汞的形态与分布

汞在土壤中以金属汞、无机化合态汞和有机化合态汞的形式存在。对贵州省万山汞矿区周围土壤中汞的形态与分布特征的调查发现：表层土壤中汞含量在东部区域普遍较高，西部区域相对较低，并呈现随污染源距离的增加逐渐降低的趋势。剖面土壤中的汞则表现出明显的表层富集规律，5 个剖面汞的最大值均出现在上层土壤中（0～40cm），当土壤深度大于 80cm 后，汞含量呈大幅度降低趋势。在形态组成上，研究区土壤中汞的形态主要以残渣态、难氧化降解有机质及某些硫化物结合态和易氧化降解有机质结合态汞为主，而水溶态、交换态和碳酸盐、铁锰氧化物及部分有机态 3 种形态的汞含量极低，腐殖酸结合或络合态的汞由于腐殖酸对汞的较强吸附能力而使其在总汞含量中占一定程度的比例。各形态的汞含量与土壤总汞含量密切相关，随总汞含量的增加而增加。各形态汞含量占总量的百分比也呈现出较为一致的规律，即：残渣态≫难氧化降解有机质及某些硫化物结合态≈易氧化降解有机质结合态汞＞铁锰氧化物及部分有机态汞、腐殖酸结合或络合态＞碳酸盐、铁锰氧化物及部分有机态＞水溶态＞交换态。对不同形态汞在土壤垂直方向上的空间分布特征的研究发现：

① 残渣态、难氧化降解有机质及某些硫化物结合态和碳酸盐、铁锰氧化物及部分有机态汞含量均随土壤深度的加深而不规则增加。可见汞在土壤中随时间和迁移距离的增加，其各形态间相互转化，最终进一步向残渣态等较稳定的形态转化，从而使得其含量在深层土壤中得到相应地增加。

② 水溶态、交换态、腐殖酸结合态汞则主要分布于表层土壤中，随采样深度的加深不规则地减少。其在土壤中会随时间在各土壤环境条件的影响下向其他较稳定形态转化，且由于表层土壤直接受人为耕作、接受枯枝落叶等因素的影响，有机质、腐殖酸等含量也较为丰富，使其主要富集于表层土壤中。

③ 易氧化降解有机质结合态则随采样深度的加深先增加后减少。这主要受汞迁移能力的影响。万山汞矿区位于湘黔汞矿带，土壤中的汞背景值相对较高。在长期的迁移转化作用下，汞在下层土壤中得到富集，使得土壤中汞含量由表层向下逐渐增加。但汞在土壤中的迁移转化除了受时间的影响外，还受土壤理化性质、环境条件、人为活动等因素的共同影响，使得汞在土壤中的迁移速率较慢。这就造成了汞在剖面土壤中随采样深度的增加呈先增加后

减少的规律。

4.1.3.3 铅的形态与分布

铅主要积累在土壤表层，且含量与土壤的性质有关，如酸性土壤一般比碱性土壤的铅含量低。土壤中有机质的性质也能影响其铅含量。某些有机物中含有螯合物，这些螯合物能与铅结合，根据整合后复合物的溶解特征既可促进其从土壤中去除，又可将金属固定。对成渝高速旁土壤铅污染的分析表明，水平方向距离公路 4m 处土壤铅含量最高，总体分布呈先增后减趋势，128m 处铅含量已接近背景浓度；垂直方向上 0～5cm 表层土壤铅含量平均值显著高于以下各层，0～20cm 范围内，铅含量随土壤向下逐渐减少。盆栽实验发现，在未加入铅处理时，土壤中各铅的存在形态及对应的铅含量大小顺序为：硫化物残渣态>碳酸盐结合态>吸附态>有机结合态>交换态>水溶性铅。经过外源加入铅后，变化顺序为：硫化物残渣态>交换态>碳酸盐结合态>有机结合态>吸附态>水溶性铅。外源铅进入土壤后，硫化物残渣态和交换态铅含量增加，但主要以硫化物残渣态存在，该形态的铅是植物不能直接吸收态的铅，它可以成为土壤中潜在铅污染来源，经转化可成为交换态等有效态的铅被植物吸收。

4.1.3.4 铬的形态与分布

土壤中的铬多为难溶性化合物，其迁移能力一般较弱，主要残留积累在土壤表层。铬在土壤中的存在形态主要有 4 种，分别是 Cr^{3+}、CrO_2^-、$Cr_2O_7^{2-}$ 和 CrO_4^{2-}。这 4 种离子态铬在土壤中迁移转化状况要受土壤 pH 值和氧还化原电位（E_h）这两种条件的制约。此外，离子态铬在土壤中的存在状态也与其他一些因子相关，如土壤有机质含量、无机胶体组成、土壤质地等。对堆渣场附近土壤和未受污染的农田土壤中铬的形态分布特征的研究表明：堆渣场附近土壤各形态铬含量依次为：矿物态>交换态>氧化物结合态>碳酸盐结合态>有机结合态；农田土壤为：矿物态>氧化物结合态>碳酸盐结合态>有机结合态>交换态；而且堆渣场附近土壤交换态、碳酸盐结合态、有机结合态和氧化物结合态铬含量均显著高于农田土壤。堆渣场附近土壤交换态铬是农田土壤的 132 倍，碳酸盐结合态、有机结合态和氧化物结合态铬分别是农田土壤的 4 倍、3 倍和 4 倍，而矿物态铬含量与农田土壤差异不大。表明铬进入土壤后主要和土壤碳酸盐、有机质和氧化物相结合，有很大一部分存在于土壤溶液中，而且显著地改变了原有土壤中铬的形态分布，从而改变了铬在土壤中的迁移转化，影响其环境行为。在垂直分布上，0～60cm 土层土壤铬含量较低；60～160cm 土层土壤铬含量较高，土壤铬含量随土层深度的增加而增加，在土壤剖面呈现上低下高的分布趋势。张垒对杭州铬渣污染土壤的调查发现，各形态铬的百分含量大小依次为：残渣态>铁锰氧化物结合态>有机质结合态>碳酸盐结合态>水溶态>交换态。

4.1.3.5 镉的形态与分布

在大多数土壤溶液中，镉主要以 Cd^{2+}、$CdCl^+$、$CdSO_4$ 形态存在。工业用地周围土壤镉含量为 40～50mg/kg，主要集中在土壤表层并有可能随工业废水下渗到土壤 0～15cm 处被土壤吸附。农用土壤中的镉主要集中在地表 20cm 左右的耕层内，尤其在几厘米内的土层中浓度最高。土壤中镉的存在形态主要受 pH 值和 E_h 值的影响。总体来说，随着土壤 E_h 值下降和 pH 值上升，土壤中难溶态镉增加，水溶态镉下降；土壤酸度的增加会增大 $CdCO_3$ 和 CdS 的溶解度，使水溶态镉含量增大，添加石灰则能降低交换态镉的含量。对来自不同省份的15个土壤样品中镉的形态分析发现，各形态平均含量顺序为：可交换态>碳酸盐结合态>残渣态>铁锰氧化物结合态>有机结合态；其中60%的土样中镉的赋存形态以可交换态比例最高，剩下的以碳酸盐结合态和残渣态比例较高。

4.1.3.6 铜的形态与分布

在自然土壤中，铜主要以残渣态、有机结合态和氧化物结合态为主。在污灌区土壤上种植不同作物后会使土壤中的不同形态铜含量发生变化，均表现为难溶态铜向可溶态铜转化，在不同土层可交换态铜的含量都有所增加。其中，20～40cm土层的增加量最为明显；碳酸盐结合态铜的含量与种植前相比总体呈下降趋势，随着土层加深，碳酸盐结合态铜的下降率依次增加，40～60cm土层的下降率最高；铁锰氧化物结合态铜的含量在种植玉米、大豆、向日葵后均有所增加，而种植高粱和菊花后有所降低，在0～5cm土层增加明显，在40～60cm土层有明显减少；有机结合态铜含量在各土层中均有降低，其中在40～60cm降低率最高；残渣态铜的含量总体呈降低的趋势。随着有机肥的施用，土壤中各种形态铜的含量也相应发生变化，其中锰结合态组分随有机肥的施用而降低，而有机结合态组分则随有机肥的施用而增加，此外无定形铁结合态的组分也有降低的趋势。

4.1.3.7 锰的形态与分布

土壤中锰的赋存形态较为复杂，主要以二、三、四价存在，并保持平衡。土壤溶液中锰主要以Mn^{2+}形态存在，Mn(Ⅲ)和Mn(Ⅳ)主要以氧化物形态存在，并形成土壤中近20种锰氧化物矿物。在三江平原，土地利用方式不同，土壤中总锰含量差异较大，表现出岛状林>人工杨树林>玉米地>小叶樟湿地>水稻田的规律。人工杨树林和岛状林等林地土壤中总锰含量水平要高于湿地及农田。在自然湿地、玉米地和水稻田这3种土地利用类型中，玉米地土壤中总锰含量要明显高于水稻田。不同土地利用方式下土壤中锰形态分布特征存在较大差异。玉米地、水稻田、小叶樟湿地和人工杨树林土壤中，残渣态锰为主要锰形态；而在岛状林中，土壤中锰形态主要以可还原态锰为主，残渣态锰次之，分别约占土壤中总锰含量的50.66%和33.06%。不同土地利用方式下，可交换态锰含量占土壤总锰的比例变化不大。玉米地、小叶樟湿地和水稻田这3种土地利用方式下，土壤中各种锰形态占总锰的比例，除了可氧化态锰占总锰比例存在显著性差异之外，其余3种形态锰含量占总锰比例差异不明显，表明湿地垦殖方式不同对土壤中可氧化锰的影响重大。小叶樟湿地垦殖为旱田时，土壤中可氧化锰含量升高，垦殖为水田时，土壤中可氧化锰含量降低。

4.1.4 典型有机污染物在土壤中的形态与分布

有机污染物进入土壤环境后，会由于污染物的理化性质、土壤的性质以及环境条件的影响而在土壤中呈现出不同的形态。对污染物的存在形态，目前文献中既有按操作形态进行报道的，也有按物质的分子结构进行测定分析的。

4.1.4.1 有机氯农药（OCPs）

有机氯农药种类繁多，其中，DDTs和HCHs是我国土壤有机氯农药污染最普遍的污染物，其主要原因是我国生产的DDTs和HCHs产量巨大，使用范围广，从而导致全国大部分地区尤其在农村地区普遍存在DDTs和HCHs残留。土壤中有机氯农药的残留水平与土地利用模式有关。对福建鹫峰山脉表层土壤中有机氯农药残留水平的研究发现，残留量表现为水稻田＞蔬菜地＞茶叶地＞林地；而在不同地形中，山区地带的有机氯农药残留量一般要高于平原地区。安琼等在2002年4月～2003年10月间对南京地区土壤中有机氯农药残留及分布状况进行了研究，发现试区土壤DDTs和HCHs的检出率均高达100%，其中＞65%的样点土壤有机氯残留总量低于60μg/kg。OCPs主要残留物为p,p'-DDE，占残留总量的80%以上。工业用地土壤中有机氯农药残留量明显低于农业土壤，不同利用类型土壤中有机氯残留总量排序为：露天蔬菜地＞大棚蔬菜地＞闲置地＞旱地＞工业区土地＞水稻土＞林地。惠州市土壤与国内外其他地区农业土壤相比，HCHs和DDTs的平均含量都相对较低。从HCHs和DDTs各异构体的分布来看，β-HCH是HCHs的主要残留物，占所有HCHs异构体总量的44.58%，许多研究也发现了类似现象，如香港土壤β-HCH占HCHs比例高达95.8%～100%，日本稻田土壤残留的HCHs中β-HCH的比例达到50%，澳大利亚甘蔗地β-HCH所占比例35.3%。p,p'-DDE平均含量占DDTs的69.68%，其次为p,p'-DDD（17.47%）和p,p'-DDT（12.85%），虽然最初进入土壤的主要为p,p'-DDT，但经长期降解，它们大多转化为p,p'-DDD和p,p'-DDE，环境中的残留量相对较低。

徐鹏以砂土土壤和黏土土壤中有机氯农药为研究对象，通过不同溶剂组合逐级连续提取的方法，研究了有机氯农药在土壤中的形态分布。结果显示（表4-2，图4-1），在砂土土壤中，不同形态的HCHs总含量依次为：吸附态＞残留态＞溶解态＞结合态，分别占HCHs总含量的54%、33%、7%和6%。不同形态的DDTs总量依次为：吸附态＞残留态＞结合态＞溶解态，分别占DDTs总含量的70%、28%、2%和0.10%。由此可以看出，在砂土土壤中HCHs和DDTs主要以吸附态和残留态的形式存在，而溶解态和结合态所占比例很小。

表4-2　砂土土壤中不同形态OCPs含量　　单位：mg/kg

形态	溶解态	吸附态	结合态	残留态
α-HCH	0.174	1.39	0.150	0.966
β-HCH	0.158	1.66	0.210	0.922
γ-HCH	0.055	0.216	0.026	0.143
δ-HCH	0.032	0.224	0.012	0.097
p,p'-DDE	0.004	0.461	0.013	0.303
p,p'-DDD	0.060	1.41	0.036	0.514
o,p'-DDT	0.003	0.705	0.024	0.368
p,p'-DDT	0.003	2.75	0.079	0.918

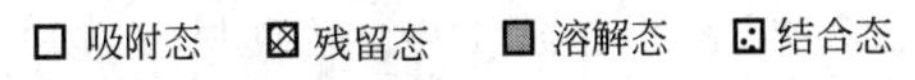

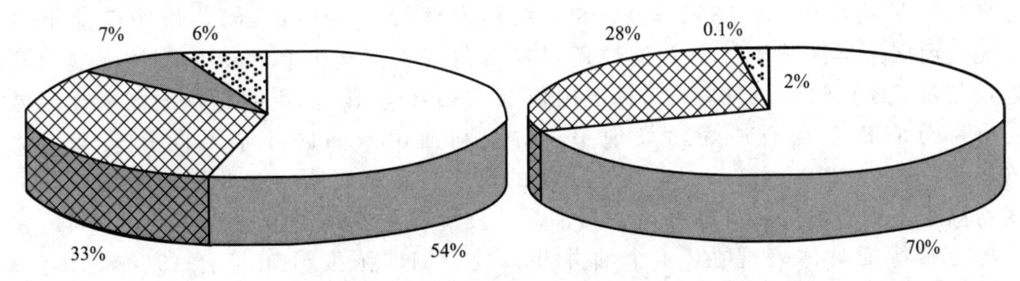

图4-1　砂土土壤中HCHs和DDTs的存在形态

在黏土土壤中，不同形态的HCHs总含量依次为：吸附态＞残留态＞溶解态＞结合态，分别占HCHs总含量的67%、14%、10%和9%。不同形态的DDTs总量依次为：吸附态＞残留态＞结合态＞溶解态，分别占DDTs总含量的80%、15%、3.8%和0.7%。由此可以看出，在黏土土壤中HCHs和DDTs主要以吸附态的形式存在，残留态、结合态和溶解态所占比例相对较小（表 4-3，图 4-2）。

表 4-3　黏土土壤中不同形态 OCPs 含量　　单位：mg/kg

形态	溶解态	吸附态	结合态	残留态
α-HCH	0.231	1.37	0.185	0.344
β-HCH	0.051	0.822	0.104	0.163
γ-HCH	0.056	0.195	0.022	0.042
δ-HCH	0.026	0.165	0.014	0.012
p,*p*′-DDE	0.003	0.314	0.015	0.126
p,*p*′-DDD	0.030	1.39	0.074	0.276
o,*p*′-DDT	0.004	0.570	0.023	0.162
p,*p*′-DDT	0.002	2.17	0.098	0.330
反-氯丹	0	0.236	0.003	0.079
顺-氯丹	0	0.224	0.002	0.047

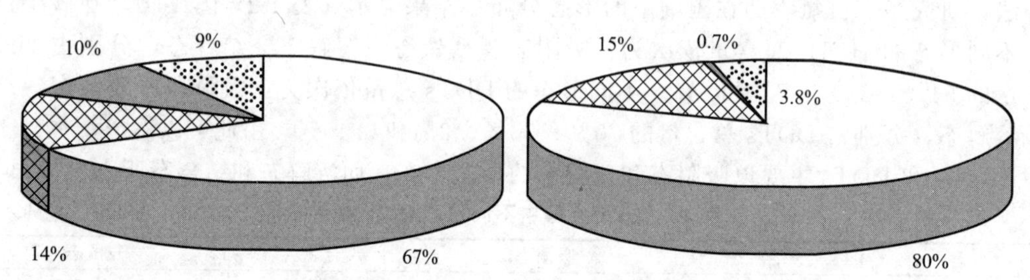

图 4-2　黏土土壤中 HCHs 和 DDTs 的存在形态

4.1.4.2　石油烃

20 世纪 80 年代以来，土壤石油烃类污染成为世界各国普遍关注的环境问题。石油能自然溢流进入环境，但土壤石油烃类污染主要源于石油钻探、开采、运输、加工、储存、使用产品及其废弃物的处置等人为活动。目前对石油烃在土壤中的存在主要侧重于总含量和大类组成的分析。研究发现，沈阳沈抚灌区上游 10 个行政村土壤中石油烃的平均含量均高于 GB 15618—2008 一级标准值（≤100mg/kg），说明停灌十多年来，沈抚灌区采样区域土壤中石油烃还存在残留现象。其中有 3 个行政村土壤中石油烃含量超过 GB 15618—2008 二级标准限值（≤500mg/kg），说明沈抚灌区采样区域至今还有部分农田存在石油烃污染现象。对胜利油田采油区 4 个不同开采年代油井（1960s、1990s、2000s、2010s）周边土壤的取样与测试表明，油井周边土壤中石油烃浓度均高于土壤石油烃污染临界值，石油烃浓度随离油井距离增加而降低。PAHs 在土壤中的分布特征具体表现在：4 个油井井口处 PAHs 浓度分布符合 1960s＞1990s＞2000s＞2010s；对于同一油井，PAHs 浓度随离油井距离增加而降低。油井周边土壤中 PAHs 污染严重，是石油源和燃烧源共同作用的结果。东北某油田污染场地表层土壤总石油烃浓度明显高于深层土壤，0～0.2m 土层达到重度污染水平，以下深度总石油烃浓度逐渐降低，趋向背景值。莫莫格湿地油田开采区土壤石油烃污染分析结果表明：所有油田开采区油井周围土壤中总石油烃含量显著高于对照区，开采 5 年、10 年和 20

年的油井周围土壤总石油烃含量分别是对照区土壤的 30 倍、60 倍和 111 倍。

4.1.4.3 多氯联苯

土壤中的 PCBs 主要来源于颗粒沉降，有少量来源于用作肥料的污泥，填埋场的渗漏以及在农药配方中使用的 PCBs 等。目前有关多氯联苯的研究以直接测定 PCB 同系物的含量为主。对长江三角洲某典型电子垃圾拆卸区土壤样品的分析表明：研究区土壤 PCBs 污染以点源污染为主，其 Σ17PCBs 的检出率为 65.8%，部分点位受到了严重污染。土壤中 17 种同系物又以 3-氯代、4-氯代、5-氯代化合物为主，三者占同系物总量的 98.5%；不同土地利用方式土壤残留量顺序为果园＞水田＞荒地＞林灌＞菜地。北京怀柔区附近土壤样品中仅有 0.429μg/kg（干重），但一些典型污染区农田土壤中 PCBs 总量高达 788μg/kg（干重）。阙明学在全国范围内采集的 52 个土壤样品中，残留量最高的 10 种 PCBs 依次为 PCB15、PCB18、PCB22、PCB138、PCB5/8、PCB31/28、PCB74、PCB17、PCB153/132、PCB149。其中，PCB15、PCB18、PCB22 在所有的土壤样品中均被检出。我国土壤中 PCBs 的同族体主要以三氯联苯为主，其他的依次为二氯联苯、六氯联苯、四氯联苯、五氯联苯、七氯联苯、九氯联苯、八氯联苯。

4.1.4.4 多环芳烃

多环芳烃的有效态残留（包括可脱附态残留和有机溶剂提取态残留）是土壤中有机污染的有效组分，能被动植物吸收，其中有效态残留中可脱附态残留最容易被吸收。曾跃春通过盆栽实验研究了“老化”土壤中多环芳烃的残留形态，重点分析有效态的动态变化。以菲和芘作为多环芳烃代表物，选用 4 种不同地带性土样“老化”培养 16 周后，连续提取法评价土壤中菲和芘的有效态。多环芳烃有效态残留分为可溶态残留和有机溶剂提取态残留，两者含量都因微生物降解作用而随时间降低。相比有机溶剂提取态，可溶态残留在有效态残留中所占比例较大且更易降解；菲和芘可溶态残留分别占有效态残留的 91.4% 和 71.2% 以上，其降解量则分别占有效态降解量的 92.1% 和 76.8% 以上，结合态残留占总残留量很小部分。相比微生物降解作用，有效态残留向结合态残留的转化作用对土壤中多环芳烃有效态残留量降低的贡献很小。同时盆栽实验显示，在丛枝菌根（AM）作用下，土壤中多环芳烃芘的总残留降解率比未接种对照高，有机溶剂提取态是土壤中芘残留的主要部分。接种 AM 后土壤中芘可脱附态和有机溶剂提取态残留量分别比对照降低了，但结合态残留量相比对照增加，AM 作用能降低土壤中芘可提取态残留含量。

党红交等采用微宇宙试验方法研究了菲和芘在几种低分子量有机酸作用下黄棕壤中的残留特性，发现在供试条件下，可脱附态和有机溶剂提取态是土壤中菲和芘存在的主要形态，而结合态残留占总残留的比例很小（＜8.5%）。3 种有机酸均提高了土壤中可脱附态和有机溶剂提取态菲和芘的残留含量，施加有机酸使土壤中菲和芘的可脱附态含量较对照分别提高了 46.67%～749.1% 和 1.83%～80.20%，有机溶剂提取态则提高了 8.73%～375.2% 和 22.63%～114.3%；低分子量有机酸作用下结合态的菲和芘含量仍很小。

任丽丽在黄棕壤、棕红壤和红壤三种不同地带土壤中加入根系分泌物培养 0～60 天后，与对照相比，供试土壤中可萃取态菲、芘含量分别增加了 11.2% 和 7.3% 以上；而随着老化时间的增加，有效态菲和芘含量分别降低了 52.5% 和 58.9%。多环芳烃种类不同，其可萃取态含量存在差异，具有高分子量、多苯环的多环芳烃，其有效性较低；加入 300mmol/kg ARE，黄棕壤中可萃取态菲含量增加了 337.4%，而芘的可萃取态含量仅增加了108.1%。

4.2 污染物在土壤中的迁移

污染物在土壤中的迁移方式归纳起来有3种：机械迁移、物理-化学迁移和生物迁移。污染物在环境中的迁移受到两方面因素的制约：一方面是污染物自身的物理化学性质；另一方面是外界环境的物理化学条件，其中包括区域自然地理条件。

4.2.1 机械迁移

由于土壤的相对稳定性，污染物在土壤中的机械迁移主要是通过大气和水的传输作用来实现的。土壤多孔介质的特点为污染物在多种方向上的扩散和迁移提供了可能。从总体上来看，污染物在土壤中的迁移包括横向的扩散作用和纵向的渗滤过程。由于水的重力作用，污染物在土壤中的迁移总体上是向下的趋势。

4.2.2 物理-化学迁移

物理-化学迁移是污染物在土壤环境中最重要的迁移方式，其结果决定了污染物在环境中的存在形式、富集状况和潜在危害程度。对于无机污染物而言，是以简单的离子、配合物离子或可溶性分子的形式，通过诸如溶解-沉淀作用、吸附-解吸作用、氧化-还原作用、水解作用、配位或螯合作用等在环境中迁移。对于有机污染物，除了上述作用外，还可以通过光化学分解和生物化学分解等作用实现迁移。

4.2.3 生物迁移

污染物通过生物体的吸附、吸收、代谢、死亡等过程发生的生物性迁移，是它们在环境中迁移的最复杂、最具有重要意义的迁移方式。这种迁移方式，与不同生物种属的生理生化和遗传变异特征有关。某些生物对环境污染物有选择性吸收和积累作用，某些生物对环境污染物有转化和降解能力。污染物通过食物链的积累和放大作用是生物迁移的重要表现形式。

4.3 污染物在土壤中的转化

污染物在环境中通过物理的、化学的或生物的作用改变形态，或者转变成另一种物质的过程称为转化。污染物的转化过程取决于其本身的物理化学性质和所处的环境条件，根据其转化形式可分为物理转化、化学转化和生物转化3种类型。

4.3.1 物理转化

重金属的物理转化除了汞单质可以通过蒸发作用由液态转化为气态外，其余的重金属主要通过吸附-解吸进行形态的改变。有机污染物在土壤中的挥发是其物理转化的重要形式，可以用亨利定律进行描述。

4.3.2 化学转化

在土壤中，金属离子经常在存在形态和价态上发生一系列的变化，这些变化主要受土壤pH值的影响和控制。pH值较低时，金属离子溶于水呈离子状态；pH值较高时，金属离子易与碱性物质化合呈不溶型的沉淀。氧化还原电位也会影响金属的价态，如在含水量大的湿地土壤中砷主要呈三价的亚砷酸形态；而在旱地土壤中，由于与空气接触较多，主要呈五价的砷酸盐形态。常见的重金属污染物在土壤中的化学转化包括沉淀-溶解、氧化-还原、络合反应。

在土壤中，一些农药的水解反应由于土壤颗粒的吸附催化作用而被加速。研究还发现，土壤中存在比较多的自由基，这些自由基在引发土壤污染物转化和降解方面具有重要意义。有机污染物的常见化学转化包括水解、光解、氧化-还原反应。由于土壤体系含有水分，水解是有机物在土壤中的重要转化途径。水解过程指的是有机污染物（RX）与水的反应。在反应中，X基团与OH基团发生交换：

$$RX + H_2O \longrightarrow ROH + HX$$

水解作用改变了有机污染物的结构。一般情况下，水解导致产物毒性降低，但并非总是生成毒性降低的产物，例如2,4-D酯类的水解作用就生成毒性更大的2,4-D酸。水解产物可能比母体化合物更易或更难挥发，与pH值有关的离子化水解产物可能没有挥发性，而且水解产物一般比母体污染物更易于生物降解。

有机污染物在土壤表面的光解指吸附于土壤表面的污染物分子在光的作用下，将光能直接或间接转移到分子键，使分子变为激发态而裂解或转化的现象，是有机污染物在土壤环境中消失的重要途径。由于有机污染物中一般含有C—C、C—H、C—O、C—N等键，而这些键的离解正好在太阳光的波长范围内，因此有机物在吸收光子之后，就变成激发态的分子，导致上述化学键的断裂，发生光解反应。土壤表面农药光解与农药防除有害生物的效果、农药对土壤生态系统的影响及污染防治有直接的关系。尽管20世纪70年代以前人们对农药光解的研究主要集中于水、有机溶剂和大气，但此后已对土壤表面农药光解十分重视，1978年美国EPA等机构已规定，新农药注册登记时必须提供该农药在土壤表面的光解资料。

相比较而言，农药在土壤表面的光解速率要比在溶液中慢得多。光线在土壤中的迅速衰减可能是农药土壤光解速率减慢的重要原因；而土壤颗粒吸附农药分子后发生内部滤光现象，可能是农药土壤光解速率减慢的另一重要原因。多环芳烃（PAHs）在高含C、Fe的粉煤灰上光解速率明显减慢，可能由于分散、多孔和黑色的粉煤灰提供了一个内部滤光层，保护了吸附态化学品不发生光解。此外，土壤中可能存在的光猝灭物质可猝灭光活化的农药分子，从而减慢农药的光解速率。

4.3.3 生物转化

生物转化是指污染物通过生物的吸收和代谢作用而发生的变化。污染物在有关酶系统的催化作用下，可经各种生物化学反应过程改变其化学结构和理化性质。各种动物、植物和微生物在环境污染物的生物转化中均能发挥重要作用。土壤中的微生物具有个体小、比表面积大，种类繁多、分布广泛，代谢强度高、易于适应环境等特点，在环境污染物的转化和降解方面显示出巨大的潜能。土壤中的砷、铅、汞等可在微生物的作用下甲基化。酚在植物体内可以转化成为酚糖苷，之后经代谢作用最终被分解为CO_2和H_2O；植物体内的氰化物也可被转化为丝氨酸等氨基酸类物质；强致癌物苯并［a］芘，可以被水稻从根部吸收送往茎叶，并转化成 CO_2 和有机酸。一些有机氯农药很容易被植物吸收并代谢转化成其他有机氯物。

4.4 影响污染物在土壤中转化的因素

污染物在土壤中的转化受多种因素影响，其中重金属在土壤中的形态转化主要受 pH 值和 E_h 值影响，土壤的类型、含水率、有机质含量、种植的作物等也会影响重金属在不同形态之间的转化。土壤环境中也存在许多影响农药等有机污染物降解的因素，主要包括土壤质地、土壤水分、温度、土壤水的 pH 值、共存物质、土层厚度和矿物质组分、老化作用等因素。

4.4.1 影响重金属在土壤中转化的因素

4.4.1.1 pH 值的影响

相关分析研究表明，土壤中交换态重金属随 pH 值升高而减少，如贵州中部黄壤中的交换态锰、易还原态锰与 pH 值呈极显著负相关；碳酸盐结合态和铁锰化物结合态重金属与 pH 值呈正相关。有机态重金属随 pH 值升高而升高。铁锰氧化态重金属含量随 pH 值的升高缓慢增加，当 pH 值在 6 以上，则含量随 pH 值升高迅速增加，这可能与土壤氧化铁锰胶体为两性胶体有关。当 pH 值小于零点电荷时，胶体表面带正电，产生的专性吸附作用随产生正电荷的增加而削弱，从而对重金属的吸附能力增加缓慢，当 pH 值升到氧化物的零点电荷以上，胶体表面带负电荷，对重金属的吸附能力必然急剧增加。此外，pH 值还通过影响其他因素从而影响重金属的形态，如土壤有机质和氧化物胶体对重金属的吸附容量随 pH 值升高而显著增大，土壤中有机态、氧化态重金属含量随之增加。

4.4.1.2 E_h 值的影响

在氧化条件下砷主要是以 As(Ⅴ)形式存在，在还原条件下 As(Ⅲ)是稳定的形式。将淹水状态下的水稻土风干处理后，重金属形态均有明显的变化，表现为 Cu 残渣态比例增加 25%，氧化物结合态和有机结合态比例有所降低；Pb 有机结合态比例增加 33%，残渣态减少 33%，酸可提取态和氧化物结合态变化不大；Ni 受氧化还原条件影响更为强烈，表现为酸可提取态所占比例降低超过 25%，氧化物结合态亦明显降低，残渣态提高超过 60%；对 Cd 的影响主要表现为有机结合态所占比例降低约 15%，残渣态提高约 35%，酸可提取态和氧化物结合态变化不明显。

4.4.1.3 土壤类型的影响

不同土壤类型中重金属形态构成差异明显。Cr、Pb 在紫色土、石灰土、黄壤、水稻土中均以残渣态为主；Cd 在黄壤、紫色土中以离子态、残渣态为主，其中离子态平均构成在两类土中分别高达 37.44%、29.97%。可利用态 As 和可利用态 Cr 在紫色土中的平均值分别为 0.04mg/kg 和 0.96mg/kg，可利用态 Cd 在水稻土和紫色土中的平均值分别为 0.13mg/kg 和 0.09mg/kg，可利用态 Pb 在黄壤中的平均值为 1.94mg/kg，表现出较高的生物有效性；石灰土中各重金属可利用态总体较低。节节草生长显著提高了尾矿砂中有机物结合态重金属比例，降低了交换态和残渣态重金属比例。

4.4.1.4 有机质的影响

碳酸盐结合态重金属与有机质含量呈负相关，但相关性不显著；交换态和有机结合态重金属与有机质含量呈正相关，增加有机质可使碳酸盐结合态向有机结合态转化。也有研究发现交换态、有机结合态重金属均与有机质含量呈正相关，有的甚至达到显著水平。

4.4.1.5 土壤酶的活性影响

土壤中重金属各形态与土壤酶活性有一定的关系。刘霞等的研究表明：重金属对过氧化氢酶、转化酶、脲酶、碱性磷酸酶4种土壤酶活性均有不同程度的抑制作用。重金属在低质量比时对土壤酶有激活作用。土壤中重金属含量在5mg/kg时对4种土壤酶活性才开始产生抑制作用。相关分析表明，土壤中总量重金属、各形态重金属含量与过氧化氢酶、碱性磷酸酶活性均呈显著或极显著负相关，而与脲酶活性的负相关性很小，只有交换态镉与转化酶，有机结合态镉与脲酶活性的相关性显著。土壤重金属污染与土壤酶活性关系的综合分析表明，当总量重金属对土壤酶活性影响不显著时，有的形态的重金属却已显著抑制土壤酶的活性。说明以重金属的形态分析来研究重金属对土壤酶活性的关系要比用总量更为准确，所以研究土壤中重金属形态尤为重要。

4.4.1.6 外源重金属的影响

外源重金属进入土壤以后各形态有不同的变化趋势。可溶态重金属进入土壤后其浓度迅速下降；交换态重金属先缓慢上升，然后迅速下降；碳酸盐态重金属浓度变化情况与交换态重金属变化相似；铁锰氧化态重金属浓度先上升然后下降；有机态重金属不断上升；残渣态重金属变化不大，说明外源重金属在土壤中一直在不断变化，处于动态的形态转化过程中。

4.4.2 影响有机污染物在土壤中转化的因素

4.4.2.1 土壤溶液的pH值

pH值与溶液中其他离子的存在既可增加也可以减小水解反应的速率。但是农药的水解受土壤pH值的影响较大。研究表明，农药在土壤中的水解有酸催化或碱催化的反应，水解还可能是由于黏土的吸附催化作用而发生的反应，例如扑灭津的水解是由土壤有机质的吸附作用催化的。有研究表明，吡虫啉在酸性介质和中性介质下稳定性很好，在弱碱条件下吡虫啉缓慢水解，随着碱性的增大，吡虫啉的水解速率也增大，说明吡虫啉的水解属于碱催化。另外，很多农药的水解速率随pH值的变化而变化，溴氰菊酯农药的水解速率随pH值的增大而加快，在pH值为5、7、9的溶液中，其水解半衰期分别为15.6d、8.3d、4.2d。但并非所有的农药都能很快水解，如丁草胺在纯水中黑暗放置30d，发现丁草胺的浓度并无变化，说明该农药在水体中稳定性很高，而且污染地下水的贡献也很大。

4.4.2.2 土壤类型和性质

农药在不同土壤的降解特性是由土壤所有特性综合影响的结果。例如，溴氰菊酯在江苏太湖水稻土、江西红壤和东北黑土中的降解半衰期（$t_{1/2}$）分别为4.8d、8.4d、8.8d。其主要降解产物为取代脲类除草剂4-溴苯胺。秀谷隆对土壤中4-溴苯胺的降解动力学的研究表明：4-溴苯胺在不同土壤中降解速率不同，在黏土中表现半衰期$t_{1/2}=10.7d$，而砂土$t_{1/2}=19.3d$，它表明4-溴苯胺在黏土中的降解速率明显大于在砂土中的降解速率，其原因主要是因为供试黏土中的有机质含量高，相对砂土而言，微生物活动所需的物质与能量较为充分，因而微生物代谢能力较强；此外，黏土含有较多金属氧化物及有机无机胶体等细颗粒，比表面积大，而且具有一定的催化降解能力。

土壤质地可影响农药的光解，这可能因为土壤团粒、微团粒结构影响光子在土壤中的穿透能力和农药分子在土壤中的扩散移动性。例如，咪唑啉酮除草剂在质地较粗和潮湿的土壤中容易光解，除草剂2-甲-4-氯丙酸和2,4-D丙酸在质地粗、粒径大的土壤中光解速率快。

由于土壤颗粒的屏蔽使到达土壤下层的光子数急剧减少，因而土壤中农药的光解通常局限在土表1mm范围内。间接光解同样影响着农药在土壤中的光化学转化，土壤中敏化物质在光照时能产生活性基因如单重态氧，由于单重态氧的垂直移动，会使得农药光解深度增加。土壤黏粒矿物具有相对高的表面积和电荷密度，能通过催化光降解作用使所吸附的农药失去活性。研究证明，氧和水在光照的黏粒矿物表面极易形成活性氧自由基，这些活性氧自由基对吸附态农药的光解会产生明显的影响。例如，光诱导氧化作用是有机磷杀菌剂甲基立枯磷在高岭石和蒙脱石等黏粒矿物上的主要降解途径，分子氧和水在黏粒矿物上经光照而生成的羟基和过氧化氢基与该农药反应，形成氧衍生物。

4.4.2.3 土壤水分和温度

土壤水分对农药降解的影响因农药品种而异。例如，甲基异硫磷在水田土壤中的降解半衰期比旱田增加了10d，而克草胺的半衰期由水田条件下3d增加到旱田的5d。温度对农药降解的影响程度因农药品种而异，一般来讲，温度升高能提高农药降解速率。

土壤湿度的变化影响光解速率的可能机制为：当湿度变大时，溶于水中的农药量也随之增大，而且水中的·OH等氧化基团因光照也随之增加，从而使农药的氧化降解速率加快。另外，水分增加能增强农药在土壤中的移动性，有利于农药的光解。例如，研究发现，土壤湿度增大使西维因光解速率加快。

4.4.2.4 老化作用

有机污染物进入土壤后，随着时间的推移将会产生“老化”现象，使其与土壤组分的结合更为牢固，从而降低了生物可利用性，使其矿化率明显减少。

4.4.2.5 共存物质的猝灭和敏化作用

共存物质的猝灭和敏化作用也是影响土壤中有机污染物光解的重要因素。研究发现，土壤色素可猝灭光活化的农药分子；采用紫外吸收物质二苯甲酮作光保护剂，可使杀虫剂杀螟松光解周期大大延长。对农药在土壤中间接光解的研究表明，土壤中也存在可加快农药光解的光敏化物质，值得重视的是土壤有机质中的胡敏酸和富啡酸，它们在光照时表现为瞬时自由基浓度增加。此外，光照时土壤表面形成单重态氧，而且在光照下土表还可形成另一些强氧化物和其他自由基，这些自由基显然会促进许多农药的间接光解。

4.5 典型重金属在土壤中的迁移与转化

4.5.1 汞在土壤环境中的迁移转化

汞以多种形态广泛存在于自然界中，在土壤中汞主要以 0、+1、+2 价存在。土壤中汞的形态比较复杂，有机质含量、土壤类型、温度、E_h 值、pH 值等均会影响汞形态转化。一般按其化学形态可分为：金属汞、无机结合态汞和有机结合态汞。一般而言，金属汞毒性大于化合汞，有机汞毒性大于无机汞，甲基汞在烷基汞中的毒性最大。无论是可溶或不可溶的汞化合物，均有一部分能挥发到大气中去，其中有机汞的挥发性（甲基汞和苯基汞的挥发性最大）明显大于无机汞（碘化汞挥发性最大，硫化汞最小）。土壤中金属汞含量很少，但很活泼，不仅在土壤中可以挥发，而且随着土壤温度的增加，其挥发速度加快。土壤中的金属汞可被植物根系和叶片吸收，土壤中的无机化合态汞主要有 $HgCl_2$、$HgHPO_4$、$HgCO_3$、$Hg(NO_3)_2$、$Hg(OH)_2$、$Hg(OH)_3^-$、$HgSO_3$、HgS 和 HgO 等。其中 $HgCl_2$ 具有较高溶解度，可在土壤溶液中以 $HgCl_2$ 形态存在，可能随水分进入根系，因此易为植物吸收。土壤中存在的有机化合态汞包括有甲基汞、腐殖质结合汞和有机汞农药，如乙酸苯汞、CH_3HgS^-、CH_3HgCN、CH_3HgSO_3、$CH_3HgNH_3^+$。土壤中除 $Hg(NO_3)_2$ 和甲基汞易被植物吸收，通过食物链在生物体逐级富积，对生物和人体造成危害，其他多数的汞化物是难溶的，易被土壤吸附或固定，发生一系列转化使其毒性降低，还有学者将土壤中的汞根据操作定义分为 8 种形态，即水溶态、氧化钙提取态、富啡酸结合态、胡敏酸结合态、碳酸盐结合态、铁锰氧化物结合态、强有机结合态、残渣态。相关分析表明，富啡酸、胡敏酸、有机质和碳酸盐含量对土壤汞形态分布影响较大。

汞与其他金属的不同点是在正常的 E_h 值和 pH 值范围内，汞能以零价存在于土壤中。在适宜的土壤 E_h 值和 pH 值下，汞的 3 种价态间可相互转化。一般来说，较低的 pH 值利于汞化物的溶解，因而土壤汞的生物有效性较高；而在偏碱性条件下，汞的溶解度降低，在原地累积；但当 pH＞8 时，因 Hg^{2+} 可与 OH^- 形成配合物而提高溶解度，亦使活性增大。氧化条件下，除 $Hg(NO_3)_2$ 外，汞的二价化合物多为难溶物，在土壤中稳定存在；还原条件下，汞以单质形态存在，值得一提的是，倘若 Hg^{2+} 在含有 H_2S 的还原条件下，将生成极难溶的 HgS 残留于土壤中；当土壤中氧气充足时，HgS 又可氧化成可溶性的硫酸盐 $HgSO_3$ 和 $HgSO_4$，并通过生物作用形成甲基汞被植物吸收。

土壤中各类胶体对汞均有强烈的表面吸附、离子交换吸附作用，汞进入土壤后，95%以上的汞能迅速被土壤吸附或固定，汞在土壤中一般累积在表层。Hg^{2+}、Hg_2^{2+} 可被负电荷胶体吸附。而 $HgCl_3^-$ 被带正电荷胶体吸附。不同黏土矿物对汞的吸附能力主要表现为：蒙脱石、伊利石类＞高岭石类。有机质的存在可能促进土壤对汞的吸附。这与土壤有机质含有较多的吸附点位有关。不同土类对汞的固定能力依次为：黑土＞棕壤＞黄棕壤＞潮土＞黄土，此趋势与土壤中有机质含量高低分布是一致的。在弱酸性土壤中（pH＜4），有机质是吸附无机汞离子的有效物质；而在中性土壤中，铁氧化物和黏土矿物的吸附作用则更加显著。此外，汞的吸附还受土壤 pH 值影响。当土壤 pH 值在 1～8 范围内，随 pH 值增大，土壤对汞的吸附量增加；当 pH 值大于 8 时，吸附量基本不变。

汞从土壤中的释放主要源于土壤中微生物的作用，使无机汞转化为易挥发的有机汞及元素汞。一般而言，土壤汞含量越高，其释放量越大；开始阶段，汞在土壤中的释放随时间增加而增加，但一定时间后释放量已不明显；温度越高土壤释放率越高，因此土壤汞的释放率：白天>夜间，夏季>冬季。同一土壤经不同汞化合物处理的研究表明，土壤汞挥发量的大小顺序为：$HgCl_2 > Hg(NO_3)_2 > Hg(C_2H_3O_2)_2 > HgO > HgS$，而不同质地土壤的挥发率大小则为：砂土>壤土>黏土。有机络合剂（如腐殖质）和无机络合物（如 Cl^-、Br^-）浓度增加时，增加了土壤汞形成络合物的数量，相应降低微生物可利用的 Hg^{2+} 数量，最终降低了土壤汞的挥发量。

有机汞毒性远大于无机汞，土壤中任何形式的汞（包括金属汞、无机汞和其他有机汞）均可在一定条件下转化为剧毒的甲基汞，因此汞的甲基化最受人的关注。首先无机汞可在微生物作用下转化为甲基汞，转化模式如下：即无机汞在厌氧条件下主要形成二甲基汞，介质呈微酸性时，二甲基汞转化为脂溶性的甲基汞，可被微生物吸收、积累，并进入食物链造成人体危害；而在好氧条件下，则主要形成甲基汞，自然界中亦存在非生物甲基化过程，如在 $HgCl_2$ 与乙酸、甲醇、α-氨基酸共存溶液中，受紫外光的照射可以产生甲基汞。

土壤酸度增加，汞离子有效性增加，利于提高汞的甲基化程度。低浓度硒(Ⅳ)促进汞的甲基化，而高浓度硒(Ⅳ)明显抑制汞的甲基化。

此外，当微生物对甲基汞的累积量达到毒性耐受点时，会发生反甲基化作用，分解成甲烷和元素汞，这种反应在好氧和厌氧条件下均可发生。而且甲基汞还可以在紫外线的作用下，发生光化学反应，其分解反应如下：

$$(CH_3)_2Hg \longrightarrow 2CH_3 \cdot + Hg^0$$

土壤中一价汞与二价汞离子之间可发生化学转化：$2Hg^+ = Hg^{2+} + Hg^0$，实现了无机汞、有机汞和金属汞的转化。此外，无机配位体（OH^- 和 Cl^-）对汞的络合作用可提高汞化合物的溶解度，促进汞在土壤中的迁移。

可见，元素汞及其各种类型汞化合物，在土壤环境中是可以相互转化的，只是在不同的条件下，其迁移转化的主要方向有所不同而已。

4.5.2 砷在土壤环境中的迁移转化

砷的形态影响其在土壤中的迁移及对生物的毒性，一般将砷分为无机态和有机态两类。无机砷包括砷化氢、砷酸盐或亚砷酸盐等，无论是淹水还是旱地土壤中，砷均以无机砷形态为主，元素砷主要以带负电荷砷氧阴离子（$HAsO_4^{2-}$、$H_2AsO_4^-$、$H_2AsO_3^-$、$HAsO_3^{2-}$）形式存在，化合价分别为+3和+5价。有机砷包括一甲基砷和二甲基砷，占土壤总砷的比率极低。通常无机砷比有机砷毒性大，As(Ⅲ)类比As(Ⅴ)类的毒性大，且易迁移。在氧化与酸性环境中，砷主要以无机砷酸盐（AsO_4^{3-}）形式存在，而在还原与碱性环境中，亚砷酸盐（AsO_4^{3-}）占相当大比例。

按砷被植物吸收的难易程度，用不同提取液提取土壤中的砷，可以将其分为以下3类。

① 水溶性砷　该形态砷含量极少，常低于1mg/kg，一般只占土壤全砷的5%～10%。

② 吸附性砷　指被吸附在土壤表面交换点上的砷。

③ 难溶性砷　这部分砷不易被植物吸收，但在一定条件下可转换成有效态砷。土壤中难溶性砷化物的形态可分为铝型砷（Al-As）、铁型砷（Fe-As）、钙型砷（Ca-As）和闭蓄型砷（O-As）。其中Al-As和Fe-As对植物的毒性小于Ca-As。一般而言，酸性土壤中以Fe-As占优势，而碱性土壤以Ca-As占优势，不易释放，导致水溶性砷和交换性砷极少。

土壤中的砷对酸碱性和氧化还原条件的变化十分敏感。砷在土壤中多以阴离子状态存在，As(Ⅲ)和As(Ⅴ)溶解度均随土壤pH值的增加而增加，当土壤由酸性变为中性或碱性时，As(Ⅲ)的迁移能力变得更强。此外，土壤pH值还影响土壤带正电荷的胶体（如铁铝氢氧化物）对As的吸附，当pH值降低时，土壤胶体正电荷增加，对砷的吸持能力加强，反之亦然。土壤溶液中As(Ⅲ)和As(Ⅴ)间存在相互转化的动态平衡，该平衡受土壤体系平衡电位E_h值控制，土壤在氧化条件时（旱地或干土中），以砷酸（H_3AsO_4）为主，易被交替吸附，增加了土壤的固砷量；而在淹水还原条件下（水田），土壤As(Ⅴ)逐渐转换为As(Ⅲ)，随着E_h值降低，亚砷酸（H_3AsO_3）增加，大大增加砷的植物毒性。这主要是由于一方面亚砷酸比砷酸易溶，淹水使部分固定砷获得释放而进入土壤溶液；另一方面淹水使砷酸铁及其他形式三价铁（与砷酸盐结合）被还原为易溶的亚铁形式，使砷从难溶性砷酸铁中释放，增加了土壤溶液中可溶性砷的浓度。因此，砷污染土壤淹水后，砷对植物的毒害作用增大，而实际排水和垄作栽培等土壤若干措施可有效缓解砷对作物的毒害。在砷污染水田中，为减轻或消除水稻砷害，采取有效的水浆管理措施：做好插秧准备后，再泡水耙田并立即浅水插秧，两三天后稻田落干，后使土壤维持湿润状态（保持较高E_h值），降低土壤水溶性As和As(Ⅲ)含量，并降低糙米中的含砷量。

土壤对砷的吸附保持能力还受质地、有机质、矿物类型等多种因素的影响。一些研究认为，被吸持的砷量与土壤黏粒含量呈显著正相关，原因在于土壤粒度越小，比表面积越大，对砷的吸附能力也越大。但黏土矿物类型对砷的吸附有较大影响，纯黏土矿物对砷的吸附能力依次为：蒙脱石＞高岭石＞白玉石。许多研究也表明，进入土壤中的铁、锰、铝等无定形氧化物越多，吸附砷的能力越强。Fe、Al水化氧化物吸附砷的能力最强，氧化铁对As(Ⅲ)和As(Ⅴ)的吸附能力差不多。δ-MnO_2对As(Ⅲ)和As(Ⅴ)的吸附能力中等。Fe、Al和Mn氧化物对砷的吸附能力比层状硅酸盐矿物强得多。这主要是因为氧化物比表面能大，Fe、Al氧化物零点电荷（ZPC）一般在pH＝8～9，故容易发生砷酸根的非专性吸附和配位交换反应。我国不同类型土壤对砷的吸附能力顺序是：红壤＞砖红壤＞黄棕壤＞黑土＞碱土＞黄土，这也说明铁铝氧化物对吸附砷的重要性。此外，钙、镁可以通过沉淀、键桥效应来增大对砷的吸附能力；钠、钾、铵等离子无法与砷形成难溶沉淀物，对土壤固持砷的能力无多大影响；一些阴离子对污染土壤砷解吸影响顺序为：$H_2PO_4^- > SO_4^{2-} > NO_3^- > Cl^-$。氯离子、硝酸根离子和硫酸根离子对土壤吸持砷只有较小的影响；磷酸根的存在能减少土壤吸持砷的能力。这与磷酸盐和砷酸盐性质相似，结构上均属于四面体，且晶型相同，二者在铁氧化物、黏土和沉积物上进行同晶交换，发生竞争吸附和配位交换反应（土壤对磷的亲和能力远远超过对砷的亲和力）有关。

4.5.3 铅在土壤环境中的迁移转化

铅可生成+2、+4价态的化合物，土壤环境中的铅通常以二价态难溶性化合物存在，如$Pb(OH)_2$、$PbCO_3$、PbS等，而水溶性铅含量较低。因此，铅在土壤剖面中很少向下迁移，多滞留于0～15cm表土中，随土壤剖面深度增加，铅含量逐渐下降。土壤铅的生物有效性与铅在土壤中的形态分布有关。目前，对土壤中铅进行形态分级多采用Tessier方法，将土壤铅分为水溶态、可交换态、碳酸盐结合态、铁锰氧化物结合态、有机质硫化物结合态及残渣态。因铅的水溶性极低，在土壤铅形态分级时，通常可省去第一步骤，而将第二步视为水溶态和可交换态。对中国10个主要自然土壤中各形态铅含量的分配均以铁锰氧化物态最高，其次是有机质硫化物结合态和碳酸盐态，交换态和水溶态最低。形态分级对了解铅的潜在行为和生物有效性而言，提供了更多的信息。植物吸收铅的主要形态为交换态和水溶态，碳酸盐结合态及铁锰氧化物结合态铅可依据不同土壤性质视其为相对活动态或紧密结合态，研究表明，糙米中铅浓度与土壤中铅的交换态、碳酸盐结合态、有机结合态均良好相关，而与铁锰氧化物结合态无显著相关。

土壤中铅的移动性和有效性依赖于土壤 pH 值、E_h 值、有机质含量、质地、有效磷和无定形铁锰氧化物。这主要与土壤对铅的强烈吸附作用有关，其吸附机制主要有：a. 阴离子对铅的固定作用，土壤阴离子如 PO_4^{3-}、CO_3^{2-}、S^{2-}、OH^- 等可与 Pb^{2+} 形成溶解度很小的正盐、复盐及碱式盐，尤其是当土壤 pH＝6 以上时，铅能生成溶解度更小的 $Pb(OH)_2$；b. 有机质对铅的配合作用；c. 黏土矿物对铅的吸附作用。黏土矿物对铅有很强的专性吸附能力，被黏土矿物吸附的铅很难解吸，植物不易吸收。

就决定土壤铅的生物有效性而言，pH 值具有重要的地位。研究认为，水溶态铅与土壤铅含量和土壤溶液 pH 值呈直线相关，证实 pH 值是影响土壤溶液 Pb^{2+} 的重要因素之一。有研究表明，当土壤溶液 pH＜5.2 时，pH 值越低，土壤中铅的溶解度、移动性和生物有效性越高。土壤溶液 pH 值不仅决定各种矿物的溶解度，而且影响土壤溶液中各种离子在固相上的吸附程度。随土壤溶液 pH 值升高，铅在土壤固相上的吸附量加强。研究表明，黄棕壤 pH 值由 4.20 下降至 2.12 时，水溶态铅增加近 20 倍，交换态铅增加近 100 倍。潮土和潮褐土中交换态铅均随 pH 值升高而减少，并呈极显著负相关。对土壤 Pb^{2+} 的影响研究时发现，当土壤溶液的 pH 值由较低变为近中性时，溶液中的有机 Pb^{2+} 急剧增高。一般而言，土壤 pH 值增加，铅的可溶性和移动性降低，抑制植物对铅的吸收、可溶性铅在酸性土壤中含量较高，主要是因为酸性土壤中 H^+ 可以部分将已被化学固定的铅重新溶解而释放出来，这种情况在土壤中存在稳定的 $PbCO_3$ 时尤其明显。我国南方土壤多为酸性，土壤铅背景值较高，且多为酸雨地带，因此土壤铅的有效态更高，危害也更大。

有学者认为，铅的生物有效性与土壤的有机质、黏粒、质地及阳离子交换量有关，植物吸收的铅与 CEC 的比值可作为判断铅的生物有效性的指标。铅可以与土壤中的腐殖质（如胡敏酸和富里酸）形成稳定的络合物，相对而言，铅与富里酸形成络合物的数量远高于其他金属，而胡敏酸与铅的络合物较胡敏酸与锌或镉的络合物更加稳定。土壤中的铅浓度与土壤腐殖质含量呈正相关。腐殖质对铅的络合能力及其络合物稳定性，均随土壤 pH 值上升而增强。潮土和潮褐土中交换态铅与有机质含量呈正相关趋势，而碳酸盐结合态与有机质含量呈显著负相关。土壤中伊利石、蒙脱石、高岭石、蛭石和水化云母对铅的吸附均随 pH 值而变。如 pH 值从 4.7 增加到 5.9 时，针铁矿对铅的吸附由 8%上升到 63%。相同 pH 值条件下，铅的溶解度随氧化还原电位的下降而增加，推测其吸附在 Fe-Mn 氧化物上。对机械组成不同的普通灰钙土和砂砾质灰钙土，外源添加 Pb^{2+} 的试验表明，春小麦籽粒的富集系数以质地较粗的砂砾质灰钙土为高。

4.5.4 镉在土壤环境中的迁移转化

土壤中镉的分布集中于土壤表层，一般在 0～15cm，15cm 以下含量明显减少。土壤中难溶性镉化合物，在旱地土壤以 $CdCO_3$、$Cd_3(PO_4)_2$ 和 $Cd(OH)_2$ 的形态存在，其中以 $CdCO_3$ 为主，尤其在碱性土壤中含量最多；而在水田多以 CdS 形式存在。土壤镉按照 BCR 提取法，通常可区分为四种形态：交换、水和酸溶态；可还原态；可氧化态；残余态。一般认为，水溶态和交换态重金属对植物而言属于有效部分，残余态则属于无效部分，其他形态在一定条件下可能少量而缓慢地释放成为有效的补充。相对而言，植物对土壤中镉的吸收并不取决于土壤中镉的总量，而与镉的有效性和存在形态有很大关系。土壤镉活性较大，其生物有效性也较高。一些研究表明，酸性土壤中 Cd^{2+} 以铁锰氧化物结合态和可交换态为主，其余形态相对较低；碱性土壤中有机态和残余态比例较高，碳酸盐结合态和可交换态所占的比例低。

Cd^{2+} 进入土壤后首先被土壤所吸附，进而可转变为其他形态。通常土壤对 Cd^{2+} 的吸附力越强，Cd^{2+} 可迁移能力就越弱。土壤氧化还原电位、pH 值、离子强度等均可影响土壤镉的迁移转换和植物有效性。

通常情况下，石灰性土壤比酸性土壤对重金属的固持能力大得多，除了在石灰性土壤中可出现碳酸盐沉淀外，pH 值是一个重要因素。研究表明，土壤对 Cd^{2+} 的吸附量随 pH 值升高而增加，当 pH 值变化时，红壤和砖红壤对 Cd^{2+} 吸持量的变化比青黑土和黄棕壤要大得多，提高红壤和砖红壤的 pH 值将明显减少 Cd^{2+} 对外界环境的污染。pH 值对土壤吸附 Cd^{2+} 量的影响可分为 3 个区段，即 pH＜ZPC 时的低吸附量区，ZPC＜pH＜6.0 的中等吸附区，以及 pH＞6.0 的强吸附和沉淀区，对应土壤 Cd^{2+} 活度的控制区域即为土壤 Cd^{2+} 容量控制相（$pH<pH_1$），土壤 Cd^{2+} 吸附控制相（$pH_1<pH<pH_2$）及沉淀控制相（$pH>pH_2$），在实践中依不同土壤类型和控制相区域的 Cd^{2+} 污染应采取不同的治理方式，如在容量控制相中应严格控制外源 Cd^{2+} 的污染量；在吸附相中，可增加有机质和吸附剂；在沉淀控制相中应防止土壤酸化。

E_h 值也是重要因素，在土壤 E_h 值较高情况下，CdS 的溶解度增大，可溶态镉含量增加，当土壤氧化还原电位较低时（淹水条件），含硫有机物及外源含硫肥料可产生硫化氢，生成的 FeS、MnS 等不溶性化合物与 CdS 产生共沉淀，因此，常年淹水的稻田，CdS 的积累占优势，土壤 E_h 值升高，土壤对镉的吸附量明显减少，难溶态 CdS 会被氧化为 $CdSO_4$，使土壤 pH 值下降，土壤有效镉含量增加。相同镉污染水平下，淹水栽培的水稻叶中镉含量明显低于旱作水稻叶片中镉含量。

离子强度是影响土壤 Cd^{2+} 吸附能力的另一个重要因素。随土壤溶液离子强度的增加，土壤对 Cd^{2+} 的吸附量减少。不同离子强度下，蒙脱石对 Cd^{2+} 的吸附研究表明，随着土壤溶液离子强度的增加，降低了 Cd^{2+} 在黏土表面的吸附量。此外，Cd^{2+} 在蒙脱石上的吸附量依赖于交换性阳离子的种类，其吸附量的大小顺序为：Na^+ 蒙脱石＞K^+ 蒙脱石＞Ca^{2+} 蒙脱石＞Al^{3+} 蒙脱石，Al^{3+} 能有效降低蒙脱石上的高能量位对 Cd^{2+} 的吸附。一些研究亦证实，竞争离子的存在可明显减少微粒对 Cd^{2+} 的吸附。如 Zn^{2+}、Ca^{2+} 等阳离子与 Cd^{2+} 竞争土壤中的有效吸附位并占据部分高能吸附位，使土壤中 Cd 的吸附位减少，结合松弛。也已表明，在镉污染土壤中施用石灰、钙镁磷肥、硅肥等有效抑制植物对镉的吸收。

土壤中不同的组分对 Cd^{2+} 吸附有很大的影响。多数研究表明，有机质中的—SH 和—NH_2 等基团及腐殖酸与土壤镉形成未定的络合物和螯合物而降低镉的毒性，同时有机质巨大的比表面积使其对镉离子的吸附能力远远超过其他矿质胶体。有机物质还能通过影响土壤其他基本形状而产生间接的作用，如改变土壤的 pH 值或质地等。多数有机物料的施用能有效降低土壤中有效态镉含量，但施用 C/N 值大的有机物料（如稻草），分解过程中会释放出大量有机酸类物质，明显降低土壤 pH 值，反而导致土壤中可溶性和交换性镉的比例增加，致使生物毒素加重。因此，一些有机物料（如稻草、紫云英和猪粪）对镉的吸附量影响存在双重效应：pH 值提高效应和配位效应，前者促进镉的吸附，后者抑制镉的吸附，最终吸附结果取决于二者的效应平衡。随着无定形铝含量上升，土壤 Cd^{2+} 吸附量下降，氧化铁对

Cd^{2+}的专性吸附亦起重要作用。

4.5.5 铬在土壤环境中的迁移转化

在通常 pH 值和 E_h 值范围内，土壤中的铬主要以 Cr(Ⅲ)和 Cr(Ⅵ)两种价态存在，而 Cr(Ⅲ)又是最稳定的形态。土壤中 Cr(Ⅲ)常以 Cr^{3+}、CrO_2^- 形式存在，极易被土壤胶体吸附或形成沉淀，其活性较差，对植物毒性相对较小。而 Cr(Ⅵ)常以 $Cr_2O_7^{2-}$ 和 CrO_4^{2-} 形式存在，一般 Cr(Ⅵ)离子不易被土壤所吸附，具有较高的活性，对植物易产生毒害。Cr(Ⅲ)和 Cr(Ⅵ)在一定环境条件下的相互转换主要受土壤 pH 值和氧化还原电位的制约。

从铬的 E_h-pH 图可知，在低 E_h 值条件下，铬以 Cr^{3+} 存在（其中低 pH 值下为 Cr^{3+} 而高 pH 值时为 CrO_2^-）；在高 E_h 值条件下，铬以 Cr^{6+} 存在（其中低 pH 值时为 $Cr_2O_7^{2-}$，高 pH 值时为 CrO_4^{2-}）。因此，还原性条件下，Cr^{6+} 可能被 Fe^{2+}、硫化物、某些带羟基的有机物等还原成 Cr^{3+}；而在通气良好的土壤中，Cr^{3+} 可被 MnO_2 氧化成 Cr^{6+}。研究表明，红壤在低 pH 值时，对 Cr(Ⅵ)的吸附量随 pH 值升高略有增加，当 pH 值超过某一限度，吸附量急剧下降，甚至不吸附。这可能是由于红壤为可变电荷土壤，pH 值较低时，土壤矿质胶体因质子化作用而增加正电荷数量，对阴离子的吸附量增大；而在较高 pH 值时，土壤矿质胶体带负电荷，不对阴离子产生静电吸附。

控制铬环境化学的过程包括氧化还原转换、沉淀和溶解、吸附和解吸反应等，而在实际环境中这几个过程是互相联系、彼此影响的。Cr(Ⅲ)进入土壤中主要发生以下化学过程。a. Cr(Ⅲ)的沉淀作用。Cr(Ⅲ)易和羟基形成氢氧化物沉淀，亦是 Cr(Ⅲ)在土壤中的主要过程；b. 土壤胶体、有机质对 Cr(Ⅲ)吸附和络合作用，并使土壤溶液中 Cr(Ⅲ)维持微量的可溶性和交换性；c. Cr(Ⅲ)被土壤中氧化锰等氧化为 Cr(Ⅵ)。

土壤中还原性氧化锰在 Cr(Ⅲ)的氧化中起着重要的作用，土壤氧化锰含量越高，对 Cr(Ⅲ)的氧化能力越强，并呈现出氧化能力顺序依次为：δ-MnO_2＞α-MnO_2＞γ-MnOOH。这可能是 δ-MnO_2、α-MnO_2 中 Mn 的氧化度和活度较高的缘故。而 Cr(Ⅵ)进入土壤体系的转换过程主要是：a. 土壤胶体（主要是 Fe、Al 氧化物）对 Cr(Ⅵ)的吸附作用，并使 Cr(Ⅵ)从溶液转入土壤固相；b. Cr(Ⅵ)被土壤有机质、Fe(Ⅱ)等还原物质还原为 Cr(Ⅲ)，而后形成难溶的氢氧化铬沉淀或为土壤胶体所吸附；研究表明，黄铁矿组成中 Fe^{2+}、S^{2-} 均能有效的还原 Cr(Ⅵ)，随着温度和黄铁矿浓度的增加，黄铁矿对 Cr(Ⅵ)的去除速率显著提高；c. Cr(Ⅵ)与土壤组成分反应，形成难溶物（如 $PbCrO_4$ 沉淀）。

由于不同土壤的矿物种类、组成、有机质含量等不同，铬形态亦不同。因土壤中 Cr(Ⅲ)被牢固地吸附沉淀而固定，土壤中水溶性铬含量非常低，一般难以测出；交换态铬（1mol/L NH_4OAc 提取）含量也很低，一般小于 0.5mg/kg，约为总铬的 0.5%；土壤中铬大多以沉淀态（2mol/L HCl 提取）、有机紧结合态（5% H_2O_2 2mol/L HCl 提取）和残渣态存在。有机紧结合态铬通常小于 15mg/kg，比沉淀态和残渣态含量低，残渣态含量一般占总铬的 50%以上，铬在土壤中的迁移，与其在土壤中的存在形态及淋溶状况有关。研究表明，在淋溶较强的条件下，Cr(Ⅵ)可能向较深土层迁移，并污染地下水，而在降水量少的碱土地区，土壤中的铬多以 Cr(Ⅲ)存在并为土壤所固定，很难发生淋溶迁移。

土壤胶体中的铁铝氧化物是土壤吸附阴离子的主要载体，游离铁铝是产生正电荷的主要物质，Fe-OH、Al-OH 是吸附阴离子的主要吸附点，该点数目控制着土粒表面阴离子的吸附量，因此含大量游离铁铝的土壤所吸附的 Cr(Ⅵ)较多；其次，游离铁亦是专性吸附的物质基础，正如其他多负价离子（如磷酸根、钼酸根等）一样，CrO_4^{2-} 也能被氧化铁专性吸附，Cr(Ⅵ) 会通过配位体交换被吸附。研究表明，红壤对 Cr(Ⅵ) 的最大吸附量与土壤中游离氧化铁、游离氧化铝和 pH 值正相关性较好。部分土壤和矿物对 Cr(Ⅵ) 吸附能力大致为：红壤＞黄棕壤＞黑土＞娄土，三水铝石＞针铁矿＞二氧化锰＞高岭石＞伊利石＞蛭石≈蒙脱石，且吸附能力随着土壤有机质含量的增加而降低。

土壤中一般难以检出 Cr(Ⅵ)，因为还原物质土壤有机质的存在，使 Cr(Ⅵ) 能迅速还原成为 Cr(Ⅲ)，降低其毒性。用厩肥、风化煤粉、FeS 3 种还原性物质改良铬污染土壤，结果表明，以厩肥对 Cr(Ⅵ) 的还原效果最好。研究表明，水稻土中有机碳含量与 Cr(Ⅵ) 的还原率呈显著正相关，有机碳含量每增加 1%，Cr(Ⅵ) 还原约可增加 3%。因此，土壤有机质含量愈高，Cr(Ⅵ) 还原速率愈快。此外，研究还表明，有机酸存在下，土壤溶液中 Cr(Ⅲ) 浓度能显著提高（富里酸＞胡敏酸），并降低土壤矿物对 Cr(Ⅲ) 吸附和沉淀作用。这与大分子胡敏酸为碱溶性腐殖物质，在土壤溶液中易沉降并吸附 Cr(Ⅲ) 有关。研究表明，当土壤中添加 Cr(Ⅲ) 和不同类别及比例的有机酸时，番茄植株中 Cr 含量随有机酸含量的增加而升高，其平均增幅为草酸＞柠檬酸＞天冬氨酸＞谷氨酸。

土壤对 Cr(Ⅵ) 的吸持与黏粒含量有关，一般来说，黏粒含量越高，Cr(Ⅵ) 吸持量越大。相同温度下，土壤有机质和黏粒含量高的土壤对 Cr(Ⅵ) 吸持效果很好，这主要是因为发生还原反应和土壤黏粒 Cr(Ⅵ) 的吸附作用。在不同质地的土壤上施用等量制革污泥的试验表明，铬的迁移能力依次为：轻壤＞中壤＞重壤。

4.6 典型有机污染物在土壤中的迁移转化

4.6.1 有机氯农药

有机氯农药（OCPs）作为一种典型的持久性污染物，一旦进入环境介质中就很难降解。有机氯农药在环境介质中的迁移转化主要表现为在大气-水体；水体-沉积物（土壤）；土壤-大气之间的迁移。有机氯农药在土壤-大气间的转移过程主要分为两个过程：首先是 OCPs 通过挥发作用直接从土壤挥发到大气中，然后在大气中通过干湿沉降作用再次进入土壤。这种转移过程是 OCPs 在土壤-大气之间最常见的过程。在农作物耕种的过程中，有机氯农药通过喷洒的方式着落在农作物和土壤的表面上，然后通过挥发进入到大气中，在大气中处于气态或吸附在颗粒物上的 OCPs 又可以伴随着气流的转移而移动。在大气干湿沉降作用下进入水体或者土壤环境中。通常情况下，土壤中是存在一定水分和空气的，进入土壤中的有机氯农药在土壤中存在着一个复杂的平衡过程。这个过程会受多种因素的影响，包括污染物性质、土壤理化性质以及环境条件等因素。

有关有机氯农药降解的理论研究主要包括两个方面：光诱导降解和羟基自由基诱导降解。目前，报道有机氯农药光诱导降解的理论研究的文献较少，未发现关于有机氯光诱导降解的纯理论研究，仅在有关文献中发现实验研究并推测降解机理。应用量子化学方法对三类不同有机氯农药诱导降解机理的理论研究发现 C8 原子是最容易被自由基攻击的点位，•OH 攻击 C7-C8 键是三氯杀螨醇光催化降解的起始反应；•OH 诱导敌草隆的氧化降解主要以氢抽提和加成反应为主；•OH 与离子形式 2-甲基-4-氯苯氧乙酸的反应更容易进行。

环境中的 DDT 或经受一系列较为复杂的生物学和环境的降解变化，主要反应是脱去氯化氢生成 DDE。DDE 对昆虫和高等动物的毒性较低，几乎不为生物和环境所降解，因而 DDE 是储存在组织中的主要残留物。在生物系统中 DDT 也可被还原脱氯而生成 DDD，DDD 不如 DDT 或 DDE 稳定，而且是动物和环境中降解途径的第一步。DDD 脱去氯化氢，生成 DDMU，再还原成 DDMS，再脱去氯化氢而生成 DDNU，最终氧化 DDA。此化合物在水中溶解度比 DDT 大，而且是高等动物和人体摄入及储存的 DDT 的最终排泄产物。在环境中，DDT 残物可被转化成对二氯二苯甲酮。

细菌降解 DDT 的途径包括：a. 还原脱氯降解 DDT（图 4-3）；b. 先脱氯化氢再开环降解 DDT（图 4-4）；c. 直接开环降解 DDT（图 4-5）。有些真菌也通过还原脱氯的方式降解 DDT，还有通过羟基化作用降解 DDT 的，科研人员特别注意研究木质素降解真菌（*Phanerochate chrysosporium*）对 DDT 的降解能力，该菌株降解 DDT 的途径包括将 DDT 氧化至 Dicofol（三氯杀螨醇），接下来脱氯至 DPB，最终开环至 CO_2 和 H_2O（图 4-6）。

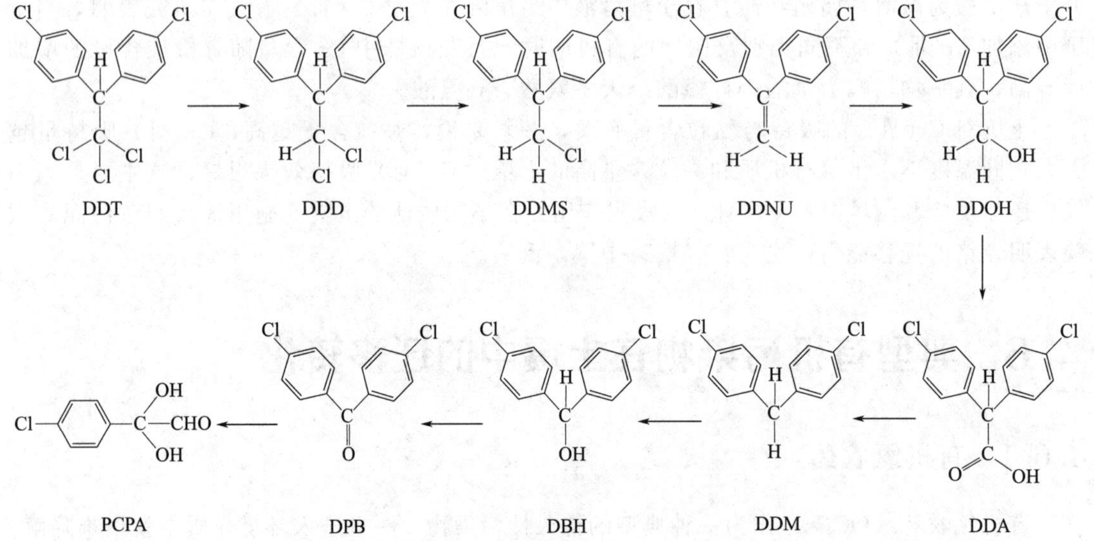

DDT DDD DDMS DDNU DDOH

PCPA DPB DBH DDM DDA

图 4-3 细菌通过还原脱氯降解 DDT 途径

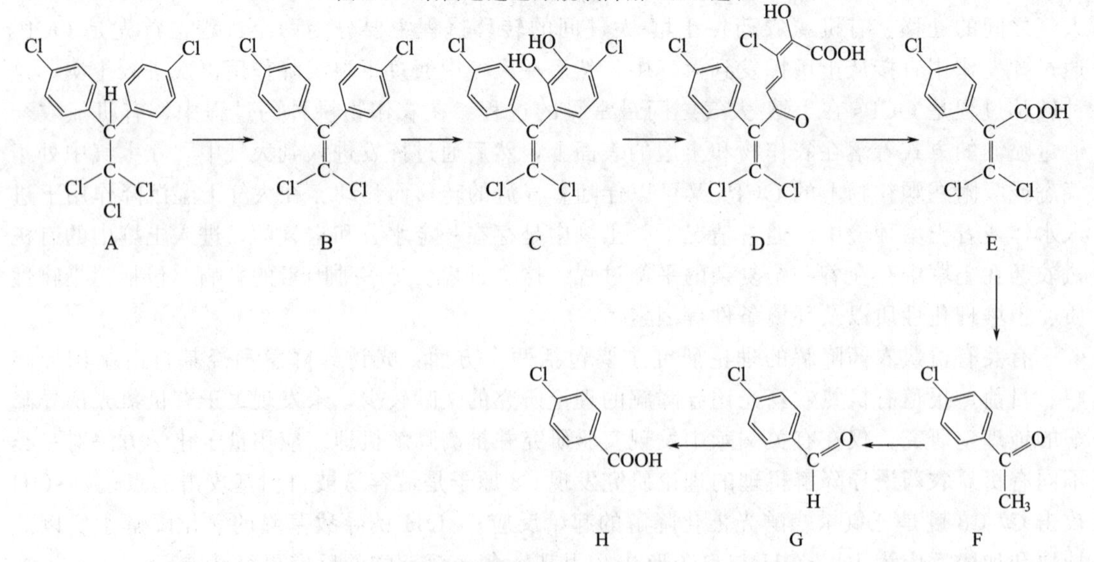

A B C D E

H G F

图 4-4 细菌先脱氯化氢再开环降解 DDT 途径

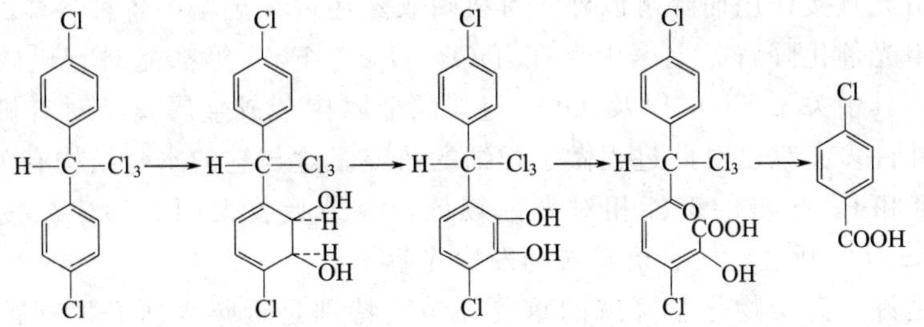

图 4-5　细菌直接开环降解 DDT 途径

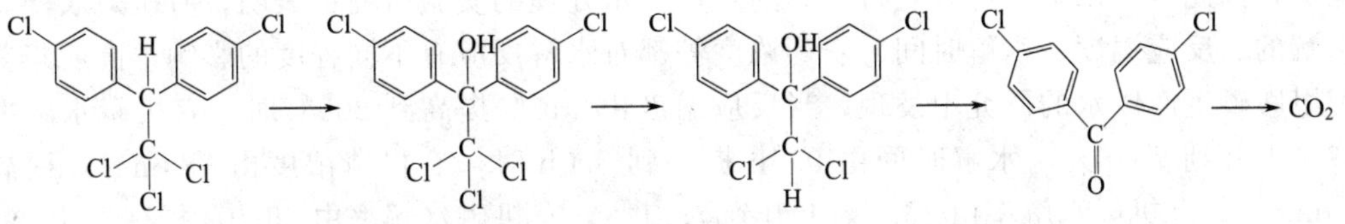

图 4-6　真菌降解 DDT 途径

在六六六微生物降解途径的研究方面，主要的 4 种异构体（α-HCH、β-HCH、γ-HCH 和 δ-HCH）均取得了不同程度的进展（图 4-7）。其中 γ-HCH 与 α-HCH 的微生物降解途径已被阐明，β-HCH 和 δ-HCH 微生物降解的研究是目前环境微生物研究领域的热点。

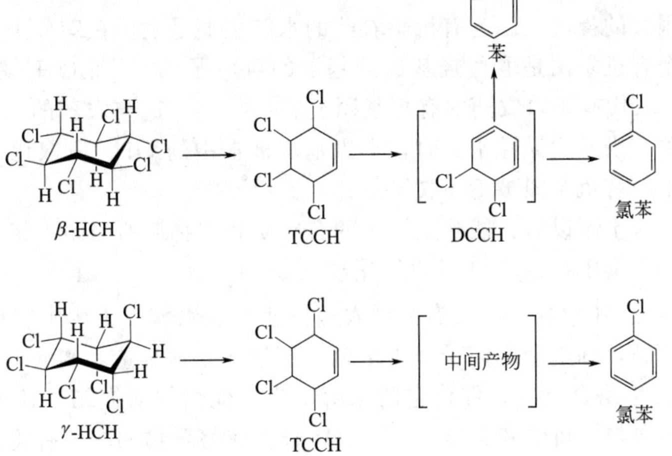

图 4-7　β-HCH 和 γ-HCH 厌氧代谢途径

4.6.2　有机磷农药

有机磷农药在施用过程中，大约 90%的农药不是作用于靶生物而是通过空气、土壤和水扩散到周围的环境中，土壤是农药残留的重要场所。进入土壤中的农药，能够发生被土壤颗粒及有机质吸附、降解和被农作物吸收等一系列理化过程。有机磷农药在土壤中的降解主要包括光解、化学降解和微生物降解，这些降解往往是在土壤中共同起作用来消除土壤污染。影响降解的因素有土壤湿度、温度、微生物数量和有机质含量等。

有机磷农药对光的敏感程度通常比其他种类的农药要大，因此容易降解。有机磷农药分子能在太阳光的作用下，形成激发态分子，导致分子中键的断裂。如辛硫磷在 253.7nm 的紫外线下照射 30h，可产生中间产物一硫代特普，但照射 80h 以后，中间产物逐渐光解消失。除了上述由光直接作用而降解以外，有机磷农药还可在土壤中各种各样的催化剂和氧化剂的作用下发生光催化降解。土壤中存在 TiO_2、Fe^0、Fe^{2+} 等都能对有机磷农药的光降解起到促进作用，其中关于 TiO_2 以及 TiO_2 与其他金属掺杂或金属离子对有机磷农药的光催化降解，国内外许多文献已对此过程做了详细的研究。这与它的本身结构有关，由于有机磷农药的 P—O 键和 P—S 键的键能相对来说较低，容易吸收太阳光形成激发态分子，使得 P—O 键和 P—S 键的断裂，使有机磷农药发生光解。

水解反应是许多污染物化学降解的重要环节。特别是近年来研究发现被土壤吸附的农药，还可以促进水解反应的进行，这种机制被称为吸附-催化反应。大多数的有机磷农药属于酯类，因此容易水解。许多有机磷农药生产废水处理的实验研究都表明，有机磷农药是易于水解的。反应温度、水解时间、农药浓度等都对水解反应有不同程度的影响。高明华等在处理甲胺磷生产废水的研究中发现，当反应温度由 140℃提高到 200℃时，有机磷水解率由 25.7%上升到 75.5%，水解时间由 0.5h 提高到 3.0h 时，有机磷浓度由 989mg/L 提高到 5530mg/L，有机磷水解率由 36.4%上升到 73.1%，有机磷水解率由 25.9%提高到 46.9%。有机磷农药的水解速率也随 pH 值的增大而加快，如磷胺在 23℃，pH 值由 4.0 上升到 10.0 时，其水解 50%的时间由 74d 下降到 2.2d。亚胺硫磷在 25℃，pH 值由 4.06 上升到 9.0 时，其水解 50%的时间则由 15d 下降到 0.22h。

有机磷农药水解形式主要包括酸催化、碱催化，但有机磷农药碱催化水解要比酸催化水解容易得多，从 pH 值对有机磷农药的影响也可看出，有机磷农药在碱性条件下水解速率比在酸性条件下有很大的提高，因为有机磷农药的水解主要是发生在磷分子与有机基团连接的单键结构上（这个有机基团是取代羟基或羟基上的氢原子的），而 OH^- 取代有机磷农药的有机基团要比 H^+ 取代有机磷农药的有机基团要容易得多，这与农药的本身结构以及 OH^- 的氧化能力强有关。当发生碱性水解时，有机基团被水中的 OH^- 所取代，当发生酸性水解时，有机磷农药中的有机基团被 H^+ 取代。

有机磷农药进入土壤以后，能被土壤中的有机质和矿物质所吸附，使有机磷农药发生吸附催化水解反应。土壤中存在着更多的氧化物（如 O_3、H_2O_2、氮氧化物以及有机质等），从而在体系中产生更多的 OH^-，使有机磷农药快速彻底水解。土壤中有机磷农药的水解还可能包含另一种机制，即与金属离子发生络合作用催化水解反应。Mortland 和 Raman 证实 Cu^{2+} 可与地亚农发生络合反应，催化它的水解反应，他们的研究结果还证明，金属离子催化有机磷水解的倾向与有机磷和金属离子形成络合物或螯合物的能力有关。

农药进入土壤以后，即使在没有微生物参与的条件下，有氧或无氧时也会发生氧化还原反应。它是与土壤的氧化还原电位（E_h）密切相关的，当土壤透气性好时，其 E_h 值高，有利于氧化反应的进行，反之则利于还原反应进行。不同的有机磷农药在土壤中的氧化还原降解性能也不一样。例如，特丁磷、甲拌磷、异丙胺磷等在土壤氧气充足的时候很快氧化；对硫磷、杀螟磷等则在厌氧条件下能很快分解。土壤含水量的多少能影响土壤的透气性能，进而影响了土壤中氧化还原电位的大小，从而也决定了农药氧化还原降解的快慢。

有机磷农药的微生物降解也是其在土壤中降解转化的另一个重要的途径，降解主要存在以下过程，一种是微生物本身含有可降解该农药的酶系基因，当有机磷农药进入土壤后，微生物马上能产生降解有磷农药的降解酶，在这种情况下，降解菌的选育较为容易；另一种是微生物本身并无可降解该有机磷农药的酶系，当农药进入环境以后，由于微生物生存的需要，微生物的基因发生重组或改变，产生新的降解酶系。Yonezawa 等认为当微生物对有机化合物的降解作用是由其细胞内的酶引起时，微生物降解的整个过程可以分为三个步骤，首先是化合物在微生物细胞膜表面的吸附，这是一个动态平衡，其次是吸附在细胞膜表面的化合物进入细胞膜内，在生物量一定时，化合物对细胞膜的穿透率决定了化合物穿透细胞膜的量，最后是化合物进入微生物细胞膜内与降解酶结合发生酶促反应，这是一个快速的过程。

有机磷农药通常含有 P—S 键和 P—O 键，有些有机磷农药（如甲胺磷）还含有 P—N 键。当有机磷农药进入土壤环境，土壤中的微生物产生相应的酶，在这些酶的作用下，上述键被打断，使有机磷农药被降解。Mageong 等报道大肠杆菌产生的磷酸三酯酶能打开甲胺磷的 P—S 键。Bello-Ramirez 等也证实氯代过氧物酶可以切断有机磷农药中的 P—S 键。阮少江等推测甲胺磷的微生物降解是甲胺脱氢酶打断 P—N 键开始的。有机磷农药对土壤中的活性酶也存在抑制性，抑制程度的大小随着外界环境的变化而变化，而且不同种类的有机磷农药对酶的影响也是不同的，但反过来，有机磷农药对酶的活性也具有一定的刺激作用，朱南文等发现在施用甲胺磷的 1～4d 内，甲胺磷对土壤中酸性磷酸酶、中性磷酸酶和碱性磷酸酶呈一定的抑制作用，而在 4d 以后，对酶的抑制性消失，甚至出现了效应。郭明等发现在 7d 以内，氧化乐果和久效磷对土壤中的脱氢酶产生抑制作用，在 9d 以后，对脱氢酶的抑制作用消失，反而有一定的激活作用。这可能是因为当有机磷农药开始加入土壤后，农药的浓度高对土壤中微生物生长和活动产生抑制作用，从而对微生物体内酶和土壤中的游离酶产生抑制作用，但有机磷农药能促进土壤中一些微生物（如细菌、真菌和放线菌等）的生长并抑制另一些微生物（如固氮菌）的生长，所以随着细菌、真菌和放线菌数量的增多以及农药浓度的减少，酶的活性也就提高了。有机磷农药在土壤中的微生物降解还受到农药浓度的影响，当农药浓度过高，对微生物的毒性越大，可使微生物的数量显著下降。而当农药浓度过低时，由于微生物生长的碳、氮源不足，抑制了微生物的生长，从而抑制有机磷农药的微生物降解，刘玉焕等实验证实乐果浓度在 0.2%时微生物降解的效果最好，而在 0.1% 和 0.5%则呈下降趋势。王永杰等也推断在自然环境中，有机化合物的浓度极低可能是限制其生物降解的一个主要因素。

土壤中存在各种各样的微生物，不同的微生物含有不同的酶，进入土壤的有机磷农药能在这些酶的作用下发生降解。有机磷农药可在不同酶作用下而发生降解，一种有机磷农药可被多种的微生物降解；同时，一种微生物也可对多种有机磷农药进行降解。因此，土壤中微生物的数量和种类对于有机磷农药的降解有着重要的作用。王倩如等证实蜡样芽孢杆菌和嗜中温假单胞菌对甲胺磷有很好的降解能力。王永杰等报道地衣芽孢杆菌对甲胺磷、对硫磷、敌敌畏均有良好的降解效果。

4.6.3 多环芳烃

PAHs 的生物降解取决于分子化学结构的复杂性和微生物降解酶的适应程度，降解的难易程度与 PAHs 的溶解度、环的数目、取代基种类、取代基的位置、取代基的数目以及杂环原子的性质有关；而且，不同种类的微生物对各类 PAHs 的降解机制也有很大差异。近年来研究比较清楚的代谢途径只有萘、菲之类简单的 PAHs，四环和四环以上的 PAHs 的生物降解途径至今仍是研究的热点。

4.6.3.1 好氧降解

细菌对 PAHs 的降解虽然在降解的底物、降解的途径上存在着差异，但是在降解的关键步骤上却是一致的。细菌对 PAHs 好氧降解的第一步是在 PAHs 双氧化酶的作用下，将两个氧原子直接加到芳香核上，PAHs转变成顺式二氢二醇，后者进一步脱氢生成相应的二醇，然后环氧化裂解，而后进一步转化为儿茶酚或龙胆酸，彻底降解。图4-8所示即为二、三环芳烃降解的一般途径。进一步的研究表明，在对芘等四环的PAHs的降解中，有些菌株需要有少量其他碳源的存在才能发生降解作用，称之为共代谢，而有些则不需要。但对于五环以上诸如苯并芘等PAHs的细菌降解，现在通常认为只能是共代谢。

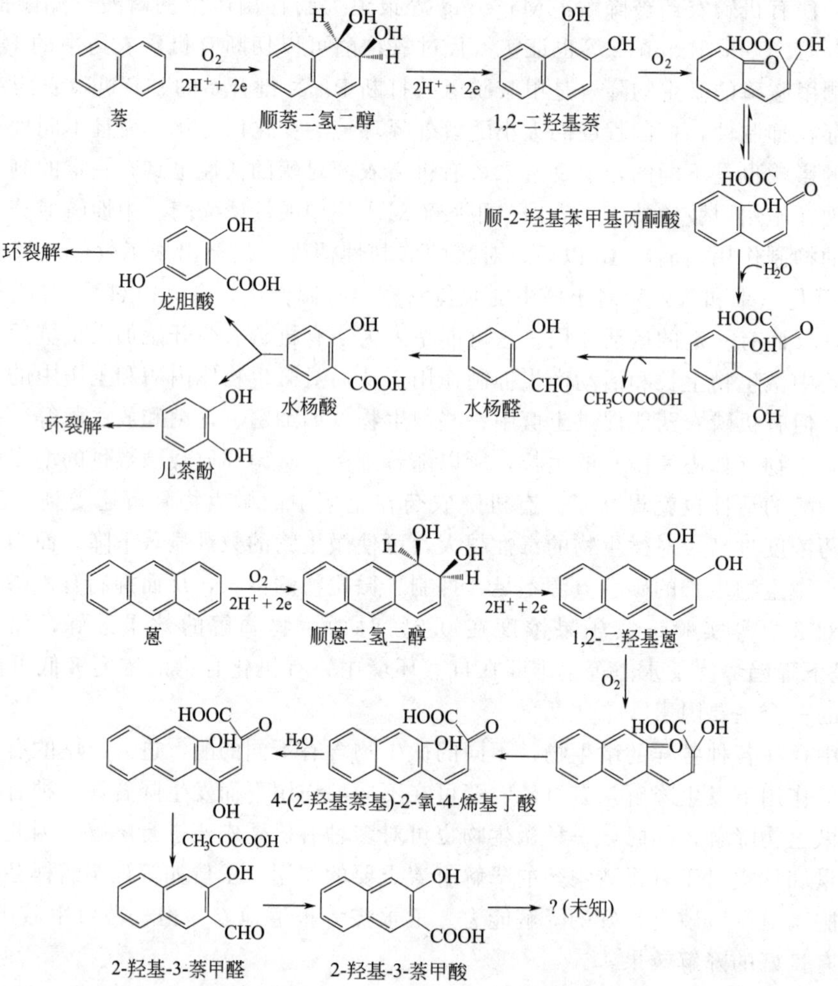

图4-8 二、三环芳烃降解的一般途径

4.6.3.2 厌氧降解

多环芳烃可以在反硝化、硫酸盐还原、发酵和产甲烷的厌氧条件下转化，但相对于有氧降解来说，PAHs的无氧降解进程较慢，其降解途径目前还不十分清楚，可以厌氧降解PAHs的细菌相对较少。已有的实验表明在厌氧的条件下细菌对PAHs的降解仅限于萘、菲、芴、荧蒽等一些结构简单、水溶性较高的有机物。在产甲烷发酵条件下萘的降解途径如图4-9所示，其降解途径与单环烃的代谢途径相似。在硫酸盐还原的环境中，对细菌降解代谢产物的检测表明，萘首先通过羧化作用生成2-萘甲酸，在琥珀酰-辅酶a作用下，生成萘酰-辅酶a，最终导致苯环的裂解。用同位素标记法对菲的厌氧降解的研究表明，它遵循和萘的降解类似的步骤，羧基化可能是该系统代谢的第一步反应。

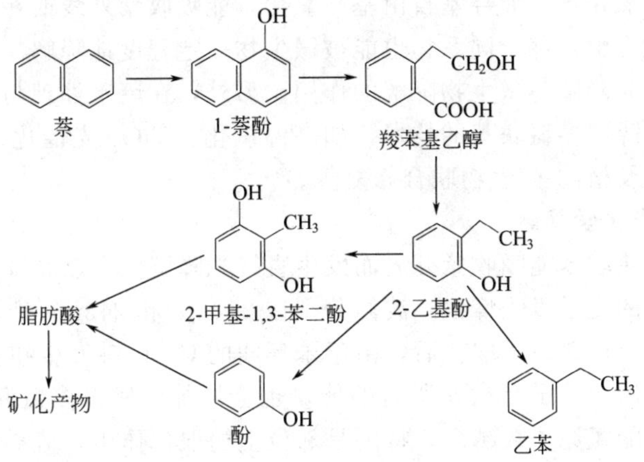

图 4-9　萘的产甲烷厌氧降解

4.6.4　石油烃

石油污染物进入土壤后，熔点高，难挥发的大分子量油类吸附到土壤中，而低分子量油类以液相和气相存在，挥发性高并不断挥发溢出到大气中。原油由四种组分构成：饱和烃、芳香烃、沥青质和非烃类物质。饱和烃又有正构烷烃、异构烷烃之分。微生物对它们发生作用的敏感性不同，一般其敏感性由大到小为：正构烷烃、异构烷烃、低分子量的芳香烃、环烷烃。

石油烃的一个显著特点是其低溶解度，导致其生物降解性也差。例如，碳链中碳原子数大于 18 的石油烃的溶解度低于 0.006mg/L，它们的生物降解速度很慢；碳原子小于 10 的石油烃容易被生物降解，它们有相对较高的溶解度，例如正己烷的溶解度为 12.3mg/L。

另一个影响石油烃生物降解的性质为石油烃结构的支链与取代基。石油烃结构中的支链在空间上阻止了降解酶与烃分子的接触，进而阻碍了其生物降解。支链可以降低烃类的降解速率，一个碳原子上同时连接两个、三个或四个碳原子会降低降解速率，甚至完全阻碍降解。多环芳烃（PAHs）较难生物降解，其降解程度与 PAHs 的溶解度、环的数目、取代基种类及位置、取代基数目和杂环原子的性质有关。

另外，石油烃物质的憎水性是微生物降解存在的主要问题。由于烃降解酶嵌于细胞膜中，所以石油烃必须通过细胞外层的亲水细胞壁后进入细胞内，才能被烃降解酶利用，石油烃物质的憎水性限制了烃降解酶对烃的摄取。石油烃的疏水性不仅导致低溶解度，并且有利于其向土壤表面的吸附。石油污染土壤后，在土相中的量远远大于在水相中的量。

通常认为，在微生物作用下，直链烷烃首先被氧化成醇，源于烷烃的醇在醇脱氢酶的作用下被氧化为相应的醛，醛则通过醛脱氢酶的作用氧化成脂肪酸，氧化途径有单末端氧化、双末端氧化和次末端氧化。相对正构烷烃而言，支链烷烃较难为微生物所降解，支链烷烃的氧化还会受到正构烷烃氧化作用的抑制。脂环烃类的生物降解是环烷烃被氧化为一元醇，并在大多数研究的细菌中环烷烃醇和环烷酮通过内脂中间体的断裂而代谢，大多数利用环己醇的微生物菌株，也能在一些脂环化合物中生长，包括环己酮、顺(反)-环己烷-1,2-二醇和 2-羟基环己酮。

4.6.5　多氯联苯

通常情况下多氯联苯化学性质非常稳定，不易水解，也不易与强酸强碱等发生反应，但在一定条件下能被强氧化剂（如羟基自由基）氧化，能吸收紫外线或在光催化剂和光敏化剂的作用下发生光化学降解，部分同系物也能被微生物一定程度地降解。自然环境中，多氯联苯的消除主要依赖于光降解与微生物降解的作用。另外，在废水处理与污染环境的修复中已发展了一些人工强化降解多氯联苯的技术，如高温氧化、TiO_2 光催化、Fenton 氧化、超临界水氧化、微波辐照及植物-微生物联合修复等。

(1) 多氯联苯的光化学降解

大量研究表明多氯联苯能吸收紫外光而发生直接光降解。多氯联苯是联苯的卤代物，而联苯自身有两个主要的光谱吸收峰值，波峰分别在 202nm 和 242nm 处，分别称为主波段和 K 波段。当联苯上的氢被氯原子取代后，由于苯环间的 C—C 键发生扭曲，激发态与基态的分子轨道重叠减少，因而分子受激发所需的能量也会增加，所以多氯联苯的 K 波段会发生一定的蓝移。当取代的氯原子数越多，特别是邻位上的取代作用，蓝移越明显。多氯联苯对光的敏感性也与苯环上氯的取代数量和取代位置密切相关。有研究表明，多氯联苯苯环上的氯原子数量越多，其光解反应越迅速，苯环上邻位取代的氯原子具有更大的光学活性，多氯联苯的直接光解生成邻位脱氯的产物更占优势。

多氯联苯的直接光解在水溶液中即可进行，光解过程中同时存在着脱氯、羟基化和异构化反应。比如二氯联苯、三氯联苯和四氯联苯在曝气条件下含有少量甲醇的水中光解产物主要为脱氯产物和羟基化的产物。2-氯联苯和 4-氯联苯在曝气水中的光解产物也为羟基化产物，但是后者的光量子产率低很多。也有研究发现 4-氯联苯在脱气的水溶液中光解生成 4-羟基联苯和异构化了的 3-羟基联苯。如果水溶液中含有少量的乙腈等有机溶剂，能给光解反应提供更多的氢，从而可以提高光解的速率和效率。

在醇溶液中，由于醇的 C—H 键能低，易断裂，因而可为光反应提供足够的氢原子，有利于光降解的进行，光解反应主要产生脱氯产物以及少量的衍生化的副产物。对五种多氯联苯同系物分别在甲醇、乙醇和异丙醇溶液中的光解产物进行了研究，发现降解产物主要为更低氯代的多氯联苯同系物，同时也检测到少量的羟基化、乙基化、甲氧基化等的副产物。对非邻位取代的多氯联苯同系物在碱性丙二醇溶液中的紫外光解进行了研究，发现反应主要为连续脱氯，联苯为最终产物，亦有一些氯原子重排产物的生成；同时研究也发现脱氯首先从对位开始，且主要发生在氯取代数多的一侧苯环上。在 Acroclor 1254 的紫外光解中试研究中，研究者发现在所用有机溶剂碱性异丙醇溶液中加入一定量的水可以加速光降解，可能是水在这个过程中很好地提供了反应所需的质子。

(2) 多氯联苯的光催化降解

利用半导体材料如 TiO_2、ZnO、WO_3、CdS 和 α-Fe_2O_3 等在光照射下产生强氧化性物质·OH，对有机污染物几乎可以无选择性地矿化，可以使有机污染物得到降解。这些半导体催化剂中，TiO_2 的稳定性最好、催化活性最高，而且可以使用的波长最高可达 387.5nm，因而是最具有应用前景的半导体催化剂。

Hong 等对模拟太阳光照射下水溶液中 TiO_2 光催化降解 2-氯联苯进行了研究，发现降解反应遵从一级动力学方程，中间产物为羟基取代物、醛酮和羧酸，终产物为二氧化碳和盐酸。Nomiyama 等对四氯联苯的 TiO_2 光催化研究也有相似的结果。而另有研究者发现，太阳光照下 TiO_2 催化降解 2-氯联苯、Aroclor 1248 和 Aroclor 系列商品的混合物的反应遵从准一级反应动力学，其反应速率还受到 TiO_2 浓度的影响。Wong 等对 PCB40 的光催化反应进行了系统的研究，找到最佳的光强、H_2O_2 投加量、TiO_2 投加量及初始 pH 值等参数，发现过多的 H_2O_2 和 TiO_2 均会抑制光反应的进行。通常多氯联苯的 TiO_2 光催化降解的中间产物为酚、醛等，最后被矿化。但 Lin 等在以紫外灯和氙灯为光源、以 TiO_2 催化 PCB-138 的研究中发现其降解反应主要为连续脱氯的过程，且以间位脱氯为主。

多氯联苯的光敏化降解：由于大多数的多氯联苯同系物不能有效吸收波长大于 290nm 的光，而到达地面的太阳辐射光波主要在 290nm 以上，因而多氯联苯的直接光降解在自然光照下很难发生。而光敏化剂（photosensitizer）是一类能够吸收自然光的能量然后将能量转移给目标物质，从而促进目标物质发生光化学反应的化学物质。常用的光敏化剂有二乙胺、三乙胺、二乙基苯二胺、核黄素、丙醇、吩噻嗪染料等，其中二乙胺和二乙基苯二胺对多氯联苯的光敏化降解的效果较好。

Hawari 等研究了光敏化剂吩噻嗪对多氯联苯间接光解的作用机制，发现吩噻嗪吸收光能后被激发为三线态，三线态的吩噻嗪可以作为多氯联苯反应的有效电子供体。Lin 等研究了氙灯模拟太阳光照下，二乙胺对五种多氯联苯同系物的敏化光降解，发现光降解遵从准一级反应动力学，同时也发现使用模拟光源的光解效果远高于使用自然光。在 Acroclor 1254 的水溶液中加入二乙胺，经 24h 的模拟太阳光照，多氯联苯的各同系物的降解率可达 21％～38％。研究发现，多氯联苯的光敏化降解途径为连续脱氯反应，且以邻位和对位脱氯为主，整个反应过程中存在阴、阳离子自由基。此外，多氯联苯的光敏化降解过程中还存在最佳的光敏化剂添加浓度，如研究发现存在二乙胺时 PCB-138 的光降解反应为准一级动力学，当乙二胺浓度为 PCB-138 浓度的 10 倍时，PCB-138 的光解速率常数最大。多氯联苯光敏化反应中涉及电子的转移，可能有两种机制。Izadifard 等研究了亚甲基蓝和三乙胺对 PCB-138 敏化光降解的机制，发现存在电子从还原态光敏剂的激发态转移到多氯联苯的过程，红光部分负责光敏剂的还原，UV-A 部分负责脱氯过程。光敏化降解可能是自然环境中多氯联苯消减的重要途径之一。

(3) 多氯联苯的微生物降解

虽然多氯联苯是一种较难被生物降解的化合物，但也已证实多氯联苯在环境中存在缓慢的生物降解。最早发现的能够降解多氯联苯的微生物是两株无色杆菌，能分别降解单氯联苯和双氯联苯。目前公认微生物主要以两种方式降解多氯联苯，一是以多氯联苯为碳源或能源，对其降解，同时也满足了微生物自身生长的需求，即无机化机制；另一种是微生物利用其他有机底物作为碳源或能源进行生长代谢时，产生的非专一性酶也能降解多氯联苯，即共代谢机制，其中共代谢机制是多氯联苯微生物降解的主要途径。在 PCBs 的降解过程中存在着两种不同的作用模式：厌氧脱氯作用和好氧生物降解作用。

① PCBs 厌氧脱氯的途径及机理　对于高氯代联苯的脱氯是以厌氧条件下的还原脱氯为主，因为 Cl 原子强烈的吸电子性使环上的电子云密度下降，当 Cl 的取代个数越多，环上电子云密度越低，氧化越困难，表现出的生化降解性能低；相反，在厌氧或缺氧的条件下，环境的氧化还原电位低，电子云密度较低的苯环在酶的作用下越容易受到还原剂的亲核攻击，Cl 容易被取代。Brown 等提出了厌氧微生物脱氯过程。实验结果肯定了 Brown 等提出的存在不同的脱氯方式的结论（表 4-4）。

表 4-4　PCBs 的部分厌氧还原脱氯反应

过程	脱氯特性	主要产物
H	一个或两个相邻位已被取代的对位氯	2,3-CB,2,5,3′-CB
LP	相邻位未被取代的对位氯	2,2′-CB
M	一个相邻位已被取代或未被取代的间位氯	2,2′-CB,2,6-CB,2,6,4′-CB,2,4′-CB

续表

过程	脱氯特性	主要产物
N	一个相邻位已被取代的间位氯	2,6,4′-CB,2,4,4′-CB,2,4,2′-CB,2,4,2′,4′-CB
P	一个相邻位已被取代的对位氯	2,4-CB,2,5-CB,2,3,5-CB
Q	一个相邻位已被取代或未被取代的对位氯	2,2′-CB,2,3′-CB,2,5,2′-CB

② PCBs好氧生物降解的途径和机制　目前对低氯联苯连续的酶反应机制，包括其生物降解过程已形成了共识。其代谢途径为：通过加氧酶的作用，分子氧在PCBs的无氯环或带较少氯原子环上的2,3位发生反应，形成顺二氢醇混合物。其中主要产物为2,3-二羟基-4-苯基-4,6-二烷烃。二氢醇经过二氢醇脱氢酶的脱氢作用，形成2,3-二羟基-联苯；然后2,3-二羟基联苯通过2,3-二羟基联苯的双氧酶的作用使其在1,2位置断裂，产生间位开环混合物(2-羟基-6-氧-6-苯-2,4-二烯烃)。间位开环混合物由于水解酶的作用使其发生脱水反应生成相应的氯苯酸。

习　题

1. 重金属在土壤中的存在形态及影响因素有哪些?
2. 污染物在土壤中的迁移转化方式。
3. 典型有机污染物在土壤环境中的降解途径有哪些?

参考文献

[1] 白彦真等．14种本土草本植物对污染土壤铅形态特征与含量的影响［J］．水土保持学报：2012，26（1）：136-140.
[2] 张垒．铬污染的城市土壤毒性与修复研究［D］．雅安：四川农业大学，2012.
[3] 颜世红．酸化土壤中镉化学形态特征与钝化研究［D］．淮南：安徽理工大学，2013.
[4] 王图锦．三峡库区消落带重金属迁移转化特征研究［D］．重庆：重庆大学，2011.
[5] 刘健．胜利油田采油区土壤石油污染状况及其微生物群落结构［D］．济南：山东大学，2014.
[6] 王登阁．孤岛油区土壤中石油有机污染的来源与特征［D］．济南：山东大学，2013.
[7] 徐鹏．不同类型土壤中有机氯农药形态分布规律研究［D］．北京：中国地质大学（北京），2014.
[8] 邓朝阳等．不同性质土壤中镉的形态特征及其影响因素［J］．南昌大学学报（工科版），2012，34（4）：341-346。
[9] 程红艳等．不同种植作物对污灌区土壤铜形态的影响［J］．水土保持学报，2012，26（1）：116-123.
[10] 康孟利等．茶树与土壤中铅的存在形态与分布［J］．浙江农业科学，2006，3：280-282.
[11] 王永杰．长江河口潮滩沉积物中砷的迁移转化机制研究［D］．上海：华东师范大学，2012.
[12] 张雪莲等．长江三角洲某电子垃圾拆解区土壤中多氯联苯的残留特征［J］．土壤，2009，41（4）：588-593.
[13] 吴新民等．城市不同功能区土壤重金属分布初探［J］．土壤学报，2005，42（3）：513-517.
[14] 曾跃春等．丛枝菌根作用下土壤中多环芳烃的残留及形态研究［J］．土壤，2010，42（1）：106-110.
[15] 慕山等．大庆贴不贴泡周边土壤及地下水石油烃污染规律［J］．环境科学研究，2006，19（2）：16-19.
[16] 党红交等．低分子量有机酸作用下土壤中菲和芘的残留及形态［J］．土壤学报，2012，49（3）：499-506.
[17] 肖文丹．典型土壤中铬迁移转化规律和污染诊断指标［D］．杭州：浙江大学，2014.
[18] 郑昭贤等．东北某油田污染场地土壤总石油烃背景值的确定及污染特征［J］．水文地质工程地质，2011，38（6）：118-124.
[19] 赵晓祥等．多氯联苯的生物降解研究．环境科学与技术，2007，30（10）：94-97.
[20] 黄焕芳等．福建鹫峰山脉土壤有机氯农药分布特征及健康风险评价［J］．环境科学，2014，35（7）：2691-2697.
[21] 曾昭婵等．贵州省万山汞矿区周围土壤中不同形态汞的空间分布特征［J］．农业环境科学学报，2012，31（5）：949-956.
[22] 肖厚军等．贵州省中部黄壤锰形态及其影响因素研究［J］．土壤通报，2013，44（5）：1113-1117.
[23] 徐玉裕等．杭州地区农业土壤中重金属的分布特征及其环境意义［J］．中国环境监测，2012，28（4）：74-81.
[24] 阮心玲等．基于高密度采样的土壤重金属分布特征及迁移速率［J］．环境科学，2006，7（5）：1020-1025.

[25] 汪海珍等．甲磺隆在土壤腐殖物质中结合残留的动态变化［J］．环境科学学报，2002，22（2）：256-260.
[26] 李影等．节节草生长对铜尾矿砂重金属形态转化和土壤酶活性的影响［J］．生态学报，2010，30（21）：5949-5957.
[27] 曹礼等．六六六微生物降解途径的研究进展［J］．微生物学通报，2012，39（11）：1668-1676.
[28] 刘永轩．南方典型高砷区土壤砷形态空间分异与形成规律［D］．陕西杨凌：西北农林科技大学，2010.
[29] 杜平．铅锌冶炼厂周边土壤中重金属污染的空间分布及其形态研究［J］．中国环境科学研究院硕士学位论文，2007.
[30] 罗建峰等．青海海北化工厂铬渣堆积场土壤铬污染状况研究［J］．西北农业学报，2006，15（6）：244-247.
[31] 张仲胜等．三江平原土地利用方式变化对土壤锰形态影响［J］．环境科学，2013，34（7）：2782-2787.
[32] 胥焘等．三峡库区香溪河消落带及库岸土壤重金属迁移特征及来源分析［J］．环境科学，2014，35（4）：1502-1508.
[33] 张旭等．砷的微生物转化及其在环境与医学应用中的研究进展［J］．微生物学报，2008，48（3）：408-412.
[34] 梁月香．砷在土壤中的转化及其生物效应［D］．武汉：华中农业大学，2007.
[35] 林静雯等．沈阳沈抚灌区上游土壤石油烃污染残留调查及现状评价［J］．环境工程，2013，31（2）：122-125.
[36] 郭素华等．生物炭对红壤中铅形态分布的影响［J］．湖南科技大学学报（自然科学版），2014，29（3）：113-118.
[37] 崔立强等．生物质炭修复后污染土壤铅赋存形态的转化及其季节特征［J］．中国农学通报，2014，30（2）：233-239.
[38] 崔爱玲．石油降解菌对石油烃的降解作用及应用研究［J］．青岛：中国海洋大学，2006.
[39] 颜奕华等．土壤-烟草系统中铅的迁移特征及形态分布［J］．农业环境科学学报，2014，33（1）：81-87.
[40] 李文庆等．土壤铜形态与环境因素的关系及其对黑麦草生长的影响［J］．中国草地学报，2012，34（1）：53-58.
[41] 曾跃春．土壤中多环芳烃的残留形态及植物可利用性研究［J］．南京：南京农业大学，2009.
[42] 孙歆等．土壤中砷的形态分析和生物有效性研究进展［J］．地球科学进展，2006，21（6）：625-632.
[43] 韩春梅等．土壤中重金属形态分析及其环境学意义［J］．生态学杂志，2005，24（12）：1499-1502.
[44] 李江遐等．外源铅胁迫对不同土壤上水稻生长及铅形态的影响［J］．水土保持学报，2012，26（5）：259-263.
[45] 郑顺安．我国典型农田土壤中重金属的转化与迁移特征研究［D］．杭州：浙江大学，2010.
[46] 网明学．我国土壤中多氯联苯污染分布及源解析［D］．哈尔滨：哈尔滨工程大学，2007.
[47] 郑绍建等．淹水对污染土壤镉形态转化的影响［J］．环境科学学报，1995，15（2）：142-147.
[48] 齐雁冰等．氧化与还原条件下水稻土重金属形态特征的对比［J］．生态环境，2008，17（6）：2228-2233.
[49] 李文庆等．有机肥对土壤铜形态及其生物效应的影响［J］．水土保持学报，2011，25（2）：194-197.
[50] 方晓航等．有机磷农药在土壤环境中的降解转化［J］．环境科学与技术，2003，26（2）：57-59.
[51] 李张伟等．粤东凤凰山茶区土壤不同形态铅含量及其影响因素［J］．水土保持学报，2011，25（4）：149-153.
[52] 刘佳．重金属汞在中国两种典型土壤中的吸附解吸特性研究［D］．济南：山东大学，2008.
[53] 严明书等．重庆渝北地区土壤重金属形态特征及其有效性评价［J］．环境科学研究，2014，27（1）：64-70.
[54] 潘茂华等．自然环境中砷的迁移转化研究进展［J］．化学通报，2013，76（5）：399-404.
[55] 洪青等．微生物降解 DDT 的研究进展［J］．土壤，2008，40（3）：329-334.
[56] 任小花．典型苯系类有机氯农药氧化降解机理的理论研究［D］．济南：山东大学，2013.
[57] 安琼等．南京地区土壤中有机氯农药残留及其分布特征［J］．环境科学学报，2005，25（4）：470-474.
[58] 王小雨等．莫莫格湿地油田开采区土壤石油烃污染及对土壤性质的影响［J］．环境科学，2009，30（8）：2394-2401.
[59] 王占杰．有机氯化物滴滴涕降解研究［D］．北京：北京化工大学，2008.
[60] 刘彩．典型有机农药大气降解机理的理论研究［D］．济南：山东大学，2014.
[61] 陈怀满等．环境土壤学［M］．第 2 版．北京：科学出版社，2010.
[62] 李建政．环境毒理学［M］．第 2 版．北京：化学工业出版社，2010.
[63] 毕润成．土壤污染物概论［M］．北京：科学出版社，2014.
[64] 张乃明．环境土壤学［M］．第 2 版．北京：中国农业大学出版社，2013.
[65] 隋红等．有机污染土壤和地下水修复［M］．北京：科学出版社，2013.
[66] 陈蕾．天然有机质介导的多氯联苯环境转化和降解机制［D］．杭州：浙江大学，2012.
[67] 任丽丽．根系分泌物对土壤中多环芳烃的活化作用［D］．南京：南京农业大学，2009.

第5章

污染土壤物理化学修复技术

5.1 土壤气相抽提技术

5.1.1 基本原理

土壤气相抽提（soil vapor extraction，SVE）也称作土壤真空抽取或土壤通风（soil venting），是一种有效去除土壤不饱和区挥发性有机物（VOCs）的原位修复技术，早期SVE主要用于非水相液体（non-aqueous phase liquids，NAPLs）污染物的去除，也陆续应用于挥发性农药污染的土壤体系，近年来主要应用于苯系物和汽油类污染的土壤修复。典型的装置如图5-1所示，在污染土壤设置气相抽提井，采用真空泵从污染土层抽取气体，使污染土层产生气流流动，把有机污染物通过抽提井排出处理。土壤气相抽提主要基于污染物的

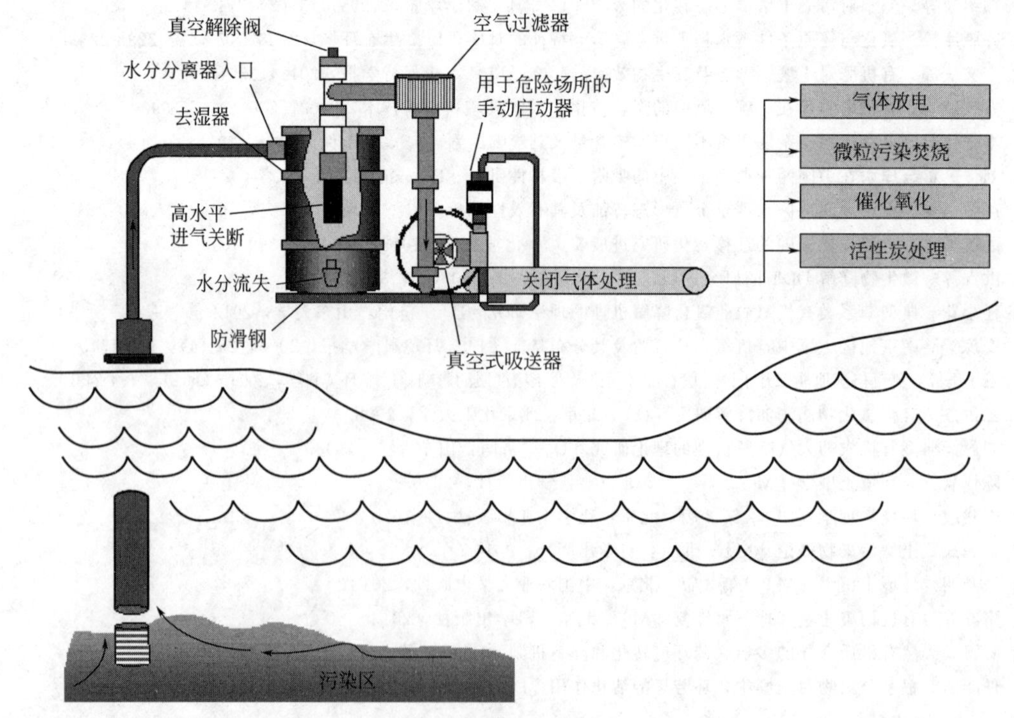

图5-1　土壤气相抽提示意

原位物理脱除，通过在包气带抽提气相来强迫土壤空气定向流动并夹带 VOCs 迁移到地上得以处理，该技术具有低成本、高效率等显著特点。目前国内主要停留在实验室研究阶段，现场试验研究不够，工程化应用问题亟待解决。

美国自 20 世纪 80 年代中期以来投入大量资金用于土壤修复，在此推动下一些新兴的土壤污染的原位修复技术应运而生。其中土壤气相抽提是去除不饱和带土壤中挥发性有机污染物的有效经济的方法，被美国环保局（USEPA）列为“革命性技术”大力倡导应用。近年来，SVE 又开始深入土壤生物修复与地下水修复等多学科交叉领域，其应用前景广阔。

5.1.2 系统构成

SVE 技术的主要优点之一是体系设计相对简单。SVE 优越于其他（如生物处理或土壤冲洗等）技术，它不需要复杂的设计或特殊的设备，就会达到体系最佳的效率及污染物的去除效果。SVE 系统的设计基于气相流通路径与污染区域交叉点的相互作用过程，其运行以提高污染物的去除效率及减少费用为原则。SVE 系统中的关键组成部分为抽提系统，抽提体系的选择常见方法有：竖井、沟壕或水平井、开挖土堆。其中竖井应用最广泛，具有影响半径大、流场均匀和易于复合等特点，适用于处理污染至地表以下较深部位的情况。工程应用中根据污染源性质及现场状况可确定抽提装置的数目、尺寸、形状及分布，并对抽气流量及真空度等操作条件加以控制。某中试实验系统组成见图 5-2，包括气相抽提井、真空泵、至少三个观察点、气相后净化处理系统、取样点、取样装置、分析仪器（如气相色谱）等。

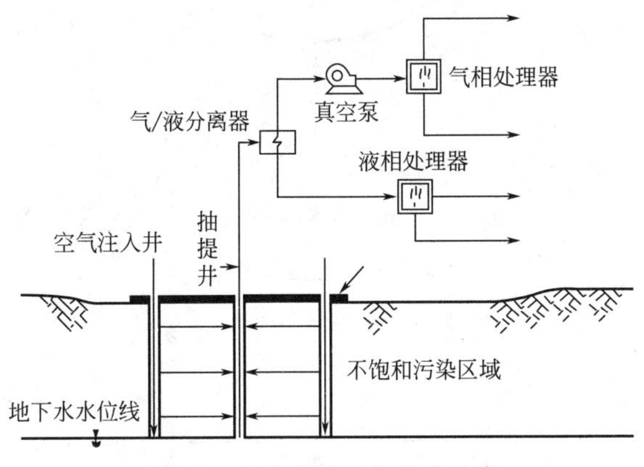

图 5-2　中试实验系统组成示意

(1) **SVE 系统运行**

土壤中 VOCs 的抽提速率通过取样测量尾气流动中的单位时间的质量流量获得。许多研究显示 VOCs 的抽提速率开始很高，但由于传质及扩散的限制随时间增加会逐渐减少。由于扩散速率慢于流动速率，连续操作的去除速率随时间增加而下降。

(2) **SVE 系统监测**

SVE 的运行必须进行监测以保证某系统有效运行及确定关闭系统的合适时间。推荐测量和记录以下参数：测量日期及时间；每个抽提井及注射井的气相流动速率，测量仪器可采用不同的流量计，包括皮托管、转子流量计、旋涡流量计等；每个抽提井及注射井的压力监测用压力计或真空表读数；每个抽提井的气相浓度及组成的分析可采用 VOCs 检测分析仪；土壤及环境空气的温度；水位提升监测，通过安装在监测井内的电子传感器测量；气象数据，包括气压、蒸发量及相关数据。

(3) **气/水分离装置及排放控制系统的设置**

气/水分离装置的设立是为防止气相中的水或沉泥进入真空泵或引风机而影响系统的运行。排放控制系统是SVE系统收集的气相中的污染物在排放到大气之前进行处理的系统。用活性炭吸附是近年来处理含有挥发性有机物气体的常用技术。

5.1.3 影响因素

(1) **土壤的渗透性**

土壤的渗透性影响土壤中空气流速及气相运动，直接影响SVE的处理效果。土壤的渗透性越高，气相运动越快，被抽提的量越大。如图5-3所示，土壤的渗透性与土壤的粒径分布相关，土壤的粒径分布也决定了SVE的适用性，如果土壤粒径过小，土壤的平均孔隙也会越小，阻碍土壤中空气流动，使得气相抽提污染物无法进行。因此，气体在土壤中的通透性是SVE技术的主要影响因素，是设计SVE装置的主要参数。根据土壤的种类其固有渗透系数差异很大，一般在10^{-16}～$10^{-3}cm^2$范围内，土壤的渗透系数不仅与土壤的种类有关，而且随着水分的增加而变小，尤其对黏土等超细土壤影响大。固有渗透率是指当岩石中只有一种流体通过，且流体不与岩石发生任何物理和化学反应时，岩石允许该流体通过的能力。SVE技术的适用性列于表5-1。

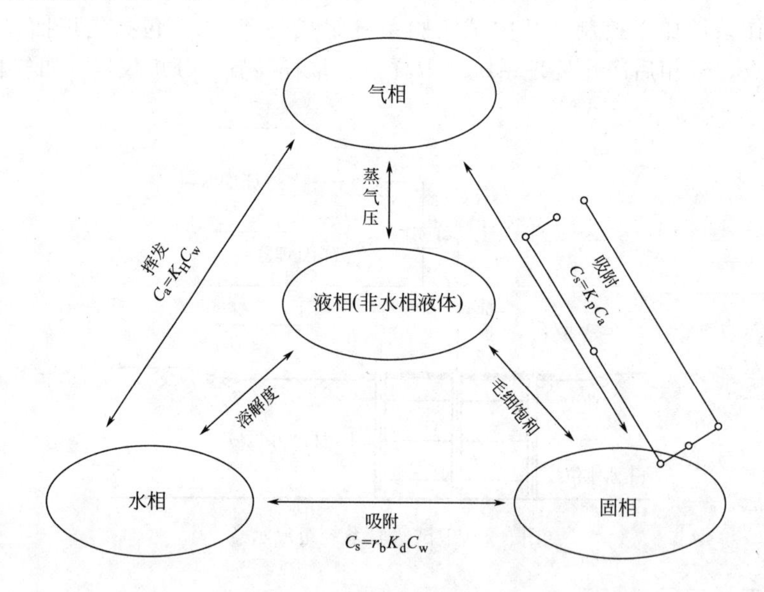

图5-3 土壤的渗透性与土壤的粒径分布的关系

VOC_s的分布情况：C_a、C_w和C_s分别为VOC在空气、水、固体中的浓度；K_H为亨利常数；K_p为气-固两相中的分配系数；K_d为液-固两相中的分配系数；r_b为土壤颗粒密度（USACE，1995）

表5-1 土壤的渗透系数对SVE适用影响

固有渗透系数/cm^2	SVE适用性
$k \geqslant 10^{-8}$	适用
$10^{-10} \leqslant k \leqslant 10^{-8}$	一般
$k \leqslant 10^{-10}$	不适用

(2) **蒸气压与环境温度**

SVE技术受到有机污染物蒸气压的影响很大，即使气体流动良好，污染物质的挥发性低，也不能够使土壤中的VOCs随气流挥发去除，因此低挥发性有机污染物不宜使用SVE

修复。

饱和蒸气压（saturated vapor pressure）是指在一定温度下，与液体或固体处于相平衡的蒸气所具有的压力。同一物质在不同温度下有不同的蒸气压，并随着温度的升高而增大。饱和蒸气压越高越有利于 SVE 技术的实施，气相抽提一般适用于饱和蒸气压大于 0.5mmHg 的污染物。一般来说，SVE 对汽油等高挥发性有机污染物去除效果佳，对柴油等低挥发性有机污染物的处理效果一般，不适用于绝缘油、润滑油等污染土壤的修复。表 5-2 列出了常见石油类化合物的饱和蒸气压。

表 5-2　常见石油类化合物的饱和蒸气压

石油类化合物	饱和蒸气压/mmHg(20℃)	石油类化合物	饱和蒸气压/mmHg(20℃)
甲基丁基醚(methyl-butyl ether)	245	乙苯(ethylbenzene)	7
苯(benzene)	76	二甲苯(xylene)	6
甲苯(toluene)	22	萘(naphthalene)	0.5
二溴乙烯(ethylene dibromide)	11	四乙铅(tetraethyl lead)	0.2

沸点也是评价石油类污染物挥发性的重要指标，世界卫生组织对 VOCs 的定义为熔点低于室温而沸点在 50～260℃之间的挥发性有机化合物的总称。石油类污染物往往组成复杂，含有多种化合物，表 5-3 列出了不同种类油品的沸点范围，沸点小于 250～300℃的油品污染土壤适合采用 SVE 技术，重油、润滑油等沸点较高油品污染土壤不适合采用 SVE 技术，但是也可以采用生物通风等增强技术。

表 5-3　石油类化合物的沸点

石油类化合物	沸点/℃	石油类化合物	沸点/℃
汽油	40～205	重油	>275
煤油	175～325	润滑油	难挥发
柴油	200～338		

亨利定律描述了 VOCs 在气液相的分配规律，在环境科学与工程领域中有着广泛应用，亨利常数也是表征有机污染物挥发性的一种指标。通过查询文献与 USEPA 等数据库可以得到大部分 VOCs 的亨利常数（HLC），但是环境领域中的许多 VOCs 还没有基于实验获得的 HLC，目前通过实验测得 VOCs 亨利常数的方法分为两大类：动态平衡系统的汽提技术与静态热力学方法。一般认为污染物质的亨利常数大于 100atm 时才适合于采用 SVE 技术，表 5-4 列出了一些常见污染物质的亨利常数。

表 5-4　常见石油类化合物的亨利常数

石油类化合物	亨利常数/atm	石油类化合物	亨利常数/atm
四乙铅(tetraethyl lead)	4700	甲苯(toluene)	217
乙苯(ethylbenzene)	359	萘(naphthalene)	72
二甲苯(xylene)	266	二溴乙烯(ethylene dibromide)	34
苯(benzene)	230	甲基丁基醚(methyl-butyl ether)	27

除了污染物质固有特性外，环境温度也是影响 VOCs 蒸气压的主要因素，温度对纯有机物蒸气压的影响可由安托因（Antoine）方程决定。

安托因方程是一个最简单的用来描述纯液体饱和蒸气压的三参数方程。它是由工程经验总结而得到的，该方程适用于大多数化合物，其一般形式为：

$$\lg p = A - B/(t + C)$$

式中，A、B、C 为物性常数，不同物质对应于不同的 A、B、C 的值；p 为温度 t 对应下的纯液体饱和蒸气压，mmHg；t 为温度，℃。

对于另外一些只需常数 B 与 C 值的物质，则可采用下式进行计算。

$$\lg p = -52.23B/T + C$$

式中，p 为温度 t 对应下的纯液体饱和蒸气压，mmHg；T 为热力学温度，K。

有关物性数据可在各种手册中查到。

表 5-5　苯和甲苯的物性常数

组分	A	B	C
苯	6.023	1206.35	220.4
甲苯	6.078	1343.94	219.58

由表 5-5 得出，苯的蒸气压为 $\lg p_A = 6.023 - \dfrac{1206.35}{T + 220.4}$

甲苯的蒸气压为 $\lg p_B = 6.078 - \dfrac{1343.94}{T + 219.58}$

(3) 地下水深度及土壤湿度

土壤的地下水位随季节波动很大，有时也会有可观的日变化。一般情况下，地下水深度小于 1m 不适合采用 SVE 技术；地下水深度大于 3m，有利于 SVE 技术对该地块的 VOCs 污染的净化修复；介于两者之间时可根据地块及污染物特性合理选择（表 5-6）。土壤湿度对 SVE 修复效果影响也很大。一方面，土壤含水率增加会降低土壤通透性，而且随着气流水分也会蒸发进入气流中，不利于有机污染物的挥发；另一方面，土壤水分的增加降低了土壤颗粒表面对有机分子的吸附程度，促进污染物的去除。因此，SVE 合适的土壤水分含量一般为 20%～30%。

表 5-6　地下水位对 SVE 技术的适用性

地下水位/m	SVE 适用性
>3m	适用
3m>地下水位>1m	一般
<1m	不适用

(4) 土壤结构和分层

土壤结构和分层（土壤层结构的多向异性）影响气相在土壤基质中的流动程度及路径。其结构特征（如夹层、裂隙的存在）导致优先流的产生，若不正确引导就会使修复效率降低。

(5) 气相抽提流量和 Darcy 流速

不考虑污染物由土壤中迁移过程的限制，去污速率将正比于抽提流量。Crow 和 Fall 等在汽油泄漏处设计了现场去污通风系统，结果表明：随着气流增加，汽油蒸气去除速率也增加。根据 Darcy 定律，土壤气相渗流速度与抽提的压力梯度成正比。

对含有机化合物和 VOCs 的土壤进行原位修复使用气相抽提系统时，通过一些改进可提高剩余有机物的去除率。这包括在污染区域的外围地区设置流入井，在污染区域内设置抽取井，并在抽取井上安装真空泵或抽吸式吹风器，以形成从流入井穿过土壤孔隙进入抽取井的空气环流。这一改进提高了空气的流速，加强了空气作用，有利于将污染物从土壤表面和孔隙中去除，从而提高污染物的去除率，缩短运行时间，节省成本。

粗粒径土壤对有机污染物的吸附容量较低，如沙地和砂砾，与细粒径土壤相比，污染物更易被真空抽取法去除。通风效果受污染物的水溶性和土壤性质（如空气导电率、温度及湿度）的影响。高温可促进挥发，因而在真空抽取井周围的渗流区中输入热量，可增加污染物的蒸气压，提高污染物去除率。还可以采用电加热或热空气等技术来提高土壤温度。

5.1.4 适用性

(1) 一般要求

① 所治理的污染物必须是挥发性的或者是半挥发性有机物，蒸气压不能低于0.5Torr（1Torr=1mmHg）；

② 污染物必须具有较低的水溶性，并且土壤湿度不可过高；

③ 污染物必须在地下水位以上；

④ 被修复的污染土壤应具有较高的渗透性，而对于容重大、土壤含水量大、孔隙度低或渗透速率小的土壤，土壤蒸气迁移会受到很大限制。

为了评估该技术在特定污染点的可行性，首先应对该污染点的土壤特性进行分析，包括控制污染土壤中空气流速的物理因素和决定污染物在土壤与空气之间分配数量的化学因素，例如土壤容重、总孔隙度（土壤颗粒之间的空隙）、充气孔隙度（由空气所占的那部分土壤孔隙）、挥发性污染物的扩散率（在一定时间内通过单位面积的挥发性污染物的数量）、土壤湿度（由水填充的那部分空间所占百分比）、气体渗透率（空气穿过土壤的难易程度）、质地、结构、黏土矿物、表面积、温度、有机碳含量、均一性、空气可渗入区的深度和地下水埋深等。表5-7概述了土壤气相抽提技术可行性的土壤和污染物参数。

表5-7 影响土壤气相抽提技术应用的条件

条件	特性	适宜的条件	不利的条件
污染物	主要形态	气态或蒸发态	固态或强烈吸附于土壤
	蒸气压	>100mmHg	<10mmHg
	水中溶解度	<100mg/L	>1000mg/L
	亨利常数	>0.01	<0.01
土壤	温度	>20℃（通常需要额外加热）	<10℃（通常在北方气候下）
	湿度	<10%（体积分数）	>10%（体积分数）
	空气传导率	$>10^{-1}$cm/s	$<10^{-6}$cm/s
	组成	均匀	不均匀
	土壤表面积	$<0.1m^2/g$土壤	$>0.1m^2/g$土壤
	地下水深度	>20m	<1m

(2) 适用性评价

首先要根据污染土壤的渗透性和污染物的挥发性快速确定SVE技术的适用性，如图5-4所示，一般来说砂石性土壤比黏土或淤泥为主的细土壤更加有利于SVE技术的有效实施，汽油等挥发性高的污染物质比柴油等更加有利于SVE。

在初步选定SVE技术之后，要进行进一步的适用性评价，主要评价土壤渗透性、土壤和地下水结构、水分含量等影响土壤渗透性的因素和蒸气压、污染物质构成、亨利系数等影

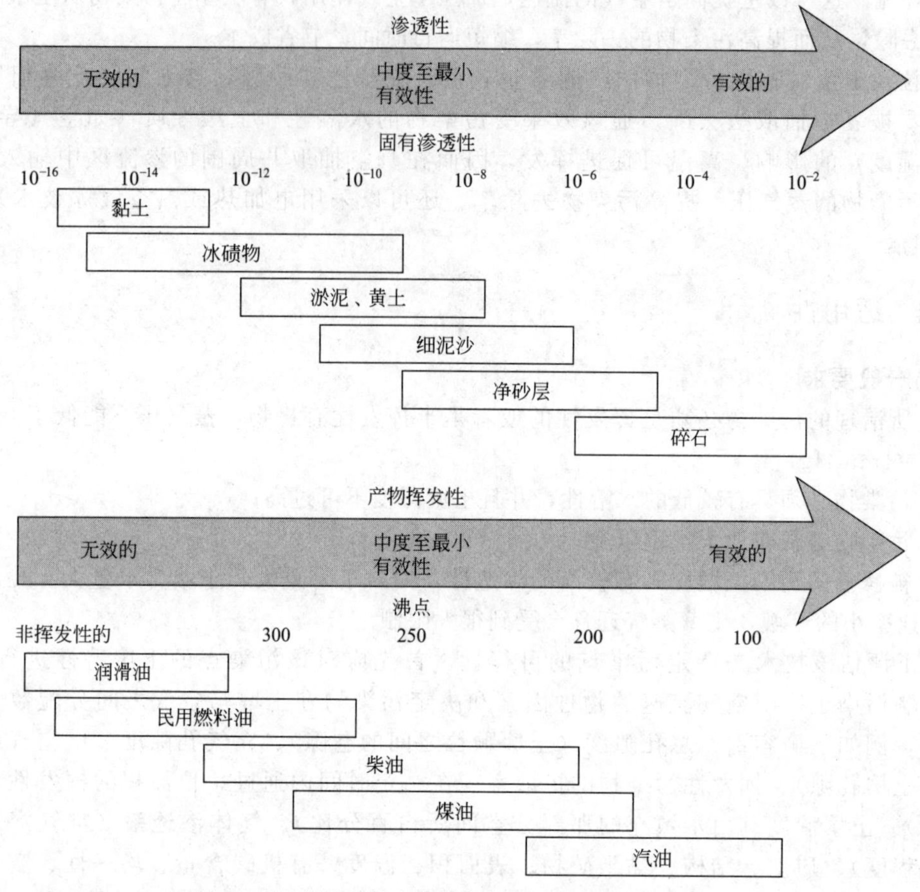

图 5-4 土壤渗透性和产物挥发性对修复效果的影响

响污染物挥发特性的因素。如表 5-8 所示。

表 5-8 土壤渗透性和污染物挥发性的影响因子

影响土壤渗透性的因子	影响污染物挥发性的因子
土壤固有渗透系数	蒸气压
土壤和地层结构	污染物构成和升华温度
水分含量	亨利常数
土壤 pH 值	
地下水位	

(3) 适用范围和局限性

SVE 通过机械作用使气流穿过土壤多孔介质并携带出土壤中挥发性或半挥发性有机污染物，该法较适合于由汽油、JP-4 型石油、煤油或柴油等挥发性较强的石油类污染物所造成的土壤污染。SVE 技术受土壤均匀性和透气性以及污染物类型限制。

针对 VOCs 和油类污染物的净化，SVE 适用于亨利常数大于 0.01 或者蒸气压大于 0.5mmHg 的污染物的去除，同时也要考虑土壤渗透性、含水率、地下水深度、污染物浓度等。原位 SVE 技术不适合去除重油、重金属、PCBs、二噁英等污染物。有机质含量高或非常干的土壤对 VOCs 的吸附能力很强，从而导致 SVE 的去除效率降低。

从原位 SVE 系统排放的废气需要进一步处理，以消除对公众和周边环境的影响。

5.1.5 费用

根据修复场地规模、土壤性质和气相抽提井的设置数量等主要成本动因，可以采用 RACER（remedial action cost engineering and requirements）软件分析 SVE 技术费用。原位 SVE 技术费用因污染场地特点而有所不同，采用 RACER 软件分析美国部分 SVE 技术费用列于表 5-9，SVE 技术费用主要依赖于场地规模、污染物的性质、数量以及水文地质条件，小规模地块的处理费用是大规模地块的 1.5～3 倍，污染类型等对小规模地块的处理费用影响较小，对大规模地块影响较大。这是由于地块规模等因素影响抽提井的数量、风机容量和所需的真空度以及修复所需时间，另外废水和废气的处理与处置也会极大地增加成本。

表 5-9 美国部分地块 SVE 技术费用分析结果

地块规模	小		大	
处理难易程度	容易	难	容易	难
费用/(美元/m^3)	1275	1485	405	975
相对费用	3.2	3.7	1	2.4

5.1.6 应用概况与理论研究进展

SVE 工程技术最早由英国 Terra Vac 公司于 1984 年开发成功并获得专利权，逐渐发展成为 20 世纪 80 年代最常用的土壤及地下水有机物污染的修复技术。据不完全统计，到 1991 年为止，美国共有几千个地点使用该技术。综合 SVE 的应用效果，该技术有成本低、可操作性强、可采用标准设备、处理有机物的范围宽、不破坏土壤结构、处理周期短、可与其他技术联用等优点。但是也存在对含水率高和透气性差的土壤效率低下、处理效率很难高于 90%而且连续操作的去除速率随时间而下降，达标困难、二次污染等缺点。早期对 SVE 技术的研究集中在现场条件的开发和设计，这主要依赖于场址状况、工程类型、操作参数等与有机物性质和污染程度的关系。《中华人民共和国土壤污染防治法》的颁布，带动了土壤气相抽提修复技术方面的研究，从近 5 年新增的研究热点可见，未来汞、包气带、多孔介质和 NAPL 将成为土壤气相抽提重点研究的内容。

5.1.7 气相抽提增强技术

20 世纪 80 年代后，发达国家开始重视土壤污染问题。美国于 20 世纪 90 年代的 10 年间花费了上千亿美元以鼓励一些新兴的原位土壤修复技术，其中修复不饱和区的土壤气相抽提和生物通风（bioventing，BV）技术以及修复饱和区土壤的空气喷射（air sparging，AS）技术因其效率高、成本低、设计灵活和操作简单等特点而得到迅速发展，成为“革命性”土壤修复技术中应用最广的几种方法。

其他气相抽提增强技术主要包括双相抽提技术（dual phase extraction，DPE）、直接钻井技术（directional drilling，DD）、风力和水力压裂技术（pneumatic and hydraulic fracturing，PHF）、热强化技术（thermal enhancement，TE）等。

① 空气喷射修复技术（AS） 主要用于地下水修复，土壤修复也用到，又叫土壤曝气。该技术源于 20 世纪 80 年代，主要原理是通过开挖地下井，压缩新鲜空气到受到污染的土壤中，加快土壤污染物的生物降解，将污染物变成无毒的物质。该项技术主要用于低渗透

性受到污染的黏土地质，采用生物技术分解污染物从而达到修复作用。但是该项技术工艺复杂度高，主要应用在欧洲和美国地区，对开挖地下井空气流通通道的分布有严格要求，适用于湿度较低的土壤。

② 双相抽提修复技术（DPE） 主要原理是联合修复受到污染的土壤和该土壤受到污染的地下水，对整体污染地区修复的一种技术。该项技术最为复杂，但修复效果最好，只被美国少数企业所掌握，而且双相抽提修复技术适用于任何质地的土壤，由于采取了多种加强版的抽提技术，因此该技术成本最高。

③ 直接钻井修复技术（DD） 原理是安装取污井和注入井，直接钻孔抽取土壤中的污染物，直接直观。直接钻入井可分为水平井和垂直井，一般垂直井造价低，但短路回流风险高。水平井则造价相对高昂，但修复效果发展有待提高，得益于工艺的进步，其效果可进一步提高，造价也持续走低。直接钻井技术在20世纪80年代就开始流行，技术和规模逐年增长。但由于是直接钻井，对土壤区域要求长而窄、土壤各异性高，且钻井工具安装困难等。

④ 热强化修复技术（TE） 也叫土壤原位加热技术。加热方式主要为微波、热空气和电波加热以及蒸汽注入加热等，热效应能加快土壤中挥发性有机物的气化挥发，从而减小土壤中重油类和轻油类的含量，减小土壤毒性，特别适合在突然性燃油泄漏时采用。但其缺点也较为明显，热效应只针对挥发性强的有机物，对于那些低挥发性物质，热强化修复技术不仅不会起到土壤修复的目的，反而加快这些污染物在土壤中的扩散。

⑤ 风力和水力压裂修复技术（PHF） 通俗来讲，与热强化技术只能在中/高渗透性土壤中应用不同，它适用于低渗透性土壤，并且修复后可改善土壤的通透性。但该技术对土壤单一性地质条件较为苛刻，成本相较其他技术昂贵，但是这项技术始于20世纪90年代，至今发展已有二十几年，修复技术成熟，在大规模土壤修复工程中通常都是联合其他修复技术使用。

5.1.7.1 空气喷射

仅使用SVE即可有效去除吸附在不饱和土壤表面的VOCs，但地下水位的波动变化会影响碳氢化合物的去除率。配合采用空气喷射法可有助于去除饱和土壤和地下水中的VOCs，以及未受SVE系统影响的地表区域内的碳氢化合物。在空气喷射中，压缩空气喷入地下水位以下的污染带，通过气、液两相间的传质过程，污染物从土壤或地下水中挥发到空气中，含有污染物的空气在浮力的作用下不断上升，到达地下水位以上的非饱和区域，在抽提的作用下，这些含污染物的空气被抽出，并于地上处理，从而达到修复的目的。另外，喷入的空气还能为饱和土壤中的好氧生物提供足够的氧气，促进污染物的生物降解。Semer等研究表明，原位空气喷射是去除饱和土壤和地下水中的挥发性有机污染物的最有效方法，去除率可以高达98%。

(1) 基本原理

空气喷射法是与土壤气相抽提互补的一种技术，其目的是去除土壤中的挥发性有机化学物质，通过将新鲜空气喷射进饱和土壤中，由于气液间存在浓度差，污染物通过挥发作用进入气相，通过浮力的作用，空气携带污染物逐步上升，从而达到去除化学物质的目的。

该技术以其低成本、易安装操作、设备用量少以及高效处理等特点，在发达国家已被广泛应用于场地修复中。Klrtland和Aelion采用AS技术处置VOCs污染土壤，经过44天处置，608kg石油烃得到有效去除，苯、甲苯、乙苯和二甲苯浓度下降至1×10^{-6}以下，处置速率达到了14.3kg/d。Urum等采用AS技术，80%的原油污染土壤得到有效处置。Semer等采用原位空气喷射去除土壤中的挥发性有机污染物，去除率达到98%以上。

(2) **影响因素**

AS是修复饱和区有机污染物很有效的一种方法，但AS也受许多因素限制，如当渗透率低时，空气扩散就非常困难。对于非挥发性污染物，空气喷射不但不能够有效去除污染物，反而能将污染物驱赶向其他区域，导致污染区域进一步扩大。一种AS的改进方式是生物曝气。生物曝气技术是通过鼓气方法提高地下水中溶解氧水平，这可以提高微生物活性，从而借助生物过程降解去除非挥发性的有机物。

由于AS去除可挥发性有机污染物的过程是一个多相传质过程，因而其影响因素很多。目前，人们普遍认为AS去除有机物的效率主要依赖于空气喷射所形成的影响区域的大小。而影响此区域的因素主要有以下三个方面。

① 土壤的特性　土壤特性对AS的影响主要包括土壤的类型、土壤的均匀性和土壤粒径大小。土壤的非均匀性导致其在各方向都存在不同的粒径分布和渗透率。Ji等在实验中观察到：对于均质土壤，无论何种空气流动方式，其流动区域都是通过喷射点垂直轴对称的。而非均质土壤，空气流动不是轴对称的，这说明空气通道对土壤的非均匀性很敏感。因此，在AS过程中，喷射空气可能会沿阻力较小的路径通过饱和区土壤，根本就不经过渗透率较低的土壤区域，从而影响污染物的去除效果。Reddy等实验室研究发现，土壤粒径极大地影响AS去除有机污染物的效率。当有效粒径超过边界值0.2mm时，AS去除有机物的效率和粒径为线性关系，当有效粒径低于0.2mm时，AS去除有机物所需的时间将大大增加。

② 空气的流量和压力　空气喷入土壤中需要一定的压力，压力的大小对于AS去除有机污染物的效率有一定程度的影响。空气喷射压力越大，所形成的空气通道就越密，羽状体就越宽。一方面，空气流量的大小将直接影响土壤中水和空气的饱和度，影响气液两相间的传质，从而影响土壤中有机污染物的去除。另一方面，空气流量的大小决定了可向土壤提供的氧含量，决定了有机物的有氧生物降解过程。空气流量的增加将有助于增加有机物和氧的扩散梯度，有利于有机物的去除。

③ 地下水的流动　在渗透率较高的土壤中，如粗砂和砂砾，地下水的流速一般较高，影响空气的流动，从而破坏污染物羽状体的形状和大小。反之，空气喷入土壤中不仅造成有机污染物的挥发，而且影响通过羽状体的地下水的流动。这两种流体（空气和水）的相互作用可能对AS过程不利。

5.1.7.2 生物通风

(1) **BV的简介及与SVE的比较**

SVE和BV都是用于去除不饱和区有机污染物的土壤原位修复方法。BV是在SVE基础上发展起来的，实际上是一种生物增强式SVE技术。1989年美国Hill空军基地对燃料油泄漏污染的SVE修复中，经研究意外发现现场微生物具有很大的降解活性，去除的污染物中有15%～20%由生物降解完成，随后采用提高土壤湿度、增加营养元素等促进生物降解措施后，生物降解贡献率上升至40%。这之后，BV技术受到广泛关注，成为最流行的土壤修复技术之一。最近几年对BV现场设计、分析控制手段及复杂机理研究方面都有了突破性进展。BV还包括厌氧生物通风技术，主要用于对三氯乙烯的去除。

SVE和BV使用了相同的设施，但系统的结构和设计目的有很大不同。SVE将注射井和抽提井放在被污染区域的中心，而在BV系统中，注射井和抽提井放在被污染区域的边缘往往更有效。SVE的目的是在修复污染物时使空气抽提速率达到最大，利用挥发性去除污染物；而BV的目的是优化氧气的传送和氧的使用效率，创造好氧条件来促进原位生物降解。因此，BV 使用相对较低的空气速率，以使气体在土壤中的停留时间增长，促进微生物降解有机污染物。两者的适用情况也不同，其比较如表 5-10 所示。

表 5-10　常规 SVE 与 BV 基本使用情况比较

参数	常规 SVE	BV
污染物类型	室温下具有挥发性	具有可降解性
蒸气压	>100mmHg	—
无量纲亨利常数	>0.01	—
水溶度	<100mg/L	—
污染物浓度	>1mg/kg 土壤	<1000mg/kg 土壤
土壤的气相渗透系数	$>1\times10^{-4}$cm/s	—
抽提井位置	污染区域内	污染区域外
单井抽提流量	50～700L/s	5～25L/s
土壤水饱和度优化值	约 0.25	约 0.75
营养物优化比例	—	C∶N∶P.=100∶10∶1
土壤气相中氧含量	—	>2%
致毒性	—	小或无

BV 可应用于挥发性有机物，也可应用于半挥发性和不挥发性有机污染物，受污染的土壤可以是大面积的面源污染，但污染物必须是可生物降解的，且在现场条件下其降解速率可被有效检测出来。

(2)影响因素

① 土壤湿度　实验室中的研究表明，土壤湿度大，则生物转化率高。在生物通风现场却有两种不同的结论：有的报道说增加湿度使通风现场的生物降解速率增加，但另有结果表明，湿度增加太大，效果并不明显，甚至由于阻止了氧气的传递而使生物通风特性消失。

② 土壤温度　土壤温度对 BV 的影响主要是因为增加土壤温度后可提高生物降解的活性，加快有机污染物的降解速率。在土壤温度成为主要限制因素的寒冷地区，提高土壤温度尤其显得重要，加热方法主要有热空气注射、蒸气注射、电加热和微波加热等。

③ 电子受体　Dupont 于 1993 年在文献中提出限制生物修复成功的最关键因素是缺乏合适的电子受体。许多电子受体都可以被土壤中微生物利用来完成有机污染物的氧化，包括氧、硝酸盐、硫酸盐、二氧化碳和有机碳。其中氧能提供给微生物的能量最高，几乎是硝酸盐的两倍，比硫酸盐、二氧化碳和有机碳所释放的能量多出一个数量级；其次，土壤环境中利用氧的微生物非常普遍，并且，从工程观点上，加速的生物降解大部分发生在好氧条件下而非厌氧条件下，因此，氧是最好的电子受体。

④ 生物营养盐　实验和现场应用都表明，适当添加营养物可以促进生物降解。据报道，调节被有机农药等污染的土壤的 C∶N∶P 对污染物的生物降解很有好处。Lindhardt 等在实验研究中增加了氮和磷酸盐以有利于生物通风操作。Breedreld 等在实验室土柱及现场规模下研究了加入营养物对生物通风的影响，证实了添加营养物对生物降解的促进作用。Bulman 等在一个污染基地设计了生物通风系统，通风操作 6 个月，总有机物浓度减少了 10%～30%，去除深度达 3m，通风中加入营养物后导致在下面的 6 个月中，又有 30%的污染物被去除。

⑤ 共代谢基质　研究表明，一些单独存在不易被微生物降解的顽固污染物在与其他介质共存时，便容易被降解，这就是共代谢。近两年来，共代谢生物通风引起许多研究者的重视，Catherine 和 Semprini 对实验室和现场共代谢进行了详尽研究。

⑥ 加入优势菌　土壤中有机污染物的生物降解与土壤中可降解菌的含量有密切关系，土壤中加入降解优势菌能大大提高生物降解速度，如白腐真菌对许多有机污染物都有很好的降解效果。Kriston 将生物通风与应用高效菌相结合，效果十分明显。

5.1.7.3 多相抽提

与传统的土壤修复技术相比，多相抽提（multi-phase extraction，MPE）是一种对环境友好的土壤修复技术，它具有修复效率高、影响面积大以及适宜高浓度污染土壤修复等优点。MPE 技术是通过使用真空提取等手段，同时抽取地下污染区域的土壤气体和浮油层到地面进行相分离、处理，以控制和修复土壤中有机物污染的环境修复技术。MPE 技术是一种原位修复技术，对地面环境的扰动较小，适用于加油站、石化企业和化工企业等多种类型的污染场地，尤其适用于存在非水相液态污染物（non-aqueous phase liquid，NAPL）情形的污染土壤的修复。MPE 是 SVE 的升级，是一种综合 SVE 和地下水抽提的技术，它能够同时修复地下水、包气带及含水层土壤中的污染物。

多相抽提（MPE）系统通常由多相抽提、多相分离和污染物处理 3 个主要工艺部分构成。MPE 处理系统工艺流程图如图 5-5 所示。

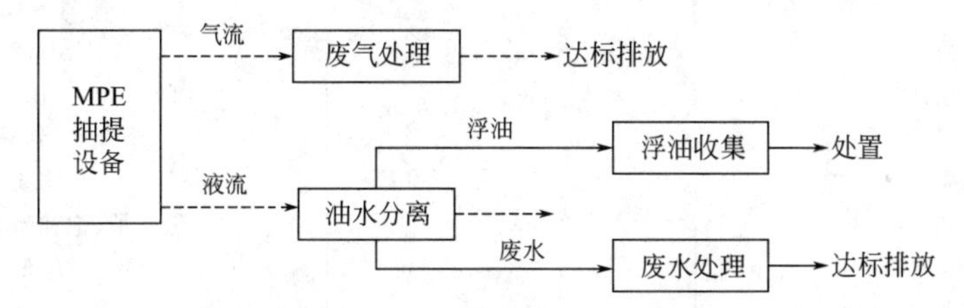

图 5-5 MPE 处理系统工艺流程

与传统抽提处理方式相比，MPE 最突出的特征就是采用真空或真空辅助的方式，实现污染物从地下环境向地表以上的迁移。与双抽提系统相比，MPE 减少了污染物在场地中的残留及地下水的抽提量；与全抽提技术相比，MPE 降低了乳化作用，同时兼具修复包气带污染土壤的作用；多相分离是为了保证抽出物的处理效率而要进行的气液及液液分离过程。分离后的气体进入气体处理罐，液体会通过其他方法进行处理。气体污染物的处理目前主要有热氧化法、催化氧化法、吸附法、浓缩法、生物过滤及膜法过滤等。在进行方法选择时，除了考虑工艺上的可行性外，成本也是一项十分重要的因素，包括设备的资本成本、运行成本等。在液态污染物的处理中，对于可回收再生的有机相进行回收。

与 SVE 技术相比，MPE 的修复范围扩大，同时减少了含水层土壤被地下水再次污染的风险。MPE 技术与传统抽提技术的分类及特点如表 5-11 所示。

表 5-11 MPE 技术与传统抽提技术的比较

技术分类	名称	描述
传统抽提	双抽提(dual extraction)：单口井中对油相和水相分别进行抽提	该技术提高了回收率和分离效果，但对抽提井的口径要求较大，增加了油相和含水层的接触面污染
	全抽提(total extraction)：单井抽提，同时抽取油相和水相	该技术操作容易，可适用于较低潜水位地下水的处理，但在运行时易造成乳化作用，降低处理效率，增加成本，同样会造成较大的接触面污染
	气相抽提：真空抽提土壤包气带中的挥发性有机污染物	该技术对土壤的性质有特殊要求，如土壤空气渗透系数应在一定范围内才能适用。不足之处在于修复范围有限，只能针对包气带中的污染物。潜水面上升时易对土壤造成二次污染
多相抽提	双相抽提(双泵抽提)(dual phase extraction)	抽提井中同时有真空泵和水泵对地下水和气体进行抽提，并通过不同管路抽出
	二相抽提(单泵系统)(two phase extraction)	也叫生物抽吸(bioslurping)，抽提井中利用真空泵从同一管路对地下水和气体进行抽提

由于工艺特点的限制，MPE适用于中等至高渗透性场地的修复，对挥发性较强及NAPL类污染物具有较好的效果，MPE实施的同时可以激发土壤包气带污染物的好氧生物降解。

MPE技术的影响因素有土壤性质（渗透性、孔隙率、有机质等）、土壤气压、地下水水位、污染物在三相（土、水、气相）中的浓度、生物降解参数（微生物种类、氮磷浓度、O_2、CO_2、CH_4等）、地下水水文地球化学参数（氧化还原电位、pH值、电导率、溶解氧、无机离子浓度等）、NAPL厚度和污染面积、汽/液抽提流量、井头真空度、NAPL回收量、污染物回收量、真空影响半径等。

评估MPE技术适用性的关键技术参数主要分为水文地质条件和污染物条件两个方面，如表5-12所示。

表5-12　MPE技术关键参数

项目	关键参数	单位	适宜范围
场地参数	渗透系数(K)	cm/s	$10^{-3}\sim10^{-5}$
	渗透率	cm^2	$10^{-8}\sim10^{-10}$
	导水系数	cm^2/s	0.72
	空气渗透性	cm^2	$<10^{-8}$
	地质环境	—	砂土到黏土
	土壤异质性	—	均质
	污染区域	—	包气带、饱和带、毛细管带
	包气带含水率	—	较低
	地下水埋深	in①	>3
	土壤含水率(生物通风)	饱和持水量	40%～60%
	氧气含量(好氧降解)		>2%
污染物性质	饱和蒸气压	mmHg	>0.5～1
	沸点	℃	<250～300
	亨利常数	无量纲	>0.01(20℃)
	土-水分配系数	mg/kg	适中
	LNAPL厚度	cm	>15
	NAPL黏度	mPa·s	<10

① 1in=2.54cm。

5.1.8 SVE系统设计计算

5.1.8.1 基本概念

有机污染质，如碳氢化合物、氯化有机溶剂等，进入地下以后不与包气带及水表面以下的水发生混合，通常以非水相液体（NAPL）形式存在。其中以相对密度小于水的轻非水相液体的污染较为普遍。它们的密度可能比水大（重非水相液体，DNAPLs），也可能比水小（轻非水相液体，LNAPLs）。DNAPLs包括氯代烃，如全氯乙烯、三氯乙烷、1,1,1-三氯乙烷、煤焦油和木馏油。通常LNAPLs包括汽油和柴油。

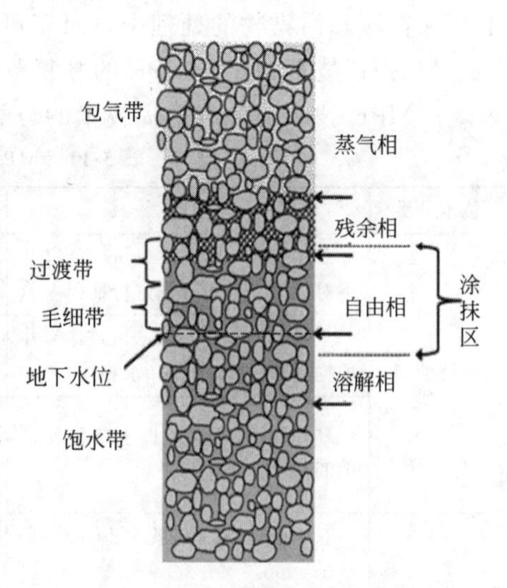

图5-6　NAPL包气带和含水层中相分布示意图

非水相液体（NAPL）进入包气带通常以四种形式存在（图5-6）：①气相（vapor phase），存在于土壤空隙中的 NAPL；②自由相（free phase），在水动力条件下可流动的连续 NAPL；③水相（dissolved phase），溶解于土壤水分中的 NAPL；④固相（solid phase），吸附于土壤颗粒上的 NAPL。污染物在这 4 个相态中的分布对于利用 SVE 技术修复污染场地有很大影响，因此在进行场地修复之前，必须理解污染物在这 4 个相态中的浓度关系。

5.1.8.2 污染物在不同相态中的平衡关系

(1) 自由相与气相之间的平衡

非水相液体中的每个组分挥发到土壤气中，达到平衡状态时，其气相浓度可用拉乌尔（Rauolt）定律计算，即蒸气压等于每个组分的摩尔分数乘以它的蒸气压的积。

$$p_a = x_a p_a^n \tag{5-1}$$

式中，p_a 为 NAPL 混合物组分蒸气压，Pa；x_a 为 NAPL 组分的摩尔分数；p_a^n 为 NAPL 组分以纯相形式存在时的蒸气压，Pa。常见 NAPL 的蒸气压见表 5-13。

表 5-13 常见 NAPL 的蒸气压

污染物名称	分子式	分子量	水中的溶解度/(mg/L)	蒸气压/mmHg
苯	C_6H_6	78	1780(25℃)	95(20℃)
甲苯	$C_6H_5(CH_3)$	92	515(20℃)	22(20℃)
乙苯	$C_6H_5(C_2H_5)$	106	152(20℃)	7(20℃)
二甲苯	$C_6H_4(CH_3)_2$	106	198(20℃)	10(20℃)

气相浓度通常用 ppm（V）表示，蒸气压与气相浓度之间的换算关系为 $1atm=10^6 ppm(V)$。

不同温度下，ppm(V) 与 mg/m^3 的换算关系如下：

$$1ppm(V)=\frac{分子量}{22.4}\ mg/m^3 \quad (0℃)$$

$$1ppm(V)=\frac{分子量}{24.05}\ mg/m^3 \quad (20℃)$$

$$1ppm(V)=\frac{分子量}{24.5}\ mg/m^3 \quad (25℃)$$

(2) 液相与气相的平衡

土壤中气相污染物通过溶解进入液相，通常亨利定律用于描述液相和气相之间的平衡关系。当系统总压不高（<0.5MPa）时，在一定温度下，稀溶液上方溶质的平衡分压与该溶质在液相中的浓度存在如下关系：

$$p_A = H_A C_A \tag{5-2}$$

式中，p_A 为污染物蒸气分压，atm；H_A 为亨利常数，(atm · L)/mol；C_A 为液相中的浓度，mol/L。常见 NAPL 的蒸气压及亨利常数见表 5-14。

表 5-14 常见 NAPL 的蒸气压及亨利常数

污染物名称	分子量	H_A/(atm · L/mol)	P_a/mmHg	$\lg K_{ow}$	温度/℃
苯	78.1	5.55	95.2	2.13	25
氯苯	112.6	3.72	11.7	2.84	25
三氯甲烷	119.4	3.39	160	1.97	20
乙苯	106.2	6.44	7	3.15	20
二氯甲烷	84.9	2.03	349	1.3	25
苯乙烯	104.1	9.7	5.12	2.95	20
甲苯	92.1	6.7	22	2.73	20

续表

污染物名称	分子量	H_A/(atm·L/mol)	P_a/mmHg	$\lg K_{ow}$	温度/℃
二甲苯	106.2	5.1	10	3.0	20
氯乙烯	62.5	81.9	2660	1.38	25
三氯乙烯	131.4	9.1	60	2.38	25
1,1,2-三氯乙烷	133.4	1.17	32	2.47	20
1,1,1-三氯乙烷	133.4	14.4	100	2.49	20

(3) 固相与液相的平衡

土壤中液相污染物通过吸附作用，从液相向固相迁移。在固相和液相共同存在的体系中，吸附等温线可用来描述固相与液相之间的平衡，即溶质的浓度 C 和固体吸附的溶质的量 X 之间存在直接的线性关系：

$$X=K_pC \tag{5-3}$$

式中，X 为吸附浓度，mg/kg；K_p 为分配系数，L/kg；C 为液相浓度，mg/L。

对于给定的有机化合物，分配系数因土壤性质不同而不同，K_p 随土壤中有机物百分含量的增加而增加。K_p 可由 K_{ow}（辛醇-水分配系数）求得：

$$K_p=0.63f_{oc}K_{ow} \tag{5-4}$$

式中，f_{oc} 为土壤中有机物的百分含量。

5.1.8.3 SVE系统主要设计要点

SVE系统初步设计阶段最重要的参数为：抽提气体浓度、空气流量、抽提井影响半径、井的数量和真空风机的规格。

(1) 抽提气体浓度

如果污染物在土壤中存在自由相，那么由式(5-1) 所计算出来的分压即为SVE所能达到的抽提气体污染物浓度上限，然而实际浓度会低于上限浓度。在抽提初期，气体浓度会相对稳定，接近于上限浓度，随着抽提的持续进行，土壤中污染物的自由相会消失，气相浓度随之降低，随着气流将气相污染物带走，打破气-液平衡，土壤中液相污染物挥发进入气相，同时液-固平衡也将被打破，污染物从土壤颗粒解吸进入液相。因此在计算抽提气体浓度时，首先需要判断污染物是否存在自由相。

例1 某场地被1,1,2-三氯乙烷污染，土壤调查结果显示1,1,2-三氯乙烷的浓度是1000ppm。请判断是否存在自由相。拟采用SVE技术进行处理，计算SVE项目开始时的抽提气体浓度。土壤孔隙度为0.4，土壤容重为1.8g/cm^3，水分含量为30%，$f_{oc}=0.03$。

解： 查表5-14得，1,1,2-三氯乙烷分子量为133.4，亨利常数为1.17atm·L/mol，蒸气压为32mmHg，$\lg K_{ow}$ 为2.47。

假设存在自由相，依据式(5-1) 求气相浓度：

$$p_a=x_ap_a^n=1\times 32\text{mmHg}=\frac{32}{760}\text{atm}=0.0421\text{atm}=0.0421\times 10^6\text{ppm(V)}$$

$$G_{气}=\frac{p_a\times 133.4}{24.5}=234\text{mg/L}$$

单位体积（1L）土壤中气相污染物的质量=234mg/L×0.4×0.7=65.52mg

依据式(5-2) 求液相浓度：

$$C_{液}=\frac{p_A}{H_A}=\frac{0.0421\text{atm}}{1.17\text{atm}\cdot\text{L/mol}}=0.036\text{mol/L}=4.8\text{g/L}$$

单位体积(1L)土壤中液相污染物的质量=4.8g/L×0.4×0.3=576mg

依据式(5-3)求固相浓度：

$$K_p=0.63f_{oc}K_{ow}=0.63\times0.03\times10^{2.47}=5.31\text{L/kg}$$

$$X=K_pC=5.31\times4.8=25.48\text{g/kg}$$

单位体积(1L)土壤中固相污染物的质量$=25.48\text{g/kg}\times1.6\text{g/cm}^3=40832\text{mg}$

若存在自由相，理论上单位体积(1L)土壤中总污染物质量=65.52+576+40832=41474(mg)

实际单位体积(1L)土壤中总污染物的质量$=1000\text{mg/kg}\times1.8\text{g/cm}^3=1.8\times10^6\text{g}$

判断是否存在自由相的条件：比较理论上单位体积(1L)土壤中总污染物质量与实际单位体积(1L)土壤中总污染物质量的大小，若后者大，则存在自由相。

因此，本题计算结果表明存在自由相，那么SVE项目开始时的抽提气体浓度应该是234mg/L。

(2) 影响半径

SVE系统设计的主要任务之一是通过影响半径来确定抽气井的数量和位置。影响半径指单井系统运行后由于抽气负压所影响到的最大径向距离，一般是以抽气井为原点，至负压为25Pa的最大距离。影响半径受土壤透气性、抽气真空度以及地下水位等因素影响。可利用下式计算：

$$p_r^2-p_W^2=(p_{RI}^2-p_W^2)\frac{\ln(r/R_W)}{\ln(R_I/R_W)} \tag{5-5}$$

式中，p_r为距离抽气井r处的监测井压力，m/LT^2；p_W为抽气井的压力，m/LT^2；p_{RI}为最佳影响半径处的压力，m/LT^2；r为监测井与抽气井的距离，m；R_I为最佳影响半径，m；R_W为抽气井的半径，m。

(3) 气体流量

假设土壤质地均匀，气体在径向的达西流速可用下式计算：

$$u_r=\frac{k}{2\mu}\times\frac{\left[\dfrac{p_W}{r\ln(R_W/R_I)}\right]\left[1-\left(\dfrac{p_{RI}}{p_W}\right)^2\right]}{\left\{1+\left[1-\left(\dfrac{p_{RI}}{p_W}\right)^2\right]\dfrac{\ln(r/R_W)}{\ln(R_W/R_I)}\right\}^{0.5}} \tag{5-6}$$

式中，u_r为距离抽提井r处的气体流速。当r取R_W时，得到井壁处流速u_W：

$$u_W=\frac{k}{2\mu}\left[\frac{p_W}{R_W\ln(R_W/R_I)}\right]\left[1-\left(\frac{p_{RI}}{p_W}\right)^2\right] \tag{5-7}$$

进入抽提井的气体流量Q_W为：

$$Q_W=2\pi R_Wu_WH \tag{5-8}$$

式中，H为抽提井的开孔区间。

(4) 气体抽提井的数量

$$N_{井}=\frac{1.2A_{污染}}{\pi R_I^2} \tag{5-9}$$

式中，$A_{污染}$为污染面积。

(5) 风机规格

$$H_{理论}=3.30\times10^{-5}p_1Q_1\ln\frac{p_2}{p_1} \tag{5-10}$$

式中，p_1 为进气压强；p_2 为输出压强；Q_1 为进气条件下空气流量。

5.2 土壤淋洗技术

5.2.1 基本原理

土壤淋洗（soil leaching/flushing/washing）技术是指将能够促进土壤中污染物溶解或迁移作用的溶剂注入或渗透到污染土层中，使其穿过污染土壤并与污染物发生解吸、螯合、溶解或络合等物理化学反应，最终形成迁移态的化合物，再利用抽提井或其他手段把包含有污染物的液体从土层中抽提出来，进行处理的技术。土壤淋洗主要包括三阶段：向土壤中施加淋洗液、下层淋出液收集以及淋出液处理。在使用淋洗修复技术前，应充分了解土壤性状、主要污染物等基本情况，针对不同的污染物选用不同的淋洗剂和淋洗方法，进行可处理性实验，才能取得最佳的淋洗效果，并尽量减少对土壤理化性状和微生物群落结构的破坏。

5.2.2 技术分类

土壤淋洗法按处理土壤的位置可以分为原位土壤淋洗和异位土壤淋洗；按淋洗液分类可以分为清水淋洗、无机溶液淋洗、有机溶液淋洗和有机溶剂淋洗 4 种；按机理可分为物理淋洗和化学淋洗；按运行方式分为单级淋洗和多级淋洗。

单级淋洗中主要原理是物质分配平衡规律，即在稳态淋洗过程中从土壤中去除的污染物质的量应等于积累于淋洗液中污染物质的量。单级淋洗又可分为单级平衡淋洗和单级非平衡淋洗。当淋洗浓度受平衡控制时，淋洗只有达到平衡状态，才可能实现最大去除率，这是达到平衡状态的淋洗。污染物的去除不受平衡条件限制时，淋洗速率就成了一个重要因子，这种条件下的淋洗称为单级非平衡淋洗。当淋洗受平衡条件限制时，通常需要采用多级淋洗的方式来提高淋洗效率，多级淋洗主要有两种运行方式。

① 反向流淋洗（counter current leaching） 这种运行方式下，土壤和淋洗液的运动方向相反，但难点在于使土壤和淋洗液向相反的方向流动。反向流淋洗可以把土壤固定于容器内，让淋洗液流过含土壤的容器，并逐步改变入流和出流点来实现。当土壤固体颗粒较大、流速符合条件时，可以采用固化床淋洗技术实现反向流淋洗（图 5-7）。

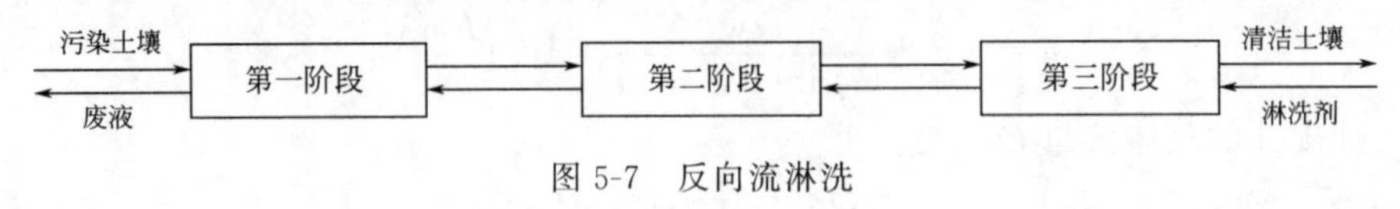

图 5-7 反向流淋洗

② 交叉流淋洗(cross-current washing) 是多级淋洗的另一种形式，它由几个单级淋洗组合而成（图 5-8）。

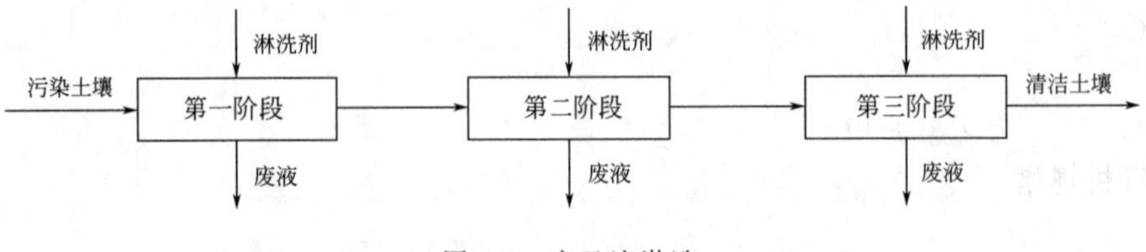

图 5-8 交叉流淋洗

5.2.2.1 原位淋洗技术

原位土壤淋洗通过注射井等向土壤施加淋洗剂，使其向下渗透，穿过污染物并与之相互作用。在此过程中，淋洗剂从土壤中去除污染物，并与污染物结合，通过脱附、溶解或络合等作用，最终形成可迁移态化合物。含有污染物的溶液可以用提取井等方式收集、存储，再进一步处理，以再次用于处理被污染的土壤。从污染土壤性质来看，适用于多孔隙、易渗透的土壤；从污染物性质来看，适用于重金属、具有低辛烷/水分配系数的有机化合物、羟基类化合物、低分子量醇类和羟基酸类等污染物。如图 5-9 所示，该技术需要在原地搭建修复设施，包括清洗液投加系统、土壤下层淋出液收集系统和淋出液处理系统。同时，有必要把污染区域封闭起来，通常采用物理屏障或分割技术。

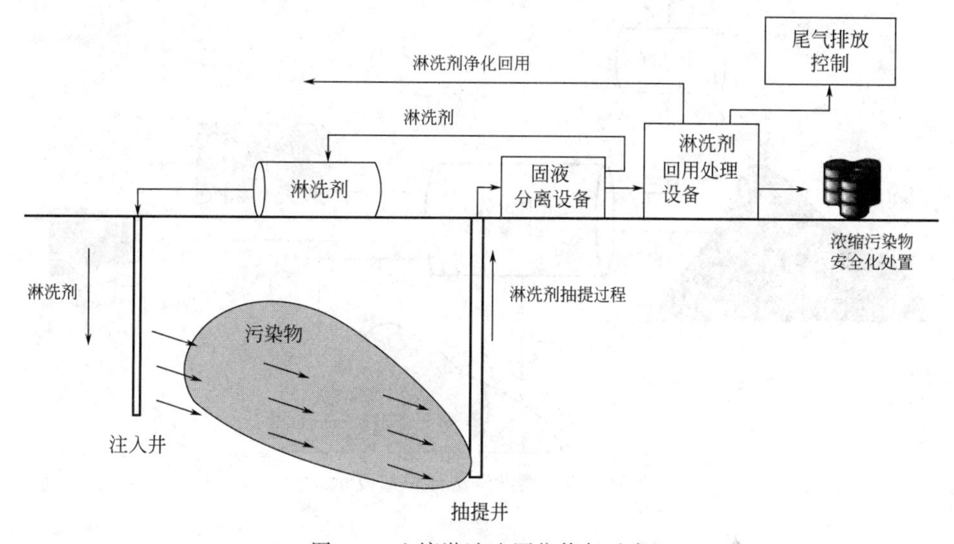

图 5-9 土壤淋洗法原位修复示意

影响原位化学淋洗技术的因素很多，起决定作用的是土壤、沉积物或者污泥等介质的渗透性。该技术对于均质、渗透性土壤中污染物具有较高的分离与去除效率。优点包括：无须进行污染土壤挖掘、运输；适用于包气带和饱水带多种污染物的去除，适用于组合工艺。缺点有：可能会污染地下水，无法对去除效果与持续修复时间进行预测，去除效果受制于场地地质情况等。

5.2.2.2 异位淋洗技术

异位土壤淋洗指把污染土壤挖掘出来，通过筛分去除超大的组分并把土壤分为粗料和细料，然后用淋洗剂来清洗、去除污染物，再处理含有污染物的淋出液，并将洁净的土壤回填或运到其他地点。通常先根据处理土壤的物理状况，将其分成不同的部分，然后根据二次利用的用途和最终处理需求，采用不同的方法将这些部分清洁到不同程度。在固液分离过程及淋出液的处理过程中，污染物或被降解破坏，或被分离，最后将处理后的清洁土壤转移到恰当位置。该技术操作的核心是通过水力学方式机械地悬浮或搅动土壤颗粒，土壤颗粒尺寸的最低下限是 9.5mm，大于这个尺寸的石砾和粒子才会较易由该方式将污染物从土壤中洗去。通常将异位土壤淋洗技术用于降低受污染土壤土壤量的预处理，主要与其他修复技术联合使用。当污染土壤中砂粒与砾石含量超过 50%时，异位土壤淋洗技术就会十分有效。而对于黏粒、粉粒含量超过30%～50%，或者腐殖质含量较高的污染土壤，异位土壤淋洗技术分离去除效果较差。

土壤淋洗异位修复包括如下步骤：a. 污染土壤的挖掘；b. 污染土壤的淋洗修复处理；c. 污染物的固液分离；d. 残余物质的处理和处置；e. 最终土壤的处置。在处理之前应先分选出粒径>5cm的土壤和瓦砾，然后土壤进入清洗处理。由于污染物不能强烈地吸附于砂质土上，所以砂质土只需要初步淋洗；而污染物容易吸附于土壤的细质地部分，所以壤土和黏土通常需要进一步修复处理。然后是固液分离过程及淋洗液的处理过程，在这个过程中，污染物或被降解破坏，或被分离，最后把处理后的土壤置于恰当的位置。示意图和流程图见图5-10和图5-11。

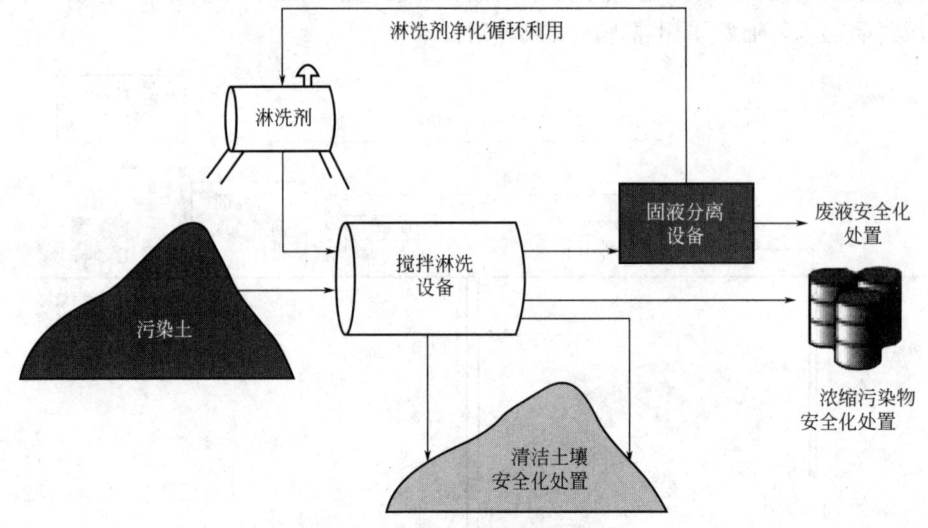

图5-10 土壤淋洗法异位修复示意

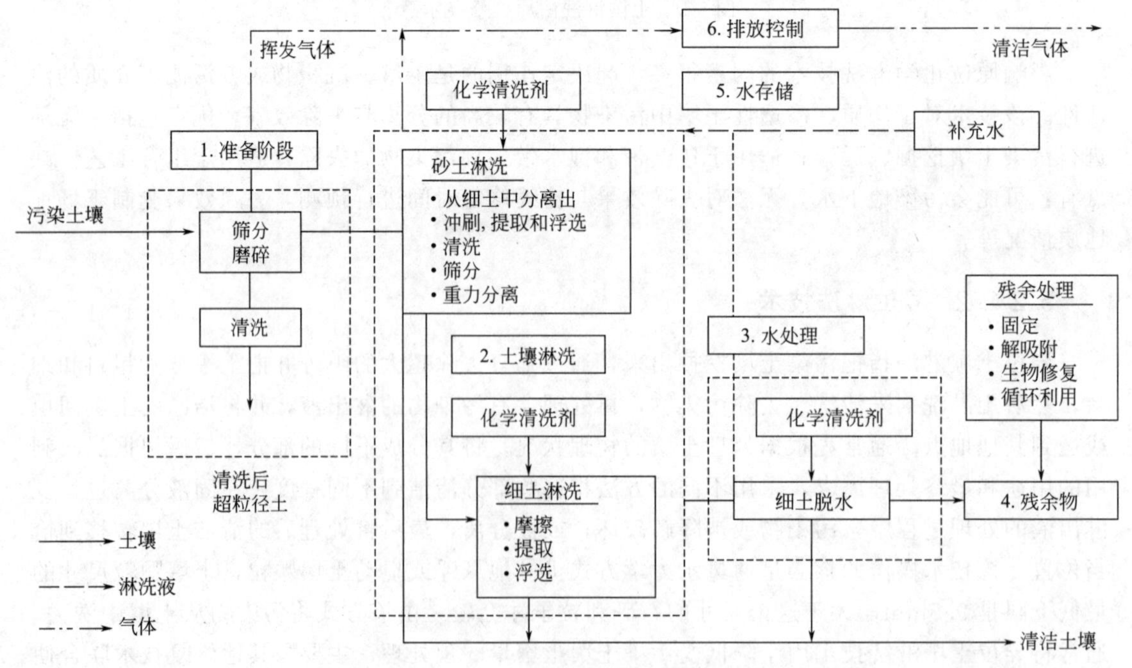

图5-11 土壤异位淋洗法流程

原位和异位土壤淋洗工艺比较见表5-15。

表5-15　原位和异位土壤淋洗工艺比较

项目	原位土壤淋洗	异位土壤淋洗
适用性	均质，渗透性土壤	砂质含量至少50%～70%
工艺特点	通过注射井投加淋洗剂	不同粒径土壤分别清洗
优点	无需污染土壤进行挖掘、运输	污染物去除效率高
缺点	去除效果受制于场地水文地质情况	有土壤质地的损失

5.2.3　影响因素

(1) 土壤质地特征

土壤质地特征对土壤淋洗的效果有重要影响。把土壤淋洗法应用于黏土或壤土时，必须先做可行性研究，一般认为土壤淋洗法对含20%～30%以上的黏质土/壤质土效果不佳。对于砂质土、壤质土、黏土的处理可以采用不同的淋洗方法，对于质地过细的土壤可能需要使土壤颗粒凝聚来增加土壤的渗透性。在某些土壤淋洗实践中，还需要打碎大粒径土壤，缩短土壤淋洗过程中污染物和淋洗液的扩散路径。

土壤细粒的百分含量是决定土壤洗脱修复效果和成本的关键因素。细粒一般是指粒径小于63～75μm的粉/黏粒。通常异位土壤洗脱处理对于细粒含量达到25%以上的土壤不具有成本优势。

(2) 污染物类型及赋存状态

对于土壤淋洗来说，污染物的类型及赋存状态也是一个重要影响因素。污染物可能以一种微溶固体形态覆盖于或吸附于土壤颗粒物表层，或通过物理作用与土壤结合，甚至可能通过化学键与土壤颗粒表面结合。土壤内多种污染物的复合存在也是影响淋洗效果的因素之一，因为土壤受到复合污染，且污染物类型多样，存在状态也有差别，常常导致淋洗法只能去除其中某种类型的污染物。

污染物在土壤中分布不均也会影响土壤淋洗的效果。例如当采集污染土壤时，为了确保所有污染土壤都被处理，必须额外采集污染土壤周围的未污染土壤。有时候未搅动系统内污染物的分布对淋洗速率有影响，但是对这个问题面面俱到的研究是很不切实际的，因为这些影响不但和污染物的分布方式有关，还和土壤与淋洗液的接触方式有关。当土壤污染历时较长时，通常难于被修复，因为污染物有足够的时间进入土壤颗粒内部，通过物理或化学作用与土壤颗粒结合，其中长期残留的污染物都是土壤自然修复难以去除的物质，难挥发、难降解。

污染物的水溶性和迁移性直接影响土壤洗脱，特别是增效洗脱修复的效果。污染物浓度也是影响修复效果和成本的重要因素。

(3) 淋洗剂的类型及其在质量转移中受到的阻力

土壤污染源可以是无机污染物或有机污染物，淋洗剂可以是清水、化学溶剂或其他可能把污染物从土壤中淋洗出来的流体，甚至是气体。

无机淋洗剂的作用机制主要是通过酸解或离子交换等作用来破坏土壤表面官能团与重金属或放射性核素形成络合物，从而将重金属或放射性核素交换脱附下来，从土壤中分离出来。

络合剂的作用机制是通过络合作用，将吸附在土壤颗粒及胶体表面的金属离子解络，然后利用自身更强的络合作用与重金属或放射性核素形成新的络合体，从土壤中分离出来。

目前，大部分研究者认为表面活性剂去除土壤中有机污染物主要通过卷缩（rollup）和增溶（solubilization）。卷缩就是土壤吸附的油滴在表面活性剂的作用下从土壤表面卷离，它主要靠表面活性剂降低界面张力而发生，一般在临界胶束浓度（critical micelle concentration，CMC，表面活性剂分子在溶剂中缔合形成胶束的最低浓度）以下就能发生；增溶就是土壤吸附的难溶性有机污染物在表面活性剂作用下从土壤脱附下来而分配到水相中，它主要靠表面活性剂在水溶液中形成胶束相，溶解难溶性有机污染物。增溶一般要在CMC以上才能发生。还有的研究者认为表面活性剂的乳化、起泡和分散作用等也在一定程度上有助于土壤有机污染物的去除。Miller提出生物表面活性剂还可通过两种方式促进土壤中重金属的脱附，一是与土壤液相中的游离金属离子络合；二是通过降低界面张力使土壤中重金属离子与表面活性剂直接接触。

淋洗剂的选择取决于污染物的性质和土壤的特征，这也是大量土壤淋洗法研究的重点之一。酸和螯合剂通常被用来淋洗有机物和重金属污染土壤；氧化剂（如过氧化氢和次氯酸钠）能改变污染物化学性质，促进土壤淋洗的效果；有机溶剂常用来去除疏水性有机物。土壤淋洗过程包括了淋洗液向土壤表面扩散、对污染物质的溶解、淋洗出的污染物在土壤内部扩散、淋洗出的污染物从土壤表面向流体扩散等过程。淋洗剂在土壤中的迁移及其对污染物质的溶解也受到多种阻力作用，产生影响淋洗率的某些机制见表5-16。一般有机污染物选择的增效剂为表面活性剂，重金属增效剂可为无机酸、有机酸、络合剂等。增效剂的种类和剂量根据可行性实验和中试结果确定。对于有机物和重金属复合污染，一般可考虑两类增效剂的复配。

表5-16　影响淋洗率的某些机制

液膜质量转移	淋洗液向土壤表面扩散 污染物从土壤表面扩散
土壤孔隙内扩散	淋洗液在土壤孔隙内的扩散 污染物在土壤孔隙内的扩散
土壤颗粒的破碎	增加表面积，缩短扩散途径 被束缚污染物的暴露

(4) 淋洗液的可处理性和可循环性

土壤淋洗法通常需要消耗大量淋洗液，而且这一方法从某种程度上说只是将污染物转入淋洗液中，因此有必要对淋洗液进行处理及循环利用，否则土壤淋洗法的优势也难于发挥。有些污染淋洗液可送入常规水处理厂进行污水处理，有些需要特殊处理。Steinle等对淋洗氯酚污染土壤后的碱液进行厌氧固化床生物反应器处理。Khodadous等通过改变淋洗液的pH值，从有机淋洗液中分离出了多环芳烃，实现了淋洗液的回收利用。Koran等设计了修复五氯苯酚/多环芳烃污染土壤的两段式结合法，其中第二阶段是利用粒状活性炭流化床处理淋洗土壤后的污染淋洗液，五氯苯酚的去除率达99.8%，多环芳烃萘和菲的去除率达86%和93%。Loraine发现，零价态离子可以脱去淋洗液中三氯乙烷/五氯乙烷的卤原子，使淋洗液可以循环使用。Wu等用超临界流体提取含多氯联苯的污染淋洗液，并用银离子双金属混合热柱对流出液进行脱氯处理。

对于土壤重金属洗脱废水，一般采用铁盐+碱沉淀的方法去除水中的重金属，加酸回调后可回用增效剂；有机物污染土壤的表面活性剂洗脱废水可采用溶剂增效等方法去除污染物并实现增效剂回用。

(5) **水土比**

采用旋流器分级时，一般控制给料的土壤浓度在10%左右；机械筛分根据土壤机械组成情况及筛分效率选择合适的水土比，一般为（5～10）∶1。增效洗脱单元的水土比根据可行性实验和中试的结果来设置，一般水土比为（3～10）∶1之间。

(6) **洗脱时间**

物理分离的物料停留时间根据分级效果及处理设备的容量来确定；洗脱时间一般为20min～2h，延长洗脱时间有利于污染物去除，但同时也增加了处理成本，因此应根据可行性实验、中试结果以及现场运行情况选择合适的洗脱时间。

(7) **洗脱次数**

当一次分级或增效洗脱不能达到既定土壤修复目标时，可采用多级连续洗脱或循环洗脱。

5.2.4 适用性

土壤淋洗技术能够处理地下水位以上较深层次的重金属污染，也可用于处理有机物污染的土壤。土壤淋洗技术最适用于多孔隙、易渗透的土壤，最好用于沙地或砂砾土壤和沉积土等，一般来说渗透系数大于10^{-3}cm/s的土壤处理效果较好。质地较细的土壤需要多次淋洗才能达到处理要求。一般来说，当土壤中黏土含量达到25%～30%时，不考虑采用该技术。

但淋洗技术可能会破坏土壤理化性质，使大量土壤养分流失，并破坏土壤微团聚体结构；低渗透性、高土壤含水率、复杂的污染混合物以及较高的污染物浓度会使处理过程较为困难；淋洗技术容易造成污染范围扩散并产生二次污染。

5.2.5 土壤淋洗效率计算

依据质量守恒定律，淋洗前后土壤和淋洗液中污染物浓度的平衡方程为：

$$X_{初始} M_s = X_{结束} M_s + CV_1 \tag{5-11}$$

式中，$X_{初始}$为初始的土壤污染物的浓度，mg/kg；$X_{结束}$为最终的土壤污染物浓度，mg/kg；M_s为淋洗的土壤的质量，kg；C为清洗液中污染物浓度，mg/L；V_1为淋洗液的用量，L。若淋洗结束时达到了分配平衡，那么$X_{结束}$可用式(5-3)计算。

5.3 电动修复技术

5.3.1 基本原理

电动修复技术（electrokinetic remediation）是20世纪80年代末兴起的一门技术，这个技术早期应用在土木工程中，用于水坝和地基的脱水和夯实，目前移用到土壤修复方面。当前，电动修复技术作为一种对土壤污染治理颇具潜力的技术受到了国内外研究者的广泛关注。电动力学修复技术的基本原理类似电池，是在土壤/液相系统中插入电极，在两端加上低压直流电场，在直流电的作用下，发生土壤孔隙水和带电离子的迁移，水溶的或者吸附在土壤颗粒表层的污染物根据各自所带电荷的不同而向不同的电极方向运动，使污染物富集在电极区得到集中处理或分离，定期将电极抽出处理去除污染物，电动力学修复技术可以用于抽提地下水和土壤中的重金属离子，也可对土壤中的有机物进行去除。污染物的去除过程主要涉及3种电动力学现象：电迁移（electromigration）、电泳（electrophoresis）和电渗析（electroosmosis），示意图见图5-12。

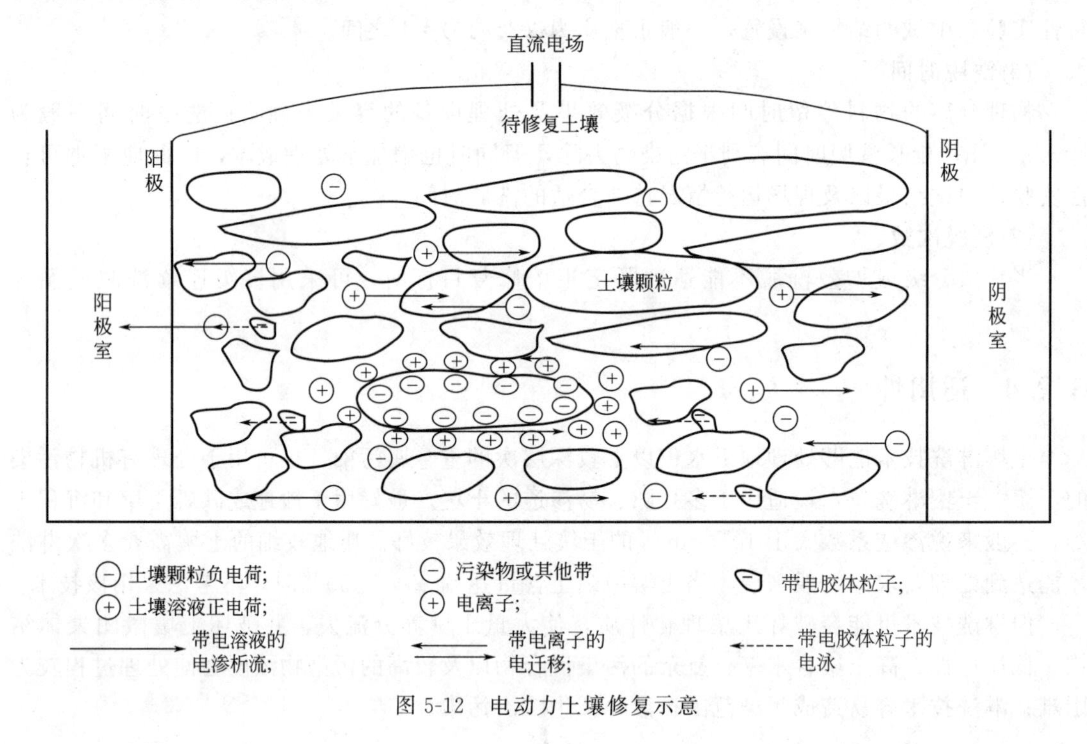

图5-12　电动力土壤修复示意

(1) **电渗析**

电渗析是指由外加电场引起的土壤孔隙水运动。大多数土壤颗粒表面通常带负电荷。当土壤与孔隙水接触时，孔隙水中的可交换阳离子与土壤颗粒表面的负电荷形成扩散双电层。双电层中可移动阳离子比阴离子多，在外加电场作用下过量阳离子对孔隙水产生的拖动力比阴离子强，因而会拖着孔隙水向阴极运动（图5-13）。

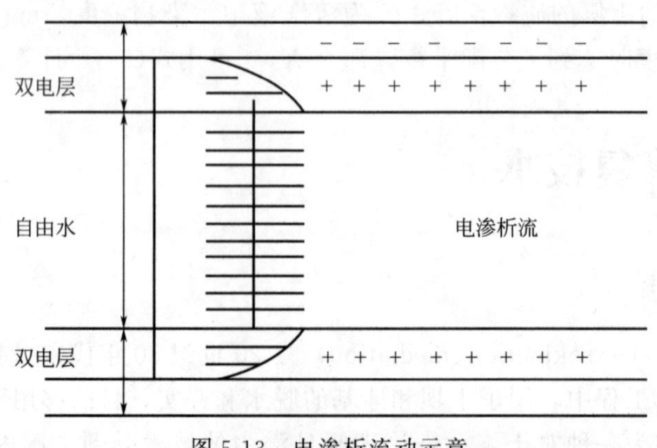

图5-13　电渗析流动示意

电渗析流与外加电压梯度成正比。在电压梯度为 1V/cm 时，电渗析流量高达 $10^{-4}cm^3/s$，可用以下方程描述：

$$Q=k_c \times i_c \times A$$

式中，Q 为体积流量；k_c 为电渗析导率系数，一般在 $1\times10^{-9}\sim10\times10^{-9}m^2/(V\cdot s)$；$i_c$ 为电压梯度；A 为截面积。

(2) 电迁移

电迁移是指土壤中带电离子和离子性复合物在外加电场作用下的运动。阳离子型物质向阴极迁移，阴离子型物质向阳极迁移。

(3) 电泳

电泳是指土壤中带电胶体颗粒（包括细小土壤颗粒、腐殖质和微生物细胞等）的迁移运动。在运动过程中，电极表面发生电解。阴极电解产生氢气和氢氧根离子，阳极电解产生氢离子和氧气。电解反应导致阳极附近 pH 值呈酸性，pH 值可能低至 2，带正电的氢离子向阴极迁移；而阴极附近呈碱性，pH 值可高至 12，带负电的氢氧根离子向阳极迁移。氢离子的迁移与电渗析流同向，容易形成酸性带。酸性迁移带的好处是氢离子与土壤表面的金属离子发生置换反应，有助于沉淀的金属重新离解为离子进行迁移。

5.3.2 系统构成

(1) 电极材料

电动修复中所使用的电极材料包括石墨、铁、铂、钛铱合金等。由于在阳极发生的是失电子反应，且水解反应阳极始终处于酸性环境，因此阳极材料很容易被腐蚀。而阴极相对于阳极则只需有良好的导电性能即可。能作为电极的材料需满足条件为：良好的导电性能，耐腐蚀，便宜易得等。由于场地污染修复的规模较大，电极材料的成本和经济性需要认真考虑。在场地污染土壤电动修复中，通常要对修复过程中的电解液进行循环处理，因此电极要加工成多孔和中空的结构，所以电极的易加工和易安装性能也非常重要。通常石墨和铁都是选用较多的电极材料。

(2) 电极设置方式

在大量的电动修复室内研究和野外试验中，正负电极的设置一般采取简单的一对正负成对电极（即一维设置方式），形成均匀的电场梯度，很少关注电极设置方式对污染物去除效率和能耗等的影响。在实际的场地污染土壤中，由于污染场地面积大、土壤性质复杂，因此采取合适的电极设置方式直接关系到修复成本和污染物去除效率。二维电极设置方式通常在田间设置成对的片状电极，形成均匀的电场梯度，是比较简单、成本较低的电极设置方式。但这种电极设置方式会在相同电极之间形成一定面积电场无法作用的土壤，从而影响部分污染土壤的修复。在二维电极设置方式中，可在中心设置阴极/阳极，四周环绕阳极/阴极，带正电/带负电污染物在电场作用下从四周迁移到中心的阴极池中。电极设置形状可分为六边形、正方形和三角形等。这种电极设置方式能够有效扩大土壤的酸性区域而减少碱性区域，但形成的电场是非均匀的。3 种电极设置方式见图 5-14(a)、(b) 和 (c)。一般情况下，六边形是最优的电极设置方式，可同时保持系统稳定性和污染物去除均匀性。在 3 种电极设置方式中，通常阴极和阳极都是固定设置的，电动处理过程中土壤中的重金属等污染物会积累到阴极附近的土壤中，完全迁移出土体往往需要耗费较多时间，同时阳极附近土壤中重金属已经完全迁移出土体，此时继续施加电场也会浪费电能。

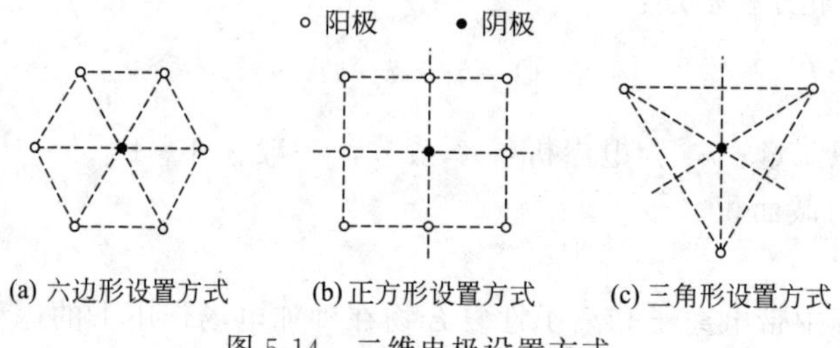

图 5-14　二维电极设置方式

(3) 供电模式

一般电动修复中采取稳压和稳流两种供电方式。在稳压条件下，电动修复过程中电流会随土壤电导率的变化而发生变化，由于在电动修复过程中土壤导电粒子会在电场作用下向阴阳两极移动，土壤的电导率会逐渐下降，电流逐渐减小，因此修复过程中的电流不会超过直流电源的最大供电电流。在稳流条件下，电动修复过程中电压会随着土壤电导率的逐渐下降而升高，有时电压会超过直流电源的最大供电电压，这对直流电源的供电电压要求比较高。一般而言，电动修复中的电场强度为 50～100V/m，电流密度为 1～10A/m^2，在实际的操作中采用较多的是稳压供电模式，具体采用的供电模式和施加电场大小要根据实际情况。近年也有报道展示了新的供电方式，即通过原电池、生物燃料电池（MFCs）或太阳能作为电源供应进行污染土壤电动修复，这些方式充分利用自然能源，降低了电能消耗，但其对电动修复的效率和稳定性仍需进一步研究。近年来有很多关于利用 MFCs 驱动电动修复系统治理重金属污染土壤的报告。Habibul 等于 2016 年发现，MFCs 产生的弱电可以有效地为受 Cd/Pb 污染的土壤的电动修复系统供电，大约 143 天和 108 天后，从阳极附近的土壤中去除了 31.0%的 Cd 和 44.1%的 Pb。Chen 等于 2015 年发现，MFCs 产生的电场可以显著促进金属去除。Song 等于 2018 发现在 MFC 中添加 3%秸秆，Pb 和 Zn 的去除率分别从 15.0%增加到 37.2%和从 10.5%增加到 25.7%。虽然很多报告表明，由 MFC 驱动的电动修复系统具有成本效益和环境友好性，仍然有许多需要克服的限制，例如去除效率低和修复时间长。

5.3.3　影响因素

影响电动修复的因素有许多，电解液组分、pH 值、土壤电导率、电场强度、土壤的 zeta 电势、土壤含水率、土壤结构、重金属污染物的存在形态以及电极分步组织等，都可能对电动修复过程和效率产生影响。

(1) 电解液组分和 pH 值

电解液组分随着修复的时间不断发生变化：阳极产生 H^+，阴极产生 OH^-；土壤中的重金属污染物、离子（H^+、Na^+，Ca^{2+}、Mg^{2+}、Al^{3+}、$Cr_2O_4^{2-}$、OH^-、Cl^-、SO_4^{2-} 等）在电场的作用下，分别进入阴、阳极液中；H^+、Me^{n+}（如 Cu^{2+}、Pb^{2+} 和 Cd^{2+} 等）分别在阴极发生还原反应，生成 H_2（气体）和金属单质（固体）；OH^- 在阳极发生氧化反应，生成 O_2（气体）。

电解水是电动修复的重要过程。电解水产生 H^+（阳极）和 OH^-（阴极），它们导致阳极区附近的土壤酸化，阴极区附近的土壤碱化。土壤 pH 值的变化对土壤产生一系列的影响，如土壤毛细孔溶液的酸化可能会导致土壤中的矿物溶解。Grim（1968）发现随着电解的进行，土壤溶液中的 Mg^{2+}、Al^{3+} 和 Fe^{3+} 等的离子浓度也随着增加。

电动力修复过程中，阳极产生一个向阴极移动的酸区；阴极产生一个向阳极移动的碱区。由于 H^+ 的离子淌度 $[36.25m^2/(V \cdot s)]$ 大于 OH^- 的离子淌度 $[20.58m^2/(V \cdot s)]$，所以酸区的移动速度大于碱区的移动速度。除了土壤为碱化，土壤具有很强的缓冲能力时，或者用铁作为阳极时，通常通电一段时间后，土壤中邻近阳极的大部分区段都会呈酸性。酸区和碱区相遇时 H^+ 和 OH^- 反应生成水，并产生一个 pH 值的突跃。这将导致污染物的溶解性降低，进一步降低污染物的去除效率。

对特殊的金属污染物来说，在不同的 pH 值条件下，它们都能以稳定的离子形态存在。如锌，酸性条件下，它以 Zn^{2+} 形态稳定存在；碱性条件下，它以 ZnO_2^{2-} 形态稳定存在。pH 值突跃点，即离子（大部分以氢氧化物沉淀的形式存在）浓度最低点，这种现象类似于等电子聚焦。在实验过程中，很多种金属离子产生这种现象，如：Pb^{2+}、Cd^{2+}、Zn^{2+} 以及 Cu^{2+}。由于重金属污染物能不能去除与污染物在土壤中是否以离子状态（液相）存在直接相关，因而，控制土壤 pH 值是电动力修复重金属污染土壤的关键。

但对于一些有机物污染物来说，则必须考虑有机物的解离反应平衡。如苯酚，在弱酸性环境下，苯酚基本上以中性分子形式存在，它的迁移方式以向阴极流动的电渗流为主。然而，当 $pH>9$ 时，大部分苯酚以 $C_6H_5O^-$ 形式存在，在电场力的作用下，它将向阳极迁移。因而，电动力土壤修复必须根据污染物的性质来控制 pH 值条件。

(2) 土壤电导率和电场强度

由于土壤电动力修复过程中，土壤 pH 值和离子强度在不断地变化，致使不同土壤区域的电导率和电场强度也随之变化，尤其是阴极区附近土壤的电导率显著降低、电场强度明显升高。这些现象是由于阴极附近土壤 pH 值突跃以及重金属的沉降引起的。

阴极区的土壤高电场强度将引起该区域的 zeta 电势（为负号）增加，进一步导致这一区域产生逆向电渗，并且逆向电渗通量有可能大于其他土壤区域产生的向阴极迁移的物质通量，从而整个系统的污染物流动产生动态平衡，再加上阳极产生的向阴极迁移的酸区，降低整个土壤中污染物的迁移量，以及重金属氢氧化物和氢气的绝缘性最终使得整个土壤中的物质流动逐渐降为最小。

当土壤溶液中离子浓度达到一定程度时，土壤中的电渗量降低甚至为零，离子迁移将主导整个系统的物质流动。然而，由于 pH 值的改变，引起在阴极附近土壤中的离子被中和、沉降、吸附和化合，导致电导率迅速下降，离子迁移和污染物的迁移量也随之下降。但在一些以实际污染土壤为样品的实验中，可能是由于离子溶解和土壤温度升高，导致土壤电导率随着时间增加逐渐升高。

(3) zeta 电势

zeta 电势是指胶体双电层之间的电势差。Helmholtz（1879）设想胶体的双电层与平行板电容器相似，即一边是胶体表面的电荷，另一边是带相反电荷的粒子层。两电层之间的距离与一个分子的直径相当，双电层之间电势呈直线迅速降低。对于带电荷的胶体，其双电层的构造如图 5-15 所示。

Smoluchowski 和 Perrin 根据静电学的基本定理，推导出双电层的基本公式为：

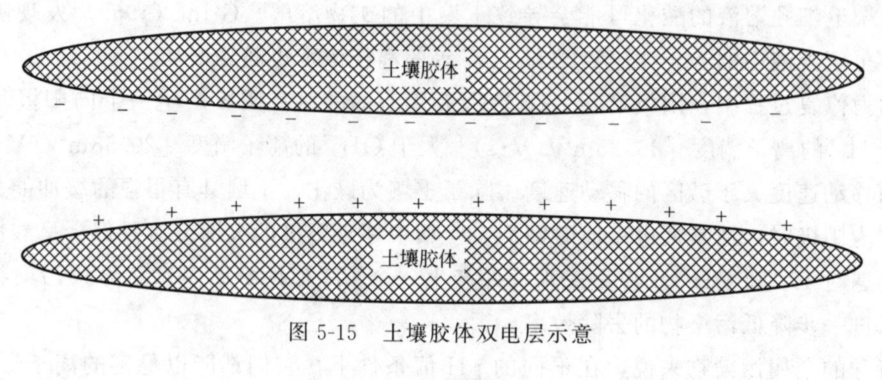

图 5-15　土壤胶体双电层示意

$$\zeta=\frac{4\pi\sigma d}{D}$$

式中，ζ 为两电层之间的电势差；σ 为表面电荷密度；d 为两电层之间的距离；D 为介质的介电常数。

而后，Gouy、Chapman 和 Stern 先后对双电层理论进行了完善，其中尤其以 Stern 的理论最为流行。其认为双电层是由紧固相表面的密致层和与密致层连接的逐渐向液相延伸的扩散层两部分组成。

根据胶体双电层的概念，胶体电层内的电势随着离胶体表面的距离增大而减小。当胶体颗粒受外力而运动时，并不是胶体颗粒单独移动，而是与固相颗粒结合着的一层液相和胶体颗粒一起移动。这一结合在固相表面上的液相固定层与液体的非固定部分之间的分界面上的电势，即是胶体的 zeta 电势。zeta 电势可以用动电实验方法测量出来，其大小受电解质浓度、离子价数、专性吸附、动电电荷密度、胶体形状大小和胶粒表面光滑性等一系列因素影响。

由于土壤表面一般带负电荷，所以土壤的 zeta 电势通常为负。这使得土壤溶液电渗流方向一般是向阴极迁移。然而，土壤酸化通常会降低 zeta 电势，有时甚至引起 zeta 电势改变符号，进一步导致逆向电渗。

(4) 土壤化学性质

土壤的化学性质对土壤电动力修复也会产生一定的影响。如：土壤中的有机物和铁锰氧化物含量等。土壤的化学性质可以通过吸附、离子交换和缓冲等方式来影响土壤污染物的迁移。离子态重金属污染物首先必须脱附以后，才能迁移。实验发现：当土壤中重金属浓度超过土壤的饱和吸附量时，重金属更容易去除；由于伊利土和蒙脱土比高岭土饱和吸附量高，在相同条件下，它们中的重金属污染物更难被去除。土壤 pH 值的改变也会影响土壤对污染物的吸附能力。阳极产生的 H^+ 在土壤中迁移的过程中，置换土壤吸附的金属阳离子；同样，阴极产生的 OH^- 置换土壤吸附的 $Cr_2O_4^{2-}$。H^+ 和 OH^- 对污染物的脱附作用又取决于土壤的缓冲能力。由于实验室常用的土壤都是纯高岭土，而实际土壤通常具有一定的缓冲能力，因而电动力修复技术在实际应用中还必须进行一定的改进。

(5) 土壤含水率

水饱和土壤的含水率是影响土壤电渗速率的因素之一。在电动力修复过程中，土壤的不同区域有着不同的 pH 值，pH 值的差异导致不同区域的电场强度和 zeta 电势不同，进一步使得不同土壤区域的电渗速率不同，这就使得土壤中水分分布变得不均匀，并产生负毛孔压力。电动力修复过程中，土壤温度升高引起的水分蒸发也会对土壤中的水分含量产生影响。尽管温度升高可以加快土壤中的化学反应速率，但是在野外和大型试验中，通常会导致土壤干燥。

(6) 土壤结构

电动力土壤修复过程中，土壤的结构和性质会发生改变。有些黏土土壤例如蒙脱土，由于失水和萎缩，物理化学性质都会发生很大的变化。重金属离子和阴极产生的氢氧根离子化合产生的重金属氢氧化物堵塞土壤毛细孔从而阻碍物质流动。例如土壤中铝在酸的作用下，转化为 Al^{3+}，Al^{3+} 在阴极区附近生成氢氧化物沉淀，对土壤毛细孔造成堵塞。由上可知，电动力土壤修复过程中，必须尽量减少重金属污染物在土壤内沉降和转化为难溶化合物。

(7) 重金属在土壤中的存在形态

土壤中的重金属有六种存在形态：a. 水溶态；b. 可交换态；c. 碳酸盐结合态；d. 铁锰氧化物结合态；e. 有机结合态；f. 残留态。不同的存在形态具有不同的物理化学性质。Zagury 的研究表明：电动力修复效率与重金属的存在形态有关。除了 Zn 以外，Cr、Ni 和 Cu 的残留态含量在实验前后几乎没有变化。

(8) 电极特性、分布和组织

电极材料能影响电动力土壤修复的效果，但是在实际应用中由于受成本消耗的限制，常用电极必须具备以下几大特点：易生产、耐腐蚀以及不引起新的污染。有时为了特殊需要也采用还原性电极（如铁电极）作为阳极。实验室和实际应用中最常用的电极是石墨电极，镀膜钛电极在实际中也有一些应用。电极的形状、大小、排列以及极距，都会影响电动力修复效果。Alshawabkeh 曾用一维和二维模型研究过电极的排列对电动力土壤修复的影响，但关于这些参数优化的研究不足，而且此后也未看见相关研究的报道。

5.3.4 适用性

(1) 优点

电动力学修复技术可以适用于其他修复技术难以实现的污染场地，可以去除可交换态、碳酸盐和以金属氧化物形态存在的重金属，不能去除以有机态、残留态存在的重金属。Reddy 等（1997）研究发现土壤中以水溶态和可交换态存在的重金属较易被电动修复，去除率可达 90%，而以硫化物、有机结合态和残渣态存在的重金属较难去除，去除率约为 30%。

(2) 缺点

电动力学修复是指在污染土壤中插入电极对，并通以直流电，使重金属在电场作用下通过电渗析向电极室运输，然后通过收集系统收集，并作进一步的集中处理。电动力修复技术只适用于污染范围小的区域，但是受污染物溶解和脱附的影响，且不适于酸性条件。该项技术虽然在经济上是可行的，但是由于土壤环境的复杂性，常会出现与预期结果相反的情况，从而限制了其运用。

(3) 修复存在的问题

① 修复过程中土壤 pH 值的突变　电动力学修复过程中，水的电解使得阴、阳极分别

产生大量 OH^- 和 H^+，使电极附近 pH 值分别上升和下降。同时，在电迁移、电渗流和电泳等作用下，产生的 OH^- 和 H^+ 将向另一端电极移动，造成土壤酸碱性质的改变，直到两者相遇且中和，在相遇的地点产生 pH 值突变。如果 pH 值的突变发生在待处理土壤内部，则向阴极迁移的重金属离子会在土壤中沉淀下来，堵塞土壤孔隙而不利于迁移，从而严重影响其去除效率，这一现象称为聚焦效应(focusing effect)。以该区域为界限将整个治理区划分为酸性带和碱性带。在酸性带，重金属离子的溶解度大，有利于土壤中重金属离子的解吸，但同时低 pH 值会使双电层的 Zeta 电位降低，甚至改变符号，从而发生反渗流现象，导致去除带正电荷的污染物需要更高的电压和能耗，增加重金属离子迁移的单位耗电量，降低了电流的利用效率。

② 极化现象　电极的极化作用增加了电极上的分压，使电极消耗的电量增加，降低电动修复的能量效率。极化现象包括以下 3 类。a. 活化极化（activation polarization）：电极上水的电解产生气泡（H_2 和 O_2）会覆盖在电极表面，这些气泡是良好的绝缘体，从而使电极的导电性下降，电流降低。b. 电阻极化（resistance polarization）：在电动力学过程中会在阴极上形成一层白色膜，其成分是不溶盐类或杂质。这层白膜吸附在电极上会使电极的导电性下降，电流降低。c. 浓差极化（concentration polarization）：这是由于电动力学过程中离子迁移的速率缓慢，从而使得电极附近的离子浓度小于溶液中的其他部分，从而使电流降低。

5.3.5　改进技术工艺

(1) 电化学地质氧化法技术工艺 (electrochemical geoxidation, ECGO)

电化学地质氧化法的原理是给插入地表的电极通以直流电，引用电流产生的氧化还原反应使电极间的土壤及地下水的有机物矿化或无机物固定化。ECGO 优点是靠土壤及岩石颗粒表面自然发生传导而引发的极化现象，如土壤本身含有铁、镁、钛和碳等，可起到催化作用，因此，无需在污染土壤修复时外加催化剂。缺点是难以准确判断现场的情形、难易度及欲去除的化学成分，且修复的时间较长，需 60～120 天，而且许多机理尚不明确。该技术已经应用于德国的污染土壤和地下水的修复。

(2) 电化学离子交换技术工艺 (electrochemical ion exchange, EIX)

电化学离子交换技术是由电动修复技术和离子交换技术相结合去除自然界中的离子污染物。其技术原理是在污染土壤中插入一系列的电极棒使电极棒置于可循环利用的电解质的多孔包覆材料中，离子化的污染物被捕集至这些电解质中并抽之地表。被回收的溶液在地表穿过电化学离子交换材料后，将污染物交换出来，电解质经离子交换后回至电极周围以循环利用。据有关报道，该技术能够独立回收去除土壤中的重金属、卤化物和特定的有机污染物。在理想状态下，当污染物进流浓度在 100～500mg/L 时，可去除至低于 1mg/L。

(3) 生物电动修复技术工艺 (electrokinetic bioremediation technique, EBT)

生物电动修复技术是活化污染土壤中的休眠微生物族群，并通过电动技术向土壤中的活性微生物和其他生物注入营养物，促进微生物的生长、繁殖及代谢以转化有机污染物，并利用微生物的代谢作用改变重金属离子的存在状态从而增强迁移性或降低其毒性；同时在施加电场的作用下可以加速传质过程，提高微生物与重金属离子的接触效率并可以将改变形态的重金属离子去除。

Mainia 等使用硫酸铜为模型污染物，加入质量分数为 5%的硫黄，在含水率为 30%，温度为 20℃下培养 90d，硫氧化细菌使得土壤 pH 值从 8.1 降至 5.4 之后施加电场作用，金属离子在电迁移的作用下被迁移至阴极，16d 内 86%的铜被去除。Cherepy 等研究表明电动修复技术去除土壤中重金属必须考虑重金属的矿物形态，比如金属氧化物或氢氧化物可以在电动修复过程中被酸化水解，但是金属硫化物很难溶解，而向土壤溶液中使用某些专一菌种能转化金属硫化物为可溶硫酸盐，使之得以去除。

电动生物修复技术的优点为：经济性好，不需外加微生物和营养剂，能均匀地扩散到污染土体或直接加在特定的地点，可以降低营养剂的成本且避免了因微生物穿透细致土壤时所衍生的问题。其缺点为：高于毒性受限阈值的有机污染物浓度将限制微生物族群，混合的有机污染物的生物修复可能产生对微生物有毒性的副产品，限制微生物的降解。电动生物修复技术存在的问题：缺少电场作用下微生物在土壤中的活动情况研究；如何避免重金属离子和其他阴离子对微生物造成的不利影响；缺少异养生物在直流电场下行为的有效数据以及如何刺激微生物的新陈代谢。当前，生物电动修复技术是电动法修复土壤的主要方向之一，且有广阔的应用前景。

(4) Lasagna 技术工艺

Lasagna 技术工艺始于 1994 年，由美国环保署（USEPA）与辛辛那提大学针对低渗透性土壤研究的一种原位修复技术。在 1995 年已经成功应用于美国肯塔基州的 Paduch 实际场地。主要方法是将含有吸附降解/降解功能的处理区域安置在污染土壤的两电极之间，使土壤中污染物迁移至处理区域，在处理区域内的污染物可通过吸附、固化、降解等方式从水相中被去除。理论上 Lasagna 用于处理无机、有机以及混合污染物。

该技术的主要特点：

① 通入直流电的电极使水及溶解性污染物流入并穿过处理层组，加热土壤；

② 处理区域内含有可分解有机污染物或污染物吸收后固定再将之移除或处置的化学药剂；

③ 水管理系统将积累在阴极高 pH 值的水循环送至阳极低 pH 值进行酸碱中和；

④ 将电极极性周期性交替互换，以回转电透析流动方向及中和 pH 值。

Lasagna 处理法中电极棒的方位及处理区域依场址及污染物的特性而定，一般分为两种：一种是用于处理浅层（距地面 15m 内）污染物的垂直方式，见图 5-16；另一种则是处理深层污染物的水平方式，见图 5-17。

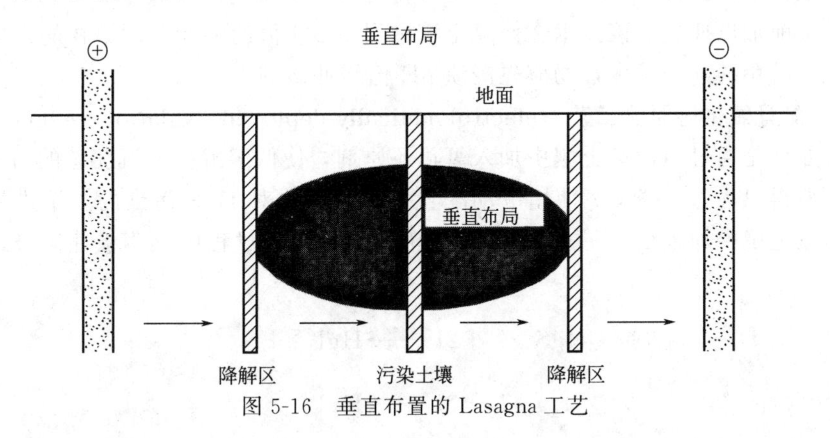

图 5-16　垂直布置的 Lasagna 工艺

Ho 等设计一套 Lasagna 工艺在野外成功地处理了三氯乙烯（TCE）污染的土壤，

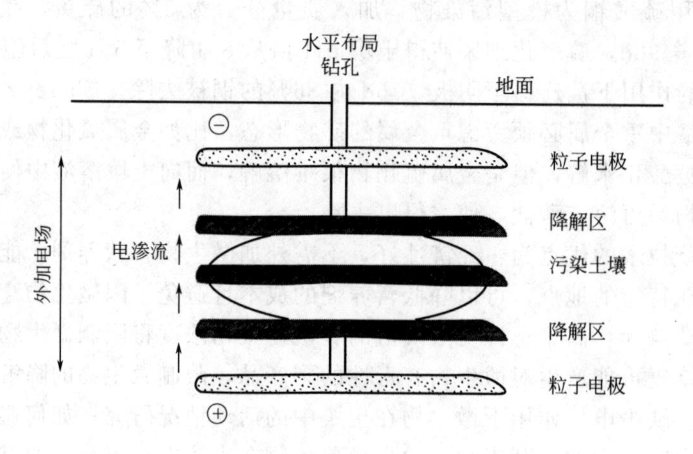

图 5-17　水平布置的 Lasagna 工艺

并研究了污染物在高岭土中的迁移状况，实验结果表明，某一带污染物的去除效率高达 98%。

(5) 电动分离技术工艺 (Electrical-Klean technique)

Electrical-Klean 是由美国路易斯安那州的 Baton Rouge 公司发展起来的电动修复土壤技术。该技术已经应用于美国路易斯安那州的土壤修复。其原理是通以直流电的电极放置于受污染土壤的两侧，在电极添加或散布调整液，如适当的酸以促进污染土壤的修复效果，离子或孔隙流体流动的同时将从污染土壤中去除污染物，同时，污染物向电极移动。该技术的处理效率则依化学物质种类、浓度及土壤的缓冲能力而定。据报道，当酚的浓度达到 500mg/L 时有 85%～95%的去除效率，铅、铬、镉、铀的浓度达到 2000mg/kg 时去除效率可达到 75%～95%。缺点是：处理多种高浓度有机污染物共存的土壤时，修复周期长，成本高。

(6) 电动吸附技术工艺 (electrosorb technique)

电动吸附技术已经实际应用于美国路易斯安那州。其原理是在电极表面涂装高分子聚合物（polymer）形成圆筒状电极棒组。电极放置于土壤开孔中通以直流电且在 Polymer 中充满 pH 值缓冲试剂以防止因 pH 值变化而产生的胶凝。离子在电流的影响下穿过孔隙水在电极棒高分子上富集。在设计中高分子聚合物可含有离子交换树脂或其他吸收物质将污染物离子在到达电极前加以捕集。该技术在修复土壤过程中 pH 值的突变对污染物的富集能力影响较大，因此，所用的高分子聚合物应先浸渍 pH 值缓冲试剂。

(7) 电动配置氧化还原法工艺 (electrokinetically deployed oxidation technique)

该技术原理是通过向污染土壤中加入氧化还原剂，使低溶解度或沉淀态的污染物转化为溶解性的物质得以去除。Cox 等使用电动配置氧化还原法对 HgS 污染的土壤进行室内修复实验，向污染土壤中加入 I_2/I^- 复合液，复合液在电迁移的过程中从阴极往阳极迁移。反应原理如下：

$$HgS + I_2 + 2I^- \longrightarrow HgI_4^{2-} + S$$

$$Hg + I_2 + 2I^- \longrightarrow HgI_4^{2-}$$

$$HgO + 4I^- \longrightarrow HgI_4^{2-} + O^{2-}$$

结果表明：99%的 Hg 可以被去除。Suer 等在实际治理汞污染的土壤应用中，经过 50 天的时间，50%的总汞迁移到阳极区，25%的总汞在阳极区附近的土壤水溶液中收集，在整个过程中没有形成挥发性汞的化合物。Thoming 等提出，可以向单质汞污染的土壤中加入氯化盐，氯离子和汞会形成可溶性配合物 $HgCl_4^{2-}$，增加了汞的溶解度。Haran 等使用铁作为阳极，石墨作为阴极，在电场的作用下 Cr^{6+} 迁移至阳极并与生成的 Fe^{2+} 反应生成无毒的 Cr^{3+}（$Fe^{2+}+Cr^{6+}$，$Fe^{3+}+Cr^{3+}$）。阴极电解产生的碱性界面向土壤中扩散提高了电导率，有利于铬酸盐的迁移。阳极区产生的氢离子由于阳极铁离子溶解的竞争反应以及氢离子与单质铁的反应，使氢离子保持低的含量并使酸性界面始终保持在阳极-土壤界面之间，提高了溶液的电导率，从而加速了 Cr^{6+} 的迁移。

改进技术工艺汇总列于表 5-17。

表 5-17　改进技术工艺汇总

修复技术	技术特点	适用土壤	适用修复	主要优点	主要缺点
电动力学生物修复	通过生物电技术向土壤土著微生物加入营养物	饱和及非饱和土壤	原位	不需要外加微生物群体	高浓度污染物会毒害微生物，需要的修复时间长
电吸附	电极外包聚合材料以俘获向电极迁移的离子	不详	原位	聚合材料内的填充物可调节 pH 值，防止其突变	仍有必要，进一步研究其经济性
电化学自然氧化	利用土壤中催化剂作污染物的氧化降解剂	不详	原位	不需外加催化剂，而利用天然存在的铁、镁、钛和碳元素	需要的修复时间长
Electrical-Klean	向土壤外加电压时加入增强剂（主要是酸类）	饱和及非饱和土壤	原位或异位	去除范围广，可去除重金属离子、放射性核素和挥发性污染物	对缓冲能力高的土壤和存在多种污染物的土壤去除效果差
Lasagna	由几个渗透反应区组成	饱和黏性土	原位	循环利用阴极抽出水，成本相对较低	电解产生的气泡覆盖在电极上，使电极导电性降低

5.4 化学氧化技术

5.4.1 技术概要

化学氧化法已经在废水处理中应用了数十年，可以有效去除难降解有机污染物，逐渐应用于土壤和地下水修复中。化学氧化技术（chemical oxidation remediation）主要是通过掺进土壤中的化学氧化剂与污染物所产生的氧化反应，使污染物快速降解或转化为低毒、低移动性产物的一项修复技术。化学氧化技术将氧化剂注入土壤中，通过氧化剂与污染物的混合、反应使污染物降解或导致形态的变化。成功的化学氧化修复技术离不开向注射井中加入氧化剂的分散手段，对于低渗土壤，可以采取创新的技术方法如土壤深度混合、液压破裂等方式对氧化剂进行分散。化学氧化修复技术多应用于毛细上升区（capillary fringe）和季节性饱和区域污染土壤的净化，对于污染范围大、污染浓度低、土壤修复的经济性欠佳，污染物浓度过高或者非水相流体（NAPL）过多时，需要考虑和其他技术（如回收法）联合治理。为了同时处理饱和区和包气带的有机污染物，一般采用联合气提和热脱附复合技术，也有利于收集处理化学氧化法产生的尾气。原位化学氧化修复技术主要用来修复被油类、有机溶剂、多环芳烃（如萘）、PCP（pentachlorophenol）、农药以及非水溶态氯化物（如TCE）等污染物污染的土壤，通常这些污染物在污染土壤中长期存在，很难被生物所降解。而氧化修复技术不但可以对这些污染物起到降解脱毒的效果，而且反应产生的热量能够使土壤中的一些污染物和反应产物挥发或变成气态溢出地表，这样可以通过地表的气体收集系统进行集中处理。技术缺点是加入氧化剂后可能生成有毒副产物，使土壤生物量减少或影响重金属存在形态（图5-18）。

异位化学氧化技术是向污染土壤添加氧化剂或还原剂，通过氧化或还原作用，使土壤中的污染物转化为无毒或相对毒性较小的物质。常见的氧化剂包括高锰酸盐、过氧化氢、芬顿试剂、过硫酸盐和臭氧。

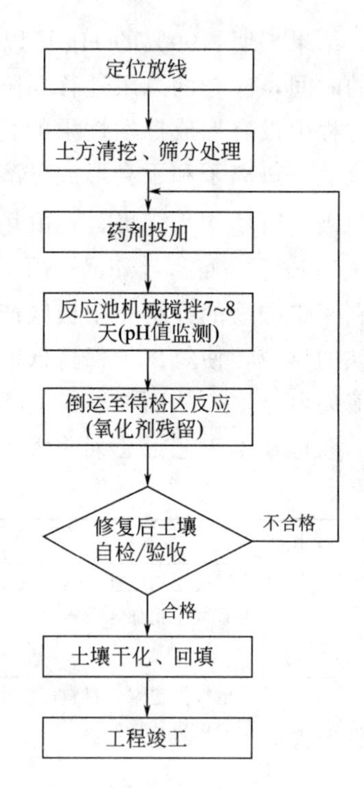

图5-18　化学氧化处理工艺流程

5.4.2　系统构成和主要设备

(1)原位化学氧化

由药剂制备/储存系统、药剂注入井（孔）、药剂注入系统（注入和搅拌）、监测系统等组成。其中，药剂注入系统包括药剂储存罐、药剂注入泵、药剂混合设备、药剂流量计、压力表等组成。药剂通过注入井注入污染区，注入井的数量和深度根据污染区的大小和污染程度进行设计。在注入井的周边及污染区的外围还应设计监测井，对污染区的污染物及药剂的分布和运移进行修复过程中及修复后的效果监测。可以通过设置抽水井，促进地下水循环以增强混合，有助于快速处理污染范围较大的区域。

(2)异位化学氧化

修复系统包括土壤预处理系统、药剂混合系统和防渗系统等。

① 预处理系统　对开挖出的污染土壤进行破碎、筛分或添加土壤改良剂等。该系统设备包括破碎筛分铲斗、挖掘机、推土机等。

② 药剂混合系统　将污染土壤与药剂进行充分混合搅拌，按照设备的搅拌混合方式，可分为两种类型：采用内搅拌设备，即设备带有搅拌混合腔体，污染土壤和药剂在设备内部混合均匀；采用外搅拌设备，即设备搅拌头外置，需要设置反应池或反应场，污染土壤和药剂在反应池或反应场内通过搅拌设备混合均匀。该系统设备包括行走式土壤改良机、浅层土壤搅拌机等。

③ 防渗系统　防渗系统为反应池或是具有抗渗能力的反应场，能够防止外渗，并且能够防止搅拌设备对其损坏，通常做法有两种，一种是采用抗渗混凝土结构，另一种是采用防渗膜结构加保护层。

5.4.3　影响因素

化学氧化技术主要影响因子列于表5-18。

表 5-18 化学氧化技术主要影响因子

土壤特性	污染物特性
渗透系数	污染物种类
土壤及土层结构	化学性质
水力梯度	溶解度
地下水中溶解的铁等还原性物质	分配系数

(1) **土壤的渗透性**

土壤渗透系数 k 是一个代表土壤渗透性强弱的定量指标，也是渗流计算时必须用到的一个基本参数。不同种类的土壤，k 值差别很大，一般在 $10^{-16}\sim10^{-3}cm^2$。化学氧化技术适用于渗透系数大于 $10^{-9}cm^2$ 的土壤，随着化学氧化技术对土壤的净化，渗透系数由于二价铁离子等被氧化沉淀，堵塞土壤微孔而有所降低。土壤的非均质性也会影响氧化剂、催化剂和活化剂在土层中的扩散，如在砂质、淤泥和黏土混杂土壤中，沙质中的污染物相对比较容易被氧化去除。如果淤泥和黏土层较厚而且污染较重，氧化剂会向沙土层扩散，净化达不到预期效果，采用芬顿试剂或者臭氧时，还容易使污染扩散，加大修复难度。很多土壤中黏土、淤泥和沙质土壤混杂在一起，需要调查污染物分别在各种土质中的分布，分别考虑不同土质中的净化效率，以判断是否能够到达总净化效率目标。化学氧化剂在土壤中的输送扩散还与地下水水力梯度相关，土壤多孔介质中，流体通过整个土层横截面积的流动速度叫做渗流速度，渗流速度与地下水水力梯度和水力渗透系数成正比，与土壤孔隙体积成反比。地下水中的还原态物质，例如二价铁和氧化剂反应后容易产生沉淀，堵塞土壤微孔，影响氧化剂的输送和扩散。

(2) **土壤有机碳**

有机污染物种类繁多，比如油类污染物质就由成百上千种碳水化合物组成，由于其结构不同其被氧化分解的特性也不同，上述所有氧化剂都可以氧化分解除苯系物以外的大部分油类碳水化合物，氧化剂对苯系物和甲基叔丁基醚（MTBE）等污染物的实际现场修复经验还远远不足。大部分油类污染物在水中的溶解度都较低，油类污染物分子量越小、极性越大，其溶解度也越高；反之，水中溶解度低的物质在土壤中的吸附能力较强，而且更难以用化学氧化法降解。污染物在地下水中的溶解浓度和土壤中有机碳吸附之间的相关关系称为有机碳分配系数（K_{oc}），有机碳分配系数由污染物的性质和土壤中有机碳含量所决定，一般表土中有机碳含量为1%～3.5%，深层土一般在0.01%～0.1%，因此同一污染物在不同土壤中的分配系数也不尽相同。化学氧化技术更加适用于溶解度高、有机碳分配系数小的有机污染土壤的修复。

(3) **氧化剂**

化学氧化剂、催化剂和活化剂等注入土壤饱和带后，在输送和扩散过程中，不断与土壤和地下水中有机质和还原性物质反应而消耗，从而在计算氧化剂投加量时，要考虑上述自然需氧量（NOD，natural oxidant demand）。自然需氧量与土壤中有机质（NOM，natural organic material）和地下水中还原性物质含量相关，实际工程中很难准确估算自然需氧量。为了达到土壤修复目标，往往要注入高出3～3.5倍理论值的氧化剂（表5-19）。

表 5-19 常见化学氧化剂的优点

优点	H_2O_2/Fenton	高锰酸盐	臭氧	过硫酸盐
快速	O			
不产生尾气	O	O		O
持续生效		O		

续表

优点	H_2O_2/Fenton	高锰酸盐	臭氧	过硫酸盐
人体健康风险小		O		O
增加氧气含量	O		O	
可氧化 MTBE 和苯	O		O	O
可自动化			O	
不能氧化 MTBE 和苯		O		
产生尾气,人体健康风险	O		O	
扰动污染云分布形态	O		O	
氧化剂注入缓慢	O	O	O	O
需要氧化剂储罐	O	O		
需要臭氧生产系统			O	
在土壤中产生副产物	O	O	O	O
产生沉淀堵塞孔隙	O	O		O

注："O" 代表具有这种优点。

5.4.4 常用氧化剂

最常用的氧化剂是 $KMnO_4$、H_2O_2、过硫酸盐和臭氧（O_3）等。

(1) 过氧化氢和芬顿 (Fenton) 试剂

过氧化氢化学式为 H_2O_2，纯过氧化氢是淡蓝色的黏稠液体，可任意比例与水混合，是一种强氧化剂，水溶液俗称双氧水，为无色透明液体。在一般情况下会缓慢分解成水和氧气。过氧化氢可以直接以 5%～50%浓度注入污染土壤中，与土壤中有机污染物和有机质发生反应，或者在数小时之内分解为水和二氧化碳，并放出热量，所以要采取特别的分散技术避免氧化剂的失效。

也可以利用 Fenton 反应（加入 $FeSO_4$）开展原位化学氧化技术，产生的自由基·OH 能无选择性地攻击有机物分子中的 C—H 键，对有机溶剂、酯类、芳香烃以及农药等有害有机物的破坏能力高于 H_2O_2 本身。芬顿试剂反应 pH 值相对较低，一般在 pH=2～4，因此需要调节过氧化氢溶液 pH 值，硫酸铁同时具有提供催化剂和调节 pH 值的作用。由于在高碱度土壤、含石灰岩土壤或者缓冲能力很强的土壤中使用芬顿试剂，将消耗大量的酸，不利于经济高效修复土壤。

由于羟基自由基反应速率很快，一般很难提供和目标污染物接触的有效时间，因此可以处理渗透性强的土壤，但是难以处理渗透性弱的土壤中的有机污染物。基于这些局限，许多研究正在开展。

(2) 高锰酸盐

高锰酸盐又名过锰酸盐，是指所有阴离子为高锰酸根离子（MnO_4^-）的盐类的总称，其中锰元素的化合价为+7 价。通常高锰酸盐都具有氧化性，常见的高锰酸盐，如 $KMnO_4$、$NaMnO_4$ 易溶于水，与有机物反应产生 MnO_2、CO_2 和反应中间产物。锰是地壳中储量丰富的元素，MnO_2 在土壤中天然存在，因此向土壤中引入 $KMnO_4$，氧化反应产生 MnO_2 没有环境风险，并且 MnO_2 比较稳定，容易控制；不利因素在于对土壤渗透性有负面影响。Gates 等发现，每 1kg 土壤中加入 20g $KMnO_4$ 可降解 100%TCE、90%PCE。West 等也注意到 $KMnO_4$ 处理 TCE 的高效性，作为技术推广前的筛选实验，他们发现 90min 内，1.5% $KMnO_4$ 能将溶液中的 TCE 浓度从 1000mg/L 降低到 10mg/L。

高锰酸盐的氧化性弱于臭氧、过氧化氢等其他氧化剂，难于氧化降解苯系物、MTBE

等常见的有机污染物，但是有 pH 值适用范围广，氧化剂持续生效，不产生热、尾气等二次污染物的优点。但是由于价格低廉的高锰酸盐采自矿石，一般钾矿都伴随砷、铬、铅等重金属，使用时要避免二次污染，另外注意对注入井和格栅的堵塞问题。

(3) 臭氧

臭氧（O_3）是氧气（O_2）的同素异形体。在常温下，它是一种有特殊臭味的淡蓝色气体。臭氧主要存在于距地球表面 20～35km 的同温层下部的臭氧层中。在常温常压下，稳定性较差，可自行分解为氧气。臭氧具有青草的味道，吸入少量对人体有益，吸入过量对人体健康有一定危害，氧气通过电击可变为臭氧。O_3 是活性非常强的化学物质，在土壤下表层反应速率较快。因此，一般在现场通过氧气发生器和臭氧发生器制备臭氧，然后通过管道注入污染土层中，另外也可以把臭氧溶解在水中注入污染土层中。使用的臭氧混合气体浓度在 5%以上，臭氧可以直接降解土壤中的有机污染物，也会溶解于地下水中，与土壤和地下水中的有机污染物发生氧化反应，自身分解为氧气，也可以在土壤中一些过渡金属氧化物的催化下产生氧化能力更强的羟基自由基，分解难降解有机污染物，臭氧氧化法可以降解 BTEX、PAHs、MTBE 等难降解有机污染物。Day 发现，在含有 100mg/kg 苯的土壤中，通入 500mg/kg 的臭氧能够达到 81%的去除率。Masten 等的试验证明，向含有萘酚的土壤中以 250mg/h 的速度通入臭氧，3h 后可达到 95%的降解率。如果污染物是苯，在流速为 600mg/h、时间为 4h 的情况下，其降解率为 91%。如果采用高浓度的臭氧混合气体，臭氧与 VOCs 发生氧化反应时会放出热量，尾气中会含有一定浓度的 VOCs，需要考虑对尾气的收集和处置。臭氧氧化技术在净化土壤的过程中会产生大量氧气，使土壤中的好氧微生物活跃起来，臭氧在水中的溶解度远大于氧气，臭氧的注入往往使局部地下水的溶解氧达到饱和，这些都有助于土壤中微生物的繁衍和持续对有机污染物的降解。

(4) 过硫酸盐

$$\mathrm{HO{-}\overset{\overset{\displaystyle O}{\|}}{\underset{\underset{\displaystyle O}{\|}}{S}}{-}O{-}O{-}\overset{\overset{\displaystyle O}{\|}}{\underset{\underset{\displaystyle O}{\|}}{S}}{-}OH}$$

过硫酸

过硫酸盐也称为过二硫酸盐，常温常压下为白色晶体，65℃熔化并有分解，有强吸水性，极易溶于水，热水中易水解，在室温下慢慢地分解，放出氧气。过硫酸盐具有强氧化性，酸及其盐的水溶液全是强氧化剂，常用作强氧化剂。过硫酸盐技术处理有机污染物也受环境温度、pH 值、反应中间产物、过渡金属等因素的影响，一些研究表明，在不同 pH 值下活化过硫酸盐氧化降解有机污染物的效率会不同。Huang 等研究表明随着 pH 值（2.5～1.1）的升高，甲基叔丁基醚（MTBE）的降解速率逐渐下降，这可能是因为 MTBE 氧化产生的二氧化碳在碱性溶液中会形成碳酸氢根离子和碳酸根离子（自由基清除剂），从而抑制了 MTBE 的氧化降解。此外，过硫酸盐氧化的有机污染物不同，pH 值对反应过程的影响效果也不同，Liang 等在 10℃、20℃和 30℃的条件下，发现 pH 值=7 时 TCE 的过硫酸盐降解速率达到最大，降低 pH 值比增加 pH 值更易使 TCE 的过硫酸盐降解速率下降。过硫酸盐氧化的有机污染物不同，其产生的中间产物也不同。MTBE 的过硫酸盐氧化产物主要为三丁基甲酸盐、叔丁醇、丙酮和乙酸甲酯，这些产物也都能被过硫酸盐所氧化。Fe（0）活化过硫酸盐氧化 PVA 的产物为乙酸乙烯，其可生物降解。过硫酸盐氧化技术除了降解有机污染物外，还产生了大量硫酸，使 pH 值可达 5 甚至是 3。pH 值太低会使土壤中的金属向地下水中析出，增大金属的迁移性。Huang 等的研究表明，随着过硫酸钠浓度（7mmol/L、

15mmol/L、32mmol/L、43mmol/L 和 52mmol/L）的升高，MTBE 的降解速率随之升高；随着离子强度（0.11～0.53mol/L）的升高，MTBE 的降解速率随之下降。过硫酸盐在一定的活化条件下可产生硫酸自由基，具有强氧化性，它在环境污染治理领域的应用前景越来越广，所以有关它的研究十分有意义。但是目前有关活化过酸盐氧化技术的研究还主要集中在实验规模上，缺少实际应用实例。

5.4.5 适用性

采用化学氧化技术修复有机污染土壤时，针对土壤和污染物特性，首先快速判断化学氧化技术处理目标污染土壤的可行性，然后通过实验室试验，研究各种影响因子，评价化学氧化的技术和经济可行性，进而考察各种设计参数的可靠性，然后要充分考虑试运行、调试、运营、监理、监控指标、应急预案等。

(1) 原位化学氧化技术

原位化学氧化技术能够有效处理的有机污染物包括：挥发性有机物如二氯乙烯（DCE）、三氯乙烯（TCE）、四氯乙烯（PCE）等氯化溶剂，以及苯、甲苯、乙苯和二甲苯（BTEX）等苯系物；半挥发性有机化学物质，如农药、多环芳烃（PAHs）和多氯联苯（PCBs）等。对含有不饱和碳键的化合物（如石蜡、氯代芳香族化合物）的处理十分高效且有助于生物修复作用。

(2) 异位化学氧化技术

异位化学氧化技术可处理石油烃、BTEX（苯、甲苯、乙苯、二甲苯）、酚类、MTBE（甲基叔丁基醚）、含氯有机溶剂、多环芳烃、农药等大部分有机物。异位化学氧化不适用于重金属污染土壤的修复，对于吸附性强、水溶性差的有机污染物应考虑必要的增溶、脱附方式。

5.5 溶剂萃取技术

5.5.1 基本原理

溶剂萃取是一种利用溶剂来分离和去除污泥、沉积物、土壤中危险性有机污染物的修复技术，这些危险性有机污染物包括多氯联苯（PCBs）、多环芳烃（PAHs）、二噁英、石油产品、润滑油等。这些污染物通常都不溶于水，而会牢固地吸附在土壤以及沉积物和污泥中，从而使得用一般的方法难以将其去除。而对于溶剂萃取中所用的溶剂，则可以有效地溶解并去除相应的污染物。另外，由于溶剂萃取不会破坏污染物，因此污染物经溶剂萃取技术收集和浓缩后，可以回收利用或者用其他技术进行无害化处理。在原理上，溶剂萃取修复技术是利用批量平衡法，将污染土壤挖掘出来并放置在一系列提取箱（除出口外密封很严的容器）内，在其中进行溶剂与污染物的离子交换等化学反应。溶剂的类型依赖于污染物的化学结构和土壤特性。当监测表明，土壤中的污染物基本溶解于浸提剂时，再借助泵的力量将其中的浸出液排出提取箱并引导到溶剂恢复系统中。按照这种方式重复提取过程，直到目标土壤中污染物水平达到预期标准。同时，要对处理后的土壤引入活性微生物群落和富营养介质，快速降解残留的浸提液。

由于溶剂萃取可以有效地清除污染介质中的危险性污染物，对于从土壤中提取或浓缩后的污染物，具有一定经济价值的部分可以进行回收利用，而对于不可利用的部分可进行相应的无害化处理。从物质循环的角度讲，由于溶剂萃取技术在运行过程中不破坏污染物的结构，可以使得污染物的资源化和价值化达到最大值。同时，萃取过程中所使用的溶剂也可以再生和重复利用。因此，可以说溶剂萃取技术是一种可持续的修复技术。

溶剂萃取技术的运行过程如图 5-19 所示，具体操作方法如下：首先对污染的土壤进行筛分处理以除去较大的石块和植物根茎；然后将过筛后的土壤加入萃取设备中，溶剂与土壤经过充分混合接触后可使得污染物溶解到溶剂中。通常所用溶剂的类型取决于污染物和污染介质的性质，而且萃取过程也分为间歇、半连续和连续模式。其中在连续操作过程中，通常需要较多的溶剂来使得土壤呈流化状态以便于输送；当污染物溶解到溶剂中后需要进行分离处理。通过分离设备的作用，溶剂可实现再生并可重复使用。对于浓缩后的污染物，也可以重复利用具有一定经济价值的部分，或者利用其他技术进行进一步的无害化处理；最后需要对残余在土壤中的溶剂进行处理。由于所用的溶剂会对人类健康和环境带来一定的危害，因此对于残余在土壤中的溶剂，若处理不当将会引发二次污染问题。

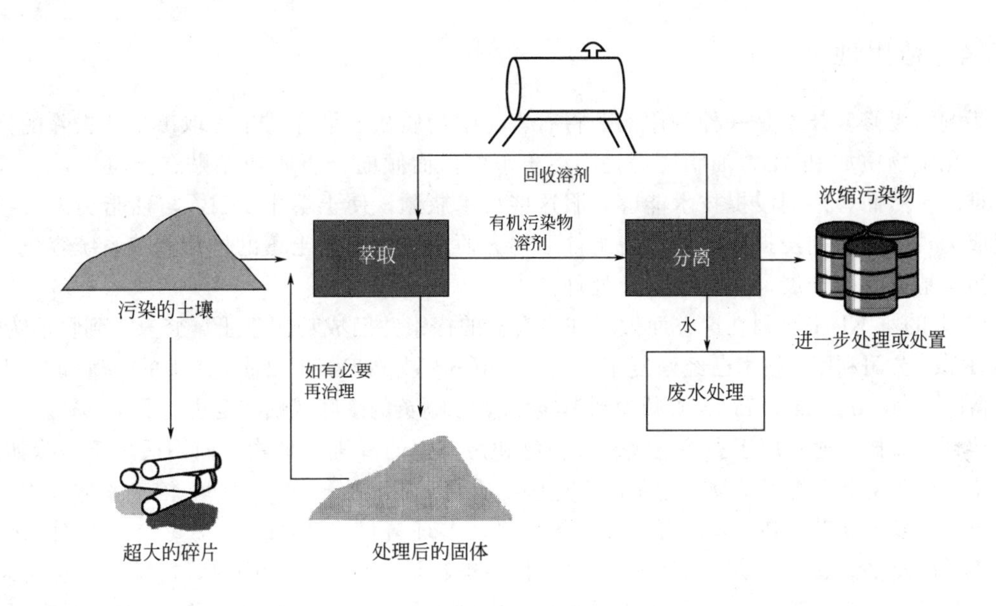

图 5-19　溶剂萃取过程

由上所述，溶剂萃取过程可分为以下五个部分：a. 预处理（土壤、沉积物和污泥）；b. 萃取；c. 污染物与溶剂的分离；d. 土壤中残余溶剂的去除；e. 污染物的进一步处理。

5.5.2　系统构成

如图 5-20 所示，溶剂萃取系统构成包括污染土壤收集与杂物分离系统、溶剂萃取系统、油水分离系统、污染物收集系统、萃取剂回用系统、废水处理系统等。

5.5.3　影响因素

在溶剂萃取过程中，对污染物的萃取效率通常会受到很多因素的影响，如溶剂类型、溶剂用量、水分含量、污染物初始浓度等。吸收剂必须对被去除的污染物有较大的溶解性，吸

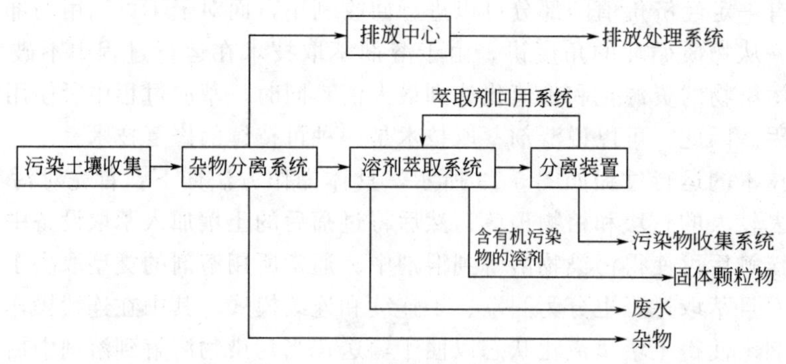

图 5-20 溶剂萃取系统构成

收剂的蒸气压必须足够低，被吸收的污染物必须容易从吸收剂中分离出来，吸收剂要具有较好的化学稳定性且无毒无害，吸收剂摩尔质量尽可能低，使它吸收能力最大化。其他影响因素还有黏土含量、土壤有机质含量、污染物浓度、水分含量等。

5.5.4 适用性

溶剂浸提修复技术是一种利用溶剂将有害化学物质从污染介质中提取出来或去除的修复技术。化学物质如PCBs、油脂类等是不溶于水的，而倾向于吸附或粘贴在土壤上，处理起来有难度。然而，溶剂浸提技术能够克服这些技术瓶颈，使土壤中PCBs与油脂类污染物的处理成为现实。溶剂浸提技术的设备组件运输方便，可以根据土壤的体积调节系统容量，一般在污染地点就地开展，是土壤异位处理技术。

美国Terra-Kleen公司在这方面做了许多有益的探索并已成功用于土壤修复。到目前为止，Terra-Kleen公司利用该技术已经修复了大约$2\times10^4m^3$被PCBs和二噁英污染的土壤和沉积物，浓度高达$2\times10^4mg/kg$的PCBs被减少到1mg/kg，二噁英的浓度减幅甚至达到了99.9%。

溶剂萃取技术通常用于去除土壤、沉积物和污泥中的有机污染物，而不适用于去除如酸、碱、盐和重金属等无机污染物，这是由于这些物质通常不能溶解在溶剂中。溶剂萃取技术一般适用于处理多氯联苯（PCBs）、石油烃、氯代烃、多环芳烃（PAHs）、多氯二苯并对二噁英（PCDD）以及多氯二苯并呋喃（PCDF）等有机污染物污染的土壤。同时，这项技术也可用在农药（包括杀虫剂、杀真菌剂和除草剂等）污染的土壤上。湿度大于20%的土壤要先风干，避免水分稀释提取液而降低提取效率，黏土含量高于15%的土壤不适于采用这项技术。

溶剂萃取技术中常用的萃取溶剂有三乙胺、丙酮、甲醇、乙醇、正己烷等。表5-20为溶剂萃取技术在污染土壤修复方面相关的应用研究。

表 5-20 关于溶剂萃取技术的相关研究报道

污染物类型	萃取溶剂	污染物类型	萃取溶剂
除草剂(环丙氟等)	乙腈-水	烃类污染物	丙酮-乙酸乙酯-水
除草剂	甲醇,异丙醇	石油烃污染物	三氯乙烯,正庚烷
五氯苯酚	乙醇-水	含氯化合物	丙酮-乙酸乙酯-水
PCBs,PAHs	丙酮,乙酸乙酯	PAHs	环糊精
2,4-二硝基甲苯	丙酮	五氯苯酚	乳酸
PCBs	烷烃	PAHs、石油烃	超临界乙烷
PCBs(Aroclor 1016)	丙酮,正己烷	二噁英	乙醇
PAHs	植物油	燃料油(柴油等)	甲基乙基酮

溶剂萃取具有选择性高、分离效果好和适应性强等特点。在表5-18关于溶剂萃取技术的研究中，所选择的萃取溶剂都可以有效地去除土壤中不同性质的有机污染物。如Khodadoust等研究了利用乙醇-水复合溶剂萃取污染土壤中的五氯苯酚，结果显示污染物的去除率达到90%以上。Jonsson用乙醇来萃取被多氯二苯并对二噁英和多氯二苯并呋喃污染的土壤，结果显示乙醇萃取是一种非常有效的修复方法。Nam等用烷烃和乙醇（5：1）混合溶剂去除了土壤中90%～95%的PCDDs和PAHs。Majid使用丙酮-正己烷混合溶剂萃取土壤中的氯化二苯，结果显示含有5%丙酮的混合溶剂可以有效地去除土壤中的污染物，与纯正己烷溶剂相比，去除率提高了20%～30%。Tonangi用丙酮来萃取土壤中的2,4-二硝基甲苯，结果显示丙酮对污染物的去除率达到了98%以上。

溶剂萃取技术同样用来修复被石油烃污染的土壤。Silva研究了用乙酸乙酯-丙酮-水（5∶4∶1）混合溶剂萃取土壤中的柴油烃类污染物，这些污染物由二甲苯、萘和十六烷复合而成，结果显示所用溶剂对这些烃类污染物的去除率都达到了90%以上。乙酸乙酯-丙酮-水这一复合溶剂还被用来修复含氯化合物污染的土壤，结果显示当液固比大于4后，大约80%的污染物可以被移除。Dumitran对比了几种溶剂对石油污染土壤中有机烃类化合物的去除效果，研究认为溶剂和石油的类型对萃取效率影响很大，结果显示三氯乙烯对石油的萃取效果最好。

此外，表5-18所列大部分研究中所用的萃取溶剂具有毒性较低的特点，且大部分研究主要集中在去除一种或者几种污染物上，如多环芳烃、多氯联苯等。这些污染物有一个共同特点，那就是分子量较低，一般在300Da以下，较易溶于常用的溶剂中，且这些物质通常可以用气相色谱或气质联用色谱技术在石油轻组分中检测出来。然而，对于石油污染土壤，其中所含的石油污染物是一个由大量烃类物质组成的复杂混合物，且其中含有大量的重油组分胶质和沥青质，这些重油组分在溶剂中的溶解性较差。在通常情况下，像正庚烷、丙酮、石油醚、乙醇等毒性相对较低的溶剂对这些重油组分的去除效率较差。

由于溶剂萃取过程中所用的大部分有机溶剂具有一定的毒性，且具有易挥发和易燃易爆的特点。因此，在萃取过程中任何溶剂的挥发以及萃取后土壤中任何溶剂的存在都会对人类健康和环境带来一定的风险。在实际的萃取操作过程中，通常大部分萃取设备的运行都在密闭条件下进行。另外，对于萃取后滞留在土壤中的残余溶剂，可通过相应的处理方法来进行去除和回收。如使用土壤加热处理的方法，使残余溶剂由液态变成气态而从土壤中逸出，冷却后又变成液态，从而达到残余溶剂去除和再生的目的。最后，还要监测修复后的土壤中所含污染物和溶剂的含量是否已经降到所要求的标准以下。如果已经达到预期目标，这些土壤才可以进行原位回填。通过适当的设计和操作，溶剂萃取技术是一种非常安全的土壤修复技术。

5.5.5 工艺举例

基于溶剂萃取的高浓度石油污染土壤修复工艺路线，如图5-21所示。工艺路线中的主要设备有萃取塔、水洗装置、精馏塔和油水分离器等。总体的操作流程为：石油污染土壤从萃取塔顶部进入，而溶剂从萃取塔底部进入，溶剂与污染土壤在萃取塔内经过高效逆流接触后，土壤中的大部分石油污染物被萃取到溶剂中。萃取塔顶出料为含有石油污染物的石油和溶剂混合物，萃取塔底出料为去除大部分石油污染物后的土壤（含少量溶剂）。其中塔顶的石油和溶剂混合物需要进行石油的回收和溶剂的再生循环利用，在精馏塔中采用精馏操作将溶剂与石油分离，从精馏塔顶得到溶剂，实现再生和循环利用；从精馏塔底则可得到从土壤中回收的具有一定经济价值的原油。含少量溶剂的土壤从萃取塔底部进入水洗装置后，通过搅拌装置和循环装置的辅助作用，土壤与表面活性剂溶剂经过充分接触，可以将土壤中残余的少量溶剂脱除。然后泥浆混合物进入旋流分离器进行固液分离，旋流分离器顶部出料为去除土壤颗粒后的溶剂和表面活性剂溶液混合物，旋流分离器底部出料为去除溶剂和大量表面活性剂溶液后的浓缩泥浆。其中溶剂和表面活性剂溶液混合物经过油水分离器处理后，分别得到溶剂和表面活性剂溶液。溶剂经过精馏操作后可实现再生循环利用，大部分表面活性剂溶剂也可进行重复利用。浓缩的泥浆进一步通过静置、通风处理后，最后可得到去除石油污染物和残余溶剂后的干净土壤。

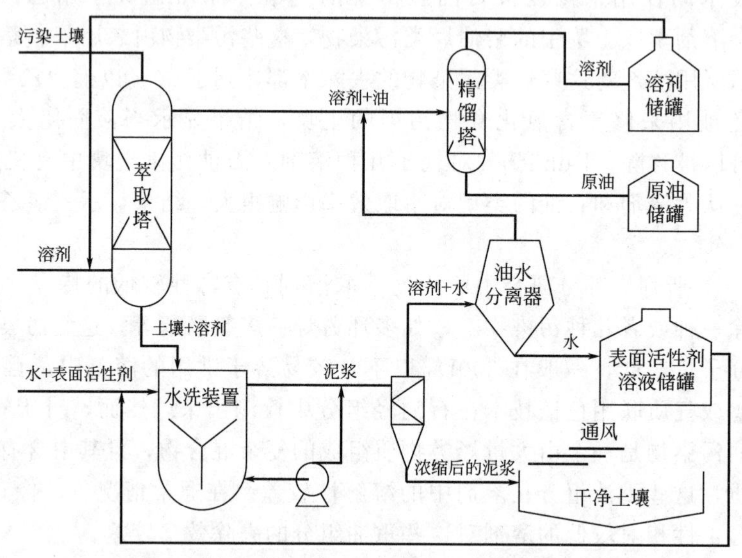

图 5-21 基于溶剂萃取的石油污染土壤修复工艺路线

5.6 固化/稳定化技术

固化/稳定化技术（solidification/stabilization，S/S）是将污染土壤与黏结剂或稳定剂混合，使污染物实现物理封存或发生化学反应形成固体沉淀物（如形成氢氧化物或硫化物沉淀等），从而防止或者降低污染土壤释放有害化学物质过程的一组修复技术，实际上分为固化和稳定化两种技术。其中，固化技术是将污染物封入特定的晶格材料中，或在其表面覆盖渗透性低的惰性材料，以限制其迁移活动的目的；稳定化技术是从改变污染物的有效性出发，将污染物转化为不易溶解、迁移能力或毒性更小的形式，以降低其环境风险和健康风险。一般情况下，固化技术和稳定化技术在处理污染土壤时是结合使用的，包括原位和异位固化/稳定化修复技术。

固化/稳定化技术可以被用于处理大量的无机污染物，也可适用于部分有机污染物，与其他技术相比，突破了将污染物从土壤中分离出来的传统思维，转而将其固定在土壤介质中或改变其生物有效性，以降低其迁移性和生物毒性，其处理后所形成的固化物（称 S/S 产物）还可被建筑行业所采用（路基、地基、建筑材料），而且具有费用低、修复时间短、易操作等优点，是一种经济有效的污染土壤修复技术，目前已从现场测试阶段进入了商用阶段。EPA 已把它确定为一种“最佳的示范性实用处理技术”（best demonstrated available treatment technology，BDAT），是污染场地的 5 大常用修复方法之一。

但固化/稳定化技术最主要的问题在于它不破坏、不减少土壤中的污染物，而仅仅是限制污染物对环境的有效性。随着时间的推移，被固定的污染物有可能重新释放出来，对环境造成危害，因此它的长期有效性受到质疑。

5.6.1 基本原理

固化/稳定化技术包括固化和稳定化两个概念，固化是指将污染物包裹起来，使之呈颗粒状或者板块状形态，进而使污染物处于相对稳定的状态；稳定化是指利用氧化、还原、吸附、脱附、溶解、沉淀、生成络合物中的一种或多种机理改变污染物存在的形态，从而降低其迁移性和生物有效性。虽然固化和稳定化这两个专业术语常常结合使用，但是它们具有不同的含义。

固化技术是将低渗透性物质包裹在污染土壤外面，以减少污染物暴露于淋溶作用的表面，限制污染物迁移的技术，其中污染土壤与黏结剂之间可以不发生化学反应，只是机械地将污染物固封在结构完整的固态产物（固化体）中，隔离污染土壤与外界环境的联系，从而达到控制污染物迁移的目的。固化技术涉及包裹污染物以形成一个固化体，是通过废物和水泥、炉灰、石灰和飞灰等固化剂之间的机械过程或者化学反应来实现。在细颗粒废物表面的包囊作用称为微包囊作用，而大块废物表面的包囊作用称为大包囊作用。

稳定化技术是用化学反应来降低废物的浸出性的过程，是通过和污染土壤发生化学反应或者通过化学反应来降低污染物的溶解性来达到目的。在稳定化的过程中，废物的物理性质可能在这个过程中改变或者不变。

在实践上，商业的固化技术包括了某种程度的稳定化作用，而稳定化技术也包括了某种程度的固化作用，两者有时候是不容易区分的。固化/稳定化修复技术通常采用的方法为：先利用吸附质如黏土、活性炭和树脂等吸附污染物，浇上沥青，然后添加某种凝固剂或黏合剂（可用水泥、硅土、小石灰、石膏或碳酸钙），使混合物成为一种凝胶，最后固化为硬块，其结构类似矿石，使金属离子和放射性物质的迁移性和对地下水污染的威胁大大减轻，图 5-22 是污染土壤的固化/稳定化概念模型图。

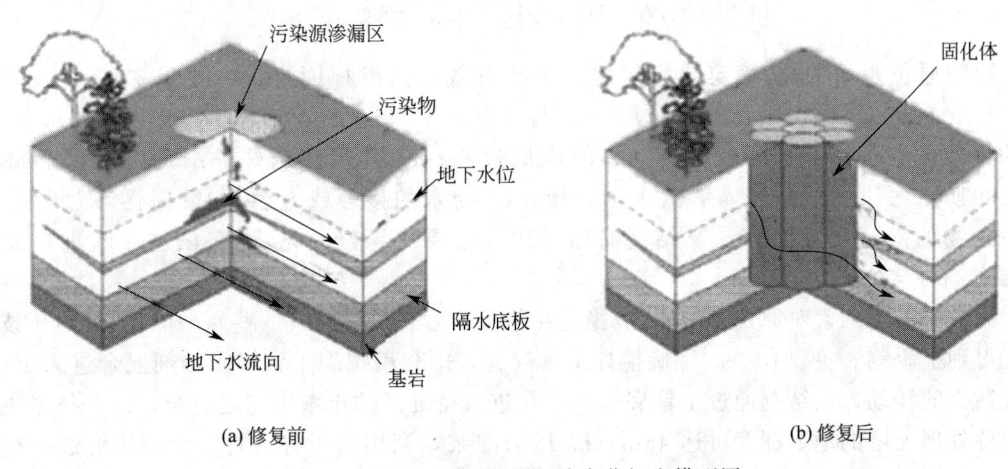

图 5-22　污染土壤的固化/稳定化概念模型图

固化/稳定化技术既适用于处理无机污染物，也适用于处理某些性质稳定的有机污染物。许多无机物和重金属污染土壤，如无机氰化物（氢氰酸盐）、石棉、腐蚀性无机物以及砷、镉、铬、铜、铅、汞、镍、硒、锑、铀和锌等重金属污染的土壤，均可采用固化/稳定化技术进行有效的治理和修复，而有机污染土壤中适用或可能适用的污染物类型包括有机氰化物(腈)、腐蚀性有机化合物、农药、石油烃（重油）、多环芳烃（PAHs）、多氯联苯（PCBs）、二噁英或呋喃等，但对于卤代和非卤代挥发性有机化合物一般不适用（除非进行了特殊的前处理）。此外，考虑到部分有机污染物对固化/稳定化处理后水泥类水硬胶凝材料的固结化作用有干扰，因此，固化/稳定化技术更多地用作无机污染物的源处理技术。

5.6.1.1 原位固化/稳定化技术

原位固化/稳定化修复技术是指直接将修复物质注入污染土壤中进行相互混合，通过固态形式利用物理方法隔离污染物或者将污染物转化成化学性质不活泼的形态，从而降低污染物质的毒害程度。原位固化/稳定化修复不需要将污染土壤从污染场地挖出，其处理后的土壤仍留在原地，用无污染的土壤进行覆盖，从而实现对污染土壤的原位固化/稳定化。

原位固化/稳定化修复技术是少数几个能够原位修复重金属污染土壤的技术之一，由于有机物不稳定易于反应，原位固化/稳定化技术一般不适用于有机污染物污染土壤的修复。固化/稳定化技术一度用于异位修复，近年来才开始用于原位修复。图 5-23 虚线框内为原位土壤固化/稳定化修复的工艺流程。

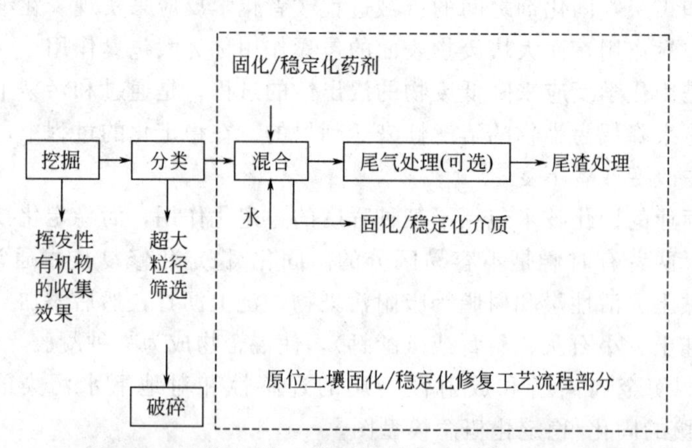

图 5-23　原位/异位土壤固化/稳定化修复工艺流程

影响原位土壤固化/稳定化修复的应用和有效性的发挥因素，主要包括：a. 许多污染物固化/稳定化过程相互复合作用的长期效应尚未有现场实际经验可以参考；b. 污染物的埋藏深度会影响、限制一些具体的应用过程；c. 必须控制好黏结剂的注射和混合过程，防止污染物扩散进入清洁土壤区域；d. 与水的接触或者结冰/解冻循环过程会降低污染物的固定化效果；e. 黏结剂的输送和混合要比异位固化/稳定化过程困难，成本也相对高许多。

为克服上述因素对原位土壤固化/稳定化修复有效性的影响，一些新型固化/稳定化技术修复得到了研制。主要有：a. 螺旋搅拌土壤混合，即利用螺旋土钻将黏结剂混合进入土壤，随着钻头的转动，黏结剂通过土钻底部的小孔进入待处理的土壤中与之混合，这一技术主要用于待处理土壤的地下深度可达 45m；b. 压力灌浆，利用高压管道将黏结剂注射进入待处理土壤孔隙中。

5.6.1.2 异位固化/稳定化技术

异位固化/稳定化土壤修复技术通过将污染土壤与黏结剂混合形成物理封闭（如降低孔隙率等）或者发生化学反应（如形成氢氧化物或硫化物沉淀等），从而达到降低污染土壤中污染物活性的目的。这一技术的主要特征是将污染土壤或污泥挖出后，在地面上利用大型混合搅拌装置对污染土壤与修复物质（如石灰或水泥等）进行完全混合，处理后的土壤或污泥再被送回原处或者进行填埋处理。异位固化/稳定化用于处理挖掘出来的土壤，操作时间决定于处理单元的处理速度和处理量等，通常使用移动的处理设备，目前一般处理能力为 8～380m^3/d。

在异位固化/稳定化过程中，许多物质都可以作为黏结剂，如硅酸盐水泥、火山灰、硅酸酯和沥青以及各种多聚物等。硅酸盐水泥以及相关的铝硅酸盐（如高炉熔渣、飞灰和火山灰等）是最常使用的黏结剂。利用黏土拌和机、转筒混合机和泥浆混合器等将污染土壤、水泥和水混合在一起。有时可能会根据需要，适当地加入一些添加剂以增强具体污染物质的稳定性，防止随时间推移而发生的某些负面效应。

异位固化/稳定化通常用于处理无机污染物质，对于半挥发性有机物质及农药杀虫剂等污染物污染的情况，进行修复的适用性有限。不过，目前正在进行能有效处理有机污染物的黏结剂的研究，可望在不久的将来也能应用于有机污染物污染土壤的修复。

影响异位土壤固化/稳定化修复的应用和有效性的发挥因素，主要包括：a. 最终处理时的环境条件可能会影响污染物的长期稳定性；b. 一些工艺可能会导致污染土壤或固体废物体积显著增大（甚至为原始体积的两倍）；c. 有机物质的存在可能会影响黏结剂作用的发挥；d. VOCs 通常很难固定，在混合过程中就会挥发逃逸；e. 对于成分复杂的污染土壤或固体废物还没有发现很有效的黏结剂；f. 石块或碎片比例太高会影响黏结剂的注入和与土壤的混合，处理之前必须除去直径大于 60mm 的石块或碎片。

原位/异位土壤固化/稳定化修复工艺流程如图 5-23 所示。

5.6.2 常用系统

固化/稳定化修复技术常用的胶凝材料可以分为：无机黏结物质，如水泥、石灰、碱激发胶凝材料等；有机黏结剂，如沥青等热塑性材料；热硬化有机聚合物，如尿素、酚醛塑料和环氧化物等；以及化学稳定药剂。

由于技术和费用问题，水泥和石灰等无机材料在污染土壤修复的应用最为广泛，占项目总数的 94%，水泥或石灰为基础的无机黏结物质固化/稳定化修复技术可以通过以下几种机制稳定污染物：在添加剂表面发生物理吸附；与添加剂中的离子形成沉淀或络合物；污染物被新形成的晶体或聚合物所包被，减小了与周围环境的接触界面。

5.6.2.1 水泥固化/稳定化

水泥是由石灰石和黏土在水泥窑中高温加热而成的，其主要成分为硅酸三钙和硅酸二钙。水泥是水硬性胶凝材料，加水后能发生水化反应，逐渐凝结和硬化。水泥中的硅酸盐阴离子是以孤立的四面体存在，水化时逐渐连接成二聚物以及多聚物-水化硅酸钙，同时产生氢氧化钙。水化硅酸钙是一种由不同聚合度的水化物所组成的固体凝胶，是水泥凝结作用的最主要物质，可以对土壤中的有害物质进行物理包裹吸附，化学沉淀形成新相以及离子交换形成固溶体等作用，是污染物稳定化的根本保证。同时其强碱性环境有利于重金属转化为溶解度较低的氢氧化物或碳酸盐，从而对固化体中重金属的浸出性能有一定的抑制作用。其类型一般可分为普通硅酸盐水泥，火山灰质硅酸盐水泥，矿渣硅酸盐水泥，矾土水泥以及沸石水泥等，可根据污染土壤的具体性质，根据需要对其进行有效选择。

水泥固化有着独特的优势：固化体的组织比较紧实，耐压性好；材料易得、成本低；技术成熟，操作处理比较简单；可以处理多种污染物，处理过程所需时间较短，在国外已有大量的工程应用。而目前国内还缺乏工程实践的经验，因而有必要加强该技术的研究，为实际工作提供基础数据。

但水泥固化也有一定的局限性，其增容很大，一般可达 1.5～2，这主要是由于硫酸钠、硫酸钾等多种硫酸盐都能与硅酸盐水泥浆体所含的氢氧化钙反应生成硫酸钙，或进一步与水化铝酸钙生成钙矾石，从而使固相体积大大增加，造成膨胀；且水泥固化稳定化污染土壤，仅仅是一种暂时的稳定过程，属于浓度控制，而不是总量控制，我国很多地区酸雨较严重，硅酸盐水泥的不抗酸性使得经水泥固化的重金属在酸性环境中重新溶出，其长期有效性值得怀疑。

5.6.2.2 石灰固化/稳定化

石灰是一种非水硬性胶凝材料，其中的 Ca 能够和土壤中的硅酸盐形成水化硅酸钙，起到固定/稳定污染物的作用。与水泥相似，以石灰为基料的固化/稳定化系统也能够提供较高的 pH 值，但是石灰的强碱性并不利于两性元素的固化/稳定化。另外，该系统的固化产品具有多孔性，有利于污染物质的浸出，且抗压强度和抗浸泡性能不佳，因而较少单独使用。

石灰可以激活火山灰类物质中的活性成分以产生黏结性物质，对污染物进行物理和化学稳定，因此石灰通常与火山灰类物质共用。石灰/火山灰固化技术指以石灰、水泥窑灰以及熔矿炉炉渣等具有波索来反应的物质为固化基材而进行的固化/稳定化修复方法。火山灰质材料属于硅酸盐或铝硅酸盐体系，当其活性被激发时，具有类似水泥的胶凝特性，包括天然火山灰质材料和人工火山灰质材料。根据波索来反应（Pozzolanic reaction），在有水的情况下，细火山灰粉末能在常温下与碱金属和碱土金属的氢氧化物发生凝结反应。在适当的催化环境下进行波索来反应，可将污染土壤中的重金属成分吸附于所产生的胶体结晶中。

5.6.2.3 土聚物固化/稳定化

土聚物是一种新型的无机聚合物，其分子链由 Si、O、Al 等以共价键连接而成，是具有网络结构的类沸石，通常是以烧结土（偏高岭土）、碱性激活剂为主要原料，经适当工艺处理后，通过化学反应得到的具有与陶瓷性能相似的一种新材料，能长期经受辐射及水作用而不老化；聚合后的终产物具有牢笼型结构，它对金属元素的固化是通过物理束缚和化学键合双重作用而完成的。因此，如能把含重金属污泥制备成土聚水泥，以土聚物的形式来固化重金属，则会取得比硅酸盐水泥更令人满意的效果。同时，由于它的渗滤性低，对重金属元素既能物理束缚也能化学键合，加上它的强度又比由硅酸盐水泥制成的混凝土高出许多，因此其固化物及产物可被应用于道路或其他建设领域，作为资源化应用具有广阔的发展前景。国外在利用土聚物固化/稳定化处理污染物方面的研究刚刚起步，迄今仅有极少量的研究报道。

Jaarsveld等研究了Pb、Cu对粉煤灰制成的土聚物水泥物理化学性质的影响，发现土聚水泥是通过化学键合作用和物理裹限作用把污染物进行固化的，而且金属离子的半径越大，被固化的效果越好，越难被滤出。在某些情况下，金属污染物的浓度越大，所形成的固化体（土聚物）的结构越强。金漫彤等用土壤聚合法对Zn^{2+}、Pb^{2+}、Cu^{2+}和Cd^{2+} 4种重金属离子进行固化，结果发现土聚物不仅具有很好的物理性能，而且对重金属离子的固化效果较好，对上述4种重金属离子的捕集效率为96.86%～99.86%，其中对Cd^{2+}的捕集效率最高，近似100%，其次是Pb^{2+}、Zn^{2+}、Cu^{2+}。徐建中以粉煤灰为主要原材料，先用硅酸钾与碱金属的氢氧化物溶于蒸馏水中制成碱溶液，再将偏高岭土与粉煤灰分别加入其中，以胶砂搅拌机搅拌3min后加入已配制好的重金属硝酸盐溶液（各组试样中添加的重金属质量分数均为0.1%），继续搅拌5min后倒入三联模中振荡1min，以聚乙烯薄膜密封，最后在60℃下养护24h后脱模，室温下放置14d后进行抗压强度测定及X射线衍射、扫描电镜观察和傅立叶变换红外光谱分析；各试样对Zn^{2+}、Pb^{2+}、Cu^{2+}、Cd^{2+}、Cr^{3+}和Ni^{2+}的固化效果还进行了毒性滤取程序检验，试验结果表明，土聚物对上述重金属有很好的固化效果。

5.6.2.4 化学药剂稳定化技术

化学药剂稳定法一般通过化学药剂和土壤所发生的化学反应，使土壤中所含有的有毒有害物质转化为低迁移性、低溶解性以及低毒性物质。

药剂稳定法中所使用药剂一般可分为有机和无机两大类，根据污染土壤中所含重金属种类，最常采用的无机稳定药剂有：硫化物（硫化钠，硫代硫酸钠）、氢氧化钠、铁酸盐以及磷酸盐等。有机稳定药剂一般为螯合型高分子物质，例如乙二胺四乙酸二钠盐（一种水溶性螯合物，简称EDTA），它可以与污染土壤中的重金属离子进行配位反应从而形成不溶于水的高分子络合物，进而使重金属得到稳定。还有一种应用较多的有机稳定药剂硫脲（H_2NCSNH_2），其稳定机理和硫化钠以及硫代硫酸钠基本相同，主要是利用污染土壤中的重金属与其所生成的硫化物的沉淀性能来对其实现有效固化稳定化，但当达到相同稳定效果时，其用量为硫化钠最佳用量的1/2。蒋建国以及王伟等还研究开发了一种重金属螯合剂，为多胺或聚乙烯亚胺与二硫化碳反应所得到多胺类以及聚乙烯亚胺类物质，且通过实验表明这种物质对污染土壤中所含有的重金属捕集效果明显优于无机药剂Na_2S和石灰，可高达97%，且投加量比较少，也可实现不增容或少增容的目的。另外，通过微生物实验也表明了这种螯合剂的使用使污染土壤固化体具有很好的稳定性。Marruzzo也曾用添加了多胺类物质的$Ca(OH)_2$来固化处理重金属，由于有机添加剂可以更多地吸收空气中的CO_2，从而增强了$Ca(OH)_2$的碳化过程，使其固化体抗压强度为不添加有机物的两倍，另外也可使其固化体中Cr^{6+}浸出浓度满足要求。赵由才等也探讨了利用EDTA、硫化钠以及硫脲等药剂的螯合作用稳定污染土壤的研究。国外也有一些关于利用$AlCl_3$和NaOH合成新型螯合剂稳定重金属的相关报道。

5.6.3 影响因素

目前，已知有多种化学物质可对固化作用的过程和结果产生直接或间接的影响。此外，对于固化/稳定化产物，也有许多内部因素和外部环境因素可能对其性能产生影响。内部因素包括固化/稳定化产物自身固有的物理与化学因素，也包括放置固化/稳定化产物的地下环境中特有的一些因素，这些因素应在可行性试验研究阶段进行识别和确定；影响固化/稳定化产物性能的外部因素主要为一些外部环境因素。

影响固化/稳定化产物性能的内部物理因素主要包括固化/稳定化产物的单元尺寸、渗透系数、孔隙度等，其中，渗透系数是最重要的内部因素，决定着地下水与固化/稳定化产物接触的方式，比如渗透性高时地下水会穿透和流过固化/稳定化产物的内部，而渗透性低时地下水只是围绕其表面（绕行）流过。内部化学因素中，pH 对固化/稳定化产物性能的影响最大，因为其既可影响污染物的浸出特性（如通过改变污染物的形态），也可影响固化/稳定化产物的结构性能（如使提供强度的矿物质发生溶解）。

外部因素对固化/稳定化产物的影响与固化/稳定化产物在地下放置的位置有关，尤其与地下水位之间的相对位置有关，具体如下。

(1) 饱和带水流影响

在饱和带中，地下水会缓慢渗过固化/稳定化产物或从其表面绕行。一般情况下，只要地下水状况保持稳定，固化/稳定化产物的性质基本保持不变，且可根据相关模型预测产物中污染物的浸出特性。

(2) 包气带水流影响

在包气带中，固化/稳定化产物主要受到雨水下渗的影响，但这种影响相对于饱和带中地下水流动的影响要小得多，因此固化/稳定化产物在包气带中的耐久性一般比在饱和带中要好一些。

另外，物理性损坏（如破裂和磨损）一般对固化体性能影响较小，并且多由地震活动引起。大的贯通式破裂会使固化体的外部暴露面积略有增加，但这对污染物的固定效果影响较小。不过，必要时也可在修复过程中适当考虑提高固化体的抗震能力。工程质量问题，如设计错误、施工水平低下、质控技术落后等人为因素也会间接影响固化/稳定化产物的各项性能。具体影响因素以图 5-24 所示的水泥类固化/稳定化产物为例说明。

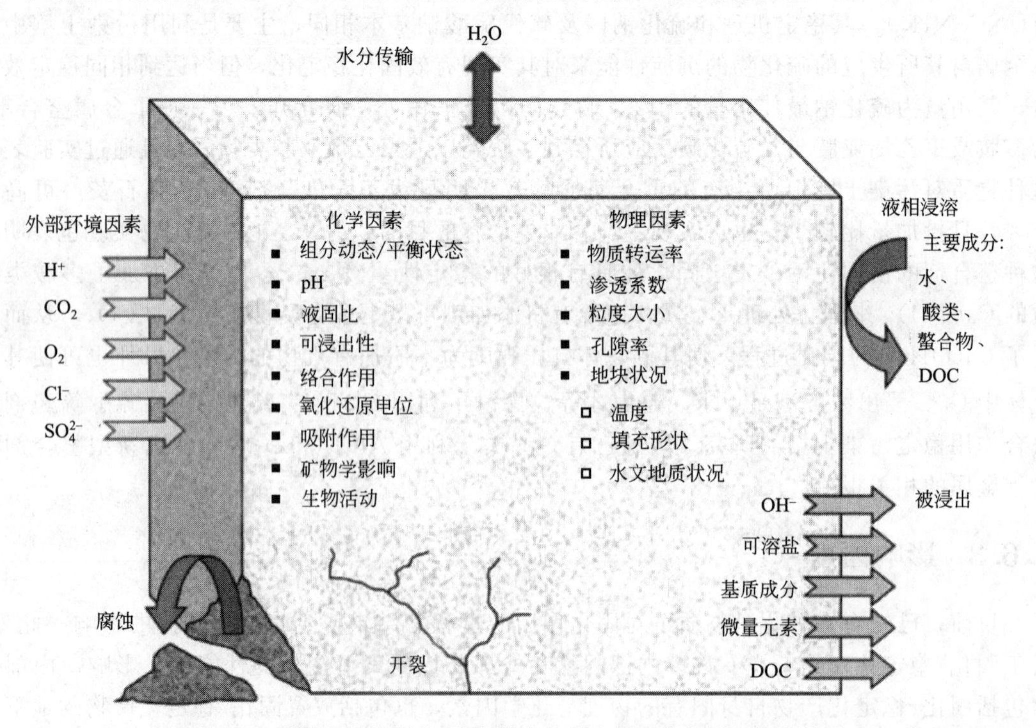

图 5-24　影响水泥类固化/稳定化产物的内部和外部因素概念模型

5.6.4 固化/稳定化工艺

胶凝材料和添加剂的品种与用量、水分掺量、混合工艺以及养护条件等因素均对固化体的性能有很大的影响。

(1)胶凝材料和添加剂的品种与用量

不同的污染物需要选择不同的胶凝材料，如对As而言，石灰比水泥更加有效。添加剂是实现污染物稳定化的重要保证，根据作用不同分为金属稳定剂、有机污染物吸附剂和过程辅助剂3类。金属稳定剂可以通过物理吸附、控制介质的pH值和氧化还原电位、与污染物形成沉淀或络合物等方式实现污染物稳定化，常用的有可溶性碳酸盐、硅酸盐、磷酸盐、硫化物、氧化还原剂、络合剂、黏土矿物以及火山灰类物质；有机吸附剂主要通过物理吸附作用限制污染物的迁移，屏蔽它们对胶凝材料水化的不利影响，如活性炭、有机改性石灰和黏土、表面活性剂；促凝剂、减水剂和膨松剂等过程辅助剂可以改善胶凝材料的水化和凝硬过程，优化固化体的物理特性。氧化剂和还原剂多用于处理变价金属。在As污染土壤固化之前常先用H_2O_2等进行氧化处理，使其从3价转化为5价，水泥和石灰固化，产生Ca或Fe的砷酸盐及亚砷酸盐。而Cr在固化前常加入还原物质使其从6价转化成3价。在氧化或还原条件下，非毒性有机物可能变为有毒物质，因此要针对不同的污染物类型科学设置处理过程。火山灰物质本身不能发生凝硬反应，但有水时可被碱性物质激活。水泥和火山灰物质联合使用是一种理想的固化模式。水泥水化产生的氢氧化钙激活火山灰类物质的活性氧化硅生成水化硅酸钙，水化硅酸钙不仅能够堵塞水泥固化遗留的空隙增加固化体的致密度，还能对污染物起到稳定作用。与水泥单独使用不同的是水化硅酸钙生成反应不易受到其他物质的影响。固化技术发展起来以后，火山灰类物质通常作为水泥或石灰的添加剂，实现了废物的资源化利用。高炉渣能够还原Cr^{6+}，广泛应用于Cr污染介质的固化/稳定化。

固化剂用量对重金属污染土壤的固化效果是十分重要的。氢氧化物是固化体中重金属的重要存在形式，它们的溶解度受到介质pH值的影响，即在碱性的某个pH值具有最小的溶解度，当pH值升高或降低时其溶解度就增大。胶凝材料掺量越多，水化硅酸钙凝胶及钙矾石等硅酸盐矿物对重金属的稳定起重要作用的水化产物越多，固化体则越密实，从而重金属浸出浓度越低。固化剂常具有较强碱性，会强烈影响固化体的pH值，因此加入量太大会对重金属的稳定效果产生负面影响。

(2)水分含量

水是水化反应的物质基础，但过量的水会阻碍固化过程。另外，水化反应后剩余水分会逐渐蒸发造成固化体毛细孔道增多，增加固化体的渗透性以及污染物的移动性，不利于污染物的稳定，且固化体密度和强度会有所降低。为保证水泥进行正常的水化反应，水与水泥的比值一般维持在0.25。

(3)混合均匀程度

混匀是固化/稳定化过程中至关重要的步骤，目的是保证固化剂和污染物之间的紧密接触，有时要借助相应的仪器设备。在大多数情况下，混合程度是用肉眼判断的，因此试验结果在一定程度上受到主观经验的影响。

(4)养护条件

固化体的养护一般是在95%以上相对湿度、(20±2)℃条件下进行养护28天。混合处理后的两周时间是硬化和结构形成的重要阶段，该阶段的养护条件直接关系到固化体的结构孔隙和密实程度，影响污染物的浸出效应，因此对固化/稳定化效果至关重要。随着温度升高水泥的水化反应加速。Janusa 等发现养护温度对水泥固化体硝酸铅的浸出效应具有显著的影响。较低的养护温度不利于污染物的固化/稳定化，表现为污染物的浸出效应明显升高。水泥在发生水化反应时会产生热量，影响固化系统的温度，在大批量现场处理时，这一特征必须要引起足够的重视。在养护初期，冻融交替会对固化系统产生很大的影响，应该尽量避免。水化反应也具有动力学特征，甚至能够持续很多年。随着水化反应的进行，固化体强度和其他性能也呈现时间依赖性，因此较长的养护时间是十分必要的。

5.6.5 工作流程

固化/稳定化技术的一般工作程序包括：技术适用性评价、方案设计、施工建设、修复效果评估、长期监测与维护等（见图 5-25）。

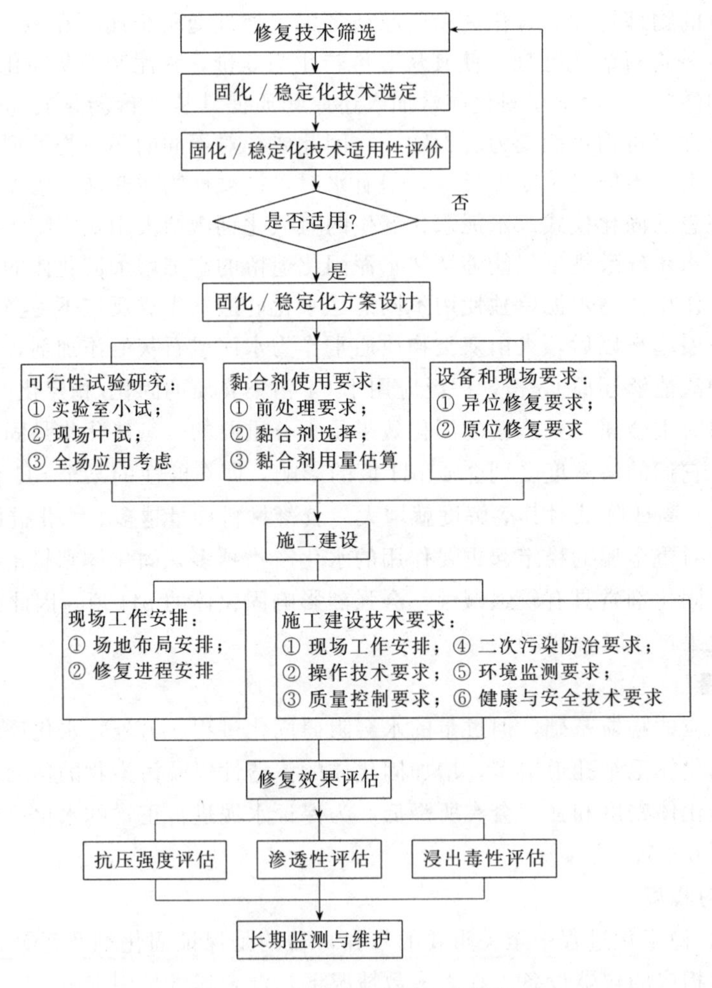

图 5-25 固化/稳定化工作流程

5.6.5.1 修复材料

固定/稳定化技术使用的修复材料，根据其化学性质分为 3 类：无机黏合剂、有机黏合剂和专用添加剂。无机黏合剂是最主要的黏合剂，有水泥、火山灰质材料、石灰、磷灰石和矿渣等，目前报道的固化/稳定化项目约有90%是使用无机黏合剂；有机黏合剂包括有机黏土、沥青、环氧化物、聚酯和蜡类等；专用添加剂包括活性炭、pH值调节剂、中和剂和表面活性剂等。针对不同类型的污染物质，有机黏合剂和无机黏合剂可单独使用，也可混合使用，专用添加剂通常与其他两种黏合剂混用以加速修复过程、稳定修复结果。

5.6.5.2 土壤样品采集

污染样品采集为了全面了解研究区的土壤污染状况和机械特性等性质，需要采集足够数量的土壤样本。场地历年的使用状况资料对掌握其污染类型和范围是十分重要的。值得注意的是，当采集挥发性有机物污染土壤样品时，要尽量减少这些物质的损失或变化。也有研究者根据污染土壤的特征，利用模拟土壤进行实验室固化试验，这种方法可能会导致模拟土壤与现场土壤的差异，给污染场地土壤修复工程带来困难。

5.6.5.3 土壤物理化学性质分析

一般而言，土壤酸碱度、含水量、机械组成、污染物质种类和含量是主要指标。在分析结果的基础上确定主要关注的土壤污染物种类，为后续处理确立目标污染物。

5.6.5.4 固化/稳定化修复工艺确定

根据目标污染物性质，确定样品前处理过程。设置多种胶凝材料和添加剂的批量试验，根据评价指标来确定最佳组合。由于影响因素太多，为了抓住最主要因素简化试验过程，目前的大多数实验研究通常采用恒定的水分添加量，固定的混合手段、养护温度和养护时间。

5.6.5.5 固化/稳定化效果评价

目前，对于固化/稳定化处理效果的评价，主要可以从固化体的物理性质、污染物的浸出毒性和浸出率、形态分析与微观检测、小型试验等方面予以评价。

(1) 物理性质

经过固化/稳定化处理后的固化体可以进行资源化利用，通常可以把它们作为路基或者一些建筑材料，因此处理后的固化体应具有良好的抗浸出性、抗渗透性及足够的机械强度等，同时，为了节约成本，固化过程中材料消耗要低，增容比也要低。抗压强度和增容比是评价固化体作为路基、建筑材料或者填埋处理的主要指标。

(2) 浸出毒性

目前主要是通过污染物的浸出效应来评价添加剂对污染物的固化/稳定化效果。固体废物遇水浸沥，浸出的有害物质迁移转化，污染环境，这种危害特性称为浸出毒性。判别一种废物是否有害的重要依据是浸出毒性，为了评价固体废物遇水浸溶浸出的有害物质的危害性，我国颁布了《固体废物浸出毒性浸出方法水平振荡法》《固体废物浸出毒性浸出方法硫酸硝酸法》和《固体废物浸出毒性浸出方法醋酸缓冲溶液法》，浸出液中任一种污染物的浓度超过《危险废物鉴别标准浸出毒性鉴别》规定的浓度限值，则判定该固体废物是具有浸出毒性特征的危险废物。毒性特性浸出程序（toxicity characteristic leaching procedure，TCLP）是EPA指定的重金属释放效应评价方法，用来检测在批处理试验中固体、水体和不同废弃物中重金属元素迁移性和溶出性，应用最广泛。其采用乙酸作为浸提剂，土水比1∶20，浸提时间18h。

有害废物经过固化处理后所形成的固化体应具有良好的抗渗透性、抗浸出性、抗干湿性、抗冻融性及足够的机械强度等，最好能作为资源加以利用。固化过程中材料和能量消耗要低，增容比也要低。浸出率指固化体浸于水中或其他溶液中时，其中有毒（害）物质的浸出速度。浸出率的数学表达式如下：

$$R_{in}=(a_r/A_o)/[(F/m)t]$$

式中，R_{in} 为标准比表面的样品每天浸出的有害物质浸出率，$g/(d \cdot m^2)$；a_r 为浸出时间内浸出有害物质的量，mg；A_o 为样品中有害物质的量，mg；F 为样品暴露的表面积，cm^2；m 为样品质量，g；t 为浸出时间，d。

增容比指所形成的固化体体积与被固化有害废物体积的比值。增容比的数学表达式如下：

$$C_R=V_1/V_2$$

式中，C_R 为增容比；V_1 为固化前危险废物的体积；V_2 为固化后产品的体积。

增容比是鉴别处理方法好坏和衡量最终成本的一项重要指标。

(3)形态分析与微观检测

形态分析是表征重金属生物有效性的一种间接方法，利用萃取剂提取重金属可以明确重金属在土壤中的化学形态分布以及可被溶出的能力。Tessier 等于 1979 年提出的五步连续提取法，简称 Tessier 法，该法是目前应用最广泛的方法。通过形态分析可以了解土壤中重金属的转化和迁移，还可以预测其生物有效性，间接地评价重金属的环境效应。通过分析土壤中重金属在固定前后微观结构上的变化，可以推测固化/稳定剂与重金属之间的相互作用以及结合机制。X 射线衍射可以分析固化体矿物组成，扫描电子显微镜可以测定固化体的形貌、组成、晶体结构等；这两种分析手段已被众多研究者用于测定新物质的形态和研究不同添加剂对重金属离子的固化机理，结合形态分析的结果，还可以发现固定后各种形态分布比例的变化。

5.6.5.6 盆栽试验、现场小型试验

小型盆栽试验是评估原位修复效果最常用的方法，通过观察植物生长状况以及测定植物生物量和植物组织中重金属浓度，可以确定经过固化/稳定化修复后土壤中重金属毒性的变化。此外，由于现场试验的环境因素与室内试验有一定差别，因此，在污染现场开展大型处置工程之前，可以进行现场小型试验，并与实验室研究结果进行验证，并在一定阶段对固化体进行代表采样分析，可评估其固化/稳定化效果。

5.6.6 固化/稳定化优缺点

固化/稳定化技术虽然有许多技术上的优点，如：①操作简单，费用相对较低；②修复材料多是来自自然界的原生物质，具有环境安全性；③固定后土壤基质的物化性质具有长期稳定性，综合效益好；④固化材料的抗生物降解性能强且渗透性低等。但也有一些明显的缺点或局限性，如虽然降低了污染物的可溶性和移动性，但并没有减少土壤中污染物的总含量，反而增加了污染土壤的总体积；固定化后的土壤难以进行再利用；土壤的 pH 会影响修复材料的耐久性和污染物的溶解性；修复后的残留物需要进行后续处理等虽然降低了污染物的可溶性和移动性，但并没有减少土壤中污染物的总含量，反而增加了污染土壤的总体积；固定化后的土壤难以进行再利用；土壤的 pH 会影响修复材料的耐久性和污染物的溶解性；修复后的残留物需要进行后续处理等。固化/稳定化技术主要优、缺点见表 5-21。

表 5-21 固化/稳定化技术主要优缺点对比

优 点	缺 点
• 实施周期短、达标能力强 • 适用于多种性质稳定的污染物(如 NAPL、重金属、多氯联苯、二噁英等) • 根据规划要求或实际操作条件,可在原位,也可在异位进行 • 修复后可就地管理,无需外运 • 修复成本低、修复材料与设备占用空间相对较小 • 处理后土壤的结构和性能(如机械强度、均一性、渗透性等)得到改善	• 一般不能销毁或去除污染物 • 难以预见污染物的长期行为 • 可行性试验研究确定的参数具有时间/空间不确定性 • 可能会增加污染土壤的体积(增容) • 消耗天然资源(如地下水等) • 需要长期监测与维护

5.7 热脱附技术

热脱附是用直接或间接的热交换，加热土壤中有机污染组分到足够高的温度（通常被加热到 150～540℃），使其蒸发并与土壤介质相分离的过程。空气、燃气或惰性气体常被作为被蒸发成分的传递介质。热脱附系统是将污染物从一相转化成另一相的物理分离过程，热脱附并不是焚烧，因为修复过程并不出现对有机污染物的破坏作用，而是通过控制热脱附系统的床温和物料停留时间可以有选择地使污染物得以挥发，而不是氧化、降解这些有机污染物。因此，人们通常认为，热脱附是一物理分离过程，而不是一种焚烧方式。

5.7.1 基本原理

热脱附修复技术是利用直接或间接热交换，通过控制热脱附系统的床温和物料停留时间有选择地使污染物得以挥发去除的技术。热脱附技术可分为两步，即加热污染介质使污染物挥发和处理废气防止污染物扩散到大气。污染土壤热脱附修复过程见图 5-26。

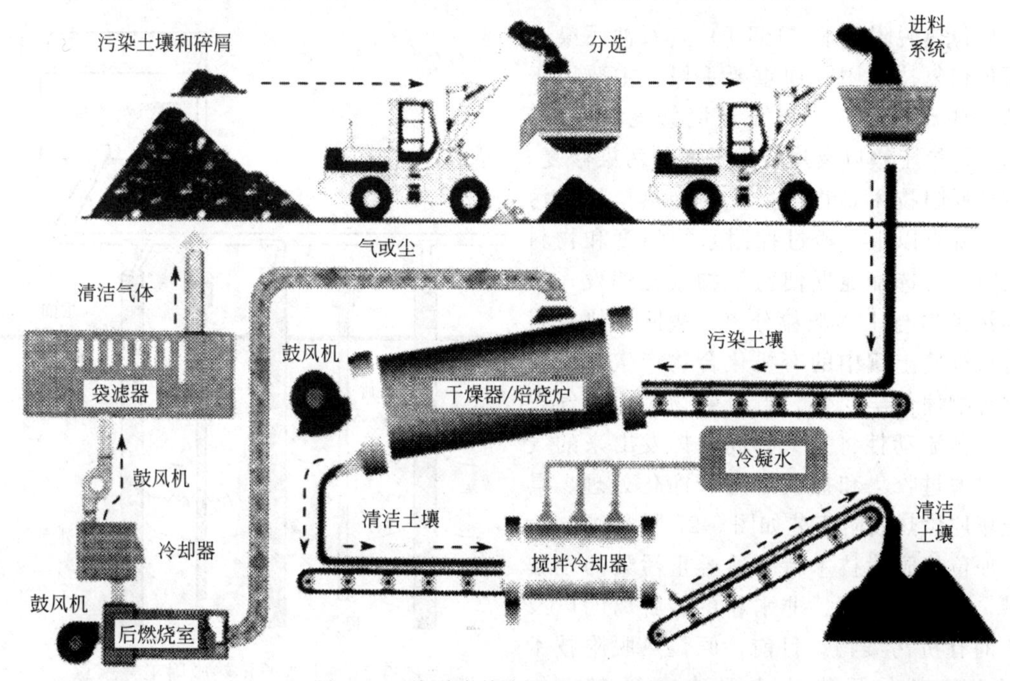

图 5-26 热脱附技术处理污染土壤流程

① 直接接触热脱附修复技术　直接接触热脱附修复采用的是直接接触热脱附系统，它是一个连续的给料系统，已经过了3个发展阶段。第一代直接接触热脱附系统采用最基础的处理单元，依次为旋转干燥机、纤维过滤设备和喷射引擎再燃装置，只适用于低沸点（低于260～315℃）的非氯代污染物的修复处理，整个系统加热温度大致为150～200℃。第二代直接接触热脱附系统在原来的基础上，扩大了可应用范围，对高沸点（大于315℃）的非氯代污染物也适用，系统中依次包括旋转干燥机、喷射引擎再燃装置、气流冷却设备和纤维过滤设备等基本组成部分；第三代直接接触热脱附系统是用来处理高沸点氯代污染物的，旋转干燥机内的物料通常被加热到260～650℃。

② 间接接触热脱附修复技术。间接接触热脱附修复包括两个阶段：在第一阶段，污染物被脱附下来，也就是在相对低的温度下使污染物与污染介质相分离；在第二阶段，它们被浓缩成浓度较高的液体形式，适合运送到特定地点的工厂做进一步的传统处理。在这类热脱附修复中，污染物不通过热氧化方式降解，而是从污染介质中分离出来在其他地点做后续处理。这种处理方法减少了需要进一步处理的污染物的体积。

间接接触热脱附修复系统也是连续给料系统，它有多种设计方案。其中，有一种双板旋转干燥机，在两个面的旋转空间中放置几个燃烧装置，它们在旋转时加热包含污染物的内部空间。由于燃烧装置的火焰和燃烧气体都不接触污染物或处理尾气，可以认为这种热脱附系统采用的是非直接加热的方式。

热脱附技术分成两大类；土壤或沉积物加热温度为150～315℃的技术为低温热脱附技术；温度达到315～540℃的为高温热脱附技术。目前，许多此类修复工程已经涉及的污染物包括苯、甲苯、乙苯、二甲苯或石油烃化合物（TPH）。对这些污染物采用热脱附技术，可以成功并很快达到修复目的。通常，高温修复技术费用较高，并且对这些污染物的处理并不需要这么高的温度，因此利用低温修复系统就能满足要求。

5.7.1.1　原位热脱附技术

原位热脱附技术（ISTT）是石油污染土壤原位修复技术中一项重要手段，主要用于处理一些比较难开展异位环境修复的区域，例如，深层土壤以及建筑物下面的污染修复。原位热脱附技术是将污染土壤加热至目标污染物的沸点以上，通过控制系统温度和物料停留时间有选择地促使污染物气化挥发，使目标污染物与土壤颗粒分离、去除。热脱附过程可以使土壤中的有机化合物产生挥发和裂解等物理化学变化。当污染物转化为气态之后，其流动性将大大提高，挥发出来的气态产物通过收集和捕获后进行净化处理。具体土壤原位热脱附工艺如图5-27所示。

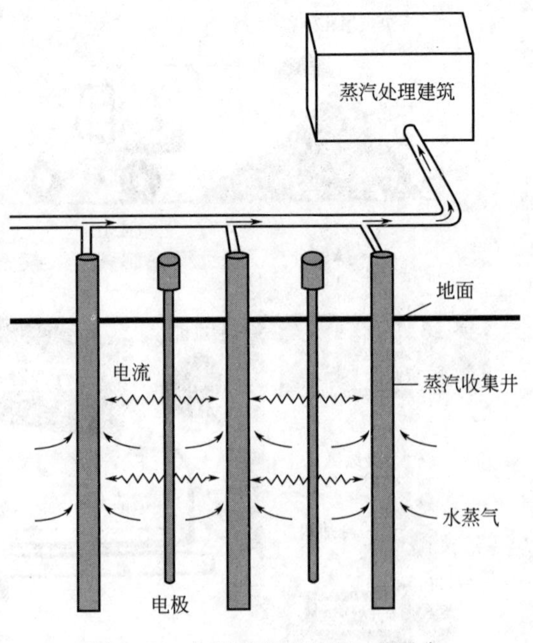

图5-27　土壤原位热脱附工艺示意

原位热脱附技术特别适合重污染的土壤区域，包括高浓度、非水相的、游离的以及源头的有机污染物。目前，原位热脱附技术可用于处理的污染物主要为含氯有机物

(CVOCs)、半挥发性有机物(SVOCs)、石油烃类(TPH)、多环芳烃(PAHs)、多氯联苯(PCBs)以及农药等。目前，热脱附技术在石化工厂、地下油库、木料加工厂和农药库房等区域以及在一些污染物源头修复治理工作中广泛应用。原位热脱附技术不仅可以用于修复大型石化厂，针对一些小的区域污染也可以进行修复，例如干洗店甚至有居民居住的建筑物等，但是在修复过程中必须要对室内的空气质量进行全程的监控，防止污染物超标。

原位热脱附技术最大的优势就是可以省去土壤的挖掘和运输，这样可以减少大部分的费用。然而，原位热脱附需要的时间比异位热处理要长很多，而且由于土壤的多样性以及蓄水层的特性，很难用一种加热方式用于土壤原位热脱附处理，需要根据实际情况进行技术选择。

目前，主要应用的原位热脱附技术为电阻热脱附技术(ERH)、热传导热脱附技术(TCH)以及蒸汽热脱附技术(SEE)。在实际应用过程中，基于复杂的土壤水文地质环境，往往是SEE和ERH以及SEE和TCH联合处理污染土壤，其中SEE一般为补充热源。此外，TCH技术也在土壤异位热脱附过程中成熟应用。

① 电阻热脱附技术(ERH)是以一个核心电极为中心，周围建立一组电极阵，这样所有电极与核心电极形成电流。由于土壤是天然的导体，靠土壤电阻产生热量，进行热脱附处理。一般电阻热脱附技术可以使土壤温度高于100℃，然后通过地面的抽提设备将产生的气态污染物导出。电阻热脱附技术是一个非常有效的、快速的土壤和地下水污染修复技术，一般修复时间少于40天。

② 热传导热脱附技术(TCH)是在土壤中设置不锈钢加热井或者用电加热布覆盖在土壤表面，这样使得土壤中的污染物发生挥发和裂解反应。一般不锈钢加热井用于土壤深层污染修复，而电加热布用于表层污染治理。一般情况下，会配有载气或者进行气相抽提对挥发的水分和污染物进行收集和处理。

③ 蒸汽热脱附技术(SEE)不仅可以使土壤和地下水中有机物黏度降低，加速挥发，释放有机污染物，而且热蒸汽可以使一些污染物结构发生断裂等化学反应。一般情况下，热蒸汽从注射井中喷出，成放射状扩展。在土壤饱和区中，蒸汽使污染物向地下水中转移，从而通过对地下水的抽提进而达到污染物回收；而在通气区域，则是通过对气态挥发物的气相抽提进行污染物回收处理。

④ 热空气热脱附技术是将热空气通入土壤水中，通过加热土壤使污染物挥发。在深层土壤修复阶段，往往采用的热空气压力较高，存在一定的技术风险。

⑤ 热水热脱附技术采用注射井将热水注入土壤和地下水中，加强其中有机污染物的气化，降低非水相和高浓度的有机污染物黏度，使其流动性更好，从而可以更好地进行污染物回收。

⑥ 高频热脱附技术是采用电磁能对土壤进行加热，该方法可以通过嵌入不同的垂直电极对分散的土壤区域进行分别加热处理。一般被加热的土壤由两排电极包围，能量由中间第三排电极来提供，整个三排电极类似一个三相电容体。一旦供能，整个电极由上向下开始对土壤介质进行加热，一般情况下土壤温度可达到300℃以上。

5.7.1.2 异位热脱附技术

异位热脱附技术的主要实施过程如下所述。

① 土壤挖掘　对地下水位较高的场地，挖掘时需要降水使土壤湿度符合处理要求；

② 土壤预处理　对挖掘后的土壤进行适当的预处理，例如筛分、调节土壤含水率、磁

选等。

③ 土壤热脱附处理　根据目标污染物的特性，调节合适的运行参数（脱附温度、停留时间等），使污染物与土壤分离。

④ 气体收集　收集脱附过程产生的气体，通过尾气处理系统对气体进行处理后达标排放。

异位热脱附技术工艺流程如图 5-28 所示。

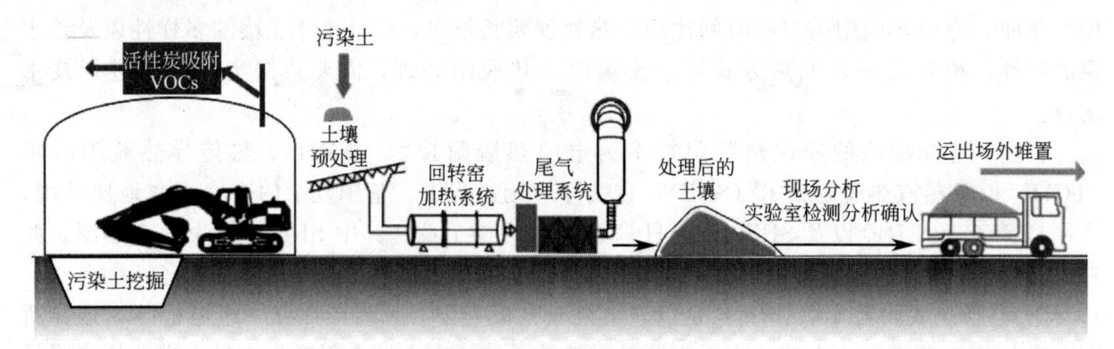

图 5-28　异位热脱附技术工艺流程

5.7.2　系统构成和主要设备

热脱附系统可分为直接热脱附和间接热脱附，也可分为高温热脱附和低温热脱附。

(1) 直接热脱附

直接热脱附由进料系统、脱附系统和尾气处理系统组成。

① 进料系统　通过筛分、脱水、破碎、磁选等预处理，将污染土壤从车间运送到脱附系统中。

② 脱附系统　污染土壤进入热转窑后，与热转窑燃烧器产生的火焰直接接触，被均匀加热至目标污染物气化的温度以上，达到污染物与土壤分离的目的。

③ 尾气处理系统　富集气化污染物的尾气通过旋风除尘、焚烧、冷却降温、布袋除尘、碱液淋洗等环节去除尾气中的污染物。

(2) 间接热脱附

间接热脱附由进料系统、脱附系统和尾气处理系统组成。与直接热脱附的区别在于脱附系统和尾气处理系统。

① 脱附系统　燃烧器产生的火焰均匀加热转窑外部，污染土壤被间接加热至污染物的沸点后，污染物与土壤分离，废气经燃烧直排。

② 尾气处理系统　富集气化污染物的尾气通过过滤器、冷凝器、超滤设备等环节去除尾气中的污染物。气体通过冷凝器后可进行油水分离，浓缩、回收有机污染物。

主要设备包括：a. 进料系统，如筛分机、破碎机、振动筛、链板输送机、传送带、除铁器等；b. 脱附系统，回转干燥设备或是热螺旋推进设备；c. 尾气处理系统，旋风除尘器、二燃室、冷却塔、冷凝器、布袋除尘器、淋洗塔、超滤设备等。

5.7.3　影响因素

应用热脱附系统应考虑的问题：场地特性、水分含量、土壤粒级分布与组成、土壤密度、土壤渗透性与可塑性、土壤均一性、热容量、污染物与化学成分。热脱附技术的影响因素主要包括土壤特性和污染物特性两类。

(1) 土壤特性

① 土壤质地　土壤质地一般划分为砂土、壤土、黏土。砂土质疏松，对液体物质的吸附力及保水能力弱，受热易均匀，故易热脱附；黏土颗粒细，性质正好相反，不易热脱附。

② 水分含量　水分受热挥发会消耗大量的热量。土壤含水率在5%～35%间，所需热量约为117～286kcal/kg。为保证热脱附的效能，进料土壤的含水率宜低于25%。

③ 土壤粒径分布　如果超过50%的土壤粒径小于200目，细颗粒土壤可能会随气流排出，导致气体处理系统超载。最大土壤粒径不应超过5cm。

(2) 污染物特性

① 污染物浓度　有机污染物浓度高会增加土壤热值，可能会导致高温损害热脱附设备，甚至发生燃烧爆炸，故排气中有机物浓度要低于爆炸下限25%。有机物含量高于1%～3%的土壤不适用于直接热脱附系统，可采用间接热脱附处理。

② 沸点范围　一般情况下，直接热脱附处理土壤的温度范围为150～650℃，间接热脱附处理土壤温度为120～530℃。

③ 二噁英的形成　多氯联苯及其他含氯化合物在受到低温热破坏时或者高温热破坏后低温过程易生成二噁英。故在废气燃烧破坏时还需要特别的急冷装置，使高温气体的温度迅速降低至200℃，防止二噁英的生成。

5.7.4 适用性

热脱附技术具有污染物处理范围宽、设备可移动、修复后土壤可再利用等优点，特别对PCBs这类含氯有机物，非氧化燃烧的处理方式可以显著减少二噁英生成。目前欧美国家已将土壤热脱附技术工程化，广泛应用于高污染场地有机污染土壤的异位或原位修复，但是诸如相关设备价格昂贵、脱附时间过长、处理成本过高等问题尚未得到很好解决，限制了热脱附技术在持久性有机污染土壤修复中的应用。发展不同污染类型土壤的前处理和脱附废气处理等技术，优化工艺并研究相关的自动化成套设备正是共同努力的方向。

热脱附技术可以用在广泛意义上的挥发态有机物、半挥发态有机物、农药甚至高沸点氯代化合物如PCBs、二噁英和呋喃类污染土壤的治理与修复上。待修复物除了土壤外，也包括污泥、沉积物等。但是，热脱附技术不适用于无机物污染土壤（汞除外），也不适用于腐蚀性有机物、活性氧化剂和还原剂含量较高的土壤。

5.7.5 热脱附技术的工程应用

热脱附技术在国外始于20世纪70年代，被广泛应用于工程实践，该技术较为成熟。热脱附修复技术在美国已经有很多的应用，见表5-22。

5.7.6 异位热脱附反应器的设计

目前没有成熟的热脱附反应器设计规范，依据运行模式，可分别使用序批式反应器或连续搅拌式反应器的计算公式计算停留时间或解吸速率。对于解吸过程，一般假设反应为一级反应。对于一级反应，污染物初始/最终浓度、反应速率常数及停留时间的关系可用下式表示：

表 5-22　美国热脱附修复技术应用实例

项目	应用修复技术和温度	结　果
NBM 项目	直接接触旋风干燥在 672℃下修复农药污染土壤	处理后 4 种农药艾氏剂、狄氏剂、异狄氏剂和氯丹分别由 44～70mg/kg、88mg/kg、710mg/kg 和 1.8mg/kg 降到 0.01mg/kg 以下，去除率大于 99%
南峡谷瀑布	间接接触旋风干燥在 330℃下修复多氯联苯污染土壤	土壤中 PCBs 的平均浓度为 500mg/kg，处理后浓度达到 0.286mg/kg，去除率大于 99%
	原位热毯在 200℃修复多氯联苯污染土壤	土壤中 PCBs 的浓度从 75～1262mg/kg 降至小于 2mg/kg，去除率大于 99%
某军队新兵训练营	间接接触螺旋式加热系统在 160℃下修复苯、TCE、PCE 和二甲苯等污染土壤	处理后苯、TCE、PCE 和二甲苯浓度分别由 586.16mg/kg、2678mg/kg、1422mg/kg 和 27.192mg/kg 降至 0.73mg/kg、1.8mg/kg、1.4mg/kg 和 0.55mg/kg，去除率均大于 99%

序批式反应器：

$$C_f = C_i e^{-k\tau} \tag{5-12}$$

连续搅拌式反应器：

$$\frac{C_{进}}{C_{出}} = \frac{1}{1+k\tau} \tag{5-13}$$

式中，$C_f/C_{出}$ 为最终浓度；$C_i/C_{进}$ 为初始浓度；k 为反应速率常数；τ 为停留时间。

5.8 水泥窑协同处置技术

水泥窑协同处置是将满足或经过预处理后满足入窑要求的固体废物投入水泥窑，在进行水泥熟料生产的同时实现对废物的无害化处置的过程。水泥窑协同处置具有焚烧温度高、停留时间长、焚烧状态稳定、良好的湍流、碱性的环境气氛、没有废渣排出、固化重金属离子、焚烧处置点多和废气处理效果好等特点，其作为一种成熟的处理废物的技术，在国内外均得到了广泛的研究和应用。水泥窑协同处置技术由于受污染土壤性质和污染物性质影响较小，焚毁去除率高和无废渣排放等特点，而成为一项极具竞争力的土壤修复技术。

5.8.1 基本原理

水泥窑协同处置技术的基本原理是利用水泥回转窑内的高温、气体长时间停留、热容量大、热稳定性好、碱性环境、无废渣排放等特点，在生产水泥熟料的同时，焚烧固化处理污染土壤。有机物污染土壤从窑尾烟气室进入水泥回转窑，窑内气相温度最高可达 1800℃，物料温度约为 1450℃，在水泥窑的高温条件下，污染土壤中的有机污染物转化为无机化合物，高温气流与高细度、高浓度、高吸附性、高均匀性分布的碱性物料（CaO、$CaCO_3$ 等）充分接触，有效地抑制酸性物质的排放，使得硫和氯等转化成无机盐类固定下来；重金属污染土壤从生料配料系统进入水泥窑，使重金属固定在水泥熟料中。水泥窑协同处置技术不宜用于汞、砷、铅等重金属污染较重的土壤；由于水泥生产对进料中氯、硫等元素的含量有限值要求，在使用该技术时需慎重确定污染土的添加量。

5.8.2 系统构成和主要设备

水泥窑协同处置技术包括污染土壤储存、预处理、投加、焚烧和尾气处理等过程。在原有的水泥生产线基础上，需要对投料口进行改造，还需要必要的投料装置、预处理设施、符合要求的储存设施和实验室分析能力。水泥窑协同处置主要由土壤预处理系统、上料系统、水泥回转窑及配套系统、监测系统组成。土壤预处理系统在密闭环境内进行，主要包括密闭储存设施（如充气大棚）、筛分设施（筛分机）、尾气处理系统（如活性炭吸附系统等），预处理系统产生的尾气经过尾气处理系统处理后达标排放。上料系统主要包括存料斗、板式喂料机、皮带计量秤、提升机，整个上料过程处于密闭环境中，避免上料过程中污染物和粉尘散发到空气中，造成二次污染。水泥回转窑及配套系统主要包括预热器、回转式水泥窑、窑尾高温风机、三次风管、回转窑燃烧器、篦式冷却机、窑头袋收尘器、螺旋输送机、槽式输送机。监测系统主要包括氧气、粉尘、氮氧化物、二氧化碳、水分、温度在线监测以及水泥窑尾气和水泥熟料的定期监测，保证污染土壤处理的效果和生产安全（图 5-29）。

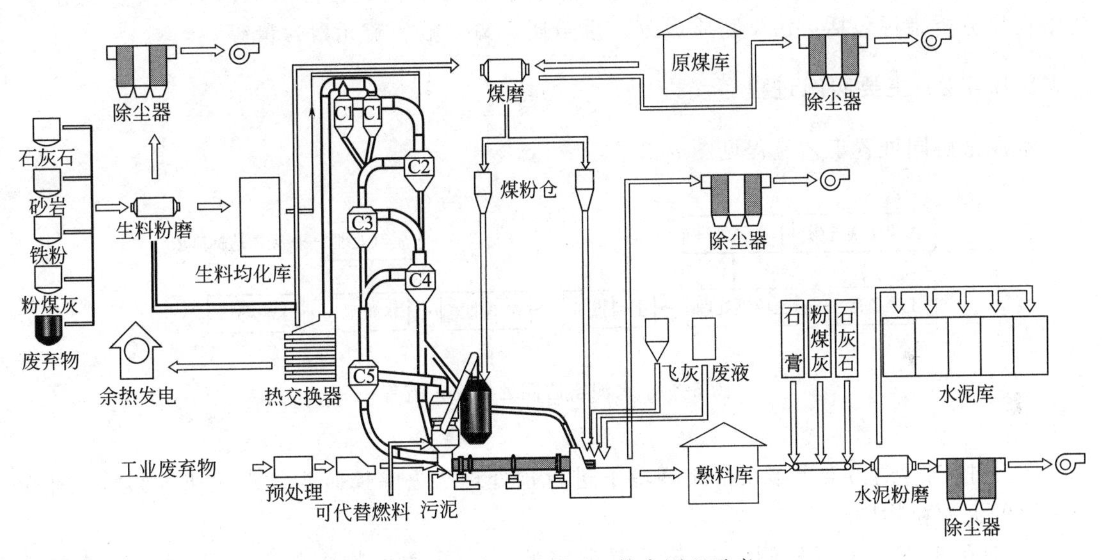

图 5-29　水泥窑协同处置技术原理示意

5.8.3 影响因素

影响水泥窑协同处置效果的因素包括：水泥回转窑系统配置、污染土壤中碱性物质含量、重金属污染物的初始浓度、氯元素和氟元素含量、硫元素含量、污染土壤添加量。

① 水泥回转窑系统配置　采用配备完善的烟气处理系统和烟气在线监测设备的新型干法回转窑，单线设计熟料生产规模不宜小于 2000t/d。

② 污染土壤中碱性物质含量　污染土壤提供了硅质原料，但由于污染土壤中 K_2O、Na_2O 含量高，会使水泥生产过程中中间产品及最终产品的碱当量高，影响水泥品质，因此，在开始水泥窑协同处置前，应根据污染土壤中的 K_2O、Na_2O 含量确定污染土壤的添加量。

③ 重金属污染物初始浓度　入窑配料中重金属污染物的浓度应满足《水泥窑协同处置

固体废物环境保护技术规范》（HJ 622—2013）的要求。

④ 污染土壤中的氯元素和氟元素含量　应根据水泥回转窑工艺特点，控制随物料入窑的氯和氟投加量，以保证水泥回转窑的正常生产和产品质量符合国家标准，入窑物料中氟元素含量不应大于 0.5%，氯元素含量不应大于 0.04%。

⑤ 污染土壤中硫元素含量　水泥窑协同处置过程中，应控制污染土壤中的硫元素含量，配料后的物料中硫化物硫与有机硫总含量不应大于 0.014%。从窑头、窑尾高温区投加的全硫与配料系统投加的硫酸盐硫总投加量不应大 3000mg/kg。

⑥ 污染土壤添加量　应根据污染土壤中的碱性物质含量，重金属含量，氯、氟、硫元素含量及污染土壤的含水率，综合确定污染土壤的投加量。

5.8.4 水泥窑协同处置技术工艺

5.8.4.1 技术应用基础和前期准备

在利用水泥窑协同处置污染土壤前，应对污染土壤及土壤中污染物质进行分析，以确定污染土壤的投加点及投加量。污染土壤分析指标包括污染土壤的含水率、烧失量、成分等，污染物质分析指标包括：污染物质成分、重金属、氯、氟、硫元素含量等。

5.8.4.2 主要实施过程

水泥窑协同处置工艺流程见图 5-30。

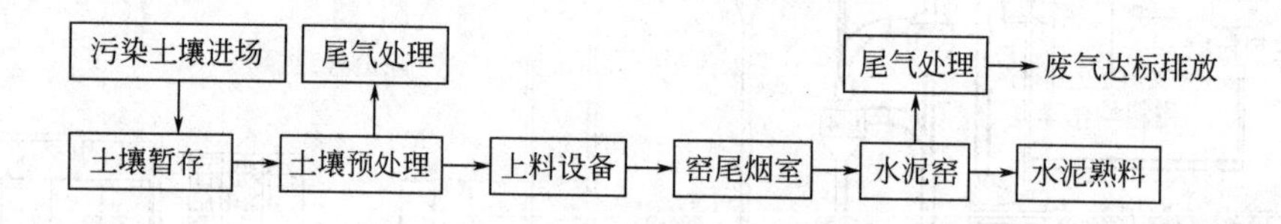

图 5-30　水泥窑协同处置工艺流程

① 将挖掘后的污染土壤在密闭环境下进行预处理（去除掉砖头、水泥块等影响工业窑炉工况的大颗粒物质）；

② 对污染土壤进行检测，确定污染土壤的成分及污染物含量，计算污染土壤的添加量；

③ 污染土壤用专门的运输车转运到喂料斗，为避免卸料时扬尘造成的二次污染，卸料区密封；

④ 计量后的污染土壤经提升机由管道进入投料口；

⑤ 定期监测水泥回转窑烟气排放口污染物浓度及水泥熟料中污染物含量。

5.8.4.3 运行维护和监测

因水泥窑协同处置是在水泥生产过程中进行的，协同处置不能影响水泥厂正常生产、不能影响水泥产品质量、不能对生产设备造成损坏，因此水泥窑协同处置污染土壤过程中，除了需按照新型干法回转窑的正常运行维护要求进行运行维护外，为了掌握污染土壤的处置效果及对水泥品质的影响，还需定期对水泥回转窑排放的尾气和水泥熟料中特征污染物进行监测，并根据监测结果采取应对措施。

5.8.4.4 修复周期及参考成本

水泥窑协同处置技术的处理周期与水泥生产线的生产能力及污染土壤投加量相关，而污染土壤投加量又与土壤中污染物特性、污染程度、土壤特性等有关，一般通过计算确定污染土壤的添加量和处理周期，添加量一般低于水泥熟料量的 4%。水泥窑协同处置污染土壤在国内的工程应用成本为 800～1000 元/m^3。

5.8.5 技术应用

水泥窑是发达国家焚烧处理工业危险废物的重要设施，已得到了广泛应用，即使难降解的有机废物（包括 POPs）在水泥窑内的焚毁去除率也可达到 99.99%～99.9999%。从技术上水泥窑协同处置完全可以用于污染土壤的处理，但由于国外其他污染土壤修复技术发展较成熟，综合社会、环境、经济等多方面考虑，在国外水泥窑协同处置技术在污染土壤处理方面应用相对较少。表 5-23 列出的是国外水泥窑协同处置技术在污染土壤修复方面的应用情况。

表 5-23 国外应用情况

序号	场地名称	目标污染物
1	美国得克萨斯州拉雷多市某土壤修复工程	PAHs
2	澳大利亚酸化土壤修复	多种有机污染物及重金属等
3	美国 Dredging Operations and Environmental Research Program	PAHs、PCBs
4	德国海德堡某场地修复	PCDDs/PCDFs
5	斯里兰卡锡兰电力局土壤修复工程	PCBs

5.9 其他物理化学修复技术

5.9.1 物理分离技术

5.9.1.1 基本原理

物理分离技术来源于化学、采矿和选矿工业中。在原理上，大多数污染土壤的物理分离修复基本上与化学、采矿和选矿工业中的物理分离技术一样，主要是根据土壤介质及污染物的物理特征而采用不同的操作方法（图 5-31）：

① 依据粒径大小，采用过滤或微过滤的方法进行分离；

② 依据分布、密度大小，采用沉淀或离心分离；

③ 依据磁性有无或大小，采用磁分离的手段；

④ 依据表面特性，采用浮选法进行分离。

物理分离技术包括：水力分选、重力浓缩、泡沫浮选、磁分离、静电分离、摩擦洗涤以及各种物理分离过程的结合，其中重力浓缩和泡沫浮选在土壤修复中是最主要的物理分离技术。物理分离的效率与土壤性质密切相关，比如土壤粒度分布、颗粒形状、黏土含量、水分含量、腐殖质含量、土壤基质的异质性、土壤基质和污染物之间的密度差异、磁性能和土壤颗粒表面的疏水性质等。

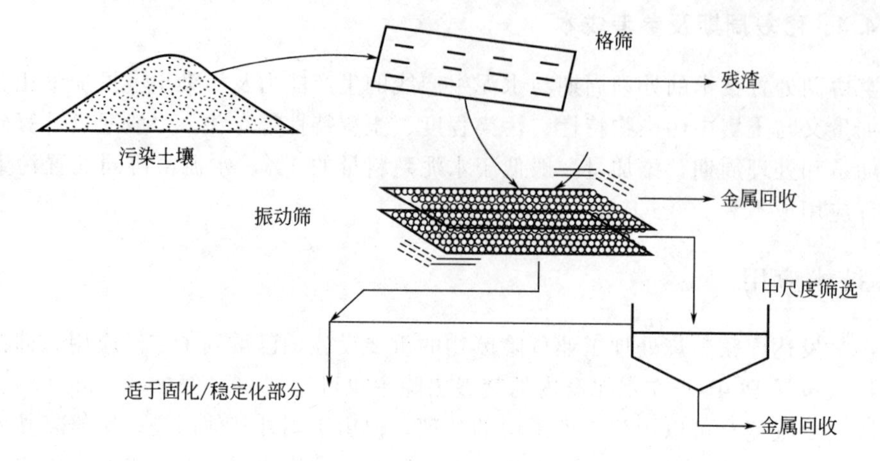

图 5-31　物理分离技术示意

物理分离修复的主要属性见表 5-24。

表 5-24　物理分离修复的主要属性

技术类别	粒径分离	脱水分离	重力分离	浮选分离	磁分离
技术优点	设备简单，费用低廉，可持续高处理产出	设备简单，费用低廉，可持续高处理产出	设备简单，费用低廉，可持续高处理产出	尤其适合细粒级处理	如采用高梯度磁场，可恢复宽范围的污染介质
局限性	筛孔容易被堵塞，干筛过程产生粉尘	当土壤中存在较大比例黏粒和腐殖质时很难操作	当土壤中存在较大比例黏粒和腐殖质时很难操作	颗粒浓度不宜过高	处理费用比例高
所需设备	筛子、过筛品	澄清池、水力旋风器	震荡床、螺旋浓缩器	空气浮选塔	电磁装置、磁过滤器

5.9.1.2　适用性

物理分离技术主要应用在污染土壤中无机污染物的修复技术上，它最适合用来处理小范围污染的土壤，从土壤、沉积物、废渣中分离重金属，清洁土壤，恢复土壤正常功能。大多数物理分离修复技术都有设备简单，费用低廉，可持续高产出等优点，但是在具体分离过程中，其技术的可行性，要考虑各种因素的影响。例如：

① 物理分离技术要求污染物具有较高的浓度并且存在于具有不同物理特征的相介质中；

② 筛分干污染物时会产生粉尘；

③ 固体基质中的细粒径部分和废液中的污染物需要进行再处理。

物理分离技术在应用过程中还有许多局限性，比如用粒径分离时易塞住或损坏筛子；用水动力学分离和重力分离时，当土壤中有较大比例的黏粒、粉粒和腐殖质存在时很难操作；用磁分离时处理费用比较高等。这些局限性决定了物理分离修复技术只能在小范围内应用，不能被广泛地推广。

物理分离技术的目标污染物主要为土壤中的重金属。通常该技术可作为初步分选，以减少待处理土壤的体积，优化后续处理过程，但其本身一般不能充分达到土壤修复的要求，且要求污染物具有较高的浓度并存在于具有不同物理特性的相介质中。通常采用可移动装置在现场进行分离操作，1 台处理单元的日处理能力一般为 7.6～380.0m^3。该技术是一项较为成熟的修复技术，一般所需的固定投资为10000～20000美元，运行费用为6.5～118.0美元/m^3。

5.9.2 阻隔填埋技术

5.9.2.1 基本原理

土壤阻隔填埋技术（soil barrier and landfill）是将污染土壤或经过治理后的土壤置于防渗阻隔填埋场内，或通过敷设阻隔层阻断土壤中污染物迁移扩散的途径，使污染土壤与四周环境隔离，避免污染物与人体接触和随降水或地下水迁移进而对人体和周围环境造成危害。按其实施方式，可以分为原位阻隔覆盖和异位阻隔填埋。

原位阻隔覆盖是将污染区域通过在四周建设阻隔层，并在污染区域顶部覆盖隔离层，将污染区域四周及顶部完全与周围隔离，避免污染物与人体接触和随地下水向四周迁移。也可以根据场地实际情况结合风险评估结果，选择只在场地四周建设阻隔层或只在顶部建设覆盖层。

异位阻隔填埋是将污染土壤或经过治理后的土壤阻隔填埋在由高密度聚乙烯（HDPE）等防渗阻隔材料组成的防渗阻隔填埋场里，使污染土壤与四周环境隔离，防止污染土壤中的污染物随降水或地下水迁移，污染周边环境，影响人体健康。该技术虽不能降低土壤中污染物本身的毒性和体积，但可以降低污染物在地表的暴露及其迁移性。

5.9.2.2 系统构成和主要设备

原位土壤阻隔覆盖系统主要由土壤阻隔系统、土壤覆盖系统、监测系统组成。土壤阻隔系统主要由HDPE膜、泥浆墙等防渗阻隔材料组成，通过在污染区域四周建设阻隔层，将污染区域限制在某一特定区域；土壤覆盖系统通常由黏土层、人工合成材料衬层、砂层、覆盖层等一层或多层组合而成；监测系统主要是由阻隔区域上下游的监测井构成。

异位土壤阻隔填埋系统主要由土壤预处理系统、填埋场防渗阻隔系统、渗滤液收集系统、封场系统、排水系统、监测系统组成。其中：该填埋场防渗系统通常由HDPE膜、土工布、钠基膨润土、土工排水网、天然黏土等防渗阻隔材料构筑而成。根据项目所在地地质及污染土壤情况需要，通常还可以设置地下水导排系统与气体抽排系统或者地面生态覆盖系统。

主要设备包括：阻隔填埋技术施工阶段涉及大量的施工工程设备，土壤阻隔系统施工需冲击钻、液压式抓斗、液压双轮铣槽机等设备，土壤覆盖系统施工需要挖掘机、推土机等设备，填埋场防渗阻隔系统施工需要吊装设备、挖掘机、焊膜机等设备，异位土壤填埋施工需要装载机、压实机、推土机等设备，填埋封场系统施工需要吊装设备、焊膜机、挖掘机等设备。阻隔填埋技术在运行维护阶段需要的设备相对较少，仅异位阻隔填埋土壤预处理系统需要破碎、筛分、土壤改良机等设备。

5.9.2.3 关键技术参数或指标

影响原位土壤阻隔覆盖技术修复效果的关键技术参数包括：阻隔材料的性能、阻隔系统深度、土壤覆盖层厚度等。

① 阻隔材料　阻隔材料渗透系数要小于10^{-7}cm/s，阻隔材料要具有极高的抗腐蚀性、抗老化性，具有强抵抗紫外线能力，使用寿命100年以上，无毒无害。阻隔材料应确保阻隔

系统连续、均匀、无渗漏。

② 阻隔系统深度　通常阻隔系统要阻隔到不透水层或弱透水层，否则会削弱阻隔效果。

③ 土壤覆盖厚度　对于黏土层通常要求厚度大于300mm，且经机械压实后的饱和渗透系数小于10^{-7}cm/s；对于人工合成材料衬层，满足《垃圾填埋场用高密度聚乙烯土工膜》（CJ/T 234）相关要求。影响异位土壤阻隔填埋技术修复效果的关键技术参数包括：防渗阻隔填埋场的防渗阻隔效果及填埋的抗压强度、污染土壤的浸出浓度、土壤含水率等。

a. 阻隔防渗效果。该阻隔防渗填埋场通常是由压实黏土层、钠基膨润土垫层（GCL）和HDPE膜组成，该阻隔防渗填埋场的防渗阻隔系数要小于10^{-7}cm/s。

b. 抗压强度。对于高风险污染土壤，需经固化/稳定化处置。为了能安全储存，固化体必须达到一定的抗压强度，否则会出现破碎，增加暴露表面积和污染性，一般在0.1～0.5MPa即可。

c. 浸出浓度。高风险污染土壤经固化/稳定化处置后浸出浓度要小于相应《危险废物鉴别标准　浸出毒性鉴别》（GB 5085.3—2007）中浓度规定限制。

d. 土壤含水率。土壤含水率要低于20%。

5.9.2.4　适用性

可处理的污染物类型：适用于重金属、有机物及重金属有机物复合污染土壤。

应用限制条件：不宜用于污染物水溶性强或渗透率高的污染土壤，不适用于地质活动频繁和地下水水位较高的地区。

5.9.3　可渗透反应墙技术

可渗透反应墙技术（permeable reactive barrier，PRB）于20世纪90年代初期在美国和加拿大兴起，可用于截留或原位处理迁移态的污染物，通过浅层土壤与地下水构筑一个具有渗透性、含有反应材料的墙体，墙体一般由天然材料和一种或多种活性材料混合而成，污染水体经过墙体时其中的污染物与墙内反应材料发生物理、化学反应而被净化除去。无机和有机污染物均可以通过不同活性材料组成的反应墙得以固化或降解，包括有机物、重金属、放射性元素等。但该技术不能保证所有扩散出来的污染物完全按处理的要求予以拦截和捕获，且外界环境条件的变化可能导致污染物重新活化。该技术目前还仅用于浅层污染土壤（3～12m）的修复。

由于污染组分是在天然水力梯度作用下流经反应墙，经过活性材料的降解、吸附等作用而被去除，所以该技术不需额外能量提供和地面处理系统，而且活性介质消耗很慢，有几年甚至十几年的处理潜力，反应墙一旦安装完毕，除某些情况下需要更换墙体反应材料外，几乎不需要其他运行和维护费用。与传统的泵出处理方式相比，该技术至少能节省30%以上的操作费用。目前，在欧美等国，该技术已进行了大量的工程研究及试验研究，并已开始商业应用。

通常情况下，可渗透反应墙的建造是把原来的土壤基质挖掘出来，代替具有一定渗透性的介质。可渗透反应墙墙体可以由特殊种类的泥浆填充，再加入其他被动反应材料，如降解易挥发有机物的化学品，滞留重金属的螯合剂或沉淀剂，以及提高微生物降解作用的营养物质等。理想的墙体材料除了要能够有效进行物理化学反应外，还要保证不造成二次污染。墙体的构筑是基于污染物和填充物之间化学反应的不同机制进行的。通过在处理墙内填充不同的活性物质，可以使多种无机和有机污染物原位吸附而失活。根据污染物的特征，可分别采用不同的吸附剂，如活性铝、活性炭、铁铝氧石、离子交换树脂、三价铁氧化物和氢氧化物、磁铁、泥炭、褐煤、煤、钛氧化物、黏土和沸石等，使污染物通过离子交换、表面络合、表面沉淀以及对非亲水有机物而言的厌氧分解作用等不同机制进行吸附、固定。很多学术机构、政府实验室的学者热衷于用 FeO 作墙体材料降解取代程度较高的 PCE（perchlorothylene）和 TCE（trichloroethylene）等氯代试剂，并且取得了一些成功的经验。

需要注意的是，为了保证修复工作的高效率，原位处理墙必须要建得足够大，确保污染物流全部通过。同时，为使反应墙长期有效，设计方案要考虑众多的自身因素和影响因子。首先，墙体的渗透性是优先考虑因素。一般要求墙体的渗透性达到含水土层的 2 倍以上，理想状态是 10 倍及以上，因为土壤环境的复杂性、地下水及污染物组分的变化等不确定因素，常使系统的渗透性逐渐下降。细粒径土壤颗粒的进入和沉积，碳酸盐、碳酸亚铁、氧化铁、氢氧化铁以及其他金属化合物的沉淀析出，难以控制微生物增长所造成的“生物阻塞”现象，以及其他未知因素，都有可能降低墙体的渗透性。为了尽可能克服上述不利影响，可以在墙体反应材料中附加滤层和筛网；其次，墙体内应包含管道，用于注入水、空气，缓解沉积或泥沙堵塞状况；另外，反应墙应为开放系统，便于技术人员进行检查和监测，更新墙体材料。

活性材料的选择是可渗透反应墙修复效果良好与否的关键。通常来说，活性材料的选择应该考虑以下几点：a. 抗腐蚀性好，活性保持时间长，活性材料的粒度要均匀；b. 对污染物吸附和降解能力强，在地下水环境中稳定，不会对环境造成污染；c. 易于施工安装，环境相容性好，对污染物处理后不会对地下水环境产生二次污染。

5.9.4 超声波修复技术

超声波修复技术是一种治理受污染土壤的新兴技术，同时适用于有机和无机污染物的土壤。通常，超声波除去受污染土壤的原理有两类：首先是由局部湍流产生的解吸作用，第二是产生自由基，发生氧化反应，导致污染物的降解。影响超声波修复技术的因素包括：土壤性质、水土比、水流量、照射时间、波频率和使用的能量等。

① 土壤粒径　粒径更细或更小的土壤具有更大的表面积和毛细作用力，会降低污染物的脱除效率，因此土壤颗粒越粗，超声技术修复效率越高。

② 温度　因为超声波会引起很强的能量集中，使土壤温度升高。超声修复过程中，土壤温度会随修复时长的增加而升高，可以增加吸附的污染物的内能，提供解吸所需的能量，并使吸附的污染物更容易解吸。

③ 超声波功率　随着超声波功率的增加，土壤表面基质切应力增加，有机质扩散速率增加，吸附在土壤上的化合物的解吸效率同时也会增加。然而，功率的急剧增加会破坏泡沫的动态平衡，因为过高的功率会使气泡异常增长，因此，频率和功率始终需与泡沫增长保持平衡。

④ 超声波强度　超声波强度越大空化气泡数量越多，因此超声波强度越高，反应速率越快。

⑤ 超声波频率　超声波的物理效应可能发生在最低频率 10～100kHz 处，过高频率更容易腐蚀换能器，同时在修复过程中，应避免单一高频操作。

⑥ 超声波时长　通常，超声波时间从几秒到几分不等。

超声波技术是一种很有前途的技术，能很好地实施污染土壤的修复，但目前相关研究处于起步阶段，许多影响因素及最优化工艺还有待研究与开发。

5.9.5 化学还原技术

化学还原技术是利用还原剂或还原剂生成材料将有毒有机化合物降解为潜在的无毒或毒性较小的化合物或者通过吸附、沉淀等机制固定如Cr(Ⅵ)等金属，并降解非金属含氧阴离子（例如硝酸盐）。常见的还原剂包括零价金属、硫化物等，具体见表5-25。原位化学还原技术中最常用的金属是零价铁，其中纳米级零价铁nZVI颗粒尺寸微小，能够渗入土壤孔隙，注入浅层和深层含水层中并保持悬浮状态，从而使粒子比较大的大型粒子传播得更远，并且分布更广，在土壤及地下水修复中运用广泛。其他常见的还原剂包括多硫化物、连二亚硫酸钠、亚铁和双金属材料，它们由两种不同的金属组成。这一技术可作为固化/稳定化修复技术的前处理步骤。相比其他修复技术，该技术被认为是效果好、用时短、成本和可操作性适中的一种修复技术。

表5-25 常用还原剂

金属元素	环境中的主要价态	还原剂
锑	+3，+5	硫化物
砷	+3，+5	复合还原剂
钡	+2	硫酸盐
硼	+3	复合还原剂
钙	+2	碳酸盐，硝酸盐，硫化物
铬	+3，+6	氢氧化物
铜	+1，+2	氢氧化物，硫酸盐，硫化物
铁	+2，+3	氢氧化物，硫酸盐，硫化物
铅	+2	氢氧化物，硫酸盐，硫化物
镁	+2，+3，+4	氧化物，碳酸盐，硫化物
汞	0，+1，+2	硫化物
钼	+4，+5，+6	硫化物
镍	+2	氢氧化物，硫化物
硒	−2，0，+4，+6	铁
铊	+1，+3	氢氧化物，硫酸盐，硫化物
铀	+4，+6	氧化物，磷酸盐
钒	+3，+4，+5	复合还原剂
锌	+2	氢氧化物，硫酸盐，硫化物

5.9.6 超临界流体萃取技术

超临界流体（supercritical fluids，SCFs）是一种温度高于临界温度、压力高于临界压力的流体，如CO_2在温度高于304.2K、压力高于7.4MPa时，就获得了超临界CO_2流体。流体在超临界或亚临界状态下具有很强的扩散能力和溶解能力，通过调节流体温度和压力，可将土壤中的污染物萃取出来。超临界流体萃取（SFE）是指在超临界状态下，将超临界流体与待分离的物质接触，通过控制体系的压力和温度使其选择性地萃取其中某组分，然后通过温度或压力的变化，降低超临界流体的密度，进而改变萃取物在超临界流体中的溶解度，实现萃取物质的分离，超临界流体再行压缩后可以循环使用。常用的超临界流体和亚临界流体有CO_2和H_2O等。超临界CO_2除具有超临界流体的一般性质外，还具有价格便宜、无毒、不易燃、无污染、容易循环利用等优点，作为绿色介质被广泛接受。超临界流体的压力和温度是超临界流体萃取中最重要的两个参数。除此之外，污染物、土壤以及超临界 CO_2 的性质，也同时影响 SFE 去除土壤中污染物的效率。

(1)压力和温度

Langenfeld 等在温度 50℃和 200℃的条件下，对高度污染土壤中的 PAHs 进行了超临界 CO_2 萃取。结果表明：在 50℃时，增加萃取压力由 35.5MPa 至 65.9MPa，萃取效率并没有太大改变。而在 200℃时，PAHs 的萃取效率有了显著提高。Librando 等研究表明在较高压力下，SFE 对土壤中 PAHs 的去除效率会有所提高。

(2)土壤性质

土壤的性质，如粒度、有机质含量、含水量等，都能对 SFE 处理土壤的效率产生影响。目前土壤性质对萃取效率的影响机制还不是很明确，因为污染物与土壤基质之间的结合与作用很复杂。有研究表明：强烈的 PAH-基质之间的作用致使运用 SFE 从土壤、污泥或沉积物中去除 PAHs 的效率降低。因此，在利用 SFE 去除土壤中的 PAHs 及其他有机污染物时，污染土壤自身的性质是很重要的影响因素。

(3)污染物性质

研究表明最大的有效压力值及温度取决于被萃取的 PAHs 本身的性质，例如实验中压力超过 45MPa 时，再升高压力会导致 PAHs 的萃取效率下降。当污染物与土壤基质之间的作用力很强时，相对于压力，升高温度更能显著提高 SFE 从土壤中去除污染物效率。

超临界流体萃取技术的优点在于效率高、二次污染少和不破坏土壤结构，但需对萃取出来的污染物做二次处理、需高压设备、异位处理。

习　题

1. 某场地被三氯乙烯污染，土壤调查结果显示三氯乙烯的浓度是 1000mg/kg。请判断是否存在自由相。拟采用 SVE 技术进行处理，计算 SVE 项目开始时的抽提气体浓度。土壤孔隙度为 0.4，土壤容重为 $1.7g/cm^3$，水分含量为 35%。

2. 某土壤受到了 500mg/kg 土壤的有机物污染。计划采用土壤清洗技术进行土壤修复。清洗剂的设计处理量为 1000kg 土壤/批次，每批次使用 5000L 清水作为清洗液。计算土壤及水中污染物的最终浓度（$K_p=0.8L/kg$）。

3. 请介绍一种可以修复土壤中石油污染的技术，包括其原理及特点。

参考文献

[1] Conner J R. 1990. Chemical Fiction and Solidification of Hazardous Waste [M]. New York: Van Nostrand Reihold, 8-12.

[2] Karagiannidis A, Kontogianni S, Logothetis D. 2013. Classification and categorization of treatment methods for ash generated by municipal solid waste incineration: A case for the 2 greater metropolitan regions [J]. Waste Management, 33 (2): 363-372.

[3] EPA. International Waste Technologies / Geo-Con in situ Stabilization / Solidification (EPA/ 540 / A5-89 / 004) [M]. Washington: EPA, 1990.

[4] Dermatas D, Meng X G. 2003. Utilization of fly ash for stabilization/solidification of heavy metal contaminated soils [J]. Engineering Geology, 70 (3-4): 377-394.

[5] 宋立杰. 2000. 城市垃圾焚烧灰渣的稳定化处理研究 [D]. 上海: 同济大学, 34-40.

[6] 蒋建国, 王伟, 李国鼎. 1999. 重金属螯合剂处理焚烧飞灰的稳定化技术研究 [J]. 环境科学, 20 (3): 13-17.

[7] Marruzzo G, Medici F, Panei L, et al. 2001. Characteristics and properties of a mixture containing fly ash, hydrated lime, and an organic addictive [J]. Environment Engineering Science, 18: 159-165.

[8] Zhao Y C，Song L J，Li G J. 2002. Chemical stabilization of MSW incinerator fly ashes [J]. Journal of Hazardous Materials，95 (1-2)：47-63.

[9] Keller I R B. The Immobilization of Heavy Metals and Metalloids in Cement Stabilized Wastes：A Study Focussing on the Selenium Oxyanions SeO_3^{2-} and SeO_4^{2-} [D]. Zürich (ZH) and Gaiserwald (SG)：University of Zürich，2002：12-13.

[10] Yan S，Min Z，Wang W X，et al. Identification of chromate binding mechanisms in Friedel's salt [J]. Construction and Building Materials，2013，48：942-947.

[11] 周启星，等. 污染土壤修复原理与方法 [M]. 北京：科学出版社，2004.

[12] 赵景联. 环境修复原理与技术 [M]. 北京：化学工业出版社，2006..

[13] 王红旗，刘新会，李国学. 土壤环境学 [M]. 北京：高等教育出版社，2007.

[14] Tyler L D，MeBride M B. Mobility and extractability of cadmium，copper，nickel，and zinc in organic and mineral soil columns [J]. Soil Science，1982，134 (3)：198-205.

[15] 王永强，蔡信德，肖立中. 多金属污染农田土壤固化/稳定化修复研究进展 [J]，广西农业科学，2009，40 (7)：881-889.

[16] 陈志良，董家华，白中炎等. 气相抽提技术修复挥发性有机物污染土壤的研究进展 [J]. 中国环境科学学会学术年会论文集 (2011).

[17] 杨乐巍，黄国强，李鑫钢. 土壤气相抽提 (SVE) 技术研究进展 [J]. 环境保护科学，32 (6)：62-65.

[18] 杜永亮. 高浓度石油污染土壤溶剂萃取过程的研究 [D]. 天津：天津大学，2012.

[19] 王磊，龙涛，张峰等. 用于土壤及地下水修复的多相抽提技术研究进展 [J]. 生态与农村环境学报，2014，30 (2)：137-145.

[20] 郝汉舟，陈同斌，靳孟贵等. 重金属污染土壤稳定/固化修复技术研究进展 [J]. 应用生态学报，2011，22 (3)：816-824.

[21] 刘志阳. 水泥窑协同处置污染土壤的应用和前景 [J]. 污染防治技术，2015，28 (2)：35-50.

[22] 冯凤玲. 污染土壤物理修复方法的比较研究 [J]. 山东省农业管理干部学院学报，2005，21 (4)：135-136.

[23] 于颖，周启星. 污染土壤化学修复技术研究与进展 [J]. 环境污染治理技术与设备，2005，6 (7)：1-7.

[24] 杨丽琴，陆泗进，王红旗. 污染土壤的物理化学修复技术研究进展 [J]. 环境保护科学，2008，34 (5)：42-45.

[25] 蒋小红，喻文熙，江家华，等. 污染土壤的物理/化学修复 [J]. 环境污染与防治，2006，28 (3)：210-214.

[26] 王磊，龙涛，祝欣等. 用于土壤及地下水修复的多相抽提技术原理及其有效性评估方法 [J]. 中国环境科学学会学术年会论文集，2013.

[27] 杰夫·郭. 土壤及地下水修复工程设计 [M]. 北京建工环境修复有限责任公司翻译组译. 北京：电子工业出版社，2013.

[28] 王峰. 土壤气相抽提影响半径及透气率现场试验 [J]. 环境科学与技术，2011，34 (7)：134-137.

[29] 污染地块修复技术指南——固化/稳定化技术 (试行)，2017.

[30] Langenfeld J J，Hawthorne S B，Miller D J. Effects of temperature and pressure on supercritical fluid extraction efficiencies of polycyclic aromatic hydrocarbons and polychlorinated biphenyl. Analytical Chemistry，1993，65 (4)：338-344.

[31] Superfund Remedy Report，16th Edition，EPA，2020.

[32] Dongdong Wen，Rongbing Fu，Qian Li. Removal of inorganic contaminants in soil by electrokinetic remediation technologies：A review，Journal of Hazardous Materials，2021，401 (1).

第6章

污染土壤生物修复

6.1 生物修复简介

环境污染物清除治理的方法有很多，常用的主要是物理和化学方法，包括化学淋洗、填埋、客土改良、焚烧和电磁分解等。这些方法虽然行之有效，但通常成本很高，并且物理化学试剂在土壤修复中的应用通常会造成二次污染。采用生物清除环境中污染物的生物修复技术则极具应用前景，代表了未来的发展（表 6-1）。生物修复，指一切以利用生物为主体的环境污染的治理技术。它包括利用植物、动物和微生物吸收、降解、转化土壤和水体中的污染物，使污染物的浓度降低到可接受的水平，或将有毒有害的污染物转化为无害的物质，也包括将污染物稳定化，以减少其向周边环境的扩散。一般可分为微生物修复、植物修复和动物修复三种类型。根据生物修复的污染物种类，它可分为有机污染生物修复、重金属污染的生物修复和放射性物质的生物修复等。

表 6-1　不同修复方法比较

<table>
<tr><th colspan="2">修复方法</th><th>优势</th><th>不足</th></tr>
<tr><td rowspan="3">物理化学修复</td><td>稳定固化</td><td>土壤结构不受扰动，适合大面积地区操作</td><td>固化剂的成本较高，且需要避免可能造成对土壤生态环境的二次污染</td></tr>
<tr><td>土壤淋洗</td><td>适用于小面积地区或者某些特殊情况下，例如严重污染的土壤</td><td>易造成二次污染，且可能需要采取土壤离地，进行场外修复或异地修复</td></tr>
<tr><td>电动修复</td><td>对质地黏重的土壤效果良好，在饱和和不饱和土壤中皆可以应用</td><td>必须在酸性条件下进行，消耗较多时间</td></tr>
<tr><td rowspan="2">生物修复</td><td>植物修复</td><td rowspan="2">廉价、原位、土壤免受扰动，具有生态效益、社会效益、经济效益</td><td>多数重金属超积累植物，但只能积累 1 种或 2 种重金属元素，而实际情况大多为几种重金属的复合污染</td></tr>
<tr><td>微生物修复</td><td>菌株的筛选、环境对微生物的变异作用等都有待研究</td></tr>
</table>

生物修复技术是 20 世纪 80 年代以来出现和发展的清除和治理环境污染的生物工程技术。在其发展初期，人们主要利用微生物特有的分解有毒有害物质的能力，去除环境中的有机污染物，达到清除环境污染的目的。该技术的萌芽阶段时，人们将其应用于环境中有机污染物污染的治理，并取得成功。Jon E. Llidstrom 等在 1990 年夏到 1991 年应用投加营养和高效降解菌对阿拉斯加 Exxon Valdez 王子海湾由于油轮泄漏造成的污染进行处理，取得非

常明显的效果，使得近百公里海岸的环境质量得到明显改善，引起了人们的研究和开发生物修复技术的热潮。此后生物修复技术被不断扩大应用于环境中其他污染类型的治理。

微生物能通过氧化还原、甲基化和去甲基化作用转化重金属，将有毒物质转化成无毒或低毒物质。能够改变金属存在的氧化还原形态，如某些细菌对 As^{3+}、Hg^{2+}、Se^{4+} 具有还原作用，而另一些细菌对 Fe^{2+}、As^{3+} 等元素有氧化作用。随着金属价态的改变，金属的稳定性也随之变化。人们利用微生物在土壤中对于重金属这一系列独特的作用，对重金属污染土壤进行修复。土壤中一些微生物能够还原汞离子，生成汞的蒸气因而挥发于大气中，达到去除土壤中汞的目的。然而，在微生物修复中，其他的重金属离子依然存在于土壤环境中，以低毒的形式存在（图 6-1）。

图 6-1　微生物修复有机污染土壤效果示意

20 世纪 80 年代，人们发现很多植物能够吸收、转运土壤中的重金属，并富集于植物的地上部。1983 年美国科学家 Chaney 正式提出了“植物修复（phytoremediation）”的新概念，该思想旨在利用植物修复重金属污染的土壤和水体，是一种绿色、低成本的土壤修复技术，主要包括植物提取（phytoextraction）、植物稳定（phytostabilization）和植物挥发（phytovolatilization）。植物提取修复是指利用重金属富集植物或者超富集植物将土壤中的重金属提取出来，富集于植物根部可收割部位和植物根上部位，最后通过收割的方式带走土壤中的重金属。植物稳定修复是指利用植物提取和植物根际作用，将土壤中的重金属污染物转化为相对无害或者低毒物质，这种方法并没有降低重金属的含量，但是重金属在土壤中的形态及所处位置等发生了变化，从而达到减轻污染的效果（图 6-2）。

随着人们对植物修复研究的加深，菌根修复逐渐引起人们的关注。德国植物生理学和森林学家 Frank 首创“菌根”（fungus-root，即 mycorrhiza）这一术语。菌根是自然界中一种普遍的植物共生现象，它是土壤中的菌根真菌菌丝与高等植物营养根系形成的一种联合体。1989 年，Harley 根据参与共生的真菌和植物种类及它们形成共生体系的特点，将菌根分为 7 种类型，即丛枝菌根、外生菌根、内外菌根、浆果鹃类菌根、水晶兰菌根、欧石楠类菌根和兰科菌根。其中丛枝菌根是一种内生菌根真菌，能在植物根细胞内产生“泡囊（vesicles）”和“丛枝（arbuscles）”两大典型结构，名为泡囊-丛枝菌根（vesiclar-arbuscular mycorrhiza，VAM）。部分真菌不在根内产生泡囊，但都形成丛枝，故简称丛枝菌根

(a) 蒙特利尔(德国)　　(b) 温岭(中国)

图 6-2　在德国蒙特利尔及中国温岭开展的植物修复试验

(arbuscular mycorrhiza，AM)。

共生真菌从植物体内获取必要的碳水化合物及其他营养物质，而植物也从真菌那里得到所需的营养及水分等，从而达到一种互利互助、互通有无的高度统一。认识菌根在重金属污染土壤中的作用并不是从丛枝菌根开始的。Bradley 等 1981 年在 Nature 上报道石楠菌根降低植物对过量重金属 Cu^{2+} 和 Zn^{2+} 的吸收以后，人们对菌根与重金属的研究产生了浓厚的兴趣。之后的研究涉及重金属污染下的菌根生理、生态、应用等多个方面。2002 年 Jamal 等发现接种丛枝菌根真菌提高了污染土壤中大豆和小扁豆对 Zn^{2+} 和 Ni^{2+} 的吸收，并提出了菌根修复（mycorrhizoremediation）的概念。之后，Khan 提出利用香根草和 AM 真菌共同修复重金属污染土壤。因为菌根是植物与菌根真菌的共生体，菌根修复只是植物、微生物联合修复的一种，菌根修复的核心仍是植物修复。针对重金属污染的植物修复来说，可以利用土著的或外接的 AM 真菌，调节菌根化植物的生长和对重金属的吸收与转运，从而达到强化修复重金属污染土壤的目的。

美国国家环保局、国防部、能源部都积极推进生物修复技术的研究和应用。美国的一些州也对生物修复技术持积极态度，如新泽西州、威斯康星州规定将该技术列为受储油罐泄漏污染土壤治理的方法之一。美国能源部制定了 20 世纪 90 年代土壤和地下水的生物修复计划，并组织了一个由联邦政府、学术和实业界人员组成的“生物修复行动委员会”（Bioremediation Action Committee）来负责生物修复技术的研究和具体应用实施。欧洲各国如德国、丹麦、荷兰对生物修复技术非常重视，全欧洲从事该项技术的研究机构和商业公司大约有近百个，他们的研究证明，利用生物修复技术治理大面积污染区域是一种经济有效的方法。我国生物修复技术相关基础研究起步较晚，理论储备很不充分，市场应用也尚未形成。可喜的是，随着国内对于环境保护理念认识的加深及国家政策方面的引导作用，我国生物修复相关基础理论研究正蓬勃发展。

6.2 微生物修复

微生物是土壤最活跃的成分。从定植于土壤母质的蓝绿藻开始，到土壤肥力的形成，土壤微生物参与了土壤发生、发展、发育的全过程。土壤微生物在维持生态系统整体服务功能方面发挥着重要作用，常被比拟为土壤 C、N、S、P 等养分元素循环的“转化器”、环境污染物的“净化器”、陆地生态系统稳定的“调节器”。土壤微生物是土壤生态系统的重要生命体，它不仅可以指示污染土壤的生态系统稳定性，而且还具有巨大的潜在环境修复功能。由此，污染土壤的微生物修复理论及修复技术便应运而生。微生物修复是指利用天然存在的或所培养的功能微生物群，在适宜环境条件下，促进或强化微生物代谢功能，从而达到降低有毒污染物活性或降解成无毒物质的生物修复技术，它已成为污染土壤生物修复技术的重要组成部分和生力军。本节将以土壤中污染物（重金属及典型有机污染物）为对象，从土壤微生物与污染物质的相互作用入手，较为系统地综合评述污染土壤的微生物修复原理与技术。

6.2.1 重金属污染土壤的微生物修复

6.2.1.1 修复机制

重金属对生物的毒性作用常与它的存在状态有密切的关系，这些存在形式对重金属离子的生物利用活性有较大影响。重金属存在形式不同，其毒性作用也不同。不同于有机污染物，金属离子一般不会发生微生物降解或者化学降解，并且在污染以后会持续很长时间。金属离子的生物利用活性（bioavailability）在污染土壤的修复中起着至关重要的作用。根据Tessier的重金属连续分级提取法可以将土壤中的重金属分为水溶态与交换态、碳酸盐结合态、铁锰氧化物结合态、有机结合态和残渣态五种存在形式。不同存在形态的重金属其生物利用活性有极大区别。处于水溶态与交换态、碳酸盐结合态和铁锰氧化物结合态的重金属稳定性较弱，生物利用活性较高，因而危害强；而处于有机结合态和残渣态的重金属稳定性较强，生物利用活性较低，不容易发生迁移与转化，因而所具有的毒性较弱，危害较低。土壤中的微生物可以对土壤中的重金属进行固定或转化，改变它们在土壤中的环境化学形态，达到降低土壤重金属污染毒害作用的目的。

一些重金属的生物学毒性和它的价态有着密切关系。典型的诸如 Cr^{3+} 和 Cr^{6+}，As^{3+} 和 As^{5+} 之间的毒性差别；Cr^{6+} 的毒性远高于 Cr^{3+}，而 As^{3+} 的毒性则远高于 As^{5+}。一些土壤微生物能够通过氧化还原作用改变土壤重金属的价态，进而降低它们的生物学毒性以及土壤中的存在形态，这些都有助于降低重金属对生态环境的污染。此外一些土壤微生物能够将 Hg^{2+} 还原成低毒性、可挥发的 Hg 单质，进而挥发至大气中，达到去除土壤中汞的目的。

微生物对土壤中重金属活性的影响主要体现在 4 个方面：生物富集作用、氧化还原作用、沉淀及矿化作用以及微生物-植物相互作用。微生物-植物作用主要涉及菌根修复，而菌根修复的本质属于植物修复，我们将放在后续小节进行讨论，以下将简要介绍重金属微生物修复的生物富集作用、氧化还原作用、沉淀及矿化作用。

(1) 微生物对重金属的生物富集

1949 年，Ruchhoft 首次提出了微生物吸附的概念，他在研究活性污泥去除废水中污染物时发现，污泥内的微生物可以去除废水中的 Pu，主要是因为大量的微生物对 Pu 具有一定的吸附能力。由于死亡细胞对重金属的吸附难以实用化，故目前研究的重点是活细胞对重金属离子的吸附作用。活性微生物对重金属的生物富集作用主要表现在胞外络合、沉淀以及胞内积累三种形式，其作用方式有以下几种：a. 金属磷酸盐、金属硫化物沉淀；b. 细菌胞外多聚体；c. 金属硫蛋白、植物螯合肽和其他金属结合蛋白；d. 铁载体；e. 真菌来源物质及其分泌物对重金属的去除。微生物中的阴离子型基团，如—NH、—SH、PO_4^{3-} 等，可以与带正电的重金属离子通过离子交换、络合、螯合、静电吸附以及共价吸附等作用进行结合，从而实现微生物对重金属离子的吸附。微生物富集是一个主动运输的过程，发生在活细胞中，在这个过程中需要细胞代谢活动来提供能量。在一定的环境中，以通过多种金属运送机制如脂类过度氧化、复合物渗透、载体协助、离子泵等实现微生物对重金属的富集。

由于微生物对重金属具有很强的亲和吸附性能，有毒重金属离子可以沉积在细胞的不同部位或结合到胞外基质上，或被轻度螯合在可溶性或不溶性生物多聚物上（图 6-3）。研究表明，许多微生物，包括细菌、真菌和放线菌可以生物积累（bioaccumulation）和生物吸附（biosorption）环境中多种重金属和核素。一些微生物如动胶菌、蓝细菌、硫酸盐还原菌以及某些藻类，能够产生胞外聚合物如多糖、糖蛋白等具有大量的阴离子基团，与重金属离子形成络合物。Macaskie 等分离的柠檬酸细菌属（*Citrobacer*），具有一种抗 Cd 的酸性磷酸酯酶，分解有机的 2-磷酸甘油，产生 HPO_4^{2-} 与 Cd^{2+} 形成 $CdHPO_4$ 沉淀。Bargagli 在 Hg 矿附近土壤中分离得到许多高级真菌，一些菌根种和所有腐殖质分解菌都能积累 Hg 达到 100mg/kg 干重。

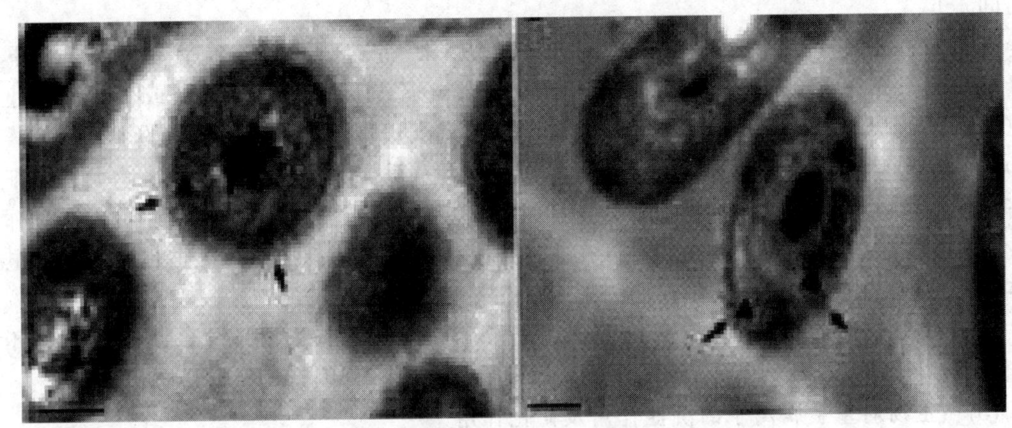

图 6-3　扫描隧道显微镜展示的微生物对汞的富集作用

重金属进入细胞后，可通过“区域化作用”分配于细胞内的不同部位，体内可合成金属硫蛋白（MT），MT 可通过 Cys 残基上的巯基与金属离子结合形成无毒或低毒络合物。研究表明，微生物的重金属抗性与 MT 积累呈正相关，这使细菌质粒可能有抗重金属的基因，如丁香假单胞菌和大肠杆菌均含抗 Cu 基因，芽孢杆菌和葡萄球菌含有抗 Cd 和抗 Zn 基因，产碱菌含抗 Cd、抗 Ni 及抗 Co 基因，革兰氏阳性和革兰氏阴性菌中含抗 As 和抗 Sb 基因。Hiroki 发现在重金属污染土壤中加入抗重金属产碱菌可使得土壤水悬浮液得以净化。可见，微生物生物技术在净化污染土壤环境方面具有广泛的应用前景。

(2) 微生物对重金属离子的氧化还原作用

金属离子，如铜、砷、铬、汞、硒等，是最常发生微生物氧化还原反应的金属离子。生物氧化还原反应过程可以影响金属离子的价态、毒性、溶解性和流动性等。例如，铜和汞在其高价氧化态时通常是不易溶的，其溶解性和流动性依赖于其氧化态和离子形式。重金属参与的微生物氧化还原反应可以分为同化（assimilatory）氧化还原反应和异化（dissimilatory）氧化还原反应。在同化氧化还原反应中，金属离子作为末端电子受体参与生物体的代谢过程，而在异化反应中，金属离子在生物体的代谢过程未起到直接作用，而是间接地参与氧化还原反应。

某些微生物在新陈代谢的过程中会分泌氧化还原酶，催化重金属离子进行变价，发生氧化还原反应，使土壤中某些毒性强的氧化态的金属离子还原为无毒性或低毒性的离子，进而降低重金属污染的危害。例如，可以利用微生物作用将高毒性的 Cr(Ⅵ) 还原为低毒性的 Cr(Ⅲ)。通过生物氧化还原来降低 Cr(Ⅵ) 毒性的方法由于其环境友好性和经济性，引起了持续的关注。

相反，Cr(Ⅲ) 被氧化成 Cr(Ⅳ) 时，Cr 的流动性和生物利用活性提高了。Cr(Ⅲ) 的氧化主要是通过非生物氧化剂的氧化，如 Mn(Ⅳ)，其次是 Fe(Ⅲ)；而 Cr(Ⅳ) 到 Cr(Ⅲ) 的还原过程则可以通过非生物和生物过程来实现。当环境中的电子供体 Fe(Ⅱ) 充足时，Cr(Ⅳ) 可以被还原为 Cr(Ⅲ)。当有机物作为电子供体时，Cr(Ⅵ) 可以被微生物还原为 Cr(Ⅲ)。Yang 等考察了 *Pannonibacter-phragmitetus* BB 在强化铬污染修复过程中的作用，并且考察了土壤土著微生物群落变化的规律。结果表明，在 Cr(Ⅵ) 浓度为 518.84mg/kg，pH=8.64 的条件下，*Pannonibacter-phragmitetus* BB 可以在 2 天内将 Cr(Ⅵ) 全部还原。该菌在接入土壤后的 48h 内数量显著上升，相对比例由 35.5%上升至 74.8%，并维持稳定。该菌在与土著微生物竞争过程中取得优势地位，具有很好的应用前景。Polti 等则从铬铁矿中分离并鉴定了一株 *Bacillus amyloliquefaciens* (CSB9)。该菌可以耐受 900mg/L Cr(Ⅵ)，在最佳条件下具有较快的还原速度[2.22mg Cr(Ⅵ)/(L·h)]。该菌的最佳还原条件为 100mg/L Cr(Ⅵ)、pH 值为 7、35℃、处理时间 45h。

在生命系统中，硒更容易被还原而不是被氧化，还原过程可以在有氧和厌氧条件下发生。硒（Ⅵ）异化还原成硒（0）的过程可以在化学还原剂如硫化物或羟胺或生物化学还原剂（如谷胱甘肽还原酶）的作用下完成，后者是缺氧沉积物中硒的生物转化的主要形式。硒（Ⅵ）到硒（0）的异化还原过程与细菌密切相关，具有重要的环保意义。微生物尤其是细菌在将活性的汞（Ⅱ）还原为非活性汞（0）的过程中起到了重要作用，汞（0）可以通过挥发减少其在土壤中的含量。汞（Ⅱ）可以在汞还原酶作用下被还原成汞（0），也可以在有电子供体的条件下，由异化还原细菌还原为汞（0）。

微生物氧化还原反应在降低高价重金属离子毒性方面具有重要地位，该过程受到环境 pH 值、微生物生长状态，以及土壤性质、污染物特点等多种因素的共同影响。

(3) 微生物对重金属离子的沉淀作用及矿化作用

一般认为重金属沉淀是由于微生物对金属离子的氧化还原作用或是由于微生物自身新陈代谢的结果。一些微生物的代谢产物（如硫离子、磷酸根离子）与金属离子发生沉淀反应，使有毒有害的金属元素转化为无毒或低毒金属沉淀物。Van Roy 等的研究表明，硫酸盐还原细菌可将硫酸盐还原成硫化物，进而使土壤环境中重金属产生沉淀而钝化。特别是沸石与碳源配合使用的情况下，在 2 天内能钝化 100%的处于可交换态的 Ba 和 Sr。

生物矿化作用是指在生物的特定部位，在有机物质的控制或影响下，将离子态重金属离子转变为固相矿物。生物矿化作用是自然界广泛发生的一种作用，它与地质上的矿化作用明显不同的是无机相的结晶严格受生物分泌的有机质的控制。生物矿化的独特之处在于高分子膜表面的有序基团引发无机离子的定向结晶，可对晶体在三维空间的生长情况和反应动力学等方面进行调控。

目前，应用微生物矿化作用固结重金属的相关研究并不多。Macaskie 等研究表明，革兰阴性菌 *Citrobacer* 通过磷酸酶分泌大量磷酸氢根离子在细菌表面与重金属形成矿物。Sondi 等利用尿素酶成功沉淀 $SrCl_2$ 和 $BaCl_2$ 溶液中的重金属离子，得到 $SrCO_3$ 和 $BaCO_3$，并研究了尿素酶在沉淀过程中对晶体生长过程和最终晶型的影响，在反应初期形成均匀的纳米级的球状颗粒，后期发现球形颗粒转变为棒状聚集（rodlike clusters）的碱式矿物。Fujita 等通过细菌将 ^{90}Sr 共沉淀在方解石矿物中，修复被 ^{90}Sr 污染的地下水。也有研究报道，在 pH 值为中性的被尾矿污染的溪水中有重金属离子协同沉淀水锌矿[$Zn_5(CO_3)_2(OH)_6$]。通过在沉淀物中发现的残余有机质，可确定环境中存在一种光合微生物，而该种光合微生物是造成这种重金属自然消除并最终共同沉淀的根本原因。

王瑞兴等选取土壤菌作为碳酸盐矿化菌，利用其在底物诱导下产生的酶化作用，分解产生 CO_3^{2-}，矿化固结土壤中的有效态重金属，如使 Cd^{2+} 沉积为稳定态的碳酸盐，可使得有效态重金属去除率达到 50%以上。文献指出，在溶液中 Cd^{2+} 的添加降低了菌株的酶活性，但随着重金属含量的增加，酶活性的丧失并不会随之加深，而是趋于一定值，且菌株在土壤中的活性可以保持在 3d 以上，因此可以采用通过多次添加底物的方法来达到更好的处理效果。而固结金属 Cd^{2+} 最理想的状态就是在重金属离子附近的微区域形成大量 CO_3^{2-}，因此想获得较好的处理效果，后期必须添加底物。

6.2.1.2 影响重金属污染土壤微生物修复的因素

(1) 菌株

不同类型的微生物对重金属的修复机理各不相同，如原核微生物主要通过减少重金属离子的摄取，增加细胞内重金属的排放来控制胞内金属离子浓度。细菌的修复机理主要在于改变重金属的形态从而改变其生态毒性。而真核微生物能够减少破坏性较大的活性游离态重金属离子，其原理是其体内的金属硫蛋白（metallothionein，MT）可以螯合重金属离子。不同类型微生物对重金属污染的耐性也不同，通常认为：真菌＞细菌＞放线菌。目前，研究较多的微生物种类见表 6-2。

表 6-2 微生物修复重金属的种类

细菌	假单胞菌属（*Pscudo-monas* sp.）、芽孢杆菌属（*Bacillus* sp.）、根瘤菌属（*Rhizobium* Frank），包括特殊的趋磁性细菌（Magnetactic bacteria）和工程菌等
真菌	酿酒酵母（*Saccharomyces cerevisia*）、假丝酵母（*Candida*）、黄曲霉菌（*Aspergillus flavus*）、黑曲霉菌（*Aspergillus niger*）、白腐真菌（White rot fungi）、食用菌等
藻类	绿藻（Green algae）、红藻（Red algae）、褐藻（Brown algae）、鱼腥藻属（*Anabaena* sp.）、颤藻属（*Oscillatoria*）、束丝藻（*Aphanizomenon*）、小球藻（*Chlorella*）等

微生物修复过程中所加入的高效菌株主要由两种途径获得，即野外筛选培育和基因工程菌的构建。野外晒选培育即可从重金属污染土壤中筛选，也可以从其他重金属污染环境中筛选，如水污染环境中筛选目标菌株。但是一般而言，从重金属污染土壤中筛选获得的土著菌株将其富集培养后再投入到原污染土壤，其效果往往较好。筛选、富集的土著微生物更能适应土壤的生态条件，进而更好地发挥其修复功能。Barton 等从 Cr（Ⅵ）、Zn、Pb 污染土壤中筛选分离出两种菌种 *Pseudomonasme sophillca* 和 *maltophilia* P，并对这两种菌株修复 Se、Pb 污染土壤的能力进行了研究。研究发现上述菌种均能将硒酸盐、亚硒酸盐和二价铅转化为毒性较低且结构稳定的胶态硒与胶态铅。Robinson 等则研究了从土壤中筛选的 4 种荧光假单胞菌对 Cd 的富集与吸收效果，发现这 4 种细菌对 Cd 的富集达到环境中的 100 倍以上。Bargagli 在 Hg 矿附近土壤中分离得到很多高级真菌，一些腐殖质分解菌都能积累 Hg 达到 1mg/kg 土壤干重。汞所造成的污染最早受到关注，汞的微生物转化主要包括三个方面：无机汞 Hg^{2+} 的甲基化；无机汞 Hg^{2+} 还原成 Hg 单质；甲基汞和其他有机汞化合物裂解并还原成 Hg 单质。包括梭菌、脉孢菌、假单胞菌等和许多真菌在内的微生物具有甲基化汞的能力。能使无机汞和有机汞转化为单质汞的微生物有铜绿假单胞菌、金黄色葡萄糖菌、大肠埃希菌等。

基因工程可以打破种属的界限，把重金属抗性基因或编码重金属结合肽的基因转移到对污染土壤适应性强的微生物体内，构建高效菌株。由于大多数微生物对重金属的抗性系统主要由质粒上的基因编码，且抗性基因亦可在质粒与染色体间相互转移，许多研究工作开始采用质粒来提高细菌对重金属的累积作用，并取得了良好的应用效果。分子生物学和基因工程技术的应用有助于构建具有高效转化和固定重金属能力的菌株。

自 1985 年 Smith 等创建噬菌体表面展示技术以来，微生物表面展示技术在许多研究领域一直被寄予厚望，经过 20 多年的发展，已经在土壤修复工程菌的构建方面展示出独特的优势。微生物表面展示技术是将编码目的肽的 DNA 片段通过基因重组的方法构建和表达在噬菌体表面、细菌表面（如外膜蛋白、菌毛及鞭毛）或酵母菌表面（如糖蛋白），从而使每个颗粒或细胞只展示一种多肽。微生物表面展示技术可以把编码重金属离子高效结合肽的基因通过基因重组的方法与编码细菌表面蛋白的基因相连，重金属离子高效结合肽以融合蛋白的形式表达在细菌表面，可以明显增强微生物的重金属结合能力，这为重金属污染的防治提供了一条崭新的途径。Sousa C 等将六聚组氨酸多肽展示在 *E. coli* 的 LamB 蛋白表面，可以吸附大量的金属离子。该重组菌株对 Cd^{2+} 的吸附和富集比野生型 *E. coli* 大 11 倍；Xu Z、Lee S Y 将多聚组氨酸（162 个氨基酸）与 OmpC 融合，重组菌株吸附 Cd 的能力达 32mol/g 干菌；Schembri M A 等将随机肽库构建于 *E. coli* 的表面菌毛蛋白 FimH 黏附素上，经数轮筛选和富集，获得对 PbO_2、CoO、MnO_2、Cr_2O_3 具有高亲和力的多肽；Kuroda K、Ued M 等则将酵母金属硫蛋白（YMT）串联体在酵母表面展示表达后，四聚体对重金属吸附能力提高 5.9 倍，八聚体提高 8.7 倍。表面展示技术用于重金属污染土壤原位修复的研究虽然取得了许多成果，但离实际应用尚有一段距离。其主要原因是用于展示金属结合肽的受体微生物种类及适应性有限，并且缺乏选择金属结合肽的有效方法。

(2) 其他理化因素

pH 值是影响微生物吸附重金属的重要因素之一。在 pH 值较低时，水合氢离子与细菌表面的活性点位结合，阻止了重金属与吸附活性点位的接触；随着 pH 值的增加，细胞表面官能团逐渐脱质子化，金属阳离子与活性电位结合量增加。pH 值过高也会导致金属离子形成氢氧化物而不利于菌体吸附金属离子。

某些微生物对多种重金属均有吸附作用，例如 Choudhary 和 Sar 在铀矿中分离出一种新型的假单胞菌属的微生物，这种微生物对 Ni^{2+}、Co^{2+}、Cu^{2+} 和 Cd^{2+} 均有吸附作用。但多种重金属离子的吸附往往会相互抑制。例如，自然水体生物膜对 Ni^{2+}、Co^{2+}、Pb^{2+}、Cu^{2+} 和 Cd^{2+} 吸附时，金属两两之间相互干扰，使生物膜对重金属的吸附量有所降低。这是因为吸附剂表面的带负电荷基团的数目是有限的，共存金属离子之间存在竞争吸附。少数情况下，共存离子会出现协同作用，但作用机制尚不清楚。例如，经 Cu^{2+} 的诱导培养后的沟戈登氏菌对 Pb^{2+} 和 Hg^{2+} 的吸附活性增强。

目前的研究成果显示，在适宜菌体生长的温度范围内，温度对微生物吸附重金属效率的影响不大。许旭萍等的实验证实球衣菌对 Hg^{2+} 的吸附是一种不依赖于温度的吸附过程。康春莉等发现在温度低于 30℃时，温度对 Pb^{2+}、Cd^{2+} 的吸附没有影响；当温度高于 30℃时，吸附量略有下降，这可能是因为温度过高影响到了胞外聚合物的活性，从而吸附量降低。

6.2.1.3 存在的问题及研究趋势

重金属污染土壤原位微生物修复技术目前还存在以下几个方面的问题。

① 修复效率低，不能修复重污染土壤。

② 加入到修复现场中的微生物会与土著菌株竞争，可能因其竞争不过土著微生物而导致目标微生物数量减少或其代谢活性丧失，达不到预期的修复效果。

③ 重金属污染土壤原位微生物修复技术大多还处于研究阶段和田间试验与示范阶段，

还存在大规模实际应用的问题。

通过以上分析，我们认为今后应从以下几个方面加强研究和应用。

① 应加强具有高效修复能力的微生物的研究。分子生物学和基因工程技术的应用有助于构建具有高效转化和固定重金属能力的菌株，尤其是微生物表面展示技术的不断成熟与完善将会极大地提高微生物对重金属的固定能力，在重金属修复中发挥重要作用。

② 加强微生物修复技术与其他环境修复技术有效的集成。可以采用植物-微生物联合修复技术，充分发挥植物与微生物修复技术各自的优势，弥补它们的不足；研究土壤环境条件变化对重金属微生物转化的影响，通过应用化学试剂（络合剂、螯合剂）或土壤改良剂、酸碱调节剂等加速微生物修复作用；结合生物刺激技术添加修复微生物所需的营养物质，以增加其竞争力和修复效果。

③ 评价指标体系的建立。建立重金属污染土壤修复的评价指标体系是一项艰巨且十分重要的工作，可以明确土壤修复的方向，并为广大的科研工作者提供重要参考。尽管这部分工作已经开始开展，但仍需进一步加强，尤其需要建立不同区域环境条件和污染状况下的评价指标体系。

虽然重金属污染土壤的原位微生物修复技术还存在一定的问题，目前的应用和市场还很有限，但是这种方法具有物理和化学方法所不及的经济和生态的双重优势，潜力巨大。微生物修复将成为一种广泛应用、环境良好和经济有效的重金属污染土壤修复方法，为重金属污染土壤的治理开辟了一条新途径。

6.2.2 有机污染土壤的微生物修复

近 20 年来，随着工、农业生产的迅速发展，农业污染特别是土壤受污染的程度日趋严重。据粗略统计，我国受农药、化学试剂污染的农田达到 6000 多万公顷，污染程度达到了世界之最。有机物污染土壤的修复及治理已经成为环境科学领域的热门话题之一。目前国内外相关研究从有机物污染种类而言，主要集中于多环芳烃（PAHs）和多氯联苯（PCBs）污染的土壤修复研究；从污染源进行划分则主要集中于农药和石油污染土壤的修复研究（图 6-4）。

(a) 洪水溢油

(b) 修复43天以后

图 6-4　某石油污染土壤的微生物修复示意

土壤中的多环芳烃和多氯联苯属于典型的持久性有机污染物（persistent organic pollutants，POPs），具有潜在的致癌性和致畸性。土壤微生物对这类物质的修复机制近年来受到广泛关注。PAHs 和 PCBs 具有庞大的衍生物体系，在土壤中可以长期滞留而不被分解。PAHs 和 PCBs 往往具有致癌、致突变性，危害极大。近年来针对 PAHs 和 PCBs 污染特征、污染控制与削减、修复关键技术等方面取得了明显的研究进展，特别是在其微生物修复原理与技术研究方面的成果较为突出。

随着农业的发展，农民使用农药的量越来越多，由此而造成的危害也越来越大。据统计，中国每年使用 50 多万吨农药。这些农药主要包括杀虫剂、杀菌剂和除草剂等，多是有机氯、有机磷、有机氮、有机硫农药，这些农药对土壤硝化作用、呼吸作用和固氮作用均会产生暂时的或永久性的影响，因为在施用农药时，不管采取什么方式大部分农药都会落入土壤中，同时附着在作物上的那一部分农药以及飘浮在空气中的农药也会因风吹落入土壤。另外，使用浸种、拌种等施药方式更是将农药直接混入到土壤中。所以，土壤中的农药污染是相当严重的，已引起土壤生产力和农产品质量的明显下降。

石油的污染。烃类化合物包括烷烃、烯烃、炔烃、苯、甲苯、二甲苯等多种复杂芳香烃，是石油的主要组成成分，是重要的工业原料，同时又是燃料与能源。因为这些物质（尤其是多环芳烃）能够致癌、致基因突变、致畸，所以在石油的开采、运输、储藏和加工过程中，由于意外事故或管理不当，排放到农田、地下水后，往往也会造成土壤的污染，影响土壤的通透性、降低土壤质量、阻碍植物根系的呼吸与吸收、破坏植被，从而直接影响人类的生产和生活。

6.2.2.1 修复机制

微生物降解和转化土壤中有机污染物，通常主要依靠氧化作用、还原作用、基团转移作用、水解作用以及其他机制进行。

土壤有机污染修复中的氧化作用包括有：a. 醇的氧化，如醋化醋杆菌（*Acetobacter aceti*）将乙醇氧化为乙酸，氧化节杆菌（*Arthrobacter oxydans*）可将丙二醇氧化为乳酸；b. 醛的氧化，如铜绿假单胞菌（*Pseudomonas aeruginosa*）将乙醛氧化为乙酸；c. 甲基的氧化，如铜绿假单胞菌将甲苯氧化为安息香酸，表面活性剂的甲基氧化主要是亲油基末端的甲基氧化为羧基的过程；d. 氧化去烷基化，如有机磷杀虫剂可进行此反应；e. 硫醚氧化，如三硫磷、扑草净等的氧化降解；f. 过氧化，艾氏剂和七氯可被微生物过氧化降解；g. 苯环羟基化，2,4-D 和苯甲酸等化合物可通过微生物的氧化作用使苯环羟基化；h. 芳环裂解，苯酚系列的化合物可在微生物作用下使环裂解；i. 杂环裂解，五元环（杂环农药）和六元环（吡啶类）化合物的裂解；j. 环氧化，环氧化作用是生物降解的主要机制，如环戊二烯类杀虫剂的脱卤、水解、还原及羟基化作用等。

还原作用主要有：a. 乙烯基的还原，如大肠杆菌（*Escherichia coliform*）可将延胡索酸还原为琥珀酸；b. 醇的还原，如丙酸梭菌（*Clostridium propionicum*）可将乳酸还原为丙酸；c. 芳环羟基化，甲苯酸盐在厌氧条件下可以羟基化；也有醌类还原、双键、三键还原作用等。

基团转移作用主要包括有：a. 脱羧作用，如戊糖丙酸杆菌（*Propionibacterium pentosaceum*）可使琥珀酸等羧酸脱羧为丙酸；b. 脱卤作用，是氯代芳烃、农药、五氯酚等的生物降解途径；c. 脱烃作用，常见于某些有烃基连接在氮、氧或硫原子上的农药降解反应；d. 还存在脱氢卤以及脱水反应等。

水解作用主要包括酯类、胺类、磷酸酯以及卤代烃等的水解类型。而一些其他的反应类型包括酯化、缩合、氨化、乙酰化、双键断裂及卤原子移动等。

以下将按照污染物的分类介绍其在土壤修复中的主要机制。

(1) 多环芳烃的微生物降解

多环芳烃（PAHs）是一类普遍存在于环境中的剧毒有机污染物，具有致突变、致癌特征。多环芳烃由 2 个或者 2 个以上的苯环以线性排列、弯接或者簇聚的方式构成的化合物，图 6-5 为低分子量 PAHs 中菲的结构。美国环境保护署将 16 种 PAHs 列入优先控制有机污染物名单中；欧洲则将 6 种 PAHs 作为主控污染物；1990 年，中国环保总局第一批公布的 68 种优先控制污染物中，7 种为 PAHs。PAHs 因其疏水性、辛醇水分配系数高，而易于从水生态系统向沉积层迁移，最终造成沉积层土壤的污染。研究表明，沈阳抚顺灌区土壤表层 16 种优先控制 PAHs 的平均含量达 2.22mg/kg，亚表层为 0.75mg/kg，且多环芳烃均以四环和五环为主，占总 PAHs 的 34%以上。

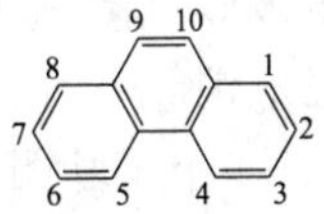

图 6-5　菲的结构式

微生物修复多环芳烃是研究得最早、最深入、应用最为广泛的一种修复方法。其修复机理有两种，即一些微生物能够以 PAHs 为唯一碳源和能源，对其进行降解，乃至矿化；另外某些有机物在环境中不能作为微生物的唯一碳源与能源，必须有另外的化合物存在提供碳源与能源时该有机物才能被降解，即共代谢途径（co-metabolism），提供碳源与能源的底物被称作共代谢底物。前者的降解程度随着苯环数和苯环密集程度增加而降低，尤其是四环以上的 PAHs 降解效率低甚至不能降解；微生物的共代谢作用是目前降解多环 PAHs 的较多使用的方法。

(2) 多氯联苯的微生物降解

多氯联苯亲脂性高，抗生物降解、具有半挥发性，能够在环境中长期存留。PCBs 是联苯分子中的氢被 1～10 个氯原子所取代的一类化合物，分子式为 $C_{12}H_{10-x}Cl_x$（图 6-6），每个苯环上有 5 个取代位点（邻位、间位、对位），根据氯原子取代个数和位置的不同，PCBs 化合物共有 209 种同族体（congener）。其中，多数 PCBs 同族体或者其混合物都工业生产过，是 PCBs 最主要的环境污染源。虽然 PCBs 早在 20 世纪 70 年代就被停用，但是由于其难降解和持久性，仍然有大量文献报道其在各种环境介质中不断检出，而在土壤中其含量相对较高。作为斯德哥尔摩公约首批优先控制的 12 种持久性有机污染物之一，其具有潜在的致癌性、毒性，严重威胁着人体健康和生态系统安全，因此修复多氯联苯污染土壤，加快其降解受到越来越多的关注。其中，利用微生物修复土壤的多氯联苯污染取得了较好的效果。

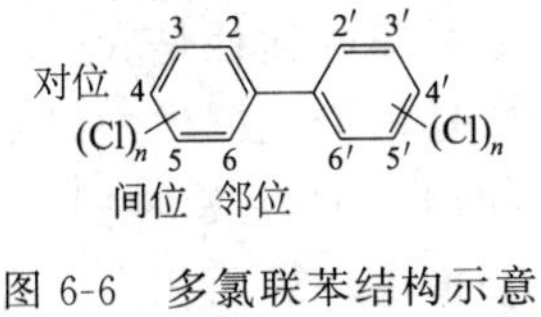

图 6-6　多氯联苯结构示意

微生物降解 PCBs 主要分为 2 个方向，即好氧菌的氧化途径和厌氧菌的还原脱氯途径。研究表明，有氧条件下，分子中少于 5 个氯原子的 PCBs 能够被多种微生物氧化成氯代苯甲酸，而随着氯原子取代位点增多，PCBs 的持久性和难降解性增强。但是，厌氧条件下 9 氯以上的 PCBs 能够被厌氧微生物降解为低氯 PCBs，但却不能破坏苯环的结构，降解不彻底。这是因为 Cl 原子强烈的吸电子性使苯环上的电子云密度下降，Cl 的取代个数越多，苯环上的电子云密度越低，氧化越困难，表现为生化降解性越低；而厌氧或缺氧条件下环境的氧化还原电位低，电子云密度较低的苯环在酶的作用下容易受到还原剂的亲核攻击，Cl 原子容易被取代，显示出较好的厌氧生物降解性。因此，好氧氧化途径和厌氧脱氯过程具有一定的互补性，厌氧菌和好氧菌共同作用能够促进 PCBs 的降解。

厌氧的微生物修复需要电子供体如葡萄糖、乙酸等提供电子，使 PCBs 在厌氧条件下还原脱氯同时获得电子，降低其致癌性和二噁英类似物的毒性，生成的低氯代 PCBs 会进一步被好氧微生物彻底降解。徐莉等研究了不同调控措施对多氯联苯污染土壤的修复效应，覆膜处理能促进供试土壤中多氯联苯的去除，可能的机制是覆膜能够提供低氧环境，导致多氯PCBs的降解。目前对PCBs厌氧微生物降解的研究中，主要侧重于菌种的筛选分离和脱氯机理的研究，较少有关厌氧降解相关基因的分离和酶学机理的研究。低氯代的多氯联苯将进一步被好氧菌氧化成氯代苯甲酸。好氧降解途径本质上是联苯氧化酶参与的酶解过程，以较彻底地消除PCBs在土壤中的滞留。一些微生物含有编码PCBs酶的基因产生相关酶，降解含3～4个氯基团的PCBs。例如联苯双氧化酶能够攻击氯原子少的苯环上的2、3位，形成儿茶酚，再进行降解，进而形成氯代苯甲酸，或者氧化苯环的3、4位，形成非氯代苯甲酸类产物。Pieper等对联苯及其类似物的好氧降解过程进行了研究，认为降解过程中还有其他一些关键性的酶如加氧酶、氧化还原酶、二氢二醇脱氢酶、谷胱甘肽转移酶、乙醛脱氢酶，以及乙酸醛缩酶、二甲苯单氧酶、半醛水解酶、双烯内酯水解酶、苯酚羟化酶等的参与。目前对PCBs降解机理及降解相关的酶和基因方面的研究多限于5个及以下的氯代PCBs的降解。

为了达到理想的PCBs处理效果，厌氧脱氯和好氧降解进行联合降解应是该领域研究方向之一。例如Master用厌氧-好氧连续处理高氯代PCBs污染的土壤，厌氧处理4个月后，虽然PCBs总量没有明显减少，但大部分转化为低氯同系物，随后用*Bukholderia* sp. LB400菌株进行28天的好氧处理，检测PCBs含量降低了66.10%。目前，厌氧-好氧联合修复PCBs污染仍处于室内模拟，广泛的应用还存在困难，所以利用淹水-翻耕交替结合厌氧-好氧降解菌的投入可能能够较好地修复土壤中难降解PCBs。

(3) 有机农药的微生物降解

大量研究表明，农药污染已经严重威胁到食品安全和人畜健康。2012年浙江省农业科学院农产品质量标准研究所和农业部农药残留检测重点实验室等单位对浙江省蔬菜生产中主要使用的9种农药（主要为低毒农药）进行残留检测。研究结果显示所产蔬菜中均发现大量农药残留，主要的残留农药就有59种。而环境中拟除虫菊酯类杀虫剂的残留会导致哺乳动物免疫系统、荷尔蒙、生殖系统疾病，甚至诱发癌症。有机氯农药暴露可能与乳腺癌、阿尔茨海默病、帕金森病的发生有关。在棉花上应用的杀雄剂甲基砷酸锌、甲基砷酸钠为砷类化合物，对人体危害也很大。因此，人们迫切需要寻求治理土壤农药污染的有效途径，而一直被认为最安全、有效、经济且无二次污染的生物修复技术无疑是最佳选择。

进入土壤中的农药通过吸附与解吸、径流与淋溶、挥发与扩散等过程，可从土壤中转移和消失，但往往会造成生态环境的二次污染。能够彻底消除农药土壤污染的途径是农药的降解，包括土壤生物降解和土壤化学降解。前者是首要的降解途径，亦是污染土壤生物修复的理论基础。生物降解的生物类型主要为土壤微生物，此外有植物和动物。土壤微生物是污染土壤生物降解的主体，由于微生物具有种类多、分布广、个体小、繁殖快、表面积大、容易变异、代谢多样性的特点，当环境中存在新的有机化合物（如农药）时，其中部分微生物通过自然突变形成新的变种，并由基因调控产生诱导酶，在新的微生物酶作用下产生了与环境相适应的代谢功能，从而具备了新的污染物的降解能力。

环境中存在的各种天然物质，包括人工合成的有机污染物，几乎都有使之降解的相应微生物。经过多年的努力，微生物修复已在许多农药污染土壤的消除实践中取得了成功。郑天凌等从沿岸海域分离了38株有机磷农药的耐药菌，用分批培养法进行富集培养，得到有机磷农药降解菌，并着重研究了其中两株菌对甲胺磷农药地降解情况。结果表明，在10d内，降解菌株1比降解菌株2的降解率高6%，在各自的甲胺磷培养液中，降解菌株1的数量也多于2，在降解过程中降解菌株1的毒性要比2下降幅度大。张瑞福等采用添加有机磷农药的选择性培养基，在长期受有机磷农药污染的土壤中分离到7株有机磷农药降解菌。经生理生化鉴定和系统发育分析，16SrDNA序列同源比较，系统发育分析和染色体ERIC-PCR指纹图谱扩增表明有机磷农药长期污染的土壤中有机磷农药降解菌具有丰富的多样性。在进一步的研究中，张瑞福等又对分离自同一有机磷农药污染土壤的7株有机磷农药降解菌的降解特性进行了比较，7株降解菌都能利用甲基对硫磷为唯一碳源生长，并生成中间代谢产物对硝基苯酚。对硝基苯酚的降解经过一段延滞期，不同菌株降解对硝基苯酚的能力和延滞期有很大差异，丰富了有机磷农药降解菌的多样性，并比较了分离至同一污染土壤的有机磷农药降解菌的降解特性，微生物具有降解农药的功能，优良菌株被不断地从受农药污染的土壤和水体中筛选出来。近年来人们开始尝试着运用基因工程的手段创建农药降解工程菌株。王永杰等以一株可广谱降解有机磷农药的地衣芽孢杆菌为出发菌株，进行了紫外诱变和甲胺磷梯度平板选育高效降解甲胺磷突变株的研究。筛选出突变菌株P12，在30℃，溶解氧2.5mg/L的培养条件下，在3d内对甲胺磷的降解率为80.1%，比出发株菌提高了将近10%的降解率，农药斜面连续传代10次，降解活力保持稳定。表6-3所示为部分农药污染土壤微生物修复小规模田间试验结果。

表6-3　农药污染土壤微生物修复的小规模田间试验

实验设计	农药污染物	实验时间	结果/去除率
白腐真菌降解	DDT	30d	69%降解,3%矿化
	灭蚊灵,艾氏剂,七氯,林丹,狄氏剂,氯丹	21d	氯丹:9%～15%矿化;林丹:23%矿化
泥炭吸附加堆剂	马拉硫磷,克菌丹,林丹,二嗪农	—	98%去除
细菌过滤	2,4-D,DDT	168h	2,4-D:99%去除;DDT:58%～99%去除
实验室细菌过滤	蝇毒磷	7～10d	从1200mg/L降低到0.02～0.1mg/L
田间规模细菌过滤降解	蝇毒磷	30d	从2000mg/L降低到8～10mg/L
农药废水的生物膜/生物膜激活炭柱处理	有机磷农药(三嗪等)	4m	88%～99%去除(西玛津不能去除)
五种不同的废水	2,4-D，林丹，七氯	8m	73%的2,4-D，80%的林丹和62%的七氯
氧化/厌氧循环DARAMEND™技术	BHC	405d	41%～96%
污染地下水修复	氯苯，氯酚，BTXE，六氯环已烷	4w	高效脱氯
厌氧还原脱氯	六氯苯	37d	79%转化成1,3,5-三氯苯
外源投加降解性微生物	有机磷、菊酯、有机氯农药	3～30d	80%以上
厌氧降解（补加营养）	毒杀芬	14～21d	58%～95%还原

农药污染土壤的微生物修复研究呈现两个方面的研究重点。一方面，许多研究表明，通过添加营养元素等外在条件，可刺激土著降解性微生物的作用，提高修复效果。Fulthorpe等从巴基斯坦土壤中分离的微生物都能矿化2,4-D，并发现添加硝酸盐、钾离子和磷酸盐能增加降解率。加拿大的Stauffer Management公司数年来发展了一些农药污染土壤的生物修复技术，他们在特定环境中通过激发降解性土著微生物群落的功能达到修复目的，并且在美国专利局获得了3项专利。另一方面，许多研究证实了通过接种外源降解性微生物，可以达到很好的生物修复效果。Spadaro在波兰的ODOT进行了土壤中2,4-D的生物修复田间试

验，在厌氧环境下加入厌氧消化污泥，经过7个月的处理，土壤中2,4-D从1100mg/kg降低到18mg/kg，并在大规模试验中证实了微生物修复的可行性。国内的一些单位也进行了大量的微生物修复研究，南京农大研制成的农药残留微生物降解菌剂已获得中国专利优秀奖，并授权江苏省江阴市利泰应用生物科技有限公司推广应用，其商品名称为"佰绿得"(BiORD)，施用后可有效降解作物和土壤中农药残留量的95%以上，明显改善农产品品质，提高附加值。因此，通过研究降解性微生物，认为其体内的酶处理农药污染的土壤、农产品和水源有很大的应用潜力。充分研究降解性微生物的生物学特性，将为微生物应用于污染物的实际修复，提供理论指导。

(4) 石油污染土壤的微生物降解

在石油生产、储运、炼制、加工及使用过程中，由于各种原因，总会有石油烃类的溢出和排放。目前，我国石油企业每年生产落地原油约70万吨，其中约7万吨进入土壤环境。石油污染问题引起了人们越来越多的关注，刺激了他们发明有效的技术方法对其进行治理。针对石油污染的生物修复的研究较多。石油生产和运输造成的污染随处可见，如油轮泄漏、石油加工企业排污、输油管道破裂等造成水体、土壤和地下水的污染。降解石油的微生物广泛分布于海洋、淡水、陆地、寒带、温带、热带等不同环境中，能够分解石油烃类的微生物包括细菌、放线菌、霉菌、酵母以及藻类等共100余属、200多种。

通常认为，在微生物作用下，石油烃的代谢机理包括脱氢作用、氢化作用和氢过氧化作用。其中烷烃的氧化途径有单末端氧化、双末端氧化和次末端氧化。直链烷烃首先被氧化成醇，在醇脱氢酶的作用下醇被氧化为相应的醛，通过醛脱氢酶的作用醛被氧化成脂肪酸。正烷烃的生物降解是由氧化酶系统酶促进行的，而链烷烃也可以直接脱氢形成烯，烯再进一步氧化成醇、醛，最后形成脂肪酸。链烷烃也可以被氧化成为烷基过氧化氢，然后直接转化成脂肪酸。一些微生物能将烯烃代谢为不饱和脂肪酸并使某些双键的位移或产生甲基化，形成带支链的脂肪酸，再进行降解。多环芳烃的降解是通过微生物产生加氧酶后进行定位氧化反应。真菌可以产生单加氧酶，在苯环上加氧原子形成环氧化物，再在其上加入H_2O转化为酚和反式二醇。而细菌可以产生双加氧酶，苯环上加双氧原子形成过氧化物，其被氧化成为顺式二醇，再脱氢转化为酚。经过微生物代谢产生的物质可被微生物自身利用合成细胞成分，或者可以继续被氧化成CO_2和H_2O。好氧微生物降解一直是石油污染物的主要处理方式，对其已有较深的研究。近年来，对石油污染的厌氧处理开始引起国内外研究者的关注。与好氧处理相比，厌氧处理有优点也有缺点。在好氧条件下，好氧微生物降解低环芳烃，但四环以上的多环芳烃却没有明显降解效果。厌氧微生物可以利用NO_3^-、SO_4^{2-}、Fe^{3+}等作为电子受体，将好氧处理不能降解的部分物质降解掉。但是与好氧处理相比，厌氧菌的培养速度和对污染物的降解速度都很慢。电子受体对厌氧降解的影响也很大，有研究表明，在有混合电子受体的条件下，更有利于石油烃的降解，故可通过加混合电子受体的方式加强修复。微生物对不同的烃类降解能力不同。一般认为，可降解性次序为：小于C10的直链烷烃＞C10～C24或更长的直链烷烃＞小于C10的支链烷烃＞C10～C24或更长的支链烷烃＞单环芳烃＞多环芳烃＞杂环芳烃。微生物对石油烃代谢降解的基本过程可能包括：微生物接近石油烃，吸附摄取石油烃，分泌胞外酶，物质的运输和胞内代谢。

1989年Exxon石油公司的油轮在阿拉斯加Prince Willian海湾发生溢油事故，溢油量达$4170m^3$，污染海岸线长达500～600km。为了消除污染，该公司采用原位生物修复措施，通过喷施营养物（N源、P源）加速海滩上自然存在的微生物对污染石油的降解，使石油污染程度明显减轻，并未向周围海滩及海水中扩散。美国犹他州某空军基地采用原位生物降解修复航空发动机油污染的土壤。在土壤湿度保持8%～12%条件下，添加N、P等营养物质，并通过在污染区打竖井增加O_2供应。13个月后土壤中平均油含量由410mg/kg降至38mg/kg。荷兰一家公司应用研制的回转式生物反应器，使土壤在反应器内与微生物充分接触，并通过喷水保持土壤湿度，在22℃处理17d后，土壤含油量由1000～6000mg/kg降至50～250mg/kg。Monhn等研究了北极冻原油滴污染土壤，现场接种抗寒微生物混合菌种进行生物修复处理，一年后，土壤中油浓度降到初处理浓度的1/20。杨国栋、丁克强、张海荣分别进行了石油污染土壤生物修复技术的微生物研究，研究结果表明生物修复技术大大节省能源投资，对大规模的污染土壤处理来说，是一种简单易行、便于推广的污染土壤清洁技术。

石油烃类的性质是影响微生物修复效果的主要因素，这包括石油烃类的类型及各组分含量。微生物对烷烃的分解特征为：直链烃比支链烃、环烃都容易氧化。随着C数的增大，氧化速度减慢，当C数大于18时，分解逐渐困难。有文献报道，高分子芳香烃物质相对低分子芳香烃难分解，沥青和胶质最难分解。另外，石油中的多环芳烃生物可降解性顺序为线性＞角性＞环性。Chaineau等用微生物处理被石油烃污染的土壤，270d后，75%的原油被降解，其中属饱和烃的正构烷烃和支链烷烃在16d内几乎全部降解；78%的环烷烃被降解；芳香烃有71%被同化；占原油总重量10%的沥青质完全保留了下来。石油烃性质和浓度也是影响菌株生物活性的重要因素，石油烃浓度过高或太低，都会对微生物产生毒害作用或根本不足以维持一定数量的微生物生长，这样一来生物修复也起不到效果。有研究者从辽河油田和大庆油田石油污染土壤中分离筛选出芽孢杆菌属中的枯草芽孢杆菌和地衣芽孢杆菌，对不同性质的石油烃中的烷烃、芳烃和胶质沥青质的去除率分别为62.96%～78.67%、16.76%～33.92%、3.78%～15.22%。当石油烃含量为0.5%～2.0%时，石油烃的去除率随着浓度的增加而升高；当石油烃含量为2.0%～10.0%时，石油烃的去除率随着浓度的增加而降低。

一般情况下，土壤中降解烃的微生物只占微生物群落的1%，而当有石油污染物存在时，降解者的比率由于自然选择可提高到10%。微生物的种类、数量及其酶活性都是石油烃类生物降解速率的制约因素。徐金兰等以石油烃为唯一碳源的原油培养基，从陕北石油污染土壤中优选出7株菌株，菌株鉴定结果表明，7株菌均为革兰氏阴性菌，其中包括不动细菌属、奈瑟氏球菌属、邻单胞菌属、黄单胞菌属、动胶菌属、黄杆菌属、假单胞菌属。7株菌的降油试验结果表明，降解8d后，加菌试样的石油烃降解率均达到80%左右，接种量越大，石油菌数量越多，石油烃降解率随接种量的增加而提高。采用黄单胞菌属和邻单胞菌属的菌株对土壤进行生物修复，去除率可达88.4%和73.4%。Mishra等采用存在于载体上的微生物联合体和营养物质对4000m^2的石油污染土地进行处理，结果表明石油烃等有机污染物的降解依赖于微生物群落的共同作用。

6.2.2.2 影响有机污染土壤微生物修复的因素

影响微生物修复石油污染土壤效果的因素很多，除有机污染物自身的特性外，还包括土壤中微生物的种类、数量以及生态结构、土壤中的环境因子等。另外，由于表面活性剂在有机污染物的微生物修复中所扮演的重要角色，本小节也将简单进行介绍。

(1) 有机污染物的理化性质

有机污染物的生物降解程度取决于它的化学组成、官能团的性质及数量、分子量大小等因素。通常来说，饱和烃最容易被降解，其次是低分子量的芳香族烃类化合物，高分子量的芳香族烃类化合物，而石油烃中的树脂和沥青等则极难被降解。不同烃类化合物的降解率高低顺序是正烷烃、分支烷烃、低分子量芳香烃、多环芳烃。官能团也影响有机物的生物可利用性，分子量大小对生物降解的影响也很大，高分子化合物的生物可降解性是较低的。此外，有机污染物的浓度对生物降解活性也有一定的影响。当浓度相对低时，有机污染物中的大部分组分都能被有效降解；但当有机污染物的浓度提高后，由于其自身的毒性会影响土壤微生物的活性，使得降解率便相应降低。

(2)微生物种类和菌群对修复的影响

微生物在生物修复过程中既是石油降解的执行者，又是其中的核心动力。土壤中微生物的种类及构成是影响有机污染土壤微生物修复的重要因素。因此寻找高效污染物降解菌是当前微生物修复技术的研究热点。用于生物修复的微生物有三类，土著微生物、外来微生物和基因工程菌。当前国内相关研究单位在寻找高效有机污染物的降解菌方面仍然以土著微生物为重点。用传统的微生物培养、纯化的方法从污染环境中筛选出目标菌。因为自然界中存在着数量巨大的各种各样的微生物，在遭受有毒的有机物污染后，可出现一个天然的驯化选择过程，使适合的微生物不断增长繁殖，数量不断增多。由于土著微生物降解污染物的巨大潜力，因此在生物修复工程中充分发挥土著微生物的作用，不仅必要而且有实际应用的可能。但当在天然受污染环境中合适的土著微生物生长过程慢、代谢活性不高，或者由于污染物毒性过高造成微生物数量反而下降时，我们可人为投加一些适宜该污染物降解的与土著微生物有很好相容性的高效菌，即外来微生物。目前用于生物修复的高效降解菌大多系多种微生物混合而成的复合菌群，其中不少已被制成商业化产品，如光合细菌。目前广泛应用的光合细菌菌剂多为红螺菌科，对有机物有很强的降解转化能力。表 6-4 所列为部分筛选出对有机农药具有降解作用的微生物。

表 6-4 分离的降解农药的微生物

农药	微生物	过程
氟羧草醚	*Pseudomonas fluorescens*	芳香环硝基还原
甲草胺	*Pseudomonas* sp.	谷胱甘肽介导的脱氯
涕灭威	*Achromobacter* sp.	水解
阿特拉津	*Pseudomonas* sp.	脱氯
阿特拉津[1]	*Rhodococcus* sp.	*N*-脱烷基
呋喃丹	*Achromobacter* sp.	水解
2-(1-甲基-正丙基)-4,6-二硝基苯酚	*Clostridium* sp.	硝基还原
2,4-D	*Pseudomonas* sp.	脱氯
DDT	*Proteus vulgaris*	脱氯
伏草隆	*Rhizopus japonicus*	*N*-脱甲基
林丹	*Clostridium* sp.	还原脱氯
利谷隆	*Bacillus sphaericus*	酰胺酶
甲基对硫磷	*Plesiomonas* sp.	水解
对硫磷	*Bacillus* sp.	水解和硝基还原
二甲戊乐灵	*Fusarium oxysporum*, *Paecilomyces varioti*	*N*-脱烷基硝基还原
敌稗	*F. oxysporum*, *Pseudomonas* sp.	酰胺酶
氟乐灵	*Candida* sp.	*N*-脱烷基

(3)环境因素对有机污染物生物降解的影响

微生物对有机污染物不同组分的降解能力是不同的，同时微生物对有机污染物的降解受到环境因素的影响，这种影响对有机污染物的降解往往具有决定性的作用。某种石油烃在一种环境中能长期存在，而在另一种环境中，相同的烃化合物在几天甚至几小时内就可被完全降解。影响有机污染物生物降解的因素主要有 pH 值、O_2 含量、温度、营养物质含量和盐浓度。

土壤的 pH 值是土壤化学性质的综合反映，在影响有机污染物的微生物降解的所有土壤因素当中，土壤的 pH 值起着最关键的作用。与大多数微生物相同，能降解有机污染物的土壤微生物繁殖的适宜 pH 值为 6～8，最优一般为 7.0～7.5。由于土壤微生物在降解过程中产生的酸性物质往往在土壤中有积累效应，会导致 pH 值进一步降低，所以在偏酸性污染土壤的生物治理过程中，为了提高微生物代谢活性和降解的速率，可以在土壤中添加一些农用酸碱缓冲剂，以调整土层的 pH 值。最适 pH 值既与降解菌有关，也与降解条件密切相关。

温度通过影响石油的物理性质和化学组成，进而影响其微生物的烃类代谢速率。在低温环境下，有机污染物的黏度增加，短链有毒烷烃的挥发作用减弱，而水溶性增加，对微生物的毒性也随之增大，这将间接地影响烃类物质的生物降解。温度低时，酶活力降低，进而导致降解速率也降低；而较高的温度可使烃代谢速率升至最大，一般为 30～40℃，高于 40℃时，烃的毒性增大，微生物自身的活性也会降低，进而降低有机污染物的微生物降解。

环境中的氧气对微生物而言是一个极其重要的限制因子。微生物对有机污染物的生化降解过程随烃类的不同而不同，但在好氧微生物降解的起始反应却是相似的，在降解的过程中需要大量的电子受体，主要是溶解氧和 NO_3^-。据统计，每分解 1g 石油需 O_2 3～4g。而在石油污染区域，石油烃在土壤孔隙水表面容易形成油膜，导致氧的传递非常缓慢。因而，许多石油污染区的微生物修复过程中，供氧不足成为石油降解的制约因素。

微生物的生长离不开碳、氮、磷、硫、镁等无机元素，而环境中的营养物质是有限的，有机污染物是微生物可以利用的大量碳底物，但它只能提供比较容易得到的有机碳，而不能提供氮、磷等无机养料，因此氮、磷钾等无机营养物是限制微生物活性的重要因素。为了使污染物达到完全的降解，要适当地添加营养物。氮源和磷源是常见的烃类生物降解限制因素，适量地添加可以促进烃类生物降解。

一般细菌等微生物只能在低盐浓度环境中繁殖，低浓度的盐类（NaCl、KCl、$MgSO_4$ 等）对微生物的生长是有益的。当土壤盐浓度过高时，会影响微生物对水分的吸收，进而抑制或杀死微生物；同时溶液中 NaCl 浓度对细胞膜上的 Na^+、K^+ 泵有很大的影响，而 Na^+、K^+ 泵维持的细胞内外离子梯度具有重要的生理学意义，它不仅维持细胞的膜电位，也调节细胞的体积和驱动某些细胞中的糖与氨基酸的运输，从而影响细胞的生长。

(4) 表面活性剂在土壤有机污染物微生物修复中的作用

由于有机污染物，特别是石油烃中含有大量的疏水性有机物，它们具有黏性高、稳定性好，生物可利用性低的特点。这些高分子有机物，多环芳烃类，严重限制了生物修复的效果和速度。因此，目前关于微生物修复技术的研究和应用几乎都要采用一些强化措施提高生物修复的效率。所谓生物强化修复是指在生物修复系统中通过投加具有特定功能的微生物、营养物或采取其他措施，以期达到提高修复效果、缩短修复时间、减少修复费用的目的。在污染土壤中添加适量的表面活性剂则是有机污染物微生物修复中经常用到的生物强化手段之一。表面活性剂（surfactant）是指加入少量能使其溶液体系的界面状态发生明显变化的物质。具有固定的亲水亲油基团，在溶液的表面能定向排列。表面活性剂的分子结构具有两亲性：一端为亲水基团，另一端为疏水基团；亲水基团常为极性基团，如羧酸、磺酸、硫酸、氨基或铵盐，羟基、酰胺基、醚键等也可作为极性亲水基团；而疏水基团常为非极性烃链，如 8 个碳原子以上烃链。表面活性剂分为离子型表面活性剂（包括阳离子表面活性剂与阴离子表面活性剂）、非离子型表面活性剂、两性表面活性剂、复配表面活性剂、其他表面活性剂等。大量研究表明，疏水的有机污染物从土壤表面到细胞内部的传递效率是生物降解的主要限速步骤。而表面活性剂的加入可增加有机污染物在水相中的传递速率，是一种行之有效的油污土壤修复强化手段。

表面活性剂能够降低界面的表面张力，并可通过形成胶束的形式将疏水性有机污染物包裹在胶束内部而脱附进入水相，增加了有机污染物的流动性。这一特性已经被应用到改善疏水性有机污染物污染土壤生物修复的研究中，取得了一定的成效，但也存在一些问题。表面活性剂对土壤微生物的作用主要体现在细胞膜对表面活性剂的吸附作用和对微生物在土壤中存在状态的改变。由于生物膜由大量磷脂分子组成，磷脂与表面活性剂有类似的结构和性能，所以细胞膜对表面活性剂具有较强的吸附作用。这种吸附作用会在细胞膜和污染物之间起到架桥作用，进而可能影响污染物的脱附速率，同时改变了细胞膜的通透性，使 HOCs 和中间代谢物的跨膜速率加快，有助于提高降解速率。

采用表面活性剂对有机污染场地的生物修复强化方面，国内外展开了大量的研究，一致表明表面活性剂可促进石油类污染物的降解，特别是针对菲、芘等多环芳烃、多氯联苯类的降解都有明显的加强作用。练湘津等在研究表面活性剂对加油站地下油污土壤修复的影响时发现腐殖酸钠、SDS 等对石油类物质的降解均有明显的促进作用。也有研究对土壤中的菲和柴油污染土壤进行表面活性剂淋洗，结果发现污染物的解吸速率得到了增强。Niu 等研究了 Tween-80 对沥青质等原油污染物生物降解的强化作用，并在模拟实验中使得沥青质等原油中高黏度组分的微生物降解效果大为增强，该研究证明了表面活性剂在稠油污染土壤修复中具有强大的应用潜力。目前在污染土壤生物修复中添加表面活性剂的研究大多是在实验室内模拟来提高污染物生物可利用性，还没有应用到区域放大实验中的实例。

6.2.2.3 存在的问题及研究趋势

由于有机污染物潜在的致癌性和致畸性，其降解的研究在国际上被广泛关注。有机污染土壤的微生物修复相对于其他修复方法具有天然的优势。对于降解菌的筛选、降解机制、降解基因的分离、降解相关酶的研究较多，但作为生物修复的一种，目前多数研究尚处于试验阶段，没有成熟运用到实际污染土壤的修复中。加之由于微生物只能降解特定的有机污染物，且微生物活性易受环境条件的影响，使得其在有机污染土壤修复过程中降解能力不稳定。目前有机污染土壤的微生物修复主要集中在以下几个方面。

由于大多数降解菌只能针对一种或几种特定污染物进行降解，不具有广谱性。所以较多研究倾向于筛选多功能降解菌，针对性研究降解途径、机理与生物分解代谢流程，提高复杂多变的土壤环境，并密切关注微生物修复土壤中污染物的中间产物、结构、性质及表征，对修复过程中污染物的次生污染问题要及时发现和防止，以免造成二次污染。

由于土壤复合污染的普遍性、复杂性和特殊性，单独依靠微生物修复措施较难彻底解决复合污染土壤的修复问题，往往需要多途径、多方式的修复手段进行互补，以及开发生物强化手段，加强对复合污染土壤的修复能力；同时，针对单一污染土壤，采用多途径、多方式强化微生物修复效果，以达到彻底修复的目的。目前，基于微生物的共代谢修复思路主要有：添加共代谢底物、好氧-厌氧联合修复、高环降解菌-低缓降解菌联合修复、微生物-植物系统组合，其中好氧菌和厌氧降解菌（特别是多氯联苯修复）的联合修复备受研究者关注。

重点研究典型降解菌降解途径、机理与生物降解代谢通路；进一步解析典型污染物降解基因的结构、功能与调控机制，阐明降解过程的分子生物学机理。未来的研究方向主要是结合现代分析手段提高特定菌株降解污染物的能力，建立高效降解微生物的基因库，应用系统生物学方法，开展典型污染物微生物降解的基因组研究，以揭示其微生物遗传多样性与功能基因；采取基因诱导变异的方法，通过改造其他繁殖力强、活性强的微生物使其具有降解土壤污染物的能力，提高降解效率。

6.3 植物修复

植物修复（phytoremediation）旨在以植物忍耐、分解或超量积累某种或某些化学元素的生理功能为基础，利用植物及其共存微生物体系来吸收、降解、挥发和富集土壤中的污染物，是一种绿色、低成本的土壤修复技术。相对于传统的物理化学土壤修复技术，污染土壤的植物修复对土壤扰动小，对环境也更加友好，显示出良好的应用前景。植物修复的概念是由美国科学家 Chaney 于 1983 年提出的，主要包括植物提取（phytoextraction，又译作植物萃取或植物吸取）、植物稳定（phytostabilization）、植物挥发（phytovolatilization）和植物降解（phytodegredation）等。植物提取修复是指利用植物将土壤中的污染物提取出来，富集于植物根部可收割部位和植物根上部位，最后通过收割的方式带走土壤中的污染物。植物稳定修复是指利用植物提取和植物根际作用，将土壤中的污染物转化为相对无害或者低毒物质，从而达到减轻污染的效果。植物挥发则是植物将污染物吸收到体内后并将其转化为气态物质，释放到大气中的一种植物修复方法，经常应用于有机污染物及甲基汞的土壤修复治理。植物降解修复指的是利用植物吸收、富集有机物后对其进行降解，达到修复有机污染土壤的目的（图 6-7）。

植物修复可用于有机污染土壤和重金属污染土壤的修复及治理。目前，国内侧重于研究重金属污染土壤的植物修复，而有机污染土壤的植物修复技术近年来也慢慢受到关注。20 世纪 50 年代，有机（氯）杀虫剂的大量使用，提高了农业生产效益，另一方面也造成土壤有机污染；研究者发现某些植物可以从污染土壤中积累这些有机物，从而植物被尝试用作土壤有机污染的修复过程，植物修复被看作最具潜力的土壤污染治理措施。目前，国际上有关植物修复的研究主要集中于重金属超积累植物，多与植物提取土壤重金属有关。我国国家 863 计划已将植物修复土壤重金属污染列为专项，这必将推动我国污染土壤修复技术的发展。然而，国内对土壤有机污染的植物修复研究很少。

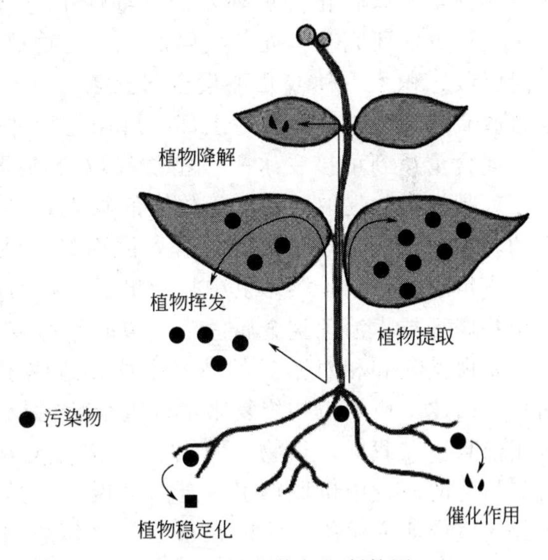

图 6-7　植物修复机制简图

植物修复是以植物积累、代谢、转化某些有机物的理论为基础，通过有目的的优选种植植物，利用植物及其共存土壤环境体系去除、转移、降解或固定土壤有机污染物，使之不再威胁人类健康和生存环境，以恢复土壤系统正常功能的污染环境治理措施。实际上，植物修复是利用土壤-植物-（土著）微生物组成的复合体系来共同降解有机污染物；该体系是一个强大的“活净化器”，它包括以太阳能为动力的“水泵（pump）”“植物反应器”及与之相连的“微生物转化器”和“土壤过滤器”。该系统中活性有机体的密度高，生命活性旺盛；由于植物、土壤胶体、土壤微生物和酶的多样性，该系统可通过一系列的物理、化学和生物过程去除污染物，达到净化土壤的目的。植物修复是颇有潜力的土壤有机污染治理技术。与其他土壤有机污染修复措施相比，植物修复经济、有效、实用、美观，且作为土壤原位处理方法其对环境扰动少；修复过程中常伴随着土壤有机质的积累和土壤肥力的提高，净化后的土壤更适合于作物生长；植物修复中的植物固定措施对于稳定土表、防止水土流失具有积极的生态意义；与微生物修复相比，植物修复更适用于现场修复且操作简单，能够处理大面积面源污染的土壤；另外，植物修复土壤有机污染的成本远低于物理、化学和微生物修复措施（表6-5），这为植物修复的工程应用奠定了基础。

表6-5　土壤有机污染的修复成本

土壤有机污染修复方法	成本/(美元/吨)
植物修复(phytoremediation)	10～35
原位生物修复(in situ bioremediation)	50～150
间接热解吸(indirect thermal desorption)	120～300
土壤冲洗(soil washing)	80～200
固化/稳定化(solidification/stabilization)	240～340
溶剂萃取(solvent extration)	360～440
焚烧(incineration)	200～1500

重金属污染土壤的植物修复技术一直是植物修复的前沿课题。植物挥发是利用植物使土壤中的重金属转化为可挥发的、毒性小的物质，但应用范围小，且可能产生二次污染，因此该方面研究基本处于次要地位。植物提取是利用重金属超富积植物从污染土壤中超量吸收、积累一种或几种重金属元素，并将它们输送、储存在植物的地上部分，最终通过收获并集中处理植物地上部（可能包括部分的根），反复种植、连续收获，以使土壤重金属含量达到可接受水平。植物提取目前研究最多、最有发展前景，通常所说的植物修复就是指植物提取。相对于传统的物理化学方面的土壤修复技术，植物修复不需要土壤的转移、淋洗和热处理等过程，因而经济性较高，对土壤的扰动小，对环境也更加友好，在重金属污染土壤修复中显示出了良好的应用前景。现如今，在欧洲和北美地区，采用植物修复技术治理重金属污染土壤的年均市场价值高达40亿美元。我国由于粗放型的经济发展模式和相对落后的技术手段，造成了严重的重金属污染，并且污染面广、难以治理。因此，应用植物修复来治理重金属污染土壤尤其是矿山尾矿等在我国拥有巨大的应用前景。在我国，植物修复研究已经列入国家863计划，我国学者在锌、砷和铜等超富集植物的研究中也取得了一定的进展，但是受限于技术和研究水平，植物修复基本上还处于室内研究阶段。我国在植物修复领域的总体研究水平与发达国家仍有较大的差距，主要体现在：研究面狭窄，研究对象集中于超富集植物种类；理论性基础研究少，创新少，大部分研究都在照搬国外的研究方法；研究队伍结构单一，缺乏跨学科的合作与交流；研究成果实用性和可推广性不够，限制了研究成果的应用。

6.3.1　重金属污染土壤的植物修复

重金属污染土壤的植物修复是一种利用自然生长植物或者遗传工程培育植物修复金属污染土壤环境的技术总称。它通过植物系统及其根际微生物群落来移去、挥发或稳定土壤环境污染物，已成为一种修复金属污染土地的经济、有效的方法。植物修复的成本仅为常规技术的一小部分，而且能达到美化环境的目的。正因其技术和经济上优于常规方法和技术，植物修复被当今世界迅速而广泛接受，正在全球应用和发展。

6.3.1.1 修复机制

根据其作用过程和修复机制，金属污染土壤的植物修复技术可归成三种类型，植物挥发、植物稳定和植物提取。对这三种植物修复技术的国际研究和发展的态势作进一步描述，特别是植物提取方面。

(1) 植物稳定

植物稳定是利用植物吸收和沉淀来固定土壤中的大量有毒金属，以降低其生物有效性和防止其进入地下水和食物链，从而减少其对环境和人类健康的污染风险。植物在植物稳定中有两种主要功能：保护污染土壤不受侵蚀，减少土壤渗漏来防止金属污染物的淋移；通过在根部累积和沉淀或通过根表吸收金属来加强对污染物的固定。此外，植物还可以通过改变根际环境（pH 值，氧化还原电位）来改变污染物的化学形态。在这个过程中根际微生物（细菌和真菌）也可能发挥重要作用。已有研究表明，植物根可有效地固定土壤中的铅，从而减少其对环境的风险。金属污染土壤的植物稳定是一项正在发展中的技术，这种技术与原位化学钝化技术相结合将会显示出更大的应用潜力。Vangronsveld 等对金属污染土壤的植物稳定和原位钝化及其长期效应的优点、限制和评价做了综述。植物稳定，不管是否与原位钝化（无效化）相结合，来改变土壤环境中的有害金属污染物的化学和物理形态，进而降低其化学和生物毒性的能力，是很有前途的。一个值得探讨的课题是对污染土壤的植物稳定的效应及其持久性的系统评价方法。这种评价应该结合物理、化学和生物的方法。植物稳定技术可以成为对那些昂贵而复杂的工程技术有效替代的方法。植物稳定研究方向应该是促进植物发育，使根系发达，键合和持留有毒金属于根-土中，将转移到地上部分的金属控制在最小范围。

(2) 植物挥发

植物挥发是与植物提取相连的。它是利用植物的吸取、积累、挥发而减少土壤污染物。目前在这方面研究最多的是类金属元素汞和非金属元素硒，但尚未见有植物挥发砷的报道。通过植物或与微生物复合代谢，形成甲基砷化物或砷气体是可能的。在过去的半个世纪中汞污染被认为是一种危害很大的环境灾害，在一些发展中国家的很多地方，还存在严重的汞污染，含汞废弃物还在不断产生。工业产生的典型含汞废弃物中，都具有生物毒性，例如，离子态汞（Hg^{2+}），它在厌氧细菌的作用下可以转化成对环境危害最大的甲基汞（MeHg）。利用细菌先在污染位点存活繁衍，然后通过酶的作用将甲基汞和离子态汞转化成毒性小得多、可挥发的单质汞（Hg^{0}），已被作为一种降低汞毒性的生物途径之一。当今的研究目标是利用转基因植物降解生物毒性汞，即运用分子生物学技术将细菌体内对汞的抗性基因（汞还原酶基因）转导到植物（如烟草和郁金香）中，进行汞污染的植物修复。研究证明，将来源于细菌中的汞的抗性基因转导入植物中，可以使其具有在通常生物中毒的汞浓度条件下生长的能力，而且还能将从土壤中吸取的汞还原成挥发性的单质汞。植物挥发为土壤及水体环境中具有生物毒性汞的去除提供了一种潜在可能性。植物对汞的脱毒和活化机制如果能做进一步调控，使单质汞变成离子态汞滞留在植物组织内，然后集中处理，不失为汞的植物修复的另一种思路。从硒的植物吸取-挥发研究中可以进一步看到这种技术的修复潜力和研究与发展的态势。

许多植物可从污染土壤中吸收硒并将其转化成可挥发状态（二甲基硒和二甲基二硒），从而降低硒对土壤生态系统的毒性。在美国加州 Corcoran 的一个人工构建的二级湿地功能区中，种植的不同湿地植物品种显著地降低了该区农田灌溉水中硒的含量（在一些场地硒含量从 25mg/kg 降低到 5mg/kg 以下），这证明含硒的工业和农业废水可以通过构建人工湿地进行净化。因硒的生物化学特性在许多方面与硫类似，所以常常从研究硫的角度研究硒。对植物硒吸收、同化和挥发的生物化学途径的研究结果表明，硒酸根以一种与硫类似的方式被植物吸收和同化。在植物组织内，硫是通过 ATP 硫化酶的作用还原为硫化物。运用分子生物学技术在印度芥菜体外证明硒的还原作用也是由该酶催化的。而且在硒酸根被植物同化成有机态硒过程中该酶是主要的转化速率限制酶。印度芥菜中硒酸根的代谢转化是 ATP 硫化酶表达基因的过量表达所致，其转基因植物比野生品种对硒具有更强的吸收能力、忍受力和挥发作用。根际细菌在植物挥发硒的过程中也能起作用。根际细菌不仅能增强植物对硒的吸收，而且还能提高硒的挥发率。这种刺激作用部分应归功于细菌对根须发育的促进作用，从而使根表有效吸收面积增加。更重要的是，根际细菌能刺激产生一种热稳定化合物，它使硒酸根通过质膜进入根内；当将这种热稳定化合物加入植物根际后，植物体内出现硒盐的显著积累。进一步实验表明，对灭菌的植株接种根际细菌后，其根内硒浓度增加了 5 倍。而且，经接种的植株硒的挥发作用也增强了 4 倍，这可能是因为由微生物引起的对硒吸收量的增加。可见，植物挥发修复的生物化学、分子生物学和根际微生物学基础研究是一个国际前沿研究的热点。

(3) 植物提取

植物稳定和植物挥发这两种植物修复途径有其局限性。植物稳定只是一种原位降低污染元素生物有效性的途径，而不是一种永久性的去除土壤中污染元素的方法。植物挥发仅是去除土壤中一些可挥发的污染物，并且其向大气挥发的速度应以不构成生态危害为限。相对地，植物提取是一种具永久性和广域性于一体的植物修复途径，已成为众人瞩目、风靡全球的一种植物去除环境污染元素（特别是重金属）的方法。植物提取是利用专性植物根系吸收一种或几种污染物特别是有毒金属，并将其转移、储存到植物茎叶，然后收割茎叶，离地处理。专性植物，通常指超积累植物，可以从土壤中吸取和积累超寻常水平的有毒金属，例如镍浓度可高达 3.8%以上。英国 Sheffield 大学 Baker 博士是介绍植物修复概念的首批科学家之一，提出超积累植物具有清洁金属污染土壤和实现金属生物回收的实际可能性。这种植物具有与一般植物不同的生理特性。在工业废物或污泥使用而引起的重金属污染土壤上，连续种植几次超积累植物，就有可能去除有毒金属，特别是生物有效性部分，从而复垦和利用被金属污染的土壤。

植物修复概念的早期验证是在英国小规模田间试验中进行的，将多种超积累植物种植在曾多年施用富含重金属的工业污泥试验地上。示范性试验表明十字花科遏蓝菜属植物（*Thlaspi caerulescens*）具有很大的吸取锌和镉的潜力。这种植物是一种可在富锌、铅、镉和镍土壤上生长的野生草本植物。这些年来，各国科学家们对利用这种植物修复锌、铅、镉和镍污染土壤表现出浓厚的研究和开发兴趣。在欧洲、美国、澳大利亚和东南亚国家都启动了包括这种植物在内的超积累植物积累金属生理生化机理、金属吸收效率和农艺管理等方面的研究项目。*Thlaspi caerulescens* 已成为当前国际上开展重大相关研究项目时经常被选择的研究对象。

越来越多的金属积累植物被发现，据报道，现已发现 Cd、Co、Cu、Pb、Ni、Se、Mn、Zn 超积累植物 400 余种，其中 73%为 Ni-超积累植物。可能有更多的分布于世界各地的超积累植物尚待发现。要注意对一些稀有的超积累植物种子资源的保护。从事植物修复研究与发展的国际著名美籍科学家Chaney博士预言，总有一天这些很有价值的植物会被用来清洁重金属（Cd、Pb、Ni、Zn）或放射性核素（U、Cs、Sr、Co）污染的农地和矿区。其成本可能不到各种物理化学处理技术的1/10，并且通过回收和出售植物中的金属（phytomining）还可进一步降低植物修复的成本。

除加强超积累植物种质资源的发现和开发利用外，还亟须研究和发展能提高超积累植物的金属浓度水平和产量的方法与技术。一种使超积累高产的途径是寻找负责金属积累植物的基因或基因组，并将其导入一般高产植物。另一种选择是运用传统育种办法促进植物快生快长。目前，除原始性筛选工作外，分子生物学研究植物新变种正在欧美国家研究实验室进行。这些实验室试图通过金属积累基因的转导培育多元素高效修复植物。以调控有毒金属吸收为目标的植物基因操纵和高效型修复植物培育已成为现代研究的前沿课题。将金属积累植物与新型土壤改良剂相结合使植物高产和植物对金属积累速率和水平的提高是另一种研究趋势。多个田间试验证明这种化学与植物综合技术是可行的。

土壤改良剂EDTA可络合铅、锌、铜、镉，保持其在土壤中处于溶解状态，以提高植物利用的效率，从而大幅度增加植物茎叶重金属积累量，使污染土壤金属浓度降低。进一步研究的重点将是超积累植物的生理需求（温度、土壤、水分、肥料及土壤管理）和络合剂、肥料或植物根分泌物对金属移动性的影响。不过，对这些综合技术的环境风险（如地下水金属污染）需要系统评价。开展金属污染土壤的植物提取技术的食物链和生态效应的研究也很重要，特别是专性植物的根际金属化学行为及其调控技术方面。植物提取修复的首要目标应是减少土壤生物有效态金属浓度而不是土壤金属总量，这就是所谓的“土壤生物有效态元素吸蚀概念”（bioavailable element stripping，BES）。近来，对重金属超积累植物及其修复重金属污染土壤机理已有较系统的综述，这些综述反映了国外的最新研究进展，对国内在相关领域开展研究工作有很好的指导意义。

6.3.1.2 影响重金属植物修复的因素

影响植物修复重金属污染土壤效果的因素很多，主要有重金属在土壤中的赋存形态，植物品种和环境因素等。

(1)重金属土壤赋存形态对植物修复的影响

重金属的形态也可影响植物对重金属离子的吸收。土壤污染物中常见的重金属形态有可交换态、碳酸盐结合态、铁锰氧化物结合态、有机态、硫化物结合态、残渣态等。改变重金属的形态对于重金属离子由植物根部转运到地上部有很大影响。

可交换态重金属可通过离子交换和吸附而结合在颗粒表面，其浓度受控于重金属在介质中的浓度和介质颗粒表面的分配常数，可交换态重金属对环境变化敏感，易于迁移转化，能被植物吸收。碳酸盐结合态重金属受土壤条件影响，对pH值敏感，pH值升高会使游离态重金属形成碳酸盐共沉淀，不易为植物所吸收，相反地，当pH值下降时易重新释放出来而进入环境中，易为植物所吸收。植物根系分泌物能够影响根际微域土壤pH值，进而影响修复植物对重金属的吸收。Tessier等学者认为，铁锰氧化物具有较大的比表面，对于金属离子有很强的吸附能力，水环境一旦形成某种适于其絮凝沉淀的条件，其中的铁锰氧化物便载带金属离子一同沉淀下来，由于属于较强的离子键结合的化学形态，因此不易释放，若土壤中重金属的铁锰氧化物占有效态比例较大，正常情况下可利用性不高。有机结合态是以重金属离子为中心离子，以有机质活性基团为配位体的结合或是硫离子与重金属生成难溶于水的物质。这类重金属在氧化条件下，部分有机物分子会发生降解作用，导致部分金属元素溶出，有益于植物对重金属离子的吸收。残渣态金属一般存在于硅酸盐、原生和次生矿物等土壤晶格中，它们来源于土壤矿物，性质稳定，在自然界正常条件下不易释放，能长期稳定在土壤中，不易为植物吸收。

(2) 植物修复品种对重金属修复的影响

目前，应用于植物修复的植物材料多为超富集植物（hyperaccumulator，亦称超积累植物）。超富集植物是指能够超量吸收重金属并将其运移到地上部的植物。由于各种重金属在地壳中的丰度及在土壤和植物中的背景值存在较大差异，因此，对不同重金属，其超富集植物富集质量分数界限也有所不同。目前采用较多的是 Baker 和 Brooks 提出的参考值，即把植物叶片或地上部（干重）中含 Cd 达到 100μg/g，含 Co、Cu、Ni、Pb 达到 1000μg/g，Mn、Zn 达到 10000μg/g 以上的植物称为超富集植物。为了反映植物对重金属的富集能力，Chamberlain 曾定义过富集因子（concentration factor）的概念，并得到了不少学者的认可，即：

富集因子＝植物中的金属含量/基质中的金属含量

显然，富集因子越高，表明植物对该金属的吸收能力越强。

国外重金属超富集植物筛选工作开始较早，成果比较丰富。Brooks 等对 Ni 超富集植物从地理学特性和分布方面进行大量研究。Brooks 对葡萄牙、土耳其和亚美尼亚地区 *Alyssum* 属 150 种植物进行综合考察，发现 48 种 Ni 超富集植物，它们多数生长在蛇纹岩地区，分布区域很小。目前发现的 Ni 超富集植物有 329 种，隶属于 *Acanthaceae*（6 种）、*Asteraceae*（27 种）、*Brassicaceae*（82 种）、*Busaceae*（17 种）、*Euphorbiaceae*（83 种）、*Flacourtiaceae*（19 种）、*Myrtaceae*（6 种）、*Rubiaceae*（12 种）、*Tiliaceae*（6 种）、*Violaceae*（5 种）等 38 个科，在世界各大洲均有分布。如此众多 Ni 超富集植物的发现，得益于富 Ni 超基性土壤在全球的广泛分布。可能还有许多 Ni 超富集植物尚未被发现，包括尚未分析的或尚未报道的植物样品，特别是对西非、印度尼西亚的几个岛屿和中美洲的超基性土壤地区还没进行充分研究，那里可能也生长着大量超富集植物。

Zn 超富集植物的研究起源于 *Thlaspi* 属植物的研究。Rascio 发现，生长在意大利和奥地利边界 Zn 污染土壤上的 *Thlaspi rotundifolium* 是 Zn 超富集植物。Reeves 发现，生长在蛇纹岩地区的许多 *Thlaspi* 属的 Ni 超富集植物中 Zn 含量都在 1000mg/kg 以上，而且不一定分布在 Zn 污染区域。通过对美国西北部、土耳其、塞浦路斯和日本的 *Thlaspi* 属植物进行研究，筛选出一批新的 Zn 超富集植物。目前发现的 Zn 超富集植物有 21 种，分布在 Brassicaceae、Caryophyllaceae、Lamiaceae 和 Violaceae 4 个科。*Thlaspi caerulescens*、*Arabidopsis halleri* 和 *Violacalam inaria* 等 Zn 超富集植物 Zn 含量都超过 10000mg/kg，其中 *Thlaspi caerulescens* 是目前研究较多的植物，已经成为研究超富集植物的模式植物。自从 Reeves 正式确定 *T. caerulescens* 为 Zn 的超富集植物以来，国内外学者对其吸收、富集机制、解毒机制、根系分布和实际修复能力等方面进行了广泛研究，取得了许多有价值的成果，对理解超富集植物独特的富集能力和如何提高富集植物的效能等方面具有重要意义。

目前发现的 Pb 超富集植物有 16 种，分布在 Brassicaceae、Caryophyllaceae、Poaceae 和 Polygonaceae 4 科。其中 *Minuartia verna*、*Agrostis tenuis* 和 *Festucaovin* 野外样品的最高 Pb 含量均超过 1000mg/kg，但这些植物都未经过验证实验，还需进一步确认其富集能力。Baker 等则发现，*T. caerulescens* 在 20mg/L Pb 水培条件下，地上部 Pb 含量高达 7000mg/

kg，表明 *T. caerulescens* 也具有超富集 Pb 的能力。*Brassica juncea* 生物量大，虽然不是 Pb 超富集植物，但是在 EDTA 螯合条件下，地上部 Pb 含量高达 15000mg/kg，而且对 Cd、Ni、Cu 和 Zn 都有一定的富集能力，目前是植物修复领域研究较为广泛的一种材料，在修复重金属污染土壤方面取得较好的效果。

我国在超富集植物筛选方面的研究起步较晚，近年来也取得了一系列成果。目前，我国对植物富集重金属 Cd 的研究较多。黄会一报道了一种旱柳品系可富集大量的 Cd，最高富集量可达 47.19mg/kg。魏树和等对铅锌矿各主要坑口的杂草进行富集特性研究发现，全叶马兰、蒲公英和鬼针草地上部对 Cd 的富集系数均大于 1，且地上部分 Cd 含量大于根部含量；他们还首次发现龙葵是 Cd 超富集植物，在 Cd 浓度为 25mg/kg 的条件下，龙葵茎和叶片中 Cd 含量分别达到了 103.8mg/kg 和 124.6mg/kg，其地上部 Cd 的富集系数为 2.68。苏德纯等对多个芥菜品种进行了耐 Cd 毒和富集 Cd 能力的试验，初步筛选出 2 个具有较高吸收能力的品种。在相同的土壤 Cd 浓度和生长条件下，芥菜型油菜溪口花籽的地上部生物量、地上部吸收 Cd 量和对污染物的净化率均明显高于目前公认的参比植物印度芥菜。刘威等发现，宝山堇菜是一种新的 Cd 超富集植物，在自然条件下地上部分 Cd 平均含量可达 1168mg/kg，最高可达 2310mg/kg，而在温室条件下平均可达 4825mg/kg。

除了对植物富集重金属 Cd 的研究较深入外，陈同斌等在中国境内发现 As 超富集植物蜈蚣草（图 6-8）。蜈蚣草对 As 具有很强的富集作用，其叶片含 As 高达 5070mg/kg，在含 9mg/kg As 的正常土壤中，蜈蚣草地下部和地上部对 As 的生物富集系数分别达 71 和 80。韦朝阳等发现了另一种 As 的超富集植物大叶井口边草，其地上部平均 As 含量为 418mg/kg，最高 As 含量可达 694mg/kg，其富集系数为 1.3～4.8。鸭跖草是 Cu 的超富集植物。李华等研究了 Cu 对耐性植物海洲香薷的生长、Cu 富集、叶绿素含量和根系活力的影响，指出虽然地上部分 Cu 的富集水平未达到超富集植物的要求，但由于其生物量大，植株 Cu 总富集量较高，仍可用于 Cu 污染土壤的修复。杨肖娥等通过野外调查和温室栽培发现了一种新的 Zn 超富集植物东南景天，天然条件下东南景天的地上部 Zn 的平均含量为 4515mg/kg，营养液培养试验表明其地上部最高 Zn 含量可达 19674mg/kg。薛生国等通过野外调查和室内分析发现，商陆对 Mn 具有明显的富集特性，叶片 Mn 含量最高可达 19299mg/kg，填补了我国 Mn 超富集植物的空白。

图 6-8　As 超富集植物蜈蚣草

(3) **环境因素对重金属植物修复的影响**

土壤环境中影响土壤重金属形态的因素往往在重金属的植物修复中扮演重要的角色。土壤中植物对重金属的固定及吸收，主要取决于它的不同形态在土壤中的比例。因此，研究是哪些因素影响土壤中重金属的形态，就可以通过控制这些因素以达到提高植物修复效果的目的。

pH 值是影响土壤中重金属形态的一个重要因素。以镉的植物固定为例，许多研究发现，在镉污染程度不等的各种土壤上，pH 值对植物吸收、迁移镉的影响非常大。莴苣、芹菜各部位的 Cd、Zn 的浓度基本遵循随土壤 pH 值升高而呈下降趋势的规律。国外许多研究者也发现随着土壤 pH 值的降低，植物体内的镉含量也增加。Tudoreanu 和 Phillips 发现这二者之间呈线性关系。中国南方的稻田多半是酸性土壤，这种土壤有利于水稻对镉的吸收。因此我们可以通过往土壤里施加石灰以提高土壤的 pH 值的方式，改变土壤的 pH 值以降低镉在红壤里的活性，减少植物对镉的吸收，这也是解决镉大米问题的一个有效思路。

氧化还原电位是影响土壤中重金属形态的重要因子。土壤中重金属的形态、化合价和离子浓度都会随土壤氧化还原状况的变化而变化。如在淹水土壤中，往往形成还原环境。在这种状态下，一些重金属离子就容易转化成难溶性的硫化物存在于土壤中，使土壤溶液中游离的重金属离子的浓度大大降低，进而影响植物修复。而当土壤风干时，土壤中氧的含量较高，氧化环境明显，则难溶的重金属硫化物中的硫，易被氧化成可溶性的硫酸根，提高游离重金属的含量。因此，通过调节土壤氧化还原电位（E_h）来改变土壤中重金属的存在形式可以有效提高植物修复的效率。

许多研究表明，土壤中的有机质含量也是影响重金属形态的重要因素。进入环境中的重金属离子会同土壤中的有机质发生物理或化学作用而被固定、富集，从而影响了它们在环境中的形态、迁移和转化。Sauv 等发现加拿大的有机森林土壤对镉的吸附能力是矿物土壤的 30 倍。华珞等的研究表明，施入有机肥后土壤中有效态镉的含量明显降低，因而能显著减轻镉对植物的毒害。故在镉污染的土壤上增施有机肥是一种十分有效的改良方法。

营养物质浓度也同样影响重金属的植物修复。用 Hoagland 营养液做实验证明，重金属在植物体内的迁移与营养液的浓度有关。在镉污染的溶液里，营养液浓度越小，富集在植物各部分的镉浓度就越高。这是由于很多重金属离子与诸如铁离子、铜离子等营养元素使用着共同的离子通道进入植物细胞内。当植物体内富余或者缺乏这些营养元素时，这些离子通道的开关将影响植物对重金属离子的吸收。因此在镉污染的土壤中，适当增加土壤溶液中的营养物质浓度能够影响植物对镉离子的吸收。同时也有学者对其中的重要营养元素分别做了研究，证明营养元素的施用可以缓解重金属对植物的毒害作用。

6.3.1.3 存在的问题及研究趋势

(1) **存在的问题**

植物修复技术具有常规土壤物理化学等方法所不及或没有的技术和经济上的双重优势，正是这驱动着植物修复技术在全球范围的研究和应用。然而，利用植物修复土壤重金属污染仍存在不足之处。

① 修复过程相对而言较为缓慢　土壤环境对植物的修复效率有着较大的影响，植物修复技术还需要植物生理学、土壤学、生态学等多个学科知识的综合应用才能更好发挥其作用。重金属污染土壤的植物修复的主要问题是如何提高植物的修复速率和效率。现在植物修

复方面的研究主要着重于野生超积累植物的筛选上，但因大多数野生植物生物量较小、生长缓慢、修复效率低，在今后的研究中，除了从基因技术的角度研究把积累植物中的基因转入生物量大的植物外，还应该从土壤化学的角度出发，研究相应的科学措施增加植物对重金属的吸收量，从而提高植物修复的效率。

② 植物提取所用的超富集植物往往生物量较小　植物提取修复技术的应用有两个前提，一是植物组织能积累高浓度的某种元素，二是植物的生物量高。但现在发现的许多超富集植物生长缓慢、植株矮小、地上部生物量小，成为实际应用中最大的限制。因而在植物提取的研究中，提高超富集植物的生物量，或者提高富集植物对重金属的吸收都是植物修复研究中的重要课题。

③ 重金属的植物修复选择性和复杂性　在植物修复过程中不同植物对于重金属的吸收、富集作用是不同的。采取的各种土壤化学及土壤生物学的措施，在不同的情况下它们对植物修复的作用也可能不同，有时甚至相反。例如，调节土壤 pH 值对于植物固定和植物提取而言，他们的目的是不同的，前者往往需要降低重金属的生物有效性，而后者需要提高游离重金属离子的浓度。而土壤由于自身是个极其复杂的系统，相同类型的土壤开展相同的研究时往往获得的结果亦可能有较大出入。这些因素导致在植物修复的过程中设置了较高的门槛，往往需要很高的科研水平及充分的前期准备才能获得较为理想的修复效果。

(2) 研究趋势

随着人们对良好环境的要求和高效农业发展的需要，植物修复技术将会越来越受到重视。植物修复技术本身还有待进一步的发展，将植物修复应用到实际中去还存在许多问题，需要生物学、土壤学、植物学、基因技术、环境化学等多门交叉学科的研究。下面简单介绍植物修复未来主要的研究方向。

① 植物修复与传统修复技术相结合　将电化学、土壤淋洗法等传统土壤物理化学修复技术和植物修复综合应用到土壤修复中，比使用任何单一方法效果要好。电化学修复中的电流能有效地将吸附的重金属从土壤颗粒中释放出来，而含配体的溶液能提高土壤溶液中重金属的浓度，再利用植物根系巨大的表面积将溶液中金属离子或金属配位离子进行吸附、吸收和进一步转运。这些物理化学修复技术与植物修复的联合修复，往往能有效克服各自修复技术中的缺陷，达到理想的土壤修复目的。

② 超富集植物发掘及富集重金属的机理研究　目前发现的 400 多种超累积植物主要集中在北美洲、大洋洲和欧洲等发达国家，中国物种资源丰富，但发现的超累积植物比较少。超累积植物鉴别的一个简单而有效的方法是到矿区采集各种植物进行分析，如在稀土矿区、铜矿区发现了各自的超累积植物，但这样做的缺点是工作量大，并且可能失去许多潜在的有价值的超累积植物。利用根毛（hairy root）在实验室内确定植物对重金属的生物吸收能力和长期累积能力的新方法正在被建立，该方法的意义是能克服自然条件的限制，加快对超累积植物的筛选速度。多种重金属超累积植物的寻找是一项有意义的基础性工作，是超累积机理研究的前提并能提供丰富的基因资源。

③ 基因工程　目前，将基因技术应用于植物修复的研究才刚刚起步，但已有令人鼓舞的研究。基因技术的研究将是植物修复研究中的一个重要并很有价值的方向，包括有价值基因的筛选、基因技术、基因工程立法等研究。转基因技术在植物修复中的应用前景为土壤重金属污染的植物修复提供了更大的发展空间，虽然进行基因导入可能会对当地生物群落产生威胁，或使杂交后代失去转基因植物的某些特征，但总的来说，转基因技术在植物修复方面有着广阔的前景，在今后的研究中，还应加强以下方面的研究。

首先，目前采用的基因大多数是增强植物对某些重金属的抗性，或改变重金属的形态，而促进植物吸收重金属的基因发现的很少，由于重金属抗性和积累是非常独立的特性，因此应加大对利于植物吸收、富集重金属的基因的开发。其次，采用现代遗传学方法，将高生物量的植物与重金属超富集植物进行杂交，使后代兼具高生物量和高富集能力，这种可行性还有待进一步研究。最后，加大对受重金属胁迫影响的突变体的遗传分析，有助于理解植物对重金属的积累机制。转基因技术与环境土壤学（特别是根际环境重金属行为）、遗传育种学、植物学等多门学科结合，进行土壤重金属污染的植物修复，将成为今后该领域研究的重要发展方向。

④ 植物-微生物联合修复　自然界中，与许多植物共生的微生物尤其是真菌类紧靠着植物根系，它们发达的菌丝提高了植物根系吸收营养的范围，能促进植物对营养物质和重金属的吸收；同时，许多真菌对重金属有很高的耐性和积累性，真菌的活动能降低重金属对植物的毒性，提供了对植物根系的保护，有利于修复植物的生长。将适合某种污染的真菌接种在超累积植物的根部，有可能促进植物修复。丛枝菌根广泛分布于各陆地生态系统中，它们能在植物根系的表面形成大量的菌丝，吸收更多的营养元素，并通过寄生在植物根系内部的丛枝状结构域输送给植物；而植物根系则将光合作用形成的碳水化合物输送给菌根，维持它的生长和发育。菌根与其宿主植物形成了世界上最古老的互利共生关系。应用丛枝菌根和植物一起联合修复污染土壤的方法称为菌根修复，其核心仍然是植物修复。菌根修复作为植物修复的延伸，其主要研究内容包括：菌根真菌的筛选、土壤性质对菌根修复的影响和植物-微生物相互作用机理等（图 6-9）。

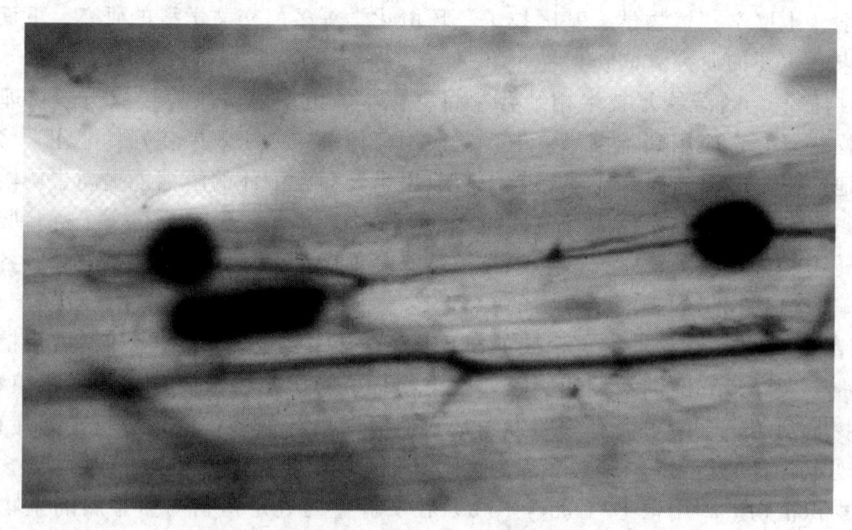

图 6-9　丛枝菌根浸染的高羊茅猎狗五号根系

6.3.2　有机污染土壤的植物修复

由于农药施用、化工污染等问题引起的土壤有机污染，使得有机污染土壤的清洁与安全利用成为了一个亟待解决的问题。目前，修复有机污染土壤环境的技术主要有物理修复、化学修复、电化学修复、生物修复技术等。植物修复是颇有潜力的土壤有机污染治理技术。与其他土壤有机污染修复措施相比，植物修复经济、有效、实用、美观，且作为土壤原位处理方法其对环境扰动少；修复过程中常伴随着土壤有机质的积累和土壤肥力的提高，净化后的土壤更适合于作物生长；植物修复中的植物根系的生长发育对于稳定土表、防止水土流失具有积极生态意义；与微生物修复相比，植物修复更适用于现场修复且操作简单，能够处理大面积面源污染的土壤；另外，植物修复土壤有机污染的成本远低于物理、化学和微生物修复措施，这为植物修复的工程应用奠定了基础。由于植物修复技术是种绿色、廉价的污染治理方法，已成为近年来修复土壤非常有效的途径之一。

植物修复同时也有一定的局限性。植物对污染物的耐受能力或积累性不同，且往往某种植物仅能修复某种类型的有机污染物，而有机污染土壤中的有机污染物往往成分较为复杂，这会影响植物修复的效率；植物修复周期长，过程缓慢，且必须满足植物生长所必需的环境条件，因而对土壤肥力、含水量、质地、盐度、酸碱度及气候条件等有较高的要求；另外，植物修复效果易受自然因素如病虫害、洪涝等的影响；而且，植物收获部分的不当处置也可能会在一定程度上产生二次污染。

6.3.2.1 修复机制

植物修复根据有机污染物修复发生的区域可以分为植物提取（包括根吸收和体内降解）和根际降解两大方面。有机污染物的根际降解根据其修复机制又可分为根系分泌物促进有机污染物降解和植物强化根际微生物的降解作用。植物修复功能主要有植物根系的吸收、转化作用以及分泌物调节和分解有机污染物的作用，而且植物的根系腐烂物和分泌物可以为微生物提供了营养来源，有调控共代谢作用，一部分植物还决定着微生物的种群。植物提取就是植物将有机污染物吸收到体内储存、降解或通过蒸腾作用将污染物从叶子表面挥发到大气中，从而清除或降低土壤污染物。植物可在体内转化有机污染物达到解毒效果，其中有些污染物可被植物完全降解为二氧化碳。

(1) 植物吸收转运机制

土壤中有机污染物的植物吸收一直受到学者们的关注。20 世纪 60～70 年代，主要研究作物内有机污染物的来源及其在作物不同组织间的分配和影响，指出植物根系可以吸收土壤中的有机污染物，并将其吸收的一部分转移、积累到地上部分。20 世纪 80 年代，在研究有机污染物对作物危害的同时，研究了其在作物不同组织间的分配。20 世纪 90 年代后，主要研究有机污染物的超富集植物及在植物体内的归宿，期间关注的污染物主要有 PCBs、PAHS、有机溶剂（TCE 等）、总石油烃类（TPH）、杀虫剂和爆炸物（TNT 等）等有机污染物。这些污染物都能被特定植物不同程度地吸收、转运和分配。植物吸收有机物后在组织间分配或挥发的同时，某些植物能在体内代谢或矿化有机物，使其毒性降低。但当前研究大多只是证明植物能通过酶催化氧化降解有机污染物，对其降解产物（主要是低分子量物质）的进一步转化过程（深度氧化）研究较少。Shang 等的研究发现，经三氯乙烯（TCE）水培液培养一段时间后，植物体内检出其降解产物三氯乙醇（TCOH），但离开水培液后，TCOH 逐渐消失，说明 TCOH 在植物体内被进一步降解，但其降解产物尚未确定。之后，他们通过悬液细胞（suspension cells）的矿化实验，证实了杂交杨能通过植物酶的催化氧化将 TCE 并入植物组织，成为其不可挥发和不可萃取的组分。

植物对有机污染物的吸收主要有两种途径：一是植物根部吸收并通过植物蒸腾流沿木质部向地上部分迁移转运；二是以气态扩散或者大气颗粒物沉降等方式被植物叶面吸收。研究表明，对于低挥发性有机污染物，植物对其吸收积累主要是通过根部吸收的方式，而对于高挥发性有机污染物则主要是通过植物叶片的吸收富集。Aslund 等用南瓜、莎草、高羊茅来修复 PCBs 污染土壤，研究结果表明，3 种植物都表现出对 PCBs 的直接吸收作用，且离根越远的枝叶中 PCBs 的浓度越低。植物酶对各种外来持久性有机污染物在植物细胞中的降解起到很重要的作用。植物对 POPs 的代谢作用主要通过植物体内的各种过氧化物酶、羟化酶、糖化酶、脱氢酶以及植物细胞色素酶 P450 等来实现。大量研究结果也证明了植物过氧化物酶参与植物对 PCBs 的生物代谢作用。例如，植物中提取得到的硝酸还原酶溶液和商用纯硝酸还原酶制剂也能促进 2,2′,4,4′,5,5′-六氯联苯的脱氯降解（图 6-10）。

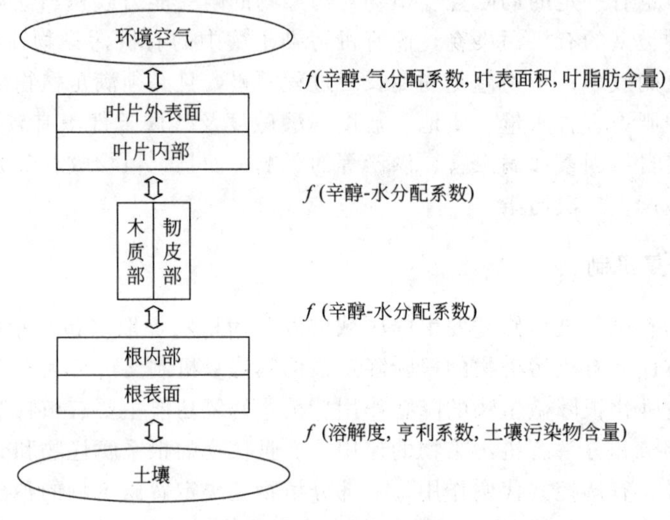

图 6-10　植物吸收有机物的机制

植物提取有机污染物的效果与植物的种类、部位和特性的不同而有差异。Parrish 等的研究表明高酥油草、意大利黑麦草、黄花草木樨对 PAHs 污染降解率分别为 23.9%、15.3%和 9.1%；Ying 的研究发现，白杨树提取土壤的二噁英，累积在植株体内的浓度表现为叶子＞茎＞根，在 7d 内土壤的二噁英减少了 30%。Gao 等的研究则表明，12 种不同植物对土壤菲、芘的吸收累积与有机污染物的浓度和植物特性有关，根的污染物浓度或根富集系数与根的脂含量呈正相关。植物提取污染物的效果也与有机污染物性质、土壤性质、修复时间等因素有关。Sung 等的研究表明，植物去除有机污染物与土壤有机质含量、污染物的辛醇与水分配系数比值等有关。实验表明，在 120 天内，种植黑麦草可加快土壤中苯并[*a*]芘可提取态浓度的降低，苯并[*a*]芘可提取态浓度随着时间的推移而逐渐减少。

(2) 根际降解

根际降解包括植物根系分泌物、根际微生物、根际微生物与植物相互作用对有机污染物的降解作用。有机污染物的根际修复主要是植物-微生物的协同修复。根系分泌物是植物根系释放到周围环境（包括土壤、水体和大气）中的各种物质的总称。根系分泌物营造了特殊的根际微域环境，影响了根际环境的微生物活性和有机污染物生物可利用性。根系分泌物通过为根际的微生物提供了丰富的营养和能源，使植物根际的微生物数量、群落结构和代谢活力比非根际区高，增强了微生物对有机污染物的降解能力；而且植物根系分泌到根际的酶可直接参与有机污染物降解的生化过程，提高降解效率。Godsy 等的研究表明氯乙烯的降解与棉白杨根系分泌物有关。Yoshitomi 等的研究则表明，玉米根系分泌物可以明显提高土壤中芘的降解率，根际微生物在分泌物作用下也促进了芘的降解。

根际微生物对土壤中有机污染物的降解有重要作用。Chekola 等的研究表明，土壤中多氯联苯的降解与紫苜蓿、柳枝稷、酥油草、芦苇等植物根际微生物的作用有关。Corgie 和

Johnson 等研究了黑麦草根际微生物的种群特征及其对 PAHs 的降解情况，他们的研究发现异养细菌数量和菲降解量呈正相关，并在根际周围形成梯度特征。不同植物种类根际微生物的活性、种群特征以及不同生长阶段对有机污染物的降解效率均有影响。Muratova 的研究表明，在苜蓿和芦苇的根际微生物对土壤中 PAHs 的降解中，苜蓿调控根际微生物群落和降解 PAHs 的效果更加明显，微生物数量和可降解 PAHs 的微生物种群提高更明显；Grick 报道了基因修饰细菌不仅保护寄主免受甲苯的毒害，而且可以提高植物对甲苯的降解能力，降解效果更好；对苜蓿其根瘤菌降解土壤中 PCBs 的研究结果表明，在未成熟期，苜蓿与根瘤菌的联合作用对污染物的降解效果最佳，苜蓿单独作用效果最差。而在成熟期，苜蓿单独作用对污染物的降解效果最好，根瘤菌单独作用降解效果最差。

另外，土壤本源的氧化还原酶对土壤中的有机污染物有较强的去除作用。氧化还原酶如加氧酶、酚氧化酶、过氧化物酶等能够催化多种芳香族化合物如多环芳烃的氧化反应。植物来源的酶对土壤中有机污染物的降解也发挥着重要作用。众多研究表明，植物可以增加根际酶活性，而根际酶活性的提高促进了有机污染物的降解。

6.3.2.2 影响有机污染土壤微生物修复的因素

影响有机污染物植物修复的因素主要有有机污染物的物理化学特性和污染物种类、浓度及滞留时间，以及用于污染修复的植物种类、植物生长的土壤类型、环境及气象条件等等。

(1) 有机污染物的物理化学特性

控制植物对外来污染物摄取的主要因素是化合物的物理化学特性，如辛醇-水分配系数（$\lg K_{ow}$）、酸化常数（pK_a）、有机化合物的亲水性、可溶性、极性和分子量、分子结构、半衰期等。疏水性较强、蒸气压较大（$H>10^{-4}$）的污染物主要以气态形式通过叶面气孔或角质层被植物吸收。因此，土壤中半衰期小于 10d、$H>10^{-4}$ 的有机污染物不宜采用植物修复。有机质亲水性越强，被植物吸收就越少，最可能被植物摄取的有机物是中等憎水的化合物。污染物的水溶性越强，通过植物根系内表皮硬组织带进内表皮的能力越小，但进入内表皮后，水溶性大的污染物更易随植物体内的蒸腾流或汁液向上迁移。$\lg K_{ow}=1.0\sim3.5$ 的有机污染物较易被植物吸收、转运。$\lg K_{ow}>3.5$ 的憎水性有机污染物被根表面或土壤颗粒强烈吸附，不易向上迁移；$\lg K_{ow}<1.0$ 的亲水性有机污染物不易被根吸收或主动通过植物的细胞膜。有机化合物的亲水性越大，进入土壤溶液的机会越小，被植物吸收的量越少。植物根对有机物的吸收与有机物的相对亲脂性有关，某些化合物被吸收后，有的以一种很少能被生物利用的形式束缚在植物组织中。如利用胡萝卜吸收 2-氯-2-苯基-1，3-氯乙烷，然后收获胡萝卜，晒干后完全燃烧以破坏污染物。在这一过程中，亲脂性污染物离开土壤进入胡萝卜根中。也有某些有机污染物进入植物体内后，其代谢产物可能黏附在植物的组分（如木质素）中。

污染物的分子量和分子结构会影响植物修复效率。植物根系一般容易吸收分子量小于 50 的有机化合物。分子量较大的非极性有机化合物因被根表面强烈吸附，不易被植物吸收转运，如石油污染土壤中的短链低分子量的有机物更易被植物-微生物体系降解。分子结构不同的污染物会因其对植物的毒害性不同而影响植物修复效率，通常多环芳烃环的数目越多越难被植物降解。不同取代基苯酚化合物在消化污泥中完全降解所需时间不同，硝基酚和甲氧酚较易消失，而氯酚和甲基酚所需时间较长。就是具有同一取代基的苯酚物，由于取代位置不同，其消失时间也不同，以氯的位置而言，苯环上间位取代的类型最难降解。苯环上取代氯的数目越多，降解越困难。如氯代苯酚对农作物的危害随苯环上氯原子个数增加而加大，在氯原子个数相同时，邻位取代毒性最大。

植物修复能力与污染物的生物可利用性有关，即在土壤中微生物或其胞外酶对有机污染物的可接近性。它受土壤理化性质和微生物种类等许多因素的综合影响。促进土壤中污染物和微生物的解吸附，增强非水相基质的溶解，加速土壤污染物与微生物之间的能量传递，可以增强污染物的可利用性和生物降解的速率。利用表面活性剂和电动力学方法可明显增强有机污染物的水溶性与微生物的降解，有效地增强污染物的生物可利用性。另外植物修复能力与土壤中微生物的活性关系密切，而土壤中微生物的活性又受多种因素影响，如农药的浓度、土壤的理化特性、有机物种类和含量、微生物区系组成等。

(2) 植物修复品种的影响

植物种类是植物修复的关键因子。植物对有机污染物的吸收分为主动吸收与被动吸收。被动吸收可看作污染物在土壤固相-土壤水相，土壤水相-植物水相，植物水相-植物有机相之间一系列分配过程的组合，其动力主要来自蒸腾拉力。不同植物的蒸腾作用强度不同，对污染物的吸收转运能力不同。另外，由于组织成分不同，不同植物积累、代谢污染物的能力也不同。脂质含量高的植物对亲脂性有机污染物的吸收能力强，如花生等作物对艾氏剂和七氯的吸收能力大小顺序为：花生＞大豆＞燕麦＞玉米。植物种类不同，其对污染物的吸收机制存在差异，即使同类作物间也会有所区别。研究表明，夏南瓜对 PCDD/PCDF（$\lg K_{ow}>6$）的富集能力明显大于其同族植物南瓜、黄瓜，且它们间的吸收方式不同。夏南瓜与南瓜主要以根部吸收为主，并向地上部分迁移，而黄瓜主要通过地上部分从空气中吸收。植物不同部位累积污染物的能力不同。对多数植物来说，根系累积污染物的能力大于茎叶和籽实，如农药被植物通过根系吸收后在植物体内的分布顺序为根＞茎＞叶＞果实。此外，植物不同生长季节，由于生命代谢活动强度不同，吸收污染物的能力也不同，如水稻分蘖期以后，其根、茎、叶中1,2,4-三氯苯等污染物的浓度大幅度增加。

植物根系类型对污染物的吸收具有显著的影响。须根比主根具有更大的比表面积，且通常处于土壤表层，而土壤表层比下层土壤含有更多的污染物，因此须根吸收污染物的量高于主根。这一区别是禾本植物比木本植物吸收和累积更多污染物的主要原因之一。另外，根系类型不同，根面积、根分泌物、酶、菌根菌等的数量和种类都不同，也会导致根际对污染物降解能力存在差异。

(3) 土壤性质对修复的影响

土壤不仅是有机污染物的载体，也是植物生长的基本载体。土壤质量优劣直接影响植物生长状况，这必然会在植物修复效果中有所反应。以植物对有机污染物的直接吸收为例，其吸收作用取决于植物对污染物的吸收效率和植物生物量；吸收效率与植物、污染物固有性质有关，而生物量则取决于土壤的理化性质。

土壤理化性质对植物吸收污染物具有显著影响。土壤颗粒组成直接关系到土壤颗粒比表面积的大小，影响其对有机污染物的吸附能力，从而影响污染物的生物可利用性。土壤酸碱性不同，其吸附有机物的能力也不同。碱性条件下，土壤中部分腐殖质由螺旋态转变为线形态，提供了更丰富的结合位点，降低了有机污染物的生物可利用性；相反，当 $pH<6.0$ 时，土壤颗粒吸附的有机污染物可重新回到土壤水溶液中，随植物根系吸收进入植物体。另外土壤性质的变化，直接影响植物的生长状况，从而影响植物修复的效率。土壤中矿物质和有机质的含量是影响植物修复有机污染物的两个重要因素。矿物质含量高的土壤对离子性有机污染物吸附能力较强，有机质含量高的土壤会吸附或固定大量的疏水性有机物，降低其生物可利用性。植物主要从土壤水溶液中吸收污染物，土壤水分能抑制土壤颗粒对污染物的表面吸

附能力，促进其生物可利用性；但土壤水分过多，处于淹水状态时，会因根际氧分不足，而减弱对污染物降解能力。

6.3.2.3 存在的问题及研究趋势

植物修复优点很多，如操作简单、费用低，因此较容易被公众接受。由于是原位修复，对环境的改变少，可以进行大面积处理。与微生物相比，植物对有机污染物的耐受能力更强，植物根系对土壤的固定作用有利于有机污染物的固定，植物根系可以通过植物蒸腾作用从土壤中吸取水分，促进了污染物随水分向根区迁移，在根区被吸附、吸收或被降解，同时抑制了土壤水分向下和其他方向的扩散，有利于限制有机污染物的迁移等。植物修复的主要的缺点有：修复时间比其他方法要长一些；与植物生长一样，受气候的影响比较大；污染物有可能在植物中富集，有些代谢中间产物甚至可能比原污染物毒性更大，形成二次污染；某些污染物的溶解性提高了，因而可能造成污染扩散。

未来有机污染土壤的植物修复技术主要研究方向有以下几点。

(1) 高效修复植物筛选

由于有机污染物种类众多，完全依赖反复试验的方法来筛选高效率的修复植物是不现实的。高效修复植物的筛选应考虑能够超量吸收积累有机污染物的植物及具有高效降解污染物的根际环境的植物。Schnoor 等认为应通过鉴定植物根系分泌物中与有机污染物相关的降解酶的种类和含量来定向筛选有特殊清除能力的植物。Duc 等以植物体内特异性天然化合物含量来测试植物对类似结构污染物的吸收去除能力，发现大黄属植物（*Pheum pamlatum*）含有丰富的蒽醌衍生物，其组培细胞也能高效吸收并转化培养基中的硫代蒽醌或二硫代蒽醌。Siciliano 和 Gerinida 在分析了植物与微生物之间的生物化学和生态学关系后认为，那些能忍耐或产生化感物质的植物-微生物体系可能是降解有机污染物的理想体系。

实际上，迄今尚没有报道能超积累 PAHs 等有机污染物的植物，甚至在较长时间内都不易找到这类植物。鉴于此，采用化学强化方法来提高常规植物吸收积累污染物的能力，也可能有效提高植物修复效率。根际环境中的根系分泌物和酶本身能够降解或促进微生物降解有机污染物；理论上，在土壤有机污染物的矿化中不同根系分泌物组分可能具有不同功能，如低分子量有机酸可溶出土壤有机质，从而脱附被土壤吸附的有机污染物，而根系分泌物中的糖类物质一般是有机污染物共代谢的基质。目前，关于不同根系分泌物组分在根际矿化有机污染物中的作用研究很少，该研究有望为针对性地选择能高效降解有机污染物的植物提供依据。

(2) 污染物在植物体内的代谢转化机理研究

继续系统研究污染物在植物体内的代谢转化机理，对筛选修复用植物和制订修复方案有决定性作用。深入研究有机污染物在植物体中转移、转化、代谢的动力学，确定速控步骤，以便控制修复效果。研究开发新型、便捷可靠的分析植物组织中有机污染物及其代谢产物的分析方法也是非常有前景的课题。

(3) 转基因技术提高植物修复能力

用转基因技术和一些分子生物学手段对现有植物资源进行改造，有可能培育出能降解有机污染物的超级植物。虽然相关研究仍然只是处于初始阶段，但是一些研究报道显示了其在植物修复领域具有良好的应用前景。例如，Doyt 等报道了导入细胞色素 P450*EI* 基因的植物对 TCE 的代谢能力提高了 640 倍。

(4) **土壤有机污染物增溶提高植物修复效率**

植物修复的效果很大程度上受污染物的可生物利用性影响，因为植物吸收和酶降解有机污染物的速度很快，污染物在土壤中的转移扩散成为速控步骤。在植物修复土壤有机物污染时，选用合适的添加剂（典型的如表面活性剂）增溶有机污染物的研究将是未来植物修复研究的重要方向，今后应该继续加大这方面的研究。Shermata 等研究了几种环糊精对土壤中 TNT 及其代谢物的解吸和溶解，发现其洗脱效果很好。环糊精本身是生物代谢物，容易生物降解，可以增溶有机物，也可增溶金属离子，所以具有良好的应用前景。当然受其结构和增溶机理的限制，环糊精的增溶普适性不如表面活性剂强，对特定污染物必须选择特定环糊精，而且不是对所有有机污染物都能找到适当的环糊精。但是需要注意的是，有机污染物被增溶后迁移性更大，存在扩散的危险；另外表面活性剂对植物生长本身的影响也有待研究。采用化学方法增溶土壤中有机污染物，使之能更快被植物吸收，这个研究领域前景诱人，还有大量的工作需要做。

6.4 生物修复的强化技术

相比于物理修复和化学修复，生物修复虽然具有成本较低、不对环境造成二次污染、对生态环境扰动性小等优点，但是生物修复相对于物理化学修复技术而言，其效率仍然较低，修复周期较长。生物修复所遇到的瓶颈，可以引入生物强化技术，通过增强修复能力、缩小修复周期等方式提高生物修复效率。

目前，生物修复污染土壤主要是利用微生物和植物，两种修复方式各有特点，互有穿插，针对这两种不同的修复手段也有各自的强化技术。生物修复强化技术本质上是在微生物修复和植物修复前或过程中使用物理、化学或生物等手段，以达到提高修复效率的目的。目前，生物修复强化技术的研究在不断深入、不断完善，也不断有新技术被证实有效，是实现生物修复大规模应用的强大推力。

6.4.1 微生物修复的强化技术

微生物修复技术对土壤环境的干扰程度轻，不易破坏植物生长的适宜环境。但微生物修复技术也有不足，微生物修复技术的工程时间较长，修复效率低，不能修复重污染土壤。微生物修复并非对所有进入生态环境的污染物进行降解，大多数的微生物一般只能处理一种或几种污染物。为了解决微生物修复面临的这些问题，利用微生物强化技术提升环境污染物降解能力，提高了降解速率，最终达到去除土壤中难降解污染物的目的。

6.4.1.1 固定化微生物技术

固定化微生物技术的研究基于固定化酶，始于 20 世纪 50 年代，目前已逐渐成熟。固定化微生物技术是利用物理或化学手段将分散、游离微生物限定在特定区域内，使其高浓度密集、保持较高生物活性且可持续使用的一种新型生物工程技术。利用特定载体将高效微生物菌群固定在目标修复位置，该微生物菌群具有活性高、专一性强、耐受性强、处理效果稳定、有毒有害物质去除速率快等优点。

(1) **固定化微生物技术的作用原理**

① 利用载体材料形成一个缓冲环境，屏蔽缓冲环境外界不良的影响（土著微生物竞争

等)，使得接种的高效微生物能够良好繁殖；

② 载体材料还可以作为一种吸附剂，吸附富集环境中的污染物；

③ 载体材料还可以固定富集高效微生物以及其分泌的胞外酶，使得高效微生物与环境微生物的接触机会大大增加；

④ 载体材料富集含有高浓度环境污染物的微生物时可以联合外源微生物，成为途中微生物驯化的场地（图 6-11）。

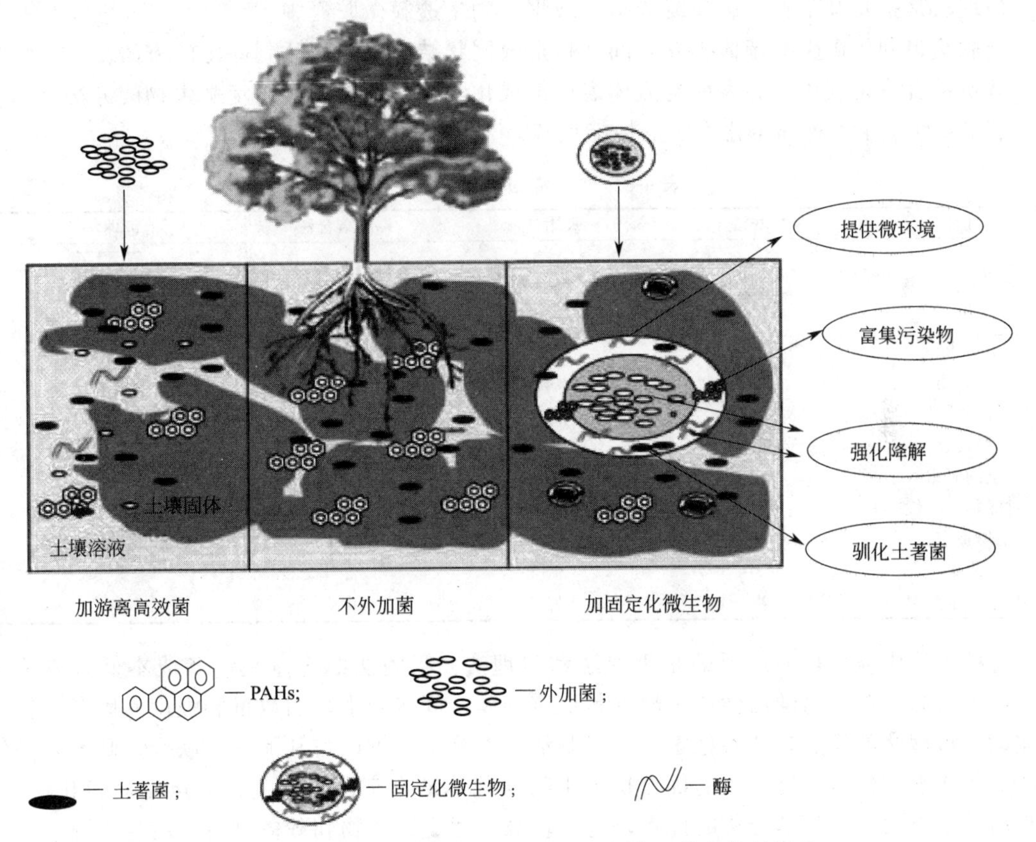

图 6-11 固定化微生物技术对 PAHs 污染土壤的修复原理

(2) 固定化微生物技术载体的选择

固定化微生物修复技术的核心是载体材料，它可以影响到微生物的活性和环境污染物的去除效率。固定化载体种类繁多，土壤修复的理想固定化载体材料应具备以下特点：

① 生物相容性良好，对微生物和环境均没有毒害；

② 机械强度高，传质性能好；

③ 可以为高效微生物提高充足的营养；

④ 具有一定的生物降解性。

土壤中的固定化材料以聚乙烯醇、海藻酸钠和活性炭较为常见，近年来天然的植物残体也逐渐受到重视。植物残体的腐殖化过程能释放各种溶解性有机质，可以作为一些环境污染物的共代谢物质，是土壤有机质的重要来源。添加植物残体载体材料，可以改善土壤的性质、提高高效微生物的活性和数量、提高酶的产量、提高污染物的去除量。Su 等用玉米棒作为载体固定真菌，修复 PAHs 污染土壤，试验表明，固定化菌的降解率比游离菌株高 15.7%，去除效果更好。并且固定化菌形成的系统对环境变化具有极好的耐受性。

(3) **固定化微生物方法分类**

微生物固定化方法分为：吸附法、包埋法、交联法、共价结合法、微生物自身固定化以及组合固定化技术等。

吸附法是利用载体材料的物理性质（如黏附力、表面张力等）或微生物与载体之间的作用力（如范德华力、氢键及静电引力）将微生物吸附在载体上，从而实现固定的方法。

包埋法是指将微生物包裹在凝胶格子或聚合物半透膜微胶囊中。

交联法是利用微生物菌体相互之间连接形成网状结构，从而达到固定的方法。

共价结合法是利用细胞表面与载体表面形成化学共价键，从而固定微生物的方法。

表 6-6 列出了 4 种固定化方法的性能比较。

表 6-6 微生物固定化方法比较

性能	交联法	吸附法	共价结合法	包埋法
方式				
制备难易	适中	易	难	适中
结合力	强	弱	强	适中
细胞活性	低	高	低	适中
稳定性	高	低	高	高
空间阻力	较大	小	较大	大
对底物专一性	可变	不变	可变	不变
土壤适宜性	低	适宜	中	适宜
成本	适中	低	高	低
联合固定效果	差	好	中	好

这些方法中应用最为广泛的是吸附法和包埋法。吸附法的优点是制备成本低且方法简便，还不易影响微生物的活性，其缺点是稳定性差，固定微生物的数量和强度易因载体情况而波动。包埋法的优点是效果稳定，对细胞活性影响小，可以与其他方法联合，缺点是操作会使微生物细胞失活。交联法的优点是微生物与载体结合牢固、稳定，缺点是固定化激烈，细胞活性下降快。共价结合法的优点是稳定性高，固定微生物和载体材料的结合力强，但是制备难度高，成本也高，而且制备过程的反应激烈，易使得微生物失活，因此这种方法不常用。

单一的固定化方法都会存在一定的缺陷，将两种或两种以上的固定化方法联合，具有比单一固定化方法更好的性能和去除效果，使微生物在保持原有活性的基础上，稳定性有所提高，还具有操作简单、成本低等优点。吸附-交联法是目前使用较多的联合方法，其中以先吸附后交联的方法最为常见。交联能够增强微生物和载体之间的作用力，提高固定化微生物的稳定性。共价结合-交联法能增强微生物和载体间的作用力，并且通过交联作用使载体结合更多的微生物。吸附法结合力较弱，高 pH 值下，容易造成微生物的泄漏，一般不单独使用。

6.4.1.2 生物刺激技术

生物刺激是指向土壤中添加微生物生长所需的氮、磷等营养元素以及电子受体，刺激土著微生物的生长，增加土壤中微生物的数量和活性。

难降解的污染物一般不能直接被微生物降解，向土壤中添加碳源和能源的辅助基质后，相对而言较易发生反应的部分就能发生降解。微生物可以降解其他物质提供能量或者经别的物质诱导对环境污染进行降解。王辉等研究了添加外源性的营养物质（血粉、葡萄糖和乳化油）刺激土著高效微生物对 DDTs 污染的土壤，结果显示在土壤中添加血粉并且定期翻土，可达修复效果，5 个月后修复效率由 32.18%提高到 43.41%。

6.4.1.3 微生物联合修复技术

微生物联合修复技术是一类安全高效的土壤污染修复技术。与单一的物理、化学、生物修复技术相比，该修复方法兼具两者优势，成本低，修复效果强，可以修复重度污染的土壤，不产生二次污染。

(1) 表面活性剂-微生物修复技术

土壤中的某些环境污染物易被土壤颗粒吸附，使得环境污染物被固定在土壤中，让微生物不能与环境污染物接触。利用表面活性剂作为环境污染物去除剂的研究逐渐兴起。

表面活性剂通过提高其亲水和亲油基团，使环境污染物从土壤中解析出来。使用化学表面活性剂的成本较高，并且它本身不能被土壤中的微生物降解，所以必须控制好用量。表面活性剂的优点是成本低、降解效果好。李鱼等利用微生物对稠油污染的土壤进行修复，比较了化学表面活性剂和生物表面活性剂的降解效果，发现生物表面活性剂对污染物的降解率在 60 天后高达 72%。

生物表面活性剂可通过与土壤液相中的金属离子络合产生可溶性络合物，达到解析重金属的效果，还可以采用降低界面张力使重金属离子与表面活性剂直接接触的方式。

(2) 电动-微生物联合修复技术

一些污染物因其本身结构原因具有强疏水性，因而不易溶解，也不易被微生物降解。通过施加电场，可以分散土壤中的外源物质、营养物质和微生物；增强污染物与微生物间的传质过程，提高难降解污染物的降解效率；还可以诱导土壤中的污染物产生电化学反应，增强环境污染物的去除效果。电动-微生物修复降解效果好，操作简单，适用于烷烃类、酚类和多环芳烃类等有机污染物的修复。

影响电动-微生物修复效率的主要因素如下。

① 电场强度　电场强度可以作为一个高效微生物和环境污染物传质过程中的驱动力，离电场的中心电极越近，电场强度越大，传质作用越强，环境污染物越快被降解。

② 微生物种群　微生物是整个电动-微生物修复的重要组成部分，对环境污染物的降解效果受到其活性、数量和种类等影响。不同的微生物能利用不同的环境微生物，微生物的种类是整个电动-微生物修复的要点。

③ 环境因素　电动-微生物修复还受到周围很多环境因素影响，土壤的 pH 值可以影响土壤中离子的吸附与解吸、沉淀与溶解等，从而对环境污染物的迁移产生影响；不同类型土壤的理化性质（离子交换、吸附等）会影响污染物的降解等。

(3) 化学钝化-微生物联合修复技术

化学钝化主要用于原位生物修复，加入钝化剂来降低土壤中重金属有效态的含量，通过吸附、沉淀和氧化还原等一系列的物理化学反应，减少重金属的迁移，该法是重金属污染修复的重要途径之一。但可能会给生态环境带来其他问题。

研究发现采用化学钝化剂与微生物联用技术可以提高土壤重金属污染的修复能力。常用的化学钝化剂包括无机钝化剂（石灰、天然沸石、赤泥等）和有机钝化剂（秸秆堆肥、泥炭和畜禽粪便等），现无机-有机混合钝化剂与微生物联用使用研究较多。熊力等通过盆栽实验以被 Cd 和 As 污染严重的稻田土壤为研究对象，研究化学钝化剂（0.5%和 1%）和微生物菌联合施用对水稻生长等的影响。研究发现，只有添加微生物后对污染的降解才有促进作用，单独使用化学钝化剂对实验无影响。1%化学钝化剂与微生物联合处理使水稻糙米中 Cd 和 As 的含量较空白对照组分别降低了 46%和 29%，这表明化学钝化剂和微生物联合在一定程度上提高了微生物修复能力。

(4) 植物-微生物联合修复技术

植物-微生物联合修复技术利用植物与微生物结合，兼具两种生物修复的优点。通过微生物、植物之间的互利作用来提高土壤污染物的修复效率。一方面，植物根系分泌物、植物的落叶残体等为根系土壤微生物提供了良好的生存环境；另一方面，微生物可以吸收、转化土壤中的污染物，促进植物吸收土壤中有益生长发育的物质，降低土壤中污染物的浓度与毒性效应。

根际微生物以菌根、内生菌等方式与根系形成联合体，能够显著增强植物对重金属的富集能力，从而降低土壤环境中的重金属浓度。

6.4.1.4 基因工程技术

基因工程技术可以改良生物的基因，从而加强生物对污染物的耐受性，加强生物对污染物的吸收和转化作用，从而达到加强生物对污染环境的修复能力。构建基因工程菌治理生态环境污染问题是环境生物工程高新技术中的前沿课题。

根据微生物中环境污染物降解基因、降解途径等降解机制可以构建高效基因工程菌，通过转移质粒和改变基因两种手段。从污染物降解机制和阻碍环境污染物降解的角度构建高效基因工程菌有三种方式。

一是通过重组互补代谢途径、改变污染物代谢产物流向和同源基因体外随机拼接来优化污染物的降解途径；

二是通过重组表面活性剂编码基因和重组污染物跨膜转运基因来提高污染物的生物可利用性；

三是通过重组微生物抗性机制相关编码基因来增强降解微生物的环境适应性。

研究表明，环境污染物降解酶由降解质粒或染色体基因编码。降解质粒和染色体基因可能分别编码同一污染物不同降解途径的酶，形成互补。利用降解质粒的相容性，能将降解不同污染物的质粒组合到一个菌株，组建成一个多质粒的可同时降解多种不同污染物或能够完成某一环境污染物降解过程的多个环节的新菌株。新菌株不仅降解效率高、功能多、对温度和 pH 值的适应能力强，而且可以进化成为极端菌，以适应极其恶劣的自然环境。

目前，该技术在国内外都有研究，但是该技术的推广不是很积极，因为有些生物经过基因改造，进入环境后，不能确定该生物对生态环境的影响。

6.4.1.5 展望

与传统微生物修复技术相比，应用微生物强化技术修复污染土壤，具有修复效果好，能减少在修复过程中对生态环境的影响等优点，但是微生物强化技术目前还存在局限性，大多处于研究试验阶段，还可能存在一定的生物风险。未来可以从多学科、多技术、多角度研究微生物修复技术的机理与工艺流程。还可以做大量的试验，将理论与修复实践相结合，推动微生物强化技术在实际应用中的发展。

6.4.2 植物修复的强化技术

植物修复的优点是能从根本上将污染物从受污染土壤中去除（除植物稳定），而且其操作成本低，对环境友好。缺点是修复周期长，对种植环境依赖性强、修复效率不高等。为了解决这些问题，植物修复的强化技术的探究逐渐兴起。提高植物修复能力的手段主要可分为性能强化和技术强化，其中植物修复的性能强化包括通过植物育种、喷施营养元素及信号分子、添加植物共生微生物等手段，提高修复植物自身对重金属的吸收及转运。植物修复的技术强化则包括施加药剂来活化污染土壤中的重金属、土壤施肥、田间管理和修复植物混播等措施，以提高植物对土壤重金属的吸收。此外，植物修复的强化也可以联合使用多种强化处理措施，以提高强化效果。

6.4.2.1 性能强化

植物修复的性能强化包含通过植物育种、喷施营养元素及信号分子、添加植物共生微生物等手段，提高修复植物自身对重金属的吸收及转运。

(1) 微生物

研究发现许多微生物能够有效提高植物的修复效率。这些微生物能与植物根际形成良好的共生环境，绝大多数都能为植物吸收土壤中的水分和营养物质提供有利条件，有的还能为植物抵御致病菌的入侵。下面简单介绍几种能有效强化植物修复的微生物。

丛枝根菌真菌（AMF）能与大多数植物形成共生体，为植物提供良好的生长环境。在微生物联合植物修复土壤污染中，丛枝根菌真菌能促进修复植物吸收土壤中的水分和营养物质，有益于植物生长发育。此外，丛枝根菌真菌能吸附土壤中溶解态重金属，降低植物周围的重金属浓度，从而降低重金属对植物的影响。在高浓度污染土壤中，丛枝根菌真菌可保护耐受性较低的修复植物。丛枝根菌真菌对有机污染物的降解也有促进作用，可以从固化污染物、调节根际微生物群落环境等多方面提高植物修复效率。

解磷菌（PSMs）能够把土壤中不溶性磷肥转化为植物可吸收利用的磷，为植物提供生命所必需的磷元素。解磷菌本身能产生植物激素、抗生素、氰化氢、铁载体之类的物质，不仅有利于植物吸收营养物质，帮助植株顺利生长，也提高了植物抵御病虫害的能力。其次解磷菌能为植物提供足够的有效磷，促使根系生长，有利于植株吸收更多重金属。此外，解磷菌能分泌草酸、柠檬酸、苹果酸等有机酸，这些有机酸能溶解难于被植物吸收的磷酸盐矿物质而产生可溶性磷酸根离子；另外，土壤中的重金属能与这些有机酸形成可溶性螯合物，同样增大了游离金属的浓度。

植物内生菌（PGPE）是生活在健康植物的组织和器官内部的微生物，可以人为地进行从原植物体到另一植物体的移植。植物内生菌种类繁多，有多种方式来辅助植物维持健康，例如固定氮元素、溶解无效磷、产生 IAA 等植物激素、合成特异性酶、与致病菌竞争而抑制其入侵，保证植物健康状况，增强植物对不利环境因素的抵抗能力。在重金属污染土壤中，植物内生菌还可以多种方式来减少重金属对植株的影响：一是通过吸附的方式在菌体内富集重金属；二是植物内生菌可分泌能调节土壤 pH 值的化学物质，通过影响 pH 值进一步影响土壤中的溶解态重金属浓度；三是植物内生菌能分泌富含氨基和羧基等官能团的有机物，如蛋白质、多糖、氨基酸，能与重金属发生配位反应生成螯合物。这种螯合物的毒性较低，能减轻重金属对植物本身的危害。

根瘤菌（Rhizobia）属于革兰氏染色阴性需氧杆菌，能与豆科植物共生形成根瘤，并固定大气中的 N_2，从而为植物供给氮元素。在污染土壤中，根瘤菌能向植物提供氮源；同时，根瘤菌在植物表面大量繁殖，能够减少致病菌入侵植物的机会，这两点都是植物生长的有利条件，在重金属和有机污染土壤都能起作用。此外，在污染土壤中，根瘤菌能够降低自身对重金属的通透性，减少重金属对自身的毒害作用，在高浓度污染中也能正常存活，故可作为植物的稳定氮源。

(2) 化学强化技术

化学强化技术是指以改进植物性能为目的，喷施一些化学试剂来调控植物生长发育等情况。根据作用原理可将化学试剂分为无机营养型、腐殖酸型、植物生长调节剂型及综合型。一部分化学强化剂是以增加植物生物量为优化核心，如无机营养型试剂。还有些试剂虽然不能提高植物生物量，甚至会降低植物地上部生物量，但它能增加目标污染物在修复植物地上部的含量，比如脱落酸，这也不失为一种强化手段。

无机营养型化学试剂通常是将化肥用水稀释溶解变成液体喷洒在植物叶面上，通过叶片吸收为植株补充多种营养元素，且能延长叶片存活时间，延缓衰老，增强光合作用。

腐殖酸是动植物遗骸经过微生物的分解转化以及地球化学的一系列过程形成和积累起来的有机物。腐殖酸型化学试剂的主要构成成分是富里酸、胡敏酸等，还含有少量的氮、磷、钾和微量元素。这种化学试剂不仅能为植物提供无机营养，还能提高植物病虫害的抵抗力。

植物生长调节剂型化学试剂，包括生长素、赤霉素、脱落酸、细胞分裂素、水杨酸等，这些物质都已被证实能通过促进植物的生长和植物对重金属的耐受性来提高植物提取效率。除了使用某单一激素外，也有一些研究联合使用多种植物激素，合适的搭配组合显示出其植物的提取效果比单一的激素要好。

综合型化学试剂由营养元素、农药、外源激素类物质组成，不仅能为植物补给营养，促进植物生长，还能提高植物抵御病虫害的能力。

(3) 基因工程

基因工程是在植物体内植入特定的基因片段并使其表达，使植物具有对土壤污染修复有利的优良性能。例如金属硫蛋白能与重金属发生螯合反应而生成螯合物，该螯合物难以被植物利用，减轻了重金属对植物的毒害。故在植物中植入金属硫蛋白对应的基因可使植物提高对重金属的耐受性，从而提高修复效率。人们希望利用基因工程来提高植物生物量，以提高修复效率，这方面的研究虽然取得了一定进展但并未有很大的突破，仍有很大发展前景。

(4) 作物育种技术

目前，已知的超富集植物有400多种，其中大多数都是野生植物，这些超富集植物必须要有易于栽培的性状才能实际运用到大面积的土壤植物修复中。对于不适合大量人工栽培的植物，通过作物育种技术对不利于栽培的性状进行多次挑选重组，最后就可能实现顺利栽培。例如，将主要利用的植物部位变大或加快其生长，使其生物量增大或缩短修复时间。此外，野生植物种子一般休眠期较长，难以发育，且生长后成熟期不同，大大增加了栽培管理的难度。此时可通过作物育种技术选育种子休眠期短、成熟期一致的易栽培品种。

(5) 动物

动物修复主要是通过动物吸收转化重金属来减少土壤中的有效重金属、改善土壤肥力和理化性质等方式，为植物在污染土壤中生长提供良好的环境。例如蚯蚓对重金属污染土壤有很强的适应性，能正常存活于污染土壤中。蚯蚓在土壤中活动可起到松土效果，增加土壤中的氧含量，促进废弃枝条的微生物分解。蚯蚓粪便中含有大量养分，增加土壤有机质含量。此外，蚯蚓分泌的黏液中含有大量的羧基、氨基，能与土壤中的重金属发生螯合作用和络合作用，形成可溶性物质，从而增加土壤中可利用金属浓度，有利于植物的吸收。同样，蚯蚓在有机污染土壤中也能起到改善土壤状况等重要作用。蚯蚓联合植物修复现处于实验室模拟阶段，还有许多难题需要解决。

6.4.2.2 技术强化

植物修复的技术强化则包含施加药剂以活化污染土壤中的重金属、土壤施肥、田间管理和修复植物混播等措施，以提高植物对土壤重金属的吸收。

(1) 活化难吸收态的污染物

土壤中的重金属分为可溶和不可溶状态，植物主要是吸收可溶性重金属，形成金属沉淀，而不被土壤结构吸附的重金属则不易被植物根部吸收。采取某些策略能够活化难吸收的污染物，从而增加溶解性重金属的浓度，有利于植物的吸收和提取，进一步增加植物富集量。

在土壤环境中，pH 值通常能影响重金属的存在形态。对于 Cd、Zn 等大部分重金属来说，当 pH 值下降后，土壤中 H^+ 浓度增大，原本被吸附的金属阳离子被增多的 H^+ 交换出来，以溶解态存在于土壤中，有利于植物的吸收。同时，H^+ 浓度变大使重金属离子的溶解-沉淀平衡向着溶解的方向进行，增强金属离子的释出。一般降低土壤 pH 值的方法有：一是将浓硫酸稀释到一定浓度后喷洒到土壤表面，然后通过翻土作业让其与土壤混匀；二是用稀释的硫酸和肥料制成土壤营养剂，施用此种营养剂不仅能人为调控土壤 pH 值，还能为土壤增加肥力。然而，溶解态砷的含量是随土壤 pH 值的降低而减少的，原因是砷通常以 AsO_4^{3-} 或 AsO_3^{3-} 形式存在，当 pH 值下降时，H^+ 浓度增加，土壤胶体对砷的吸附力也会增大，土壤溶液中大量砷被吸附。此时可以通过施用碱性物质来提高土壤 pH 值，以求增加溶解态砷。

土壤中氧化还原电位（E_h）情况变化会引起会重金属的价态、浓度随之改变。例如，当 E_h 升高时，土壤中的 Cr^{3+} 在氧化环境中被氧化为易水溶的 Cr^{6+}，故而增加了溶液中的游离铬。与增加铬溶解浓度机理相似，在氧化环境中 AsO_4^{3-} 被还原为 AsO_3^{3-}，AsO_3^{3-} 的水溶性较强，从而提高砷的溶解量，有利于植物根系的吸收。金属硫化物在土壤环境中属于难溶性物质，然而人为提高 E_h 可能会使硫化物被氧化，将重金属难溶化合态转化为可溶态。调节土壤氧化还原电位可通过灌水和晾田的方式进行，例如在水深较深的土壤中，一般会形成还原环境；而当土壤风干时，土壤中氧的含量较高，形成氧化环境。此外，增加土壤中的有机质会降低土壤的 E_h。

螯合剂添加到土壤中后，有活化土壤中重金属的作用。螯合剂指分子中含有多个供电子基团的高分子化合物，其中的基团如氨基、羧基等能与重金属发生配位螯合反应形成水溶性络合物，而这种水溶性络合物能被植物根部吸收，提高了植物对重金属的提取效率。但螯合剂在应用时也存在一些问题，人工螯合剂本身毒性较大，且不易生物降解，对植物生长有一定负面影响；天然螯合剂毒性较小且易生物降解，但螯合效果没有人工螯合剂好。螯合剂在施用过程中，如果反应比较剧烈而快速，可能会出现解吸出来的重金属远多于植物吸收的重金属，而短时间内多余的游离重金属容易随土壤流动水分渗透到地下水系统，造成污染扩散。目前已有针对这些问题的研究，但仍有很大的技术发展空间。

(2) **钝化剂**

钝化剂主要是通过吸附、沉淀和络合反应使得重金属在原位钝化或固定，从而降低其生物有效性和迁移性。某些超富集植物集中了地上部生物量大、生长周期短、环境适应性强且对重金属富集效果较好等优点，如黑麦草、狗尾草等，但其在高浓度污染中存活率低，添加合适剂量的钝化剂可以减少重金属对植物毒害，有效帮助植物正常生长。

(3) **表面活性剂**

表面活性剂的结构特征使其具有亲水、亲油的特性，这种特性可以促进土壤中有机污染物的溶解，有利于植物的吸收。而对重金属污染来说，加入表面活性剂后，被土壤胶粒吸附的重金属可被解吸出来。而且表面活性剂可以改变根系细胞膜的通透性，增大根系细胞的污染物吸收量。此外，表面活性剂还可以为植物和土壤微生物提供碳源，有的能影响土壤的酶活性，从而调控植物根际的土壤环境。表面活性剂的使用量是一个必须要注意的问题，因为表面活性剂本身就会对环境造成污染，对微生物等有毒害作用。

(4) **农业调控**

农业调控主要包括水肥调控和农艺调控两方面。在土壤中，各种生化反应都需要水的参与，物质传输也离不开水的传载作用。对植物修复来说，保持土壤适宜的含水率对植物健康生长来说是重要条件。对于需要种植修复植物的污染土壤来说，保证植物所需的各种营养元素是植物健康生长的保障。此时最快、最省力的方法就是向土壤施加肥料，为植物生长提供足够的养分。从微生物角度上说，水肥调控可以改善土壤肥力、酸碱度等，为根际微生物提供生长繁殖的"温床"，微生物进而影响植物生长及根系对重金属的吸收。农艺调控是以促进植物对重金属吸收和提高植物生物量、缩短植物生长周期等为目的，通过采取适当的农艺措施并实施合理的田间管理的农业调控手段。以下列举几类调控方法。

① 重视土壤的耕翻和整平。在运用植物修复技术的土壤中，对土壤进行耕翻可以将较深处的污染物质送到土壤浅层或者植物根系分布区域，促进植物对这些污染物质的吸收。一般耕翻是在植物播种之前进行的，耕翻之后，再对土壤进行整平作业，最后方可定植。整平是打碎结成块的土壤，促进土壤形成团粒结构，也利于田间管理。

② 掌握植物生长的水肥需求规律。掌握修复植物种植的水肥规律，根据规律合理施肥、灌溉，能促进修复植物最大限度地提高地上部的生物量，从而大大提高植物修复效率。水肥施用的时间和剂量都是需要注意的，如水肥施用的剂量低于植物需求量，则植物得不到良好生长所必需的足够水和营养元素；当水肥过量时，植物根系可能处于无氧环境，不利于有益微生物的生长。土壤中的重金属也可能随水流动，造成污染扩散。

③ 利用环境条件对植物的影响而缩短修复时长。植物的生长发育对环境因子的依赖性很高，所以当人为地控制温度、光照等环境条件时，植物就会有相应的反应。可以利用这二者间的关系而缩短植物修复时间。例如使用大棚可以控制大棚内温度、湿度、光照等条件，加快植物的生长。向土壤中施用干冰可以增加 CO_2 的浓度，从而提高植物光合作用，进而促进植物生长。

④ 使用种子包衣技术加快修复植物种子生长发育。目前发现的超富集植物大多都是野生的，其种子体积小，播种后不易存活。种子包衣技术是指用包衣剂给种子包住，包衣剂中含有一些种子发育所需的营养，能帮助种子顺利发育。因为包衣剂的包裹作用，还能抵御一些病虫害危害种子。同时，包衣剂也加大了种子的体积，因此有利于大规模机械化种植。

⑤ 注意病虫害的防治。病虫害是影响植物生物量的一大因素，若修复植物受到严重的

病虫害，土壤修复效果将会大打折扣。目前病虫害的防治一般是定期适量喷洒农药，但该方法有增大土壤污染的风险。故在农药的选择上应谨慎，最好选用残留少、降解快的农药种类。

⑥ 修复植物的搭配种植。目前的污染土壤中通常是几种污染物共存，超富集植物通常只对某一种污染物有超强的提取效果，因此可以根据污染土壤中的具体污染物来选定多种修复植物。制定合理的搭配种植方案在污染土壤中同时种植这些修复植物，就能起到同时减少土壤中多种污染物的目的，既有效又节约时间。

6.4.2.3 展望

目前由于植物修复的修复周期长、修复效率不高等缺点，实际应用受到很大的限制。植物强化技术以最终提高植物修复效率为目的，为植物修复的大规模、大范围应用提供了有力支持。然而目前强化植物修复手段大多是只取某一种强化技术与植物修复相联合，如改良剂联合植物修复、农艺措施联合植物修复、微生物联合植物修复等。未来研究可以尝试多种强化技术手段联用，增加强化效果。

习　题

1. 为提高植物修复效率，通常与其他修复技术相结合。试着分析两种或几种技术能够很好地结合并运用需要满足什么条件？并举一例说明。

2. 一些植物既能用于修复重金属污染土壤，也能用于修复有机物污染土壤，试着思考这些植物有什么共同点？

3. 你认为一种微生物修复技术或者植物修复技术能成熟运用于土壤污染治理，需要具备哪些优点？

4. 试着从微生物本身、污染物和环境因子三个方面谈谈影响微生物修复效率的因素。

5. 试着从植物本身、污染物和环境因子三个方面谈谈影响植物修复效率的因素。

参考文献

[1] 滕应，骆永明，李振高．污染土壤的微生物修复原理与技术进展［J］．土壤，2007，39（4），497-502.

[2] 陈红艳，王继华．受污染土壤的微生物修复［J］．环境科学与管理，2008，33（8），114-117.

[3] 侯梅芳，潘栋宇，黄赛花，刘超男，赵海青，唐小燕．微生物修复土壤多环芳烃污染的研究进展［J］．生态环境学报，2014，23（7），1233-1238.

[4] 王晓锋，张磊．有机污染土壤的微生物修复研究进展［J］．中国农学通报，2013，29（2），125-132.

[5] 石爽．有机磷农药乐果污染土壤的微生物修复研究［D］．大连：辽宁师范大学，2009.

[6] 翁林捷，李明伟，陈忍，吴松青，关雄．拟除虫菊酯类农药微生物修复回顾与展望［J］．中国农学通报，2009，25（16），194-200.

[7] 张文．应用表面活化剂强化石油污染土壤及地下水的生物修复［D］．北京：华北电力大学，2012.

[8] 崔燕玲，刘丹丹，刘长风，刘大伟．土壤农药污染的微生物修复研究概况［J］．安徽农业科学，2015，43（16），75-76，79.

[9] 余萃，廖先清，刘子国，黄敏．石油污染土壤的微生物修复研究进展［J］．湖北农业科学，2009，48（5），1260-1263.

[10] 任华峰，单德臣，李淑芹．石油污染土壤微生物修复技术的研究进展［J］．华北农业大学学报，2004，35（3），373-376.

[11] 王悦明，王继富，李鑫，陈丹宁，周禹莹．石油污染土壤微生物修复技术研究进展［J］．土壤修复环境工程，2014，157-161，130.

[12] 唐金花，于春光，张寒冰，杜茂安，万春黎．石油污染土壤微生物修复的研究进展［J］．湖北农业科学，2011，50

(20), 4125-4128.
[13] 田苗．石油降解菌的筛选及对石油污染土壤的修复实验［D］．西安：西北大学，2010.
[14] 张闻，陈贯虹，高永超，黄玉杰，王加宁，卢媛，KHOKHLOVA L. 石油和重金属污染土壤的微生物修复研究进展［J］．环境科学与技术，2012，35 (12J)，174-181.
[15] 薛高尚，胡丽娟，田云，卢向阳．微生物修复技术在重金属污染治理中的研究进展［J］．中国农学通报，2012，28 (11)，266-271.
[16] 张彩丽．微生物修复重金属污染土壤的研究进展［J］．安徽农业科学，2015，43 (16)，225-229.
[17] 钱春香，王明明，许燕波．土壤重金属污染现状及微生物修复技术研究进展［J］．东南大学学报（自然科学版），2013，43 (3)，669-674.
[18] 黄春晓．重金属污染土壤原位微生物修复技术及其研究进展［J］．中原工学院学报，2011，22 (3)，41-44.
[19] 李顺鹏，蒋建东．农药污染土壤的微生物修复研究进展［J］．土壤，2004，36 (6)，577-583.
[20] 赵其国．提升对土壤认识，创新现代土壤学［J］．土壤学报，2008，45 (5)，771-777.
[21] 刘恩峰，沈吉，朱育新．重金属元素BCR提取法及在太湖沉积物研究中的应用［J］．环境科学研究，2005，18 (2)，57-60.
[22] 周慜，张萌，陆友伟，李惠民，刘足根．土壤中Pb、Cd的稳定化修复技术研究进展［J］．环境污染与治理，2015，37 (5)，83-89.
[23] 李飞宇．土壤重金属污染的生物修复技术［J］．环境科学与技术，2011，34 (12H)，148-151.
[24] 高彦波，蔡飞，谭德远，翟鹏辉，郭宏凯．土壤重金属污染及修复研究简述［J］．安徽农业科学，2015，43 (16)，93-95.
[25] 吴涛．盐渍化石油污染土壤的生物修复研究［D］．沈阳：沈阳农业大学，2013.
[26] 涂书新，韦朝阳．我国生物修复技术的现状与展望［J］．地理科学进展，2004，23 (6)，20-32.
[27] 吴凡，刘训理．石油污染土壤的生物修复研究进展［J］．土壤，2007，39 (5)，701-707.
[28] 王华金，朱能武，杨崇，党志，吴平霄．石油污染土壤生物修复对土壤酶活性的影响［J］．农业环境科学学报，2013，32 (6)，1178-1184.
[29] 罗洪君，王绪远，赵骞，杨东明，张学佳．石油污染土壤生物修复技术的研究进展［J］．四川环境，2007，26 (3)，104-109.
[30] 张溪，周爱国，甘义群，陈正华，王旭．金属矿山土壤重金属污染生物修复研究进展［J］．环境科学与技术，2010，33 (3)，106-112.
[31] 李云辉，文荣联，莫测辉．土壤有机污染的植物修复研究进展［J］．广东农业科学，2007，12，96-98.
[32] 曲向荣，孙约兵，周启星．污染土壤植物修复技术及尚待解决的问题［J］．生态保护，2008，398 (6B)，45-47.
[33] 易筱筠，党志，石林．有机污染物污染土壤的植物修复［J］．农业环境保护，2002，21 (5)，47-479.
[34] 熊愈辉．镉污染土壤植物修复研究进展［J］．安徽农业科学，2007，35 (22)，6876-6878.
[35] 刘文菊，张西科，尹君，刘玉双，张福锁．镉在水稻根际的生物有效性［J］．农业环境保护，2000，19 (3)，184-187.
[36] 王凯．镉-多环芳烃复合污染土壤植物修复的强化作用及机理［D］．杭州：浙江大学，2012.
[37] 王洋洋，沈阿林，寇长林．根际与非根际镉生态化学行为的研究进展［J］．河南农业科学，2008，6，5-8.
[38] 林琦，陈怀满，郑春荣，陈英旭．根际和非根际土中铅、镉行为及交互作用的研究［J］．浙江大学学报（农业与生命科学版），2000，26 (5)，527-532.
[39] 刘文菊，张西科，张福锁．根分泌物对根际难溶性镉的活化作用及对水稻吸收、运输镉的影响［J］．生态学报，2000，20 (3)，448-451.
[40] 代全林．植物修复与超富集植物［J］．亚热带农业研究，2007，3 (1)，51-56.
[41] 杨良柱，武丽．植物修复在重金属污染土壤中的应用概述［J］．山西农业科学，2008，36 (12)，132-134.
[42] 江水英，肖化云，吴声东．影响土壤中镉的植物有效性的因素及镉污染土壤的植物修复［J］．中国土壤与肥料，2008，2，6-10.
[43] 黄铮，徐力刚，徐南军，杨劲松．土壤作物系统中重金属污染的植物修复技术研究现状与前景［J］．生态字杂志，2007，26，58-62.
[44] 屈冉，孟伟，李俊生，丁爱中，金亚波．土壤重金属污染的植物修复［J］．生态字杂志，2008，27 (4)，626-631.
[45] 白洁，孙学凯，王道涵．土壤重金属污染及植物修复技术综述［J］．生态环境，2011，49-51.
[46] 环境评价［A］．环境保护，2008，396 (5B)，38.

[47] 王学礼，马祥庆．重金属污染植物修复技术的研究进展［J］．亚热带农业研究，2008，4（1），44-49.
[48] 李梅，曾德华．重金属污染的植物修复研究进展［J］．贵州农业科学，2007，35（3），135-138.
[49] 房妮．重金属污染土壤植物修复研究进展［J］．河北农业科学，2008，12（7），100-101，109.
[50] 杨秀敏，胡振琪，胡桂娟，杨秀红，李宁．重金属污染土壤的植物修复作用机理及研究进展［J］．金属矿山，2008，385（7），120-123.
[51] 骆永明．金属污染土壤的植物修复［J］．土壤，1999，5，261-280.
[52] 戴媛，谭晓荣，冷进松．超富集植物修复重金属污染的机制与影响因素［J］．河南农业科学，2007，4，10-13.
[53] 谢晓梅，廖敏，杨静．黑麦草根系分泌物剂量对污染土壤芘降解和土壤微生物的影响［J］．应用生态学报，2011，22（10），2718-2724.
[54] 滕应，李秀芬，潘澄，马文亭，宋静，刘五星，李振高，吴龙华，陈梦舫，骆永明．土壤及场地持久性有机污染的生物修复技术发展及应用［J］．环境监测管理与技术，2011，23（3），43-46.
[55] Y. G. Zhu，A. S. Laidlaw，P. Christie，M. E. R. Hammond. The specificity of arbuscularmycorrhizal fungi in perennial ryegrass-white clover pasture［J］. Agriculture，Ecosystems and Environment，2000，77，211-218.
[56] 黄文．产表面活性剂根际菌协同龙葵修复镉污染土壤［J］．环境科学与技术，2011，34（10），48-52.
[57] 杨慧，肖家欣，杨安娜，申燕，张绍铃，安静，吴雪俊．五种丛枝菌根真菌对枳实生苗耐锌污染的影响［J］．生态学杂志，2011，30（1），93-97.
[58] 王贤波．丛枝菌根（AM）的研究进展及展望［J］．杭州农业科技，2007，2，19-21.
[59] 王发园，林先贵．丛枝菌根在植物修复重金属污染土壤中的作用［J］．生态学报，2007，27（2），793-801.
[60] 卓胜，苏嘉欣，黎华寿，林依敏，贺鸿志，温贤有，李拥军．黑麦草-菌根-蚯蚓对多氯联苯污染土壤的联合修复效应［J］．环境科学学报，2011，31（1），150-157.
[61] 胡少平．土壤重金属迁移转化的分子形态研究［D］．杭州：浙江大学，2009.
[62] 王金贵．我国典型农田土壤中重金属镉的吸附-解吸特征研究［D］．杨凌：西北农林科技大学，2012.
[63] 宋垠先．长江三角洲沉积物和土壤重金属生态地球化学研究［D］．南京：南京大学，2011.
[64] 朱治强．Cd-DDT 复合污染土壤的植物与微生物联合修复及机理［D］．杭州：浙江大学，2012.
[65] 宋玉芳，宋雪英，张薇，周启星，张铁珩．污染土壤生物修复中存在问题的探讨［J］．环境科学，2004，25（2），129-133.
[66] 王华金．石油污染土壤微生物修复效果的生物指示研究［D］．广州：华南理工大学，2013.
[67] 刘大丽．谷胱甘肽合成相关酶在重金属污染生物修复中的分子机制及比较研究［D］．哈尔滨：东北林业大学，2013.
[68] 彭胜巍，周启星．持久性有机污染土壤的植物修复及其机理研究进展［J］．生态学杂志，2008，27（3），469-475.
[69] 高彦征．土壤多环芳烃污染植物修复及强化的新技术原理研究［D］．杭州：浙江大学，2004.
[70] 林道辉，朱利中，高彦征．土壤有机污染植物修复的机理与影响因素［J］．应用生态学报，2003，14（10），1799-1803.
[71] 魏树和，周启星，Pavel V. Koval Galina A. Belogolova. 有机污染环境植物修复技术［J］．生态学杂志，2006，25（6），716-721.
[72] 杨文浩．镉污染/镉-锌-铅复合污染土壤植物提取修复的根际微生态效应研究［D］．杭州：浙江大学，2014.
[73] 乔冬梅．基于黑麦草根系分泌有机酸的铅污染修复机理研究［D］．北京：中国农业科学院，2010.
[74] 夏明，万何平，曹新华，孙齐英，周世力．利用微生物技术修复污染土壤的方法［J］．安徽农业科学，2020，(14)：13-15+19.
[75] 熊力，熊双莲．化学和微生物联合钝化对水稻镉和砷吸收累积的影响［C］．中国土壤学会土壤环境专业委员会．中国土壤学会土壤环境专业委员会第二十次会议暨农田土壤污染与修复研讨会摘要集．2018：167.
[76] 王辉，刘春跃，荣璐阁，孙丽娜，甘宇，王英刚，吴昊，王晓旭．生物刺激法修复 DDTs 污染农田土壤研究［J］．生态科学，2017，(6)：207-212.
[77] 张冬雪，丰来，罗志威，徐滔明，郑双凤，谭武贵，谭石勇．土壤重金属污染的微生物修复研究进展［J］．江西农业学报，2017，(8)：62-67.
[78] 范瑞娟，郭书海，李凤梅，吴波，张琇．有机污染土壤电动-微生物修复过程中的影响因素及优化措施［J］．生态环境学报，2017，(3)：522-530.
[79] 黄真真，陈桂秋，曾光明，宋忠贤，左亚男，郭志，谭琼．固定化微生物技术及其处理废水机制的研究进展［J］．环境污染与防治，2015，(10)：77-85.

[80] 钱林波，元妙新，陈宝梁．固定化微生物技术修复 PAHs 污染土壤的研究进展［J］．环境科学，2012，（5）：1767-1776.
[81] 李鱼，伏亚萍．稠油污染土壤微生物强化修复的研究［J］．华北电力大学学报（自然科学版），2008，（5）：84-88.
[82] 高瑞英，王玉生，卢桂宁，陶雪琴，杨梅．土壤有机农药污染微生物修复及降解菌基因工程研究进展［J］．甘蔗糖业，2007，（2）：12-17.
[83] Su Dan，Li Pei-jun，Frank Stagnitti，Xiong Xian-zhe. Biodegradation of benzo[a]pyrene in soil by Mucor sp. SF06 and Bacillus sp. SB02 co-immobilized on vermiculite［J］. Journal of environmental sciences (China)，2006，18 (6) .

第7章

污染场地土壤修复工程实施与管理

7.1 污染场地土壤修复工程实施的特点与影响因素

7.1.1 修复工程实施的特点

污染场地土壤修复工程的实施是土壤修复理论及技术的实例化。作为工程项目，土壤修复工程具有一般项目的项目唯一性、项目一次性、项目目标明确性、项目相关条件约束性等典型特征，还具有工程项目周期长、影响因素多以及项目实施过程、项目组织、项目环境三个方面的复杂性。

与一般工程项目相比，污染场地土壤修复工程还具有过程精细化、针对性强、时效性强、安全控制要求高等特点。

(1) 过程精细化

污染场地土壤修复是一项系统化和精细化的工程，涉及土壤污染的普查和识别、特征污染物的检测和分析、污染风险的表征与评价、污染修复方案制订和评估、污染场地的修复治理、修复过程的监测和管控、修复工程的验收和后评价等，工作流程较长、环节较多，任何疏漏都会造成治理成本的增加或失控。

污染场地土壤修复十分强调污染特征因子的确认，十分关注特征污染物的精确分布，十分依赖污染场地开发用途。对上述条件的确认直接关系到污染土壤修复治理的体量和程度、修复治理方案的选择、修复治理材料的消耗量和修复治理过程的组织等，这些都会对修复治理工程的技术经济成本产生很大的影响，然而，要准确确认污染特征因子，精确确定其分布，并据此制订合适的工艺技术方案，需要进行大量的前期检测分析、必要的技术方案论证和严格的作业过程控制。避免污染土和未污染土的混合处置，避免低浓度污染土和高浓度污染土的混合处置，避免污染土的修复不足和过度修复等。

(2) 针对性强，一地一策

污染场地土壤修复技术涉及多种污染因子治理、不同污染场地特点、不同土地开发要求等，没有一种通用的修复工艺技术流程能满足各种不同类型的污染土壤评价与修复项目。每一个污染场地的污染成因、特征污染物组成及其分布特点都直接影响或决定着污染土壤治理的工艺、成本和效果。因此污染场地土壤修复技术针对性极强，必须因地制宜，一地一策。

(3) **时效性强，一时一策**

理论上，只要时间足够长，污染土壤均能通过自有修复能力实现功能再造。但实际治理项目涉及开发利用周期要求、场区地质地形限制、行政管理权限、技术经济效益等复杂影响，而且不同时段的修复标准也有差异，不论采取原位修复、异地修复或者多种处理技术联合修复等修复方案，都有极强的时效性。

(4) **二次污染控制**

污染土壤修复的同时，必须严格控制修复过程中潜在的二次污染。生态修复或工程治理不仅要保障土壤功能恢复目标，而且要保障污染物的有效消解或安全转移，避免水体（地表水和地下水）、气体（大气环境）和修复区域外的土壤受到直接或间接污染。因此，土壤修复技术必须保证所用药剂的使用安全，土壤修复工艺必须周密考虑尾气、尾水的有组织控制和安全处理。

7.1.2 修复工程实施的影响因素

污染场地土壤修复工程影响因素较多，主要包括污染物质的特性及影响、污染物质的数量及分布、相关法规及标准要求、污染场地的暴露程度或环境风险、污染场地的物理条件、土地今后的使用功能、修复设备的可靠性、工程造价及时间等。

7.1.2.1 污染物质的特性

污染物质的特性是影响污染场地土壤修复工程技术方案选择的重要因素，这些特性主要包括挥发性、赋存状态、溶解性、毒性、渗透性、解析特性、生物可利用性等，不同类型的污染物具有不同的污染特性，而单因子污染场地与复合污染场地也具有较大的差异。污染物质的特性对于技术方案的选择、工程造价及修复周期等有较大的影响。

7.1.2.2 污染物质的数量及分布

同一种污染物在不同性质的土壤及不同污染历史的土壤中的污染浓度及分布是不同的。不同的污染浓度及分布特性决定了修复工程量及所能采用的修复技术方案。

7.1.2.3 相关法规及标准要求

土壤修复工程的实施受当地政策法规及相关标准的约束，不同地区对于土壤修复实施的流程、修复标准、修复项目支持政策有较大的差别，这些因素对于修复工程的实施具有较大的影响。

7.1.2.4 污染场地的暴露程度或环境风险

污染场地的暴露程度和环境风险是土壤修复场地调查后进行风险评估的结果，风险评估结果在决定污染场地修复的目标值的同时，也是土壤修复工程的技术方案及施工方案设计的依据。

7.1.2.5 污染场地的物理条件

污染场地的物理条件主要包括气象、水文、地质、场地构筑物、道路等基础条件，这些基础条件对于土壤修复技术方案和施工组织方案的设计均具有重大影响。

7.1.2.6 土地今后的使用功能

土地今后的使用功能也是决定土壤修复工程实施的一个重要因素。一些土地资源紧张的地区，很多污染场地修复之后会用于后续项目开发，对于土壤修复工程实施的周期要求较高，对修复之后要达到的目标值也有不同的要求。而另外一些土地资源不紧张的地区，后续开发需求较小，对于土壤修复工程实施的周期要求较低，可采取的工程实施方案较为灵活。

7.1.2.7 造价

土壤修复工程的首要目标是使受污染的场地修复之后满足后续使用要求，修复工程量、要达到的修复标准值以及工程周期决定了土壤修复工程实施的造价。一般土壤修复工程造价较高，在确定了场地修复工程量后应合理评估工程造价，明确项目资金来源。对于造价超过资金条件的污染场地，可进行暂时的隔离防渗处理，待资金到位或开发出更低成本的修复技术后再进行修复。

7.1.2.8 时间

土壤修复工程的时间和造价往往是相互影响，对于时间要求较高的修复工程，须采取快速修复的方法或方式，如采用污染土壤异地转移和净土回填相结合的方式，将污染土壤快速转移到异地进行集中修复，原地采用净土进行回填，原污染场地可快速实现后续使用需求，但此种方式工程造价相对于原地修复，工程造价大大增加。

7.2 修复工程实施流程与工作内容

生态环境部先后发布了《建设用地土壤污染状况调查 技术导则》（HJ 25.1—2019）、《建设用地土壤污染风险管控和修复监测技术导则》（HJ 25.2—2019）、《建设用地土壤污染风险评估技术导则》（HJ 25.3—2019）、《建设用地土壤修复技术导则》（HJ 25.4—2019）、《污染地块风险管控与土壤修复效果评估技术导则》（HJ 25.5—2019）、《建设用地土壤污染风险管控和修复术语》（HJ 682）以及《工业企业场地环境调查评估与修复工作指南（试行）》等，为企业及管理部门提供了场地环境调查评估与修复治理工作的技术指导与支撑。

目前，我国场地环境调查评估与修复治理工作由场地责任主体承担，按照以下情形确认场地责任主体：土壤污染责任人负有实施土壤污染风险管控和修复的义务；土壤污染责任人无法认定的，土地使用权人应当实施土壤污染风险管控和修复。因实施或者组织实施土壤污染状况调查和土壤污染风险评估、风险管控、修复、风险管控效果评估、修复效果评估、后期管理等活动所支出的费用，由土壤污染责任人承担。土壤污染责任人变更的，由变更后承继其债权、债务的单位或者个人履行相关土壤污染风险管控和修复义务并承担相关费用。土壤污染责任人不明确或者存在争议的，农用地由地方人民政府农业农村、林业草原主管部门会同生态环境、自然资源主管部门认定，建设用地由地方人民政府生态环境主管部门会同自然资源主管部门认定。认定办法由国务院生态环境主管部门会同有关部门制定。

7.2.1 实施流程

场地的土壤污染修复工程可划分为两个阶段：污染状况调查与评估和土壤污染修复治理管理，具体是在土壤污染状况调查的基础上，分析场地内污染物对未来受体的潜在风险，并采取一定的管理或工程措施，避免、降低、缓和潜在风险的过程，大致可分为土壤污染状况调查、风险评估、修复治理、修复效果评估及后期环境管理等过程。

7.2.1.1 土壤污染状况调查

土壤污染状况调查可分为三个阶段进行。

第一阶段，土壤污染状况调查是以资料收集、现场踏勘和人员访谈为主的污染识别阶段，原则上不进行现场采样分析。若第一阶段调查确认地块内及周围区域当前和历史上均无可能的污染源，则认为地块的环境状况可以接受，调查活动可以结束。

第二阶段，土壤污染状况调查是以采样与分析为主的污染证实阶段。若第一阶段土壤污染状况调查表明地块内或周围区域存在可能的污染源，如化工厂、农药厂、冶炼厂、加油站、化学品储罐、固体废物处理等可能产生有毒有害物质的设施或活动；以及由于资料缺失等原因造成无法排除地块内外存在污染源时，进行第二阶段土壤污染状况调查，确定污染物种类、浓度（程度）和空间分布。第二阶段土壤污染状况调查通常可以分为初步采样分析和详细采样分析两步进行，每步均包括制定工作计划、现场采样、数据评估和结果分析等步骤。初步采样分析和详细采样分析均可根据实际情况分批次实施，逐步减少调查的不确定性。根据初步采样分析结果，如果污染物浓度均未超过 GB 36600 等国家和地方相关标准以及清洁对照点浓度（有土壤环境背景的无机物），并且经过不确定性分析确认不需要进一步调查后，第二阶段土壤污染状况调查工作可以结束；否则认为可能存在环境风险，需进行详细调查。标准中没有涉及的污染物，可根据专业知识和经验综合判断。详细采样分析是在初步采样分析的基础上，进一步采样和分析，确定土壤污染程度和范围。

第三阶段，土壤污染状况调查以补充采样和测试为主，获得满足风险评估及土壤和地下水修复所需的参数。本阶段的调查工作可单独进行，也可在第二阶段调查过程中同时开展。土壤污染状况调查工作流程见图 7-1。

7.2.1.2 土壤污染风险评估

地块风险评估工作内容包括危害识别、暴露评估、毒性评估、风险表征，以及土壤和地下水风险控制值的计算。

危害识别是在收集土壤污染状况调查阶段获得的相关资料和数据的基础上，掌握地块土壤和地下水中关注污染物的浓度分布，明确规划土地利用方式，分析可能的敏感受体，如儿童、成人、地下水体等。

暴露评估是在危害识别的基础上，分析地块内关注污染物迁移和危害敏感受体的可能性，确定地块土壤和地下水污染物的主要暴露途径和暴露评估模型，确定评估模型参数取值，计算敏感人群对土壤和地下水中污染物的暴露量。

毒性评估是在危害识别的基础上，分析关注污染物对人体健康的危害效应，包括致癌效应和非致癌效应，确定与关注污染物相关的参数，包括参考剂量、参考浓度、致癌斜率因子和呼吸吸入单位致癌因子等。

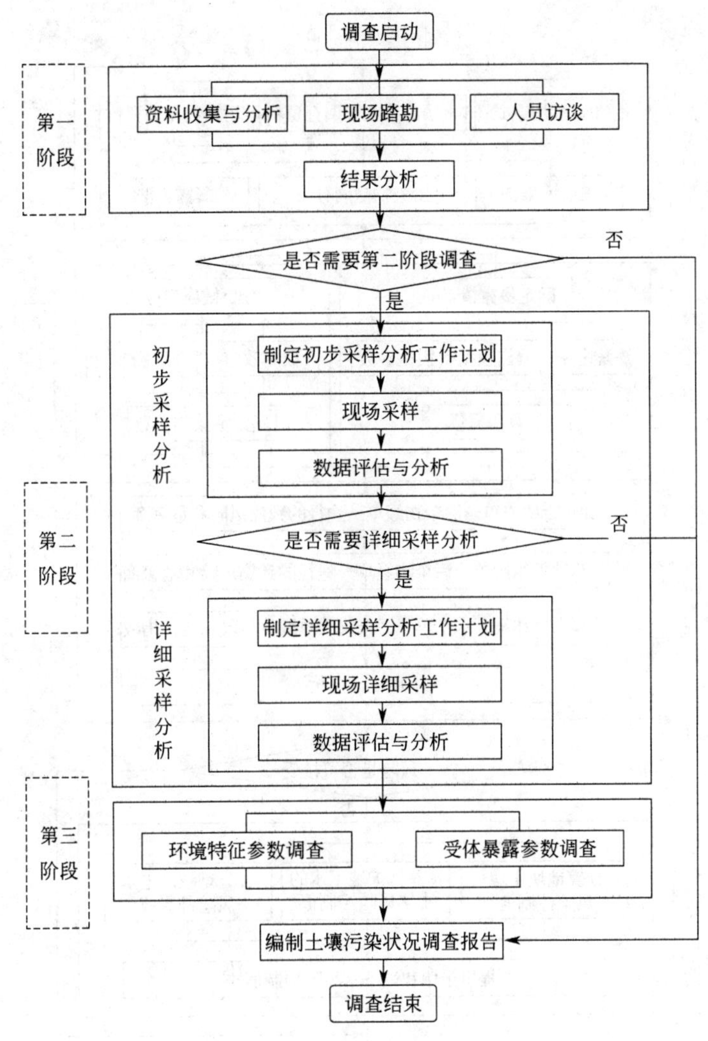

图 7-1　土壤污染状况调查工作流程

风险表征是在暴露评估和毒性评估的基础上，采用风险评估模型计算土壤和地下水中单一污染物经单一途径的致癌风险和危害商，计算单一污染物的总致癌风险和危害指数，进行不确定性分析。

风险控制值计算是在风险表征的基础上，判断计算得到的风险值是否超过可接受的风险水平。如地块风险评估结果未超过可接受风险水平，则结束风险评估工作；如地块风险评估结果超过可接受风险水平，则计算土壤、地下水中关注污染物的风险控制值；如调查结果表明，土壤中关注污染物可迁移进入地下水，则计算保护地下水的土壤风险控制值；根据计算结果，提出关注污染物的土壤和地下水风险控制值。土壤污染风险评估工作流程见图 7-2。

7.2.1.3　土壤污染修复治理

经过土壤污染状况调查和风险评估，确定场地存在污染且风险水平不可接受的，场地责任主体应组织开展土壤污染修复工作，土壤污染修复工程实施包括修复方案编制、修复工程实施、环境监理、修复效果评估与后期环境管理五个环节。

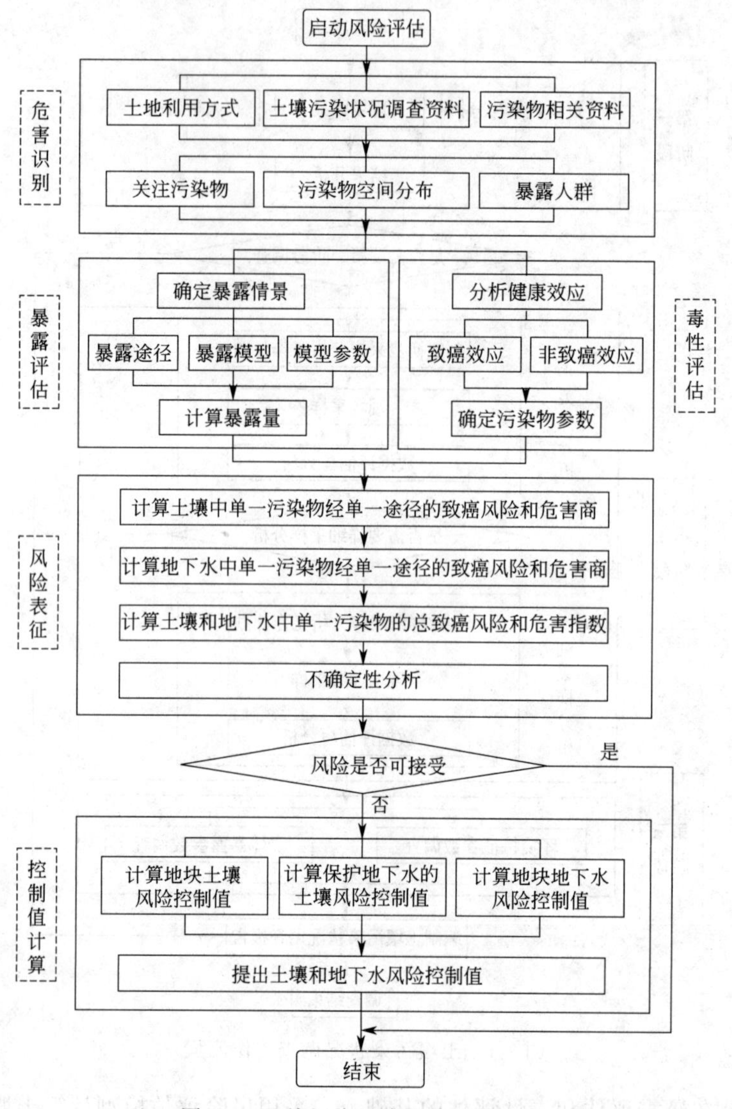

图 7-2 土壤污染风险评估工作流程

污染场地修复方案编制包括以下几个步骤：一是根据土壤污染状况调查与风险评估结果，细化场地概念模型并确定土壤污染修复总体目标，通过初步分析修复模式、修复技术类型与应用条件、场地污染特征、水文地质条件、技术经济发展水平，制订相应修复策略；二是通过修复技术筛选，找出适用于目标场地的潜在可行技术，并根据需要进行相应的技术可行性试验与评估，确定目标场地的可行修复技术；三是通过各种可行技术合理组合，形成能够实现修复总体目标的潜在可行的修复技术备选方案；在综合考虑经济、技术、环境、社会等指标进行方案比选基础上，确定适合于目标场地的最佳修复技术方案；四是制订配套的环境管理计划，防止场地修复过程的二次污染，为目标场地的修复工程实施提供指导，并为场地修复环境监管提供技术支持；五是基于上述选择修复策略、筛选与评估修复技术、形成修复技术备选方案与方案比选、制订环境管理计划的工作，编制修复方案。

修复实施是指修复实施单位受污染场地责任主体委托，依据有关环境保护法律法规、场地环境调查评估备案文件、场地修复方案备案文件等，制订污染场地修复工程施工方案，进行施工准备，并组织现场施工的过程。修复环境监理是指环境监理单位受污染场地责任主体委托，依据有关环境保护法律法规、场地环境调查评估备案文件、场地修复方案备案文件等，对场地修复过程实施专业化的环境保护咨询和技术服务，协助、指导和监督施工单位全面落实场地修复过程中的各项环保措施。

污染场地修复效果评价是在污染场地修复完成后，对场地内土壤和地下水以及修复后的土壤和地下水进行调查和评估的过程，主要是确认场地修复效果是否达到规定要求。根据场地情况，必要时需评估场地修复后的长期风险，提出场地长期监测和风险管理要求。后期管理是按照后期管理计划开展包括设备及工程的长期运行与维护、长期监测、长期存档与报告等制度、定期和不定期地回顾性检查等活动的过程。

7.2.2 工作内容

7.2.2.1 土壤污染状况调查

(1) 第一阶段

① 资料收集与分析

资料的收集主要包括：地块利用变迁资料、地块环境资料、地块相关记录、有关政府文件以及地块所在区域的自然和社会信息。当调查地块与相邻地块存在相互污染的可能时，需调查相邻地块的相关记录和资料。

a. 地块利用变迁资料包括：用来辨识地块及其相邻地块的开发及活动状况的航片或卫星图片，地块的土地使用和规划资料，其他有助于评价地块污染的历史资料，如土地登记信息资料等。地块利用变迁过程中的地块内建筑、设施、工艺流程和生产污染等的变化情况。

b. 地块环境资料包括：地块土壤及地下水污染记录、地块危险废物堆放记录以及地块与自然保护区和水源地保护区等的位置关系等。

c. 地块相关记录包括：产品、原辅材料及中间体清单、平面布置图、工艺流程图、地下管线图、化学品储存及使用清单、泄漏记录、废物管理记录、地上及地下储罐清单、环境监测数据、环境影响报告书或表、环境审计报告和地勘报告等。

d. 由政府机关和权威机构所保存和发布的环境资料，如区域环境保护规划、环境质量公告、企业在政府部门相关环境备案和批复以及生态和水源保护区规划等。

e. 地块所在区域的自然和社会信息包括：自然信息包括地理位置图、地形、地貌、土壤、水文、地质和气象资料等；社会信息包括人口密度和分布，敏感目标分布，土地利用方式，区域所在地的经济现状和发展规划，相关的国家和地方的政策、法规与标准，以及当地地方性疾病统计信息等。

调查人员应根据专业知识和经验识别资料中的错误和不合理信息，如资料缺失影响判断地块污染状况时，应在报告中说明。

② 现场踏勘

现场踏勘以地块内为主，并应包括地块的周围区域，周围区域的范围应由现场调查人员根据污染可能迁移的距离来判断。在现场踏勘前，根据地块的具体情况掌握相应的安全卫生防护知识，并装备必要的防护用品。现场踏勘的主要内容如下。

a. 地块现状与历史情况：可能造成土壤和地下水污染的物质的使用、生产、储存，三废处理与排放以及泄漏状况，地块过去使用中留下的可能造成土壤和地下水污染的异常迹象，如罐、槽泄漏以及废物临时堆放污染痕迹。

b. 相邻地块的现状与历史情况：相邻地块的使用现况与污染源，以及过去使用中留下的可能造成土壤和地下水污染的异常迹象，如罐、槽泄漏以及废物临时堆放污染痕迹。

c. 周围区域的现状与历史情况：对于周围区域目前或过去土地利用的类型，如住宅、商店和工厂等，应尽可能观察和记录；周围区域的废弃和正在使用的各类井，如水井等；污水处理和排放系统；化学品和废弃物的储存和处置设施；地面上的沟、河、池；地表水体、雨水排放和径流以及道路和公用设施。

d. 地质、水文地质和地形的描述：地块及其周围区域的地质、水文地质与地形应观察、记录，并加以分析，以协助判断周围污染物是否会迁移到调查地块，以及地块内污染物是否会迁移到地下水和地块之外。

e. 重点踏勘对象一般应包括：有毒有害物质的使用、处理、储存、处置；生产过程和设备，储槽与管线；恶臭、化学品味道和刺激性气味，污染和腐蚀的痕迹；排水管或渠、污水池或其他地表水体、废物堆放地、井等。

f. 同时应该观察和记录地块及周围是否有可能受污染物影响的居民区、学校、医院、饮用水源保护区以及其他公共场所等，并在报告中明确其与地块的位置关系。

③ 人员访谈

访谈内容应包括资料收集和现场踏勘所涉及的疑问，以及信息补充和已有资料的考证。受访者为地块现状或历史的知情人，应包括：地块管理机构和地方政府的官员，环境保护行政主管部门的官员，地块过去和现在各阶段的使用者，以及地块所在地或熟悉地块的第三方，如相邻地块的工作人员和附近的居民。访谈可采取当面交流、电话交流、电子或书面调查表等方式进行。访谈完成后应对访谈内容进行整理，并对照已有资料，对其中可疑处和不完善处进行核实和补充，作为调查报告的附件。

④ 结论与分析

本阶段调查结论应明确地块内及周围区域内有无可能的污染源，并进行不确定性分析。若有可能的污染源，应说明可能的污染类型、污染状况和来源，并提出第二阶段土壤污染状况调查的建议。

(2) 第二阶段

① 初步采样分析工作计划

根据第一阶段土壤污染状况调查的情况制定初步采样分析工作计划，内容包括核查已有信息、判断污染物的可能分布、制定采样方案、制定健康和安全的防护计划、制定样品分析方案和确定质量保证和质量控制程序等任务。

a. 核查已有信息　对已有信息进行核查，包括第一阶段土壤污染状况调查中重要的环境信息，如土壤类型和地下水埋深；查阅污染物在土壤、地下水、地表水或地块周围环境中的可能分布和迁移信息；查阅污染物排放和泄漏的信息。应核查上述信息的来源，以确保其真实性和适用性。

b. 判断污染物的可能分布　根据地块的具体情况、地块内外的污染源分布、水文地质条件以及污染物的迁移和转化等因素，判断地块污染物在土壤和地下水中的可能分布，为制定采样方案提供依据。

c. 制定采样方案　采样方案一般包括：采样点的布设、样品数量、样品的采集方法、现场快速检测方法，样品的收集、保存、运输和储存等要求。采样点水平方向的布设参照表7-1进行，并应说明采样点布设的理由。采样点垂直方向的土壤采样深度可根据污染源的位置、迁移和地层结构以及水文地质等进行判断设置。若对地块信息了解不足，难以合理判断采样深度，可按 0.5～2m 等间距设置采样位置。

表 7-1 几种常见的布点方法及适用条件

布点方法	适用条件
系统随机布点法	适用于污染分布均匀的地块
专业判断布点法	适用于潜在污染明确的地块
分区布点法	适用于污染分布不均匀，并获得污染分布情况的地块
系统布点法	适用于各类地块情况，特别是污染分布不明确或污染分布范围大的情况

d. 制定健康和安全防护计划　根据有关法律法规和工作现场的实际情况，制定地块调查人员的健康和安全防护计划。

e. 制定样品分析方案　检测项目应根据保守性原则，按照第一阶段调查确定的地块内外潜在污染源和污染物，依据国家和地方相关标准中的基本项目要求，同时考虑污染物的迁移转化，判断样品的检测分析项目；对于不能确定的项目，可选取潜在典型污染样品进行筛选分析。一般工业地块可选择的检测项目有：重金属、挥发性有机物、半挥发性有机物、氰化物和石棉等。如土壤和地下水明显异常而常规检测项目无法识别时，可进一步结合色谱-质谱定性分析等手段对污染物进行分析，筛选判断非常规的特征污染物，必要时可采用生物毒性测试方法进行筛选判断。

f. 质量保证和质量控制　现场质量保证和质量控制措施应包括：防止样品污染的工作程序，运输空白样分析，现场平行样分析，采样设备清洗空白样分析，采样介质对分析结果影响分析，以及样品保存方式和时间对分析结果的影响分析等。

② 详细采样分析工作计划

在初步采样分析的基础上制定详细采样分析工作计划。详细采样分析工作计划主要包括：评估初步采样分析工作计划和结果，制定采样方案，以及制定样品分析方案等。

a. 评估初步采样分析的结果　分析初步采样获取的地块信息，主要包括土壤类型、水文地质条件、现场和实验室检测数据等；初步确定污染物种类、程度和空间分布；评估初步采样分析的质量保证和质量控制。

b. 制定采样方案　根据初步采样分析的结果，结合地块分区，制定采样方案。应采用系统布点法加密布设采样点。对于需要划定污染边界范围的区域，采样单元面积不大于 $1600m^2$（40m×40m 网格）。垂直方向采样深度和间隔根据初步采样的结果判断。

c. 制定样品分析方案　根据初步调查结果，制定样品分析方案。样品分析项目以已确定的地块关注污染物为主。

d. 其他　详细采样工作计划中的其他内容可在初步采样分析计划基础上制定，并针对初步采样分析过程中发现的问题，对采样方案和工作程序等进行相应调整。

③ 现场采样

a. 采样前的准备　现场采样应准备的材料和设备包括：定位仪器、现场探测设备、调查信息记录装备、监测井的建井材料、土壤和地下水取样设备、样品的保存装置和安全防护装备等。

b. 定位和探测　采样前，可采用卷尺、GPS 卫星定位仪、经纬仪和水准仪等工具在现场确定采样点的具体位置和地面标高，并在图中标出。可采用金属探测器或探地雷达等设备探测地下障碍物，确保采样位置避开地下电缆、管线、沟、槽等地下障碍物。采用水位仪测量地下水水位，采用油水界面仪探测地下水非水相液体。

c. 现场检测　可采用便携式有机物快速测定仪、重金属快速测定仪、生物毒性测试等现场快速筛选技术手段进行定性或定量分析，可采用直接贯入设备现场连续测试地层和污染物垂向分布情况，也可采用土壤气体现场检测手段和地球物理手段初步判断地块污染物及其分布，指导样品采集及监测点位布设。采用便携式设备现场测定地下水水温、pH 值、电导率、浊度和氧化还原电位等。

d. 土壤样品采集　土壤样品分表层土壤和下层土壤。下层土壤的采样深度应考虑污染物可能释放和迁移的深度（如地下管线和储槽埋深）、污染物性质、土壤的质地和孔隙度、地下水位和回填土等因素。可利用现场探测设备辅助判断采样深度。采集含挥发性污染物的样品时，应尽量减少对样品的扰动，严禁对样品进行均质化处理。土壤样品采集后，应根据污染的物理化性质等，选用合适的容器保存。汞或有机污染的土壤样品应在 4℃以下的温度条件下保存和运输。

土壤采样时应进行现场记录，主要内容包括：样品名称和编号、气象条件、采样时间、采样位置、采样深度、样品质地、样品的颜色和气味、现场检测结果以及采样人员等。

e. 地下水水样采集　地下水采样一般应建地下水监测井。监测井的建设过程分为设计、钻孔、过滤管和井管的选择和安装、滤料的选择和装填，以及封闭和固定等。所用的设备和材料应清洗除污，建设结束后需及时进行洗井。监测井建设记录和地下水采样记录的要求参照 HJ/T 164。样品保存、容器和采样体积的要求参照 HJ/T 164 附录 A。

f. 其他注意事项　现场采样时，应避免采样设备及外部环境等因素污染样品，采取必要措施避免污染物在环境中扩散。

g. 样品追踪管理　应建立完整的样品追踪管理程序，内容包括样品的保存、运输和交接等过程的书面记录和责任归属，避免样品被错误放置、混淆及保存过期。

④ 数据评估和结果分析

a. 实验室检测分析　委托有资质的实验室进行样品检测分析。

b. 数据评估　整理调查信息和检测结果，评估检测数据的质量，分析数据的有效性和充分性，确定是否需要补充采样分析等。

c. 结果分析　根据土壤和地下水检测结果进行统计分析，确定地块关注污染物的种类、浓度水平和空间分布。

(3) 第三阶段

主要工作内容包括地块特征参数和受体暴露参数的调查。地块特征参数包括：不同代表位置和土层或选定土层的土壤样品的理化性质分析数据，如土壤 pH 值、容重、有机碳含量、含水率和质地等；地块（所在地）气候、水文、地质特征信息和数据，如地表年平均风速和水力传导系数等。根据风险评估和地块修复实际需要，选取适当的参数进行调查。受体暴露参数包括：地块及周边地区土地利用方式、人群及建筑物等相关信息。

地块特征参数和受体暴露参数的调查可采用资料查询、现场实测和实验室分析测试等方法。该阶段的调查结果供地块风险评估、风险管控和修复使用。

7.2.2.2　土壤污染风险评估

(1) 危害识别

按照上述完成地块的土壤污染状况调查后，收集获得以下信息：

① 较为详尽的地块相关资料及历史信息；

② 地块土壤和地下水等样品中污染物的浓度数据；

③ 地块土壤的理化性质分析数据；

④ 地块（所在地）气候、水文、地质特征信息和数据；

⑤ 地块及周边地块土地利用方式、敏感人群及建筑物等相关信息。同时根据土壤污染状况调查和监测结果，将对人群等敏感受体具有潜在风险需要进行风险评估的污染物，确定为关注污染物。

(2)暴露评估

① 分析暴露情景

暴露情景是指特定土地利用方式下，地块污染物经由不同途径迁移和到达受体人群的情况。根据不同土地利用方式下人群的活动模式，规定了两类典型用地方式下的暴露情景，即以住宅用地为代表的第一类用地（简称“第一类用地”）和以工业用地为代表的第二类用地（简称“第二类用地”）的暴露情景。

第一类用地方式下，儿童和成人均可能长时间暴露于地块污染而产生健康危害。对于致癌效应，考虑人群的终生暴露危害，一般根据儿童期和成人期的暴露来评估污染物的终生致癌风险；对于非致癌效应，儿童体重较轻，暴露量较高，一般根据儿童期暴露来评估污染物的非致癌危害效应。第一类用地方式包括 GB 50137—2011 规定的城市建设用地中的居住用地（R）、公共管理与公共服务用地中的中小学用地（A33）、医疗卫生用地（A5）和社会福利设施用地（A6）以及公园绿地（G1）中的社区公园或儿童公园用地等。

第二类用地方式下，成人的暴露期长、暴露频率高，一般根据成人期的暴露来评估污染物的致癌风险和非致癌效应。第二类用地包括 GB 50137—2011 规定的城市建设用地中的工业用地（M）、物流仓储用地（W）、商业服务业设施用地（B）、道路与交通设施用地（S）、公用设施用地（U）、公共管理与公共服务用地（A）（A33、A5、A6 除外），以及绿地与广场用地（G）（G1 中的社区公园或儿童公园用地除外）等。

除上述以外的建设用地，应分析特定地块人群暴露的可能性、暴露频率和暴露周期等情况，参照第一类用地或第二类用地情景进行评估或构建适合于特定地块的暴露情景进行风险评估。

② 确定暴露途径

对于第一类用地和第二类用地，规定了 9 种主要暴露途径和暴露评估模型，包括经口摄入土壤、皮肤接触土壤、吸入土壤颗粒物、吸入室外空气中来自表层土壤的气态污染物、吸入室外空气中来自下层土壤的气态污染物、吸入室内空气中来自下层土壤的气态污染物共 6 种土壤污染物暴露途径；吸入室外空气中来自地下水的气态污染物、吸入室内空气中来自地下水的气态污染物、饮用地下水共 3 种地下水污染物暴露途径。特定用地方式下的主要暴露途径应根据实际情况分析确定，暴露评估模型参数应尽可能根据现场调查获得。地块及周边地区地下水受到污染时，应在风险评估时考虑地下水相关暴露途径。依照 GB 36600—2018 要求进行土壤中污染物筛选值的计算时，应考虑全部 6 种土壤污染物暴露途径。

(3)毒性评估

本阶段主要是分析污染物经不同途径对人体健康的危害效应，包括致癌效应、非致癌效应、污染物对人体健康的危害机理和剂量-效应关系等。

致癌效应毒性参数包括呼吸吸入单位致癌因子、呼吸吸入致癌斜率因子、经口摄入致癌斜率因子和皮肤接触致癌斜率因子。

非致癌效应毒性参数包括呼吸吸入参考浓度、呼吸吸入参考剂量、经口摄入参考剂量和皮肤接触参考剂量。

风险评估所需的污染物理化性质参数包括无量纲亨利常数、空气中扩散系数、水中扩散系数、土壤-有机碳分配系数、水中溶解度。其他相关参数还包括消化道吸收因子、皮肤吸收因子和经口摄入吸收因子。

(4) 风险表征

风险表征是以场地危害识别、暴露评估和毒性评估的结果为依据，把风险发生概率和/或危害程度以一定的量化指标表示出来，从而确定人群暴露的危害度。主要工作内容包括：计算单一污染物某种暴露途径的致癌和非致癌危害商、单一污染物所有暴露途径的致癌和非致癌危害商、所有关注污染物的累积致癌和非致癌危害商计算。对风险评估过程的不确定性因素进行综合分析评价，称为不确定性分析。场地风险评估结果的不确定性分析，主要是对场地风险评估过程中由输入参数误差和模型本身不确定性所引起的模型模拟结果的不确定性进行定性或定量分析，包括暴露风险贡献率分析和模型参数敏感性分析等。

风险表征应根据每个采样点样品中关注污染物的检测数据，通过计算污染物的致癌风险和危害商进行风险表征。如某一地块内关注污染物的检测数据呈正态分布，可根据检测数据的平均值、平均值置信区间上限值或最大值计算致癌风险和危害商。风险表征得到的地块污染物的致癌风险和危害商，可作为确定地块污染范围的重要依据。计算得到单一污染物的致癌风险值超过 10^{-6} 或危害商超过 1 的采样点，其代表的地块区域应划定为风险不可接受的污染区域。

(5) 风险控制值计算

在风险表征后，需要确定场地风险控制值和初步修复范围。首先需确定风险可接受水平，风险可接受水平是指一定条件下人们可以接受的健康风险水平。致癌风险水平以场地土壤、地下水中污染物可能引起的癌症发生概率来衡量，非致癌危害商以场地土壤和地下水中污染物浓度超过污染容许接受浓度的倍数来衡量。通常情况下，将单一污染物的致癌风险可接受水平设定为 10^{-6}，非致癌危害商可接受水平设定为 1。风险可接受水平直接影响污染场地的修复成本，具体风险评估时，可以根据各地区社会与经济发展水平选择合适的风险水平。

场地风险控制值也常称作初步修复目标值，是根据场地可接受污染水平、场地背景值或本底值、经济技术条件和修复方式（修复和工程控制）、当地社会经济发展水平等因素综合确定的、场地土壤和地下水中的污染物修复后需要达到的限值。计算修复目标值分为计算单个暴露途径土壤和地下水中污染物致癌风险和非致癌危害商的修复目标值，以及计算所有暴露途径土壤和地下水中污染物致癌风险和非致癌危害商的修复目标值两种情况。当场地污染物存在多种暴露途径时，一般采取第二种方法，即先计算所有暴露途径的累积风险，再计算修复目标值。比较基于致癌风险和非致癌危害商计算得到的修复目标值，选择较小值作为场地污染物修复目标值。场地初步污染物修复目标值是基于风险评估模型的计算值，是确定污染场地修复目标的重要参考值。污染场地最终修复目标的确定，还应综合考虑修复后土壤的最终去向和使用方式、修复技术的选择、修复时间、修复成本以及法律法规、社会经济等因素。采用浓度插值等方法将第二阶段和第三阶段的采样检测分析结果绘制成等值线图，与场地修复目标值相对照，可以初步确定出修复区域。若等值线图不能完全反映场地实际情况，可结合监测点位置、生产设施分布情况及污染物的迁移转化规律对修复范围进行修正。修复范围应根据不同深度的污染程度分别划定。

7.2.2.3 土壤污染修复治理

(1) **修复方案编制**

污染场地修复方案编制也称可行性研究，其目的是根据场地调查与风险评估结果，确定适合于目标场地的最佳修复技术方案，并制订配套的环境管理计划，作为目标污染场地的修复工程实施依据，支撑该场地相关的环境管理决策。污染场地修复方案编制有选择修复策略、筛选和评估修复技术、形成修复技术备选方案与方案比选、制订环境管理计划、编制修复方案5阶段，具体程序和内容如图7-3所示。

选择修复策略是根据场地调查与风险评估结果，细化场地概念模型并确认场地修复总体目标，通过初步分析修复模式、修复技术类型与应用条件、场地污染特征、水文地质条件、技术经济发展水平，确定相应的修复策略。选择修复策略阶段主要包括细化场地概念模型、确认场地修复总体目标、确定修复策略3个过程。

筛选与评估修复技术以场地总体修复目标与修复策略为核心，调研常用的修复技术，综合考虑修复效果、可实施性及其成本等因素进行技术筛选，找出适用于目标场地的潜在可行技术，并根据需要开展相应的技术可行性试验与评估，确定目标场地的可行修复技术。筛选与评估修复技术阶段主要包括修复技术筛选、技术可行性评估、修复技术定量评估3个过程。其中，技术可行性评估根据试验目的和手段的不同，又分为筛选性试验和选择性试验。

形成修复技术备选方案就是进一步综合考虑场地总体修复目标、修复策略、环境管理要求、污染现状、场地特征条件、水文地质条件、修复技术筛选与评估结果，对各种可行技术进行合理组合，形成若干能够实现修复总体目标、潜在可行的修复技术备选方案。方案比选则是针对形成的各潜在可行修复技术备选方案，从技术、经济、环境、社会指标等方面进行比较，确定适合于目标场地的最佳修复技术方案。形成修复技术备选方案与方案比选阶段主要包括形成修复技术备选方案和方案比选2个过程。

制订环境管理计划是为目标场地的修复工程实施提供指导，防止场地修复过程的二次污染，并为场地修复过程的环境监管提供技术支持。制订环境管理计划阶段主要包括提出污染防治和人员安全保护措施、制订场地环境监测计划、制订场地修复验收计划、制订环境应急安全预案4个过程。

最后，根据上述选择修复策略、筛选与评估修复技术、形成修复技术备选方案与方案比选、制订环境管理计划的流程，进行修复方案的编制，形成报告。同时，修复方案应通过环境影响评价后方可实施。

(2) **实施**

修复实施包括编制修复施工方案、施工现场准备和现场施工三个环节。

修复施工方案包括：工程管理目标，项目组织机构，污染土壤分布范围、主要工程量及施工分区，总体施工顺序，施工机械和试验检测仪器配置，劳动力需求计划，施工准备等。此外还需明确施工质量的控制要点、施工工序与步骤，各修复技术方案中所需的设备型号、设备安装和调试过程等。修复施工方案应根据施工现场条件和具体施工工艺，更新和细化场地环境管理计划，包括二次污染防治措施及环境事故应急预案、环境监测计划、安全文明施工及个人健康与安全保护等内容。施工方案应明确施工进度、施工管理保障体系等内容。

为保证整个工程的顺利进行，治理施工开始前需要进行一系列准备工作，包括：①成立

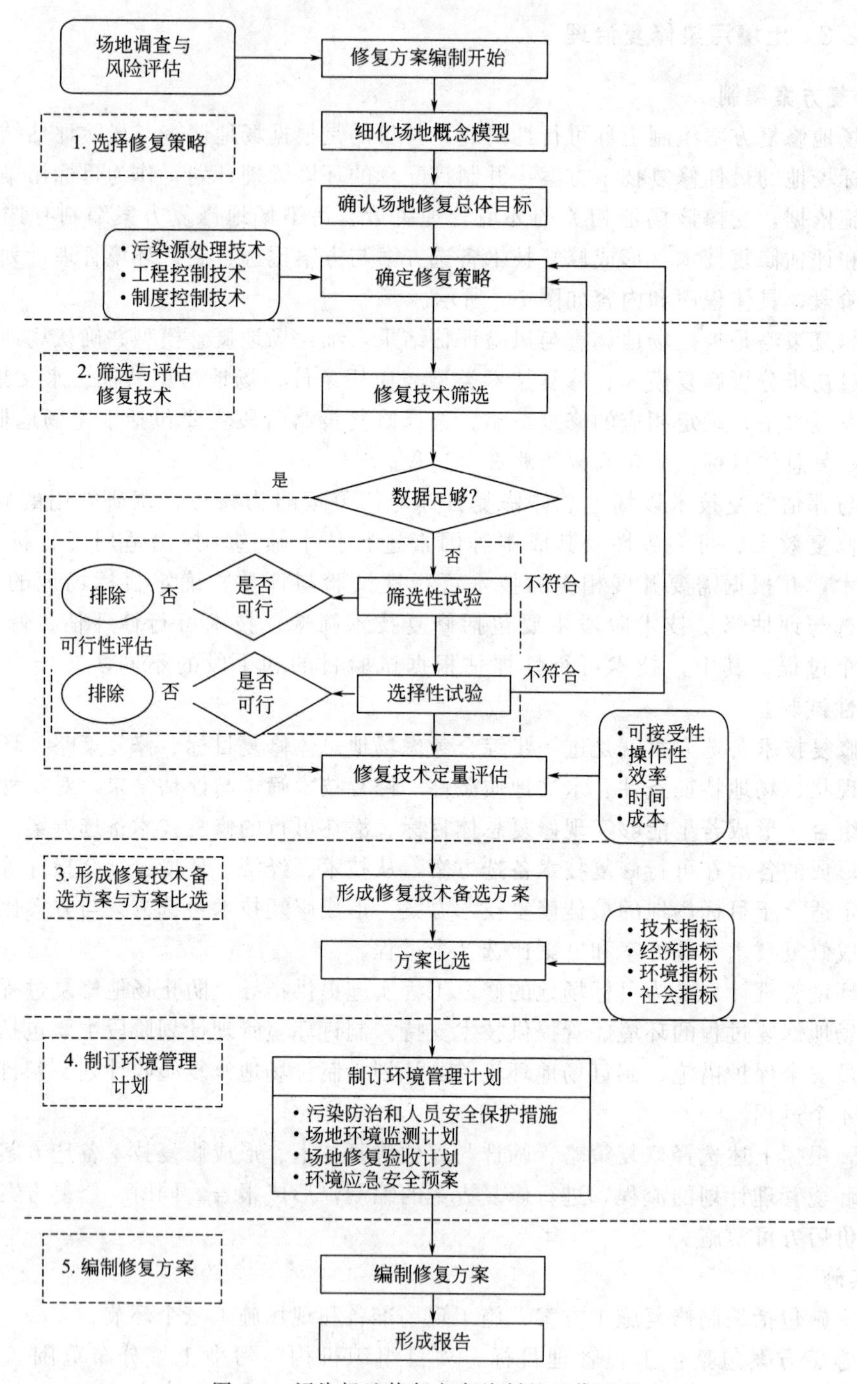

图 7-3　污染场地修复方案编制的工作流程

施工管理组织机构；②清理施工场地内杂物，并进行施工场地平整；③根据施工现场平面布置图进行测量放线；④材料机械准备，包括大型器械、修复设备、工程防护用具、个人安全防护用具和应急用具等；⑤处理场地防渗，应根据施工方案和环境管理要求，对处理场地等易受二次污染区域进行防渗和导排的设置；⑥水电准备，施工用电用水的接入，水管路及用水设施、用电线路及设置应符合国家的相关规定；⑦防火准备，应健全消防组织机构，配备足够的消防器材，并派专人值班检查，加强消防知识的宣传和对现场易燃易爆物品的管理，消除一切可能造成火灾、爆炸事故的根源，严格控制火源、易燃、易爆和助燃物，生活区及工地重要电器设施周围，设置接地或避雷装置，防止雷击起火造成安全事故；⑧入场前，应对相关施工人员开展施工安全和环境保护培训。

施工方在污染土壤修复过程中，需严格按照业主和当地环保部门对该项目的管理要求，建立健全污染土壤修复工程质量监控体系，明确各级质量管理职责，通过增加技术保障措施、加强设备的运行管理、人员配置和污染土壤进出场管理等措施，确保该工程的污染土壤修复质量达到标准。施工过程如发现修复效果不能达到修复要求，应及时分析原因，并采取相应补救措施。如需进行修复技术路线和工艺调整，应报环保主管部门重新论证和审核。在确保污染防治措施实施的基础上，施工过程中应加强与当地环保部门和周边居民的沟通，做好宣传解释，确保周边居民的利益不受影响。修复过程中产生严重环境污染问题时，施工单位应根据环保部门、业主和监理单位的要求进行纠正和整改，保证修复过程不对周边居民和环境产生影响。

(3) 环境监理

环境监理是受污染场地责任主体委托，依据有关环境保护法律法规、场地环境调查评估备案文件、场地修复方案备案文件、环境监理合同等，对场地修复过程实施专业化的环境保护咨询和技术服务，协助和指导建设单位全面落实场地修复过程中的各项环保措施，以实现修复过程中对环境最低程度的破坏、最大限度的保护。工程监理是受项目法人的委托，依据国家批准的工程项目建设文件，有关工程建设的法律、法规和工程建设监理合同及其他工程建设合同，对工程建设实施监督管理，控制工程建设的投资、建设工期和工程质量，以实现项目的经济和社会效益。环境监理的对象主要是工程中的环境保护措施、风险防范措施以及受工程影响的外部环境保护等相关的事项。工程监理的对象主要是修复工程本身及与工程质量、进度、投资等相关的事项。

工程监理和环境监理一般包括以下三种工作模式。

模式 1：包容式监理模式。工程监理完全负责环境监理，其优点是充分利用工程监理体制，环保工作与质量进度、费用直接挂钩，执行力强；缺点是业务人员环保知识不足、针对性不强。

模式 2：独立式监理模式。环境监理与工程监理相互独立，呈并列关系。其优点是环保知识专业化、与环保主管部门协调能力强、环保要求把握准确；缺点是环境监理人员对工程实施相关知识情况了解不足、对施工单位的约束和指导、执行力不足。

模式 3：组合式环境监理。监理单位内设置环保监理部门，由环保人员担任监理工作。其优点是利于资源共享，实时跟进，较好发挥专业性；缺点是受制于工程监理，独立性难以得到保证。由于修复工程属于环保工程，对实施监理工作人员的环境保护知识要求较高，所以无论采取哪种工作模式，都应以实现环境监理的内容为主导，以保证修复工程按实施方案展开。

污染场地修复环境监理工作主要分为三个阶段：修复工程设计阶段、修复工程施工准备阶段和修复工程施工阶段，其工作流程如图 7-4 所示。环境监理的工作方法主要包括核查、监督、报告、咨询、宣传培训等。

修复工程设计阶段环境监理内容包括：收集场地调查评估、场地污染修复方案、修复工程施工设计、施工组织方案等基础资料，对修复工程中的环保措施和环保设施设计文件进行审核，关注修复工程的施工位置和异位修复外运土壤去向，审核修复过程中水、大气、噪

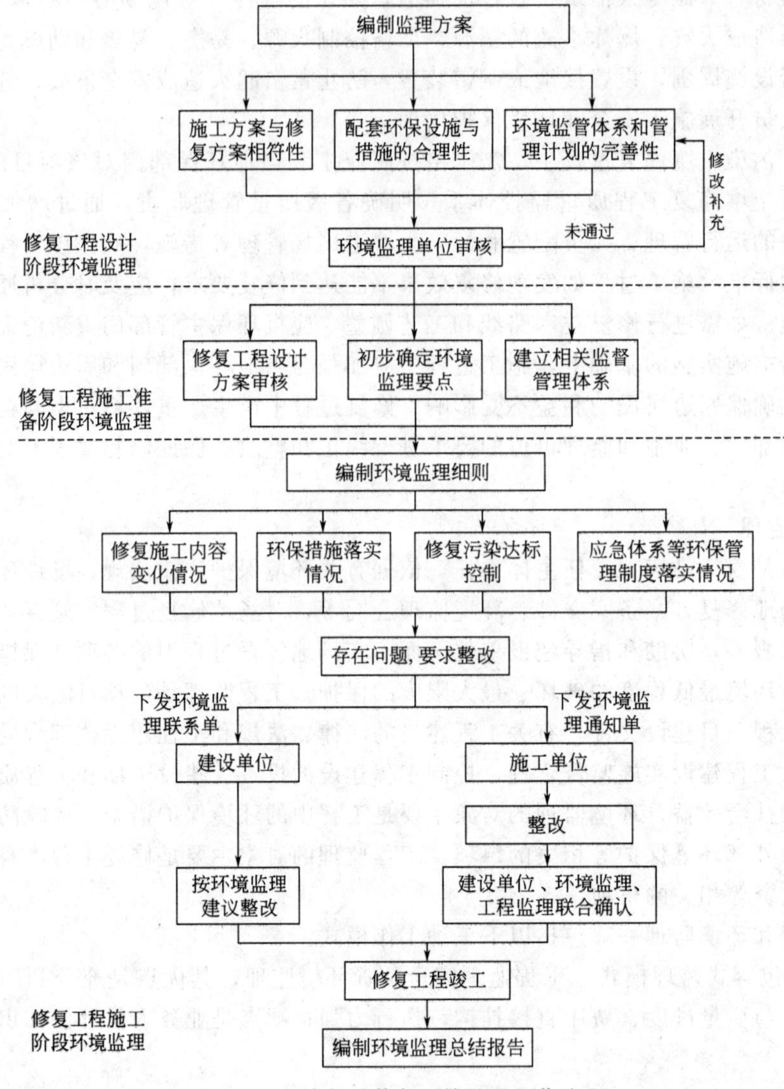

图 7-4 污染场地修复环境监理工作流程

声、固体废物等二次污染处理措施的全面性和处理设施的合理性，必要的后期管理措施的考虑。

修复工程施工准备阶段环境监理内容包括：了解具体施工程序及各阶段的环境保护目标，参与修复工程设计方案的技术审核，确定环境监理工作重点，协助业主监理完善的环保责任体系，建立有效的沟通方式等，并编制场地修复环境监理细则。

修复工程施工阶段环境监理内容包括：核实修复工程是否与修复实施方案符合，环保设施是否落实，是否建立事故应急体系和环境管理制度；监督环境保护工程和措施，监督环保工程进度；检查和监测施工过程中产生的水、气、声、渣排放，施工影响区域应达到规定的环境质量标准；对场内运输污染土壤、污水车辆的密闭性、运输过程进行环境监理；对场内修复工程相关措施（如止水帷幕与施工降水措施等）、抽提装置和废水处理进行监督管理；施工过程中基坑开挖和支护等是否按有关建筑施工要求进行；对异位处置过程，包括储存库及处理现场地面防渗措施的落实和监控；检查污染土储存场地、处置设施的尾气排放设施和监测设施是否完备，确认各项条件是否符合环境要求；检查必要的后期管理长期监测井设置；根据施工环境影响情况，组织环境监测，行使环境监理监督权；向施工单位发出环境监理工作指示，并检查环境监理指令的执行情况；协助建设单位处理环境突发事故及环境重大隐患；编写环境监理月报、半年报、年报和专项报告。对于土壤异位修复工程，可以分为清挖环节、修复环节、回填/外运环节环境监理。对于土壤异位修复工程，需对修复区域边界进行严格监督管理，并在周边区域设置采样点，避免修复工程对周边土壤和地下水产生影响。

修复工程环境影响监测需要针对场地土壤中挥发性及半挥发性有机污染物可能带来的环境影响进行有效监控，监测和评价施工过程中污染物的排放是否达到有关规定。在治理修复过程中，若向水体和大气中排放污染物，应进行布点监测。监测点位应按照修复工程技术设计的要求布设，例如热脱附、土壤气提、化学氧化、生物通风、自然生物降解法等应在废气排放口布点；热脱附、淋洗法等应在废水排放口布点。

大气环境监测内容一般包括污染土壤清挖、修复区修复施工过程中污染物无组织排放空气样品的采集、分析及质量评价，污染土壤修复设施（车间）污染物排放尾气样品的采集、分析及污染物排放评价。

水污染排放监测对修复工程施工和运行期产生的工业废水和生活污水的来源、排放量、水质指标及处理设施的建设过程、沉淀池的定期清理和处理效果等进行检查、监督，并根据水质监测结果，检查工业废水和生活污水是否达到了排放标准要求。

噪声污染源环境监理主要监督检查工程施工和修复过程中的主要噪声源的名称、数量、运行状况；检查修复工程影响区域内声环境敏感目标的功能、规模、与工程的相对位置关系及受影响的人数；检查项目采取的降噪措施和实际降噪效果，并附图表或照片加以说明。

固体废物污染源环境监理应调查固体废物利用或处置相关政策、规定和要求；核查工程产生的固体废物的种类、属性、主要来源及产生量；调查固体废物的处置方式。对固体废物的利用或处置是否符合实施方案的要求进行核查，对不符合环保要求的行为进行现场处理并要求限期整改，使施工区达到环境安全和现场清洁整齐的要求。施工阶段垃圾应由各施工单位负责处理，不得随意抛弃或填埋，保证工程所在现场清洁整齐，对环境无污染。

(4) 修复效果评估

污染地块风险管控与土壤修复效果评估的工作内容包括：更新地块概念模型、布点采样与实验室检测、土壤修复效果评估、提出后期环境监管建议及编制效果评估报告五部分，工作流程如图 7-5 所示。

① 更新地块概念模型

效果评估机构首先应收集地块风险管控与修复相关资料，开展现场踏勘工作，并通过与地块责任人、施工负责人、监理人员等进行沟通和访谈，了解地块调查评估结论、风险管控与修复工程实施情况、环境保护措施落实情况等，掌握地块地质与水文地质条件、污染物空间分布、污染土壤去向、风险管控与修复设施设置、风险管控与修复过程监测数据等关键信息，更新地块概念模型。

a. 资料回顾　在效果评估工作开展之前，应收集污染地块风险管控与修复相关资料。资料清单主要包括地块环境调查报告、风险评估报告、风险管控与修复方案、工程实施方案、工程设计资料、施工组织设计资料、工程环境影响评价及其批复、施工与运行过程中监测数据、监理报告和相关资料、工程竣工报告、实施方案变更协议、运输与接收的协议和记录、施工管理文件等。

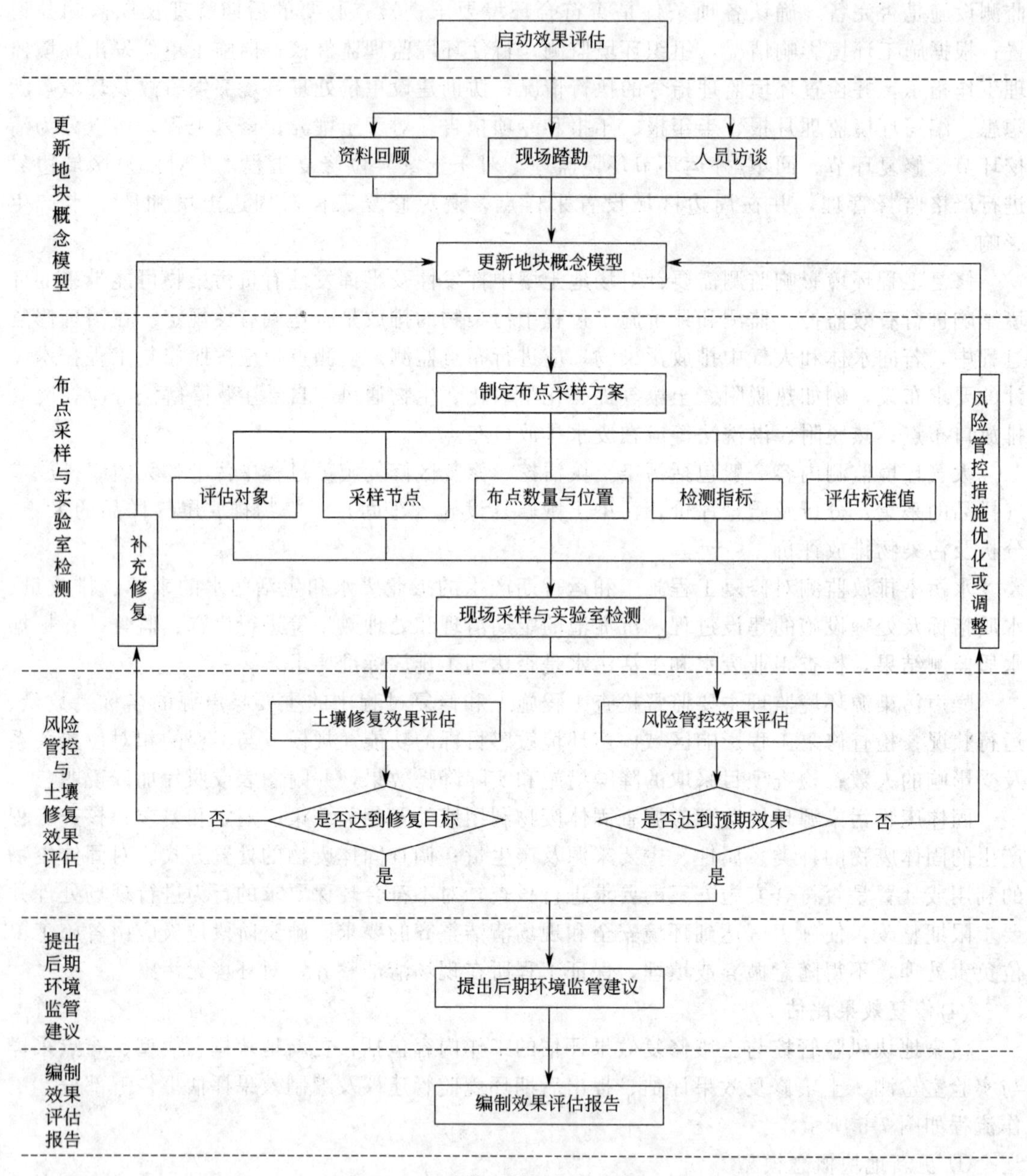

图 7-5 土壤修复效果评估工作流程

资料回顾主要包括风险管控与修复工程概况和环保措施落实情况。风险管控与修复工程概况回顾主要通过风险管控与修复方案、实施方案以及风险管控与修复过程中的其他文件，了解修复范围、修复目标、修复工程设计、修复工程施工、修复起始时间、运输记录、运行监测数据等，了解风险管控与修复工程实施的具体情况。环保措施落实情况回顾主要通过对风险管控与修复过程中二次污染防治相关数据、资料和报告的梳理，分析风险管控与修复工程可能造成的土壤和地下水二次污染情况等。

b. 现场踏勘　开展现场踏勘工作，了解污染地块风险管控与修复工程情况、环境保护措施落实情况，包括修复设施运行情况、修复工程施工进度、基坑清理情况、污染土暂存和外运情况、地块内临时道路使用情况、修复施工管理情况等。调查人员可通过照片、视频、录音、文字等方式，记录现场踏勘情况。

c. 人员访谈　开展人员访谈工作，对地块风险管控与修复工程情况、环境保护措施落实情况进行全面了解。访谈对象包括地块责任单位、地块调查单位、地块修复方案编制单位、监理单位、修复施工单位等单位的参与人员。

d. 更新地块概念模型　在资料回顾、现场踏勘、人员访谈的基础上，掌握地块风险管控与修复工程情况，结合地块地质与水文地质条件、污染物空间分布、修复技术特点、修复设施布局等，对地块概念模型进行更新，完善地块风险管控与修复实施后的概念模型。地块概念模型可用文字、图、表等方式表达，作为确定效果评估范围、采样节点、布点位置等的依据。地块概念模型一般包括下列信息。

ⅰ. 地块风险管控与修复概况：修复起始时间、修复范围、修复目标、修复设施设计参数、修复过程运行监测数据、技术调整和运行优化、修复过程中废水和废气排放数据、药剂添加量等情况。

ⅱ. 关注污染物情况：目标污染物原始浓度、运行过程中的浓度变化、潜在二次污染物和中间产物产生情况、土壤异位修复地块污染源清挖和运输情况、修复技术去除率、污染物空间分布特征的变化以及潜在二次污染区域等情况。

ⅲ. 地质与水文地质情况：关注地块地质与水文地质条件，以及修复设施运行前后地质和水文地质条件的变化、土壤理化性质变化等，运行过程是否存在优先流路等。

ⅳ. 潜在受体与周边环境情况：结合地块规划用途和建筑结构设计资料，分析修复工程结束后污染介质与受体的相对位置关系、受体的关键暴露途径等。

地块概念模型可用文字、图、表等方式表达，作为确定效果评估范围、采样节点、布点位置等的依据。

② 布点采样与实验室检测

a. 基坑清理效果评估布点　基坑清理效果评估对象为地块修复方案中确定的基坑。污染土壤清理后遗留的基坑底部与侧壁，应在基坑清理之后、回填之前进行采样。若基坑侧壁采用基础围护，则宜在基坑清理的同时进行基坑侧壁采样，或于基础围护实施后在围护设施外边缘采样。另外，可根据工程进度对基坑进行分批次采样。

基坑底部和侧壁推荐最少采样点数量见表 7-2。基坑底部采用系统布点法，基坑侧壁采用等距离布点法，布点位置参见图 7-6。当基坑深度大于 1m 时，侧壁应进行垂向分层采样，应考虑地块土层性质与污染垂向分布特征，在污染物易富集位置设置采样点，各层采样点之间垂向距离不大于 3m，具体根据实际情况确定。

基坑坑底和侧壁的样品以去除杂质后的土壤表层样为主（0～20cm），不排除深层采样。对于重金属和半挥发性有机物，在一个采样网格和间隔内可采集混合样。

表 7-2　基坑底部和侧壁推荐最少采样点数量

基坑面积/m^2	坑底采样点数量	侧壁采样点数量
$x<100$	2	4
$100\leqslant x<1000$	3	5
$1000\leqslant x<1500$	4	6
$1500\leqslant x<2500$	5	7
$2500\leqslant x<5000$	6	8
$5000\leqslant x<7500$	7	9
$7500\leqslant x<12500$	8	10
$x>12500$	网格大小不超过 40m×40m	采样点间隔不超过 40m

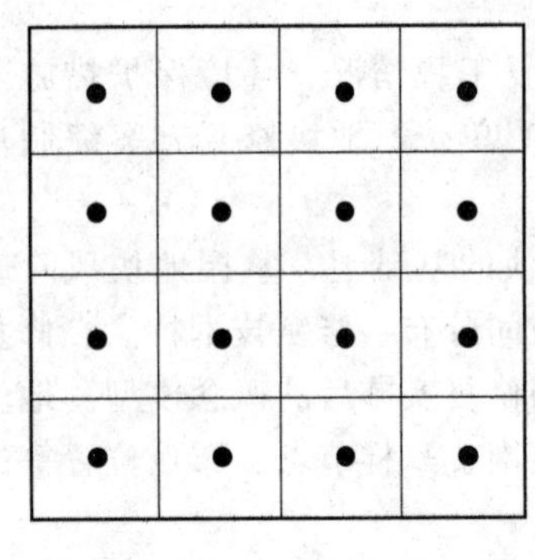
(a) 基坑底部——系统布点法

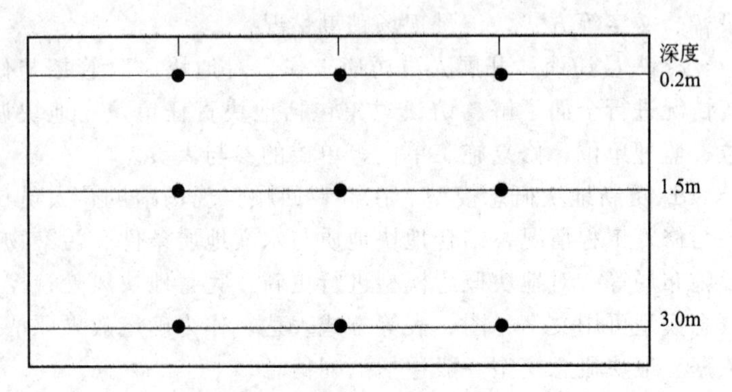

(b) 基坑侧壁——等距离布点法

图 7-6　基坑底部与侧壁布点示意图

b. 土壤异位修复效果评估布点　异位修复后土壤效果评估的对象为异位修复后的土壤堆体。异位修复后的土壤应在修复完成后、再利用之前采样。按照堆体模式进行异位修复的土壤，宜在堆体拆除之前进行采样。异位修复后的土壤堆体，可根据修复进度进行分批次采样。

修复后土壤原则上每个采样单元（每个样品代表的土方量）不应超过500m^3；也可根据修复后土壤中污染物浓度分布特征参数计算修复差变系数，根据不同差变系数查询计算对应的推荐采样数量（见表 7-3）。对于按批次处理的修复技术，在符合前述要求的同时，每批次至少采集 1 个样品。对于按照堆体模式处理的修复技术，若在堆体拆除前采样，在符合前述要求的同时，应结合堆体大小设置采样点，推荐数量参见表 7-4。修复后土壤一般采用系统布点法设置采样点；同时应考虑修复效果空间差异，在修复效果薄弱区增设采样点。重金属和半挥发性有机物可在采样单元内采集混合样。修复后土壤堆体的高度应便于修复效果评估采样工作的开展。

表 7-3　修复后土壤最少采样点数量

差变系数	采样单元大小/m^3	差变系数	采样单元大小/m^3
0.05～0.20	100	0.40～0.60	500
0.20～0.40	300	0.60～0.80	800

表 7-4　堆体模式修复后土壤最少采样点数量

堆体体积/m^3	采样单元数量	堆体体积/m^3	采样单元数量
＜100	1	500～1000	4
100～300	2	每增加 500	增加 1 个
300～500	3		

c. 土壤原位修复效果评估布点　土壤原位修复效果评估的对象为原位修复后的土壤。原位修复后的土壤应在修复完成后进行采样。原位修复的土壤可按照修复进度、修复设施设置等情况分区域采样。

原位修复后的土壤水平方向上采用系统布点法，推荐采样数量参照表 7-2。原位修复后的土壤垂直方向上采样深度应不小于调查评估确定的污染深度以及修复可能造成污染物迁移的深度，根据土层性质设置采样点，原则上垂向采样点之间的距离不大于 3m，具体根据实际情况确定。并应结合地块污染分布、土壤性质、修复设施设置等，在高浓度污染物聚集区、修复效果薄弱区、修复范围边界处等位置增设采样点。

d. 现场采样与实验室检测　基坑土壤的检测指标一般为对应修复范围内土壤中目标污染物。存在相邻基坑时，应考虑相邻基坑土壤中的目标污染物。异位修复后土壤的检测指标为修复方案中确定的目标污染物，若外运到其他地块，还应根据接收地环境要求增加检测指标。原位修复后土壤的检测指标为修复方案中确定的目标污染物。化学氧化/还原修复、微生物修复后土壤的检测指标应包括产生的二次污染物，原则上二次污染物指标应根据修复方案中的可行性分析结果确定。风险管控与修复效果评估现场采样与实验室检测按照 HJ 25.1—2019 和 HJ 25.2—2019 的规定执行。

③ 土壤修复效果评估

a. 土壤修复效果评估标准值　基坑土壤评估标准值为地块调查评估、修复方案或实施方案中确定的修复目标值。

异位修复后土壤的评估标准值应根据其最终去向确定：若修复后土壤回填到原基坑，评估标准值为调查评估、修复方案或实施方案中确定的目标污染物的修复目标值；若修复后土壤外运到其他地块，应根据接收地土壤暴露情景进行风险评估确定评估标准值，或采用接收地土壤背景浓度与 GB 36600—2018 中接收地用地性质对应筛选值的较高者作为评估标准值，并确保接收地的地下水和环境安全。

原位修复后土壤的评估标准值为地块调查评估、修复方案或实施方案中确定的修复目标值。

化学氧化/还原修复、微生物修复潜在二次污染物的评估标准值可参照 GB36600—2018 中一类用地筛选值执行，或根据暴露情景进行风险评估确定其评估标准值。

b. 土壤修复效果评估方法　可采用逐一对比和统计分析的方法进行土壤修复效果评估。具体方法如下：

ⅰ. 当样品数量<8 个时，应将样品检测值与修复效果评估标准值逐个对比：若样品检测值低于或等于修复效果评估标准值，则认为达到修复效果；若样品检测值高于修复效果评估标准值，则认为未达到修复效果。

ⅱ. 当样品数量≥8 个时，可采用统计分析方法进行修复效果评估。一般采用样品均值的 95%置信上限与修复效果评估标准值进行比较，下述条件全部符合方可认为地块达到修复效果：样品均值的 95%置信上限小于等于修复效果评估标准值；样品浓度最大值不超过修复效果评估标准值的 2 倍。

ⅲ. 若采用逐个对比方法，当同一污染物平行样数量≥4 组时，可结合 t 检验分析采样和检测过程中的误差，确定检测值与修复效果评估标准值的差异：若各样品的检测值显著低于修复效果评估标准值或与修复效果评估标准值差异不显著，则认为该地块达到修复效果；若某样品的检测结果显著高于修复效果评估标准值，则认为地块未达到修复效果。

原则上统计分析方法应在单个基坑或单个修复范围内分别进行。对于低于报告限的数据，可用报告限数值进行统计分析。

④ 提出后期环境监管建议

下列情景中，应提出后期环境监管建议：修复后土壤中污染物浓度未达到 GB 36600—2018 第一类用地筛选值的地块；实施风险管控的地块。

后期环境监管的方式一般包括长期环境监测与制度控制，两种方式可结合使用。原则上后期环境监管直至地块土壤中污染物浓度达到 GB 36600—2018 第一类用地筛选值、地下水中污染物浓度达到 GB/T 14848—2017 中地下水使用功能对应标准值为止。

实施风险管控的地块应开展长期监测。一般通过设置地下水监测井进行周期性采样和检测，也可设置土壤气监测井进行土壤气样品采集和检测，监测井位置应优先考虑污染物浓度高的区域、敏感点所处位置等。原则上长期监测 1～2 年开展一次，可根据实际情况进行调整。

对修复后土壤中污染物浓度未达到 GB 36600—2018 第一类用地筛选值的地块、实施风险管控的地块的两种情景均需开展制度控制。制度控制包括限制地块使用方式、限制地下水利用方式、通知和公告地块潜在风险、制定限制进入或使用条例等方式，多种制度控制方式可同时使用。

⑤ 编制效果评估报告

当检测结果满足修复目标后，编制效果评估报告。效果评估报告内容应真实、全面，至少包括以下内容：修复工程概况、地块调查评价结论、修复方案及修复实施情况、环境保护措施落实情况、效果评估布点方案、现场采样与实验室检测、检测结果分析、效果评估结论及后期环境监管建议等内容。

(5) 后期环境管理

为确保场地采取修复活动的长期有效性、确保场地不再对周边环境和人体健康产生危害，一般来讲，如果选择的修复技术方案没有彻底消除污染，依赖于对土壤、地下水等的使用限制，或者使用了物理和工程控制措施的场地，需要进行后期管理，主要包括以下三种类型。

① 场地污染没有完全清除，或者场地修复行动可能在场地遗留危害物质，导致场地的用途受到限制；

② 修复工程时间较长（如原位监测型自然衰减），或采取工程控制措施的场地；

③ 采取限制用地方式等制度控制措施的场地。

后期管理是按照科学合理的后期管理计划，根据场地的实际情况采取如下措施，包括设备及工程的长期运行与维护，进行长期监测、长期存档、报告等制度，定期和不定期的回顾性检查等，目标是评估场地修复活动的长期有效性、确保场地不再对周边环境和人体健康产生危害。

后期管理必须与制度建设相结合才能发挥实效，即需要建立一套长期监测、跟踪、回顾性检查与评估及后期风险管理制度，做好制度的设计、构建，明确技术要求及各相关方责任。

回顾性检查与评估是场地后期管理中非常核心的一个内容，包括场地资料回顾与现场踏勘、场地潜在风险识别与诊断、后期管理优化措施及建议、回顾性报告编制四个步骤。

① 场地资料回顾与现场踏勘：开展回顾性检查的人员首先要进行场地资料回顾与现场踏勘，包括场地基本资料收集查阅、场地数据回顾与分析、场地踏勘、人员访谈等工作。

② 场地潜在风险识别与诊断：通过场地资料回顾与现场调查，识别判断现有修复方式或措施可能存在的问题，例如不完善的制度控制措施、修复目标难以达到、修复目标不准确、场地修复行动未按照设计运行、暴露途径是否变化、场地使用方式是否变化等问题，从而判断场地修复行动是否可达到保护人体和环境的目的。

③ 后期管理优化措施及建议：根据场地潜在风险的识别与诊断，若判断场地修复行动不能或难以达到保护目的，则需提出并采取进一步的措施和建议对修复实施方案进行优化，

包括长期响应行动、操作与维护、实施制度控制、修复方案优化、补充调查等方式。

④ 回顾性报告编制：根据上述调查与诊断，给出回顾性结论，决定是否需要采取进一步措施、是否要持续进行回顾性检查及时间跨度等，编制回顾性报告。

对于一些较为复杂的场地，由于回顾性检查时间跨度较大使得场地监管较为困难时，可同时采取制度控制等方式进行后期管理。

场地回顾性检查与评估由场地修复责任方依据场地情况委托具有相应能力的机构组织开展。场地回顾性报告应报当地环保部门备案并在回顾性检查与评估实施过程中接受环保部门的监督指导。

后期管理一般在修复完成后场地开发建设阶段介入，采取多种修复技术长期修复的场地也可在修复启动时介入，具体可根据政策要求、场地修复方案等因素确定。场地回顾性检查与评估在场地修复验收后五年开展第一次，贯穿于场地全过程，直至场地不再对周边环境和人体健康产生影响，后续的场地回顾性检查与评估时间根据前一次回顾性检查的结论确定，根据实际情况可提前回顾或增加回顾的频率。

7.3 土壤修复工程技术筛选及方案制订

7.3.1 目的及意义

污染土壤修复区别于其他工程项目的重要特点之一是一地一策，一时一策。污染场地情况一般比较复杂，需考虑的因素较多，比如，土壤性质、污染因子类别、污染分布、配套条件、土地后续用途、修复周期、修复费用等，同时污染场地修复技术众多，包括物理方法、化学方法、生物方法及联合修复等，针对具体的某个场地有多种可行的修复技术可供选择，而在修复过程中一般不存在任何一种修复技术在各个方面的表现都优于其他技术。这使得人们在修复过程中不得不考虑成本收益情况，即采用何种修复技术能够在较低耗费时能取得较大收益。修复技术的选择是一个决策过程，通过修复技术各个方面的表现进行权衡并做出决策，最终选取最为适合的修复技术或联合修复技术进行实施。

因此，污染场地修复方案编制的目的是根据场地调查与风险评估结果，确定适合于目标场地的最佳修复技术方案，并制订配套的环境管理计划，作为目标场地的修复工程实施依据，支撑该场地相关的环境管理决策。

7.3.2 基本原则

7.3.2.1 科学性原则

采用科学的方法，综合考虑污染场地土壤修复目标、土壤修复技术的处理效果、修复时间、修复成本、修复工程的环境影响等因素，制订修复方案。

7.3.2.2 可行性原则

制订的污染场地土壤修复方案要合理可行，在前期工作的基础上，针对污染场地的污染性质、程度、范围以及对人体健康或生态环境造成的危害，合理选择土壤修复技术，因地制宜制订修复方案，使修复目标可达，修复工程切实可行。

7.3.2.3 安全性原则

制订污染场地土壤修复方案要确保污染场地修复工程实施安全，防止对施工人员、周边人群健康以及生态环境产生危害和二次污染。

7.3.3 工作程序和内容

根据国家环境保护部 2014 年 11 月发布的《工业企业场地环境调查评估与修复工作指南（试行）》（以下简称《指南》），完成场地调查评估后，即进入污染场地修复阶段，污染场地修复方案编制是本阶段的重要工作。方案编制的工作程序和内容如图 7-7 所示，主要包括：a. 选择修复策略；b. 筛选与评估修复技术；c. 形成修复技术备选方案与方案比选；d. 制订环境管理计划；e. 编制修复方案。

7.3.3.1 选择修复策略

根据场地调查与风险评估结果，细化场地概念模型并确认场地修复总体目标，通过初步分析修复模式、修复技术类型与应用条件、场地特征条件、水文地质条件、技术经济发展水平，确定相应修复策略。选择修复策略阶段主要包括细化场地概念模型、确认场地修复总体目标、确定修复策略三个过程。

7.3.3.2 筛选与评估修复技术

以场地总体修复目标与修复策略为核心，调研常用的修复技术，综合考虑修复效果、可实施性及其成本等因素进行技术筛选，找出适用于目标场地的潜在可行技术，并根据需要开展相应的技术可行性试验与评估，确定目标场地的可行修复技术。筛选与评估修复技术阶段主要包括修复技术筛选、技术可行性评估、修复技术定量评估三个过程。其中，技术可行性评估根据试验目的和手段的不同，又分为筛选性试验和选择性试验。

7.3.3.3 形成修复技术备选方案与方案比选

形成修复技术备选方案就是进一步综合考虑场地总体修复目标、修复策略、环境管理要求、污染现状、场地特征条件、水文地质条件、修复技术筛选与评估结果，对各种可行技术进行合理组合，形成若干能够实现修复总体目标、潜在可行的修复技术备选方案。方案比选则是针对形成的各潜在可行修复技术备选方案，从技术、经济、环境、社会指标等方面进行比较，确定适合于目标场地的最佳修复技术方案。形成修复技术备选方案与方案比选阶段主要包括形成修复技术备选方案和方案比选两个过程。

7.3.3.4 制订环境管理计划

环境管理计划为目标场地的修复工程实施提供指导，防止场地修复过程的二次污染，并为场地修复过程的环境监管提供技术支持。制订环境管理计划阶段主要包括提出污染防治和人员安全保护措施、制订场地环境监测计划、制订场地修复验收计划、制订环境应急安全预案四个过程。

7.3.3.5 编制修复方案

根据上述选择修复策略、筛选与评估修复技术、形成修复技术备选方案与方案比选、制

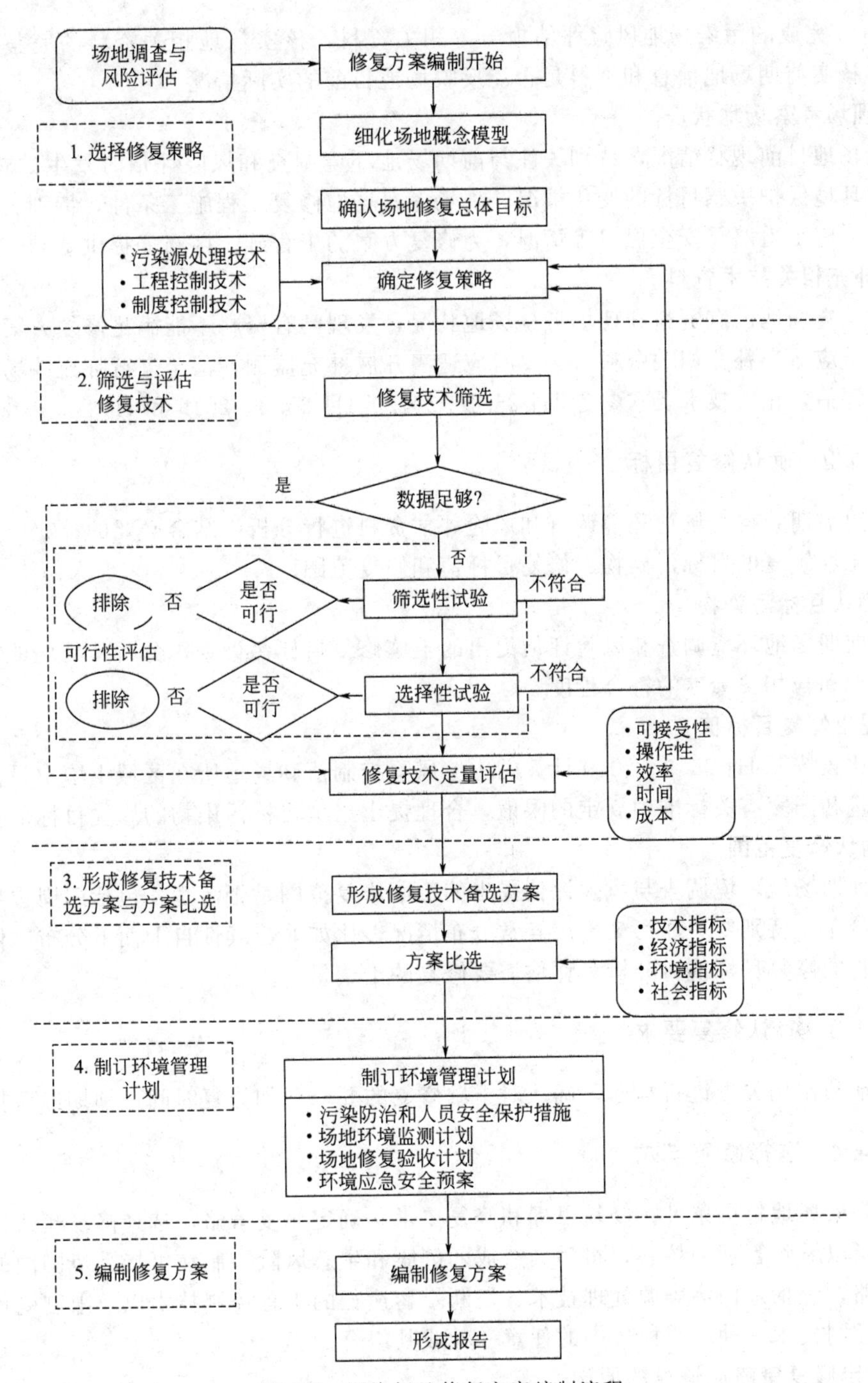

图 7-7 污染场地修复方案编制流程

订环境管理计划的流程，进行修复方案的编制，形成报告。

7.3.4 确定修复策略及修复模式

7.3.4.1 确认场地条件

(1)核实场地相关资料

审阅前期按照 HJ 25.1—2019 和 HJ 25.2—2019 完成的场地环境调查报告和按照 HJ

25.3—2019 完成的污染场地风险评估报告等相关资料，核实场地相关资料的完整性和有效性，重点核实前期场地信息和资料是否能反映场地目前的实际情况。

(2) 现场考察场地状况

考察场地目前现状情况，特别关注与前期场地环境调查和风险评估时发生的重大变化，以及周边环境保护敏感目标的变化情况。现场考察场地修复工程施工条件，特别关注场地用电、用水、施工道路、安全保卫等情况，为修复方案的工程施工区布局提供基础信息。

(3) 补充相关技术资料

通过核查场地已有资料和现场考察场地状况，发现已有资料不能满足修复方案编制基础信息要求，应适当补充相关资料。必要时应适当开展补充监测，甚至进行补充性场地环境调查和风险评估，相关技术要求参考 HJ 25.1—2019、HJ 25.2—2019 和 HJ 25.3—2019。

7.3.4.2 确认修复目标

通过对前期获得的场地环境调查和风险评估资料进行分析，结合必要的补充调查，确认污染场地土壤修复的目标污染物、修复目标值和修复范围。

(1) 确认目标污染物

确认前期场地环境调查和风险评估提出的土壤修复目标污染物，分析其与场地特征污染物的关联性和与相关标准的符合程度。

(2) 提出修复目标值

分析比较按照 HJ 25.3—2019 计算的土壤风险控制值和场地所在区域土壤中目标污染物的背景含量和国家有关标准中规定的限值，合理提出土壤目标污染物的修复目标值。

(3) 确认修复范围

确认前期场地环境调查与风险评估提出的土壤修复范围是否清楚，包括四周边界和污染土层深度分布，特别要关注污染土层异常分布情况，比如非连续性自上而下分布。依据土壤目标污染物的修复目标值，分析和评估需要修复的土壤量。

7.3.4.3 确认修复要求

与场地利益相关方进行沟通，确认对土壤修复的要求，如修复时间、预期经费投入等。

7.3.4.4 选择修复模式

根据污染场地特征条件、修复目标和修复要求，确定修复策略，选择修复模式。场地修复策略是指以风险管理为核心，将污染造成的健康和生态风险控制在可接受范围内的场地总体修复思路，包括采用污染源处理技术、切断暴露途径的工程控制技术以及限制受体暴露行为的制度控制技术三种修复模式中的任意一种或其组合。

(1) 确定修复策略应遵循的原则

① 应与场地未来的用地发展规划、开发方式、时间进度相结合。应与场地相关利益方进行充分交流和沟通，确认场地未来的用地发展规划、场地开发方式、时间进度、是否允许原位修复、修复后土壤的再利用或处置方式等。

② 应充分考虑场地修复过程中土壤和地下水的整体协调性，并综合考虑近期、中期和长期目标的要求，以及修复技术的可行性、成本、周期、民众可接受程度等因素。

③ 污染场地风险评估可作为评估采取不同修复策略是否可以达到修复目标的评估工具。

④ 应选择绿色的、可持续的修复策略，使修复行为的净环境效益最大化。

⑤ 针对污染源处理技术、工程控制技术、制度控制技术中的某一修复模式，提出该修复模式下各个修复单元内各类介质的具体修复指标或工程控制指标。

(2) 修复策略制订的具体过程

① 采用污染源处理技术时，针对各种技术类型，应根据污染介质确定目标污染物、明确具体的处理目标值和待处理的介质（土壤或地下水）范围。具体的处理技术类型有原位生物、原位物理、原位化学、异位生物、异位物理、异位化学等。

② 对于污染土壤而言，处理目标值应根据风险评估结果、处理技术特点以及土壤的最终去向或使用方式来综合确定。当采用降低土壤中目标污染物浓度的源处理技术时，处理目标值一般是将土壤中的目标污染物浓度降低到符合土壤再利用用途的风险可接受水平；当采用化学氧化等降低污染物浓度的技术时，还应考虑可能产生的中间产物及控制指标。当采用降低土壤中目标污染物的活性和迁移性控制其风险的固化/稳定化技术时，应根据固化体最终处置地的环境保护要求，确定其浸出浓度限值。待处理介质范围描述应包括需处理的污染土壤的深度、面积与边界、土方量。

③ 对于污染地下水而言，需明确不同阶段的处理目标值，地下水的处理目标值与其将要达到的功能密切相关；待处理介质范围的描述应包括需处理的污染地下水的边界、深度与出水量。

④ 采用工程控制技术时，应根据污染介质，确定目标污染物、修复范围、暴露途径，选择合适的阻止污染扩散或切断暴露途径方式，如覆盖清洁土、建立阻截工程等，从而降低和消除场地污染物对人体健康和环境的风险。从修复成本、修复周期等因素考虑，工程控制技术可为一种合理有效的选择。由于工程控制并不能彻底去除场地中的污染物，因此工程控制往往需要和制度控制相结合，如定期监测和评估制度等。工程控制技术可以与污染源处理技术联合起来使用，可以降低修复成本，或用于场地修复过程中的二次污染防治。

⑤ 采用制度控制技术时，应通过制订和实施各项条例、准则、规章或制度，减少或阻止人群对场地污染物的暴露，从制度上杜绝和防范场地污染可能带来的风险和危害，从而达到利用行政管理手段对污染场地的潜在风险进行管理与控制的目的。制度控制技术常与工程控制技术或与污染源处理技术联合采用。

7.3.5 修复技术筛选与评估

7.3.5.1 国内外污染场地修复技术筛选现状

该项工作主要分为两部分内容：一是修复技术初筛；二是修复技术详细评价。

(1) 修复技术初筛

修复技术初筛是从大量的备选修复技术中选出潜在可用的修复技术，为修复技术详细评价提供具体的比较对象。修复技术初筛没有确定的标准，一般会根据修复技术的目标污染物适用性及与场地条件的匹配性来确定潜在可用的修复技术。备选修复技术信息常会被系统地整理并保存在修复技术信息库中以方便查找。在信息库中保存的信息主要有：修复技术原理、工艺特点和要求、优缺点、费用情况、以往工程应用案例等信息。

修复技术初筛比较简单，相关的学术研究较少，其具体筛选流程可参见各国颁布的技术导则（表 7-5），一般来说，对于污染区域较小、污染物性质相似的场地一般可直接根据目标污染物适用性从修复技术信息矩阵中查询潜在可用的修复技术。对于大型污染场地则需要先对场地进行细分，按照污染物和污染介质特性对修复区域进行划分，再进行潜在可用修复技术的确定。

表 7-5　各国污染场地修复技术筛选相关导则

国家	部门	导则名称
英国	环保署	固定化、稳定化技术处理污染土壤使用导则(2004)
	环保署	污染土地报告(第 11 版)(2004)
加拿大	污染场地管理工作组	场地修复技术:参考手册(1997)
	新不伦瑞克环境和当地政府	污染场地管理导则(2003,第 2 版)
	加拿大爱德华王子岛	石油污染场地修复技术导则(1999)
	萨斯喀彻温省环境资源管理	市政废物处置场石油污染土壤的处理和处置导则(1995)
美国	新泽西州环境保护局	污染土壤修复导则(1998)
	美国环保署超级基金	修复技术调查与可行性研究导则(1988)
	华盛顿州生态毒物清洁项目部	石油污染土壤修复技术导则(1995)
丹麦	丹麦环保局	污染场地修复导则(2004)
新西兰	环境部	木材处理化学品健康和环境导则(1997)
		新西兰煤气厂污染场地评估和管理导则(1997)
		新西兰石油烃类污染场地评估和管理导则(1999)
澳大利亚	澳大利亚和新西兰环境保护部	澳大利亚和新西兰污染场地评估和管理导则(1992)
	环境部	昆士兰污染土地评估和管理导则(草案)(1998)
	南澳环保局	环保局导则:土壤生物修复技术(异位)(2005)

(2) 修复技术详细评价

修复技术详细评价就是对初筛中确定的比较对象进行决策，从中确定最为合适的修复技术。不同的场地有其特有的社会和环境特征，在选择修复技术时人们面临的决策情形有所区别。例如对于急待开发的场地，有足够的修复资金来源，对时间及修复目标实现的要求较为关注，在修复时主要考虑因素之间的矛盾较小，决策结果较为容易获得。

但对于一些修复资金不足的场地修复，往往在决策时需要权衡各个因素才能获得最佳修复技术。为此许多研究者尝试引入各种决策方法进行修复技术筛选决策，并发表了许多文献。相反，由于场地的特异性使得场地修复技术决策情形有差异，在国家层面的导则对修复技术详细评价只给出了原则性考虑因素。根据决策形式的不同可以将修复技术详细评价分为三类：专家评估、类比筛选和多目标决策。

① 专家评估　将污染场地调查所得的信息进行归类整理，这些信息包括自然环境特征、社会经济情况、土地利用情况、污染物种类及分布情况、修复目标等。要求专家根据这些场地信息选择合适的修复技术。该方法主要用于场地条件复杂，其他方法都不适用的情况。

专家评估不是简单的专家讨论，需要遵循一定的规范，即基于导则提出的修复技术筛选流程及筛选中需考虑的因素，确定最终评估所得的修复技术最佳可行。为此许多国家制订了涉及污染场地修复技术筛选的导则（表 7-5）。美国各个污染场地的报告中（record of decision），有关修复技术确定的内容，全部都是通过专家评价确定实施的修复技术。有关修复技术的比选因素，美国超级基金提出了著名的“九原则”（图 7-8），根据所考虑的方式可分为 3 类：

a. 可变原则，根据人为的要求而确定的原则，包括政府的可接受程度和公众的可接受程度；

b. 阈值原则，要求必须达到的原则，包括整体人体健康与环境的保护、符合应用与其他相关要求；

c. 权衡原则，根据特定场地修复中修复技术在各个因素考虑中的优劣性，采用多属性效用方法，筛选得到最优的修复技术，考虑的因素包括可操作性、短期影响、长期影响、污染物的毒性、迁移性或污染负荷的消除效果、费用。

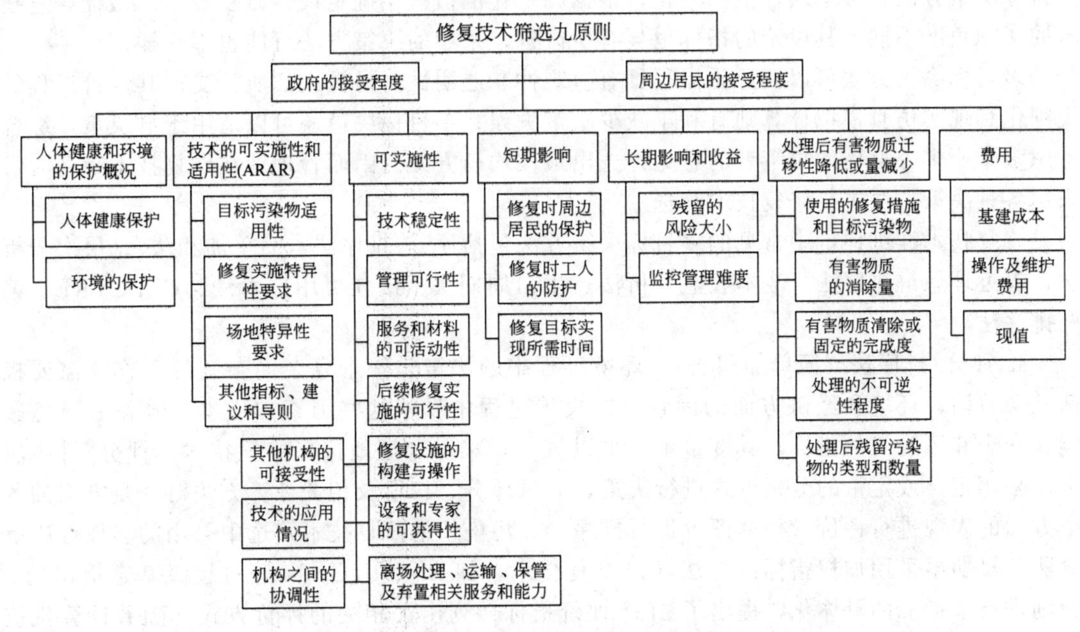

图 7-8　美国超级基金污染场地修复技术筛选“九原则”

英国污染土地调查报告中提出的考虑因素包括：修复有效性、利益方的意见、实施要求、商业可获得性、以往实施情况、法律法规的符合性、健康和安全风险、环境影响、长期维护要求、修复时间、修复费用、与其他技术的联用性。

此外欧盟 CLARINET　也提出了修复技术筛选应从 6 个方面考虑：修复动力和修复目标、风险管理、土地利用可持续性、利益各方的观点、成本收益、技术的适用性和灵活性。

② 类比筛选　类比筛选是根据两个场地之间的区域环境特征、土壤和地下水特征、分布有污染物的地层岩性以及污染物种类及浓度水平的相似性和可比性，将已有场地应用的修复技术应用在待修复的场地。区域环境特征包括气象条件、地貌状况、生态特点、地质水文特点等方面。

较早提出该方法的有美国 FRTR（Federal Remediation Technologies Roundtable），这是一个由美国多个政府部门组成的机构（包括国防部、环保部、陆军工程兵团、能源部等），用于交流污染场地修复技术信息。在其发布的《Remediation Technologies Screening Matrix and Reference Guide》（第二版）中，就提出以该方法为核心进行修复技术筛选。经过二十年的扩充，FRTR 已建立了完备的修复技术信息库，对修复技术信息的分类、整理和应用统计都十分细致。但是类比方法仅仅根据修复技术适用性方面进行考虑，虽然所得的修复技术在实施和修复目标的实现方面没有问题，但是其考虑的方面有些“窄”。从类比角度选择修复技术在 20 世纪 80～90 年代较为流行，但在近十多年来，可持续性的土地利用原则被各个国家和土地管理者所接受，在污染土壤修复方面也更多地注重可持续原则。基于可持续原则考虑修复技术除了考虑技术特性外，还会考虑经济、社会和环境因素，因此根据类比法所确定的修复技术可能不是最佳选择。

③ 多目标决策　修复技术选择过程中需要从多个目标出发做出决策，而这些目标之间往往会相互矛盾，并且各个目标的衡量方式不一，有定性衡量也有定量衡量。多目标决策是将各个考虑目标转换成指标，并根据各目标的特点确定各指标属性值的表示方法，最后通过多目标决策方法将各个属性值归一化，根据归一化的值大小确定最佳修复技术。最佳修复技术的考虑角度不同，其设定的指标也会有所区别，采用的决策方法可能也不一样。

多目标决策方法可以使评价流程具有直观性和透明性，易被人们所接受；其评价过程的规则化和现实仿真模拟计算则有利于减少决策失误；多目标决策还可以适用于群决策，综合考虑多个或多个群体的决策者的意见并选出最佳均衡方案。因而管理者在修复技术筛选时常采用各种决策方法进行修复技术筛选。

修复技术详细评价中常见的多目标决策方法包括评分/排序法（简单加和法）、层次分析法、逼近理想解排序法、成本收益分析法、生命周期法、最佳可用技术法、ELECTRE、偏好排序法。

a. 评分/排序法（简单加和法）。环境工程中的决策是一个复杂而杂乱的工作，需要权衡社会政治、环境和经济方面的因素。在决策过程中反映这些因素如成本、效益、环境影响、安全和风险等的指标，其度量单位难以统一，难以合理地选择修复技术。评分/排序法可以采用定性或定量的分析方式进行决策，通过评分、权重及相关计算方法对修复方案的各个方面的表现进行评价，根据评价进行排序。在污染场地修复技术筛选中采用的多属性决策方法。早期多采用加权指标评分法筛选修复技术，如 Brian J. Grelk 等对超级基金提出的 9 原则进行了指标的具体化，提出了 21 个评价指标并列出了相关的评价方式。随着计算机技术的不断成熟，往往会结合 GIS 进行指标的评分并用于大型污染场地的修复技术筛选，如 Andrea Critto 等在 DESYRE 中采用的指标有：稳定性、干预条件、有害性、社区可接收性、有效性和费用，通过空间可视化及评分结果对场地分区，分别采取修复措施。

目前针对某种类型污染场地进行修复技术筛选，将指标体系和 GIS 系统结合在一起进行修复技术筛选是主要的研究方向。

b. 层次分析法（AHP）。层次分析法（analytic hierarchy process，简称 AHP）是将一个复杂的多目标系统决策问题分解成目标层、准则层、方案层和指标层，通过对定性指标进行量化，再算出各层次参数的重要程度（权数）的单排序和总排序的一种决策方法。它可将人的主观性依据用数量的形式表达出来，使之更加科学化，避免由于人的主观性导致权重预测与实际情况相矛盾的现象发生，克服了决策者和决策分析者难以相互沟通的现象，克服了决策者的个人偏好，提高了决策的有效性，在多目标决策领域具有广泛的应用价值。

运用层次分析法时，大致按照以下五个基本步骤：(a) 根据所选取的污染场地修复技术筛选指标体系建立层次递阶系统结构，包括目标、准则、方案以及它们之间的衔接关系；(b) 以上一层为准则，对同一层次中各影响因素两两比较，依照规定的度标量化后写成矩阵形式，即构造判断矩阵；(c) 由判断矩阵计算两两比较元素对于该准则的相对权重并进行一致性检验；(d) 计算各层元素对系统目标的合成权重即总层次排序，及其一致性检验；(e) 总体方案排序优选。

c. 逼近理想解排序法/理想点法（TOPSIS）。通过理想方案的建立，确定各个待选修复技术与各个理想方案的相对位置，其中接近最佳理想方案的修复技术为最适修复技术。在修复技术筛选中最常用的理想点法为 TOPSIS 法（technique for order preference by similarity to ideal solution），近年来被用于多目标系统决策问题的综合评价中。其将每一个指标作为一个维度建立一个欧几里得空间，因此每一个技术根据其评价值在欧几里得空间中有一个确定的位置，与最佳理想方案最接近的修复技术为最佳修复技术。张倩等采用 AHP 和 TOPSIS 结合运用于解决复杂的多因素决策问题，用于筛选实际修复技术。

d. 成本收益分析。成本收益分析实际上采用的是多属性效用函数的评价方式，通过将污染场地修复的代价和收益转换为货币价值进行比较。成本收益分析如果只限于经济领域，其成本往往被称为私人成本。而对于污染场地修复筛选，成本收益分析还需要考虑其他的因素，如人体健康、环境、土地使用等等，这时所考虑的成本被称为公共成本。该方法的缺点主要有两个：一是在分析过程中可以考虑的因素有很多，而且各个场地都有差别，需要确定哪些因素需要考虑；二是有些影响因素难以严格地用货币价值进行评价，如风险削减和费用的关系。在实际评价过程中，往往可以同时进行定性和定量评估。成本收益分析在政策制定和修复工程设计中广泛使用，也广泛用于污染场地管理决策。它可以将大量需要考虑的因素转化为统一的货币单位进行评价，但也有一定的局限性，主要包括：每个人的价值判断标准不一，在考虑因素货币价值转换过程中会有争议；对健康及生命价值的评价往往在道德方面难以接受；计算模型的选择往往会产生争议。

e. 生命周期法（LCC）。生命周期法（life cycle costs）是单从环境收益及支出的角度进行修复技术筛选，即用较少的环境代价实现场地修复。生命周期法采用从摇篮到坟墓的方式评估污染场地修复过程中的一系列环境影响。其特点有三：一是从摇篮到坟墓的方式，从修复开始前资源的获取到最终废弃物的填埋，整个过程都会被考虑；二是综合性，从理论上说所有修复过程中与环境的交互过程都会被考虑，如资源获取、废物排放和其他环境干预等；三是可以进行定量或定性的评估，定量评估能够更加容易发现生命周期中有问题的部分及采取何种措施可以进行替代。

基于生命周期理论的修复决策工具有一些，其中最为广泛使用的是荷兰的 REC 系统。20 世纪 90 年代早期 REC 就已开始应用，REC 是风险削减（risk reduction）、环境效益（environmental effect）和费用（cost）三个的缩写。该决策支持系统通过风险、环境和费用这三者之间的权衡来确定最佳的修复技术。

风险削减考虑的因素有：人体、生态系统和敏感受体的暴露情况；通过清理可以使风险降低的情况，即随着时间推移，通过修复带来的风险减少量。风险削减量由风险模型计算。

环境效益：用一个指标体系进行评价，指标反映了土壤修复过程中的环境代价和收益情况。考虑的指标有：土壤质量改善情况、地下水质量改善情况、地下水的污染情况、清洁地下水水消耗、清洁土壤消耗、常规能源消耗、空间使用、空气污染、水污染、废渣 10 项。各个指标的权重由专家给出，评分由加合计算各备选修复技术的环境效益指标得分。

费用：包括构建费用、操作费用、处理费用和管理费用。费用支出按年进行计算，并且根据修复年限进行折现。

REC 通过这 3 个指标的分值对清理方案进行综合评价。REC 的设计目的不是进行整体的污染场地修复方案筛选，但确实可以为决策者提供一个不同修复方案环境可持续性和修复费用关系的参考。REC 模型的输出结果是各个清理方案的 3 个指标值。

早期研究利用 LCC 法能够较为精确地评价修复技术的环境效益，在很多污染场地修复技术筛选方面进行了应用，但修复技术筛选还需要考虑社会和更多的因素，后期的研究中开始在修复技术筛选过程中考虑更多的经济因素并与其他修复技术筛选方法联用。生命周期法需要大量的场地和修复技术信息作为支持。目前我国修复技术实施的信息匮乏，往往需要进行技术转让，这可能是我国 LCC 应用的一个障碍。

f. 最佳可行技术（BAT）。最佳可行技术（best available technique）最为典型的是加拿大女王大学工学院学者发表的一系列石油类污染场地修复技术筛选文章，其就石油类污染修复技术的场地适用性进行了决策，采用不同决策方法的决策支持系统对场地适用性进行评价，根据适用性高低确定修复技术优劣。

BAT代表了各项生产活动、工艺过程和相关操作方法发展的最新阶段，它表明了某种特定技术在满足排放限值基础上的适用性，或者当无法满足排放限值时，又无其他指定技术的情况下，采用此种技术可以使得向整个环境中的排放量达到最小。对于可行的定义有两点：一是有成本效益，如果技术成本过高而环境效益过低则难以实施；第二点是该技术是否能够获得。BAT在考虑污染场地修复方案中只是进行了局部因素的考虑，此外其只能进行有限的成本收益分析。

g. ELECTRE。ELECTRE（elimination et choice translating reality）方法属于级别不劣于关系方法（outranking relationship），级别不劣于方法是多属性决策分析方法系列中的一类。级别不劣于方法的思路有：(a) 评价每个方案在各个属性的表现；(b) 确定每个属性的相对重要性，即权重（可采用层次分析法）；(c) 级别不劣于关系的架构及基于属性的方案两两比较为基础；(d) 确定每个属性的无差异临界值（或函数）q；(e) 确定每个属性的严格偏好临界值（或函数）p；(f) 偏好关系由原来的"严格偏好"和"无差异"扩展到四种可能的关系：严格偏好、无差异、弱偏好、不可比。由于偏好关系的扩展，级别不劣于关系克服了传统多属性决策中的属性间的完全补偿关系。并且决策者可以先通过不完全排序排除最差的方案，减少了进一步决策分析的工作量。

h. 偏好排序法（PROMETHEE）。偏好排序法（preference ranking organization method enrichment evaluation）是由比利时Brans教授在1984年首次提出的一种多属性决策方法，利用决策者给出的偏好函数、准则值和准则权重，以优序关系确定方案的分类。偏好关系由原来的"严格偏好"和"无差异"扩展到四种可能的关系：严格偏好、无差异、弱偏好、不可比。由于偏好关系的扩展，克服了传统多属性决策中的属性间的完全补偿关系。决策者可以先通过不完全排序排除最差的方案，减少了进一步决策分析的工作量。

我国修复技术筛选研究开展较晚，2008年谷庆宝等提出了修复技术筛选的概念，随后罗程钟等提出POPs污染场地修复技术筛选方法，这是我国关于修复技术筛选的最早报道。2013年罗云基于Topsis的污染场地土壤修复技术筛选研究，并在一个案例中进行了应用。

7.3.5.2 修复技术筛选

结合污染场地污染特征、土壤特性和选择的修复模式，从技术成熟度、适合的目标污染物和土壤类型、修复的效果、时间和成本等方面分析比较现有的土壤修复技术优缺点，重点分析各修复技术工程应用的实用性。可以采用列表描述修复技术原理、适用条件、主要技术指标、经济指标和技术应用的优缺点等方面进行比较分析，也可以采用权重打分的方法。通过比较分析，提出一种或多种备选修复技术进行下一步可行性评估。

修复技术筛选可参考修复技术信息库。修复技术信息库用于分类保存及整合修复技术及场地应用信息，方便修复技术初筛时所需信息的查找。同时也有利于各个场地修复公司、场地管理方、研究者之间的信息共享，不断推进场地修复工作的开展。

国内外知名的修复技术信息库包括英国污染土地调查报告、美国FRTR修复技术筛选矩阵、中国环保部发布的《2014年污染场地修复技术目录（第一批）》、《工业企业场地环境调查评估与修复工作指南（试行）》、《污染场地修复技术筛选指南》（CAEPI 1—2015）等。

修复技术信息结构见表7-6。

表7-6　修复技术信息结构

<table>
<tr><th>一级</th><th>二级分类</th><th>主要内容</th></tr>
<tr><td rowspan="7">生物修复技术</td><td>原位生物通风技术</td><td rowspan="25">(1)基本信息：修复技术介绍、修复原理、污染物可处理性、场地限制条件、修复技术相对优势、技术实施所需信息、实施效果信息、费用情况
(2)修复案例信息：修复技术在污染场地的应用情况。包括场地描述、处理情况、费用、操作运行特点等
(3)三级分类技术：对于多技术联用或在某种技术原理下进行了创新，使该修复技术的特征与该基于原理的其他修复技术差别较大，这时在该二级修复技术下进行三级分类，单独进行描述</td></tr>
<tr><td>原位强化生物处理技术</td></tr>
<tr><td>原位植物修复技术</td></tr>
<tr><td>异位生物桩技术</td></tr>
<tr><td>异位生物堆腐技术</td></tr>
<tr><td>异位地耕法</td></tr>
<tr><td>异位泥浆生物反应</td></tr>
<tr><td rowspan="12">物理化学处理技术</td><td>原位化学氧化还原技术</td></tr>
<tr><td>异位化学氧化还原技术</td></tr>
<tr><td>原位电动分离技术</td></tr>
<tr><td>原位压裂技术</td></tr>
<tr><td>原位土壤淋洗技术</td></tr>
<tr><td>异位土壤淋洗技术</td></tr>
<tr><td>原位土壤气提技术</td></tr>
<tr><td>原位固化/稳定化</td></tr>
<tr><td>异位固化/稳定化</td></tr>
<tr><td>异位分选技术</td></tr>
<tr><td>异位脱卤化技术</td></tr>
<tr><td>异位化学提取技术</td></tr>
<tr><td rowspan="3">热处理技术</td><td>异位焚烧技术</td></tr>
<tr><td>异位热裂解技术</td></tr>
<tr><td>异位热解吸技术</td></tr>
<tr><td rowspan="3">其他技术</td><td>自然恢复监测</td></tr>
<tr><td>原位封场技术异位</td></tr>
<tr><td>挖掘、分类、填埋技术</td></tr>
</table>

对于修复技术及对应工艺信息的收集，可以模仿国外土壤修复数据库。鼓励技术供应商将自己的修复技术信息放入污染场地修复技术系统库中，供场地修复管理者查阅。一方面可以帮助查找污染场地的最优修复技术，另一方面可以为修复技术开发者提供实地应用和商机。修复技术供应商可以是专门从事污染场地修复的个体公司，也可以是污染土壤治理的研究机构。修复技术供应商提供修复技术信息应该保证真实性，能够对其是否能修复某个具体的污染场地提供足够的支持。随着修复技术信息的不断扩充和完善，基于同一个原理的各个修复技术分支都会有详细介绍和适用条件，并且给出修复案例作为参考。同时也有一个完善的索引体系，用于修复技术查找。

土壤和地下水修复技术筛选矩阵见表7-7。

表 7-7 土壤和地下水修复技术筛选矩阵

符号定义(具体含义见表 7-8) ●——平均值以上 ◉——平均值 ◎——平均值以下 ◇——技术的有效性取决于污染物种类和技术的应用/设计	技术成熟度	运行维护投入	资金投入	系统的可靠性和维护需求	其他相关成本	修复时间	目标污染物				
							VOCs	SVOCs	石油烃	POPs	重金属
土壤、底泥和淤泥											
原位生物处理											
1. 生物通风	●	●	●	●	●	◉	●	●	●	●	◎
2. 增强生物修复	●	◎	◉	◉	●	◉	●	●	●	●	◉
3. 植物修复	●	●	●	◎	●	◎	◎	◉	◉	◉	●
原位物理/化学处理											
4. 化学氧化/还原	●	◎	◉	◉	◉	●	◎	●	●	●	●
5. 土壤淋洗	●	◎	◉	◉	◉	◉	◎	●	●	●	●
6. 土壤气相抽提	●	◎	◉	●	●	◉	●	●	◎	◎	◎
7. 固化/稳定化	●	◉	◎	●	●	●	◎	●	●	●	●
8. 热处理(热蒸汽或热脱附)	●	◎	◎	●	◉	●	◎	●	●	●	◉
异位生物处理(假设基坑开挖)											
9. 生物堆	●	●	●	●	●	◉	●	●	●	◉	◎
10. 堆肥法	●	●	●	●	●	◉	●	●	●	◉	◎
11. 泥浆态生物处理	●	◎	◎	◉	◉	◉	●	●	●	◉	◎
异位物理/化学处理(假设基坑开挖)											
12. 土壤洗脱	●	◎	◎	◉	◉	◉	◎	●	●	●	●
13. 化学氧化/还原	●	◉	◎	●	◉	●	◎	●	●	●	●
14. 固化/稳定化	●	◉	◎	●	●	●	◎	●	●	●	●
异位热处理法(假设基坑开挖)											
15. 工业炉窑共处置	◎	◎	◎	●	●	●	●	●	●	●	◎
16. 焚烧	●	◎	◎	◉	◎	●	●	●	●	●	◎
17. 热脱附	●	◎	◎	◉	◉	●	●	●	●	●	●
其他技术											
18. 填埋场冒封技术	●	◉	◎	●	●	◎	●	●	◉	◉	◎
19. 填埋场增强型冒封	●	◉	◎	●	●	◎	●	●	◉	◉	◎
20. 开挖、运出、安全填埋	●	●	●	●	◇	●	●	●	●	●	●
地下水(包括填埋场渗滤液)											
原位生物处理											
21. 增强型生物修复	●	◎	◉	◉	●	◇	●	●	●	●	◉
22. 监测型自然衰减	●	◎	◉	◉	●	◇	●	●	◎	◎	◉
23. 植物修复	●	●	●	◎	●	◎	◎	◎	◎	◎	◉
原位物理/化学处理											
24. 空气注入法	●	●	●	●	●	●	●	●	●	●	◎
25. 生物通风＋自由相抽提	●	●	●	◉	●	◉	◎	●	●	●	◎
26. 化学氧化/还原	●	◎	◉	◉	◉	●	◎	●	●	●	●
27. 多相抽提法	●	◎	◎	◉	◉	◉	●	●	●	●	◎
28. 热处理法	●	◎	◎	◉	◉	●	●	●	●	●	◎
29. 井内曝气吹脱	●	◉	◎	◉	◉	◎	●	◉	◎	◉	◎
30. 主动/被动反应墙(例如 PRB)	●	◉	◎	●	◉	◎	●	●	●	●	●
其他方法											
31. 阻隔法(例如止水帷幕、水力控制法等)	●	◉	◎	●	●	◎	◎	◎	●	●	●
异位处理(抽出处理)抽出后处理技术同工业废水处理											

表 7-8 矩阵中所用符号具体说明

考虑因素		●平均值以上	◎平均值	○平均值以下	其他
技术成熟度——所选取技术的应用规模和成熟程度		该技术已被多个污染场地所采用，并作为最终修复技术的一部分；有良好的文献记录、已被技术人员理解	已满足投入工程应用或全尺寸中试的需求，但仍需要改进和更多测试	没有实际应用过，但已经做了小试和中试等试验，有应用前景	◇技术的有效性取决于场地情况、污染物种类及技术的应用设计/应用
运行维护投入——全套技术运行维护期间的投入		运行维护投入较低	运行维护投入一般	运行维护投入较高	
资金投入——全套技术的设备、人力等投入		资金投入一般	资金投入平均等级	资金投入较高	
系统可靠性和维护需求——相对其他有效技术而言，该技术的可靠性和维护需求		可靠性高和维护需求少	可靠性一般，维护需求一般	可靠性低、维护需求多	
其他相关成本——处置前、处置后、处置过程中核心过程的设计、建造、操作和维护成本		相对于其他选择，总体费用较低	相对于其他选择，总体费用一般	相对于其他选择，总体费用较高	N/A 表示不适用
修复时间——采用该技术处理单位面积场地所花费的时间	原位土壤	少于 1 年	1～3 年	多于 3 年	I/D 表示无法收集到足够的数据
	异位土壤	少于 0.5 年	0.5～1 年	多于 1 年	
	原位地下水	少于 3 年	3～10 年	多于 10 年	

注：1. 本筛选矩阵参考美国 FRTR 矩阵，并根据中国实际工作修订得出。

2. 地域性特征项由各地根据实际情况确定。

钢铁生产不同功能区，包括焦化、烧结、炼铁、炼钢、冷轧、热轧等，重点关注的污染物清单见表 7-9。

表 7-9 钢铁生产不同功能区土壤重点关注污染物

功能区	重点污染区域	重点关注污染物
焦化厂	整个生产区，包括：备煤、装煤、破碎、筛分、转运、煤气净化及化学品回收、粗苯管式炉、半焦烘干、氨分解炉、各类焦油储槽、焦油渣和酸焦油等固废堆场	苯并[a]芘等 PAHs、重金属、氰化物、硫化物、酚类、石油烃、VOCs（含 BTEX）、杂环
	焦化废水处理、洗煤和熄焦及高炉冲渣废水等废水处理及排放处、生化污泥堆场等各类固体堆场	硫氰化物
烧结厂	整个生产区，包括：配料、混料、烧结、电除尘、烧结矿筛分转运、烧结机球团焙烧	重金属、氟化物、NO_x、PAHs、VOCs（含 BTEX）
	烧结机球团焙烧、烧结机头、机尾及烟囱周边、烧结机头电除尘灰堆场	二噁英/呋喃
	湿式除尘排水、煤气水封阀排水区域	氰化物、酚类、硫化物
炼铁厂	整个生产区，包括：原料系统、煤粉系统、高炉、高炉出铁场、沉渣池、热风炉	重金属、NO_x、PAHs、氟化物、石油烃
	铸铁机冷却和高炉冲渣废水处理、（荒）高炉煤气洗涤与净化等炼铁废水沉淀池与处理池、瓦斯泥（灰）及装运、高炉渣堆场等区域	酚类、氰化物、硫化物
炼钢厂	生产区，包括：原料准备系统、混铁炉及铁水预处理（包括倒罐、扒渣等）、转炉、电炉、精炼炉、出钢、连铸切割、石灰窑、白云石窑焙烧、钢渣处理	重金属、PAHs、氟化物、PCBs
	烟气净化、连铸钢坯冷却、炼钢（连铸、转炉）废水处理、污泥堆场	酚类、氰化物、硫化物、石油烃
	含塑料的废钢预热、电炉炼钢、钢渣堆场、电渣冶金	二噁英/呋喃

续表

功能区		重点污染区域	重点关注污染物
轧钢厂	热轧厂	生产区，包括：热轧精轧机、热处理炉、拉矫、精整、抛丸、修磨、焊接等，轧制、轧辊冷却、废水处理及其污泥堆场	重金属、石油烃、VOCs(含BTEX)、PCBs
	冷轧厂	生产区，包括：热处理、酸洗、冷轧、调质、剪切、废酸再生	重金属、石油烃、氟化物、VOCs(含BTEX)
		冷轧废液和废水处理及其污泥堆场	氰化物

注：1. 重金属含：镉Cd、铬Cr、铅Pb、锌Zn、汞Hg、砷As、铜Cu、银Ag、镍Ni、锰Mn、锑Sb、锡Sn、铊Tl；16种PAHs：萘、苊烯、苊、芴、菲、蒽、荧蒽、芘、苯并[*a*]蒽、䓛、苯并[*b*]荧蒽、苯并[*k*]荧蒽、苯并[*a*]芘、茚并[1,2,3-*cd*]芘、二苯并[*a*,*h*]蒽、苯并[*g*,*h*,*i*]苝；54种VOCs含：5种苯系物（苯、甲苯、乙苯、间二甲苯或对二甲苯、苯乙烯）、1,2,4-三甲苯、异戊烷、1-丁烯、三氯乙烯、四氯化碳、氯苯、溴化甲烷等。

2. “+”号表示在同类功能区内，该行污染物为上一行的再加上本行列举的。

表7-10为杀虫剂类农药场地各工序及重点关注污染物清单，包括滴滴涕、六氯苯、氯丹、灭蚁灵、毒杀芬、七氯、艾氏剂、狄氏剂、三氯杀螨醇、五氯酚钠、五氯酚的生产工艺流程和重点关注污染物清单。

表7-10　杀虫剂类农药场地各工序及重点关注污染物清单

产品	工序	重点关注污染物
滴滴涕	缩合工序	一氯苯、三氯乙醛、硫酸
	分层工序	废红酸、滴滴涕、氯苯
	蒸馏工序	滴滴涕、氯苯
	结晶工序	滴滴涕
	废水处理	滴滴涕、氯苯
六氯苯	热解工序	六六六、氯化氢、三氯苯
	氯化工序	三氯苯、氯气、六氯苯
	洗涤压滤	六氯苯
	废水处理	六六六、六氯苯
氯丹	氯啶工序	六氯环戊二烯、四氯化碳、氯啶
	合成工序	氯丹
	四氯化碳回收	四氯化碳
灭蚁灵	合成工序	六氯环戊二烯、四氯化碳
	过滤洗涤	灭蚁灵
	干燥工序	灭蚁灵
毒杀芬	蒸馏工序	
	氯化工序	四氯化碳、氯气
	脱酸工序	
	水洗工序	
	乳化工序	四氯化碳、毒杀芬
七氯	氯啶工序	六氯环戊二烯、环戊二烯、四氯化碳
	合成工序	七氯、氯气、四氯化碳
	蒸馏工序	四氯化碳、七氯

续表

产品	工序	重点关注污染物
艾氏剂	合成工序	环戊二烯
	缩合工序	六氯环戊二烯、环戊二烯、艾氏剂
	脱除工序	艾氏剂
狄氏剂	混合工序	艾氏剂、甲苯
	过滤工序	
	氧化工序	废酸
	提取工序	
	脱除工序	狄氏剂、甲苯
三氯杀螨醇	氯化工序	滴滴涕
	水解工序	废酸、滴滴涕
	萃取工序	滴滴涕、三氯杀螨醇、废酸
五氯酚钠	水解工序	六氯苯
	结晶工序	六氯苯
	过滤工序	六氯苯、五氯酚钠
五氯酚	酸化工序	五氯酚钠、废酸
	洗涤工序	
	脱水工序	五氯酚钠、五氯酚
	干燥工序	五氯酚

根据《污染场地修复技术筛选指南》(CAEPI 1—2015)，结合国际通用方法和国内发展现状，对备选修复技术进行选择时需评估的指标包括：a. 人体健康和生态环境的充分保护；b. 满足相关法律法规的程度；c. 长期有效性；d. 污染物毒性、迁移性和总量的减少程度；e. 短期有效性；f. 可实施性；g. 修复成本；h. 有关部门接受程度；i. 周边社区接受程度。《污染场地修复技术筛选指南》(CAEPI 1—2015) 附录C给出了依据以上指标对污染场地修复技术进行选择的评分表（见表7-11)。评分表采用10分制，按照分值越高指标效果越好的原则对备选修复技术进行评分，从而为修复技术文件的编制提供依据。

表7-11 污染场地修复技术选择评估表

评估指标	备选技术1	备选技术2	备选技术3	……
人体健康和生态环境的保护程度				
满足相关法律法规的程度				
满足污染物排放管理规定				
满足敏感区域的施工管理规定				
满足职业安全卫生管理规定				
其他方面管理规定的符合度				
长期有效性				
残留风险是否小				
残余风险控制措施的可获得性				
污染物毒性、移动性和总量的减少程度				
修复工艺和材料是否可永久降低污染物毒性、迁移性或总量				
有害物质去除或处理的量				
污染物毒性、迁移性或体积的减少程度				
修复方法的不可逆性				
修复后剩余污染物的种类和数量是否少				
短期有效性				
修复施工时对社区影响是否小				
修复施工时对工人影响是否小				
对二次污染控制措施的要求是否低				

续表

评估指标	备选技术 1	备选技术 2	备选技术 3	……
达到修复目标值的时间是否短				
可实施性				
技术可获得性				
建设和运行能力				
技术可靠程度				
是否容易追加额外的修复工艺				
是否具备修复有效性的监测能力				
是否具备异地处理、储存和处置服务(如填埋场的容量)				
是否具备必要的设备和专家				
修复成本				
投资是否小				
运行维护成本是否经济				
是否容易被有关部门接受				
是否容易被周边社区接受				

注 1. 打分表采用 10 分制，最高分为 10 分，最低分为 1 分。分值越高表明指标趋于肯定，程度高或效果好；反之表明指标趋于否定，程度低或效果差。

2. 对于有子指标的指标，该指标的得分是每个子指标得分和的平均值。

7.3.5.3 修复技术可行性试验

修复技术可行性试验是确定各潜在可行技术是否适用于特定的目标场地。当效率、时间、成本等数据量充足，例如，大量研究和案例证明该技术对某种污染物处理有效，如热脱附处理多环芳烃污染土壤，或要研究的特定目标场地与已有案例的场地特征条件、水文地质条件、目标污染物完全相符且能够证明或确定技术可行时，可跳过可行性试验过程直接进入修复技术综合评估阶段；当数据量不够证明各潜在可行技术能够用于特定的目标场地或缺少前期基础、文献或应用案例时，则首先需要开展可行性试验。修复技术可行性试验分为筛选性试验和选择性试验，具体流程见图 7-9。

(1) 筛选性试验

筛选性试验的目的是通过实验室小试规模的试验，判断技术是否适用于特定目标场地，即评估技术是否有效，能否达到修复目标。筛选性试验中的试验规模与类型、数据需求、试验结果的重现性、试验周期等具体技术要求如下所述。

① 试验规模与类型：筛选性试验通常采集实际场地的污染介质，利用实验室常规的仪器设备开展实验室规模的批次试验。

② 数据需求：可用定性数据来评估技术对于污染物的处理能力。筛选性测试的数据若能达到修复目标的要求，则认为该技术是潜在可行的，进一步开展选择性试验过程。

③ 试验结果的重现性：试验至少需要重复 1 次或 2 次。试验过程需有质量保证和质量控制措施。

④ 试验周期：所需的试验周期主要取决于该技术的类型和需考察的参数数量。

通过筛选性试验能够获得的设计方面参数很少，因此不能作为修复技术选择的唯一依据。如果所有进行筛选性试验的技术均难以达到试验目标（均不符合目标），应考虑回到制订修复策略阶段对其进行适当调整。

对于经过大量应用案例证明可以处理某种污染物的技术，可跳过筛选性试验。《工业企业场地环境调查评估与修复工作指南（试行）》附录 5 列出了推荐的“场地修复常用技术”

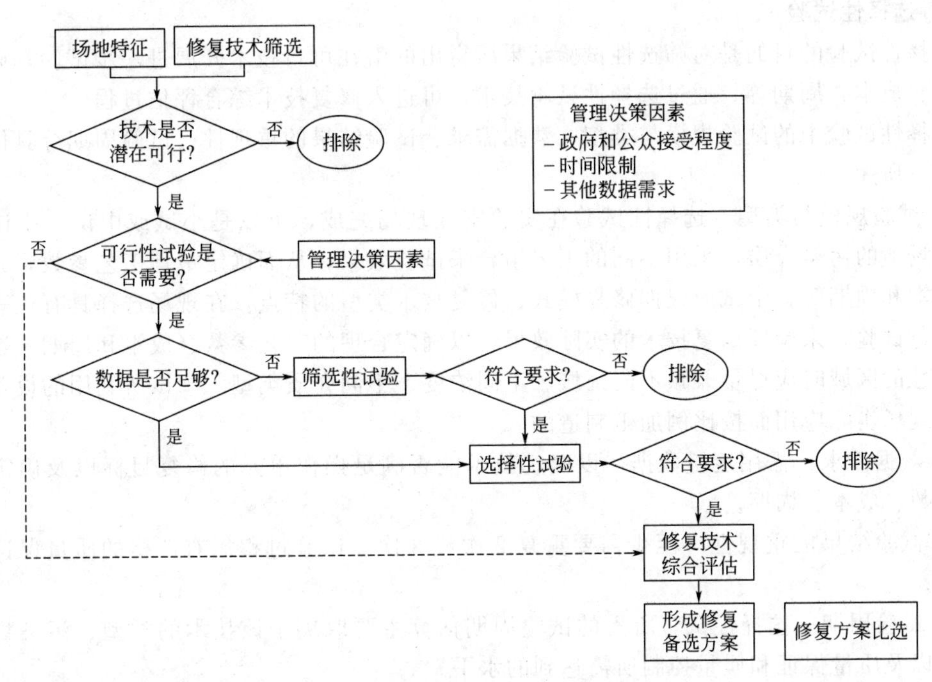

图 7-9　修复技术可行性试验流程

(见表 7-12)。当目标场地的污染物、污染介质特性与表 7-12 所列出的某项技术相符时，该技术可跳过筛选性试验。

表 7-12　场地修复常用技术

目标污染物	污染介质	常用技术
VOCs(包括石油烃)	土壤	土壤气相抽提(需符合质地松散、水分含量低于 50%的土壤特性)
		热脱附(需符合水分含量低于 30%的土壤特性)
		焚烧
		生物修复(仅针对石油烃)
		开挖/异位处理
		常温脱附
	地下水	抽提-处理(或者后续联合颗粒活性炭净化系统)
		曝气吹脱
		化学/紫外氧化
		空气注射(针对地下水位以下 15.2m 以内的地下水)
		生物修复(仅针对石油烃)
SVOCs	土壤	焚烧
		热脱附
		开挖/异位处理
	地下水	抽提-处理(或者后续联合液相吸附方法)
		化学/紫外氧化
PCBs 和农药	土壤	热脱附(浓度小于 500mg/kg)
		焚烧(浓度大于 500mg/kg)
		开挖/异位处理[浓度在 50～100mg/kg 之间无需处理可直接填埋]
	地下水	抽提-处理(或者后续联合颗粒活性炭净化系统)
重金属	土壤	固化/稳定化
		开挖/异位处理
	地下水	抽提-处理(或者后续联合化学沉淀,或者联合离子交换/吸附方法)

(2) **选择性试验**

选择性试验的目的是对筛选性试验结果所得出的潜在可行技术开展进一步试验，确定工艺参数、成本、周期等。通过选择性试验技术，可进入修复技术综合评估过程。

选择性试验中的试验规模与类型、数据需求、试验结果的重现性、试验周期等具体技术要求如下所述。

① 试验规模与类型　选择性试验在实验室或现场完成，可以是小试或中试。小试应采集实际场地的污染介质，采用不同的工艺组合来试验效果，从而确定最佳工艺参数，并以此估算成本和周期等；中试应根据修复模式、修复技术类型的特点，在现场选择具有代表性的区域进行试验，来验证修复技术的实际效果，以确定合理的工艺参数、成本和周期。选择具有代表性的区域时应尽量兼顾不同区域、不同浓度、不同介质类型。中试所利用的设备通常是基于现场实际应用而按比例加工制造的。

② 数据需求　需用定量数据，以确定技术能否满足操作单元的修复目标以及确定操作工艺参数、成本、周期。

③ 试验结果的重现性　至少需要重复 2 次或 3 次。试验过程需有严格的质量保证和质量控制。

④ 试验周期　选择性试验所需的试验周期估算主要取决于该技术的类型、污染物的监测种类以及质量保证和质量控制所需达到的水平。

当选择性试验过程难于选择出合适技术时（均不符合要求），应考虑回到制订修复策略阶段对其进行适当调整。筛选性试验和选择性试验在试验规模和类型、数据需求、试验结果的重现性、试验周期估算方面的比较如表 7-13 所示。

表 7-13　技术筛选性试验与选择性试验比较

过程	试验规模和类型	数据需求	试验结果重现性	试验周期
筛选性试验	小试，实验室批次试验	定性	至少 1 次或 2 次	数天
选择性试验	小试或中试，实验室或现场的批次或连续试验	定量	至少 2 次或 3 次	数天、数周至数月

7.3.5.4　修复技术可行性评估

《工业企业场地环境调查评估与修复工作指南（试行）》指出对通过选择性试验的修复技术，可进一步采用列举法定性描述各技术的原理、适用性、限制性、成本等方面来综合评估，或利用修复技术评估工具表（表 7-14）以可接受性、操作性、效率、时间、成本为指标来定量评估得到目标场地实际工程切实可行的修复技术。每个修复技术都分 5 个指标分别进行评分，每个指标可评分赋值 1～4 分；分数越高，表明该技术越有利于在场地修复中被应用，总分区间为 5～20 分。

表 7-14　修复技术评估工具表

技术名称	可接受性		操作性		效率		修复时间		修复成本		总分	结果
	评述	评分	评述	评分	评述	评分	评述	评分	评述	评分		
技术 1												
技术 2												
技术 3												
……												
技术 n												

评分标准如下所述。

① 可接受性　修复技术与污染场地目前（或未来规划）的使用功能、社会接受程度以及其他需要接受的标准之间的相互兼容性。

4——完全可接受；3——可接受；2——勉强可接受；1——局部可接受。

② 操作性　修复技术的可操作性、场地设施影响以及技术是否在同类场地应用过。

4——操作性强；3——可操作；2——勉强可操作；1——局部可操作。

③ 效率　修复技术在类似场地的修复效率高低。

4——非常高效；3——高效；2——一般有效；1——效率很低。

④ 修复时间　所预期的修复时间。

4——短；3——中等；2——长；1——非常长。

⑤ 修复成本　所预期的总成本。

4——低；3——中等；2——高；1——非常高。

表 7-15 列举了筛选与评估修复技术阶段各个过程在方法和目的之间的差异比较。

表 7-15　修复技术阶段各过程方法和目的差异

过程	方法	目　的
修复技术筛选	文献、应用案例分析	从修复技术的修复效果、可实施性、成本等角度，对潜在可行的修复技术进行定性比较
筛选性试验	小试	判断技术是否适用于特定目标场地，即评估技术是否有效，能否达到修复目标
选择性试验	小试或中试	对筛选性试验结果所得出的潜在可行技术开展进一步试验，确定工艺参数、成本、周期等
技术综合评估	多准则评估方法	列举各技术的原理、适用性、限制性、成本等方面来综合评估，或以可接受性、操作性、效率、时间、成本为指标，定量评估得到目标场地实际工程切实可行的修复技术

《工业企业场地环境调查评估与修复工作指南（试行）》的附录 7-7 列举了生物修复技术可行性试验具体案例，其他技术的可行性试验可参照案例进行。

7.3.5.5　确定修复技术

在分析比较土壤修复技术优缺点和开展技术可行性试验的基础上，从技术的成熟度、适用条件、对污染场地土壤修复的效果、成本、时间和环境安全性等方面对各备选修复技术进行综合比较，选择确定修复技术，以进行下一步的制订修复方案阶段。

7.3.6　形成修复技术备选方案与方案比选

7.3.6.1　形成修复技术备选方案

修复技术备选方案形成时，需进一步综合考虑场地总体修复目标、修复策略、环境管理要求、污染现状、场地特征条件、水文地质条件、修复技术筛选与评估结果，对各种可行技术进行合理组合，进而形成若干能够实现修复总体目标、潜在可行的修复技术备选方案。修复方案形成过程见图 7-10。

修复技术备选方案需包括详细的修复目标/指标、修复技术方案设计、总费用估算、周期估算等内容。

① 详细的修复目标/指标　需根据不同的污染介质，按未来使用功能的差异，分区域、

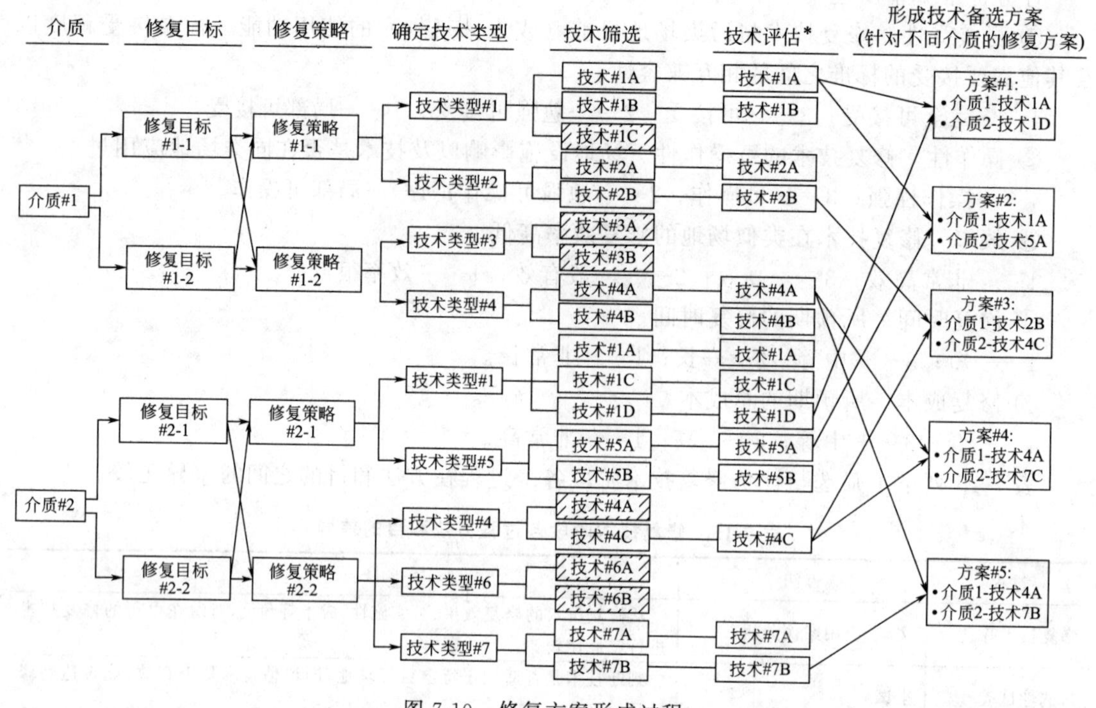

图 7-10　修复方案形成过程

分层次制订。

② 修复技术方案设计　包括制订修复技术方案的技术路线、确定各修复技术的应用规模、确定涵盖工艺流程与相关工艺参数和周期成本在内的具体的土壤修复技术方案和地下水修复技术方案。修复技术方案的总体技术路线应反映污染场地修复总体思路和修复模式、修复工艺流程；各修复技术的应用规模应涵盖污染土壤需要修复的面积、深度、土方量，污染地下水需修复的面积、深度、出水量，同时应考虑修复过程中开挖、围堵等工程辅助措施的工程量；工艺参数应包括设备处理能力或每批次处理所需时间、处理条件、能耗、设备占地面积或作业区面积等。

③ 总费用估算　包括直接费用和间接费用，其中直接费用包括所选择的各种修复技术的修复工程主体设备、场地准备、污染场地土壤和地下水处理等费用总和；间接费用包括修复工程环境监理、二次污染监测、修复验收、人员安全防护费用，以及不可预见费用等。

④ 周期估算　包括各种技术的修复工期及所需的其他时间估算。

需要说明的是，大型污染场地修复技术方案中的可行技术一般不止一种，可能是多种技术的组合。修复技术方案可以是多个可行技术的“串联”，也可以是多个可行技术的“并行”；可行技术的“串联”中，每个可行技术的应用具有先后顺序，而可行技术的“并行”则没有先后顺序，可行技术可以同时在污染场地上开展修复工程。可行技术的组合集成有多种方式，相应的可形成多个修复技术备选方案。

7.3.6.2　方案比选

方案比选的主要作用是选择经济效益、社会效益、环境效益综合表现最佳的技术方案，作为场地最终推荐的修复技术方案，为环境管理决策提供依据。

(1) **建立修复方案比选指标体系**

方案的比选需要建立比选指标体系，必须充分考虑技术、经济、环境、社会等层面的诸多因素。

① 技术指标

a. 可操作性：修复技术的可靠性；管理人员经验的丰富程度；必要的设备和资源的可获得性；异位修复过程中污染介质的储存、运输、安全处置方面的可操作性；以及与场地再利用方式或后续建设工程匹配性相关的可操作性指标，包括修复后场地的建设方案及其时间要求、土方平衡方面的可操作性等。

b. 污染物去除效率：目标污染物的有效去除数量。

c. 修复时间：达到修复目标/指标所需要的时间。

② 经济指标

a. 基本建设费用：包括直接费用和间接费用。其中直接费用包括原材料、设备、设施费用等；间接费用包括工程设计、许可、启动、意外事故费用等间接投资。

b. 运行费用：人员工资、培训、防护等费用；水电费；采样、检测费用；剩余物处置费用；维修和应急等费用；以及保险、税务、执照等费用。

c. 后期费用：日常管理、周期性监测等后期费用。

③ 环境指标

a. 残余风险：剩余污染物或二次产物的类型、数量、特征、风险以及风险处理处置的难度和不确定性。

b. 长期效果：修复工程达到修复目标后的污染物毒性、迁移性或数量的减少程度；预期环境影响（占地、气味、外观等）是否达到了长期保护环境健康的目标；是否存在潜在的其他污染问题；需要修复后长期管理的类型和程度；长期操作和维护可能面临的困难；技术更新的潜在需要性。

c. 健康影响：修复期间和修复工程达到修复目标后需要应对的健康风险（如异位修复期间的清挖工程中污染物可能对工作人员的健康造成危害）以及减少风险的措施。

④ 社会指标

a. 管理可接受程度：区域适宜性；与现行法律法规、相关标准和规范的符合性；需要与政府部门配合的必要性（如异位修复）。

b. 公众可接受程度：施工期对周围居民可能造成的影响（气味、噪声等）。

(2) **比选确定修复技术方案**

利用所建立的比选指标体系，对各潜在可行修复技术方案进行详细分析，对于修复技术方案的最终选择，可以采用以下 2 种方式。

① 利用详细分析结果，通过不同指标的对比、综合判断后，选择更为合适的修复技术方案作为场地修复技术方案；

② 利用专家评分的方式，选择得分最高的方案作为场地修复技术方案。

专家评分方式必须首先建立各指标权重，由专家对各修复技术方案分别进行评分，根据专家评分值，以及部分定量数据（如已经获取的方案费用等数据），进行标准化处理，加权求和，得出每个潜在可行修复技术方案的分值[已通过专家打分方式得到的参考权重分配见《工业企业场地环境调查评估与修复工作指南(试行)》附录 9]。分值越高，表示该修复技术方案越可行。根据上述程序，最终确定针对该目标污染场地修复的一种修复技术或多种技术的组合方案。

下面选取常用的Topsis法、AHP法和专家评分法三种方法进行进一步介绍。

7.3.6.3 Topsis方案比选

(1) 指标评分方法确定

我国修复技术筛选指标评价可参考的信息详细程度不一，若对所有指标都采用评分的方式，则某些具有较多参考信息指标评价时会丢失过多信息。Topsis决策法的优点是可以采用指标客观值进行评价，也能对数值评分进行评价，具有很好的兼容性。为了更好地反映各指标的实际情况，在评分过程中尽可能采用客观值评分，但有许多指标仍只能采用数值评分法，具体评价方法如下。

① 场地可操作性。考虑实施过程中3类自然干扰条件：土壤物理性质（如黏性、渗透系数、含水量、颗粒粒径大小等）、污染介质性质（是否在饱和区、污染深度、均质性等）、土壤化学性质（如pH值、E_h、CEC、有机质等）。采用减分法对该指标进行评分，具体见表7-16。

表7-16 场地可操作性评分表

减0分	减1分	减2分
所有考虑因素匹配	某一考虑因素部分匹配	某一考虑因素不匹配

注：考虑因素匹配是指修复技术信息矩阵中列出各个修复技术所合适、较合适和不合适的场地特性，将其与污染场地实际情况进行对比，以此确定匹配性。如果评分低于1分按1分计。

② 技术成熟度。以各修复技术在美国超级基金污染场地修复中实施的场地数量为参考，确定修复技术成熟度。

③ 总费用。修复技术的费用信息主要来源于修复技术筛选矩阵及相关的修复技术信息总结文献。由于不同的矩阵其费用计算方式有差别、信息统计的时期不同、费用为区间值且范围往往较宽，因此实际费用与参考值差别较大，只能用于确定费用的相对高低情况。

④ 修复时间、资源需求、可接受性、二次污染/环境影响四个指标的评分见表7-17。

表7-17 修复时间、资源需求、可接受性、二次污染/环境影响评分表

分值	5	4	3	2	1
修复时间	3～6月	6～12月	1～2年	2～5年	大于5年
资源需求	生物处理	本地资源利用	物理/化学处理	异位处理	热处理
可接受性	高	较高	中等	较低	低
二次污染/环境影响	低	较低	中等	较高	高

注：1. 可接受性是指对潜在可用的修复技术进行描述，包括实施过程中对周边的影响、修复效果、修复时间。通过问卷调查让场地周边群众及所在地政府对修复技术评分，满分为100分。分别对周边群众和政府对修复技术的评分求平均值再加和，计算所得的分数折合成5～1分。但由于条件限制，以文献中所介绍的修复技术影响情况为参考，直接确定可接受性。

2. 由修复技术实施过程中污染物迁移的可能性和修复过程中残余物的处理难度确定，评分分值为5～1分。以文献中所介绍的修复技术影响情况为参考，直接确定可接受性。

(2) 指标的权重确定

采用层次分析法对第一层和第二层指标（图7-11）的相对权重进行计算，其中第一层所构造的判断矩阵见表7-18，第二层技术指标、经济指标和社会环境指标所对应的判断矩阵分别见表7-19～表7-21。判断矩阵的一致性指标及一致性比率CI、CR均为0，认为判断矩阵基本一致。根据判断矩阵所计算出的各个指标的权重见表7-22。

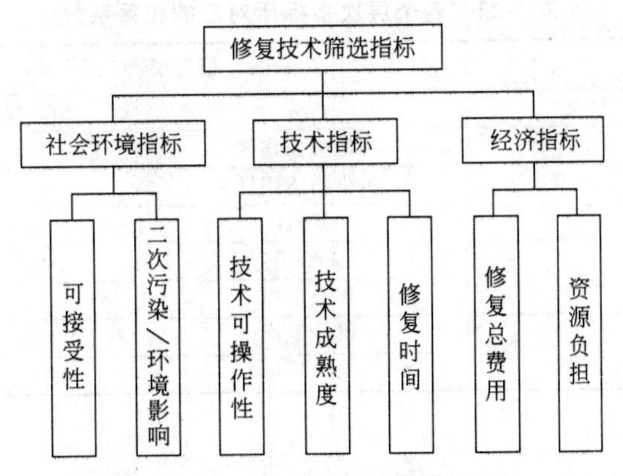

图 7-11 修复技术筛选指标体系

表 7-18 第一层指标对应的权重判断矩阵

项目	技术指标	经济指标	社会环境指标
技术指标	1	1	2
经济指标	1	1	2
社会环境指标	1/2	1/2	1

经计算，技术指标、经济指标、社会环境指标的权重分别为0.4、0.4、0.2。一致性检验：$K_{max}=3$，CI=0，RI=0.58，CR=0。其中K_{max}为最大特征根；CI为一致性指标；RI为平均随机一致性指标；CR为一致性比例。CR<0.1时层次单排序的结果具有满意的一致性。

表 7-19 第二层技术指标对应的权重判断矩阵

项目	可操作性	污染物适用性	修复时间
技术指标	1	1	1/3
污染物适用性	1	1	1/3
修复时间	3	3	1

经计算，可操作性、污染物适用性、修复时间指标的权重分别为0.2、0.2、0.6。一致性检验：$K_{max}=3$，CI=0，RI=0.58，CR=0。

表 7-20 第二层经济指标对应的权重判断矩阵

项目	总费用	资源需求
总费用	1	7
资源需求	1/7	1

经计算，总费用、资源需求指标的权重分别为0.875、0.125。一致性检验：$K_{max}=2$，CI=0，RI=0，CR=0。

表 7-21 第二层社会环境指标对应的权重判断矩阵

项目	可接受性	二次污染
可接受性	1	1
二次污染	1	1

经计算，总费用、资源需求指标的权重分别为0.5、0.5。一致性检验：$K_{max}=2$，CI=0，RI=0，CR=0。

表 7-22　各个层次指标所对应的权重系数

第一层		第二层		
指标	权重	指标	相对权重	总排序
技术指标	0.4	场地可操作性	0.2	0.08
		污染物适用性	0.2	0.08
		修复时间	0.6	0.24
经济指标	0.4	总费用	0.9	0.36
		资源负担	0.1	0.04
社会环境指标	0.2	可接受性	0.5	0.1
		二次污染	0.5	0.1

(3) Topsis 法评价

Topsis 法先基于评价指标确定一个欧几里得空间，根据待选修复技术或场地实际情况提出一个或多个理想修复技术。理想修复技术在现实中不存在，它只是用来表述修复技术在最佳或最差情形时所表现出的性状。然后根据指标之间的相互关系建立函数关系，用指标值计算各个修复技术与理想修复技术的相对位置。其中与最佳理想修复技术最近，与最差理想修复技术最远的修复技术为最佳修复技术。

我国修复技术的应用和评价体系都不成熟，各个指标之间的关系不易明确，同时函数关系的建立需要相当多的经济学方法、博弈理论和社会心理学知识作为基础。因此本章不建立指标之间的函数关系，只采用矢量距离计算方式通过各个修复技术与理想修复技术的矢量距离长短判断修复技术的优劣。其决策方法如下所述。

第一步：构建规范化决策矩阵。

$$A=\begin{bmatrix} a_{11} & \cdots & a_{1j} \\ \vdots & \ddots & \vdots \\ a_{i1} & \cdots & a_{ij} \end{bmatrix}$$

$$r_{ij}=a_{ij}/\sqrt{\sum_{i=1}^{m}a_{ij}^{2}}$$

式中，A 为决策矩阵；a_{ij} 为方案 i 对应指标 j 的评价值；r_{ij} 为 a_{ij} 规范化值。

第二步：构建加权规范化矩阵。

$$v_{ij}=w_{j}r_{ij}$$

式中，w_j 为指标 j 对应的权重；v_{ij} 为加权后的 r_{ij} 值。

第三步：确定最佳理想方案 A^+ 和最差理想方案 A^-。

$$A^{+}=\{v_1^{+},v_2^{+},\cdots,v_n^{+}\}$$

$$A^{-}=\{v_1^{-},v_2^{-},\cdots,v_n^{-}\}$$

$$v_j^{+}=\{\max(v_{ij}),j\in C;\min(v_{ij}),j\in C^{+}\}$$

$$v_j^{-}=\{\min(v_{ij}),j\in C';\max(v_{ij}),j\in C^{-}\}$$

式中，v_j^+ 和 v_j^- 分别代表待选方案中第 j 个指标评价值的最佳水平和最差水平；C^+ 和 C^- 分别是正效益指标集和负效益指标集。

第四步：计算待选方案 A_i 与理想方案 A^+ 和 A^- 之间的欧几里得距离。

$$D_i^+ = \sqrt{(a_{ij} - v_i^+)^2}$$

$$D_i^- = \sqrt{(a_{ij} - v_i^-)^2}$$

式中，D_i^+ 为 A_i 和 A^+ 之间的距离；D_i^- 为 A_i 和 A^- 之间的距离。

第五步：根据 D_i^+ 和 D_i^- 计算相对接近度 Δ_i。

$$\Delta_i = D_i^- / (D_i^+ + D_i^-)$$

根据 Δ_i 的值由大到小对待选方案进行排序，排在第一位的待选方案为最佳方案。该评价方法的特点是：如果一个待选技术在某个指标具有较大优势则会显著增加其与最差修复技术之间的距离，反之如果在某个指标具有较大劣势则会显著增加其与最佳修复技术之间的距离。通过突出各个待选修复技术的优势和劣势，在选择修复技术时可以通过权衡各个修复技术相对的优势和劣势，选取合适的修复技术。

7.3.6.4 AHP 法方案比选

层次分析法（analytical hierarchy process，AHP）是美国著名运筹学家、匹兹堡大学教授 Thomas L. Saaty 在 20 世纪 70 年代初提出的。他将评价问题的有关元素分解成目标、准则、方案等层次，是一种多层次权重解析方法；它综合了人们的主观判断，是一种简明的定性与定量分析相结合的系统分析和评价的方法。这一方法的特点是在对复杂决策问题的本质、影响因素及其内在关系等进行深入分析之后，利用较少的定量信息，把评价的思维过程数学化，从而为解决多目标、多准则或无结构特性的复杂问题提供了一种简便的评价方法。目前该方法已在国内外得到广泛推广，既应用于处理复杂的社会、政治、经济和技术等方面的评价问题，也应用于方案选择和优化。

一般系统评价都涉及多个因素，如果仅仅依靠评价者的定性分析和逻辑判断直接比较，在实际问题中是行不通的。评价者常常需要权衡各个因素的实际大小，协调各个因素的实际意义，因此，实际中经常将多个因素的比较简化为两两因素的比较，最后分析综合两两比较的判断，得出整体的比较结果。AHP 法就是这样的一种解决问题的思路：首先，它把复杂的评价问题层次化，根据问题的性质以及所要达到的目标，把问题分解为不同的组成因素，并按各因素之间的隶属关系和相互关联程度分组，形成一个不相交的层次。上一层次的元素对相邻的下一层次的全部或部分元素起着支配作用，从而形成一个自上而下的逐层支配关系，具有递阶层次结构的评价问题最后可归结为最低层（供选方案、措施等）相对于最高层（系统目标）的相对重要性的权值或相对优劣次序的总排序问题。其次，它将引导评价者通过一系列成对比较的评判来得到各个方案或措施在某一个准则之下的相对重要度的量度。这种评判能转换成数字处理，构成一个判断矩阵，然后使用但准则排序计算方法便可获得这些方案或措施在该准则之下的优先度的排序。在层次结构中，这些准则本身也可以对更高层次的各个元素的相对重要性赋权，通过层次的递进关系可以继续这个过程，直到各个供评价的方案或措施对最高目标的总排序计算出来为止。AHP 的分析步骤如图 7-12 所示。

(1) 评价指标体系和层次分析模型

应用 AHP 分析决策问题时，首先要把问题条理化、层次化，构造出一个有层次的结构模型。在这个模型下，复杂问题被分解为元素的组成部分，这些元素又按其属性及关系形成若干层次，所有元素的组合构成了评判的指标体系。上一层次的元素作为准则对下一层次有关元素起支配作用。根据该污染场地土壤修复的特点和层次分析的原理，POPs 污染土壤修

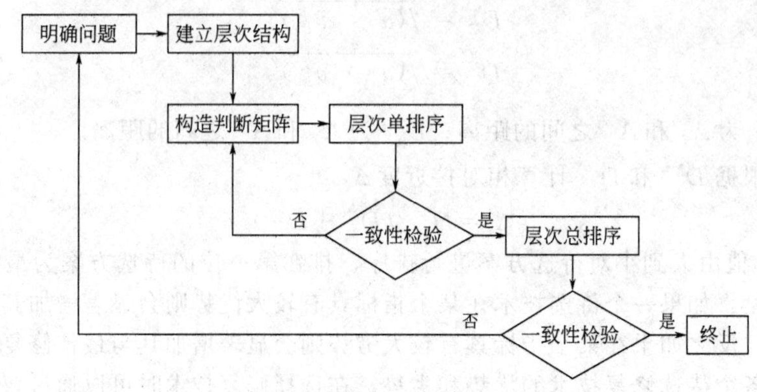

图 7-12 AHP 分析法的步骤

复技术筛选的具体层次可以划分为以下几类。

① 目标层 A：这一层次中只有一个元素，一般它是分析问题的预定目标或理想结果，对本研究而言即是选出最优化的土壤修复方案，要求技术可行，且达到社会、环境和经济效益的最优化。

② 准则层 B：这一层次中包含了为实现目标所涉及的中间环节，本研究的准则层包括技术、环境、经济和社会因素四个方面。

③ 指标层 C：指评价各措施的具体指标，共 19 个。其中技术因素包括 7 个指标，环境、经济和社会分别有 4 个指标。

④ 方案层 D：这一层次包括了为实现目标可供选择的各种措施、决策方案等，本场地污染土壤修复技术的备选方案有三个，分别是等离子电弧、高温热解析和安全填埋。

POPs 污染土壤修复方案筛选的指标体系和层次模型具体如图 7-13 所示。

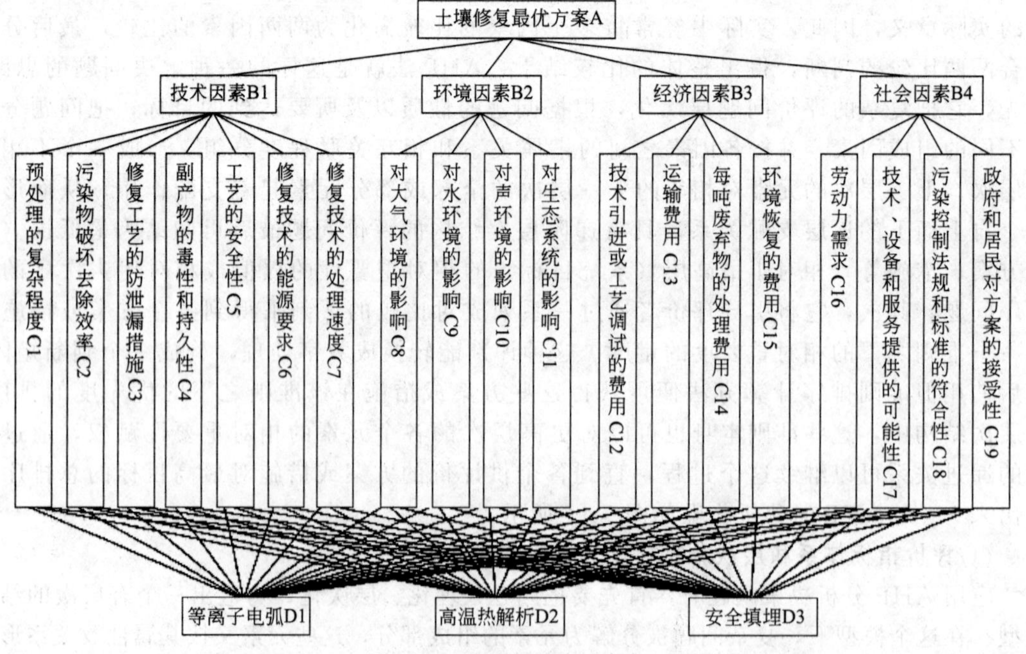

图 7-13 POPs 污染土壤修复方案筛选的指标体系和层次模型

(2) **层次单排序**

层次单排序是指根据判断矩阵计算对于上一层次某要素而言，即本层次与之有联系的要素重要程度次序的数值。它是对层次所有要素对上一层次而言的重要性进行排序的基础。层次单排序可以归结为计算判断矩阵的特征根（$\lambda=x$）和特征向量（W）问题。在POPs污染场地土壤修复方案优化过程中，特征向量即为本层次的各个要素相对于上一层次某个有关要素的相对重要程度。由此，我们就可以构造判断矩阵，并用计算特征根和特征向量的方法来完成层次单排序。

相对重要性的衡量需要一个标准，AHP方法充分考虑到系统评价的特点并提出了相对重要性的比例标度，两个元素相对重要性的比较可变换得到一个衡量的数，从心理学观点来看，分级太多会超越人们的判断能力，既增加了作判断的难度，又容易因此而提供虚假数据。Saaty等用实验方法比较了在各种不同标度下人们判断结果的正确性，实验结果也表明，采用1～9标度最为合适。

表7-23说明了相对重要性的比例标度。

表7-23　相对重要性的比例标度

标度	a_{ij} 的取值	
	定义	解释
1	表示因素 i 和因素 j 相比，具有同样的重要性	对于目标两个因素的贡献是同等的
3	表示因素 i 和因素 j 相比，前者比后者稍重要	经验和判断稍微偏爱一个因素
5	表示因素 i 和因素 j 相比，前者比后者明显重要	经验和判断明显地偏爱一个因素
7	表示因素 i 和因素 j 相比，前者比后者强烈重要	一个因素强烈地受到偏爱
9	表示因素 i 和因素 j 相比，前者比后者极端重要	对一个因素的偏爱程度是极端的
2,4,6,8	表示上述相邻判断的中间值	
倒数	若元素 i 与元素 j 的重要性之比为 a_{ij}，那么元素 j 与元素 i 的重要性之比为 $a_{ji}=1/a_{ij}$	

判断矩阵是建立在每两个要素比较评分的基础上，如果两两评分具有客观上的一致性，那么判断矩阵必具有完全的一致性。这里一致性检验的实质就是对经过专家的判断思考给出标度的矩阵进行满意程度的验证。判断矩阵一致性的指标CI为：

$$\mathrm{CI}=\frac{\lambda_{\max}-n}{n-1}$$

式中，$\lambda_{\max}$ 为最大特征值；n 为该层元素数，即阶数。

当判断矩阵具有完全一致性时，CI=0。为了度量不同阶数判断矩阵是否具有满意的一致性，我们引进判断矩阵平均随机性指标RI值（如表7-24所示）。当CR在10%左右时，一般认为判断矩阵具有满意的一致性，但超过10%就必须调整判断矩阵，直至具有满意的一致性。

$$\mathrm{CR}=\frac{\mathrm{CI}}{\mathrm{RI}}$$

表7-24　平均随机一致性指标

阶数	3	4	5	6	7	8	9	10	11	12	13	14	15
RI	0.52	0.89	1.12	1.26	1.36	1.41	1.46	1.49	1.52	1.54	1.56	1.58	1.59

为了建立比较可信的判断矩阵，本研究向10多位从事POPs污染修复技术和危险废物处理处置管理的专家进行了咨询，根据他们所提供的意见建立判断矩阵，表7-25～表7-48中同时列出了层次单排序的计算结果。

表7-25 B1～B4对A的重要程度及判断矩阵

A	B1	B2	B3	B4	层次单排序 w_i
B1	1	1	2	2	0.3407
B2	1	1	2	1	0.2865
B3	1/2	1/2	1	1/2	0.2026
B4	1/2	1	1/2	1	0.1703

注：CR=0.0688<0.1。

表7-26 C1～C7对B1的重要程度及判断矩阵

B1	C1	C2	C3	C4	C5	C6	C7	层次单排序 w_i
C1	1	1/4	2	1/2	3	4	1/2	0.1345
C2	4	1	3	2	3	2	1	0.2582
C3	1/2	1/3	1	1	2	2	1/2	0.1085
C4	2	1/2	1	1	2	1	1/2	0.1269
C5	1/3	1/3	1/2	1/2	1	1	1/3	0.0650
C6	1/4	1/2	1/2	1	1	1	1/3	0.0730
C7	2	1	2	2	3	3	1	0.2338

注：CR=0.0557<0.1。

表7-27 C8～C11对B2的重要程度及判断矩阵

B2	C8	C9	C10	C11	层次单排序 w_i
C8	1	1	2	2	0.3407
C9	1	1	2	1	0.2865
C10	1/2	1/2	1	1	0.1703
C11	1/2	1	1	1	0.2026

注：CR=0.0228<0.1。

表7-28 C12～C15对B3的重要程度及判断矩阵

B3	C12	C13	C14	C15	层次单排序 w_i
C12	1	4	1	1	0.3049
C13	1/4	1	1/4	1/4	0.0762
C14	1	4	1	2	0.3626
C15	1	4	1/2	1	0.2564

注：CR=0.0226<0.1。

表7-29 C16～C19对B4的重要程度及判断矩阵

B4	C16	C17	C18	C19	层次单排序 w_i
C16	1	1/9	1/5	1/5	0.0481
C17	9	1	2	3	0.5055
C18	5	1/2	1	1	0.2345
C19	5	1/3	1	1	0.2119

注：CR=0.0102<0.1。

表7-30 D1～D3对C1的重要程度及判断矩阵

C1	D1	D2	D3	层次单排序 w_i
D1	1	1/3	1/9	0.0704
D2	3	1	1/5	0.1782
D3	9	5	1	0.7514

注：CR=0.0688<0.1。

表7-31 D1～D3对C2的重要程度及判断矩阵

C2	D1	D2	D3	层次单排序 w_i
D1	1	2	4	0.5714
D2	1/2	1	2	0.2857
D3	1/4	1/2	1	0.1429

注：CR=0.0000<0.1。

表7-32 D1～D3对C3的重要程度及判断矩阵

C3	D1	D2	D3	层次单排序 w_i
D1	1	2	3	0.5396
D2	1/2	1	2	0.2970
D3	1/3	1/2	1	0.1634

注：CR=0.0088<0.1。

表 7-33　D1～D3 对 C4 的重要程度及判断矩阵

C4	D1	D2	D3	层次单排序 w_i
D1	1	3	4	0.6250
D2	1/3	1	2	0.2385
D3	1/4	1/2	1	0.1365

注：CR＝0.0178＜0.1。

表 7-34　D1～D3 对 C5 的重要程度及判断矩阵

C5	D1	D2	D3	层次单排序 w_i
D1	1	3	1/2	0.3196
D2	1/3	1	1/4	0.1220
D3	2	4	1	0.5584

注：CR＝0.0176＜0.1。

表 7-35　D1～D3 对 C6 的重要程度及判断矩阵

C6	D1	D2	D3	层次单排序 w_i
D1	1	2	1/3	0.2297
D2	1/2	1	1/5	0.1220
D3	3	5	1	0.6483

注：CR＝0.0036＜0.1。

表 7-36　D1～D3 对 C7 的重要程度及判断矩阵

C7	D1	D2	D3	层次单排序 w_i
D1	1	1/4	1/8	0.0769
D2	4	1	1/2	0.3077
D3	8	2	1	0.6154

注：CR＝0.0000＜0.1。

表 7-37　D1～D3 对 C8 的重要程度及判断矩阵

C8	D1	D2	D3	层次单排序 w_i
D1	1	2	1/2	0.2764
D2	1/2	1	1/5	0.1283
D3	2	5	1	0.5954

注：CR＝0.0053＜0.1。

表 7-38　D1～D3 对 C9 的重要程度及判断矩阵

C9	D1	D2	D3	层次单排序 w_i
D1	1	1/2	3	0.3090
D2	2	1	5	0.5816
D3	1/3	1/3	1	0.1095

注：CR＝0.0036＜0.1。

表 7-39　D1～D3 对 C10 的重要程度及判断矩阵

C10	D1	D2	D3	层次单排序 w_i
D1	1	1	2	0.4000
D2	1	1	2	0.4000
D3	1/2	1/2	1	0.2000

注：CR＝0.0000＜0.1。

表 7-40　D1～D3 对 C11 的重要程度及判断矩阵

C11	D1	D2	D3	层次单排序 w_i
D1	1	1	2	0.3874
D2	1	1	3	0.4434
D3	1/2	1/3	1	0.1692

注：CR＝0.0176＜0.1。

表 7-41　D1～D3 对 C12 的重要程度及判断矩阵

C12	D1	D2	D3	层次单排序 w_i
D1	1	1/4	1/9	0.0688
D2	4	1	1/3	0.2499
D3	9	3	1	0.6813

注：CR＝0.0088＜0.1。

表 7-42　D1～D3 对 C13 的重要程度及判断矩阵

C13	D1	D2	D3	层次单排序 w_i
D1	1	2	5	0.5816
D2	1/2	1	3	0.3090
D3	1/5	1/3	1	0.1095

注：CR＝0.0036＜0.1。

表 7-43　D1～D3 对 C14 的重要程度及判断矩阵

C14	D1	D2	D3	层次单排序 w_i
D1	1	1/3	1/5	0.1047
D2	3	1	1/3	0.2583
D3	5	3	1	0.6370

注：CR=0.0370<0.1。

表 7-44　D1～D3 对 C15 的重要程度及判断矩阵

C15	D1	D2	D3	层次单排序 w_i
D1	1	1	3	0.4286
D2	1	1	3	0.4286
D3	1/3	1/3	1	0.1429

注：CR=0.0000<0.1。

表 7-45　D1～D3 对 C16 的重要程度及判断矩阵

C16	D1	D2	D3	层次单排序 w_i
D1	1	1/3	1/6	0.0953
D2	3	1	1/3	0.2499
D3	6	3	1	0.6548

注：CR=0.0176<0.1。

表 7-46　D1～D3 对 C17 的重要程度及判断矩阵

C17	D1	D2	D3	层次单排序 w_i
D1	1	1/7	1/9	0.0549
D2	7	1	1/3	0.2897
D3	9	3	1	0.6554

注：CR=0.0772<0.1。

表 7-47　D1～D3 对 C18 的重要程度及判断矩阵

C18	D1	D2	D3	层次单排序 w_i
D1	1	2	3	0.5396
D2	1/2	1	2	0.2970
D3	1/3	1/2	1	0.1634

注：CR=0.0088<0.1。

表 7-48　D1～D3 对 C19 的重要程度及判断矩阵

C19	D1	D2	D3	层次单排序 w_i
D1	1	1	2	0.3874
D2	1	1	3	0.4434
D3	1/2	1/3	1	0.1692

注：CR=0.0176<0.1。

(3) 层次总排序

上面我们得到的是一组元素对其上一层中某元素的权重向量。我们最终要得到各元素，特别是最低层中各方案对于目标的排序权重，从而进行方案选择。总排序权重要自上而下地将单准则下的权重进行合成。

设上一层次（A 层）包含 A_1，…，A_m 共 m 个因素，它们的层次总排序权重分别为 a_1，…，a_m。又设其后的下一层次（B 层）包含 n 个因素 B_1，…，B_n，它们关于 A_j 的层次单排序权重分别为 b_{1j}，…b_{nj}（当 B_i 与 A_j 无关联时，$b_{ij}=0$）。现求 B 层中各因素关于总目标的权重，即求 B 层各因素的层次总排序权重 b_1，…，b_n，计算按表 7-49 所示方式进行。

$$b_i=\sum_{j=1}^{m} b_{ij}a_j, i=1,\cdots,n$$

表 7-49　层次总排序计算方式

B 层 \ A 层	A_1	A_2	…	A_m	B 层总排序权重值
	a_1	a_2	…	a_m	
B_1	b_{11}	b_{12}	…	b_{1m}	$\sum_{j=1}^{m} b_{1j}a_j$
B_2	b_{21}	b_{22}	…	b_{2m}	$\sum_{j=1}^{m} b_{2j}a_j$
⋮	⋮	⋮	⋮	⋮	⋮
B_n	b_{n1}	b_{n2}	…	b_{nm}	$\sum_{j=1}^{m} b_{nj}a_j$

对层次总排序也需做一致性检验，检验仍像层次总排序那样由高层到低层逐层进行。这是因为虽然各层次均已经过层次单排序的一致性检验，各成对比较判断矩阵都已具有较为满意的一致性。但当综合考察时，各层次的非一致性仍有可能积累起来，引起最终分析结果较严重的非一致性。

设 B 层中与 A_j 相关的因素的成对比较判断矩阵在单排序中经一致性检验，求得单排序一致性指标为 $\mathrm{CI}(j)$，$(j=1, \cdots, m)$，相应的平均随机一致性指标为 $\mathrm{RI}(j)$[$\mathrm{CI}(j)$、$\mathrm{RI}(j)$已在层次单排序时求得]，则 B 层总排序随机一致性比例为：

$$\mathrm{CR}=\frac{\sum_{j=1}^{m}\mathrm{CI}(j)a_j}{\sum_{j=1}^{m}\mathrm{RI}(j)a_j}$$

当 $\mathrm{CR}<0.10$ 时，认为层次总排序结果具有较满意的一致性并接受该分析结果。

该项目的层次总排序结果如表 7-50 所示，D 层（方案层）对 C 层（指标层）的一致性比例 CR 值小于 0.10，表明具有满意的一致性，层次总排序结果有效。从总排序结果可以看出，D3（安全填埋权）值最大，为 0.3955；D2（高温热解析权）值次之，为 0.3066；DI（等离子电弧权）值最小，为 0.2979。

表 7-50　层次总排序结果

项目	C1 0.0458	C2 0.0880	C3 0.0370	C4 0.0432	C5 0.0222	C6 0.0249	C7 0.0797	C8 0.0976	C9 0.0821	C10 0.0488
D1	0.0704	0.5714	0.5396	0.6250	0.3196	0.2297	0.0769	0.2764	0.3090	0.4000
D2	0.1782	0.2857	0.2970	0.2385	0.1220	0.1220	0.3077	0.1283	0.5816	0.4000
D3	0.7514	0.1429	0.1634	0.1365	0.5584	0.6483	0.6154	0.5954	0.1095	0.2000

项目	C11 0.0580	C12 0.0618	C13 0.0154	C14 0.0734	C15 0.0519	C16 0.0082	C17 0.0861	C18 0.0399	C19 0.0361	层次总排序
D1	0.3874	0.0688	0.5816	0.1047	0.4286	0.0953	0.0549	0.5396	0.3874	0.2979
D2	0.4434	0.2499	0.3090	0.2583	0.4286	0.2499	0.2897	0.2970	0.4434	0.3066
D3	0.1692	0.6813	0.1095	0.6370	0.1429	0.6548	0.6554	0.1634	0.1692	0.3955

(4) 备选方案系统评价结论

根据常州市某化工厂所在的污染场地的 POPs 污染物种类和土壤污染程度，本文对 POPs 污染土壤的修复技术进行初步筛选，结果表明只有等离子电弧工艺、高温热解析和安全填埋这三种修复技术可行。由于土壤修复方案的选择是一个多目标、多准则、多因素和多层次的复杂问题，为综合考虑各方面因素、系统地解决这一问题，建立了 POPs 污染土壤修复技术的筛选指标体系，并采用系统工程中的层次分析方法对土壤修复技术进行分析，从四个层次和十九个具体指标对三种可行的修复技术进行系统分析后，得出安全填埋法是该 POPs 污染场地土壤修复的最优修复技术。

7.3.6.5　专家评分法方案比选

专家评分方式必须首先建立各指标权重，通过专家打分的方式计算得到初步的权重分配表，详见表 7-51，这些指标权重可根据场地修复技术的成熟进行优化和更新。

表 7-51　修复方案比选指标初步权重分配

技术指标	0.297	可操作性	0.109
		污染物去除效率	0.112
		修复时间	0.076
经济指标	0.246	设备投资	0.098
		运行费用	0.092
		后期费用	0.056
环境指标	0.259	残余风险	0.077
		长期效果	0.090
		健康影响	0.092
社会指标	0.198	管理可接受程度	0.085
		公众可接受程度	0.113

计算过程如下。

由专家对各个修复方案分别进行评分，根据专家评分值，及部分定量数据（如已经获取的成本等数据），进行标准化处理，加权求和，得出每个方案的分值。

具体过程如下所述。

(1) 评价方法

专家打分；其中经济指标为实际值，其他指标为专家打分值；将每个指标实际值或打分值进行归一化处理，得到[0,1]区间内的一个数；乘以各自的权重，并加和，得到各个方案的总得分；根据每个方案总得分，进行方案排序和优选。

(2) 归一化方法

对于经济指标，归一化值越小越优：归一化值＝各方案本指标的最小值/原值，即

$$B_{1i}=\frac{y_{1\min}}{y_{1i}}$$

式中，B_{1i} 为本指标方案 i 归一化后的值；$y_{1\min}$ 为本指标各个方案的最小值；y_{1i} 为本指标方案 i 的值；对于其他指标，归一化值越大越优：归一化值＝原值/各方案本指标的最大值，即

$$B_{1i}=\frac{y_{1i}}{y_{1\max}}$$

(3) 修复方案总排序

对各个修复方案比选指标的标准化分值进行加权求和，公式如下：

$$C_i=\sum_{i=1}^{n}(A_i\times B_i)$$

式中，C_i 为方案分数最终计算结果；A_i 为指标 i 的权重；B_i 为方案指标 i 的归一化值。

7.3.7　制订环境管理计划

7.3.7.1　提出修复过程中的污染防治和人员安全保护措施

在场地修复过程中，要严格避免有毒有害气体、废水、噪声、废渣对周围环境和人员造成危害和二次污染，提出修复过程中的污染防治和人员安全保护措施，编制场地安全与健康保障计划。污染防治措施要包括土壤污染防治、大气污染防治、废水污染防治和噪声污染防治措施；人员安全保护措施要包括一般的安全防护要求和接触环境污染物的防护措施，还应

坚持预防为主、防治结合，控制和消除危险源，积极为从业者创造良好的工作环境和工作条件，使施工人员获得职业卫生保护。

7.3.7.2 制订场地环境监测计划

场地环境监测计划应根据修复方案，结合场地污染特征和场地所处环境条件，有针对性地制订。制订场地环境监测计划前首先必须明确污染场地内部或外围的环境敏感目标，对环境敏感目标，要重点关注修复工程对其可能的影响。场地环境监测计划需明确监测的目的和类型、采样点布设、监测项目和标准、监测进度安排。场地环境监测计划包括修复工程环境监测计划、二次污染监测计划。

修复工程环境监测计划。应重点关注修复区域的污染源情况，污染土壤、污染地下水修复处理后的效果，以及修复工程对环境敏感目标可能的影响。

二次污染监测计划。应重点关注修复区域土壤挖掘清理、运输过程、临时堆放、土壤处理过程中产生的废水、废气和固体废弃物，处理后土壤去向等方面可能发生的环境污染问题，以及环境敏感目标可能的二次污染问题。

7.3.7.3 制订场地修复验收计划

修复验收计划一方面要关注目标污染物修复效果，同时也要关注政府主管部门和利益相关方公众所关心的其他环境问题。修复验收计划包括验收的程序、时段、范围、验收项目和标准、采样点布设、验收费用估算等，必要时应包括场地修复后长期监测井的设置、长期监测及维护等后期管理计划。

7.3.7.4 制订环境应急安全预案

为确保场地修复过程中施工人员与周边居民的安全，应制订周密的场地修复工程环境应急安全预案，以保证迅速、有序、有效地开展环境应急救援行动、降低环境污染事故损失。在危险分析和应急能力评估结果的基础上，针对危险目标可能发生的环境污染事故类型和影响范围，对应急机构职责、人员、技术、装备、设施（备）、物资、救援行动及其指挥与协调等方面预先做出具体安排。

7.3.8 编制修复方案

7.3.8.1 总体要求

污染场地修复方案报告必须全面准确地反映出场地土壤和地下水修复方案编制（可行性研究）全过程的所有工作内容。报告中的文字需简洁、准确，并尽量采用图、表和照片等形式表示出各种关键技术信息，以利于施工方制订污染场地修复工程的施工方案。

7.3.8.2 方案主要内容

修复方案原则上应包括场地问题识别、场地修复技术筛选与评估、修复备选方案与方案比选、场地修复方案设计、环境管理计划制订、成本效益分析等几部分，编制大纲可见《工业企业场地环境调查评估与修复工作指南（试行）》的参考附录6。污染场地修复方案报告须根据污染场地所在地的区域环境特征、当地环境保护要求和该污染场地修复工程的实际特点。污染场地修复方案报告可酌情选择《工业企业场地环境调查评估与修复工作指南（试行）》参考附录6部分内容编制。

7.4 土壤修复工程实施过程中的仪器设备

7.4.1 现场检测仪器设备

7.4.1.1 原状取土钻

仪器名称：YZ-1型原状取土钻（图7-14）。

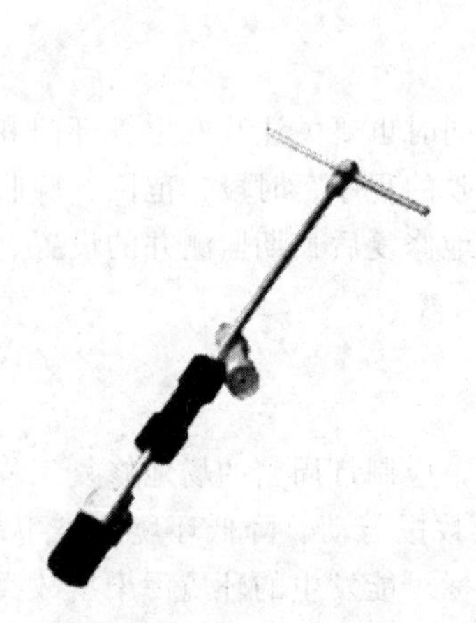

图7-14 YZ-1型原状取土钻

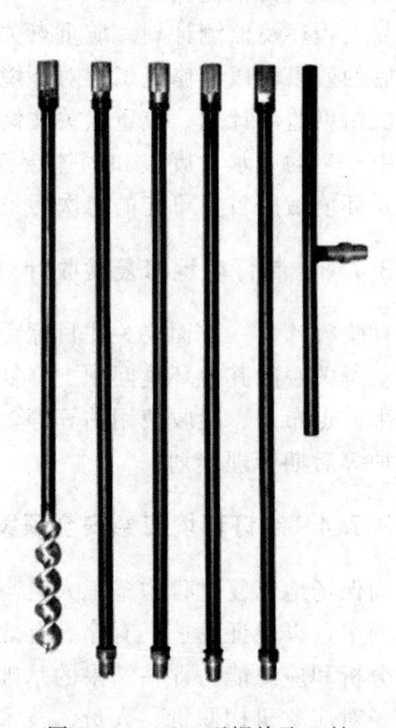

图7-15 LX-1型螺旋取土钻

用途：YZ-1型原状取土钻用于钻取离地面0.5m以内的原状土样。

钻筒：内衬容积100mL的土样杯。

钻杆：金属结构带有刻度标。

推土器：用于推出土壤样品。

仪器名称：LX-1型螺旋取土钻（图7-15）。

用途：LX-1型螺旋取土钻用于松软土壤地区钻取1～5m以内的扰动土样或钻挖1～5m深孔。

7.4.1.2 便携式土壤水分、温度、电导率速测仪

便携式土壤水分、温度、电导率速测仪用于测量土壤表层的土壤水分、温度，并可以显示计算的土壤电导率数值（图7-16）。

测量原理：基于TDR时域反射技术。用于直接测量土壤或其他介质的介电常数，介电常数又与土壤水分含量的多少有密切关系，土壤含水量即可通过模拟电压输出被读数系统计算并显示出来。测量时，金属波导体被用来传输TDR信号，工作时产生一个1GHz的高频电磁波，电磁波沿着波导体传输，并在探头周围产生一个电磁场。信号传输到波导体的末端

图 7-16　应用照片

后又反射回发射源。传输时间在 10ps～2ns 间。该仪器配有预打孔工具、标定套件、土壤表层水分探头延长杆等辅助配件，如图 7-17 所示。

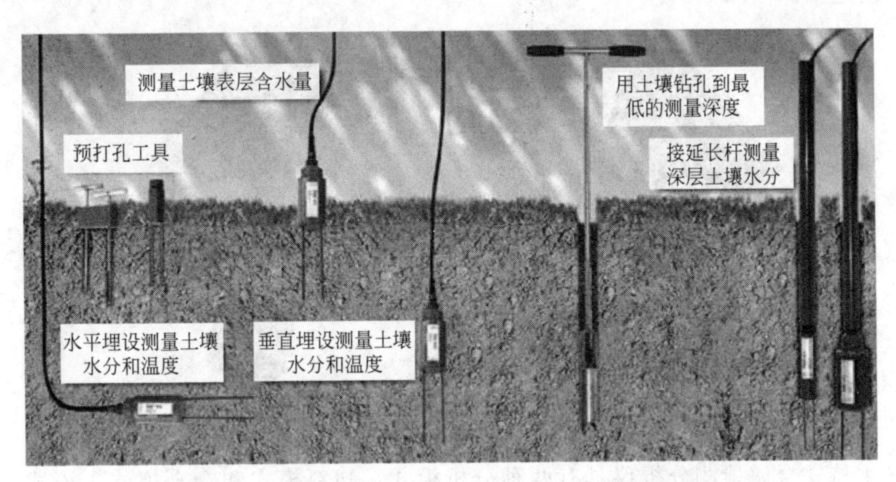

图 7-17　便携式土壤水分、温度、电导率速测仪套件

7.4.1.3　便携式土壤 pH 计

(1)　FG2-ELK 型便携式土壤 pH 计

图 7-18 是 Mettler Toledo 的 FG2-ELK 型便携式土壤 pH 计，用于在现场快速测定土壤的 pH 值。

pH 值范围 0.00～14.00，pH 值分辨率 0.01，相对 pH 值精度±0.01，温度范围 0.0～100.0℃，温度分辨率 0.1℃，温度精度±0.5℃，操作环境 0～40℃，5%～80%相对湿度。

(2)　SoilStik pH 计

SoilStik pH 计可快速方便地测得土壤、固体、半固体物质和溶液的 pH 值，同时还可以显示被测物体的温度（图 7-19）。

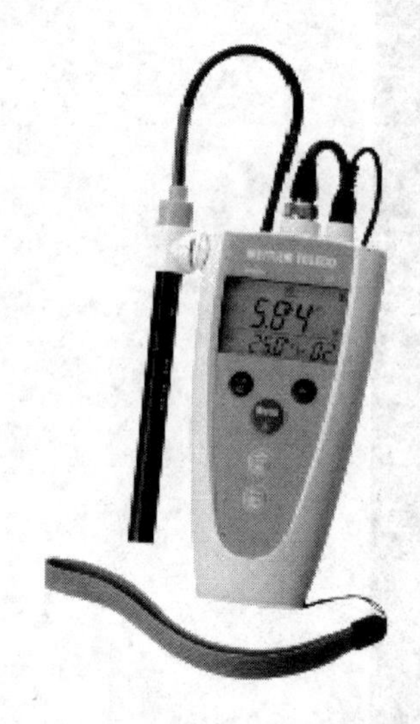

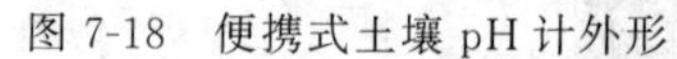

图 7-18　便携式土壤 pH 计外形　　　　图 7-19　便携式土壤 pH 计使用

7.4.1.4　XRF（X-Ray Fluorescence）

手持式金属检测分析仪是土壤修复中常用的一种便携式现场检测仪，主要用于土壤中各种金属的快速检测（图 7-20）。

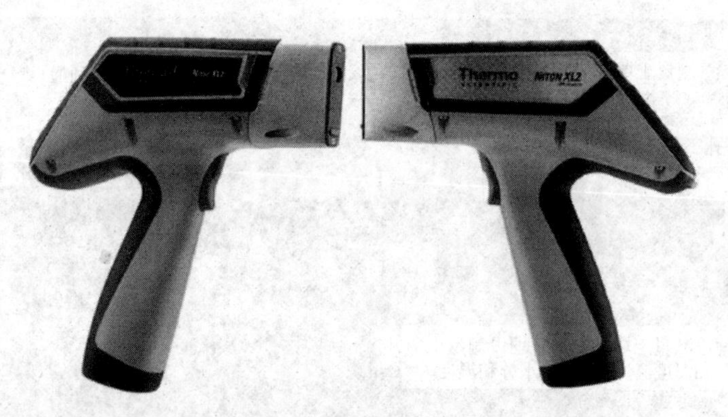

图 7-20　Niton XL2800 型 XRF 手持式金属检测分析仪

XRF 手持式金属检测分析仪具有两种分析模式：塑料模式和合金模式，模式不同，精度不同。塑料模式的分析范围为 18 种：氯、钛、钒、铬、铁、铜、锌、硒、砷、溴、镉、锡、锑、汞、铅、铋、金、镍。合金模式的分析范围为 26 种：钛、钒、铬、锰、铁、钴、镍、铜、锌、硒、锆、铌、钼、钯、银、镉、铟、锡、锑、汞、铪、钽、铂、金、铅、铋。

7.4.1.5　便携式 VOC 检测仪

便携式 VOC 检测仪采用 PID（photo ionisation detector，PID）光离子法，如图 7-21 所示，可用来检测土壤修复系统内或修复现场空气中的 VOC。便携式 VOC 检测仪适用于定量测定有机挥发气体的总量（total volatile organic compounds，TVOC），而一般来说不能区分具体某种 VOC 成分。有机挥发气体成分很复杂，日常可辨别的有三百多种。有机挥发气体的分子比较大，在一定能量作用下会分裂。

7.4.2 实验室仪器设备

7.4.2.1 土壤粒径分析系统

SEDIMAT 4-12 土壤粒径分析系统用于实验室土壤粒径分布自动分析（图 7-22）。根据欧洲标准（DIN ISO 11277），每次可以对 12 个样品按 4 级粒径大小进行自动分析，也可以按美国标准进行土壤粒径 2 级分析。

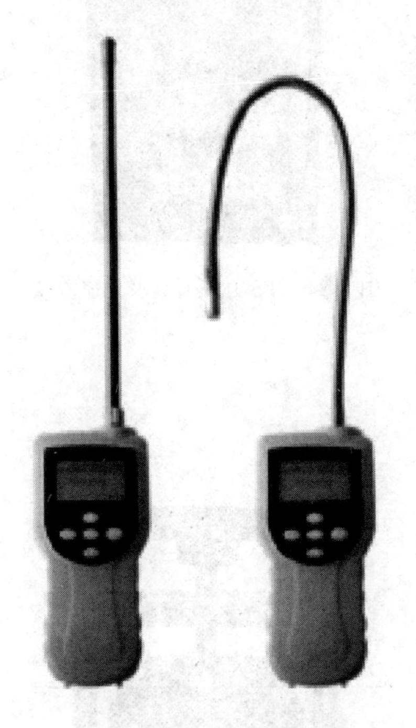

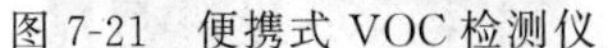

图 7-21 便携式 VOC 检测仪

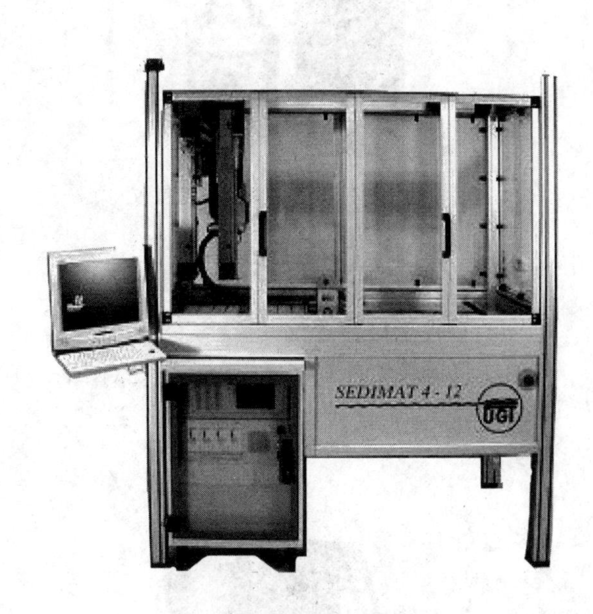

图 7-22 SEDIMAT 4-12 土壤粒径分析系统照片

测量原理：根据 Stokes 定律，大颗粒的沉降速度较快，小颗粒的沉降速度较慢，把土壤样品放到液体中制成一定浓度的悬浮液，悬浮液中的颗粒在重力作用下将发生沉降，因此可以根据不同粒径的颗粒在液体中的沉降速度不同来测量粒度分布。

具体方法为移液管法：将土壤样品去除石块、杂草、植物根等有机质，然后过筛（0.05mm），过筛后的细土混匀准确称量 10g 放入 1000mL 焦磷酸钠溶液中，搅拌、摇匀，用移液管在不同时间内缓慢吸取不同深度一定量的悬浮液样品，烘干后称重，即可算出不同粒径范围的土壤粒径分布百分比。

7.4.2.2 土壤湿度密度仪

仪器名称：WH-1 型土壤湿度密度仪（图 7-23）。

用途：WH-1 型土壤湿度密度仪用于迅速测定原状土的天然含水率和容重或其他情况下的含水率与容重。

7.4.2.3 土壤水分速测仪

仪器名称：TS-1 型土壤水分速测仪（图 7-24）。

用途：该仪器用于测定土壤、砂、水泥等多孔性物质的含水量。

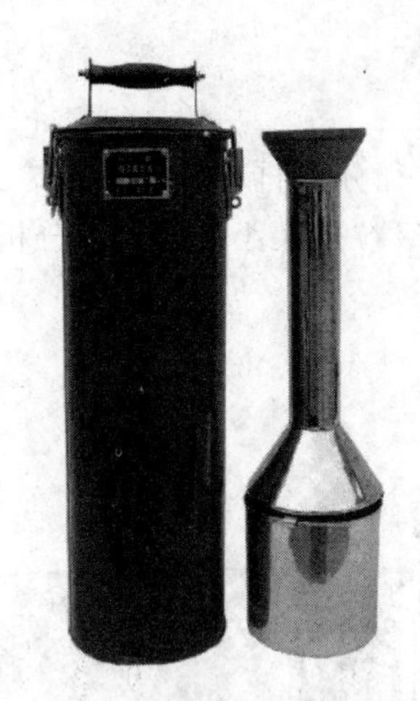

图 7-23　WH-1 型土壤湿度密度仪

图 7-24　TS-1 型土壤水分速测仪

7.4.2.4　土壤渗透仪

(1) 砂性土壤渗透仪

① 仪器名称：TST-70 型渗透仪（图 7-25）。

图 7-25　砂性土壤渗透仪

图 7-26　黏性土壤渗透仪

② 用途：TST-70 型渗透仪用于测定沙质土及含少量砾石的无凝聚性土在常水头下进行渗透试验的渗透系数。

(2) 黏性土壤渗透仪

① 仪器名称：TST-55 型渗透仪（图 7-26）。

② 用途：TST-55 型渗透仪用于测定黏性土在变水头下进行渗透试验的渗透系数。

7.4.2.5　土壤试样粉碎机

仪器名称：FT 系列土壤试样粉碎机（图 7-27）。

用途：该系列粉碎机适用于实验室进行小数量土壤粉碎，它具有体积小、效率高、粉碎细度高等优点。

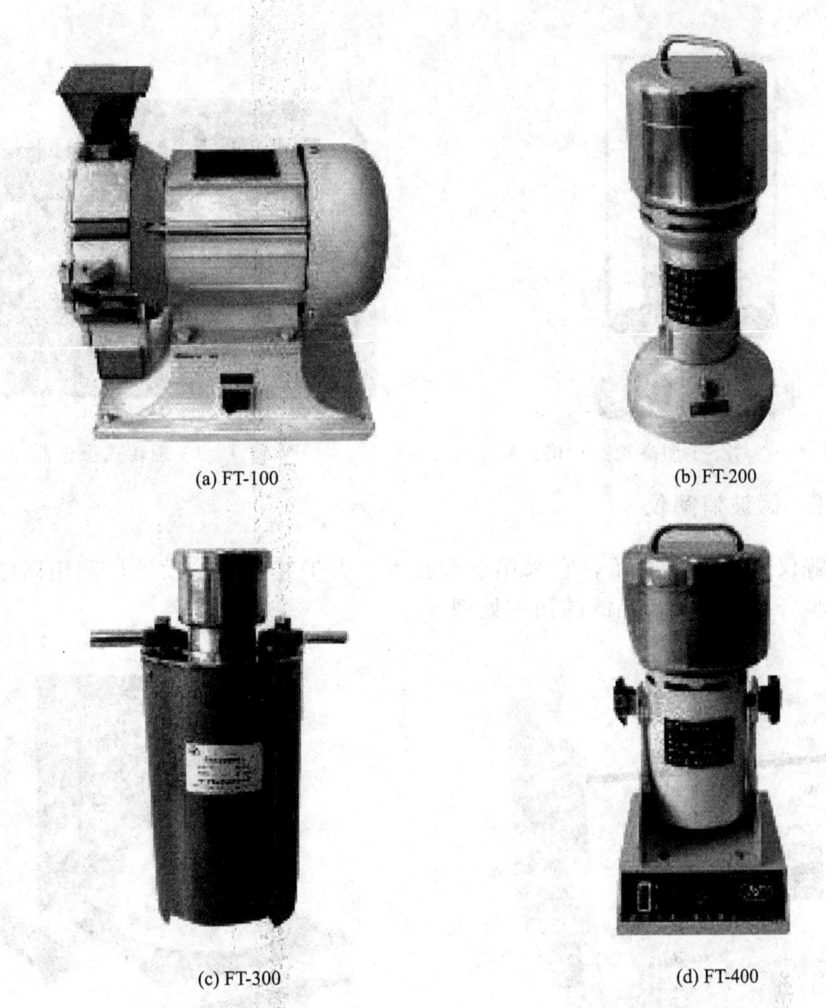

图 7-27　FT 系列土壤试样粉碎机

7.4.2.6　土壤振筛机

仪器名称：GZS-1 型高频振筛机（图 7-28）。

用途：GZS-1 型高频振筛机主要用于无凝聚性干性颗粒物质的级配分析，具有体积小、重量轻、低噪声、低功耗等特点，适用于粒径小于 20mm 而大于 0.075mm 颗粒的沙土筛析法试验。

7.4.2.7　翻转式振荡器

翻转式振荡器如图 7-29 所示，适用于污染土壤浸出毒性翻转法，是标准《固体废物　浸出毒性方法　硫酸硝酸法》（HJ 2099—2007）与《固体废物　浸出毒性方法　醋酸缓冲溶液法》（HJ 300—2007）规定设备。

7.4.2.8　台式离心机

台式离心机如图 7-30 所示，它利用离心力分离液体与固体颗粒或液体与液体的混合物，常用于土壤分析前处理。

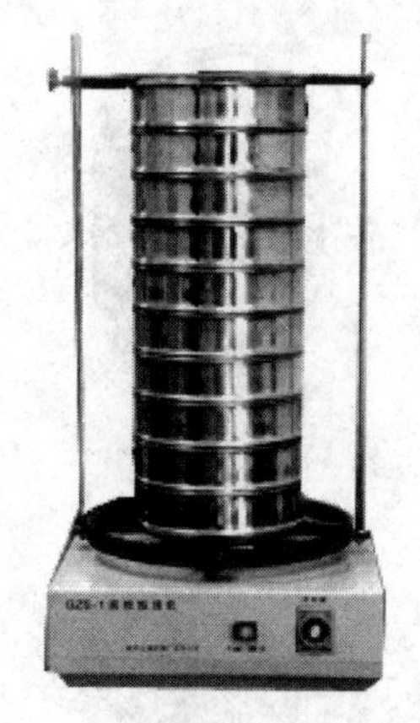

图 7-28　GZS-1 型高频振筛机

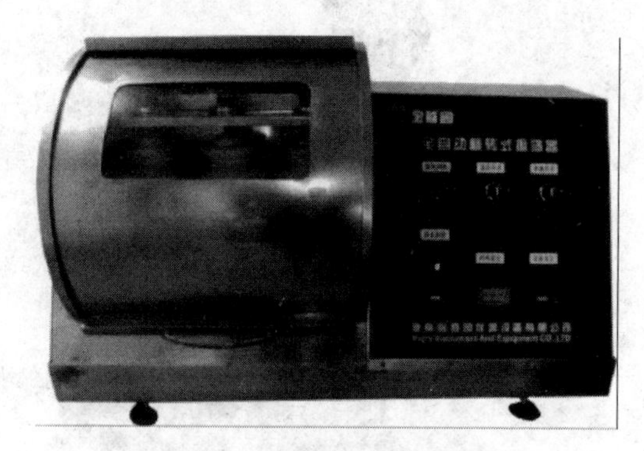

图 7-29　翻转式振荡器

7.4.2.9　微波消解仪

微波消解仪如图 7-31 所示，它采用变频技术、大炉腔微波炉设计，利用微波加热的原理，用于实验分析中固体样品的酸消解处理。

图 7-30　台式离心机

图 7-31　微波消解仪

特点：就消解而言，微波增强化学技术消解速度快，处理一炉样品比一般电热板方法快 10～100 倍；消解效果好，微波加热的同时采用高压密封罐，样品消解彻底，对于难容样品效果尤其明显；样品在密闭的消解罐中消解，大大减少了易挥发元素的损失。因此，使分析结果更准确；微波消解使用试剂少，减少了样品的空白值。

7.4.2.10　气相色谱仪

气相色谱(gas chromatography,GC)如图 7-32 所示，常用于检测土壤中的有机物。其主要是利用物质的沸点、极性及吸附性质的差异来实现混合物的分离，该过程如图 7-33 所示。待分析样品在气化室气化后被惰性气体(即载气,也叫流动相)带入色谱柱，柱内含有液体或固体固定相，由于样品中各组分的沸点、极性或吸附性能不同，每种组分都倾向于在流动相和固定相之间形成分配或吸附平衡。但由于载气是流动的，这种平衡实际上很难建立起来。也正是由于载气的流动，使样品组分在运动中进行反复多次的分配或吸附/解吸附，结果是在载气中浓度大的组分先流出色谱柱，而在固定相中分配浓度大的组分后流出。当组分流出

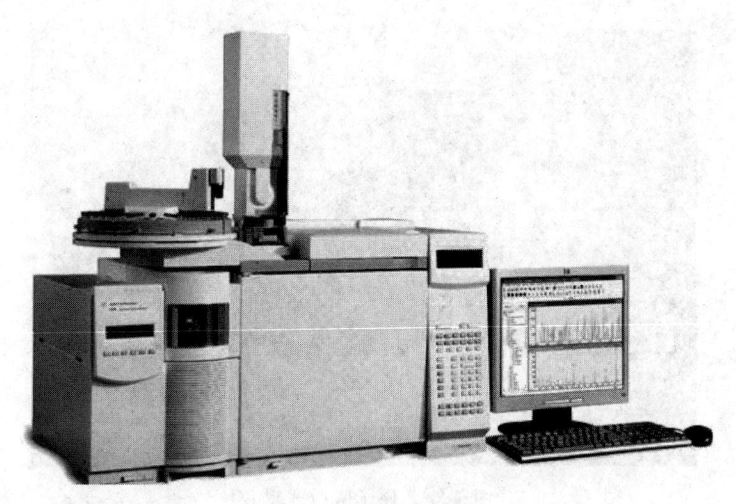

图 7-32　气相色谱仪

色谱柱后，立即进入检测器。检测器能够将样品组分转变为电信号，而电信号的大小与被测组分的量或浓度成正比。将这些信号放大并记录下来即为气相色谱图。组分能否分开，关键在于色谱柱；分离后组分能否鉴定出来则在于检测器，所以分离系统和检测系统是仪器的核心。

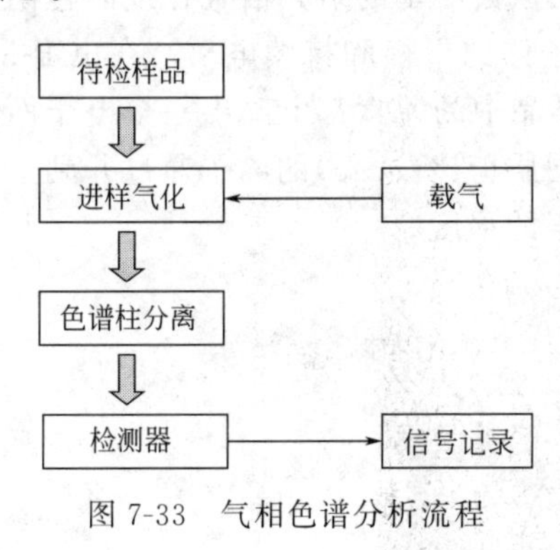

图 7-33　气相色谱分析流程

GC 可分为气固色谱和气液色谱。气固色谱指流动相是气体，固定相是固体物质的色谱分离方法。例如活性炭、硅胶等作固定相。气液色谱指流动相是气体，固定相是液体的色谱分离方法。例如在惰性材料硅藻土涂上一层角鲨烷，可以分离、测定纯乙烯中的微量甲烷、乙炔、丙烯、丙烷等杂质。

GC 由气路系统、进样系统、分离系统、温控系统、检测记录系统五大系统组成。气相色谱法由于样品在气相中传递速度快，因此样品组分在流动相和固定相之间可以瞬间地达到平衡。另外加上可选作固定相的物质很多，因此气相色谱法是一个分析速度快和分离效率高的分离分析方法。

7.4.2.11　原子吸收光谱仪

原子吸收光谱仪(atomic absorption spectroscopy，AAS)如图 7-34 所示，可测定多种元素。工作原理：试样在原子化器中转化为蒸气，由于温度较低，大多数原子处于基态，当从空心阴极灯辐射源发射出的单色光束通过试样蒸气时，由于辐射频率与原子中的电子由基态跃迁到较高激发态所需要的能量的频率相对应，一部分光被原子吸收，即共振吸收。另一部分未被吸收的光即为分析信号，被光电检测系统接收。由于锐线光束因吸收而减弱的程度与原子蒸气中分析元素的浓度成正比，所以将测量结果与标准相比较，就可得到试样中的元素含量。

AAS 的特点：检出限低，达 ng/mL～μg/mL 级；选择性好；光谱干扰少。如采用火焰原子化法，可测到 ng/mL 数量级，石墨炉原子吸收法可测到 10^{-13}g/mL 数量级。其氢化物发生器可对 8 种挥发性元素汞、砷、铅、硒、锡、碲、锑、锗等进行微痕量测定。

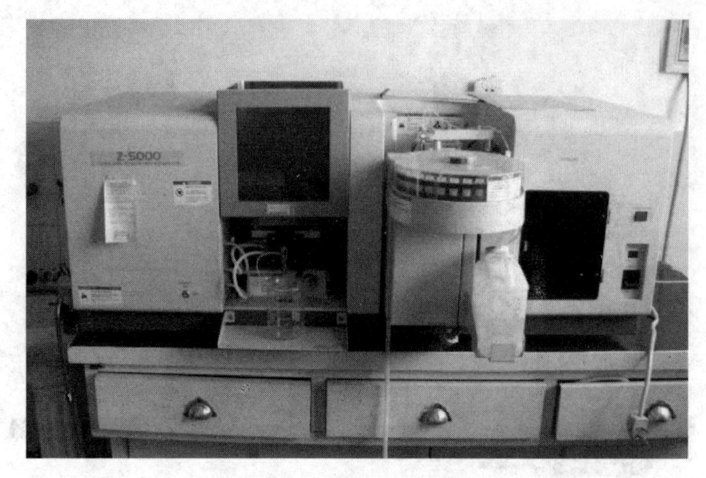

图 7-34　原子吸收光谱仪

7.4.2.12　电感耦合等离子体质谱

电感耦合等离子体质谱(inductively coupled plasma-mass spectrometry,ICP-MS)，作为实验室大型仪器，常用于土壤中重金属的检测。如图 7-35 所示，它是一种将 ICP 技术和质谱结合在一起的分析仪器。ICP 利用在电感线圈上施加的强大功率的射频信号在线圈包围区域形成高温等离子体，并通过气体的推动，保证了等离子体的平衡和持续电离，在 ICP-MS 中，ICP 起到离子源的作用，高温的等离子体使大多数样品中的元素都电离出一个电子而形成了一价正离子。质谱是一个质量筛选器，通过选择不同质荷比(m/z)的离子通过并到达检测器，来检测某个离子的强度，进而分析计算出某种元素的强度。

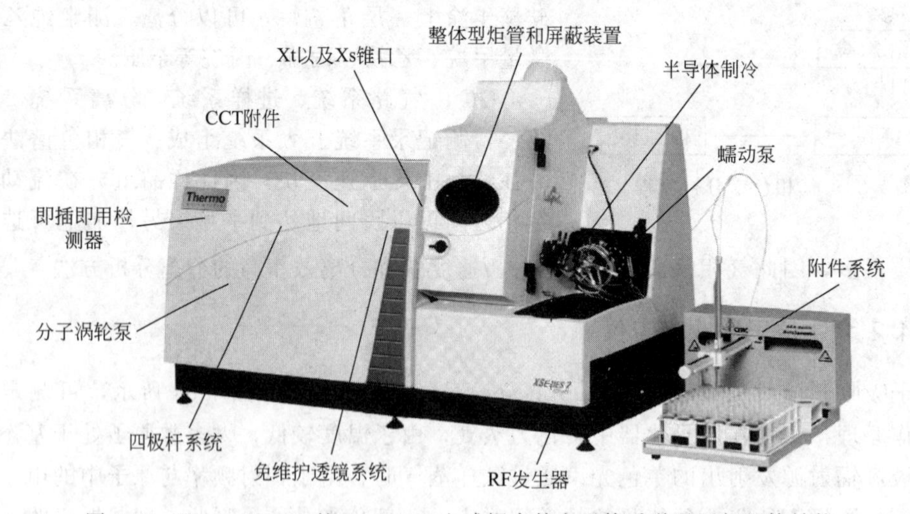

图 7-35　Thermofisher 的 X series2 电感耦合等离子体质谱联用仪整体结构

按照质谱部分使用的质量筛选器的不同，ICP-MS 主要分为以下几种：四极杆 ICP-MS，高分辨 ICP-MS(磁质谱)，飞行时间 ICP-TOF-MS。

ICP 由于其高温特性，顺其自然地成为了无机质谱(元素分析)中理想的离子源，在采用 ICP 作为离子源的无机质谱中，按照质量筛选器的种类，分成上述三种，其中最成熟也是应用最广泛的就是四极杆质谱，占整个 ICP-MS 质谱市场的 90%左右。

ICP-MS 作为新发展起来的无机元素分析测试技术，弥补了原子吸收法、分光光度法的缺点，具有以下几个优点：常规对 10^{-9} 级或以下的元素进行分析；多元素同时分析；分析范围宽，可分析大于 75 种元素(图 7-36)；线性范围可达 8 个数量级；对有些元素检测限小于 10^{-12} 级；谱线简单；能分析同位素。

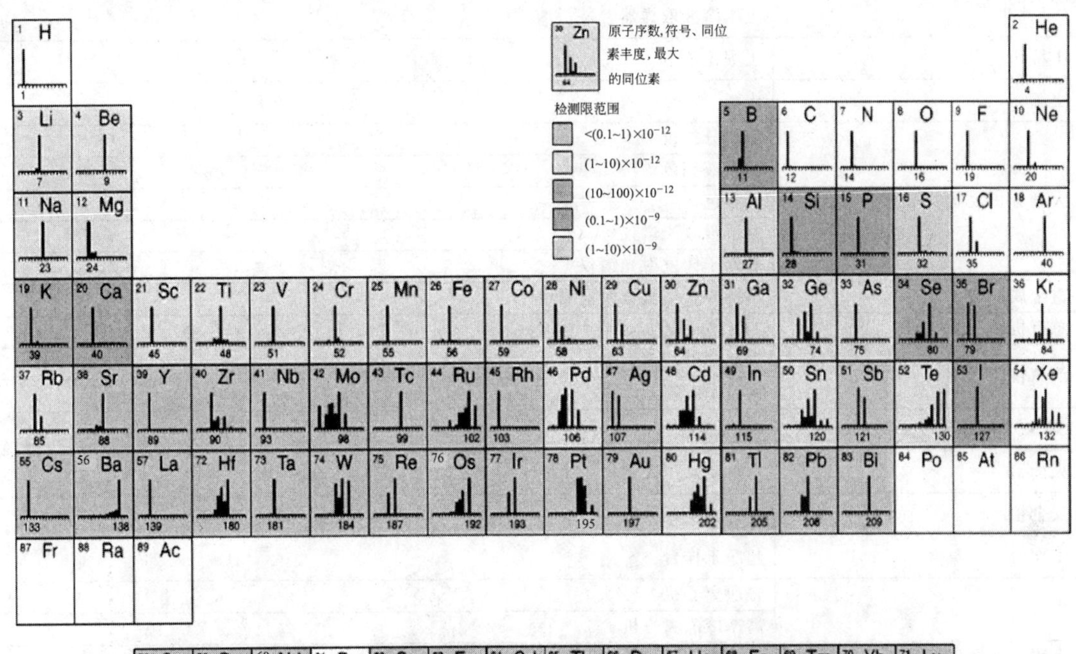

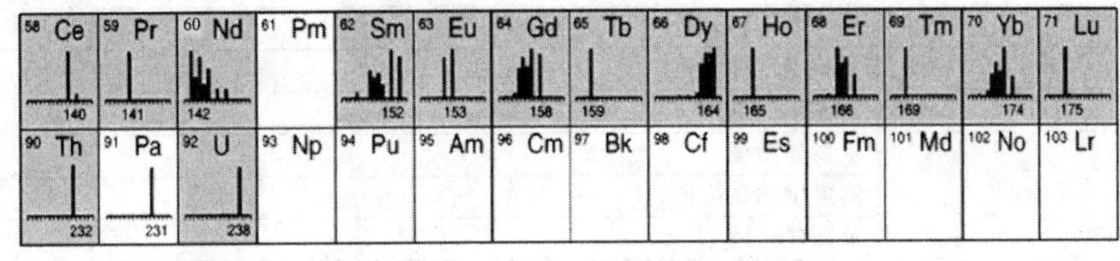

图 7-36　可用 ICP-MS 进行分析的元素

7.4.2.13　土壤实验室配置清单

土壤修复实验室除了上面介绍的几种仪器以外，还会用到多种仪器，根据测试项目，表 7-52 给出一个一般的实验室仪器配置清单。

表 7-52　土壤实验室配置清单

土壤测试或仪器类别	仪器名称
pH 值	pH 测试笔
	土壤原位 pH 测定仪
EC	土壤盐分含量测定
	土壤原位电导率测定仪
温度	土壤温度计
水分	土壤水分测定仪
	水分监测系统
	土壤水势测定仪
	土壤水分温度电导测试仪
土壤呼吸	土壤呼吸系统测定仪
土壤颗粒	土壤颗粒分析仪
营养元素	土壤营养元素测定仪

续表

土壤测试或仪器类别	仪器名称
土壤取样	土壤取样器
	土壤溶液取样器
土壤比色卡	土壤比色卡
土筛	土筛
大型分析仪器	流动分析仪
	高效液相色谱
	气相色谱
	原子吸收光谱仪(AAS)
	等离子体发射光谱仪
重金属	手持式土壤重金属检测仪
总有机碳	TOC 分析仪
消解仪	加热型微波消解器
	微波消解器
GPS	GPS 系统
灭菌锅	全自动高压灭菌器
安全柜	生物安全柜
工作台	超净工作台
离心机	普通离心机
	高速冷冻离心机
土壤微生物	土壤微生物分析
纯水机	实验室用纯水机
冻干机	冷冻干燥机
显微镜	生物显微镜
	倒置生物显微镜
	荧光显微镜
超声波仪器	超声波清洗器
	超声波分离器
电子天平	万分之一电子天平
	百分之一电子天平
	掌上电子天平
	100kg 电子天平
土壤混合	土壤粉碎机
混合器	小型涡旋混合器
	加热磁力搅拌器
	大型摇床
移液装置	移液枪
	瓶口分配器
真空装置	真空抽滤装置
	真空泵
恒温装置	水浴锅
	低温循环浴槽
光度计	可见分光光度计
	紫外可见分光光度计
	荧光分光光度计
	火焰光度计
干燥箱类	鼓风干燥箱

续表

土壤测试或仪器类别	仪器名称
培养箱	生化培养箱
	人工气候箱
	CO_2 培养箱
处理器	数据处理器(电脑)
试纸	pH 试纸条
玻璃类仪器	试剂瓶，量筒，烧杯，容量瓶

7.4.3 工程修复设备

7.4.3.1 土壤筛分破碎斗

(1) 铲斗工作原理

如图 7-37 所示，多功能铲斗是于 20 世纪 80 年代发明的，可以与通用装载机和挖掘机连接使用，简单方便可移动，将过去工序复杂的土壤筛分、破碎、混合、搅拌工作简化为一步内完成，高效便捷成本低。

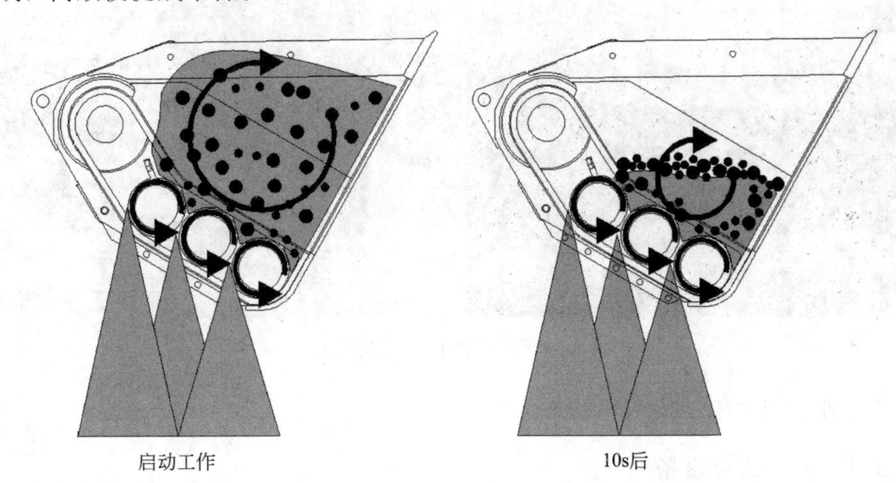

图 7-37 多功能铲斗工作原理

多功能铲斗的筛分、破碎、混合、搅拌等各种功能是通过不同的滚轴来实现的，几种典型滚轴的示意如图 7-38 所示。工作时，污染土壤会在斗内逆向旋转几十圈，拌和效果均匀。

(2) 在修复污染土壤工程中的应用优势

多功能铲斗在土壤修复中的用途包括：筛分、破碎、混合、曝气、装载、稳定等。可筛选出砖块、石块等杂物。按硬度筛分土壤及杂物，彻底分离相同粒径的土和石块等杂物。破碎土壤到技术方案需要的粒径。黏土型号可以不受土壤黏性和含水率的影响，确保正常施工。混合粉剂或是水剂等药剂。均匀搅拌污染土和药剂(200r/min,污染土壤逆向转动几十圈,搅拌均匀效果及曝气效果远大于大型拌和站)。翻抛曝气作业，促进反应，释放挥发物，使其与药剂最充分反应。筛分、破碎、拌药、混合、曝气作业，一步内完成。设备随安装主机移动灵活，操作方便（图 7-40）。

(3) 铲斗的应用

全球范围内，从美国的美军基地污染土壤修复，到英国伦敦奥运会场馆场地修复，再到国内北京奥运会及上海世博会场地修复，筛分破碎混合搅拌铲斗都有广泛应用，是土壤修复

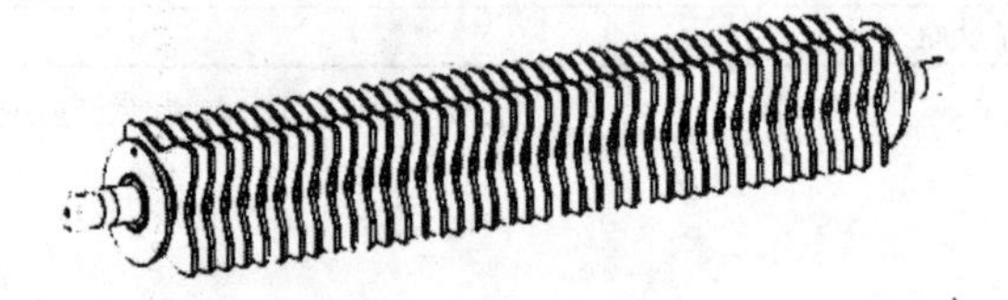

(a) 筛分和破碎的滚轴

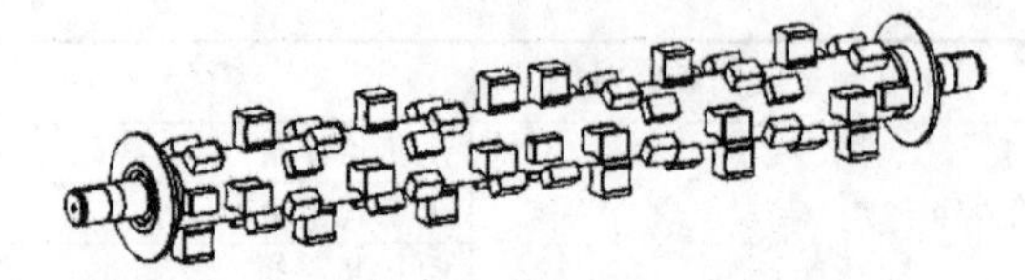

(b) 稳定、混合、曝气和破碎的滚轴

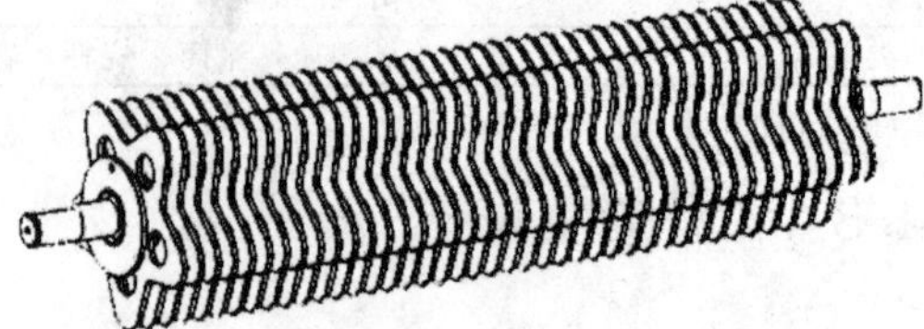

(c) 四角星细料的筛分滚轴(小直径)

(d) 五角星细料的筛分滚轴(大直径)

图 7-38　多功能铲斗滚轴示意

图 7-39　多功能铲斗实物照片

及固废处置行业常用的施工技术和设备。

7.4.3.2　移动筛分设备

移动筛分设备适合大规模土壤筛选预处理工作，可以一步作业四级筛分。该设备是技术非常先进高效的筛选装置。可根据需要进行不同规格四层筛选；能够在最恶劣的环境中工作；不受黏土及多杂物影响，并且可根据实际需要在场地内移动作业。适合异位处理，为土壤混合提供预处理，有效剔除土壤中的木块、石块、混凝土、钢筋等杂质，减少土壤处理过程中的药剂不必要的浪费，提高处理时间和效率，节约成本（图 7-41）。

7.4.3.3　原位强力搅拌压力注药稳定修复设备

原位强力搅拌头是一种安装于液压挖掘机上的多功能混合搅拌工装，将其安装于通用大型挖掘机，可将普通挖掘机转变成为一台机动性强，高效率的污染土壤原位混合搅拌设备。

采用原位强力搅拌压力注药稳定修复设备可以有效地处理不同类型的原状土、黏土、淤泥、烂泥和受污染的土质。搅拌混合的效果取决于 360°切削搅拌刀板和高压注药系统。工作原理如图 7-42 所示。在工作时，滚轴可以在驾驶员的操作下根据工程作业要求在三维空间内实现药剂与原状土的搅拌和混合。

原位强力搅拌压力注药稳定修复设备由三个设备组成（图 7-43）：

(a) 筛分

(b) 窄沟回填/细土回填

(c) 筛分装载

(d) 破碎

(e) 混合

(f) 加药稳定

(g) 曝气

(h) 振动压实

图 7-40　多功能铲斗的用途及作业照片

图 7-41　快速异位土壤修复流程

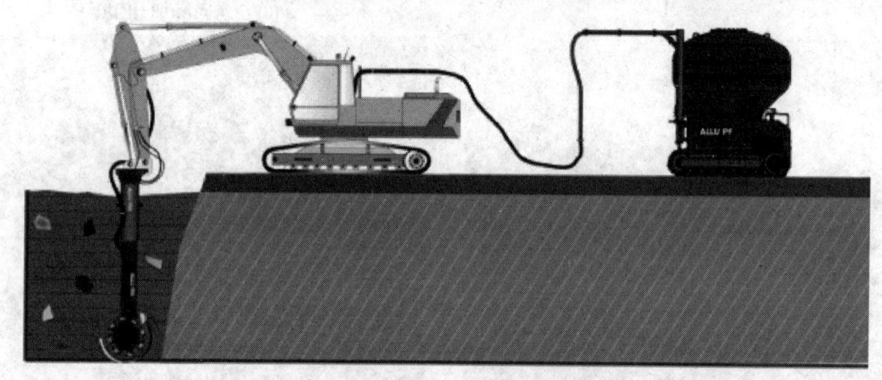

图 7-42　原位强力搅拌压力注药稳定修复设备工作原理

① 强力搅拌头，原位搅拌混合各类药剂和原位土壤；

② 压力输料罐车，建立在履带地盘或拖车地盘上的电脑控制定量药剂输送系统；

③ 控制系统，记录输料罐车的输料过程和 GPS 定位，该设备可实现边加药、边搅拌混合并且精确计量的一体化操作。

图 7-43　原位强力搅拌压力注药稳定修复设备实物

处理深度可达到 5m。根据挖掘机的能力和处理的材料，混合搅拌深度可达到地下 5m，可以很好地适用于不同规模的地基处理工程。因为是挖掘机附具，一台挖掘机在改换工装后在同一工地还可以实现其他不同类型的作业。

该设备在土壤修复应用中具有如下优势：原位搅拌头采用坚固的钢结构焊接框架，所有的磨损件均选用耐磨材料并且容易更换；液压电机采用挖掘机主机液压动力驱动，通过特殊设计的传动系统驱动滚轴，使得维护保养简单方便，成本低廉；可克服潮湿松软地质条件，稳定处理后的污染土质通过添加固化剂可作为后续工程地基基础；搅拌头宽 1.6m，直径 0.87m(图 7-44)，作业面为长方形，方便施工边界交接，带可更换混合刀板，比其他方法实现更均匀的搅拌效果；可满足多种不同的药剂进行同时输料，操作简单；一整套完整的系统，精准控制加药量及搅拌位置，可以保证高质量的混合效果。

图 7-44 设备搅拌头

原位强力搅拌压力注药稳定修复设备在土壤修复中应用广泛，可用于稳定处理受污染的土质/污泥等，如图 7-45 所示。

图 7-45 设备应用照片

7.4.3.4 直推式多功能钻探设备

Geoprobe 是近年来专对土壤及地下水污染调查项目所设计研究的设备品牌(图 7-46)，此品牌设备在国外环保方面应用非常广泛，目前在中国 Geoprobe 设备已经增至近 10 台，在土壤修复方面起着越来越重要的作用。

(1) Geoprobe 设备分类

Geoprobe Systems 是一个平台，在此平台上集成多种功能，为实现不同的功能，美国 Geoprobe 公司设计了适用于不同功能的设备，根据系统功能分为土壤与地下水取样系统、监测井系统、污染场地修复注射系统 Injection、现场测 VOC 污染物 MIP 系统、土工技术 CPT 系统、水力孔隙穿透度 HPT 系统等（图 7-47）。

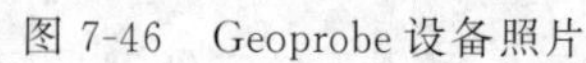
图 7-46　Geoprobe 设备照片

图 7-47　6620DT 型 Geoprobe 设备应用照片

(2) Geoprobe 在土壤修复中的应用

Geoprobe 在土壤修复行业有多种应用，下面就其一些典型应用进行简要介绍。

① 土壤与地下水取样系统　可以根据不同的需求和地质条件来选择使用哪一种系统工具，土壤取样系统也可以分以下几种：DT32、DT21、MC5、RS60、LB 等。其中 DT21 土壤取样系统应用较为广泛，它连续土壤取样特性能快速地取到地表到特定深度的样品，其特有的 direct push 能够取出原状土壤样品，其特有的土壤捕捉 liner 能够完好地保护好样品的品质。地下水取样系统也可以分为以下几例：SP15\16、Groundwater Profiler、Mill-Slot Groundwater Samplers 等，其中 SP16 用得比较多，它的 1.5in 的钻杆能够非常快速地达到预定深度，取出特定深度的地下水样品。

② 监测井系统　Geoprobe 设备在设立长期监测井方面非常优越，通过中空螺旋钻杆打到特定深度，其螺旋钻杆内腔和地下土壤隔绝，在放入花管时能够保持预定厚度的滤层，加上上层用膨润土填充的隔水层，这样就很规范地设立一口供长期监测所用之井。

③ 污染场地注射系统(geoprobe injection systems)　主要应用于污染场地的修复，最新出来的 GS2200 能够提供足够的泥浆压力，很好地将修复物质注入地下污染土壤中。其动力系主机提供，无须任何外部连接，使用时非常方便快捷，特别适合应用于原位土壤修复项目工程中。

④ 半透膜介质探测系统(membrane interface probe,MIP)　是一种可侦测土壤及地下水中污染物而侦测器可放在地表上的一种探测器。它可以实时实地地对地下 VOC 污染物进行监测，并可确定污染物所在深度，污染物类型以及大概浓度，其特殊的探头适用于各种复杂地质环境。

⑤ 水力孔隙穿透度 HPT 系统　该系统由 Geoprobe Systems 公司制造的，用于评估地下土壤的水压特性。当该工具以固定速率钻入地下时，将压力水通过探杆侧的滤网注射入土

壤。在线压力传感器测量注入压力水的土壤的反应压力。该反应压力与土壤传导水的能力有关。压力和水流量以及深度都被记录。

⑥ 土工技术(cone penetration test，CPT)系统　Geoprobe Systems 6625CPT 是一款完全利用无线遥控技术应用于此产业的设备。设备配有自锚固构件、履带式行走，且配有液压控制 CPT 夹具，在现场移动非常方便。全部的操作可通过无线遥控发射机来完成(人工控制来辅助)，虽然整个设备的重量少于 5t，但能提供 20t 的下压力。这种型号的设备能够执行 Geoprobe 无导线 CPT 和地震 CPT 函数功能。通过侧移 Geoprobe GH62 液压锤的探头，很容易转换成做其他实时计算机探测(EC,MIP 或 HPT)取样任务。设备很好地利用了直接成像工具功能，例如电导率和 MIP、HPT 工具。6625CPT 型号的设备为提供土工试验服务的公司提供全部的包装。小型履带式设备非常容易移动，虽然只有近 5t 自重，但是能提供不低于 20t 的下压力。其优势是可以快速下锚，不必移动机身。最适合用在 CPT，MIP 和 HPT 等工作。

7.4.3.5　淋洗设备

(1) 工艺原理

重金属离子、PCBs、农药污染物及石油污染物等主要通过吸附方式附着于土壤颗粒，并且土壤颗粒越小，附着污染程度越高。土壤淋洗技术通过土壤粒级分离，将高污染土壤颗粒移除，同时采用水洗或是添加化学萃取方式将附着于土壤颗粒固相低浓度污染物转移至液相，再利用污水系统处理污染物，从而达到去除污染物的目的。

(2) 设备组成

该设备技术成熟，已工程化应用于土壤修复项目(图 7-48)。该系统主要包括水洗破碎单元、振动筛分单元、水洗搅拌单元、淋洗搅拌单元、沉降单元、压滤单元、淋洗液及清水储存回用单元、污水处理及沉降单元。

① 水洗破碎单元　经特种破碎设备初步破碎后土壤由上料斗提升至水洗搅拌机内，通过加淋洗液强制搅拌使土壤结构充分破碎，成为泥浆状物质，搅拌均匀后通过收料斗导入下一单元。

② 振动筛分单元　根据小试试验参数，将大颗粒石块进行分离，分离后大石块用清水冲洗表面附着物，筛分出石块为受污染部分，可直接回填；泥浆内细料部分通过分料溜槽导入下一单元。

③ 水洗搅拌单元　水洗搅拌机由数台搅拌电机和搅拌池组成，搅拌池底部串通，通过充分搅拌进一步使未完全解离的土壤结构破碎，同时使泥水混合物更均匀，便于抽提设备将均匀的泥浆导入下一单元。

④ 淋洗搅拌单元　泥浆混合物通过抽提设备导入旋流分离器(分离粒径参数由小试确定)，小于某一粒径物质进入泥浆沉淀池；粒径大于某一级别的砂质物质进入淋洗搅拌池，加入淋洗剂进行充分反应，反应完成后通过抽提设备导入淋洗沉淀池。

⑤ 沉降单元　沉降单元由并联的四台沉降池组成，分别将泥浆和砂质物质进行沉降分离，水和淋洗液通过沉降池溢水口进入淋洗液及清水储存回用单元；沉降单元的沉积物通过输送设备导入压滤单元。

⑥ 压滤单元　由两台大型压滤设备(可根据实际土质情况更换脱水设备)将沉降后的淤泥和泥沙压干脱水，定期进行卸料，压干后物质通过皮带传送机传送至出料口，统一收集；淤泥部分经过稳定化后回填，淋洗后砂质土壤可以直接回填。

⑦ 淋洗液及清水储存回用单元　系统中淋洗液和清水均可循环使用，以降低修复成本，提高修复效率；淋洗液和清水为两条路线对土壤进行分别冲洗和淋洗；当水或淋洗剂消耗后

(a)

(b)

图 7-48　土壤淋洗设备

根据处理量每天进行补充。

⑧ 污水处理及沉降单元　当淋洗液或水重复应用于系统中淋洗或淋洗达到一定次数(或重金属浓度达到一定限值时)，抽出部分循环用水进入混凝反应槽添加药剂反应，充分反应后导入专

用沉淀池，沉淀后淤泥导入压滤系统一同处理；经处理后的水重新进入水循环使用。

7.4.3.6 热脱附设备

热脱附土壤修复技术是通过对污染土壤加热，使吸附于土壤的有机物饱和蒸气压增大，挥发而进入气相后逸出，再对气体进行处理，达标后排入大气。随着工程项目的广泛应用，热脱附逐渐发展为原位脱附(包括热气、热蒸汽等)，移动式热脱附设备，回转窑热脱附设备，微波法等。目前，热蒸汽、微波加热、热水、热气等热处理技术，广泛应用于PCBs、PAHs、农药、油类等污染土壤的治理。

热脱附设备如图7-49所示，包括料仓，进料、出料输送带，热脱附反应器，燃料供应系统，尾气处理系统，热交换器，引送风机，自动控制系统等构成，最高可控温度为200～800℃。热脱附适用于农药(六六六、滴滴涕等)、石油以及PCBs、PAHs、PCDD/Fs等挥发性、半挥发性有

(a)

(b)

(c)

图7-49 土壤热脱附修复设备

机污染物污染土壤的修复。另外，热脱附设备对于处理一些突发性的有机污染环境事故，如由于意外泄漏、倾倒而发生的突发性土壤污染事故的应急修复也是一种很好的选择。热脱附修复具有污染物处理范围宽、处理速率高、设备可移动、修复后土壤可再利用等优点。

7.4.3.7 气相抽提修复设备

土壤气相抽提(soil vapor extraction,SVE)，也称"土壤通风"或"真空抽提"，是一种能够有效减少吸附在土壤不饱和区域中挥发性有机物浓度的技术，其工作原理是通过采用真空压力强制空气流通通过地下受污染土壤，从而达到去除土壤中的挥发性有机物和一些半挥发性有机物。有害蒸汽通过气液分离装置和过滤装置处理后排放到大气中。

SVE设备，如图7-50和图7-51所示，主要分为三大系统，抽提系统、分离系统、尾气净化系统。设备首先通过抽提系统对土壤中的污染物进行分离抽取，再将含有气化污染物的含水气体送入气液分离系统，去除颗粒物和水分，最后再通过尾气净化系统，通常采用活性炭吸附的方法(granular activated carbon,GAC)，实现废气的达标排放，最终达到有效降低土壤中的污染物浓度、不产生二次污染的目的。

图7-50 原位气相抽提(SVE)

图7-51 原地异位气相抽提(SVE)

操作过程中，SVE可以采用间歇(脉冲)式操作，如果抽出了大量的物质，就可以达到一个稳定的状态。因为这个过程使土壤中空气持续流动，所以还可能促进生物降解低挥发性的有机物。

SVE也可用于挖掘后的堆土。在土堆中构建负压系统来促进有机物的解吸，含水率高的土壤会对SVE有一定的阻碍，需要更大的真空压力。高有机质含量土壤和非常干燥的土壤对VOC有很强的吸附作用。这些条件都会限制SVE的效果。低渗透性土壤同样限制SVE的效果。

SVE设备优势明显：可用于原、异位污染土壤治理，全封闭紧凑式设计便于移动及运输。能对含有多种挥发性有机物且污染浓度不均的污染土壤进行修复，杜绝二次污染。运行工艺采取全自动化设计，可对污染环境进行数学模拟，流量、压力、运行模式等参数可调，能够有效提高环境效益和经济效益。处理工艺简单、工程和运行费用低、处理周期短、处置效率高。

7.4.3.8 多相抽提设备

多相抽提(multi-phase extraction,MPE)设备通过真空提取手段，抽取地下污染区域的土壤气体、地下水和浮油层到地面进行相分离及处理，以控制和修复土壤与地下水中的有机污染物。可处理的污染物类型包括易挥发、易流动的非水相液体(non-aqueous phase liquid,NAPL)，如汽油、柴油、有机溶剂等。

MPE系统通常由多相抽提、多相分离和污染物处理三个主要部分构成。系统主要设备包括真空泵(水泵)、输送管道、气液分离器、NAPL/水分离器、传动泵、控制设备、气/水处理设备等。

图7-52　多相抽提设备

多相抽提设备（如图7-52所示）是MPE系统的核心部分，其作用是同时抽取污染区域的气体和液体(包括土壤气体、地下水和NAPL)，把气态、水溶态以及非水溶性液态污染物从地下抽吸到地面上的处理系统中。多相抽提设备可以分为单泵系统和双泵系统。其中单泵系统仅由真空设备提供抽提动力，双泵系统则由真空设备和水泵共同提供抽提动力。

多相分离指对抽出物进行的气-液及液-液分离过程。分离后的气体进入气体处理单元，液体通过其他方法进行处理。油水分离可利用重力沉降原理除去浮油层，分离出含油量低的水。

污染物处理是指经过多相分离后，含有污染物的流体被分为气相、液相和有机相等形态，结合常规的环境工程处理方法进行相应的处理处置。气相中污染物的处理方法目前主要有热氧化法、催化氧化法、吸附法、浓缩法、生物过滤及膜法过滤等。污水中的污染物处理目前主要采用膜法(反渗透和超滤)、生化法(活性污泥)和物化法等技术，并根据相应的排放标准选择配套的水处理设备。

7.4.3.9 快速异位土壤修复设备

快速异位土壤修复设备，如图7-53所示，其主要由搅拌仓、固态药剂储存仓、液态药剂箱、原料输送系统、机载柴油发电机、计算机控制系统等组成。土壤修复流程如图7-54所示，适用大规模土壤修复治理工程，必要时可全天24h连续自动进行土壤混合。

设备控制面板　　　　设备搅拌仓

图7-53　快速异位土壤修复设备

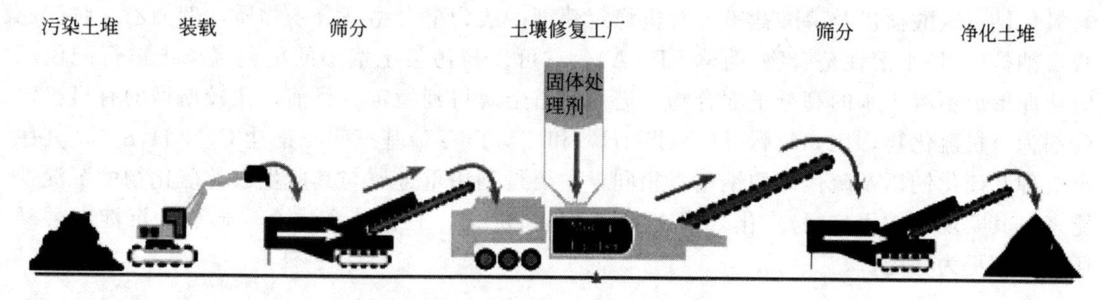

图 7-54　快速异位土壤修复流程

7.5 土壤修复工程实施过程中的药剂

7.5.1 稳定固化药剂

固化/稳定化技术突破了将污染物从土壤中分离出来的传统思维，转而将其固定在土壤介质中或改变其生物有效性，以降低其迁移性和生物毒性，且因其快速、经济、有效，目前已有很多工程应用。该技术实质上分为固定化和稳定化两种技术，为了达到较好的修复效果，在实际工作中通常将两者联合使用，例如在固定化处理前加入药剂使土壤中的重金属稳定化。该技术的关键问题是固定剂和稳定剂的选择，目前最常用的固化/稳定化剂包括：水泥、碱激发胶凝材料、有机物料以及化学稳定剂稳定化等。

① 水泥是目前国内外应用最多的固定剂，其对污染土壤的固化稳定化，一般通过在水泥水化过程中所产生的水化产物对土壤中的有害物质通过物理包裹吸附，化学沉淀形成新相以及离子交换形成固溶体等方式进行，同时其强碱性环境也对固化体中重金属的浸出性能有一定的抑制作用。其类型一般可分为普通硅酸盐水泥、火山灰质硅酸盐水泥、矿渣硅酸盐水泥、矾土水泥以及沸石水泥等。其最明显缺点就是增容很大，一般可达 1.5～2，且水泥固化/稳定化污染土壤，仅仅是一种暂时的稳定过程，属于浓度控制，而不是总量控制，在酸性填埋环境下，其长期有效性值得怀疑。

② 碱激发胶凝材料，包括石灰、粉煤灰、高炉渣、流化床飞灰、明矾浆、钙矾石、沥青、钢渣、稻壳灰、沸石、土聚物等碱性物质或钙镁磷肥、硅肥等碱性肥料，能提高系统的 pH 值，可与重金属反应产生硅酸盐、碳酸盐、氢氧化物沉淀。其中，矿渣基胶凝材料具有水热低，抗硫酸等化学腐蚀性好，密实度好等优点，用特殊组分激发和助磨下的低熟料矿渣胶凝材料固化/稳定化含重金属污染物的应用前景十分广阔。

③ 有机物料因对提高土壤肥力有利，且取材方便、经济实惠、在土重金属污染改良中应用广泛。腐殖酸对土壤重金属离子有显著的吸附作用，并具有很好的配合性能。有机物质在刚施入土壤时可以增加重金属的吸附和固定，降低其有效性，减少植物的吸收，但是随着有机物质的矿化分解，有可能导致被吸附的重金属离子在第 2 年或第 3 年重新释放，增加植物的吸收。所以有机肥料选择不当不但起不到应有的效果，甚至还会产生副作用。因此，利用有机物料改良重金属污染土壤存在一定的风险。

④ 化学稳定剂一般通过化学药剂和土壤所发生的化学反应，使土壤中所含有的有毒有害物质转化为低迁移性、低溶解性以及低毒性物质。药剂一般可分为有机和无机两大类，根据污染土壤中所含重金属种类，最常采用的无机稳定药剂有：硫化物(硫化钠,硫代硫酸钠)、

氢氧化钠、铁酸盐以及磷酸盐等。有机稳定药剂一般为螯合型高分子物质，例如乙二胺四乙酸二钠盐(一种水溶性螯合物,简称 EDTA)，它可以与污染土壤中的重金属离子进行配位反应从而形成不溶于水的高分子配合物，进而使重金属得到稳定。目前，比较新型的有机稳定药剂为有机硫化物，比如硫脲(H_2NCSNH_2)和 TMT(三巯基三嗪三钠盐 $C_3N_3H_3S_3$)，其稳定机理和硫化钠以及硫代硫酸钠基本相同，主要是利用重金属与其所生成的硫化物的沉淀性能来对其实现有效固化/稳定化。相比一般无机沉淀剂，有机硫和重金属形成的沉淀在酸碱环境中都更为稳定。

7.5.2 化学淋洗药剂

化学淋洗技术是借助能促进土壤中污染物溶解或迁移作用的溶剂，通过水力压头推动淋洗剂，将其注入污染土壤中，使污染物从土壤相转移到液相，然后再把包含有污染物的液相从土壤中抽提出来，从而达到土壤中污染物的减量化处理。淋洗剂可以是清水，也可以是包含增效剂助剂的溶液，一般有机污染选择的淋洗剂为表面活性剂，重金属污染选择的淋洗剂为无机酸、有机酸、螯合剂等，对于有机物和重金属复合污染，一般可考虑两类淋洗剂的复配。常见淋洗剂分类如表 7-53 所示。同时，淋洗剂不仅可以应用在化学淋洗修复上，生物修复和电动修复有时也会需要有与淋洗剂作用类似的助剂来促进重金属和有机污染物的解吸。

表 7-53 常见淋洗剂分类

淋洗剂种类		示例
无机淋洗剂		清水、酸、碱、盐等无机化合物
螯合剂	人工螯合剂	乙二胺四乙酸(EDTA)、氨基三乙酸(NTA)、二亚乙基三胺五乙酸(DTPA)、乙二胺二琥珀酸(EDDS)等
	天然有机螯合剂	柠檬酸、苹果酸、草酸以及天然有机物胡敏酸、富里酸等
表面活性剂	人工合成	十二烷基苯磺酸钠(SDBS)、十二烷基硫酸钠(SDS)、曲拉通(Triton)、吐温(Tween)、波雷吉(Brij)等
	生物表面活性剂	鼠李糖脂、槐子糖脂、单宁酸、皂角苷、卵磷脂、腐殖酸、环糊精及其衍生物等

① 无机淋洗剂 包括清水、无机酸、碱、盐等。无机淋洗剂的作用机制主要是通过酸解、络合或离子交换等作用来破坏土壤表面官能团与重金属形成的络合物，从而将重金属交换解吸下来，从土壤中分离出来。

② 人工合成螯合剂 多为氨基多羧酸类大分子有机物，如乙二胺四乙酸(EDTA)、氨基三乙酸(NTA)、二亚乙基三胺五乙酸(DTPA)、乙二胺二琥珀酸(EDDS)等，作用机制是通过络合作用，将吸附在土壤颗粒及胶体表面的金属离子与有机物解络，然后利用自身更强的络合作用与污染因子形成新的络合体，从土壤中分离出来。

③ 天然有机螯合剂 常用的有机酸有柠檬酸、草酸、苹果酸、酒石酸、乙酸、胡敏酸、富里酸、丙二酸、腐殖酸以及其他类型天然有机物等，有机酸能通过与金属离子形成可溶性的络合物促进金属离子的解吸作用，增加金属离子的活动性。天然有机酸通过与重金属离子形成络合物，改变重金属在土壤中的存在形态，使其由不溶态转化为可溶态。

④ 化学表面活性剂 是指少量加入就能显著降低溶剂表(界)面张力，并具有亲水、亲油和特殊吸附等特性的物质。表面活性剂可通过强化增溶和卷缩作用，卷缩就是土壤吸附的油滴在表面活性剂的作用下从土壤表面卷离，它主要靠表面活性剂降低界面张力而发生，一般在临界胶束浓

度(critical micelle concentration,*cmc*,表面活性剂分子在溶剂中缔合形成胶束的最低浓度)以下就能发生；增溶就是土壤吸附的难溶性有机污染物在表面活性剂作用下从土壤解吸下来而分配到水相中，它主要靠表面活性剂在水溶液中形成胶束相，溶解难溶性有机污染物。表面活性剂可增强土壤污染物在水相的溶解度和流动性，进而影响有机物在水体表面的挥发及其在土壤、沉积物、悬浮颗粒物上的吸附与解吸作用。

⑤ 生物表面活性剂　是由植物、动物或微生物产生的具有表面活性的代谢产物。生物表面活性剂包括许多不同的种类，可分为糖脂、脂肽和脂蛋白、脂肪酸和磷脂、聚合物和全胞表面本身五大类。其通过两种方式促进土壤中重金属的解吸：一是与土壤液相中的游离金属离子络合；二是通过降低界面张力使土壤中重金属离子与表面活性剂直接接触。

⑥ 复合淋洗剂　由于土壤中可能同时存在多种污染物，单独使用一种清洗剂往往不能去除所有的污染物，这就要求联合使用或者依次使用多种淋洗剂，多种淋洗剂复合应用可以提高淋洗剂的淋洗效果，同时可减少淋洗剂对土壤的破坏作用。

7.5.3 化学氧化还原药剂

化学氧化/还原技术是向污染土壤/地下水中添加氧化剂或还原剂，通过氧化或还原作用，使土壤中的污染物转化为无毒或相对毒性较小的物质。化学氧化技术可以处理石油烃、BTEX(苯、甲苯、二甲苯等)、MTBE(甲基叔丁基醚)、含氯有机溶剂、多环芳烃、农药等大部分有机物；化学还原技术可以处理重金属类(如六价铬)和氯代有机物等。常见的氧化剂包括高过氧化氢、芬顿试剂、锰酸盐、过硫酸盐和臭氧等，氧化还原电位越高，氧化能力越强。常见的还原剂包括硫化氢、亚硫酸氢钠、硫酸亚铁、多硫化钙、零价铁等，氧化还原电位越低，还原能力越强。

常见化学氧化药剂及还原药剂特征参数见表7-54和表7-55。

表7-54　常见化学氧化药剂特征参数

化学氧化药剂	芬顿试剂	臭氧	高锰酸钾	活化过硫酸盐
适用污染物	氯代试剂，BTEX，MTBE，轻馏分矿物油和PAH，自由氰化物，酚类	氯代试剂，BTEX，MTBE，轻馏分矿物油和PAH，自由氰化物，酚类	氯代试剂，BTEX，酚类	氯代试剂，BTEX，MTBE，轻馏分矿物油和PAH，自由氰化物，酚类
pH值	经典芬顿试剂需在酸性环境下，改良型试剂可用在碱性环境中	中性或偏碱性土壤	最好7～8之间，但其他pH值下也可用	根据活化方式不同可适用于酸性、中性及碱性环境中
药剂在土壤中的稳定时间	经常少于1天	1～2天	几周	几周至几个月
土壤渗透性	推荐高渗透性土壤，当土壤渗透性较低时可能需要大量氧化剂			
其他因素			会使地下水呈紫色，考虑周边影响	需要活化

表7-55　常见化学还原药剂特征参数

化学还原药剂	二氧化硫	气态硫化氢	零价铁胶体
适用污染物	对还原敏感的元素(如铬、铀、钍等)以及氯化溶剂	还原敏感的重金属如铬等	对还原敏感的元素(如铬、铀、钍等)以及氯化溶剂

续表

化学还原药剂	二氧化硫	气态硫化氢	零价铁胶体
pH 值	碱性条件	不需调节 pH 值	酸性及中性条件适用，高 pH 值导致铁表面形成覆盖膜
药剂在土壤中的稳定时间	1～2 天	1～2 天	几周
天然有机质			可能会促进铁表面形成覆盖膜
土壤渗透性	高渗透性土壤	高渗和低渗土壤	依赖于胶体铁的分散技术
其他因素	在水饱和区较为有效	以氮气作载体	有可能产生有毒中间产物

7.5.4 生物修复药剂

在生物修复中首先需考虑适宜微生物的来源及其应用技术。其次，微生物的代谢活动需在适宜的环境条件下才能进行，而天然污染的环境中条件往往较为恶劣，因此必须认为提供适于微生物起作用的条件，以强化微生物对污染环境的修复作用。

(1) 土著微生物

微生物具有降解有机化合物和转化无机化合物的巨大潜力，是微生物修复的基础。土壤中存在着各种各样的微生物，在遭受有毒有害的有机物污染后，实际上就自然地存在着一个驯化选择过程，一些特异的微生物在污染物的诱导下产生分解污染物的酶系，进而将污染物降解转化。

通常土著微生物与外来微生物相比，在种群协调性、环境适应性等方面都具有较大的竞争优势，因而常作为首选菌种。当处理含有多种污染物(如直链烃、环烃和芳香烃)的复合污染时，单一微生物的能力通常很有限。土壤微生态试验表明，很少有单一微生物具有降解所有这些污染物的能力。通常，有机物的生物降解通常是分步进行的，在这个过程中包括了多种酶和多种微生物的作用，一种酶或微生物的产物可能成为另一种酶或微生物的底物。因此在污染物的实际处理中，必须考虑要激发当地多样的土著微生物。环境中微生物具有多样性的特点，任何一个种群只占整个微生物区系的一部分，群落中的优势种随温度等环境条件以及污染物特性而发生变化。

(2) 外来微生物

在废水生物处理和有机垃圾堆肥中已成功地用投菌法来提高有机物降解转化的速度和处理效果，因此，在天然受污染的环境中，当合适的土著微生物生长过慢，代谢活性不高，或者由于污染物毒性过高造成微生物数量反而下降时，可人为投加一些适宜该污染物降解的与土著微生物有很好相容性的高效菌。目前用于生物修复的高效降解菌大多系多种微生物混合而成的复合菌群，其中不少已被制成商业化产品。如光合细菌(photosynthetic bacteria, PSB)，这是一大类在厌氧光照下进行不产氧光合作用的原核生物的总称。目前广泛应用的PSB菌剂多为红螺菌科(Rhodospirllaceae)光合细菌的复合菌群，它们在厌氧光照及好氧黑暗条件下都能以小分子有机物为基质进行代谢和生长，因此对有机物有很强的降解转化能力，同时对硫、氮素的转化液起了很大的作用。

(3) 基因工程菌

自然界中的土著菌，通过以污染物作为其唯一碳源和能源或以共代谢等方式，对环境中的污染物具有一定的净化功能，有的甚至达到效率极高的水平，但是对于日益增多的大量人工合成化合物，就显得有些不足。采用基因工程技术，将降解性质粒转移到一些能在污水和受污染土壤中生存的菌体内，定向地构建高效降解难降解污染物的工程菌的研究具有重要的实际意义。

(4) 用于生物修复的其他微生物

这些生物包括藻类和微型动物等。在污染水体的生物修复中，通过藻类的放氧，使严重污染后缺氧的水体恢复至好氧状态，这为微生物降解污染物提供了必要的电子受体，使好氧性异养细菌对污染物的降解能顺利进行。微型动物则通过吞噬过多的藻类和一些病原微生物，间接对水体起净化作用。

7.6 土壤修复工程项目管理

一般工程项目管理的主要工作内容包括进度管理、质量管理和费用管理等。土壤修复工程项目管理包括上述三个方面，但由于土壤修复工程的特殊性，土建、安装等施工内容相对较少，设施一次性运行工作内容相对较多，相当于建设并运行一座短期运营的工厂。因此其具体工作内容有所不同，在项目组织结构、施工组织及过程管理、物流组织、安全保障、二次污染控制及监理等方面，与一般工程项目管理存在较大差异。

7.6.1 项目组织结构

项目实施前应基于土壤修复工程项目实施的特点，建立完善的项目组织结构。明确各级人员职责、权利和义务。在现场设施建设安装完成之后，设计经理及各专业工程师还应在现场设施运营期间对设施运营操作进行专业技术服务。典型土壤修复工程项目组织结构如图7-55所示。

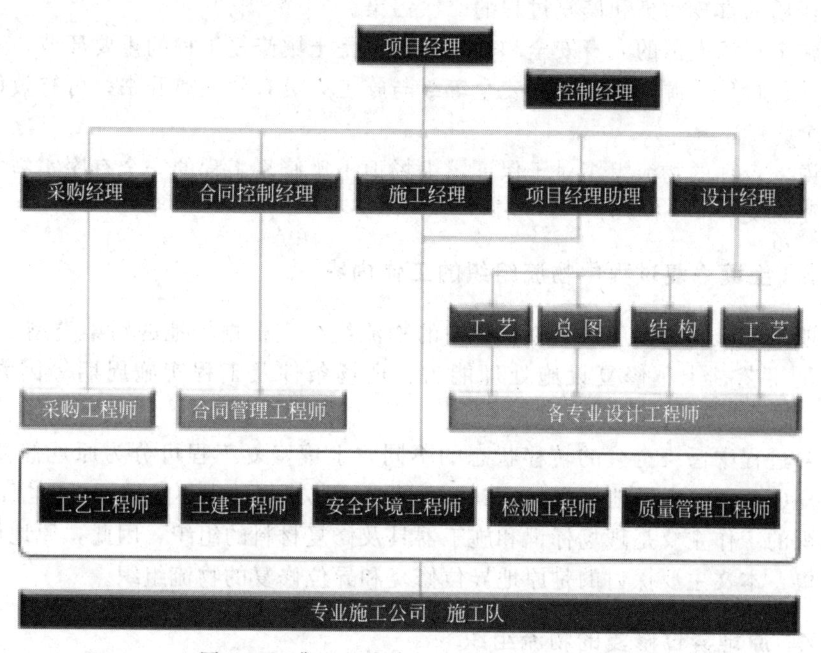

图7-55 典型土壤修复工程项目组织结构

7.6.2 施工组织及过程管理

7.6.2.1 进度计划管理

土壤修复工程现场物流组织中的“物”，即物流组织的对象，主要为不同污染类型、不同污染浓度的渣土和土壤、修复处理后的净化土壤、外来净土、土壤修复耗材(包括修复药剂和辅助材料)以及土壤修复废弃物等。

污染场地土壤修复工程实施过程中的物流严格意义上来说属于工程物流的范畴，相对于传统物流来说，具有短时效性、不稳定性、高风险性、非标准化等特点，且一般为“第三方物流”。

但另一方面，由于物流对象的特殊性，土壤修复过程中的物流又不同于一般意义上的工程物流，除了具有一般工程物流的上述特点外，受工程规模、场地条件、实施周期、工艺水平和设备能力等基本条件的制约，以及自然环境、气候条件、社会稳定性的因素的影响，土壤修复工程实施过程中的物流组织还具有现场物流量大、涉及因素多、物流防护要求高等特点。

7.6.2.2 物流组织在土壤修复过程中的重要性分析

正是由于污染场地土壤修复工程实施过程中物流的上述特点，物流组织方案的设计与优化对于污染场地土壤修复工程的实施极其重要。

首先，由于土壤修复工程既要保证工艺各环节的有效进行，又要保证实施工期，合理的物流组织可对污染土壤的处理在时间和空间上进行有效设计，对于保证土壤修复工程各环节的有序实施尤为重要。

其次，通过合理的物流组织可减少污染土壤在转移过程中与不相关因素的交叉接触，有效防止修复现场的重复污染和修复过程的二次污染。

最后，施工现场人员的人身安全和健康防护也是土壤修复工程的重要环节，通过合理的物流组织设计，将危险源根据不同的安全等级与施工人员有效隔离开来，可有效保护现场人员的健康安全。

总的来说，合理的物流组织对于保证污染场地土壤修复工程的安全有序实施并保障实施效果具有重要意义。

7.6.2.3 土壤修复过程中物流组织的工作内容

污染场地土壤修复工程项目实施过程中的物流组织应根据场地的污染类型、污染状况、所采用的修复工艺、土壤修复设施处理能力、现场条件及工程实施周期等因素进行综合考虑。

根据修复过程中污染土壤的转移状态的不同，土壤修复工程可分为原地修复(in-situ)、原地异位修复(on-situ)和异地修复(ex-situ)。其中原地修复基本不涉及污染土壤的挖掘和转运，物流组织的工作主要是现场标识和施工器具及修复材料的组织，因此，原地修复的物流组织相对简单，本文主要探讨的是原地异位修复和异位修复的物流组织。

7.6.2.4 原地异位修复的物流组织

原地异位修复是在污染场地内合适的区域设置或建设污染土壤修复处理设施，所有的污染土壤均通过挖掘后在现场进行处理，基本流程如图 7-56 所示。

原地异位修复涉及的物流组织工作包括场地内的污染区域、临时堆场与处理设施的标识，污染土壤转运路线设置及标识，污染土壤的场内转运，处理后土壤的转运与回填等。

污染区域、污染土临时堆场、处理设施和净化土(或外来净土)临时堆场是现场物流组织的主要节点，现场物流对象主要在这四个节点之间进行，污染区域的标识应根据污染类型和

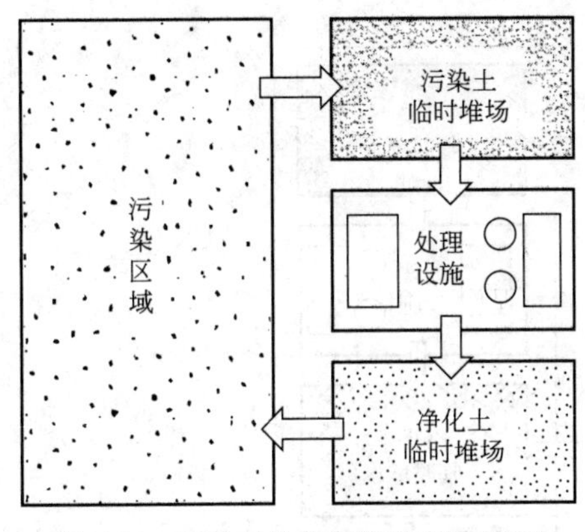

图 7-56　原地异位修复物流基本流程

污染程度等因素分区标识，临时堆场的位置和暂存能力、处理设施的位置应基于污染区域的分布，结合污染土壤处理工艺路线，并充分考虑现场条件合理设置，以利于场内转运路线的设置及转运工作量最小为原则，同时要兼顾现场物流过程通畅与安全。

原地异位修复工程场内物流路线的设计是现场物流组织的关键环节，路线设计应注意以下原则。

① 与上述“四个节点”有效配合，要保证各种类型的物流对象能在“四节点”之间有效通达，尽可能提高转运效率，减少停留和等待的时间，最好形成高效的循环路线。

② 尽可能避免不同物流对象转运路线的交叉，尤其要避免污染土壤转运路线与净化土壤及外来净土转运路线在时间和空间上的交叉，至少不能同时交叉，以避免因不同污染类型土壤之间的交叉污染及污染土壤与净土之间的交叉污染。

③ 对各转运路线应按不同的属性进行有效标识，以利于现场物流调度控制和现场的安全防护。

④ 转运路线的设计还要注意考虑施工人员的安全防护。非转运工作人员的工作区域应尽量避开转运路线。

污染土壤及净土的场内转运是现场物流组织的主要内容。该工作主要包括以下三个方面。

① 根据转运对象的类型和转运量进行合理的车辆配置，包括车辆型号和车辆数量等。如对于转运量较小、转运距离较短的工程，可选用小型运输车辆。

② 严格按照转运路线进行转运，在转运过程中还应对转运车辆进行防护，防止扬尘和洒落。对于具有挥发性的污染土壤，还应采取措施方式有害物质挥发造成大气污染。

③ 对不同类型和不同污染程度的污染土壤和净土应分类分批有序转运，在一个区块土壤挖掘转运完毕并进行检测之后再进行该区块的净土转运回填和下一区块的挖掘转运。

7.6.2.5　异地修复的物流组织

异地修复和原地异位修复的主要区别在于异地修复的污染土壤处理设施位于污染场地以外，物流基本流程如图 7-57 所示。

对于异地修复来说，污染土壤需经外部转运至场外的处理设施，处理后的净化土壤也有可能运回原污染场地，因此，相对于原地修复来说，异地修复的物流组织更复杂，要求更加严格。

异地修复的物流组织包括场内物流组织和场外物流组织。其中场内物流组织主要有污染区域、污染土临时堆场和净化土(或外来净土)临时堆场三个节点。场内物流组织的工作内容与原地修复一样，包括场地内的污染区域、临时堆场与处理设施的标识，污染土壤转运路线设置及标识，污染土壤的场内转运，处理后土壤的转运与回填等，详细工作内容与上述原地修复一样，不再赘述。

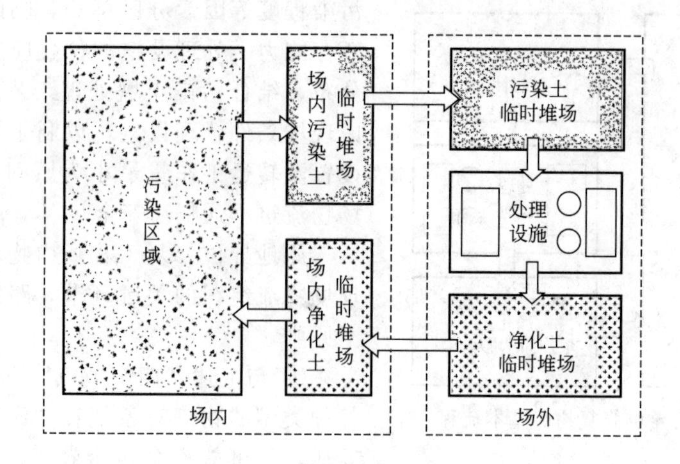

图 7-57 异地修复物流基本流程

异地修复场外物流组织的工作内容主要包括外部转运路线的设计、污染土壤及净化土的外部转运、污染土壤的外部处理及转运过程监控等。

外部转运路线应基于污染土壤外部处理场地选址、污染土壤处理量和土壤修复工艺技术要求，结合场外道路运输条件和当地渣土运输管理规定进行设计。很多污染土壤修复场地为城市扩建后老厂房搬迁造成的遗留场地，这些场地一般位于城区以内，污染土壤的外部转运需经过城区，因此到这些转运路线的设计应尽量减少或避免土壤转运对周边环境的影响，尽量缩短位于城区的转运路线。

污染土壤及净化土的外部转运与场内转运不同，会受到场外条件和当地渣土运输管理规定的限制，主要工作包括以下几个方面。

① 应结合污染土壤和净化土的转运量和当地渣土运输管理规定进行转运车辆的配置。一般采用污染土壤专用运输车，或大型渣土运输车，根据车辆运输能力，工程项目实施周期要求和允许的运输时间确定运输车辆的数量。

② 确定了车辆配置后，施工单位首先应到当地城管部门办理渣土运输相关手续。只有获得当地城管部门批准，转运污染土壤及净化土的车辆才具备在城区指定路线上行驶的条件。

③ 污染土壤及净化土的场外运输过程中应进行严格的防护，车辆满载率一般不超过90%，并进行封闭覆盖，在运输过程中要严格防止扬尘和洒落，对于挥发性污染土壤要进行特殊防护，严防二次污染。

④ 应对污染土壤及净化土壤的转运进行全过程监控，每一辆车的土壤来源、运输过程和运输去向都应有详细的监控和记录。一般可采取联单制度，在运输车辆进出污染场地及异地修复场地进行联单记录。也可通过在运输车辆上安装行车记录仪和GPS定位系统进行全过程的监控和记录。有条件的可采用物联网技术进行系统监控。

7.6.2.6 物流组织的其他工作内容

技术经济性是工程项目可行性的重要环节。虽然环境治理工程的首要目标是恢复环境功能，保障环境安全，但工程技术经济性也不可忽视，尤其是对于大型、工程进度较紧的污染场地土壤修复项目，应通过计算机软件进行物流过程动态模拟推演，明确各时间节点的物流进行状态，并基于模拟结果利用相关物流组织设计技术进行优化，确定最优方案，既有利于工程实施过程的整体控制，又有利于节约工程实施成本。

在工程实施前应建立有效的物流管理组织结构和管理制度，制订物流人员的详细配置计划，对相关人员应进行工作培训，尤其是要进行环境安全与人身安全的培训，确保土壤修复工程实施的质量和效果。

在工程实施过程中，应对物流过程做好详细的记录，包括单据记录、电子文件记录等，以备项目管理分析和后续追查。

7.6.3 安全保障

由于土壤污染物对于施工人员的潜在危害较大，因此土壤修复工程实施过程中，应严格保障施工安全。

在土壤修复工程实施过程中，应以“系统安全”的思想为核心，采用系统、结构化的管理模式，即从工程整体出发，把管理重点放在事故预防的整体效应上，实行全员、全过程、全方位的安全管理，在现场设施建设安装期和修复设施运营期，应结合现场条件及施工状态，进行联防联控，使工程项目达到最佳安全状态。

安全生产采取防、管结合，专职管理和群众管理结合的办法，加强预防、预测，做到安全生产，杜绝重大伤亡事故，保证工程项目的安全生产保持在正常的、可控的状态下运行。

开展全员安全教育，以提高全员安全技术素质，强化安全意识为中心，抓好施工全过程的安全管理基础工作。从项目经理部到施工生产班组，层层签订《安全生产责任书》，将各项事故指标、控制对策、安全措施横向展开层层落实，并根据施工过程中的变化，针对薄弱环节，选择课题开展群众性的质量安全竞赛活动，以达到控制和预防事故的目的。

7.6.4 二次污染控制

土壤修复工程实施过程中潜在的二次污染危害较大，必须采取严格的二次污染控制措施，严格保障二次污染达标控制。

首先应根据环境管理体系，制订内部审核计划，组织内审员参加实施计划，审核要形成审核报告和不合格报告，并跟踪验证不合格纠正、预防措施的实施情况；制订月度检查监督工作计划，列出监督检查重点并实施，确保环境管理体系运行得到控制。

在体系运行过程中，加强与相关方的信息交流，不断发现体系允许过程中存在的问题，并及时对文件进行修订。

指定专人负责施工环境保护管理工作，收集当地行政管理部门对施工环境保护的要求文件；加强对施工人员的教育，提高环境保护意识。

施工过程中应严格按照施工组织方案要求，减少施工过程中的废气、废水及固体废弃物的排放，严格控制二次污染排放。

7.6.5 监理

土壤修复工程监理包括工程监理和环境监理。

工程监理是受项目法人委托，依据国家批准的工程项目建设文件，有关工程建设的法律、法规和工程建设监理合同及其他工程建设合同，对工程建设实施监督管理，控制工程建设的投资、建设工期和工程质量，以实现项目的经济和社会效益。工程监理的对象主要是修复工程本身及与工程质量、进度、投资等相关的事项。工作内容包括“三控制、二管理、一协调”，即质量、进度、投资控制；合同管理和信息收集、分类、处理、反馈的管理；对业主、修复施工单位等各方之间的协调组织。

环境监理是受污染场地责任主体委托，依据有关环境保护法律法规、场地环境调查评估备案文件、场地修复方案备案文件、环境监理合同等，对场地修复过程实施专业化的环境保护咨询和技术服务，协助和知道建设单位全面落实场地修复过程中的各项环保措施，以实现修复过程中对环境最低程度地破坏、最大限度地保护。环境监理的对象主要是工程中的环境保护措施、风险防范措施以及受工程影响的外部环境保护等相关事项。工作内容是监督修复工程是否满足环境保护的要求，协调好工程与环境保护以及业主与各方的关系。

习　题

1. 土壤修复工程方案制定的基本原则是什么？
2. 简述土壤修复工程实施过程中的仪器设备有哪些。
3. 土壤修复过程中的物流组织一般包括哪些内容？

参考文献

[1] 中华人民共和国环境保护部．HJ 682—2019. 建设用地土壤污染风险管控和修复术语．北京：中国环境出版集团，2019.

[2] 中华人民共和国环境保护部．HJ 25.1—2019. 建设用地土壤污染状况调查技术导则．北京：中国环境出版集团，2019.

[3] 中华人民共和国环境保护部．HJ 25.2—2019. 建设用地土壤污染风险管控和修复监测技术导则．北京：中国环境出版集团，2019.

[4] 中华人民共和国环境保护部．HJ 25.3—2014. 建设用地土壤污染风险评估技术导则．北京：中国环境出版集团，2019.

[5] 中华人民共和国环境保护部．HJ 25.4—2019. 建设用地土壤修复技术导则．北京：中国环境出版集团，2019.

[6] 中华人民共和国环境保护部．HJ 25.5—2018. 污染地块风险管控与土壤修复效果评估技术导则．北京：中国环境出版集团．2019.

[7] 中华人民共和国环境保护部．工业企业场地环境调查评估与修复工作指南（试行），2014.

[8] 中华人民共和国环境保护部．地下水环境状况调查评价工作指南，2019.

[9] 赵景联．环境修复原理与技术 [M]．北京：化学工业出版社，2006.

[10] 胡文翔，应红梅，周军．污染场地调查评估与修复治理实践 [M]．北京：中国环境科学出版社，2012.

[11] 姜林，龚宇阳．场地与生产设施环境风险评价及修复验收手册 [M]．北京：中国环境科学出版社，2011.

[12] 龚宇阳．污染场地管理与修复 [M]．北京：中国环境科学出版社，2012.

[13] 朱文渊，宋自新，李社锋，刘更生，陶玲，徐秀英，覃慧．污染场地土壤修复过程中的物流组织探讨 [J]．环境工程，2015，33 (2)：164-167.

[14] 叶茂，杨兴伦，魏海江，等．持久性有机污染场地土壤淋洗法修复研究进展 [J]．土壤学报，2012，49 (4)：803-814.

[15] Dermont G, Bergeron M, Mercier G, et al. Soil washing for metal removal: A review of physical/chemical technologies and field applications [J]. Journal of Hazardous Materials, 2008, 152 (1): 1-31.

[16] Paria S, Yuet P K. Solidification/stabilization of organic and inorganic contaminants using portland cement: A literature review [J]. Environmental Reviews, 2006, 14: 217-255.

[17] 罗云．基于 Topsis 的污染场地土壤修复技术筛选方法及应用研究 [J]．上海师范大学．2013.

[18] 谷庆宝，郭观林，周友亚等．污染场地修复技术的分类、应用与筛选方法探讨 [J]．环境科学研究．2008，21 (2)：197-202.

[19] 罗程钟，易爱华，张增强等．POPs 污染场地修复技术筛选研究 [J]．环境工程学报，2008，2 (4)：569-573.

[20] 污染场地修复技术筛选指南（CAEPI 1—2015）

[21] 张瑜．POPs污染场地土壤健康风险评价与修复技术筛选研究［D］．南京农业大学，2008.
[22] USEPA. Superfund Remedy Report（13th）．Office of Solid Waste and Emergency Response. 2010. 9.
[23] 谷庆宝，郭观林，周友亚等．污染场地修复技术的分类、应用与筛选方法探讨［J］．环境科学研究．2008，21（2）：197-202.
[24] 李广贺，李发生等．污染场地环境风险评价与修复技术体系［M］．北京：中国环境科学出版社，2010.
[25] 宋菁．典型铬渣污染场地调查与修复技术筛选［D］．青岛理工大学．2010.
[26] 张红振，骆永明，章海波等．基于REC模型的污染场地修复决策支持系统的研究［J］．环境污染与防治，2011，33（4）：66-70.
[27] Khan F I，Husain T，Hejazi R. An overview and a-nalysis of site remediation technologies［J］. Journal of Envi-ronment Management，2004，71（2）：95-122.
[28] 袁挺侠．电感耦合等离子体原子发射光谱法测定水中钡、铍、硼、钒、钴、钛、钼7种微量元素［J］．中国环境监测，2011，27（1）：32-34.

第8章 污染场地土壤修复工程项目典型案例

8.1 广州某香料厂地块修复项目

8.1.1 项目基本情况

8.1.1.1 项目来源及概况

(1)项目来源

广州某香料厂地块拟从现行控规的工业用地为主，调整为二类居住用地为主，场地环境质量调查与风险评估的结果说明该地块存在一定的环境风险。根据国家有关规定，对原工业用地转化为其他用地类型的土地，经环境调查和风险评估属于被污染地块的，应编制治理修复方案，并开展修复工作。

(2)工程概况

本修复工程主要包括土壤和地下水修复两个部分。第一部分为对含苯并[*a*]蒽、邻苯二甲酸双(2-乙基己基)酯和总石油烃的 11847m^3 污染土壤采用异位化学氧化＋水泥窑综合利用。第二部分为对含总石油烃的 49154m^3 地下水采用原位化学氧化修复。该工程总工期为 140 天。

8.1.1.2 项目管理及评价情况

(1)项目管理过程

该项目完全按照评审后的实施方案施工，整个施工过程的关键性节点如下。

① 污染土壤修复

污染土壤修复重要节点列表见表 8-1。

表 8-1 污染土壤修复重要节点列表

序号	重要节点	序号	重要节点
1	方案评审和场地移交阶段	2.5	污染区域清挖完成
1.1	实施方案评审与备案	2.6	污染土壤外运完成
2	修复施工阶段	2.7	污染土壤水泥窑协同处置完成
2.1	施工准备、临时设施施工	3	修复效果评估阶段
2.2	正式开工	3.1	修复效果评估监测完成
2.3	土方开挖专项施工方案审批	3.2	修复效果评估完成
2.4	土壤转运计划审批		

② 污染地下水修复

污染地下水修复重要节点列表见表 8-2。

表 8-2 污染地下水修复重要节点列表

序号	重要节点	序号	重要节点
1	方案评审和场地移交阶段	2.4	止水帷幕施工
1.1	实施方案评审与备案	2.5	原位注入施工
2	修复施工阶段	2.6	污染地下水修复完成
2.1	施工准备、临时设施施工	3	修复效果评估阶段
2.2	正式开工	3.1	修复效果评估监测完成
2.3	止水帷幕施工方案审批	3.2	修复效果评估完成

(2) 项目管理评价

项目施工完毕后，整个项目完全达到管理目标。

① 质量目标

达到环保主管部门验收要求，确保项目验收合格。

② HSE 目标

轻伤＜3 起，重伤及死亡：0，噪声及扬尘投诉：无。

③ 工期目标

在 140 天合同工期内完成该项目。

8.1.2 场地状况

8.1.2.1 场地环境调查介绍

(1) 场地利用历史及规划

① 场地利用历史

场地占地面积 45139m^2，自 1956 年建厂至停产已有 59 年历史，原生产企业从事生产香料、食用香精、烟用香精、日化香精、饮料香精、调味品等一系列可能带来严重污染的生产工艺。

② 场地规划

该场地规划为二类居住用地。

(2) 场地土壤环境质量调查结果

① 土壤污染

土壤中浓度超筛选值的特征污染物为苯并[*a*]蒽、苯并[*a*]芘、邻苯二甲酸双(2-乙基己基)酯、萘、1,2,4-三甲苯、甲苯、二硫化碳、苯、乙苯、总石油烃、锌等。在污染识别的基础上，污染区域集中在酯化车间、生产用产车、溶剂输送管道、羟基车间、香精大楼、皂用车间等。具体数据见表 8-3。

表 8-3 土壤调查结果汇总

项目	最大值/(mg/kg)	平均值/(mg/kg)
苯并[*a*]蒽	1.15	1.15
苯并[*a*]芘	0.28	0.23
邻苯二甲酸双(2-乙基己基)酯	384.00	34.66
萘	0.49	0.45

续表

项目	最大值/(mg/kg)	平均值/(mg/kg)
1,2,4-三甲苯	0.37	0.11
甲苯	121.00	5.43
二硫化碳	11.50	4.81
苯	0.07	0.04
乙苯	0.46	0.10
总石油烃(C_{10}～C_{14})	11200.00	4690.00
总石油烃(C_{15}～C_{28})	6880.00	3370.00
总石油烃(C_{29}～C_{36})	1540.00	693.33
锌	596.00	159.10

② 地下水污染

地下水中浓度超筛选值的特征污染物包括邻苯二甲酸双(2-乙基己基)酯、二氯二氟甲烷、苯、甲苯、对异丙基甲苯、总石油烃、砷、汞等。在污染识别的基础上，污染区域集中在场地内的冷冻机房、皂用车间、新羟基车间、污水处理站、酊类车间、麝香草酚车间、紫罗兰酮车间、新日化车间等区域。具体数据见表8-4。

表8-4　地下水调查结果汇总

项目	最大值/(mg/kg)	平均值/(mg/kg)
邻苯二甲酸双(2-乙基己基)酯	24.00	16.33
二氯二氟甲烷	202.00	202.00
苯	18.10	5.03
甲苯	28200.00	2993.49
对异丙基甲苯	3720.00	692.18
总石油烃(C_6～C_9)	28500.00	6085.78
总石油烃(C_{10}～C_{14})	97000.00	11328.00
总石油烃(C_{15}～C_{28})	69600.00	7840.00
总石油烃(C_{29}～C_{36})	9150.00	2740.00
砷	120.00	34.50
汞	6.70	4.04

8.1.2.2　场地风险评估介绍

(1)场地风险评估结果

该场地风险评估为基本敏感用地情景，敏感受体为住宅区内的成人和儿童，采用中国科学院南京土壤研究所污染场地修复中心自主研发的（HERA）软件。根据评估计算土壤及地下水污染物风险控制值与风险和危害商，对污染物进行风险表征。

结合我国土壤质量标准值、广东省土壤中重金属的背景值，确定污染物修复目标值，筛选超过修复目标的污染物，分析污染分布与超标范围，估算土壤修复方量和地下水修复体积。

经评估，土壤中含苯并[*a*]蒽、邻苯二甲酸双(2-乙基己基)酯和总石油烃等有机污染物的人体健康和环境风险不可接受，最终确定土壤修复建议目标值如下。

苯并[*a*]蒽：0.64mg/kg。

邻苯二甲酸双(2-乙基己基)酯：35.31mg/kg。

总石油烃：1000mg/kg。

地下水中特征污染物为总石油烃，虽然其浓度未超过可接受的风险水平，但场地地下水中含量较高，需开展修复工作，修复目标建议值为0.6mg/L。

(2) 土壤修复范围

场地土壤污染区域主要集中在酯化车间、新羟基车间和皂化车间三个生产车间区域，污染物分别为苯并[a]蒽、邻苯二甲酸双(2-乙基己基)酯和总石油烃，总污染面积为3948.98m^2，总污染土方量为11846.94m^3，土壤污染区域见图8-1。

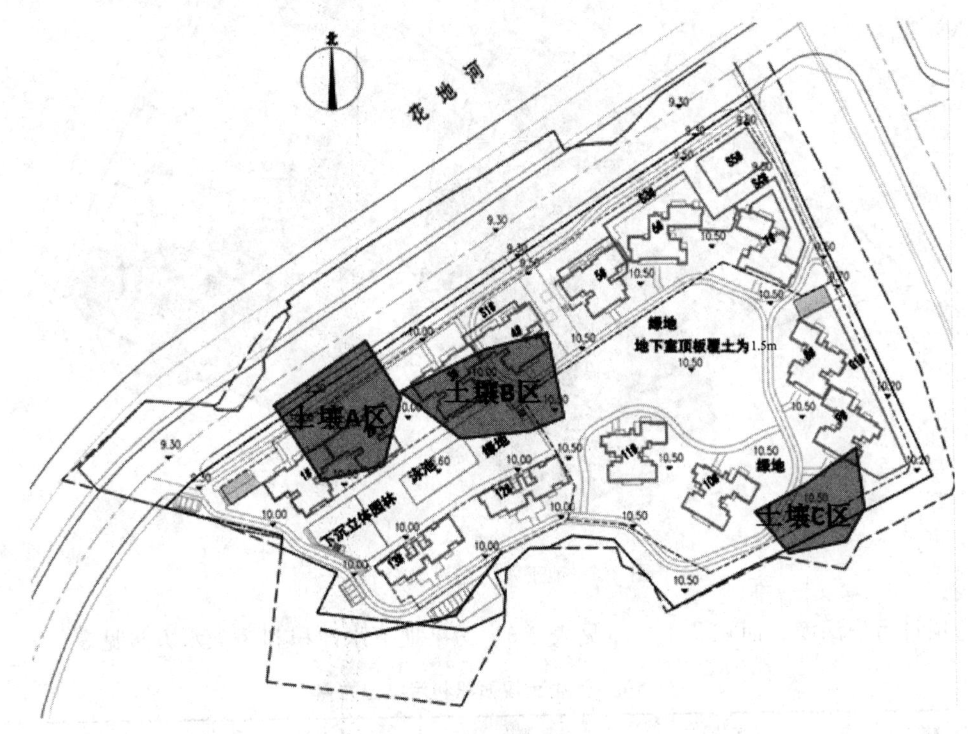

图8-1　土壤污染区域分布图

(3) 地下水修复范围

场地地下水污染区域主要集中在酯化车间、新羟基车间、檀香车间、紫罗兰酮车间、新日化车间、皂化车间、紫罗兰酮车间南部磷酸罐区域、香精大楼东北部隔油池区域，污染物为总石油烃，总污染面积为20218.05m^2。地下水污染区域见图8-2。

8.1.2.3　场地治理修复基本情况

(1) 修复治理目标及修复工程量

① 修复目标

该项目污染物修复目标值见表8-5。

表8-5　修复治理目标

污染介质	污染物种类	修复目标
污染土壤	苯并[a]蒽	0.64mg/kg
	邻苯二甲酸双(2-乙基己基)酯	35.31mg/kg
	总石油烃	1000mg/kg
污染地下水	总石油烃	0.6mg/L

② 修复土方量

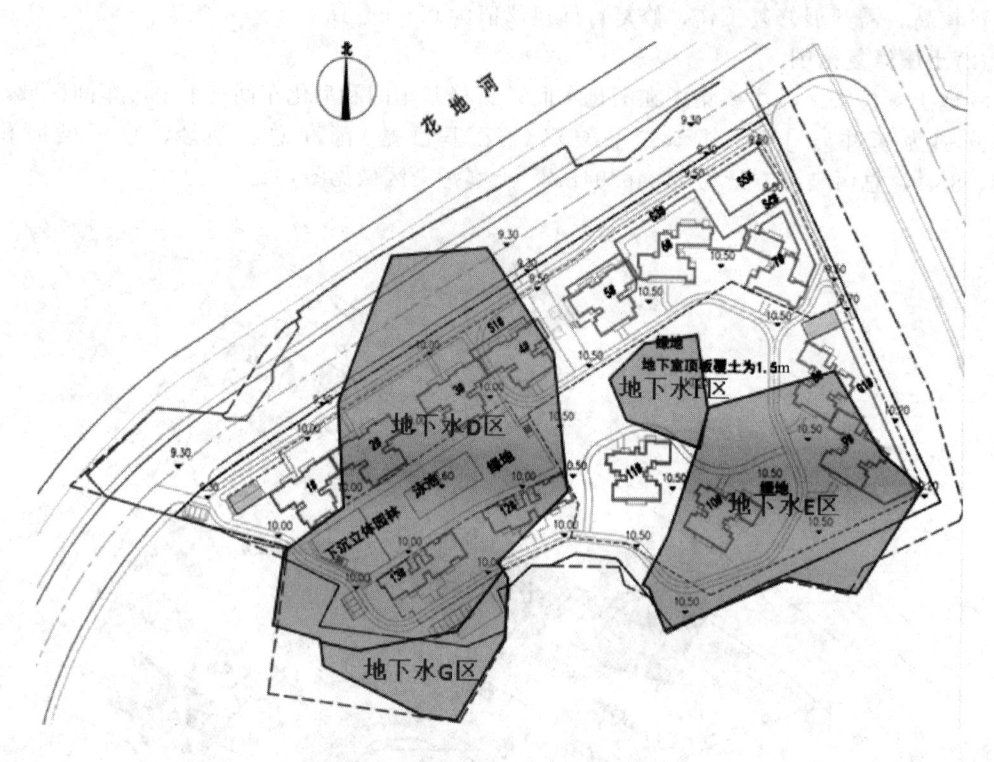

图 8-2　地下水污染区域分布图

该项目污染深度、面积及土方量见表 8-6，污染地下水面积和污染水方量见表 8-7。

表 8-6　污染土壤面积和污染土方量

区域编号	区域描述	修复深度/m	修复面积/m^2	修复土方量/m^3
A	酯化车间	0～3	1558.11	4674.33
B	新羟基车间	0～3	1526.22	4578.66
C	皂化车间	0～3	864.65	2593.95
总计			3948.98	11846.94

表 8-7　污染地下水面积和污染水方量

区域编号	区域描述	平均修复深度/m	修复面积/m^2	修复水方量/m^3
D	酯化车间、新羟基车间、檀香车间、紫罗兰酮车间	0.69～5.00	11153.36	29784.78
E	新日化车间、皂化车间	0.53～4.30	6088.76	14222.69
G	紫罗兰酮车间磷酸罐区域	0.54～2.80	1870.25	2618.90
H	香精大楼东北边隔油池区域	0.71～4.40	1105.68	2527.94
总计			20218.05	49154.31

(2)修复治理技术介绍

综合考虑该工程所在区域自然环境条件、污染特征、污染程度、修复目标与范围，从修复效果、污染土壤工程量、实施周期、工程适应性等方面进行分析和比选，确定所采用的修复治理技术如下：

① 对于污染土壤，采用化学氧化预处理使有机污染物浓度低于修复目标值，再采用水泥窑综合利用的方式进行最终处置；

② 对于污染地下水，采用原位化学氧化技术进行修复，氧化分解地下水中的有机污染物，达到修复目的。

8.1.3 治理修复

8.1.3.1 修复模式及技术

(1) 修复模式

场地污染修复的目的是恢复土壤生产力和与环境友好、保证场地的再利用、确保环境与健康安全，永久性处理修复优于处置，即显著减少污染物数量、毒性和迁移性。修复模式为根据场地条件、修复目标和修复要求来选择，通常包括污染控制和污染去除。

该地块未来拟作为二类居住用地，根据风险评估结论，及场地相关利益方对修复工作进度的要求，确认场地污染土壤采用异位污染去除模式，使地块内土壤污染物苯并[*a*]蒽、邻苯二甲酸双(2-乙基己基)酯和总石油烃浓度降至修复目标值以下后再进行最终处置。场地污染地下水采用原位污染物去除模式，使区域内地下水中总石油烃浓度降至修复目标值以下。

(2) 修复技术筛选

采用污染去除模式，应根据污染介质、目标污染物、明确具体的处理目标值和污染范围，选择适宜的修复技术。常用的修复技术有原位生物技术、原位物理技术、原位化学技术、异位生物技术、异位物理技术、异位化学技术等。

从技术可行、经济合理、风险可控等角度，同时考虑技术原理、成熟性、时间条件、资金水平、应用的适应性及不适应性，对比各种适用的土壤修复技术和工程方案，最终确定主要修复技术如下。

① 针对有机污染土壤，采用异位化学技术预处理使有机污染物浓度低于修复目标值，再采用异位水泥窑综合利用的方式进行最终处置。

② 针对有机污染地下水，采用原位氧化技术进行修复，利用氧化剂的强氧化性分解污染物至修复目标值以下，达到修复目的。

(3) 修复方案设计

该项目地块土壤中污染物以苯并[*a*]蒽、邻苯二甲酸双(2-乙基己基)酯和总石油烃为主，污染地下水中污染物以总石油烃为主。对于污染土壤，采用化学氧化预处理技术和水泥窑高温焚烧处置技术进行修复；对于污染地下水，采用原位化学氧化技术进行修复。

①污染土壤修复

a. 清挖运输　挖掘污染土壤，设置污水处理系统来处理开挖区域涌水。土壤在运输过程中对土壤进行密封毡盖，对运输车辆表面严格进行冲洗。清挖运输前，采取支护及止水措施。

b. 化学氧化预处理　场地内污染土壤挖掘运输至密闭修复车间，在预处理车间内通过机械搅拌方式将污染土壤与氧化药剂混合，利用氧化剂的强氧化性与污染土壤中的有机污染物发生化学反应，达到修复目的。

c. 水泥窑综合利用　预处理达标的土壤采用吨袋包装的形式进行严格密封；运输至水泥厂内并储存在完全密闭的暂存车间进行破碎预处理，使土壤颗粒粒径达到进入水泥窑的标准后，再以一定比例掺杂在水泥生产原料中进入窑内进行高温煅烧，利用窑内的高温将土壤中的有机污染物彻底分解去除。

d. 开挖区域验收　污染土壤清挖完毕需对开挖区域进行验收检测，以确保所有污染土壤得到处置。

污染土壤修复工艺流程见图 8-3。

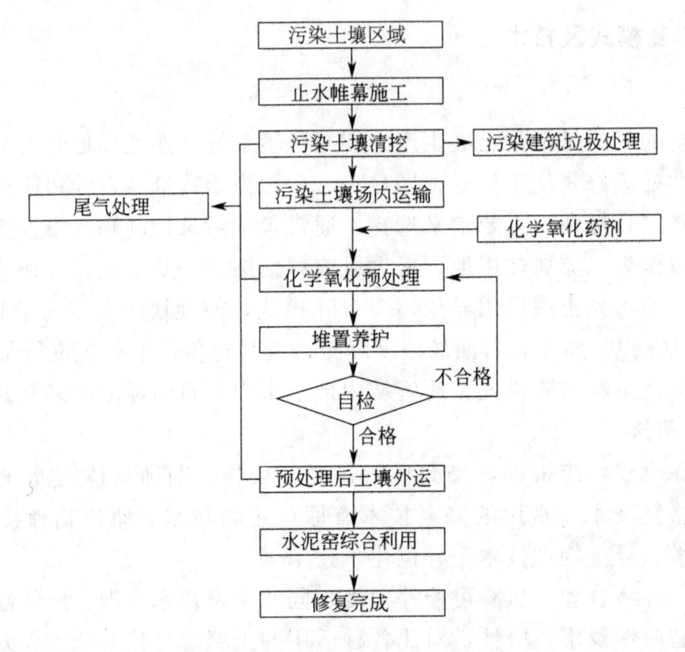

图 8-3　污染土壤修复工艺流程

② 污染地下水修复

a. 止水帷幕施工　污染地下水修复前，为切断地下水污染区域与周边地下水和地表水区域之间的水力联系，杜绝修复实施过程中地下水污染区域对周边地下水和地表水区域污染的风险，需在污染区域边界区域设置止水帷幕。

b. 药剂注入　化学氧化药剂通过注射钻头注入污染源区或上游羽流土壤和地下水中，利用氧化剂本身或所产生的自由基氧化地下中的污染物，并随地下水流动方向将污染区下游羽流进行处理，使污染物转变为二氧化碳、水等无害的或毒性更小的物质，从而达到修复污染场地的目的。注入过程一般包括注入点定位、注入点清表、药剂配制、药剂注入等工序。

c. 修复区域验收　药剂注入完成后需要一段反应时间，使药剂与污染物充分反应，将污染物氧化降解去除。反应完毕需对修复区域进行验收检测，以确保所有污染地下水得到处置（图 8-4）。

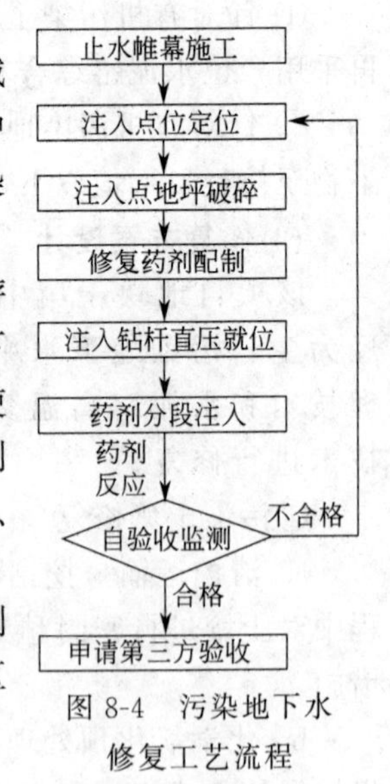

图 8-4　污染地下水修复工艺流程

该项目污染土壤及污染地下水修复技术参数见表 8-8。

表 8-8 修复技术参数

修复工艺参数		数值
污染土壤	污染土壤化学氧化预处理加药比例	4%
	污染土壤筛分次数	2～3
	水泥窑焚烧投加比例	4%
污染地下水	单点位原位注入影响半径	3m
	注入井间距	5.2m
	化学氧化药剂投加量(基于地下水质量)	4%～6%
	活化剂投加量(基于地下水质量)	0.52%～0.78%
	药剂注入压力	0.05～0.2MPa
	注射流量	1～10m^3/h

8.1.3.2 修复实施过程

(1)止水帷幕施工

土壤和地下水污染区域边界设置止水帷幕，土壤污染边界采用单排水泥搅拌桩止水帷幕，地下水污染区域采用双排水泥搅拌桩止水帷幕。

(2)污染土壤修复

① 清挖

修复区域的污染土壤严格按照验证后的拐点坐标进行测量定位、标识和清挖。

② 场内运输

污染土壤场内短驳，包括从清挖基坑至预处理车间，从预处理车间至堆置暂存场，建筑垃圾场地内转运及回填等。

③ 化学氧化预处理

污染土壤在新建的密闭车间进行筛分破碎和化学氧化预处理，以满足土壤入窑条件。现场施工组织挖掘机依次向土壤中添加一定比例的预处理药剂、化学氧化药剂和活化药剂，采用筛分破碎斗连续对污染土壤和药剂混合搅拌。经预处理后的土壤在原车间内的堆置养护区进行堆置养护，合格后外运。

④ 场外运输

预处理合格后的土壤由城管部门和交通运输管理部门许可的运输车辆运输到水泥厂。

a. 装车　对运输车辆进行密封改装防止泄漏。装车后严格进行毡盖，防止污染土壤在运输过程中洒落。场内设置洗车槽，车辆出场时需对车辆表面进行冲洗，确保污染土壤不会因为附着于车辆表面而被带出场外。

b. 运输　在污染土壤运输过程中，对所有车辆的遮盖和冲洗情况进行检查，确保所有车辆离场前都按照要求进行了遮盖和冲洗。在车辆遮盖和冲洗满足要求后，签发“污染土壤运输联单”交由运输司机，运输车辆离场。

c. 卸料　污染土壤运至水泥厂，经称重计量后运至暂存车间暂存。

⑤ 预处理后土壤综合利用

在综合利用过程中，根据水泥厂提供的生产计划，由水泥厂提出每天综合利用土壤的吨数，并将当天的综合利用任务下达至生产班组，根据水泥厂的要求，最终确定的土壤掺烧比为4%。

土壤运送至水泥窑生料配料系统投加口后的水泥窑生产工况如下。

a. 配料与粉磨　土壤投加后与辅助原料如砂岩、铁矿石、高钙石灰石等一起进入生料磨，通过生料立磨机研磨生料。

b. 生料均化与入窑　土壤与原辅料经粉磨后，进入生料均化库进行均化处理，使土壤与辅助原料均匀混合。生料在均化库经过连续充气搅拌得到气力均化后，卸出物料经冲板流量计计量，经空气输送斜槽和斗式提升机喂入窑尾预热器，随之进入回转窑。

c. 熟料烧成　在正常工况下，设置土壤的温度和时间参数为：窑内主燃烧器温度为物料温度＞1450℃、火焰温度＞2000℃；气体在窑内停留时间为6s（窑内温度＞1200℃）；气体在温度为1050～1100℃的烟室内停留1s；分解炉内温度为：物料温度＞850℃，火焰温度＞1000℃；气体在900～1000℃分解炉外停留时间为至少3s。最终土壤与其他原料一起煅烧生产成为的水泥熟料。

(3) 污染地下水修复

① 测量定位

依据测量基准点及污染地下水拐点坐标，采用载波相位差分技术（RTK）对地下水修复区域边界点进行测量放线和标识。

根据地下水污染范围及设计注射点位，利用RTK和皮尺对污染地下水修复区域原位注入点进行测量放线和标识。

② 修复药剂配制

药剂注射前，根据待注射的点位数量统计每批次需要注射的药剂体积，从而计算药剂消耗量，按照药剂使用需求配制相应体积的修复药剂（见图8-5）。

图8-5　地下水修复氧化药剂配制

③ 注入钻杆就位

该工程采用直压注药方式，每个点位包括5根1.5m长的钻杆，形成一组钻杆。钻杆间采用螺纹方式连接，均采用耐腐蚀钢材制作。钻杆包括光管和注射孔钻杆，根据污染深度和地层情况进行灵活组合，注入钻杆采用Geoprobe钻机液压推送至原位注入点位的指定深度就位（见图8-6）。

图 8-6　地下水修复注入钻杆直压就位

④ 药剂注入

药剂注射系统配备自动化装置，可根据注射流量及药剂罐内水位自动调节进药量及注射流量。在原位注入点位注入钻杆直压就位后，将药剂注入管路与注入钻杆入口接头连接。氧化剂和活化剂从药剂配制间输送至注入控制系统药剂混合罐混合，再由注入泵输送至各点位注入。

8.1.3.3　修复效果自评估

(1) 污染土壤修复效果评估

① 清挖效果

污染土壤区域共划分为 3 个区。

a. 清挖坑槽侧壁布点　A 区清挖坑槽侧壁划分为 0～0.2m 和 0.2～3m 的 2 层，坑槽底部周长为 152m，设计每 25.3m 一段，共 6 个采样段；B 区清挖坑槽侧壁划分为 0～0.2m 和 0.2～3m 的 2 层，坑槽周长为 162m，设计每 27m 一段，共 6 个采样段；C 区清挖坑槽侧壁划分为 0～0.2m 和 0.2～3m 的 2 层，坑槽周长为 128m，设计每 21.3m 一段，共 6 个采样段。在每个采样段内随机选择一个采样点采集土样。

b. 清挖坑槽底部布点　A 区坑底面积为 1560m^2，共划分为 7 个采样网格，设计网格大小为 15m×15m，随机布置第一个采样点 A_{0-1}，构建通过此点的网格，然后在每个网格交叉点采样；B 区坑底面积为 1527m^2，共划分为 7 个采样网格，设计网格大小为 15m×15m，随机布置第一个采样点 B_{0-1}，构建通过此点的网格，然后在每个网格交叉点采样；C 区坑底面积为 871m^2，共划分为 5 个采样网格，设计网格大小为 13m×13m，随机布置第一个采样点 C_{0-1}，构建通过此点的网格，然后在每个网格交叉点采样。

c. 监测结果及评价　污染土壤 3 个区域共采集 63 个样品，所有点位 3 项指标监测结果均小于修复目标值，合格率 100%，清挖效果达到验收标准。

② 预处理效果

污染土壤预处理分两个批次评估，按照每 500m^3 预处理后土壤设置 1 个采样的原则进行了布点采样。2 个批次共采集 20 个土壤样品，所有点位 3 项指标监测结果均小于修复目标值，合格率为 100%，预处理效果达到验收标准。

③ 综合利用效果评估

污染土壤经水泥窑高温焚烧后，转化成水泥成品。水泥成品的检测结果见表 8-9，从表中显示各类指标含量均符合水泥生产行业的相关标准要求，水泥成品合格。

表 8-9　水泥成品检测结果

检测指标	单位	标准限值	检测数据	检测结果
方孔筛筛余(80μm)	%	≤10	3.4	合格
方孔筛筛余(45μm)	%	≤30	13.2	合格
凝结时间(初凝)	min	≥45	205	合格
凝结时间(终凝)	min	≤600	254	合格
抗折强度(3 天)	MPa	≥3.5	5.0	合格
抗压强度(3 天)	MPa	≥15.0	23.9	合格
三氧化硫	%	≤3.5	2.59	合格
氧化镁	%	≤6.0	3.62	合格
氯离子	%	≤0.06	0.012	合格

(2) 污染地下水修复效果评估

地下水修复效果自评估分为两个阶段：第一，在地下水修复实施过程中，定期对设置在地下水修复区的地下水监测井进行采样检测作为修复过程的检测，及时确定修复终点；第二，对已经完成地下水修复的区域，采集 1 次样品作为修复效果评估，评估地下水修复是否达到修复目标。

① 修复过程监测

a. 监测井布点　修复区内的效果自评估监测井共 5 个，均位于地下水污染区域内。

b. 监测井建井　监测井深度与地下水污染区域深度相同，且不穿透含水层下的隔水底板。监测井井管采用坚固、耐腐蚀、对地下水无污染的材料制成，5 年内材料不出现明显老化，保持正常取水功能。监测井下部筛管段采用石英砂填实，上部采用膨润土进行密封。监测井设置编号，井口安装保护帽，井口地面应采取防渗措施。井口构筑水泥砂浆防渗井台，井台上安装监测井保护帽（见图 8-7）。

图 8-7　地下水监测井

c. 监测井洗井　每次采样前进行洗井，采用贝勒管将井管中的滞水抽出，使含水层中新鲜水充入井管。洗井工作的结束，以连续三次检测 pH 值在±0.1 以内，电导率在±3%以内、温度在±3%以内、氧化还原电位在±10mV 以内，地下水水位稳定为准。

d. 采样监测与结果评估　修复期间共采集 15 个地下水样品，具体为原位注入修复前取样监测 1 次，在监测井所在区域药剂注射完成后监测 2 次，共计 3 次。结果表明，在经过原位注入的养护周期后，地下水污染修复区域的地下水中总石油烃指标均达到修复目标值。

② 修复效果自评估

a. 监测井布点　修复区内的效果自评估监测井共 14 个，包括过程监测的 5 口监测井及洗建 8 口监测井。

b. 监测井建井　同过程监测的监测井。

c. 监测井洗井　同过程监测的监测井。

d. 采样监测与结果评估　污染地下水修复效果自评估监测共采集 14 个地下水样品，结果表明修复后的污染地下水中总石油烃污染物浓度满足地下水修复目标值的要求。

8.1.3.4　修复过程环境管理

环境管理重点主要包括：土壤二次污染防控、大气污染防控、水污染防控、噪声防治及固体废弃物管理。

(1) 土壤二次污染防控

工程施工期间，采取规范堆放、地面硬化防渗、严控清挖范围、土壤覆盖等措施在施工各环节防止土壤二次污染。

(2) 大气污染防控

大气污染主要包括扬尘和气味，工程施工期间采取地面硬化、土壤覆盖、裸土绿化、修复车间密闭等措施减少扬尘的产生，采用喷雾、洒水、喷洒抑制剂等措施控制扬尘和气味。如图 8-8～图 8-10 所示。

图 8-8　土壤覆盖

图 8-9　密闭修复车间

图 8-10　多功能喷雾洒水抑尘车

(3) **水污染防控**

设置开挖车间、进行裸土覆盖，防止雨水与污染土壤接触导致地表水污染。雨水与污染土壤接触后即为污水，工程施工期间配套污水处理设施，处理与污染土壤接触的雨水以及基坑渗水。场地内设置排水沟，及时导排雨水和污水。如图 8-11 和图 8-12 所示。

图 8-11　土壤开挖作业面密闭车间

图 8-12　配套污水处理系统

(4) **噪声防治**

工程施工期间，按照建筑工地管理的有关规定，采取低噪声设备，局部吸声、隔声降噪技术，合理安排施工时间等措施来降低周围环境受到的噪声影响的程度。

(5) **固体废弃物管理**

修复工程施工产生的固体废弃物包括污泥、粉尘、废活性炭、包装材料等。污泥与粉尘通常为污染土壤修复过程中细粒土沉淀或除尘产生，通常随污染土壤一并处置。包装材料采用回收利用方式，减少固废产生，资源再利用。废活性炭为开挖车间和修复车间尾气处理系统运行产生，按危险废物处理。

8.1.4　修复环境监理

环境监理是指环境监理机构受项目建设单位委托，依据环境影响评价文件、环境保护行政主管部门批复及环境监理合同，对项目施工建设实行的环境保护监督管理。环境标准分为三类：国家环境标准、地方环境标准和国家生态环境部标准（环境保护行业标准）。场地修复环境监理工作包括空气质量监测及控制措施落实情况监理、水环境监测及废水控制措施监理、声环境监测及噪声控制措施监理、固废控制措施监理等。

场地修复环境监理主要包括以下工作方法。

① 核查：核查设计文件、核查施工方案、核查实际建设的内容。

② 监督：监督现场工作、监督环境监理会议、监督施工记录、监督信息反馈。

③ 报告：定期报告和专题报告。

④ 咨询：设计阶段环保咨询、施工阶段环保咨询、试运行阶段环保咨询。

⑤ 宣传培训。

⑥ 验收。

8.1.5　修复效果评估

(1) **基坑清挖效果评估**

修复效果评估阶段对污染土壤开挖的三个区域共采集基坑侧壁及底部样品 148 个，所有样品苯并[a]蒽、邻苯二甲酸双(2-乙基己基)酯和总石油烃含量均达到修复目标值。

(2) 污染土壤异位化学氧化经预处理效果评估

在对污染土壤预处理修复后采样监测的24个点位中，苯并[a]蒽、邻苯二甲酸双(2-乙基己基)酯和总石油烃含量达到相应修复目标值要求。

(3) 污染地下水原位修复效果评估

地下水监测连续两个月分十三次采集21口监测井样品，监测5项因子，地下水目标污染物总石油烃含量达到修复目标值要求。

8.1.6 案例特色

8.1.6.1 修复案例的示范性

广州某香料厂地块修复项目是我国广州地区首个地下水修复项目，项目于2017年6月开始施工，于2018年4月完成修复效果评估。该期间为我国法律法规、标准规范均得到完善的时期，项目场地调查、风险评估、技术方案制定、项目实施、效果评估等各项工作均严格依据相关规定执行。

项目场地未来规划为住宅用地，污染土壤和地下水需执行最为严格的修复标准，以保障未来地块使用过程中的人体健康和环境安全。项目执行过程中采取多项目措施保护环境，以避免二次污染，执行严格的环境监测，随时监控环境影响。在项目所在区域甚至全国范围内，均具有示范意义。

8.1.6.2 修复技术的先进性

该项目污染土壤采用化学氧化预处理，处理达标后再采用水泥窑综合利用，两项技术均为目前国内外常用的修复技术。化学氧化技术具有修复效率高、效果好等优点，大量应用于有机污染场地的修复。水泥窑综合利用技术作为污染土壤处置的终端技术，能够彻底消除污染土壤。两项技术相结合，首先达到土壤修复目的，其次达到减少修复过程环境风险的目的，最终达到资源综合利用的目的，具有先进性。

地下水原位修复技术在我国使用频率较低，该项目为国外先进技术在我国的引进使用，直压注入的方式更是在国内首次使用。原位修复技术对地层条件、水文条件等的要求均很高，工程的施工单位在详细分析地质条件的基础上，有针对性地设计注入深度、注入药剂量等参数，以在最短时间内达到最佳修复效果。地下水修复执行过程监测及验收监测，效果评估阶段监测为期数月，确保修复合格。技术的使用具有示范性和先进性。

8.1.6.3 修复过程管理的规范性

随着生活水平的提高，环境安全成为人们关心的首要问题。广州某香料厂地块修复项目执行高标准修复，确保未来用地安全。在施工过程中，采用各项措施保护环境，避免二次污染。

① 污染土壤修复全流程封闭　土壤开挖在密闭车间内进行，防止扬尘和气味逸散，在车间内装车后进行覆盖，再运输至密闭的车间内进行预处理。清挖基坑验收合格，再拆除开挖车间，预处理后土壤验收检测合格，再运输至水泥厂暂存库。保证在土壤预处理达到修复目标前，不暴露于空气中，避免污染大气环境。

② 严控污染扩散　修复施工前，在污染区域边界建设止水帷幕，将污染限制于固定的

范围内，防止土壤开挖、地下水修复施工过程中的污染扩散。污染土壤开挖过程严格控制清挖边界，确保所有污染土壤清挖且一次性清挖到位，防止土壤残留造成二次污染。

③ 详细的污染识别与防控　污染防控工作经策划、执行、监测，确保不产生二次污染。施工方案制定阶段周密策划，按环境因素和施工过程进行详细的污染识别，从而有针对性地制定防控措施。执行阶段严格按照施工方案，各环节控制二次污染。施工全过程进行详细的环境监测，时刻监测环境影响。

8.1.7　案例总结

该工程实施过程中严格按照实施方案中的技术及施工要求，完成了各项修复施工任务。施工过程中，对可能造成二次污染的环节，严格按照实施方案的相关要求，建设了各种修复设施，配备了相应修复设备，各项设施、措施落实到位。施工过程中，由第三方检测单位对大气环境、水环境、声环境及土壤环境进行了科学、合理的监测，各项监测结果表明，修复施工过程的环境管理措施落实到位，修复施工过程未造成不良环境影响。

① 该工程污染土壤全部清挖完毕，污染区域清挖效果自评估及第三方评估合格。

② 该工程污染土壤预处理后，污染土壤中三种目标污染物在自评估及第三方评估阶段所有监测点位样品中均检测达标，修复效果满足要求。预处理后土壤经水泥窑综合利用，最终形成水泥产品，综合利用期间所生产的水泥熟料品质满足标准要求，综合利用效果满足要求。

③ 地下水污染区域采用原位化学氧化技术修复，按设计要求注入药剂，地下水修复期间过程监测及最终效果评估监测结果均满足标准要求，第三方修复效果评估合格。

该工程是我国法律法规日渐完善期间的修复项目，项目全过程各项工作严格依据国家及地方标准实施，修复质量执行高标准，最终通过由监管部门组织的修复效果评估。项目修复完成，土壤及地下水均需满足各自修复标准，修复难度大，国内首次采用直压注入原位化学氧化修复技术，为项目所在地修复行业发展做出突出贡献。

8.2　武汉某制药厂、涂料厂搬迁遗留场地土壤修复项目

8.2.1　项目基本情况

8.2.1.1　项目来源及概况

(1) 项目来源

武汉某制药厂、涂料厂搬迁遗留场地拟规划为居住和商业用地，建设地标性超高写字楼、五星级酒店、购物中心、餐饮娱乐、高档居民小区等。调查评估的结果表明场地部分区域土壤受有机物和重金属污染。根据国家相关政策要求，为减少土地在开发利用过程中可能带来的环境问题，确保人体健康安全，需要对该场地的污染土壤进行修复治理，达到修复目标值后方可进行开发利用。

(2) 工程概况

根据场地生产的历史，将该项目分为制药厂和涂料厂两个部分。制药厂占地面积约21.5万平方米，采用热脱附修复技术、化学氧化修复技术及水泥窑协同处置技术进行污染

土壤的修复处理。涂料厂占地面积约8.9万平方米，采用化学氧化修复技术、微生物修复技术及水泥窑协同处置修复技术进行污染土壤的修复处理。该项目总工期为360天。

8.2.1.2 项目管理及评价情况

(1)项目管理过程

该项目完全按照经评审的修复方案施工，整个施工过程的重要节点如表8-10。

表8-10 污染土壤修复重要节点列表

序号	重要节点	序号	重要节点
1	方案评审和场地移交阶段	2.7	基坑验收完成
1.1	组织方案评审	2.8	污染土壤(原地处置)修复完成
2	修复施工阶段	2.9	修复后土壤验收完成
2.1	施工准备	2.10	污染土壤(外运水泥窑协同处置)外运完成
2.2	正式开工	2.11	污染土壤水泥窑协同处置完成
2.3	施工组织设计审批	2.12	回填工作完成
2.4	开挖专项施工方案审批	3	验收阶段
2.5	运输专项施工方案审批	3.1	竣工监测报告完成
2.6	污染区域清挖完成	3.2	验收会议

(2)项目管理评价

项目施工完毕，整个项目完全达到管理目标。

① 质量目标

分项工程验收一次合格率达98%以上，分部工程验收一次合格率100%，单位工程验收一次合格率100%。质量事故为0。

② HSE目标

轻伤<3%，重伤及死亡：0，噪声及扬尘投诉：无。

③ 工期目标

在合同工期内圆满完成该项目。

8.2.2 场地状况

8.2.2.1 场地环境调查介绍

(1)场地利用历史及规划

① 制药厂搬迁遗留场地利用历史

制药厂占地面积约21.5万平方米，原主要从事双乙烯酮、安乃近、甲硝唑、氯霉素、卡他灵、肾上腺素、依诺沙星等药品的生产，生产过程中涉及约86种化学物质。

② 涂料厂搬迁遗留场地利用历史

涂料厂占地面积共约8.9万平方米，原主要从事汽车涂料、卷钢涂料、防护涂料、木器涂料、建筑涂料、合成树脂等的生产，存在重金属、苯系物、总石油烃、多氯联苯等污染的可能性。

③ 场地规划

该项目地块规划为居住和商业用地。

(2)场地土壤环境质量调查结果

① 制药厂搬迁遗留场地污染区域

制药厂遗留场地土壤中超标污染物共22种，其中20种为有机污染物，分别为苯、苯胺、总石油烃（$<C_{16}$）、氯苯、苯并[a]芘、4-氨基联苯、三氯甲烷(氯仿)、二苯并[a,h]蒽、苯并[b]荧蒽、硝基苯、苯并[a]蒽、茚并[1,2,3-cd]芘、DDT、菲、偶氮苯、苯酚、1,2-二氯乙烷、苯二酚、乙苯和3-甲基胆蒽；2种为重金属污染物（镍和砷）。污染主要集中于场地工业生产区，土壤污染主要来源于生产过程中的跑冒滴漏。具体数据见表8-11。

表8-11　制药厂土壤监测结果汇总

项　目	最大值/(mg/kg)	平均值/(mg/kg)
Ni	98.6	40.71
As	61.09	10.47
苯	152.9	2.69
苯胺	474.35	12.70
氯苯	601.5	36.46
偶氮苯	2.67	0.32
总石油烃($<C_{16}$)	3235.1	131.93
三氯甲烷	1.18	0.295
4-氨基联苯	0.198	0.088
3-甲基胆蒽	0.365	0.11
苯并[a]芘	5.77	0.29
二苯并[a,h]蒽	0.85	0.25
苯并[b]荧蒽	6.19	0.62
苯并[a]蒽	3.54	0.45
茚并[1,2,3-cd]芘	2.43	0.38
菲	11.18	1.15
滴滴涕(DDT)	3.05	1.27
乙苯	495.67	24.77
硝基苯	37.19	6.43
苯二酚	13.57	4.12
苯酚	263.6	24.83
1,2-二氯乙烷	5.06	2.06

② 涂料厂搬迁遗留场地污染区域

涂料厂遗留场地土壤中超标污染物共15种，其中8种为有机污染物，分别为总石油烃(TPH)、氯苯、苯、甲苯、乙苯、二甲苯、1,3,5-三甲苯、1,2,4-三甲苯，7种为重金属污染物，分别为镍、铜、汞、锌、砷、镉、铅。重金属在土壤中的污染呈零星分布，总体污染程度较轻；总石油烃污染主要分布于原溶剂库以及工业防护涂料车间；苯系物污染主要分布于原溶剂库、老制漆车间以及工业防护涂料车间。具体数据见表8-12。

表8-12　涂料厂土壤监测结果汇总

项　目	最大值/(mg/kg)	平均值/(mg/kg)
Pb	4057	51.2
Zn	3953	149
Cu	297	34.6
Ni	73.1	38.7
As	27.9	12.2
Cd	20.5	0.479
Hg	3.18	0.433
TPH	35130	1086

续表

项　目	最大值/(mg/kg)	平均值/(mg/kg)
氯苯	147	2.17
苯	391	3.97
甲苯	543	6.80
乙苯	4580	83.7
二甲苯	13860	230
1,3,5-三甲苯	75.4	1.80
1,2,4-三甲苯	276	5.79

8.2.2.2 场地风险评估介绍

根据场地规划用途（住宅和商业用地），结合场地水文地质参数、土壤参数和气候特征参数，全部按住宅用地方式对场地土壤进行风险评估。考虑到场地特征，结合《污染场地风险评估技术导则》（HJ 25.3—2014），并适当参考国际上部分国家制订土壤基准或标准时采用的风险可接受水平，设定本场地致癌风险可接受水平为 10^{-6}，非致癌风险可接受危害商为 1，以此开展风险评估并计算相应的风险控制值。得出以下结论：

① 在住宅用地类型下，制药厂搬迁遗留场地中 1 种重金属（砷）、10 种有有机物［苯、苯胺、氯苯、硝基苯、4-氨基联苯、二苯并[*a*,*h*]蒽、苯并[*a*]芘、3-甲基胆蒽、滴滴涕、总石油烃($<C_{16}$)］致癌风险高于当前国际上可接受的致癌风险水平上限（10^{-6}）或非致癌危害商高于当前国际上可接受目标危害商 1，对人体健康危害极大。

② 在住宅用地类型下，涂料厂搬迁遗留场地中 2 种重金属（镉、锌）、7 种有机物（苯、氯苯、甲苯、乙苯、二甲苯、1,3,5-三甲苯、1,2,4-三甲苯）致癌风险高于当前国际上可接受的致癌风险水平上限（10^{-6}）或非致癌危害商高于当前国际上可接受目标危害商 1，对人体健康危害极大。

8.2.2.3 场地治理修复基本情况

(1) 修复治理目标及修复土方量

① 修复目标

该项目污染物修复目标值见表 8-13。

表 8-13　修复目标限值

污染物种类	修复目标/(mg/kg)	
	制药厂搬迁遗留场地	涂料厂搬迁遗留场地
苯	0.64	0.64
苯胺	4	—
氯苯	41	41
硝基苯	7	—
4-氨基联苯	0.1	—
二苯并[*a*,*h*]蒽	0.1	—
苯并[*a*]芘	0.2	—
3-甲基胆蒽	0.1	—
滴滴涕	1	—
甲苯	—	120
乙苯	—	37

续表

污染物种类	修复目标/(mg/kg)	
	制药厂搬迁遗留场地	涂料厂搬迁遗留场地
二甲苯	—	74
1,3,5-三甲苯	—	5.8
1,2,4-三甲苯	—	6.6
总石油烃	230($<C_{16}$)	230($<C_{16}$)
铅	—	400
镉	—	8
锌	—	3500
砷	40	—

注：“/”表示目标污染物在该层内均未超标。

② 修复土方量

该项目污染深度、面积及土方量见表8-14。

表8-14　污染土壤面积和污染土方量

地块	深度/m	修复面积/m^2	修复土方量/m^3
制药厂搬迁遗留场地	0～8	104334	50.71万
涂料厂搬迁遗留场地	0～7	100926	13.07万

(2) 修复策略

项目地块未来规划为居住和商业用地。拟建设地标性超高写字楼、五星级酒店、购物中心、餐饮娱乐、高档居民小区等。修复工作推进过程中，各方达成一致，对本场地污染土壤执行高标准修复，因此，对所有污染土壤采取源清除的修复策略。

项目污染土壤类型多样、修复土方量大、工期紧、污染范围广，场地内可用于土壤修复设施和设备建设的空间有限、污染深度深，地质条件复杂。综合分析，采用多种成熟可靠修复技术联合、原地修复与异地修复结合的修复策略。

(3) 修复治理技术介绍

根据项目前期场地调查、风险评估，将土壤划分为不同污染类型，包括重金属污染土壤、复合污染土壤、多环芳烃污染土壤、总石油烃污染土壤、挥发性和半挥发性有机物污染土壤以及制药厂第三层污染土壤。

根据修复实施条件、修复技术确定原则及策略、修复技术方案，针对各类型污染土壤推荐采用的修复技术包括热脱附修复技术、化学氧化修复技术（原位和异位）、微生物修复技术、水泥窑协同处置技术等。以下分别进行论述。

① 重金属污染土壤采用水泥窑协同处置技术处理，污染土壤在场地内预处理后装车运输至水泥生产厂暂存。污染土壤随水泥生料一起用于生产水泥熟料，重金属被固化/稳定化在水泥中，达到修复目的。

② 复合污染土壤采用水泥窑协同处置技术处理，污染土壤在场地内预处理后装车运输至水泥生产厂暂存。污染土壤随水泥生料一起用于生产水泥熟料，重金属被固化/稳定化在水泥中，有机物被焚毁，达到修复目的。

③ 多环芳烃污染土壤，采用异位热脱附技术和水泥窑协同处置技术进行修复。热脱附技术中，污染土壤中污染物首先被加热脱附，经收集后再被高温焚毁，达到修复目的。水泥窑协同处置技术中，污染土壤直接在高温下煅烧，污染物被焚毁去除，达到修复目的。

④ 总石油烃污染土壤，采用微生物修复技术修复，利用微生物新陈代谢作用吸收降解污染物质，达到修复目的。

⑤ 挥发性和半挥发性有机物污染土壤，采用化学氧化技术进行修复。化学氧化技术是将氧化剂与污染土壤充分混合，利用其强氧化性降解污染物，达到修复目的。

8.2.3 治理修复

8.2.3.1 修复策略及技术

(1) 修复策略确定

污染场地修复技术是指可改变待处理污染物的结构，或减小污染物毒性、迁移性或数量的单一或系列的化学、生物或物理处理技术单元。场地污染的修复应对措施可分为3类：第一种，对正在产生的危害及时清除和转移，比如污染土地的清挖等；第二种，对场地的用途进行限制或禁入；第三种，采用工程手段对场地进行修复。第一种属于清除行动，第二种是制度控制，第三种是工程修复。该项目中确定采用第一种和第三种两种措施。

按处置地点可分为原位修复技术和异位修复技术，该项目主要采用异位修复技术。

(2) 修复技术筛选

采用污染源处理技术，应根据污染介质确定目标污染物、明确具体的处理目标值和待处理的介质（土壤或地下水）范围。常用的处理技术类型有原位生物、原位物理、原位化学、异位生物、异位物理、异位化学等。对于污染土壤，处理目标值应根据风险评估结果、处理技术的特点以及土壤的最终去向或使用方式来综合确定。当采用降低土壤中目标污染物浓度的处理技术时，处理目标值一般是将土壤中的目标污染物浓度降低到符合土壤再利用用途的风险可接受水平。待处理介质范围描述应包括需处理的污染土壤的深度、面积与边界、土方量。

从技术可行、经济合理、风险可控等角度，对比各种适用的土壤修复技术和工程方案，最终确定主要修复技术如下。

① 重金属污染土壤，采用水泥窑协同处置技术处理，污染土壤在场地内预处理后装车运输至水泥生产厂暂存。污染土壤随水泥生料一起用于生产水泥熟料，重金属被固化/稳定化在水泥中，达到修复目的。

② 复合污染土壤，采用水泥窑协同处置技术处理，污染土壤在场地内预处理后装车运输至水泥生产厂暂存。污染土壤随水泥生料一起用于生产水泥熟料，重金属被固化/稳定化在水泥中，有机物被焚毁，达到修复目的。

③ 多环芳烃污染土壤，采用异位热脱附技术和水泥窑协同处置技术进行修复。热脱附技术中，污染土壤中污染物首先被加热脱附，经收集后再被高温焚毁，达到修复目的。水泥窑协同处置技术中，污染土壤直接在高温下煅烧，污染物被焚毁去除，达到修复目的。

④ 总石油烃污染土壤，采用微生物修复技术修复，利用微生物新陈代谢作用吸收降解污染物质，达到修复目的。

⑤ 挥发性和半挥发性有机物污染土壤，采用化学氧化技术进行修复。化学氧化技术是将氧化剂与污染土壤充分混合，利用其强氧化性降解污染物，达到修复目的。

(3) 修复方案设计

该项目地块污染类型分为重金属污染土壤（铅、镉、锌、砷）、复合污染土壤（铅、镉、锌、TPH、苯、甲苯、乙苯、二甲苯、1,2,4-三甲苯、1,3,5-三甲苯）、多环芳烃污染土壤（3-甲基胆蒽、苯并[*a*]芘、二苯并[*a*,*h*]蒽、滴滴涕）、石油烃污染土壤（$<C_{16}$）、挥发性

及半挥发性有机污染土壤（苯、苯胺、氯苯、硝基苯、4-氨基联苯、甲苯、乙苯、二甲苯、1,2,4-三甲苯、1,3,5-三甲苯）。重金属及复合污染土壤，采用水泥窑协同处置技术进行修复；多环芳烃污染土壤，采用热脱附技术进行修复；石油烃污染土壤，采用微生物技术进行修复；挥发性及半挥发性有机污染土壤，采用化学氧化技术进行修复。

① 清挖运输　挖掘污染土壤，设置污水处理系统来处理开挖区域涌水；土壤在运输过程中对土壤进行密封毡盖，对运输车辆表面严格进行冲洗。

② 重金属及复合污染土壤　场地内污染土壤挖掘运输至修复车间，进行破碎筛分及降低含水率的预处理，为收集和处理修复车间内的有机气体，在车间旁设置尾气处理系统；预处理后采用吨袋包装土壤的形式进行严格密封，密封后运输至水泥厂，并将污染土壤掺杂进水泥回转窑进行高温焚烧。

③ 多环芳烃污染土壤　场地内污染土壤挖掘运输至修复车间进行土壤破碎筛分及降低含水率的预处理，将预处理后的土壤投进热脱附设备，进行热脱附处理，处理后污染土壤喷淋冷却后出料，将热脱附处理完成的土壤运输至待检场存放。土壤中脱附出的有机气体及粉尘通过旋风除尘、二次焚烧炉、布袋除尘器等进行净化处理，最终达标排放。

④ 石油烃污染土壤　场地内污染土壤挖掘运输至修复车间进行土壤破碎筛分预处理，投加微生物药剂进行混合翻抛，将处理完成的土壤运输至待检场存放。为收集和处理修复车间内的有机气体，在车间旁设置尾气处理系统。

⑤ 挥发性及半挥发性有机物污染土壤　场地内污染土壤挖掘运输至修复车间进行土壤破碎筛分及降低含水率的预处理，投加化学氧化药剂进行混合搅拌，将搅拌完毕的土壤运输至待检场进行养护待检。为收集和处理修复车间内的有机气体，在车间旁设置尾气处理系统，为避免养护过程中有机气体的逸散，养护全程采用高密度聚乙烯（HDPE）膜覆盖。

⑥ 开挖区域验收与回填　污染土壤清挖完毕后需对开挖区域进行验收，最后采用验收合格的污染土壤、净土及建渣进行开挖区域回填。

修复技术路线见图 8-13～图 8-16。

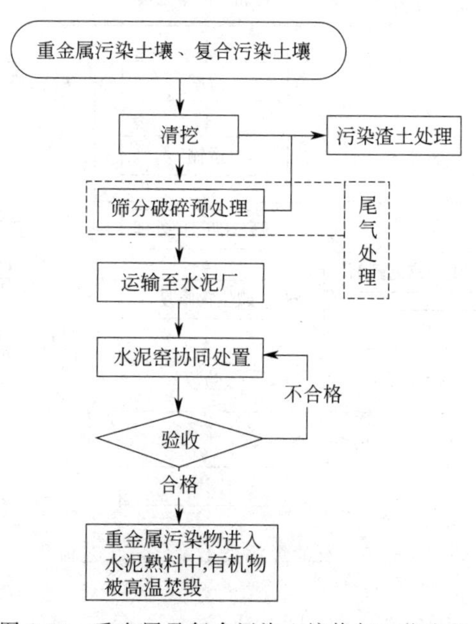

图 8-13　重金属及复合污染土壤修复工艺流程

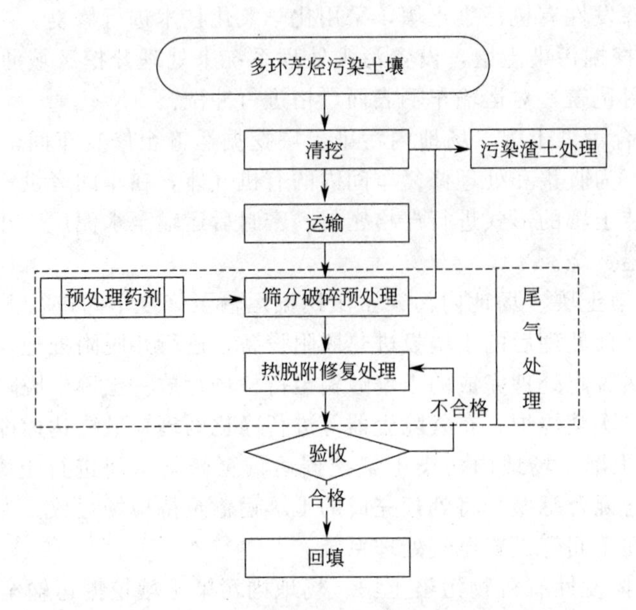

图 8-14　多环芳烃污染土壤修复工艺流程

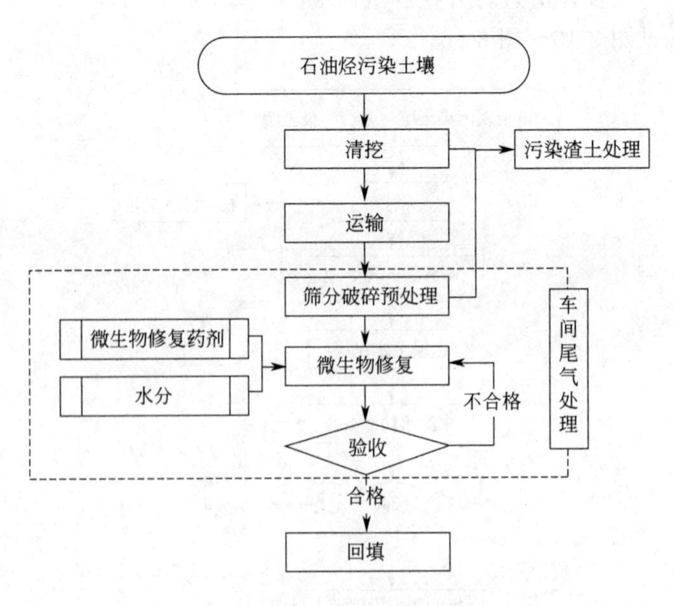

图 8-15　石油烃污染土壤修复工艺流程

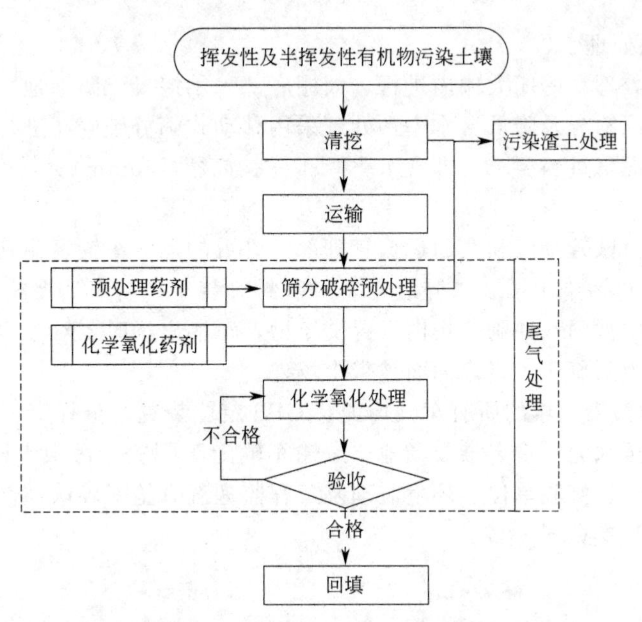

图 8-16 挥发性及半挥发性有机物污染土壤修复工艺流程

该项目各类型污染土壤修复技术参数见表 8-15。

表 8-15 土壤修复技术参数

修复工艺参数		数值
重金属及复合污染土壤	污染土壤预处理加药比例	3%～5%
	污染土壤筛分次数	2～3
	水泥窑处置投加位置	重金属,生料磨;复合,高温段
	水泥窑处置投加比例	1%～5%
多环芳烃污染土壤	污染土壤预处理加药比例	3%～5%
	污染土壤预处理筛分次数	2～3
	热脱附回转窑温度/℃	450～550
	停留时间/min	25～30
	二次燃烧炉温度/℃	850～1100
石油烃污染土壤	污染土壤预处理筛分次数	2～3
	污染土壤微生物药剂添加比例	0.2%～2%
	养护补水含水率要求	15%～25%
	修复周期/d	15～60
挥发性及半挥发性有机物污染土壤	污染土壤预处理加药比例	3%～5%
	污染土壤筛分次数	2
	污染土壤化学氧化药剂添加比例	0.3%～1%(轻度);1%～3%(重度)
	污染土壤搅拌次数	3～5
	养护补水含水率要求	30%左右
	养护时间/d	7～15

8.2.3.2 修复实施过程

(1) 重金属及复合污染土壤修复处理

① 清挖运输

重金属及复合污染土壤严格按照验证后的拐点坐标进行测量定位、标识和清挖。清挖完成后运输至预处理车间。

② 污染土壤预处理

污染土壤的预处理在密闭大棚内进行，大棚底部采用混凝土防渗地坪。

污染土壤的破碎筛分及降低含水率预处理采用移动式筛分破碎斗进行。预处理后土壤含水率和粒径达到水泥窑进料要求（即含水率≤30%、粒径≤50mm）。

③ 场外运输

清挖出的土壤由城管部门和交通运输管理部门许可的运输车辆运输到水泥厂。

a. 装袋装车　将污染土壤装入吨袋，袋口密封后装车。装车后严格进行毡盖，防止污染土壤在运输过程中被雨水冲刷。场内设置洗车槽，车辆出场时要对车辆表面进行冲洗，确保污染土壤不会因为附着于车辆表面而被带出场外。

b. 运输　运输污染土壤的所有车辆均加装GPS定位装置，全程定位跟踪污染土壤运输路线，污染土壤运至水泥厂指定堆放场地。运输车辆随车配置《污染土壤接收五联单》，经发送单位、运输单位、接收单位、环境监理及工程监理五方签字确认，作为污染土壤修复的竣工验收资料之一，参见图8-17。

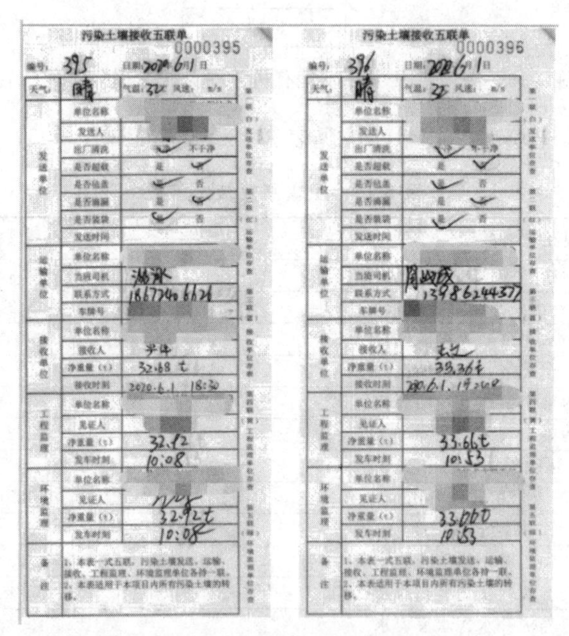

图8-17　填写运输五联单

④ 卸车

污染土壤运至水泥厂，经称重计量后运至暂存车间暂存。

⑤ 水泥窑协同处置

复合污染土壤从高温段添加，重金属污染土壤从生料磨添加。煅烧后的土壤成为水泥熟料的一部分，实现污染土壤的有效处理和资源化利用。

(2) 多环芳烃污染土壤修复治理

① 清挖运输

多环芳烃污染土壤严格按照验证后的拐点坐标进行测量定位、标识和清挖，清挖后运输至热脱附车间进行预处理。

② 污染土壤预处理

污染土壤的预处理在密闭大棚内进行，大棚底部采用混凝土防渗地坪。采用移动式筛分破碎斗进行污染土壤的破碎筛分及降低含水率预处理。预处理后土壤含水率和粒径达到热脱附设备进料要求（即含水率≤20%、粒径≤50mm）。

③ 污染土壤热脱附处理

预处理后达到热脱附系统进料要求的污染土壤，采用挖掘机送至定量给料系统的土壤仓，经称重式皮带机、进料螺旋输送机等设备按设定给料速度连续均匀地将污染土壤输送至回转窑进行热脱附处理（见表 8-18）。

图 8-18　挖掘机给料

进入回转窑的污染土壤，随回转窑筒体的旋转在翻滚过程中与回转窑燃烧器产生的高温烟气直接接触，污染土壤不断被干燥、加热升温，污染土壤中目标污染物从土壤颗粒中气化挥发分离后进入窑内烟气，窑内烟气在系统末端引风机营造的负压抽吸作用下进入尾气处理系统，热脱附后的土壤从回转窑出料口排出后进入出料冷却系统。出料冷却单元主要设备为喷水冷却螺旋输送机，采用喷水的方式对土壤冷却并降尘，经冷却螺旋输送机喷水降温除尘后土壤送至指定地点堆置（见图 8-19）。

图 8-19　热脱附设备回转窑

④ 有机尾气处理

回转窑排出的尾气中含有大量粉尘、水蒸气和有机污染气体等，富集气化污染物的尾气依次通过旋风除尘、高温二次焚烧、喷淋冷却降温、布袋除尘等环节去除尾气中的污染物后，经风机排入烟囱，最终进入大气（见图 8-20）。

图 8-20　热脱附设备二次焚烧炉及布袋除尘器

⑤ 修复后土壤自验收

修复后土壤转运至待检场堆置待检，检测指标为土壤中多环芳烃浓度。堆置期间采用 HDPE 膜进行覆盖，防止扬尘的产生。

(3) 石油烃污染土壤修复治理

① 清挖运输

石油烃污染土壤严格按照验证后的拐点坐标进行测量定位、标识和清挖，清挖后运输至微生物车间。

② 微生物修复

微生物车间采用薄膜大棚连栋组成，两端设置进出口。覆盖材料采用透明薄膜，透光率达 95%以上。车间底部采用混凝土防渗地坪，配套照明系统、喷灌系统、排水系统和尾气处理系统，见图 8-21。

图 8-21　微生物车间及尾气处理系统

污染土壤在车间内堆置成梯形截面的长条垛状，堆高 1.2m，梯形截面底宽 3m，顶宽

0.6m，单个条垛长度约100m，土方量约216m^3。采用移动式翻抛机进行微生物修复药剂与土壤的混合作业和土壤通风曝气作业，采用雾炮喷射进行污染土壤微生物修复过程中的补水作业，见图8-22和图8-23。

图8-22　石油烃污染土壤的微生物修复

图8-23　修复过程中补水养护

③ 堆置养护与检验

修复后土壤转运至待检场养护待检，完成堆置养护后，进行土壤中石油烃浓度的检测。堆置期间采用HDPE膜进行覆盖，防止扬尘的产生。

④ 基坑验收及回填

污染土壤清挖完毕的基坑向建设单位申请验收，验收范围包括基坑清挖边界和清挖坑底。清挖基坑经验收合格后，采用修复验收合格后土壤或净土进行基坑回填，分层摊铺和压实。

(4) 挥发性及半挥发性有机物污染土壤修复治理

① 清挖运输

挥发性及半挥发性有机物污染土壤严格按照验证后的拐点坐标进行测量定位、标识和清挖，清挖后运输至化学氧化车间。部分靠近场地围墙的污染土壤开挖前需进行钢板桩支护，见图 8-24。

图 8-24　钢板桩支护

② 污染土壤预处理

挥发性和半挥发性有机物污染土壤在进行化学氧化修复过程中需要加药搅拌处理，为确保与化学氧化修复药剂的混合效果，实施前采取移动式破碎筛分斗进行污染土壤的预处理，包括筛分破碎和降低含水率。污染土壤的预处理均在密闭的修复车间内进行，车间底部采用混凝土防渗地坪。

③ 污染土壤化学氧化修复

污染土壤的化学氧化修复处理同样采用筛分破碎斗进行作业，作业方式和预处理过程基本相同，只需将预处理药剂换成化学氧化药剂即可（见图 8-25）。

(a)

(b)

图 8-25　化学氧化药剂添加（a）及搅拌混合处理（b）

④ 堆置养护与检验

经筛分破碎斗处理后的污染土壤进行堆置养护作业，堆置期间对堆场毡盖防止扬尘。堆置养护完成后，进行土壤挥发性及半挥发性有机物浓度的检测。

⑤ 基坑验收及回填

污染土壤清挖完毕后的基坑向建设单位申请验收，验收范围包括基坑清挖边界和清挖坑底。清挖基坑经验收合格后，采用修复验收合格后土壤或净土进行基坑回填，分层摊铺和压实。

8.2.3.3 修复效果

(1) 基坑清挖效果

① 基坑侧壁布点

对于基坑侧壁，依据《场地环境监测技术导则》（HJ 25.2—2014）要求进行布点。该项目采用分层、等距离布点采样的方式进行布点。

制药厂污染区分为1～2层，开挖深度8.0m，侧壁布点0～0.2m设计1层，0.2～2.6m设计1层，2.6～5.3m、5.3～8.0m各设计1层，共4层。

涂料厂污染区分为1～5层，开挖深度7.0m，侧壁布点0～0.2m设计1层，0.2～7.0m设计3层（层间距约为2m），共3层。

每层同一种污染类型单独进行采样验收，按40 m间距划分，在40 m范围内随机布点采集9个土壤样品制成一个混合样进行送检，VOCs采样则在间距内随机进行单点采集。

② 基坑底部布点

对于基坑底部，依据《场地调查与风险评估报告》分重金属、有机物和总石油烃三种类型，采用分层网格布点法。每一层的基坑底部区域其下层无污染土壤时，需布点确认。

该项目基底的验收采样网格采用正南正北向、以20m×20m的规格设置，每个网格内随机采集9个土壤样品制成一个混合样进行送检，VOCs采样则在网格内随机进行单点采集。基底面积小于400m^2的，至少设置一个采样点进行检测验收。

③ 基坑清挖效果评估

制药厂污染土壤的修复工作正在开展，目前针对已清挖完成的基坑，共采集91个清挖效果评估土壤样品，84个样品监测结果小于修复目标值，7个样品多环芳烃浓度大于修复目标值，合格率为92.3%，扩挖后重新进行清挖效果评估，结果均小于修复目标值，说明清挖效果达到验收标准。

涂料厂污染土壤的修复工作均已完成，基坑按照拐点坐标清挖到位后进行清挖效果评估，共采集357个土壤样品，332个样品监测结果小于修复目标值，8个样品石油烃浓度大于修复目标值，17个样品重金属浓度大于修复目标值，合格率为93.0%，扩挖后重新进行清挖效果评估，结果均小于修复目标值，说明清挖效果达到验收标准。

(2) 污染土壤修复效果

① 重金属及复合污染土壤

该项目重金属及复合污染土壤经水泥窑高温焚烧后，转化成水泥成品。水泥厂委托第三方质量检测单位对该批次生产的水泥成品进行质量检测，检测结果显示水泥成品中各类指标含量均符合水泥生产行业的相关标准要求，说明水泥成品合格。同时在有机污染土壤焚烧过程中，水泥厂委托第三方监测单位定期对水泥窑排放尾气进行监测，监测结果显示尾气中重金属浓度均满足最高允许排放限值，非甲烷总烃浓度增加值小于10mg/m^3，满足排放限值要求，同时尾气中二噁英的含量同样满足水泥生产工业的尾气排放限值。

② 多环芳烃污染土壤

多环芳烃污染土壤修复后堆置于待检场，待检场堆置高度5m。对修复后土壤进行多环芳烃浓度检测。

根据《场地环境监测技术导则》(HJ 25.2—2014)，对修复后土壤布设一定数量的监测点位，每个样品代表的土壤体积不超过 $500m^3$，根据土壤堆置高度，即每 $100m^2$ 堆场表面积划分为一个网格。每个网格内随机采集 9 个土壤样品制成一个混合样进行送检，挥发性有机物采样则在网格内随机进行单点采集。土方量小于 $500m^3$ 的，至少设置一个采样点进行检测验收。

多环芳烃污染土壤热脱附修复后效果评估监测共采集 47 个混合土壤样品，监测结果均满足修复目标值，经检测合格率为 100%，所有修复后土壤多环芳烃浓度都达到修复要求。

③ 石油烃污染土壤

石油烃污染土壤修复后堆置于待检场，待检场堆置高度 5m。对修复后土壤进行石油烃浓度检测。

根据《场地环境监测技术导则》(HJ 25.2—2014)，对修复后土壤布设一定数量监测点位，每个样品代表的土壤体积不超过 $500m^3$，根据土壤堆置高度，即每 $100m^2$ 堆场表面积划分为一个网格。每个网格内随机采集 9 个土壤样品制成一个混合样进行送检，挥发性有机物采样则在网格内随机进行单点采集。土方量小于 $500m^3$ 的，至少设置一个采样点进行检测验收。

石油烃污染土壤微生物修复后效果评估监测共采集 168 个混合土壤样品，其中 165 个样品一次修复后均满足修复目标值，3 个样品超过修复目标值，对 3 个超标点位代表的共 $1500m^3$ 土壤进行二次修复，修复后土壤石油烃浓度均满足修复目标值。石油烃污染土壤一次修复合格率 98.2%，二次修复合格率 100%，所有修复后土壤石油烃浓度都达到修复要求。

④ 挥发性及半挥发性有机物污染土壤

挥发性及半挥发性有机物污染土壤修复后堆置于待检场，待检场堆置高度 5m。对修复后土壤进行挥发性及半挥发性有机物浓度检测。

根据《场地环境监测技术导则》(HJ 25.2—2014)，对修复后土壤布设一定数量监测点位，每个样品代表的土壤体积不超过 $500m^3$，根据土壤堆置高度，即每 $100m^2$ 堆场表面积划分为一个网格。每个网格内随机采集 9 个土壤样品制成一个混合样进行送检，挥发性有机物采样则在网格内随机进行单点采集。土方量小于 $500m^3$ 的，至少设置一个采样点进行检测验收。

挥发性及半挥发性有机物污染土壤化学氧化修复后效果评估监测共采集 229 个土壤样品(挥发性有机物检测采集单点样品，半挥发性有机物检测采集混合样品)，其中 227 个样品一次修复后均满足修复目标值，2 个样品超过修复目标值，对 2 个超标点位代表的共 $1000m^3$ 土壤进行二次修复，修复后土壤挥发性及半挥发性有机物浓度均满足修复目标值。挥发性及半挥发性有机物污染土壤一次修复合格率 99.1%，二次修复合格率 100%，所有修复后土壤挥发性及半挥发性有机物浓度都达到修复要求。

8.2.3.4 修复过程环境管理

环境管理重点主要包括大气环境、水环境、声环境及土壤环境。

(1) 大气污染防控

项目施工期，采取相应的措施来减缓大气污染影响，具体见图 8-26～图 8-30。

图 8-26 洒水抑尘

图 8-27 地面裸土覆盖

图 8-28 气味抑制剂喷洒

图 8-29　基坑清挖完成后覆盖

图 8-30　车间尾气处理系统运行

(2) **水污染防控**

进入污水处理系统的污水包括治理过程中产生的废水和场地中由于下雨产生的可能受污染的污水。其中，治理过程中产生的废水包括施工现场车辆行驶时对车身进行清洗和施工设备清洗产生的浓缩废水、清挖过程中产生的基坑水等。施工过程中产生的废水统一收集进入污水处理系统，净化处理达标后排入市政管网或者回用。

(3) **噪声污染防控**

项目施工期间，施工单位按照建筑工地管理的有关规定，采取低噪声设备，局部吸声和隔声降噪技术，合理安排施工时间等措施来降低周围环境受到的噪声影响。具体如下：

① 所选施工机械应符合环保标准，操作人员需经过环保教育。

② 按照要求定期对施工机械进行保养，维持施工机械良好的工作状态。

③ 施工作业安排在白天进行，并尽量避免在中午时段(12：00～14：00)进行强噪声作业。

④ 运输车辆按指定路线行驶，控制车速，禁止鸣笛。

⑤ 施工过程中各类材料搬运及安装，要求做到轻拿轻放，严禁抛掷或从运输车上一次性下料，减少噪声的产生。

⑥ 钢材等材料的切割、焊接施工须在指定的工作棚内进行，以减少噪声扩散。

(4) **土壤污染防控**

项目施工期间，采取相应的措施来避免土壤二次污染的产生，具体见图 8-31 和图 8-32。

图 8-31　堆场复合土工防渗膜及排水沟

8.2.3.5　修复后土壤去向

多环芳烃污染土壤、石油烃污染土壤、挥发性及半挥发性有机物污染土壤修复合格后均回填至验收合格的基坑中，复合污染土壤及重金属污染土壤修复后转化为水泥熟料。

8.2.4　修复环境监理

同 8.1.4 节。

图 8-32　外运水泥窑土壤装袋

8.2.5　修复验收

8.2.5.1　修复验收工作方法与重点

污染场地修复验收是在污染场地修复完成后，对场地内土壤和地下水进行调查和评价的过程，主要是通过文件审核、现场勘察、现场采样和检测分析等，进行场地修复效果评价，主要判断是否达到验收标准，若需开展后期管理，还应评估后期管理计划的合理性及落实程度。

(1) 修复验收工作程序

修复验收工作程序与方法见图 8-33。

(2) 文件审核和现场勘察

① 审核资料范围

在验收工作开展之前，收集与场地环境污染和修复相关的资料，主要包括：

a. 场地环境调查评估及修复方案相关文件　场地环境调查评估报告书及其备案意见、场地修复方案及其备案意见、其他相关资料。

b. 场地修复工程资料　修复过程的原始记录、修复实施过程的记录文件(如污染土壤清挖和运输记录)、回填土运输记录、修复设施运行记录、二次污染物排放记录、修复工程竣工报告等。

c. 工程及环境监理文件　工程及环境监理记录和监理报告。

d. 其他文件　环境管理组织机构、相关合同协议(如委托处理污染土壤的相关文件和合同)等。

e. 相关图件　场地地理位置示意图、总平面布置图、修复范围图、污染修复工艺流程图、修复过程照片和影像记录等。修复效果评价(是否达验收标准、后期管理计划评估)。

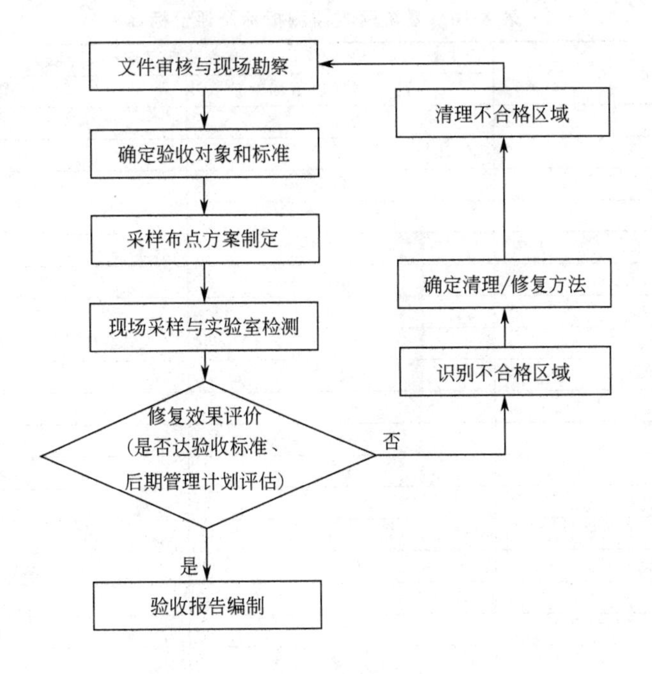

图 8-33 修复验收工作程序与方法

② 审核内容

对收集的资料进行整理和分析，并通过与现场负责人、修复实施人员、监理人员等相关人员进行访谈，明确以下内容：

a. 根据场地环境调查评估报告、修复方案及相关行政文件，确定场地的目标污染物、修复范围和修复目标，作为验收依据。

b. 审查场地修复过程监理记录和监测数据，核实修复方案和环保措施的落实情况。

c. 审查相关运输清单和接收函件，结合修复过程监理记录，核实污染土壤的数量和去向。

d. 审查相关文件和检测数据，核实异位修复完成后的回填土的数量和质量，回填土土壤质量应达到修复目标值。

③ 现场勘察

现场勘察是验收的重要工作程序之一，污染场地修复验收现场勘察主要包括核定修复范围和识别现场遗留污染痕迹。

a. 核定修复范围　根据场地环境调查评估报告中的地理坐标，结合修复过程工程监理与环境监理出具的相关报告，确定场地修复范围和深度，核实修复范围是否符合场地修复方案的要求。

b. 识别现场遗留污染　对场地表层土壤及侧面裸露土壤状况、遗留物品等进行观察和判断，可使用便携式测试仪器进行现场测试，辅以目视、嗅觉等方法，识别现场遗留污染痕迹。

(3) 确定验收对象和标准

① 开挖基坑侧壁及底部

基坑侧壁及底部监测验收工作的监测项目及评价标准如表 8-16 所示。

表 8-16 基坑验收监测指标及评价标准

监测指标	基坑清理目标/(mg/kg)	
	制药厂搬迁遗留场地	涂料厂搬迁遗留场地
苯	0.64	0.64
苯胺	4	—
氯苯	41	41
硝基苯	7	—
4-氨基联苯	0.1	—
二苯并[a,h]蒽	0.1	—
苯并[a]芘	0.2	—
3-甲基胆蒽	0.1	—
滴滴涕	1	—
甲苯	—	120
乙苯	—	37
二甲苯	—	74
1,3,5-三甲苯	—	5.8
1,2,4-三甲苯	—	6.6
总石油烃	230(<C_{16})	230(<C_{16})
铅	—	400
镉	—	8
锌	—	3500
砷	40	—

② 修复后土壤

修复后多环芳烃、石油烃、挥发性及半挥发性有机物污染土壤的检测指标及修复目标值如表 8-17 所示。

表 8-17 修复后土壤验收监测指标及评价标准

污染类型	监测指标	修复目标/(mg/kg)	
		制药厂	涂料厂
多环芳烃	二苯并[a,h]蒽	0.1	—
	苯并[a]芘	0.2	—
	3-甲基胆蒽	0.1	—
	滴滴涕	1	—
石油烃	总石油烃	230(<C_{16})	230(<C_{16})
挥发性及半挥发性有机物	苯	0.64	0.64
	苯胺	4	—
	氯苯	41	41
	硝基苯	7	—
	4-氨基联苯	0.1	—
	甲苯	—	120
	乙苯	—	37
	二甲苯	—	74
	1,3,5-三甲苯	—	5.8
	1,2,4-三甲苯	—	6.6

(4) 布点方案

① 侧壁依据《场地环境监测技术导则》(HJ 25.2—2014)要求进行布点。侧壁在 40m 范围内布点采集 9 个土壤样品制成一个混合样进行送检。VOC 样品单独采样送检。

② 底部采用网格布点法采样。为确保清挖效果，该项目底部的验收采样网格正南正北

向设置，20m×20m 规格。基底面积小于 400m^2 的，根据实际情况确定监测点的数量。

8.2.5.2 修复效果评价

(1) 制药厂搬迁遗留场地

制药厂遗留场地污染土壤的修复所有资料审核及现场踏勘结果表明，污染区域全部清挖完毕，污染土壤运输处置过程及处置量均满足招投标文件和合同中的要求。

① 制药厂西北角污染区域经验收监测单位进行清挖效果监测，结果显示污染土壤均已按照合同范围清挖到位。

② 清挖出的污染土壤经热脱附修复、化学氧化修复后均达到修复目标，暂堆置于待检场上，并覆盖防雨布，后期用于回填该场地验收合格的基坑。

③ 修复过程二次污染防控措施满足该项目《修复方案》及《环境影响评价报告表》中的要求，修复过程不存在二次污染。

(2) 涂料厂搬迁遗留场地

涂料厂搬迁遗留场地修复区域所有资料审核及现场踏勘结果表明，污染区域全部清挖完毕，污染土壤处置过程及处置量均满足招投标文件、合同及修复方案中的要求。

① 污染区域经验收监测单位进行清挖效果监测，结果显示污染土壤全部清挖完成。

② 清挖出的污染土壤依据污染类型，分别经过微生物修复、化学氧化修复后达到修复目标，并均已回填至验收合格的基坑中。

③ 重金属及复合污染土壤水泥窑协同处置完成，水泥产品均满足相关质量要求。污染土壤水泥窑协同处置过程中排放出的尾气经相关监测单位监测，尾气排放满足水泥行业尾气排放标准。

④ 修复过程二次污染防控措施满足该项目《修复方案》及《环境影响评价报告表》中的要求，修复过程不存在二次污染。

涂料厂搬迁遗留场地经修复后可以用作规划的商业和住宅用地。

8.2.6 案例特色

8.2.6.1 修复案例的示范性

(1) 多条新工艺并用项目

该项目修复土方量共计 24.6 万立方米，污染情况复杂，总投资 2.49 亿，是目前湖北省内规模最大的修复项目，2019 年以前是全国最大的修复项目。项目污染情况复杂，污染重且种类多。结合土壤污染类型、污染分布、水文地质条件、项目工期等，制定了化学氧化、微生物、热脱附、水泥窑协同处置等多个技术联合、多生产线并行的最优化、最经济的技术路线，是目前国内采用修复技术最多、技术覆盖面最广的项目之一。该项目为多条工艺路线并行的项目积累了项目管理经验，为微生物技术及直接热脱附技术的应用提供了工程经验。

(2) 适应政策变化，严格遵循相关规范

武汉某制药厂、涂料厂搬迁遗留场地土壤修复项目于 2015 年中标，2017 年正式开工，2020 年修复完成，整个项目执行过程中，正值国家政策变化和出台的高峰期，先后出台了多部法律法规，导致项目执行过程中修复规模、修复目标、修复技术等多次发生变更。

修复过程中建设单位、总承包单位、效果评估单位及监理单位等多方多次探讨，并咨询相关专家、环境主管部门意见，不断优化设计方案，调整项目管理模式，并在项目执行过程中，相关变更记录做到完全规范化，以便于相关环保监管部门、业主单位、监理单位对该项目实施过程监督，相关变更方案等各环节文件资料均由建设单位组织专家进行评审，并在环境主管部门进行备案。最终整个修复过程均满足国家最新法律法规及标准规范，并顺利通过验收。

8.2.6.2 修复对象的代表性

(1) 有机污染

该项目有机污染物包括多环芳烃(二苯并[a,h]蒽、苯并[a]芘、3-甲基胆蒽、滴滴涕)、总石油烃、挥发性及半挥发性有机物(苯、苯胺、氯苯、硝基苯、4-氨基联苯、甲苯、乙苯、二甲苯、1，3，5-三甲苯、1，2，4-三甲苯)。这三类十五种污染物在目前国内污染场地中较为常见，特别是在制药、农药、焦化、涂料等行业中。很多老旧工厂在生产过程中由于管理不善，长期存在跑冒滴漏现象，导致生产区域污染严重。该项目污染类型多，污染物种类多，采用的修复技术全，对全国各地其他类似有机污染场地具有较强的借鉴意义。

(2) 重金属污染

该项目重金属污染物包括铅、镉、锌、砷，均是当前重金属污染场地最常见的污染物。

8.2.6.3 修复技术的适用性

(1) 重金属及复合污染土壤水泥窑高温焚烧技术

水泥窑协同处置技术是一种常见的污染土壤处理处置技术，目前国内外均有大量采用此方法进行污染土壤修复的案例，并且能够达到较好的修复效果。该技术可将多环芳烃、农药、总石油烃等有机污染物完全分解，也可以将重金属污染物固化在水泥熟料中，达到污染土壤修复的目的。水泥窑协同处置技术适用性广，可以有效地修复有机物和重金属污染土壤，特别是针对高浓度、难氧化、难降解的有机污染物，可实现其他修复技术难以达到的效果。且我国是水泥生产和消费大国，水泥厂数量多、分布广，因此，国内水泥窑高温焚烧技术具有广阔的应用前景。该项目是复合和重金属污染土壤吸附的一次成功实践，有助于该技术在华中地区的进一步推广应用。

(2) 多环芳烃污染土壤热脱附修复技术

热脱附修复技术是通过直接或间接加热，将污染土壤加热至目标污染物的沸点以上，使目标污染物从土壤中得以挥发或分离的过程，该修复技术能够高效地去除污染土壤中的挥发及半挥发性有机污染物(如多环芳烃、农药、总石油烃、多氯联苯)，污染物去除率最高可达99.98%以上。热脱附修复技术具有处理量大、修复效果好、修复效率高的特点。热脱附技术在国外始于70年代，广泛应用于工程实践，技术较为成熟。在1982～2004年期间，约有70个美国超级基金项目采用异位热脱附作为主要的修复技术。我国对异位热脱附技术的应用处于起步阶段，已有少量应用案例。该项目成功应用了热脱附技术修复多环芳烃污染土壤，为我国热脱附技术的应用提供了工程经验。

(3) 石油烃污染土壤微生物修复技术

微生物修复技术是通过向土壤供给空气，并依靠土壤微生物的好氧活动，降解土壤污染物，同时利用土壤中的压力梯度促使挥发性有机物、降解产物流向抽气井，被抽提去除。可通过注入热空气、营养液、外源高效降解菌剂的方法对污染物去除效果进行强化。生物堆技术修复成本相对低廉，相关配套设施已能够成套化生产制造，在国外已广泛应用于石油烃等易生物降解污染土壤的修复，技术成熟；在国内微生物技术常用于油泥的处置，发展已比较成熟，相关核心设备已能够完全国产化，但土壤修复行业应用较少。微生物修复技术在该项目的成功应用可为我国微生物修复在土壤修复行业的应用提供了工程经验。

(4) 挥发性及半挥发性有机物污染土壤化学氧化修复技术

异位化学氧化修复技术是将污染土壤挖出，在场地内通过机械搅拌方式与氧化药剂混合，利用氧化剂的强氧化性与污染土壤中的有机污染物发生化学反应，破坏污染物的分子结构，生成 H_2O、CO_2 或其他没有危害的中间产物，达到修复目的。目前该技术较为成熟，国内应用较广泛，具有处理工艺简单、修复费用较低、适用污染物范围较广的优点。化学氧化修复技术在该项目的应用有助于该技术在华中地区的进一步推广应用。

8.2.7 案例总结

该项目严格按照现行的环境修复领域标准、规范和经评审的修复方案来实施，高标准地完成项目施工，达到预期目标。施工过程中，采取多项措施控制扬尘、废水、噪声等，降低对环境的不利影响。

① 该项目制药厂搬迁遗留场地西北角均全部清挖完毕，已开挖区域侧壁及底部土壤中目标污染物浓度均小于修复目标值。清挖出的污染土壤经热脱附修复、化学氧化修复后均达到修复目标，暂堆置于待检场上，并覆盖防雨布，后期用于回填该场地验收合格的基坑。修复过程二次污染防控措施满足该项目《修复方案》及《环境影响评价报告表》中的要求，修复过程不存在二次污染。

② 该项目涂料厂搬迁遗留场地，所有污染土壤全部清挖完毕，开挖区域侧壁及底部土壤中污染物浓度均小于修复目标值。重金属及复合污染土壤经过水泥窑协同处置后转化为水泥熟料，经相关质检部门监测水泥成品合格，污染土壤焚烧过程中排放出的尾气经相关监测单位监测，尾气排放满足水泥行业尾气排放标准。石油烃污染土壤经微生物修复处理后，土壤石油烃浓度均达到修复目标值。挥发性及半挥发性有机物污染土壤经化学氧化处理后，土壤污染物浓度均达到修复目标值。目前挥发性及半挥发性有机物污染土壤、石油烃污染土壤已回填至验收合格的基坑中。修复过程二次污染防控措施满足该项目《修复方案》及《环境影响评价报告表》中的要求，修复过程不存在二次污染。

此项目的顺利实施为行政主管部门开展后续修复项目积累了较多的管理经验，使相关监管部门充分了解了土壤修复实施及修复过程中的变更流程。为华中地区土壤修复行业直接热脱附技术和微生物技术的应用提供了工程经验。为修复项目的相关业主提供了针对性强、可实施性强的土壤修复模式，为开展后续的相关土壤修复项目打下坚实的基础。

8.3 南方某化工厂有机污染土壤修复治理项目

8.3.1 项目基本情况

该项目为南方某化工厂有机污染土壤的修复治理，土壤中污染物为氯苯、对/邻硝基氯苯等挥发性/半挥发性有机物（VOCs/SVOCs），有机污染土壤采用原位化学氧化技术进行修复，原位注入方式为高压旋喷注射。土壤修复工程量为 25.8 万立方米，项目总工期为

150 天。场地土壤修复最大深度为 12m，地层从上至下依次为杂填土层、粉质黏土层、粉细砂层、粉质黏土层。

8.3.2 场地状况

8.3.2.1 场地环境调查介绍

(1)场地利用历史及规划

① 利用历史

该化工厂始建于 1947 年，于 2007 年停产，为有机中间体、橡胶助剂和氯碱生产基地，主要产品有氯化苯、液氯、盐酸、烧碱、苯胺、硝基苯、硝基氯苯等。原场地占地面积约 42 万平方米。

② 场地规划

该项目地块规划为居住用地。

(2)场地局部区域土壤环境质量调查结果

场地存在的特征污染物为氯苯、对/邻硝基氯苯等。根据场地局部区域的调查结果显示，该区域对/邻硝基氯苯浓度集中在 200mg/kg 以下，最高浓度为 3960mg/kg，最大污染深度为 12m。

8.3.2.2 场地治理修复基本情况

(1)修复目标

该项目污染物修复目标值见表 8-18。

表 8-18 修复目标限值 单位：mg/kg

污染物	修复目标
苯	3.89
氯苯	129
1,4-二氯苯	38
1,3-二硝基苯	11
苯胺	68
对/邻硝基氯苯	19(0～5m),33(≥5m)

(2)修复土方量

该项目有机污染土壤深度为 0～12m，修复土方量为 258000m^3。

(3)修复治理技术介绍

原位注入-高压旋喷注射修复技术是通过高压旋喷的方式向土壤污染区域注入氧化剂，通过氧化作用，使土壤中的污染物转化为无毒或相对毒性较小的物质。作业时，先通过钻孔进入土层的预定深度，配制好的药剂在高压注浆泵和压缩空气的作用下沿注浆管从喷嘴喷出，在喷射药剂的同时，带喷嘴的注浆管向上提升，高压液流对土体进行切割搅拌，使氧化药剂与污染土壤充分混合，通过氧化分解污染物达到修复的目的。注入完成后，药液还会进一步在含水层中迁移、扩散，土壤渗透性及工期则决定了药液最终的扩散半径。

8.3.3 治理修复

8.3.3.1 修复方案设计

系统构成和主要设备：配药站、高压注浆泵、空气压缩机、旋喷钻机、高压喷射钻杆、药剂喷射喷嘴、空气喷射喷嘴等，如图 8-34。

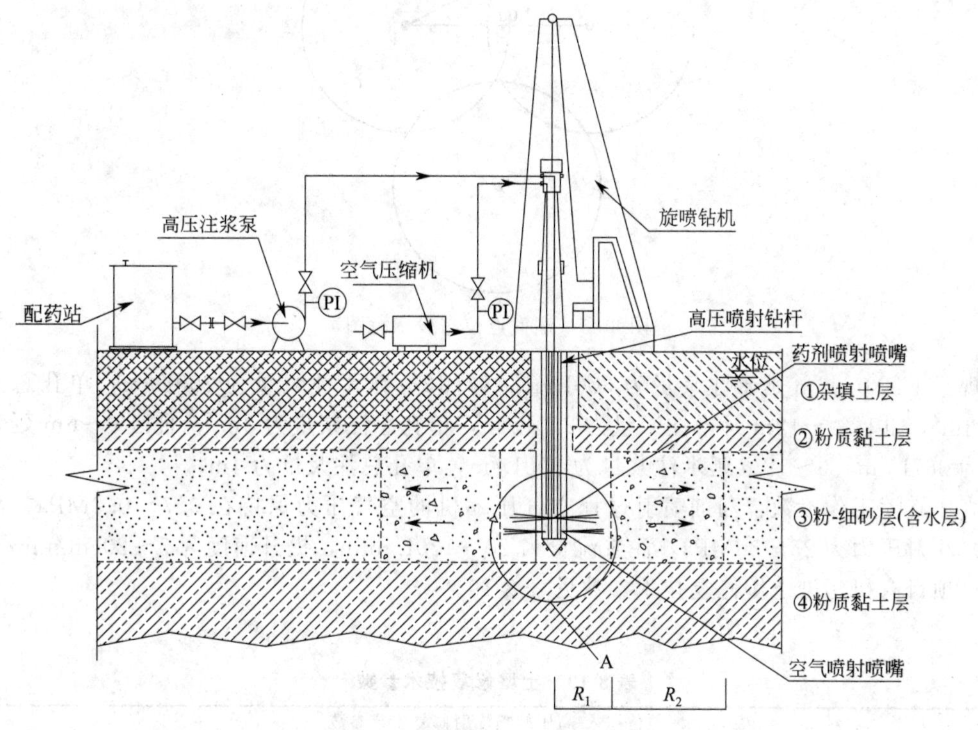

图 8-34 系统构成和主要设备

污染区域划分：由于该区域主要污染物为对/邻硝基氯苯，以对/邻硝基氯苯污染程度对污染区域进行划分，对/邻硝基氯苯浓度小于 200mg/kg 为Ⅰ区，对/邻硝基氯苯浓度为 200～1000mg/kg 为Ⅱ区，对/邻硝基氯苯浓度大于 1000mg/kg 为Ⅲ区。

药剂种类：化学氧化常用的修复药剂有活化过硫酸盐、类 Fenton 试剂、高锰酸钾等，该项目修复药剂选用过硫酸盐为氧化剂，液碱为活化剂。

药剂投加比：修复药剂的投加量主要根据场地污染情况确定。根据三个区域污染土壤化学氧化小试实验确定了氧化剂投加比，Ⅰ区、Ⅱ区和Ⅲ氧化剂投加比分别为 1%、2% 和 4%。

药剂扩散半径：原位注入-高压旋喷注射修复技术药剂扩散半径为 0.8～3.5m，影响因素有搅拌半径和渗透扩散半径，该项目通过溴离子示踪实验确定药剂扩散半径为 0.9m。

注射点布设：该项目采用三角形布点法，根据药剂扩散半径设置两孔间距为 1.6m，布设方式如图 8-35 所示。Ⅰ区修复面积为 2494m^2，布设 1347 个注射点位；Ⅱ区修复面积为 931m^2，布设 503 个注射点位；Ⅲ区修复面积为 3203m^2，布设 1730 个注射点位。

单孔注浆量：根据溴离子示踪实验确定的单孔最大注浆量为 4.0m^3。同一注射孔自下而上以 6m 为界分为两层，采用不同的延米注浆量，施工中通过调节高压注射旋喷钻杆提升速

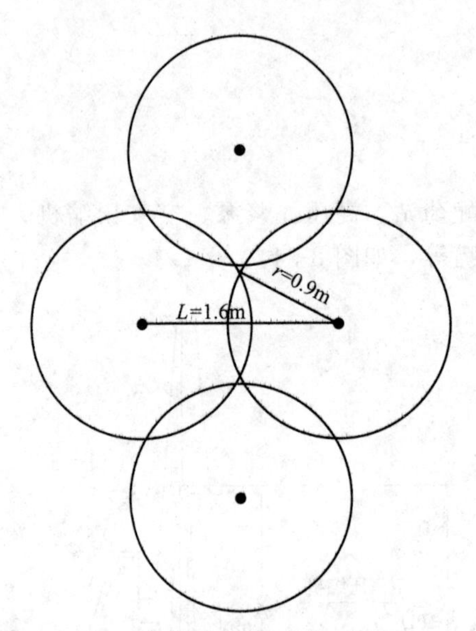

图 8-35 注射点位布设示意图

度实现。Ⅰ区 0～6m 延米注浆量为 300L/m，6～12m 延米注浆量为 200L/m，单孔总注浆量为 $3m^3$；Ⅱ区 0～12m 延米注浆量为 250L/m，单孔总注浆量为 $3m^3$；Ⅲ区 0～6m 延米注浆量为 367L/m，6～12m 延米注浆量为 300L/m，单孔总注浆量为 $4m^3$。

高压旋喷工作参数：药剂喷射过程空气压缩机的空气压力保持在 0.7～0.8MPa，高压注浆泵注射压力为 25～30MPa，注浆流量为 20～120L/min，提升速度为 5～20cm/min。

该项目有机污染土壤修复技术参数见表 8-19。

表 8-19 土壤修复技术参数

原位注入-高压旋喷注射修复工艺参数		
划分依据(对/邻硝基氯苯浓度)/(mg/kg)	Ⅰ区	≤200
	Ⅱ区	200～1000
	Ⅲ区	≥1000
修复药剂	过硫酸盐＋液碱	
药剂投加比	Ⅰ区	1%
	Ⅱ区	2%
	Ⅲ区	4%
药剂扩散半径/m	0.9	
注射孔间距/m	1.6	
注射点数量	Ⅰ区	1347
	Ⅱ区	503
	Ⅲ区	1730
单孔延米注浆量/(L/m)	Ⅰ区	300(0～6m) 200(6～12m)
	Ⅱ区	250(0～12m)
	Ⅲ区	367(0～6m) 300(6～12m)
单孔总注浆量/m^3	Ⅰ区	3
	Ⅱ区	3
	Ⅲ区	4

续表

原位注入-高压旋喷注射修复工艺参数	
空气压力/MPa	0.7～0.8
注射压力/MPa	25～30
注浆流量/(L/min)	20～120
提升速度/(cm/min)	5～20

8.3.3.2 修复实施过程

修复实施过程工艺流程如图 8-36 所示。

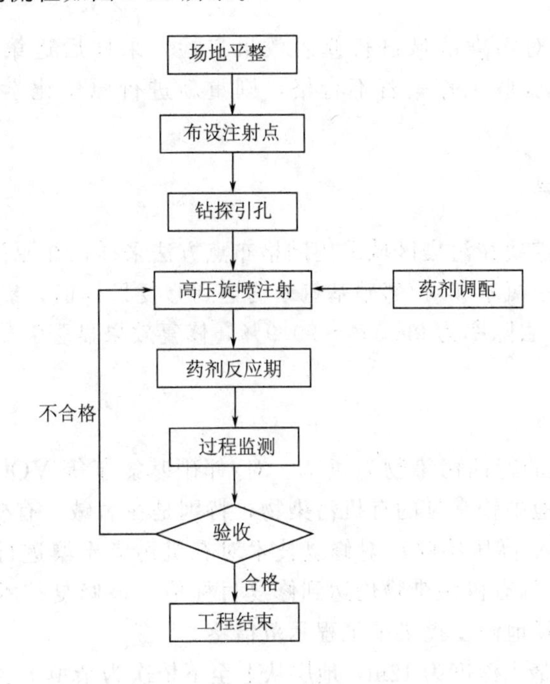

图 8-36 修复实施过程工艺流程

(1) 场地平整

将修复区域地面的建筑垃圾、碎石等杂物清除干净，进行平整压实。

(2) 布设注射点

根据土壤污染范围及设计注射点位，按照三角形法进行布点，利用载波相位差分技术（RTK）和皮尺对污染土壤修复区域原位注射点进行了测量放线，并对注射点进行标识。

(3) 钻探引孔

钻机主钻杆对准孔位，用水平尺测量机体水平、立轴垂直，钻机要平稳牢固。钻孔口径应大于喷射管外径 20～50mm，以保证喷射时正常返浆、冒浆。钻孔孔径为 110mm，为穿透杂填土层，孔深为 3～5m。钻探过程遇到碎石层和易塌陷层需跟进套管。

(4) 高压旋喷注射

采用气、液二重管工艺注入修复药剂及空气，通过高压设备使药剂浆液以 25～30MPa 的高压射流从喷嘴中喷射出来，冲切、扰动、破坏土体；同时钻杆以 5～20cm/min 速度逐渐提升，将药剂浆液与土粒强制搅拌混合，同时由于注射压力高，药剂溶液进一步在土壤中扩散。

(5) **药剂反应**

修复药剂注入污染区域后需要一段反应时间，使药剂与土壤中污染物充分反应，氧化降解土壤中的有机污染物，氧化反应期为1～2个月。

(6) **过程监测**

在修复药剂与污染物反应期间，建立地下水监测井及土壤采样点，采集土壤及地下水样品并进行检测，以获取污染物浓度、药剂残留量等参数，以检验修复效果，根据修复效果判断是否需要补充注入化学药剂。

(7) **验收**

在养护期结束后，对污染区域进行修复效果自检，采样后送第三方检测，评价是否合格。若合格，则开展验收工作；若不合格，则重新进行原位化学氧化修复处理，直至合格。

8.3.3.3 修复效果

原位修复效果评估需要在污染区域采用网格布点方法采样，在原污染区域内部和污染边界采样送检。送检样品中氯苯和对/邻硝基氯苯均达到修复目标值，氯苯去除率为97.7%～99.5%，对/邻硝基氯苯去除率为99.5%～99.9%，修复效果显著。

8.3.4 案例总结

① 该项目场地存在的特征污染物为氯苯、对/邻硝基氯苯等VOCs/SVOCs，这几种污染物是目前国内污染场地中较常见的有机污染物，特别是在氯碱、有机中间体制造等化工行业。该项目采用原位注入-高压旋喷注射修复技术对有机污染土壤进行修复，修复后土壤中的氯苯、对/邻硝基氯苯等有机污染物均达到修复目标值。该修复技术的成功实施为传统化工场地，以及相似污染场地修复提供了工程示范借鉴。

② 该场地土壤修复最大深度为12m，地层从上至下依次为杂填土层、粉质黏土层、粉-细砂层、粉质黏土层，砂层具有高渗透性、粉质黏土层为低-中渗透性地层。该项目设计及施工参数为同类型以及相似地层的场地提供了技术应用思路，为原位修复（如原位化学氧化/原位化学还原）工程优化设计提供了基础数据。

③ 该项目是国内首例土壤及地下水规模化原位化学氧化修复工程，原位注入-高压旋喷注射修复技术在国内工业污染场地的大规模应用，有效提高了我国有机污染场地土壤及地下水原位修复技术水平，为原位修复技术推广提供了技术支撑。

8.4 美国科罗拉多州某农药厂有机污染土壤治理项目

8.4.1 项目基本情况

该项目为美国科罗拉多州某农药厂有机污染土壤的修复治理，该项目修复治理目标污染物为氯仿、二氯甲烷、三氯乙烯和四氯乙烯等VOCs，采用气相抽提技术进行修复治理。修复面积为6262m^2，气相抽提系统运行时期为1993年9～12月和1994年1～4月。

8.4.2 场地状况

8.4.2.1 场地历史

该场地位于美国科罗拉多州，占地面积约 $52610m^2$，该场地在 1960 年以前是一个炼油厂，20 世纪 60～70 年代进行农药生产。该工厂生产期间由于污水乱排、泄漏和火灾等原因造成了场地土壤和地下水严重的有机污染问题。

1974 年 6 月，当地卫生部门对该企业进行了一次检查，发现场地废物管理和安全生产条件存在问题。

1976 年 3 月，科罗拉多河卫生部对该企业进行了现场检查，检查人员发现在场地不同区域储存了约 200L 农药，其中包括对硫磷。此外，他们还发现工厂的冲洗水、锅炉排水和雨水进入同一个地表排水系统。

1968～1977 年期间，农药厂发生了两次火灾。第二起火灾发生在 1977 年 12 月，火灾导致空气弥漫着含有硫磷丹的烟雾。科罗拉多州在 1978 年发布了紧急关停命令，要求该企业清理火灾对周边环境产生的污染。

1983 年 6 月，该企业发生农药 2，4-二氯苯氧乙酸泄漏，1984 年 3 月，美国环境保护署要求该企业清理现场，1984 年 4 月至 9 月期间，该企业将桶状废物、产品和受污染的土壤从现场移走，并将现场围起来。

1992 年，对该场地开展了初步修复行动，包括清运场地内遗留的含有毒杀芬和五氯酚的罐体废物，并将受到 2，4-二氯苯氧乙酸污染的土壤挖出在场外进行焚烧处理，此次处理农药和污染土壤约 18144kg。

1993～1994 年采用气相抽提技术对该场地 VOCs 污染土壤进行了修复治理。

8.4.2.2 场地地层条件

场地土壤类型：沙土、粉砂。

土壤粒度分布：大于 4 目的占 0.34%～3.66%；10～4 目占 3.98%～8.35%；60～10 目(中等、粗砂)占 35.48%～40.38%；200～60 目(细沙)占 30.01%～34.99%；小于 200 目(粉土)占 19.99%～24.71%。

土壤含水率：3.0%～30.1%。

土壤孔隙度：约 30%。

土壤调查结果显示该场地地下由高渗透砂砾冲积层与低渗透粉质黏土层构成。地下有两层含水层，被 3～6m 厚的相对不透水层隔开。上部沉积层厚达 12m，含少量或不含地下水。该场地地层的简化示意图见图 8-37。

8.4.2.3 场地污染情况

美国环境保护署于 1984～1988 年在现场进行了土壤环境调查，土壤调查结果显示，土壤中有机磷农药和 VOCs 的含量较高，被农药污染的土壤挖出并在场外进行焚烧处理。

场地主要 VOCs 污染物为：氯仿、二氯甲烷、四氯乙烯和三氯乙烯。

根据调查结果，确定了土壤 VOCs 污染的三个区域，分别标记为分区 1、分区 2 和分区 3，分区 1 面积为 $2722m^2$，分区 2 面积为 $2868m^2$，分区 3 面积为 $672m^2$。土壤中挥发性有

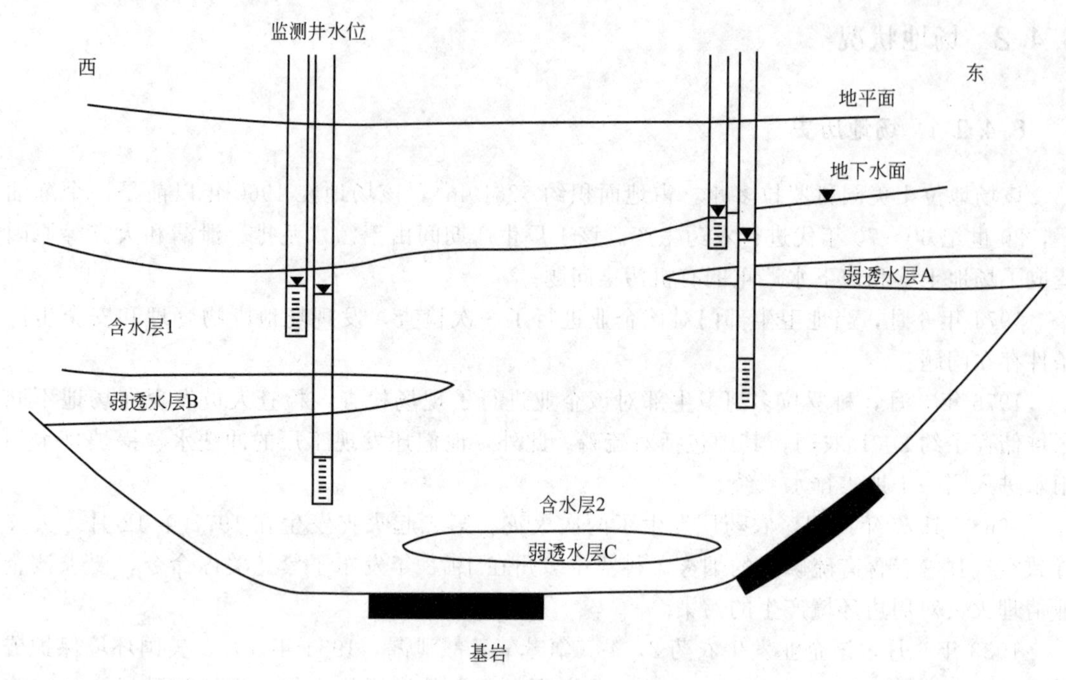

图 8-37　该场地地层示意图

机化合物(VOCs)的最高浓度如表 8-20 所示。根据调查数据，估计土壤中氯仿、二氯甲烷、三氯乙烯和四氯乙烯的总质量为 310kg。

表 8-20　土壤中 VOCs 的最大浓度

污染物	最大浓度/(mg/kg)
氯仿	0.82
二氯甲烷	5.8
三氯乙烯	0.087
四氯乙烯	9.34

土壤中除了挥发性有机化合物的污染之外，在场地的地下水上还漂浮了一层轻质非水相液体(LNAPL)。分别于 1990 年 10 月、1991 年 4 月、1991 年 11 月和 1992 年 9 月在场地测量了 LNAPL 污染羽厚度，5 口井的 LNAPL 厚度范围为 0.52～1.44m，在 2 年的采样期内，LNAPL 厚度的平均值为 0.7～1.12m。图 8-38 显示了三个土壤污染区域和 LNAPL 污染羽在场地的相对位置。

8.4.2.4　场地治理修复目标

四种污染物的修复目标值为：氯仿 0.165mg/kg；二氯甲烷 0.075mg/kg；三氯乙烯 0.285mg/kg，四氯乙烯 1.095mg/kg。

8.4.3　治理修复

8.4.3.1　修复技术选择

1989 年 9 月，美国环境保护署发布了一份决议，要求该企业处理场地内受污染的土壤、

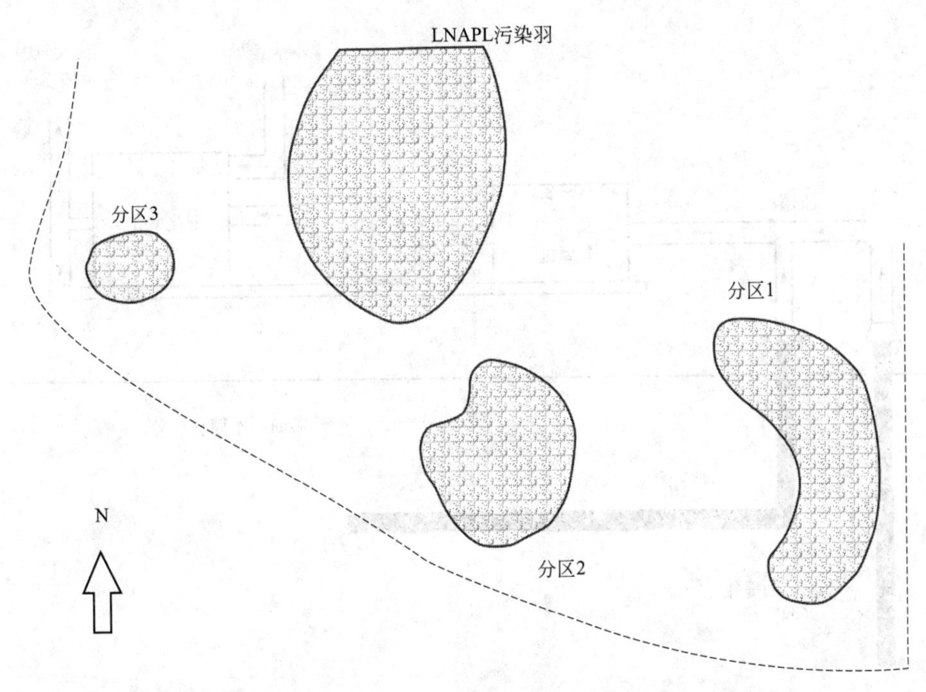

图 8-38　土壤三个污染区域和 LNAPL 污染羽位置分布图

建筑物和储罐。决议要求将已高度污染的土壤挖出并在场外进行焚烧处理(卤代有机化合物≥1000mg/kg)；对于挥发性有机化合物(VOCs)污染的土壤采用气相抽提技术(SVE)；并按照规范要求拆除和处理受污染的建筑物和储罐。

1990 年，美国环保署进行了一项可行性研究，以确定该技术是否适用于该场地土壤中去除挥发性有机化合物，并确定现场 SVE 井的影响半径。通过对该的渗透系数等参数和污染情况进行研究分析，确定气相抽提是一种可行的修复技术，其影响半径能达到 18m。

8.4.3.2　修复系统设计

(1) 工艺设计

该项目气相抽提系统设置 3 台容积式鼓风机，每台风机风量为 $42m^3/min$，通过 2 台风机同时运行创建真空环境，将地下土壤中的气体和水抽出。抽提的土壤汽通过气液分离器分离，分离后的污水收集暂存，分离的抽提气首先被空气稀释(空气掺入量为 12%～50%)，再通过催化氧化装置处理，该催化氧化装置是通过高温处理有机污染气体。被催化氧化剂处理后的气体可以通过垂直井和水平井重新注入土壤，也可以直接排放到大气中。空气注入系统设有两台鼓风机，每次运行一个。图 8-39 为 SVE 工作流程图。

(2) 布置设计

该场地土壤气相抽提系统由 31 口竖直井和 1 口水平井组成，有真空抽提系统和空气注入系统。分为三个分区：SVE-1、SVE-2 和 SVE-3，SVE-1 中有 13 口竖直井和 1 口水平井(101～113 井和 H12 井)；SVE-2 有 12 口竖直井(201～212 井)，SVE-3 也有 6 口竖直井(301～306 井)。这些井在现场的位置如图 8-40 所示。H12 井为水平井，其他井均为竖直井。在修复过程中，每个分区中有几口井在抽真空和注气之间交替操作。

初始的设计方案中每个区域都有水平井和竖直井，而且设计时认为水平井会增加影响半

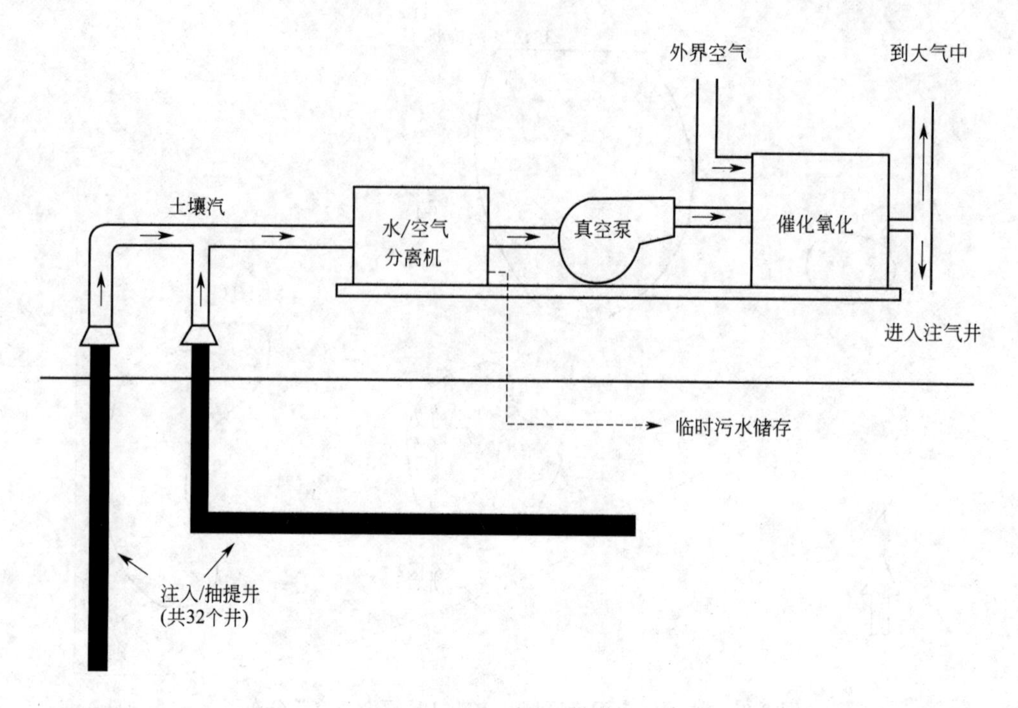

图 8-39　SVE 工艺流程图

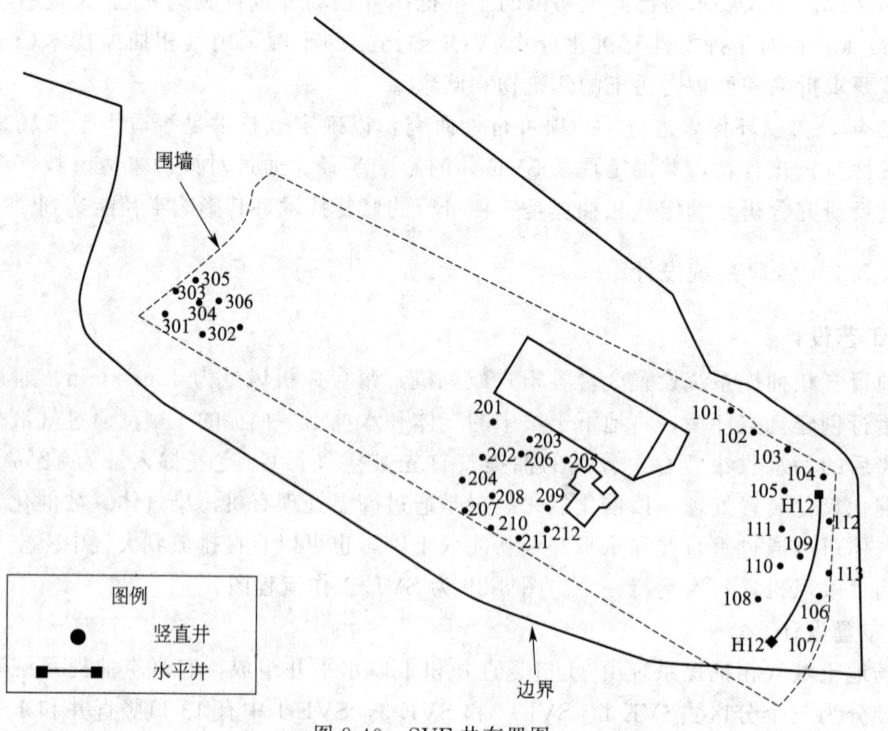

图 8-40　SVE 井布置图

径，可以优先考虑。但是在水平井安装过程中发现地下埋有混凝土块和其他建筑垃圾，造成水平井安装出现问题，从而导致工期延误。因此，在安装完一口水平井后，将剩余设计的水平井换成了多口竖直井。因此仅有 SVE-1 区域有水平井。

SVE-1 区竖直井埋深为 3～4m，开筛位置为 1～4m，水平井埋深为 3m；SVE-2 区竖直井埋深为 4.7～10m，开筛位置为 2.4～10m；SVE-3 区竖直井埋深为 7～8.7m，开筛位置为 2.7～8.7m。

8.4.3.3 修复实施过程

SVE 系统有两个运行期：1993 年 9～12 月和 1994 年 1～4 月。SVE 系统于 1993 年 9 月 24 日启动运行，到 1993 年 10 月 12 日系统全面运行。

抽提井是以每天 24 小时连续运行的，系统启动运行的重点是抽提井的逐步启动。为了平衡运行初期抽提气中相对较高的 VOCs 浓度和催化氧化剂的能力，每天限制新增运行 2～3 口抽提井。

在修复过程中，抽提量需要根据催化氧化装置的处理能力而进行调节(抽提气必须低于空气中气体爆炸下限的 25%)。在系统运行初期，由于催化氧化装置的“过热”，抽提蒸汽中挥发性有机化合物的浓度较高，因此仅可使用少量抽提井。随后，抽提蒸汽中 VOCs 浓度降低，系统中所有井均可采用抽提模式。

1993 年 10 月，大约 25%的抽提气经处理后重新注入 SVE-2 和 SVE-3。1993 年 11 月，大约 15%的抽提气经处理后重新注入所有三个分区。1993 年 12 月，将少量经处理的抽提气重新注入 SVE-1，为期 9 天。1994 年 1～4 月期间未运行空气注入系统，经处理的抽提气直接释放到大气中。

控制空气注入量的原因有：①在修复初期(抽提气中 VOCs 浓度较高)，必须限制注入空气量，以防止污染蒸汽迁移不受控制或从地面排放；②后续修复过程中可增设注入井，可以增强挥发、降低污染物液体黏度，提高相邻注、抽井之间的冲洗效率；③在修复接近尾声时(VOC 污染物浓度最低时)，较低的注入空气量(以及相应较低的抽提量)将有利于生物降解的条件，如增氧、升高温度、充足的湿度。

系统运行一般不会发生设备故障或关闭。但是，在 1994 年 3 月，系统自动关闭两次。3 月 1 日，由于催化氧化剂的温度超过了高温设定值，导致停机，大约 5 小时后系统重新启动。3 月 8 日，由于火焰故障，系统第二次关闭，半小时后系统重新启动。

催化氧化装置在两个运行期的氧化降解效率不同，1993 年对目标污染物的降解去除率为 92.9%，对总 VOCs 去除率为 95.5%；1994 年对目标污染物的降解去除率为 99.1%，对总 VOCs 去除率为 98.8%。

表 8-21 总结了 SVE 运行第一阶段和第二阶段四种目标污染物和总 VOCs 的平均日去除量和总去除量。表中数据显示在修复过程中污染物浓度在减少。例如，目标污染物的平均去除率从第一阶段到第二阶段降低了 10 倍，从 15.4kg/d 降到 1.43kg/d。

表 8-21 修复期间两个阶段 VOCs 去除量统计表

运行时间	目标污染物日均去除量/(kg/d)	总 VOCs 日均去除量/(kg/d)	目标污染物总去除量/kg	总 VOCs 总去除量/kg
1993 年 9～12 月	15.4	672.5	1315.3	55545.4
1994 年 1～4 月	1.43	218.8	158.6	24288.4
合计			1473.9	79833.9

注：污染物日均去除量是通过连续采样时段污染物的平均浓度乘以平均流体体积计算得到的。

8.4.3.4 修复效果

1994 年 4 月 19 日，该项目开展了修复效果评估。土壤取样钻孔数为 32 个，其中 SVE-1 有 16 个钻孔，SVE-2 有 11 个钻孔，SVE-3 有 5 个钻孔。样品分析结果显示，大多数样品 VOCs 检测结果均为未检出，四种目标污染物检测结果为：氯仿最高浓度为 0.0099mg/kg，二氯甲烷未检出，三氯甲烷最高浓度为 0.1mg/kg，四氯乙烯最高浓度为 0.28mg/kg，四种污染物浓度均低于修复目标值。

8.4.4 案例总结

本案例介绍了美国科罗拉多州某场地土壤气相抽提系统，该气相抽提系统用于处理 VOCs 污染土壤，目标污染物有氯仿、二氯甲烷、三氯乙烯和四氯乙烯。

① 该场地应用的气相抽提技术有气体注入和抽出系统，加压空气被注入到包气带土壤中，产生相对较大的地下压力梯度和较高的抽出气体流通率。该系统包括 32 口抽注井(31 口垂直井，1 口水平井)、3 台容积式鼓风机(用于抽提)、1 台液气分离器、1 台催化氧化装置、2 口鼓风机(用于注入)。

② 该系统运行期为 1993 年 9～12 月、1994 年 1～4 月，总共运行约六个月。1994 年 4 月份土壤钻孔的数据显示，四种目标污染物的浓度都低于修复目标值，样品中四种污染物的最大浓度为：三氯甲烷 0.0099mg/kg，二氯甲烷未检出，三氯乙烯 0.10mg/kg，四氯乙烯 0.28mg/kg。整个修复过程抽提的总 VOCs 质量约 79834kg，其中 4 种目标污染物的质量约为 1474kg，4 种目标污染物实际抽出的量是最初预估量的 4.75 倍。

③ 该项目的总费用约为 214 万美元，其中前期准备及调查采样工作费用约为 8.2 万美元；修复治理阶段费用为 205.8 万美元。该系统修复治理土方量估计为 24038～40460 立方米，因此每方土的修复治理费用约为 51～86 美元。

④ 对于场地污染情况需要有充分详细的数据，确保所有将影响 SVE 过程的污染物都能被量化。例如该项目，在总 VOCs 中大约只有 2%是目标污染物，由于污染物的总量没有数据，选择了不适当的污染修复技术，导致项目成本大幅增加。

8.5 韩国某重金属污染土壤修复治理项目

8.5.1 项目基本情况

该项目场地原来是铜冶炼厂，1936～1989 年间进行铜冶炼，主要从事铜精矿、电线皮、弹壳等的生产。由于污染问题遭到附近居民反对，在 1989 年用电炉替换了熔矿炉，采用纯度 95%的粗铜通过电解方式生产纯度 99%的纯铜的湿法冶炼方式运营，直到 2008 年完全关闭。

该冶炼厂在冶炼过程中含重金属的烟气通过烟囱排出后以降尘的方式落到附近地面造成污染，也有冶炼过程中排放的尾矿渣对周边土地造成的污染。以冶炼厂为中心到半径 4km 是被砷、镉、铜、铅等污染的区域，被污染土壤有耕地、居住区、工厂等，总污染面积 22.7 万平方米，总污染土方量为 21 万立方米。污染严重的半径 1.5km 区域被国家收储，指令所有居民移居；1.5km 至 4km 区域为未收储地区，开展了土壤修复。土壤修复采用的技术以异位淋洗为主，部分区域采用了电动修复等其他技术。由于该项目污染范围广，修复工程量大，修复工程分多个工区分阶段实施(见图 8-41 和图 8-42)。

图 8-41　冶炼厂污染影响范围图

图 8-42　场地土壤污染主要途径

8.5.2　场地状况

8.5.2.1　场地环境调查介绍

(1) 场地利用历史及规划

① 利用历史

该项目场地原来是铜冶炼厂，1936～1989 年间进行铜冶炼，主要从事铜精矿冶炼，生产电线皮、弹壳等。由于排放砷、铜、镉、铅等污染物，遭到附近居民反对而在 1989 年关闭了熔矿炉，改由电炉代替，换成收入纯度 95％的粗铜后通过电解方式生产纯度 99％的纯铜的湿法冶炼方式运营，但在湿法冶炼过程中残留的废电解液中包含的多种重金属等通过烟囱持续飞扬，仍然存在严重的环境污染问题，最终冶炼厂在2008年完全关闭。

② 场地规划

场地污染区域为以冶炼厂为中心半径4km的区域，区域内有耕地、居住区、工厂等。其中距冶炼厂半径1.5km范围内的污染严重区域被国家收储，指令所有居民移居，将不作为居住区使用；距冶炼厂半径1.5～4km的污染相对较轻区域修复后将保持原有用途不变。

(2) 场地局部区域土壤环境质量调查结果

场地土壤主要污染物为砷、镉、铜、铅等，其中以砷污染最为严重，平均浓度为40～50mg/kg，最大污染浓度达到300mg/kg。

8.5.2.2 场地治理修复基本情况

(1) 修复治理目标及修复土方量

① 修复目标

该项目污染物修复目标值为：砷25mg/kg；铜150mg/kg；铅200mg/kg；镉4mg/kg。

② 修复土方量

该项目土壤污染深度0～3m、总污染面积22.7万平方米及修复土方量为21万立方米。

(2) 修复治理技术介绍

污染土壤异位淋洗修复技术是采用物理分离或增效淋洗等手段，通过添加水或合适的增效剂，分离重污染土壤组分或使污染物从土壤相转移到液相的技术。污染土壤淋洗处理系统一般包括土壤预处理单元、物理分离单元、增效淋洗单元、废水处理及回用单元等。

污染土壤淋洗处理工艺基本流程为：挖掘出的污染土壤经筛分和破碎预处理，剔除超尺寸的大块杂物后进行清洗；预处理后的土壤进入物理分离单元，采用湿法筛分和水力分选，分离出粗颗粒和砂粒，经脱水后得到清洁物料；分级后的细砂粒和黏粒进行增效淋洗后再次固液分离，分离出的细砂粒土作为清洁物料；黏粒与污水一起进入污水处理系统，污水经净化处理去除污染物后，可回用或达标排放；污水处理产生的富集重金属污泥经脱水后外运填埋处置。修复过程中需定期采集处理后的粗颗粒、砂粒及细粒土壤样品以及处理前后淋洗废水样品进行分析，掌握污染物的去除效果。

8.5.3 治理修复

8.5.3.1 修复方案设计

污染土壤异位淋洗处理系统一般包括土壤预处理单元、物理分离单元、增效淋洗单元、污水处理及回用单元等，如图8-43所示。其设计关键技术参数包括：土壤细粒含量、污染物性质和浓度、水土比、粒径分级、淋洗时间、淋洗次数、增效剂的选择、淋洗废水处理及回用等。

① 土壤细粒含量

土壤细粒的百分含量是决定土壤淋洗修复效果和成本的关键因素。细粒一般是指粒径63～75μm的粉/黏粒。根据粒径分级试验，本项目土壤中，其碎石、石砾等粗粒(2mm以上)含量约占27%，砂粒(0.075～2mm)含量约占45%，细粒(小于0.075mm)含量约占28%。

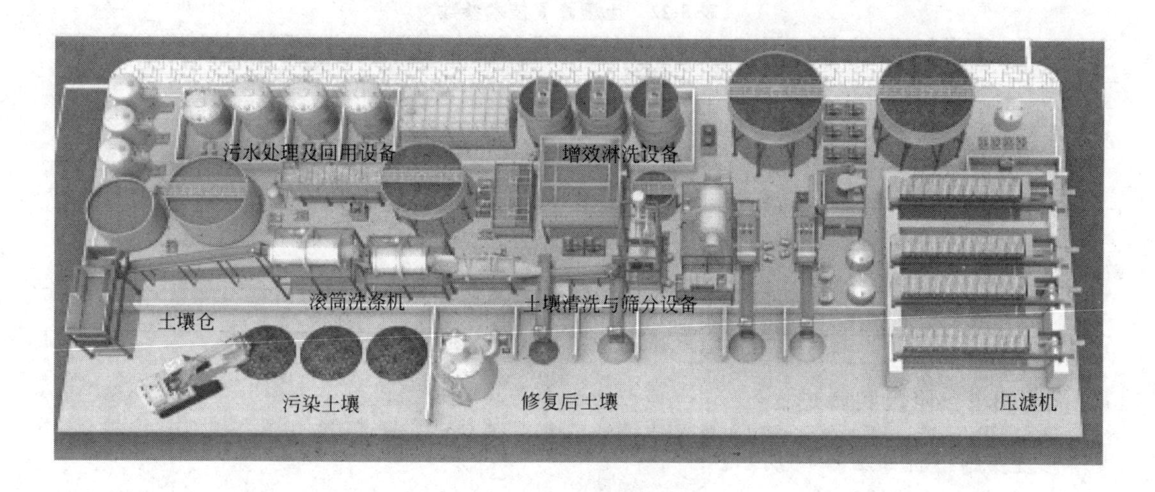

图 8-43 系统构成和主要设备

② 污染物性质和浓度

污染物的水溶性和迁移性直接影响土壤淋洗修复效果，污染物浓度也是影响修复效果和成本的重要因素。本项目土壤中污染物平均浓度约为 40～50mg/kg，最大浓度达 300mg/kg。其中较易被酸溶出的污染物占比约为 70%，以残留性形态和还原性形态存在的难以溶出的污染物约占 30%。

③ 水土比

在土壤淋洗修复不同阶段，应根据土壤机械组成情况及筛分效率选择合适的水土比。本项目在土壤清洗与筛分阶段，水土比控制为(3∶1)～(4∶1)。采用旋流器分级时，控制泥浆中土壤浓度为 10%左右；增效洗脱单元的水土比为(3∶1)～(5∶1)。

④ 粒径分级

保证土壤淋洗修复效果，通常需要采取多级筛分、分级淋洗的方式。本项目根据土壤颗粒粒径组成特点，采用两级振动筛分和水力分选相结合的粒径分级方案。筛分粒径分别为 2mm、0.15mm 和 0.075mm。

⑤ 淋洗时间

淋洗时间根据分级效果及处理设备的容量来确定：一般时间为 20min～2h，延长洗脱时间有利于污染物去除，但同时也增加了处理成本，因此应根据可行性实验、中试结果以及现场运行情况选择合适的洗脱时间。本项目通过分析污染物和土壤特性，并结合小试试验结果，确定污染土壤增效淋洗时长为 60min。

⑥ 淋洗次数

当一次淋洗效果不能达到既定土壤修复目标时，可采用多级连续淋洗或循环淋洗。本项目污染土壤设计淋洗次数为 1 次，仅针对少量淋洗后仍未达到修复目标的土壤增加淋洗次数。

⑦ 增效剂类型

重金属增效剂可为无机酸、有机酸、络合剂等。本项目采用无机酸(磷酸)作为增效剂。

该项目重金属污染土壤修复技术参数见表 8-22。

表 8-22 土壤修复技术参数

参数	数值
水土比	(3∶1)～(4∶1)
粒径分级/mm	一级振动筛分:2
	二级振动筛分:0.15
	旋流分离器:0.075
增效淋洗时间/min	60
淋洗次数	1
增效淋洗剂类型	磷酸

8.5.3.2 修复实施过程

修复实施过程如图 8-44 所示。

(1)污染土壤清挖运输

对于拟进行淋洗修复的污染土壤，采用挖掘机清挖后运输到污染土壤修复车间进行预处理作业。采用挖掘机配合人工的方式将污染土装车，装车时如有土壤洒落，及时清理归堆。装车后及时毡盖，防止洒落、扬尘。

(2)污染土壤预处理

为保证污染土壤的淋洗效果和淋洗设备系统的连续稳定运行，污染土壤在进行淋洗修复处理前，需首先进行筛分破碎预处理，剔除土壤中的大颗粒杂物(如混凝土块、石块、砖块等)，并将土壤破碎至粒度 50mm 以下，方可进行后续淋洗修复处理。

本项目重金属污染土壤的预处理作业在封闭的污染土壤修复车间内进行，污染土壤修复车间设有完善的车间通风及尾气除尘净化系统，可有效地避免污染土壤的预处理作业对周边环境造成不良的影响。污染土壤采用筛分破碎斗进行筛分破碎处理，在破碎土壤的同时，可筛除土壤中大颗粒建筑垃圾(如混凝土块、石块、砖块等)。筛上的大颗粒建筑垃圾需转运至专门场地进行冲洗处理，筛下的污染土壤进入后续淋洗修复处理工序。

(3)污染土壤淋洗修复处理

结合本项目重金属污染土壤的土质、粒径分布情况，针对本项目设计的污染土壤淋洗修复处理系统，其工艺流程如下。

① 采用挖掘机将预处理合格的污染土壤送入进料仓，经定量给料机按设定给料速度连续均匀地将污染土壤输送至滚筒洗涤机。滚筒洗涤机入口处设置淋洗喷嘴，污染土壤在滚筒洗涤机内与水充分搅拌混合，使附着在砂石上的细粒土剥离形成泥浆。洗涤污水随污染土壤排出滚筒洗涤机，一并进入第一级振动筛(见图 8-45)。

② 第一级振动筛为两级筛分，筛分出的大颗粒石块(≥5mm)及中等粒度沙粒(2～5mm)经皮带机送至指定位置堆置，筛下泥浆经泥浆泵送入一级旋流分离器进行固液分离。一级旋流分离器分离出来的污水送污水处理系统处理，分离出来的含细颗粒石渣及沙粒的泥浆送入第二级振动筛，第二级振动筛也为两级筛分，筛分出的中等粒度沙粒(1～2mm)及细沙粒(0.15～1mm)经皮带机送至指定位置堆置(见图 8-46)。

③ 筛下泥浆经泥浆泵送入二级旋流分离器进行固液分离，二级旋流分离器分离出来的污水送入污水处理系统净化处理，细砂粒(0.075～0.15mm)送入增效淋洗设备，加入增效剂(磷酸等)进行增效淋洗，将细砂粒中的重金属转移至水相中(见图 8-47)。

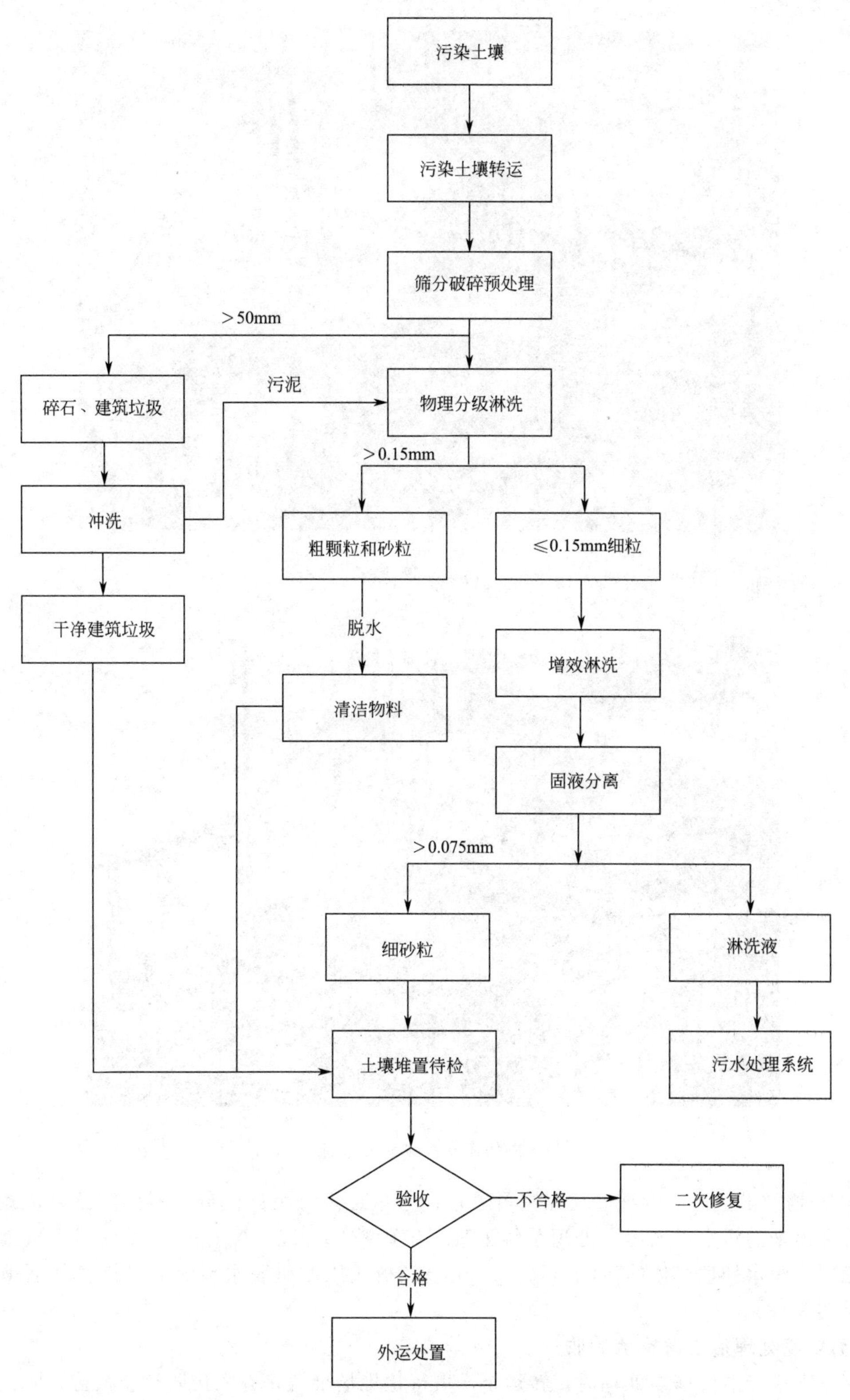

图 8-44　修复实施过程工艺流程图

图 8-45　污染土壤滚筒洗涤机

图 8-46　两级湿法振动筛和旋流分离器

④ 经增效淋洗后的含细砂粒泥浆再通过泥浆泵送入三级旋流分离器固液分离，旋流分离器分离出来的污水送入污水处理系统处理，细砂粒(0.075～0.15mm)经皮带机送至指定位置堆置。污水处理产生的污泥(≤0.075mm)经板式压滤机脱水后成泥饼进行外运填埋处置（见图 8-48)。

(4)修复处理后土壤检测验收

污染土壤经淋洗修复处理后，转运至土壤待检堆场堆置，并采用防渗膜覆盖，防止产生二次污染。修复后土壤堆置达到一定量后，分批次采样进行修复效果验收。若验收合格，则对修复后土壤进行最终处置；若不合格，则重新进行修复处理，直至合格(见图 8-49)。

图 8-47　土壤增效淋洗设备

图 8-48　污水处理设备

图 8-49 异位淋洗修复后土壤

(5) 修复后土壤处置

修复后土壤经验收检测合格后，可回填至原场地，淋洗产生的富集重金属泥饼，外运至填埋场填埋处置。

8.5.3.3 修复效果

本项目污染土壤采用异位淋洗技术修复处理后，将土壤分成 0.075mm 以上清洁土壤和 0.075mm 以下富集重金属的污泥；其中 0.075mm 以上清洁土壤占 70%，土壤中污染物平均去除率达到 87.8%。通过修复成功实现污染土壤减量 70%，效果显著。

8.5.4 案例总结

① 该项目场地存在的特征污染物为砷、镉、铜、铅等，这几种污染物是目前污染场地中较常见的重金属污染物。该项目采用以异位淋洗修复技术为主对场地内污染土壤进行修复治理，成功地将土壤中粒径 0.075mm 以上颗粒分离并修复合格，实现了污染土壤的减量化处置目标，取得了良好的修复效果。该修复技术的成功实施为其他重金属污染场地修复提供了工程示范借鉴。

② 该场地土壤以砂性土为主，修复治理采用以污染物总量去除为目标。该项目设计及施工参数为相似土质条件和修复要求的重金属污染场地修复提供了技术应用思路，为异位淋洗修复工程优化设计提供了基础数据。

习　题

1. 某污染场地的特征污染物为六六六、四氯化碳、三氯甲烷(氯仿)、六氯苯、苯等，请简述一种污染土壤修复的工艺流程，并画出简要的工艺流程图。

2. 请简述污染场地修复的环境监理工作内容与工作方法。

3. 以多环芳烃污染土壤为例，简述热脱附技术修复污染土壤的工艺流程，并画出简要的工艺流程图。

4. 以氯仿、二氯甲烷、三氯乙烯和四氯乙烯等 VOCs 污染土壤为例，简述 SVE 技术修复污染土壤的工艺流程。

5. 在污染土壤异位淋洗修复方案设计过程中，包括哪些关键技术参数的设计和选取？这些参数一般如何设计？

参考文献

[1] 杨乐巍，张晓斌等．土壤及地下水原位注入-高压旋喷注射修复技术工程应用案例分析 [J]．环境工程，2018，36：48-53.

[2] 杨乐巍，张岳等．原位化学氧化高压注射修复优化设计与应用案例分析 [J]．环境工程，2019，37：185-189.

[3] Soil Vapor Extraction at the Sand Creek Industrial Superfund Site，Operable Unit No. 1，Commerce City，Colorado [M]. Remediation Case Studies：Soil Vapor Extraction and Other In Situ Technologies，1997.

第9章 展望

9.1 我国土壤修复行业面临的主要问题

虽然，近些年来我国土壤修复行业得到一定的发展，但仍面临很多问题亟待解决。

9.1.1 土壤污染详细情况有待进一步摸清

2014年4月17日环境保护部和国土资源部已经发布《全国土壤污染状况调查公报》，明确全国土壤总的点位超标率为16.1%，耕地土壤的点位超标率为19.4%，林地和草地土壤的点位超标率分别为10.0%和10.4%，但是，由于全国普查点位密度小，无法进行污染详查，因此一定范围内的土壤污染详细情况仍需进一步摸清。

2016年10月20日，国务院下发了《国务院关于开展第二次全国污染源普查的通知》(国发〔2016〕59号)，指出根据《全国污染源普查条例》规定，国务院决定于2017年开展第二次全国污染源普查，并明确了普查目的和意义、普查对象和内容、普查时间安排、普查组织和实施、普查经费保障、普查工作要求等内容。后来，国家生态环境部先后组织多次第二次全国污染源普查暨全国土壤污染状况详查工作推进视频会议，统筹推进普查、详查工作。

2018年12月15日，国家生态环境部组织召开第二次全国污染源普查暨全国土壤污染状况详查工作推进视频会议。生态环境部部长李干杰强调，要严格质量管理，凝练调查成果，扎实推进第二次全国污染源普查和全国土壤污染状况详查，为改善生态环境质量、服务管理决策、打好污染防治攻坚战提供基础支撑。李干杰指出，开展第二次全国污染源普查和全国土壤污染状况详查，是党中央、国务院作出的重大决策部署，是打好打胜污染防治攻坚战的重要举措。其中，第二次全国污染源普查是依据《全国污染源普查条例》，为全面摸清建设"美丽中国"生态环境家底开展的一次重大国情调查。全国土壤污染状况详查是《土壤污染防治行动计划》明确的首要任务，也是土壤环境管理领域重要的基础性工作。

目前，第二次全国污染源普查暨全国土壤污染状况详查工作正在进行。截至2020年8月，尚未看到相关方公布普查、详查结果。

9.1.2 土壤污染防治政策、法规、标准亟须完善

2018年8月31日，十三届全国人大常委会第五次会议全票通过了土壤污染防治法，自2019年1月1日起施行。虽然《土壤污染防治法》已经出台，但是基于目前土壤污染的严

峻形势和复杂程度，现行技术政策、标准是否符合各地实际情况，在制订有针对性、具有可操作性的技术政策、标准方面尚存差距。我国正在建立和完善土壤污染综合防治体系，包括法律法规与管理体系、标准体系、监测监控体系等。

由于针对土壤污染防治与控制方面的法律法规以及相关标准尚不完善，缺乏对污染事故责任、处罚等方面的规定，因此极大限制了土壤修复产业的推进，具有巨大潜力的社会资本投资呈现观望状态，延缓了它们对土壤修复市场的参与度。同时，土壤环境质量标准不完善也成为污染土壤修复效果检验和评价的瓶颈。我国尚未形成污染土壤风险管理的相关方法体系和法规保障体系。这些工作都是我国土壤环境保护工作的重要内容，亟待解决。

9.1.3 土壤污染防治与修复技术研究基础薄弱

目前土壤修复技术复杂，门类众多，涉及多个学科领域，且我国土壤修复起步较晚，目前真正经济有效可持续性的技术路线较少，总体研究基础薄弱。我国污染土壤修复技术种类单一，缺乏应用性的修复材料，而且修复技术缺乏针对性、适用性和整体性，大多停留在实验室阶段，工程应用与装备严重不足，设备、药剂大部分依赖进口。虽然国家层面已于2014年发布了《污染场地修复技术目录(第一批)》、2015年发布了《污染场地修复技术筛选指南》(CAEPI 1—2015)，但是仍然比较粗略，我国仍然缺乏详细有效的技术筛选体系，缺乏对研发的支持和引导。现有的已工程化的技术远不能满足国内土壤修复要求，因此，在加强技术自主研发的同时，要注重国外先进技术的消化吸收和再创新，加强搭建土壤修复的国际交流与合作平台，加快推进我国土壤修复新技术开发及产业化应用。

9.1.4 土壤污染修复设备化、工程化、产业化研究滞后

我国开展污染土壤及场地修复技术研究比欧美发达国家晚20年，在修复技术、装备及规模化应用上还存在较大差距，制约了技术的规模化应用和产业化发展。技术支撑方面：快捷、原位的修复技术严重不足，修复技术体系尚待完善。技术装备方面：支持快速修复的自主研究设备刚刚开始。技术产业方面：缺乏规模化应用及产业化运作的技术支撑。

9.1.5 土壤污染防治与修复资金不明确

土壤污染防治资金需求量很大。由于我国至今还没有出台土壤污染防治法规，因此土壤污染的法律责任主体、污染者应承担的法律责任和义务等问题缺乏明确的界定，防治资金短缺是土壤污染防治中的一大难点。首先，土壤污染的责任主体不明确。出于历史原因，我国土壤污染主体大多是各类国有工厂，经过多轮的改制重组，产权关系、债权债务、工农关系等历史问题十分复杂，搬迁及治理费用高，就业安置补偿难度很大，难以用传统的“污染者负担”的原则去追究责任人，即便产权明晰的，也很难有能力再去支付高额的土壤修复费用。目前少数比较成熟的商业化项目，主要依托于房地产，由房地产开发商埋单。其次，大面积的农田土壤污染修复费用极大，但目前缺乏责任人。目前土壤污染的修复费用大部分由政府承担。

9.1.6 土壤环境保护管理体制不完善

当前，土壤环境保护的行政管理体制尚不完善，体制功能发挥受到严重限制。土壤环境

管理涉及的部门（包括国土、环保、农业等）太多，监管职权分散，部门协调联动缺乏制度保障和约束机制。监督机制缺失，对污染者缺乏惩治手段。

因此，需采取行之有效的措施，改革与创新土壤环境保护管理体制，明确环境保护部门和资源开发部门之间的职责分工，建立协同行政管理机制。

9.2 我国污染土壤修复的技术局限性

无论是物理化学修复、植物修复，还是微生物修复，都有一定的适用范围，并存在或多或少的其他问题或限制，其中有些甚至是难以克服的技术难点。表 9-1 对常用的污染土壤修复技术的局限性进行了梳理。

表 9-1 污染土壤修复技术局限性

技术名称	技术局限性
挖掘-填埋	挖掘-填埋技术无法减少污染物的毒性、活性和数量，只能降低其迁移性；挖掘-填埋需要有合适的填埋场所，占地面积较大；阻隔材料需要进行长期观测与维护，以保证其长期有效性；需确保填埋场的再利用不会对覆盖、防渗阻隔层产生破坏作用，深根植物不能在填埋区种植；污染土壤的外运过程需要进行严格监管，防止二次污染
固化/稳定化	修复后的环境条件变化可能会影响固体长期稳定性；污染物所处深度的增加可能增大原位固化/稳定化的操作难度；有机物质的存在可能会影响黏结剂的固化作用；原位处理时，黏结剂和固化剂等药剂的传输和有效混合可能存在一定难度；处理过程可能导致污染体积的大幅增加；某些污染物的处理需要进行可行性实验
土壤气相抽提	黏土或水分含量高（>50%）的土壤，由于渗透性较差，影响 SVE 的处理效果；由于有机物含量高或特别干燥的土壤对 VOCs 的吸附性较强，污染物的去除效率会较低；土壤气相抽提技术实施时可能会发生污染物“拖尾”和反弹现象；抽提后的尾气和尾气处理过程产生的废物需要进行处理
土壤淋洗	淋洗技术可能会破坏土壤理化性质，使大量土壤养分流失，并破坏土壤微团聚体结构；低渗透性、高土壤含水率、复杂的污染混合物以及较高浓度会使处理较为困难；淋洗技术容易造成污染范围扩散并产生二次污染
土壤脱洗	一般在洗脱前需要对土壤进行预处理和分级；同淋洗技术一样，洗脱技术会破坏土壤的微团聚体结构和理化性质，并丧失大量养分；污染物较为复杂时会增加洗脱液选择的难度；难以去除黏粒中吸附的污染物；脱洗废液如控制不当会产生二次污染
热脱附	土壤需要控制粒径和水分含量等，预处理可能会影响该技术的应用效果和费用；含腐蚀性污染物的土壤可能会损害处理设备；黏土、淤泥或含有大量有机物的土壤对污染物的吸附能力强，会导致物料停留时间的延长，降低修复效率。热脱附技术比其他常用修复技术费用略高
焚烧	重金属焚烧产生的残灰，需进行安全处置，挥发性重金属的焚烧，需要安装尾气处理系统；对含氯有机污染土壤进行焚烧存在产生二噁英的风险；处理过程中可能形成比原污染物的挥发性和毒性更强的化合物；能耗成本较高
水泥窑协同处置	在进入水泥窑前，污染土壤一般需要进行预处理；对污染土壤中的各组分和污染物等进行详细检测，以保证水泥产品的质量；污染土壤在水泥生料中的配比通常较低；涉及污染土壤的挖掘或远距离运输，可能产生二次污染

续表

技术名称	技术局限性
化学氧化/还原	处理过程可能产生不完全氧化物或中间污染；处理高浓度的污染物需要大量的氧化还原剂，可能导致此技术不再经济可行
生物通风	邻近地下水、饱和层土壤或低渗透性的土壤使用该技术效果较差；土壤中水分含量太低也会限制生物有效性；可能会导致污染物进入临近地下空间；需要监控土壤表面可能排放废气；温度过低会减缓修复速率
生物堆	生物堆技术需要对污染土壤实施挖掘；需通过可行性实验确定污染物的生物可降解性、需氧量及营养物负荷率；因为没有搅拌作用可能会导致处理效果的非均一性和相对较长的处理时间
强化生物修复	如果土壤介质中含有抑制微生物活性或限制微生物与污染物接触的物质，则会降低修复效果，黏土、非均质土层也会影响修复效果；强化生物修复技术在低温条件下（比如北方地区，寒冬时节）不宜采用；该技术原位应用时，优先流的存在可能会减少添加剂和污染物的接触机会
植物修复	植物修复的深度取决于采用的植物，但基本只能处理浅层污染；浓度较高的污染物可能对植物有毒；植物修复的季节性和地域较强；可能会产生污染物从土壤中转移到空气中的情况；植物修复产生的毒性和生物有效性较难确定；修复周期较长；需对植物修复时收割的植物妥善处置
泥浆相生物处理	需要对污染土壤实施挖掘；土壤进入反应器前的预处理较为困难，且成本较高；该技术对非均质土壤和黏土的处理可能存在困难；处理后的土壤脱水和废水处理需要较多费用；不适用于无机污染物的处理

9.3 我国污染土壤修复的技术发展趋势

近些年来，我国的土壤修复技术得到一定的发展，结合国外发达国家的先进经验和发展历程，我国土壤修复发展趋势将呈现如下特点：在污染土壤修复决策上，逐渐从基于污染物总量控制的修复目标发展到基于污染风险评估的修复导向；在技术上，逐渐从物理修复、化学修复和物理化学修复发展到生物修复、植物修复和基于监测的自然修复，从单一的修复技术发展到多技术联合的修复技术、综合集成的工程修复技术；在设备上，逐渐从基于固定式设备的离场修复发展到移动式设备的现场修复；在应用上，已从服务于重金属污染土壤、农药或石油污染土壤、持久性有机化合物污染土壤的修复技术发展到多种污染物复合或混合污染土壤的组合式修复技术；逐渐从点源修复走向面源修复，甚至流域修复；逐渐从单项修复技术发展到融大气、水体监测的多技术设备协同的场地土壤-地下水综合集成修复；逐渐从工业场地走向农田耕地，从适用于工业企业场地污染土壤的离位肥力破坏性物化修复技术发展到适用于农田耕地污染土壤的原位肥力维持性绿色修复技术。

9.3.1 向绿色与环境友好的土壤生物修复技术发展

利用太阳能和自然植物资源的植物修复、土壤中高效专性微生物资源的微生物修复、土壤中不同营养层食物网的动物修复、基于监测的综合土壤生态功能的自然修复，将是未来土壤环境修复科学技术研究的主要方向。农田耕地土壤污染的修复技术要求能在原位有效地消除影响粮食生产和农产品质量的微量有毒有害污染物，同时既不能破坏土壤肥力和生态环境功能，又不能导致二次污染的发生。发展绿色、安全、环境友好的土壤生物修复技术能满足这些需求，并能适用于大面积污染农地土壤的治理，具有技术和经济上的双重优势。从常规作物中筛选合适的修复品种，发展适用于不同土壤类型和条件的根际生态修复技术已成为一种趋势。应用生物工程技术如基因工程、酶工程、细胞工程等发展土壤生物修复技术，有利于提高治理速率与效率，具有应用前景。

9.3.2 从单项向协同、联合的土壤综合修复技术发展

土壤中污染物种类多，复合污染普遍，污染组合类型复杂，污染程度与厚度差异大。地球表层的土壤类型多，其组成、性质、条件的空间分异明显。一些场地不仅污染范围大，不同性质的污染物复合，土壤与地下水同时受污染，而且修复后土壤再利用方式的空间规划要求不同。这样，单项修复技术往往很难达到修复目标，而发展协同联合的土壤综合修复模式就成为场地和农田土壤污染修复的研究方向。例如，不同修复植物的组合修复，降解菌-超积累植物的组合修复，真菌-修复植物组合修复，土壤动物-植物-微生物组合修复，络合增溶强化植物修复，化学氧化-生物降解修复，电动修复-生物修复，生物强化蒸汽浸提修复，光催化纳米材料修复等。

9.3.3 从异位向原位的土壤修复技术发展

将污染土壤挖掘、转运、堆放、净化、暂存、再利用是一种经常采用的离场异位修复过程。这种异位修复不仅处理成本高，而且很难治理深层土壤及地下水均受污染的场地，不能修复建筑物下面的污染土壤或紧靠重要建筑物的污染场地。因而，发展多种原位修复技术以满足不同污染场地修复的需求就成为近年来的一种趋势。例如，原位蒸汽浸提技术、原位固化/稳定化技术、原位生物修复技术、原位纳米零价铁还原技术等。同时，基于监测且能发挥土壤综合生态功能的原位自然修复也是一种发展趋势。

9.3.4 基于环境功能修复材料的土壤修复技术发展

黏土矿物改性技术、催化剂催化技术、纳米材料与技术已经渗透到土壤环境和农业生产领域，并应用于污染土壤环境修复，例如利用纳米铁粉、氧化钛等去除污染土壤和地下水中的有机氯污染物。但是，目标土壤修复的环境功能材料的研制及其应用技术还刚刚起步，具有发展前景。目前对这些物质在土壤中的分配、反应、行为、归趋及生态毒理等尚缺乏了解，对其环境安全性和生态健康风险还难以进行科学评估。基于环境功能修复材料的土壤修复技术的应用条件、长期效果、生态影响和环境风险有待回答。

9.3.5 基于设备化的快速场地污染土壤修复技术发展

土壤修复技术的应用在很大程度上依赖于修复设备和监测设备的支撑，设备化的修复技术是土壤修复走向市场化和产业化的基础。植物修复后的植物资源化利用、微生物修复的菌剂制备、有机污染土壤的热脱附或蒸汽浸提、重金属污染土壤的淋洗或固化/稳定化、修复过程及修复后环境监测等都需要设备。尤其是对城市工业遗留的污染场地，因其特殊位置和土地再开发利用的要求，需要快速、高效的物化修复技术与设备。开发与应用基于设备化的

场地污染土壤的快速修复技术是一种发展趋势。一些新的物理和化学方法与技术在土壤环境修复领域的渗透与应用将会加快修复设备化的发展，例如，冷等离子体氧化技术可能是一种有前景的有机污染土壤修复技术，将带动新的修复设备研制。

9.3.6 从土壤修复向土壤-水体联合修复发展

由于污染物的迁移性，土壤污染和地下水污染往往密不可分。随着我国修复技术的快速发展，以及相关政策法规的完善，尤其是确定出资方制度的完善，我国将逐渐鼓励倡导土壤和水体联合修复，包括土壤与地表水、地下水的联合修复。2014 年 4 月 17 日，国家环境保护部和国土资源部发布《全国土壤污染状况调查公报》，另外，全国地下水污染调查情况也将于近期公布，这将进一步促进土壤-水体联合修复，尤其是土壤-地下水联合修复的发展。

9.3.7 从点源污染场地修复向流域生态修复发展

点源污染场地是指污染范围较小且污染扩散很慢或基本不扩散的污染场地，例如有些工业污染场地。土壤生态修复是指对土壤生态系统停止人为干扰，以减轻负荷压力，依靠土壤生态系统的自我调节能力与自组织能力，或者利用生态系统的这种自我恢复能力，辅以人工措施，使遭到破坏的土壤生态系统逐步恢复正常功能或使土壤生态系统向良性循环方向发展。流域生态修复是指流域尺度的生态修复。随着土壤修复技术的快速发展，结合国家的实际发展需求，我国将逐渐从单一的点源污染场地修复走向流域生态修复，促进我国的土地资源、水资源等自然资源的保护与合理开发利用，使环境污染得到有效控制，促进国民经济的发展。

9.3.8 土壤修复决策支持系统及后评估技术发展

污染土壤修复决策支持系统是实施污染场地风险管理和修复技术快速筛选的工具。污染土壤修复技术筛选是一种多目标决策过程，需要综合考虑风险削减、环境效益与修复成本等要素。欧美许多土壤修复研究组织如 CLARINET、EUGRIS、NATO/CCMS 等针对污染场地管理和决策支持进行了系统研究和总结。一些辅助决策工具如文件导则、决策流程图、智能化软件系统等已陆续出台和开发，并在具体的场地修复过程中被采纳。基于风险的污染土壤修复后评估也是污染场地风险管理的重要环节，包括修复后污染物风险评估、修复基准及土壤环境质量评价等内容。土壤污染类型多种多样，污染场地错综复杂，需要发展场地针对性的污染土壤修复决策支持系统及后评估方法与技术。因此，基于国外发达国家的经验和发展历程，我国也将发展土壤修复决策支持系统及后评估技术。

9.4 我国污染土壤修复商业模式建议

9.4.1 第三方治理和 PPP 模式

2015 年 1 月，国务院办公厅印发的《关于推行环境污染第三方治理的意见》指出，环境污染第三方治理是推进环保设施建设和运营专业化、产业化的重要途径，是促进环境服务业发展的有效措施。《关于推行环境污染第三方治理的意见》和《新环保法》都充分体现：

政府、企业对于环保的关注从“定目标”转为“抓落实”；政府、企业对环保的关注重点从投资规模，向治理结果转变；政府、企业从治理主体向环保企业购买服务方向转变。

第三方治理：a. 应用于工业污染治理领域。b. 企业对于产生的污染，从自主治理，向委托第三方(环保企业)治理。c. 企业向环保企业支付治理服务费，环保企业承担环境治理风险。

PPP(public-private-partnership)：a. 应用于市政领域。即：政府控股、运营的市政资产，将被出让出部分、全部股份，转变为社会资本、环保企业控股。b. 从政府自主运营转变为环保企业运营，政府向环保企业购买环保服务。环保企业和政府的关系，不再是财政补贴的关系，而是商业合同的关系。c. 对于政府：减少负债压力，降低非专业化运营带来的低效率，分担环保治理风险。对于环保企业：获取更多市场份额，承担环保治理风险。

政府、工业企业、环保企业都有推进 PPP、第三方治理的动力。a. PPP 和第三方治理有效化解政府和企业的负债压力、环保压力。b. 环保企业获取更多的市场份额，提升产业规模，同时承担环保治理风险。c. 拥有经验的环保企业更具竞争优势。

9.4.2 几种土壤修复商业模式建议

目前，国内土壤修复行业发展尚处于初级阶段，商业模式不清晰一直是困扰国内土壤修复市场发展的最大问题之一。土壤污染特别是场地土壤污染及其治理涉及复杂的社会关系(图 9-1)。多方利益主体的存在使得责任主体难以确认，造成污染责任的相互推诿，污染问题迟迟难以解决。市场是失灵的，受益主体是抽象的，价值以及污染对资产的影响也无法评估。

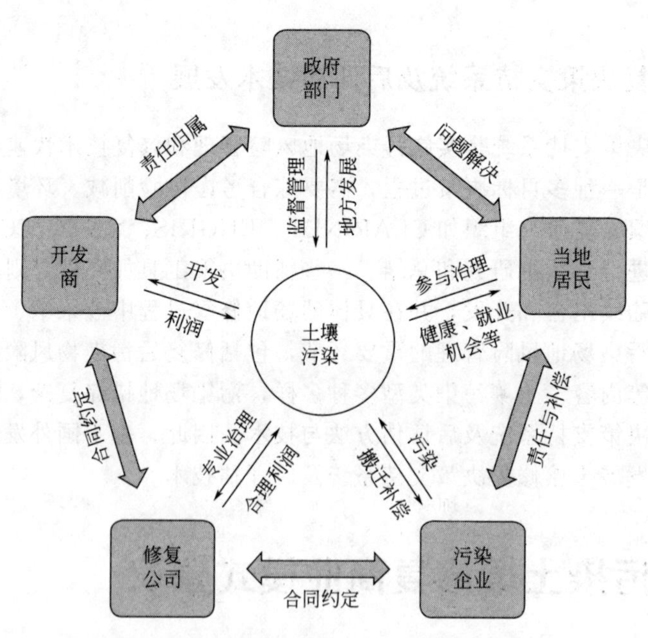

图 9-1　污染土地开发各利益相关方关系

我国不论在中央还是地方，目前还没有像超级基金和棕地修复基金这样专门用于修复治理污染场地的基金计划。对于已知责任的污染场地，尚且没有明确用于治理的资金渠道；对于未明确责任的污染场地，更没有专门的配套资金用于这些污染场地的修复和综合整治，资金机制亟待完善。

根据我国的污染场地现状，结合我国国情，积极探索形成适宜的、可持续的土壤修复商业模式，建立多渠道的资金筹集机制，可借鉴美国超级基金的经验，建立政府性污染场地修复基金，同时完善我国已有的绿色信贷、绿色保险和绿色税收等多项环境经济政策，跳出就修复产业论修复产业的局限，充分发挥各方优势，引入社会资本，形成污染企业、受益者为主体，政府、社会等为辅助的多元化的场地修复资金来源，使土壤修复走向可持续发展。因此，建立科学合理的商业模式，对我国土壤修复行业健康发展及国家生态文明建设至关重要。

污染场地土壤修复涉及污染场地普查、环境影响评价、修复工程建设和土地二次开发等环节，包括创新技术研究、关键工艺开发、装备和材料制造、工程项目设计和施工、过程监督控制和后评估等构建的产业链，在我国具有巨大的市场潜力。但限于污染场地土壤修复的工程特点，如污染物在土壤中的滞留时间长，具有难降解性、隐蔽性和不可逆性等，导致污染场地多存在历史遗留问题，致使修复工程必须面对修复工艺复杂、成本较高等技术难题，同时必须面对责任主体追溯难度大、修复治理工程资金筹措困难等管理难题，污染场地修复产业经营模式属于“摸着石头过河”，机遇与风险并存。

参考国外发达国家的土壤修复技术研究和产业发展经验，结合我国国情及现阶段有限的修复治理工程经验，我国污染场地治理的产业经营模式包括但不限于以下几种。

(1)“谁污染，谁治理”模式　对于污染责任主体明确的污染场地，可采用此模式。此模式由污染责任主体筹措或主要承担污染场地土壤修复工程费用，通过具有相应资质的专业工程公司实施修复治理，政府相关职能部门监督、验收。

(2)“谁使用，谁治理”模式　对于污染责任主体不明确，具有一定的高值化潜力的污染场地，可采用此模式。此模式由污染场地的开发使用者筹措或主要承担污染场地土壤修复工程费用，通过具有相应资质的专业工程公司实施修复治理，政府相关职能部门监督、验收。

(3)“政府出资”模式　对于污染责任主体不明确，修复后作为公益用途的污染场地，可采用此模式。此模式由所在地区的政府负责筹措或主要承担污染场地土壤修复工程费用，通过具有相应资质的专业工程公司实施修复治理，政府相关职能部门监督、验收。

(4) RT(remedy-transfer)模式　即垫资修复模式。由污染场地所有者授权具有相应资质的专业工程公司实施修复治理，政府相关职能部门监督、验收；修复治理费用由专业工程公司先行垫付，达到污染场地所有者规定的土地使用质量要求后，污染场地所有者按修复合同约定价格及支付条件履约。

(5) ROT(remedy-operate-transfer)模式　即“修复-开发-移交”模式。经污染场地所有者或政府相关部门委托，由具备相应资质的专业修复公司来承担该项目的投资、融资、实施修复治理，经验收合格后，在协议规定的特许期限内进行场地开发再利用，并准许其通过向用户收取费用或出售产品以清偿贷款，回收投资并赚取利润。在整个过程中，政府具有监督权、调控权，特许期满，签约方的专业修复公司将该场地及建成的设施无偿或有偿移交给场地原来的所有者或相关部门。

(6) ROO(remedy-operate-own)模式　即“修复-开发-拥有”模式。对于难以找到责任主体的污染场地，污染场地所有者或政府相关部门与专业修复公司签订特许权协议，授予专业修复公司来承担场地修复的投资、融资，并实施修复，经验收合格后，进行场地开发再利用，回收投资，赚取利润。与ROT模式不同，专业修复公司无需将该场地移交给原来的所有者或政府相关部门，有权不受任何时间限制地拥有并经营场地开发再利用的项目设施和收益。

(7) TRT(transfer-remedy-transfer)模式　即“受让-修复-转让”模式。污染场地所有者或政府相关部门委托具备相应资质的专业修复公司进行污染场地的修复治理，由专业修复公司承担修复的投融资成本，修复完成经验收合格后，专业修复公司将该场地转让，回收投资，赚取利润。

上述多种模式都体现了“第三方治理”和PPP模式的理念，是第三方治理和PPP模式在土壤修复领域的具体表现形式。

9.5 我国土壤修复行业代表性单位介绍

在环境产业发达的国家，土壤修复产业占整个环保产业的市场份额高达30%～50%，而国内土壤修复的产业链也正在逐步完善发展。国内一些大学、科研机构等纷纷开始研究土壤修复项目。事实上，国内土壤修复市场正被国内外看好。国外的一些土壤修复咨询机构也纷纷进入国内，带动了国内修复产业的意识、技术和市场的发展。

在北京、上海、武汉、南京等经济相对发达、人才优势明显且污染场地较多的区域，也迅速涌现了一批专业土壤修复企业。土壤修复产业正在逐步形成上中下游的产业链，从土壤污染项目的场地调查及风险评估，再到修复工程的实施、检测、监测、完工验收，甚至后评价，同时还有相应的修复设备商、药剂材料商等。因此，我国土壤修复的产业链正在逐步实现有序化和细分化。各修复企业参差不齐，下面就在我国影响力较大的土壤修复单位进行简要介绍。

9.5.1 中国科学院沈阳应用生态研究所

中国科学院沈阳应用生态研究所(简称沈阳生态所)成立于1954年10月15日，其前身为中国科学院林业土壤研究所，1987年更为现名，2001年被正式批准为中国科学院国家知识创新工程试点单位。截至2018年年底，沈阳生态所共有在职职工427人。其中专业技术人员382人，包括正高级专业技术人员81人、副高级专业技术人员102人。共有国家“千人计划”入选者1人，“青年千人计划”1人，中国科学院“百人计划”入选者12人，中国科学院特聘研究员13人，国家杰出青年科学基金获得者2人，国家优秀青年基金获得者5人。沈阳生态所设有森林生态与林业生态工程研究中心、土壤生态与农业生态工程研究中心、污染生态与环境生态工程研究中心、景观生态与区域规划研究中心、生物资源与生物技术研究中心五个研究中心；为土壤养分管理国家工程实验室（共建）、污染土壤生物－物化协同修复技术国地联合工程实验室、中国科学院污染生态与环境工程重点实验室、中国科学院森林生态与管理重点实验室、辽宁省陆地生态过程与区域生态安全重点实验室、辽宁省生态公益林重点实验室、辽宁省植物资源与利用重点实验室、辽宁省土壤环境质量与农产品安全重点实验室、辽宁省肥料工程技术中心等科技平台的依托单位。

建所以来，围绕国家农业、林业可持续发展，生态与环境建设中急需解决的重大问题和应用生态学的发展需要，沈阳生态所在森林生态与林业生态工程、土壤生态与农业生态工程、污染生态与环境生态工程领域开展基础性、战略性和前瞻性研究，丰富和发展森林生态学、农田生态学和污染生态学的基础理论，为我国主要退化生态系统恢复与重建，改善生态与环境，保障食物安全提供科学依据与关键技术。

9.5.2 中国科学院南京土壤研究所

中国科学院南京土壤研究所成立于1953年，其前身为1930年创立的中央地质调查所土壤研究室。截至2018年底，南京土壤研究所共有在职职工306人。其中科技人员223人、科技支撑人员58人，包括中国科学院院士2人，中国工程院院士1人，研究员及正高级工程技术人员64人、副研究员及高级工程技术人员92人。共有国家“万人计划”入选者5人，国家杰出青年科学基金获得者10人。面向全国的土壤资源，开展了一系列卓有成效的研究工作，是土壤科学领域研究实力雄厚、分支学科齐全且在国际上具有较大影响力的国家级研究中心和高级人才培养基地。

中国科学院南京土壤研究所面向农业可持续发展和生态环境建设中的国家需求，以土壤资源管理、植物营养调控、土壤环境保护、土壤生态保育为四大核心研究领域，推动系列重大科研计划的实施，参与国家重大科研项目的竞争，为我国土壤资源合理利用、农业可持续发展和生态环境建设提供决策依据和技术支撑。围绕土壤资源管理、植物营养调控、土壤环境保护、土壤生态保育4大重点领域，设有土壤与农业可持续发展国家重点实验室、中国科学院土壤环境与污染修复重点实验室、土壤养分管理国家工程实验室、农业部耕地保育综合性重点实验室等重要研究平台；设有土壤资源与遥感应用研究室、土壤-植物营养与肥料研究室、土壤化学与环境保护研究室、土壤物理与盐渍土研究室、土壤生物与生化研究室、土壤与环境生物修复研究中心、土壤利用与环境变化研究中心等研究单元。中国科学院南京土壤研究所主办《PEDOSPHERE》(土壤圈)、《土壤学报》及《土壤》3份学术期刊；其土壤与环境分析测试中心是国家质量技术监督局认定的国家计量认证合格单位。

9.5.3 中国环境科学研究院土壤污染与控制研究室

中国环境科学研究院土壤污染与控制研究室自成立以来，主要从事土壤污染(尤其是工业活动、废弃物处理处置和化学品引发的场地污染)的监测、环境过程、修复和环境管理对策等研究。中国环境科学研究院土壤污染与控制研究室的主要研究方向包括：①区域土壤环境质量调查、污染源识别与监控；②土壤有机、无机污染物的环境过程与迁移、转化机理；③土壤污染物的环境影响分析与风险评价；④土壤及场地污染控制基准、标准与法律法规体系研究；⑤污染土壤及受污染场地生态修复与环境管理对策等。

近年来，中国环境科学研究院土壤污染与控制研究室获国家科技进步二等奖1项，国家环保总局部级科技进步二等奖1项和国家环保总局部级科技进步三等奖1项。发表研究论文60余篇，申报各类专利8项。先后承担了多项科技部973、科技部社会公益研究项目、全国土壤环境调查前期专项等各类科技项目。

9.5.4 上海市环境科学研究院固体废物与土壤环境研究所

上海市环境科学研究院成立于1979年，为上海市环境保护局直属事业单位，是集环境科学、环境规划、环境生态、环境评价、环境污染控制技术与工程设计、工程实施于一体的综合性研究机构。上海市环境科学研究院现有员工418名，其中专业技术人员的比例超过

90%。拥有科研楼、行政楼、科技图书馆和培训中心等办公楼，建筑面积13000m^2。装备大中型科研仪器设备近百台，资产总数超过千万元。

主要研究领域包括水环境、大气环境、声环境、土壤环境、自然生态、农村环保、低碳经济、健康毒理、规划标准、清洁生产等。具有环境影响评价(甲级)、环境工程设计与承包、环境管理体系认证、环保产品质量检验、环境检测实验室认可和计量认证等10余项资质证书；主办《上海环境科学》《环境科技动态》两本学术刊物。与美国、日本、澳大利亚、荷兰等国家相关科研机构开展了广泛的学术交流和合作科研。获得国家级、省部级科技成果奖励26项，其中国家科学技术进步二等奖1项，环境保护科学技术一等奖2项，上海市科技进步一等奖2项，上海市决策咨询成果一等奖2项。

9.5.5 中冶南方都市环保工程技术股份有限公司

中冶南方都市环保工程技术股份有限公司（简称“都市环保”，英文缩写“CCEPC”）隶属于世界500强——中国五矿集团中国冶金科工集团，是由中冶南方工程技术有限公司控股的国家级环保高新技术企业，于2000年在国家自主创新示范区——武汉东湖新技术开发区注册成立，注册资金9.2亿元。

都市环保集中了环境保护方面雄厚的高新技术力量、市场及人力资本优势，具有较强的投融资能力。具有电力行业（火力发电，含核电站常规岛设计）专业甲级、环境工程（水污染防治工程、大气污染防治工程、固体废物处理处置工程、污染修复工程）专项甲级设计资质、电力行业（新能源发电）、建筑行业（建筑工程）、市政行业（环境卫生工程）乙级设计资质，环保工程专业承包一级资质，建筑企业市政公用工程总承包二级资质；污染治理设施运行服务能力一级资质等，是国家发改委审核备案的节能服务公司，且通过了ISO9001、14001、OHSAS18001（质量、环境、职业健康安全）体系认证。

中冶南方都市环保工程技术股份有限公司长期致力于固废处理、环境修复、污水污泥处理、废气烟气治理和环保热电等领域的工艺技术开发和工程应用，主要承担资源与环境工程的咨询、设计、设备成套、工程总承包、调试和运行管理等业务，具有良好的市场经营机制和项目建设管理能力，属于全面发展的环保高科技型企业。拥有博士、硕士、教授级高工、高级工程师技术人员及管理人员1000多人，专业齐全，涵盖环境工程、岩土工程、给排水、化学工艺、自动化、电气、电厂化学、建筑、结构、总图、机械化、工程管理、热能工程、燃气、暖通、工程经济、技术经济、情报、档案等20多个专业。

该公司多次被评为全国环保骨干企业和高新技术企业，并被授予《守合同重信用企业》，资信等级为AAA级；国家环保产业协会常务理事单位，湖北省和武汉市环保产业协会副会长单位。承担国家863、国家重点研发计划、火炬计划、省市科技计划重大专项等各级科技项目30余项，获得国家、省部级等各类奖项200余项，包括国家优质工程金奖，国家科技进步二等奖，国家重点环境保护实用技术，湖北省科技进步一等奖、三等奖，国家环保部科学技术奖、武汉市科技进步二等奖、安阳市科技进步二等奖、行业优秀设计奖一等奖等。申报国家专利500余项，已获授权130余项。

中冶南方都市环保工程技术股份有限公司拥有一支800多人由海外人才、博士、教授组成的研究队伍，与美国、加拿大、德国、比利时、韩国、日本等多个国家的土壤修复相关单位保持密切合作，长期致力于引领土壤修复行业发展，促进国内行业规范、助力国家生态文明建设。同时，该公司与全国多省市相关单位进行交流合作，与国内顶尖高校和科研院所分别成立了湖北省土壤污染预防与修复工程技术研究中心、湖北省土壤及地下水修复产业技术创新战略联盟、武汉污染场地土壤修复产业技术创新战略联盟。联盟在土壤修复监测技术研究与开发、区域环境普查及评价、土壤修复检测技术研究与开发、土壤物性测试与分析和土壤修复材料、特种装备研究与岩土工程技术支持等方面具有优秀的软、硬件资源，通过联盟的有机整合，形成了强有力的产学研合作平台，能进行污染场地普查识别、风险评价、修复治理工程实施以及治理效果评估等污染场地土壤修复全流程的技术研究和工程建设。

9.5.6 北京建工环境修复有限责任公司

北京建工环境修复股份有限公司，注册资本金 10699.2359 万元，是一家专业从事环境修复，致力于建设“生态文明”的高科技企业。先后承担的土壤修复项目包括：北京化工三厂土壤修复工程，北京红狮涂料厂农药污染场地修复项目，北京焦化厂南厂区修复项目，兰州石化老硝基苯装置拆除修复项目。在此基础上不断拓展业务，进行土壤修复、水体修复、生态修复探索，持续推进修复行业产业化进程。

该公司注重自身科技实力的提升，积极开展与科研院所的合作。与国内顶尖高校和科研院所分别成立了修复技术研究中心、重点实验室和工程技术中心。参与了科技部 863 项目、环境保护部公益性行业科研专项等多项科研课题。2020 年 8 月底，申报专利近 218 项，有效专利 142。

9.5.7 北京高能时代环境技术股份有限公司

北京高能时代环境技术股份有限公司来源于中科院高能物理研究所，1992 年成立，国家级高新技术企业。2014 年在 A 股主板上市（603588）。截至 2019 年年底，有固定员工近 2500 人，总资产超百亿。2016 年，公司入列国家企业技术中心；2017 年，公司核心技术获评“国家科学技术进步二等奖”。

北京高能时代环境技术股份有限公司以技术创新推动产业转型升级，形成了工程承包与投资建设运营相结合的经营模式。业务范围囊括环境修复和固废处理处置两大领域，形成了以环境修复、危废处理处置、生活垃圾处理为核心业务板块的综合型环保服务平台。旗下汇集了 90 家分公司，实现了集团规模化、业务多元化发展。截至 2019 年年底，拥有 336 项专利技术和 21 项软件著作权，主、参编 78 项国家、行业标准和技术规范，完成近千项国内外大型环保工程，是“全国优秀施工企业”。

9.5.8 中节能大地环境修复有限公司

中节能大地环境修复有限公司是中国节能于 2012 年联合杭州大地环保工程有限公司共同成立的。业务涉及场地调查、风险评估、修复方案咨询、修复工程实施及后期运营监测，全流程参与环境修复过程，提供污染场地(土壤及地下水)修复的服务，包括：污染场地调查及风险评价、污染场地修复方案编制、污染场地修复工程实施、修复过程环境监理、场地修复运营及监测、环境(土壤及地下水)审计、修复设备开发及制造等。

中节能大地环境修复有限公司于 2013 年 6 月获得环保部国家环境保护工业污染场地及地下水修复工程技术中心，是环保科技创新体系和环保技术开发基础平台的重要组成部分，工程技术中心的建立对于推进公司的技术研究、工程应用及产业化水平，为环境管理提供技术支撑具有重要意义。

中节能大地环境修复有限公司积极开展土壤修复相关的材料、技术、装备的创新研发，获得多项专利。同时积极研发可视化与定量分析模型管理平台。引领了多项行业第一，并不断推进技术进步。公司拥有多项专业资质，可承担各类项目。荣获国务院颁发的科技进步奖二等奖1项，教育部颁发的科技进步奖一等奖1项及其他多项荣誉。

中节能大地环境修复有限公司下属四家子公司：中节能大地（杭州）环境修复有限公司、中节能大地中绿（北京）环境咨询有限公司、中节能（湖北）大地生态环境有限公司、中节能大地（山东）环境科技有限公司。

9.5.9 上田环境修复股份有限公司

上田环境修复股份有限公司，注册资本金5500万元，是一家专业从事污染土壤及地下水场地调查、风险评估、修复方案设计、工程施工以及河道港湾污染沉积物治理与生态修复的高新技术企业，具有环保工程一级资质、环境工程(污染修复)设计专项乙级资质、江苏省环境污染治理工程总承包(生态修复工程)一级资质、江苏省环境污染治理(污染土壤修复、污染水体修复)甲级资质，房屋拆除和土石方工程资质。与省内科研院所合作成立土壤及地下水修复工程技术研究中心。通过了ISO质量认证体系《职业健康安全管理体系要求》(GB/T 28001—2011/OHSAS18001:2007)、《环境管理体系要求及使用指南》(GB/T 24001—2004/ISO 14001:2004)、《质量管理体系要求》(GB/T 19001—2008/ISO 9001:2008)和《工程建设施工企业质量管理规范》(GB/T 50430—2007)认证。

拥有独立的实验室和工程技术中心，针对不同性质的土壤、地下水开展各种技术和工艺试验，实现修复技术的更新升级。注重科研与技术创新，注重与高校合作，开展学术研究及科研项目，并与中国风险投资有限公司签约合作，通过资源整合。

9.6 我国土壤修复工作展望

土壤污染的修复和再开发关系到百姓的健康及其切身利益，然而我国公众之前对这种风险的意识较为薄弱(图9-2)。一直以来，很多地方只注意本地区经济的发展和城市土地出让的利润，而忽略了工业和城市发展带来的污染及其导致的健康问题和环境安全问题。污染土地再开发项目的投资者和当地居民对土壤污染带来的风险认识不足，并缺乏足够的方法和资源来调查和参与相关事务。近些年来，随着环境的不断恶化，土壤污染事件频发，公众对土壤环境改善的认识不断提高，同时伴随信息化的发展及国家相关环保政策的陆续出台，公众环保意识不断提高，且参与污染土地管理的能力不断加强。如图9-2所示，这种趋势在未来几年将进一步彰显。

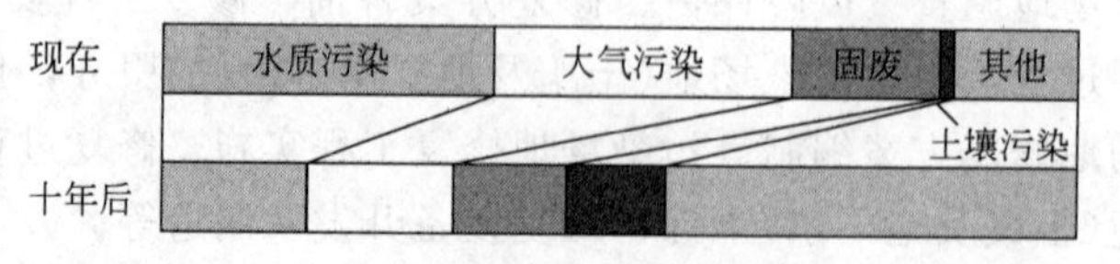

图9-2 各环境问题的重要性

根据行业生命周期理论(industry life cycle)，行业的生命发展周期主要包括五个发展阶段：研究期，导入期，成长期，成熟期，衰退期(图 9-3)。目前我国土壤修复行业正处于成长期初级阶段，未来 10 年将迎来我国土壤修复行业的快速发展。随着相关制度的日趋完善，法律法规的更加细化和可执行性加强，土壤修复产业将从房地产开发驱动阶段逐渐向法律驱动或政府引导为主的阶段过渡。若干年后，可能会进入一个意识驱动为主的时代。

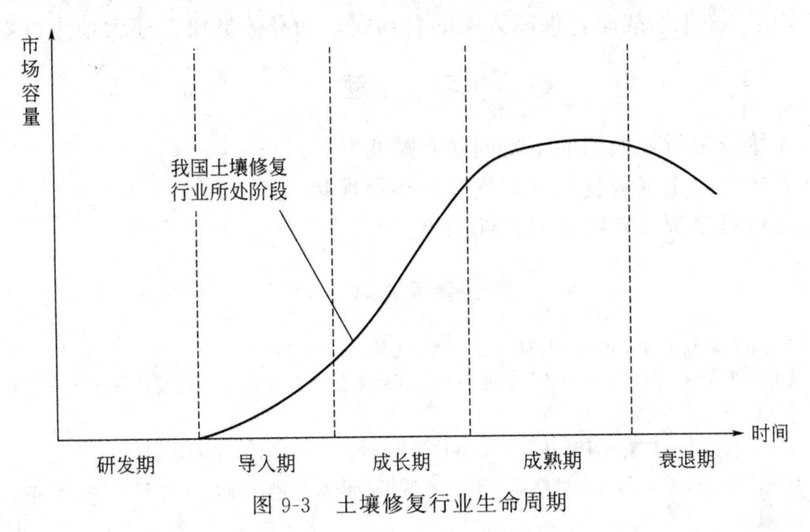

图 9-3　土壤修复行业生命周期

被称为“土十条”的《土壤环境保护和污染治理行动计划》已于 2016 年 5 月出台。按照国务院要求，在出台的“土十条”中，包括划定重金属严重污染的区域、投入治理资金的数量、治理的具体措施等多项内容。作为土壤管理和综合防治的一个重要规划，将会制定治理我国土壤污染的具体“时间表”，总体上把土壤污染分为农业用地和建设用地，分类进行监管治理和保护，对于土壤污染治理责任和任务也将逐级分配到地方政府和企业，争取到 2020 年土壤恶化情况得到遏制。据业内人士分析，从中长期考量，“土十条”发布之后将会带动的投资预计远超 5.7 万亿元，市场规模巨大。

我国应学习基于风险和优先排序的污染土地管理国际经验。在设定修复目标方面，发达国家有着沉痛的教训，美国超级基金计划就是一个很好的例子，在为数不多的场地上花费了太多的资金和努力，使整个社会付出了高昂的代价。在荷兰，原来的环境法也是要求所有污染土壤都要清洁到既定的环境质量目标，但实践证明这种体系可操作性很差，而且耗资十分巨大。国外的经验指出，建立一个适当的考虑未来土地利用和场地特点的土壤修复目标更为有效。这种体系被称之为“基于风险的管理”，因为要求达到的修复目标取决于污染场地带给社会和环境的风险水平。这种修复体系通常比彻底的修复要工作量小，而且会显著地节约修复费用。在目前我国污染场地面积大、数量多，而修复资金有限的现实情况下，场地修复的优先次序成为重要问题。一些发达国家实行污染土地风险等级评估和国家优先场地名单，对污染土地进行风险等级划分，从而确定修复的优先次序。场地经过污染调查与评估，在保证人体健康、环境安全的前提下，修复基金将被优先分配给社会和环境危害最严重的场地。我国应结合本国污染土地的实际情况，建立类似的污染土地风险评估等级系统。

在借鉴国际先进技术和成功经验的基础上，要着重推进技术、设备、药剂材料的国产化。国际上，污染土壤修复技术体系基本形成，虽然我国可以通过引进—吸收—消化—再创新来发展土壤修复技术，但是国内的土壤类型、条件和场地污染的特殊性决定了需要发展更多的具有自主知识产权并适合国情的实用性修复技术与设备，以推动土壤环境修复技术的市场化和产业化发展。

加快推进我国土壤修复与互联网的融合。“互联网+”是创新2.0下的互联网发展新形态、新业态，是知识社会创新2.0推动下的互联网形态演进及其催生的经济社会发展新形态。它代表一种先进的生产力，推动经济形态不断地发生演变。土壤修复应同其他传统行业一样，借助互联网平台，结合智能监测网络，推进我国土壤修复的进展，从而带动土壤修复的生命力，实施“净土”战略，保障人类的食物安全和身体健康，还大地生机盎然。

习　题

1. 我国土壤修复行业面临的主要问题有哪些？
2. 阐述我国污染土壤修复技术的发展趋势及现状。
3. 我国土壤修复领域有哪些代表性的单位？

参考文献

[1] 骆永明．污染土壤修复技术研究现状与趋势［J］．化学进展，2009，3：558-565.
[2] 李社锋，李先旺，朱文渊，覃慧，刘更生．污染场地土壤修复技术及其产业经营模式分析［J］．环境工程，2013，12：96-99，103.
[3] 刘明浩，花发奇．现代土壤修复技术综述［J］．科技创新导报，2012，15：120-121.
[4] 高彦鑫，王夏晖，李志涛等．我国土壤修复产业资金框架的构建与研究［J］．环境科学与技术，2014，37(12)：597-601.
[5] 李培军，刘宛，孙铁珩，巩宗强，付莎莎．我国污染土壤修复研究现状与展望［J］．生态学杂志，2006，25(12)：1544-1548.
[6] 郝汉舟，陈同斌，靳孟贵等．重金属污染土壤稳定/固化修复技术研究进［J］．应用生态学报，2011，22（3）：816-824.
[7] 周启星，宋玉芳．污染土壤修复原理与方法［M］．北京：科学出版社，2004.
[8] 赵金艳，李莹，李珊珊等．我国污染土壤修复技术及产业现状［J］．中国环保产业，2013，(3)：53-57.
[9] 谷庆宝，颜增光，周友亚等．美国超级基金制度及其污染场地环境管理［J］．环境科学研究，2007，(5)：84-88.
[10] 田军，文斌，刘世伟．以机制创新破解城市污染场地修复资金难题［J］．环境保护，2012，(11)：48-51.
[11] 刘阳生，李书鹏，邢轶兰，刘鹏，熊静，李婉．2019年土壤修复行业发展评述及展望［J］．中国环保产业，2020，(3)：26-30.
[12] 骆永明，滕应．中国土壤污染与修复科技研究进展和展望［J］．土壤学报，2020，57（5）：1137-1142.